全国二级注册建造师继续教育教材

公路工程

中国建设教育协会继续教育委员会　组织
本书编审委员会　编写

中国建筑工业出版社

图书在版编目（CIP）数据

公路工程/中国建设教育协会继续教育委员会组织，《公路工程》编审委员会编写．—北京：中国建筑工业出版社，2019.5（2023.12重印）
全国二级注册建造师继续教育教材
ISBN 978-7-112-23477-6

Ⅰ.①公… Ⅱ.①中… ②公… Ⅲ.①道路工程-继续教育-教材 Ⅳ.①U41

中国版本图书馆CIP数据核字（2019）第049659号

责任编辑：李 杰 李 明
责任校对：芦欣甜

全国二级注册建造师继续教育教材
公路工程
中国建设教育协会继续教育委员会 组织
本书编审委员会 编写
*
中国建筑工业出版社出版、发行（北京海淀三里河路9号）
各地新华书店、建筑书店经销
霸州市顺浩图文科技发展有限公司制版
建工社（河北）印刷有限公司印刷
*
开本：787×1092毫米 1/16 印张：25 字数：622千字
2019年6月第一版 2023年12月第六次印刷
定价：**88.00**元
ISBN 978-7-112-23477-6
（32121）

全国二级注册建造师继续教育教材编审委员会

本书编写委员会

主　编： 向中富

副主编： 黄海东　潘正华　余　斌

编　委：（按姓氏笔划排列）

王　猛　石铸明　向钱均　刘　颖　刘小勇　吴鹏飞

张　昶　张天许　罗　霜　袁华昭　高　峰

审稿人： 母进伟

前言

为了不断提升二级建造师的综合素养和执业能力，提高建设工程项目管理水平，促进建筑行业发展。根据《注册建造师继续教育管理办法》，中国建设教育协会继续教育委员会组织编写了二级注册建造师继续教育系列教材（2018 版）。其中公路工程专业教材由重庆交通大学牵头组织业内行业专家编写而成。

本教材的编写以二级注册建造师掌握工程建设有关新法律法规、新标准与规范、施工新技术和新工艺为出发点，以工程项目管理实例基础，目的在于持续提升建造师的执业能力。

本教材共分为三个章节：第一章“公路工程新颁布的法规及标准”，依据最新法规、标准与规范，重点选择强制性条文规定和业内重点关注内容，以提升注册建造师应用法律法规、标准与规范解决实际问题的能力；第二章“公路工程‘四新’技术”通过典型的路桥隧工程新材料、新技术、新工艺、新设备介绍，增强从业人员的“四新”技术应用意识，提升理解、应用“四新”技术的能力；第三章：“公路工程施工项目管理”，主要通过实际工程施工项目介绍，让从业人员学习掌握项目施工质量、安全综合管理知识与做法，提升注册建造师综合素养和执业能力。

编委会在编写过程中，得到了中国建筑工业出版社的指导。同时，得到了中交二航局二公司、深圳高速工程顾问有限公司、四川公路桥梁建设有限公司、贵州路桥集团有限公司、重庆建工交建集团有限公司、重庆建工桥梁工程公司、贵州黔通安达工程咨询有限公司、重庆新科建设工程有限公司、中车建设工程有限公司等参编单位的大力支持和协助。同时得到母进伟、杨寿忠、裴宾嘉、范波、向福均、黄勇、冯瑞胜、王勇等同志的帮助。在此对上述各单位和个人表示衷心的感谢。

本教材尽管历经了准备、讨论、征求意见、审查和修改等环节，但不足之处在所难免，恳请广大读者提出宝贵意见，以便进一步修改完善。

目录

1

公路工程新颁布的法规及标准

1.1 公路工程新法规

1.1.1 《公路水运工程质量监督管理规定》(交通运输部令2017年第28号)

1. 规定出台意义

加强公路水运工程质量监督管理，落实《中华人民共和国公路法》《中华人民共和国港口法》《中华人民共和国航道法》《建设工程质量管理条例》等法律、行政法规要求，保证工程质量。

2. 质量管理责任和义务

公路水运工程施行质量责任终身制。建设、勘察、设计、施工、监理等单位。其中：

第七条　从业单位应当建立健全工程质量保证体系，制定质量管理制度，强化工程质量管理措施，完善工程质量目标保障机制。

第十三条　施工单位对工程施工质量负责，应当按合同约定设立现场质量管理机构、配备工程技术人员和质量管理人员，落实工程施工质量责任制。

第十四条　施工单位应当严格按照工程设计图纸、施工技术标准和合同约定施工，对原材料、混合料、构配件、工程实体、机电设备等进行检验；按规定施行班组自检、工序交接检、专职质检员检验的质量控制程序；对分项工程、分部工程和单位工程进行质量自评。检验或者自评不合格的，不得进入下道工序或者投入使用。

第十五条　施工单位应当加强施工过程质量控制，并形成完整、可追溯的施工质量管理资料，主体工程的隐蔽部位施工还应当保留影像资料。对施工中出现的质量问题或者验收不合格的工程，应当负责返工处理；对在保修范围和保修期限内发生质量问题的工程，应当履行保修义务。

第十六条　勘察、设计、施工单位应当依法规范分包行为，并对各自承担的工程质量负总责，分包单位对分包合同范围内的工程质量负责。

第十八条　施工、监理单位应当按照合同约定设立工地临时试验室，严格按照工程技术标准、检测规范和规程，在核定的试验检测参数范围内开展试验检测活动。

3. 监督管理

交通运输主管部门及其委托的建设工程质量监督机构依据法律、法规和强制性标准等，科学、规范、公正地开展公路水运工程质量监督管理工作。任何单位和个人不得非法干预或者阻挠质量监督管理工作。

4. 法律责任

第四十条　违反该规定第十四条规定，施工单位不按照工程设计图纸或者施工技术标准施工的，依照《建设工程质量管理条例》第六十四条规定，责令改正，按以下标准处以罚款；情节严重的，责令停工整顿：

（1）未造成工程质量事故的，处所涉及单位工程合同价款2%的罚款；

（2）造成工程质量一般事故的，处所涉及单位工程合同价款2%以上3%以下的罚款；

（3）造成工程质量较大及以上等级事故的，处所涉及单位工程合同价款3%以上4%以下的罚款。

第四十一条　违反该规定第十四条规定，施工单位未按规定对原材料、混合料、构配件等进行检验的，依照《建设工程质量管理条例》第六十五条规定，责令改正，按以下标准处以罚款；情节严重的，责令停工整顿：

（1）未造成工程质量事故的，处10万元以上15万元以下的罚款；

（2）造成工程质量事故的，处15万元以上20万元以下的罚款。

第四十二条　违反本规定第十五条规定，施工单位对施工中出现的质量问题或者验收不合格的工程，未进行返工处理或者拖延返工处理的，责令改正，处1万元以上3万元以下的罚款。

施工单位对保修范围和保修期限内发生质量问题的工程，不履行保修义务或者拖延履行保修义务的，依照《建设工程质量管理条例》第六十六条规定，责令改正，按以下标准处以罚款：

（1）未造成工程质量事故的，处10万元以上15万元以下的罚款；

（2）造成工程质量事故的，处15万元以上20万元以下的罚款。

第四十四条　违反该规定第十八条规定，设立工地临时实验室的单位弄虚作假、出具虚假数据报告的，责令改正，处1万元以上3万元以下的罚款。

第四十六条　依照《建设工程质量管理条例》规定给予单位罚款处罚的，对单位直接负责的主管人员和其他直接责任人员处单位罚款数额5%以上10%以下的罚款。

1.1.2 《公路水运工程安全生产监督管理办法》（交通运输部令2017年第25号）

1. 办法出台意义

加强公路水运工程安全生产监督管理，落实《中华人民共和国安全生产法》《建设工程安全生产管理条例》《生产安全事故报告和调查处理条例》等法律、行政法规，防止和减少生产安全事故，保障人民群众生命和财产安全。

该办法涉及从事公路、水运工程建设、勘察、设计、施工、监理、试验检测、安全服务等工作的单位。

2. 安全生产条件

第十一条　从业单位从事公路水运工程建设活动，应当具备法律、法规、规章和工程建设强制性标准规定的安全生产条件。任何单位和个人不得降低安全生产条件。

第十二条　公路水运工程应当坚持先勘察后设计再施工的程序。施工图设计文件依法经审批后方可使用。

第十三条　公路水运工程施工招标文件及施工合同中应当载明项目安全管理目标、安全生产职责、安全生产条件、安全生产信用情况及专职安全生产管理人员配备的标准等要求。

第十四条　施工单位从事公路水运工程建设活动，应当取得安全生产许可证及相应等级的资质证书。施工单位的主要负责人和安全生产管理人员应当经交通运输主管部门对其安全生产知识和管理能力考核合格。

施工单位应当设置安全生产管理机构或者配备专职安全生产管理人员。施工单位应当根据工程施工作业特点、安全风险以及施工组织难度，按照年度施工产值配备专职安全生产管理人员，不足5000万元的至少配备1名；5000万元以上不足2亿元的按每5000万元不少于1名的比例配备；2亿元以上的不少于5名，且按专业配备。

第十五条　从业单位应当依法对从业人员进行安全生产教育和培训。未经安全生产教育和培训合格的从业人员，不得上岗作业。

第十六条　公路水运工程从业人员中的特种作业人员应当按照国家有关规定取得相应资格，方可上岗作业。

第十七条　施工中使用的施工机械、设施、机具以及安全防护用品、用具和配件等应当具有生产（制造）许可证、产品合格证或者法定检验检测合格证明，并设立专人查验、定期检查和更新，建立相应的资料档案。无查验合格记录的不得投入使用。

第十八条　特种设备使用单位应当依法取得特种设备使用登记证书，建立特种设备安全技术档案，并将登记标志置于该特种设备的显著位置。

第十九条　翻模、滑（爬）模等自升式架设设施，以及自行设计、组装或者改装的施工挂（吊）篮、移动模架等设施在投入使用前，施工单位应当组织有关单位进行验收，或者委托具有相应资质的检验检测机构进行验收。验收合格后方可使用。

第二十条　对严重危及公路水运工程生产安全的工艺、设备和材料，应当依法予以淘汰。交通运输主管部门可以会同安全生产监督管理部门联合制定严重危及公路水运工程施工安全的工艺、设备和材料的淘汰目录并对外公布。

从业单位不得使用已淘汰的危及生产安全的工艺、设备和材料。

第二十一条　从业单位应当保证本单位所应具备的安全生产条件必需的资金投入。

施工单位在工程投标报价中应当包含安全生产费用并单独计提，不得作为竞争性报价。安全生产费用应当经监理工程师审核签认，并经建设单位同意后，在项目建设成本中据实列支，严禁挪用。

第二十二条　公路水运工程施工现场的办公、生活区与作业区应当分开设置，并保持安全距离。办公、生活区的选址应当符合安全性要求，严禁在已发现的泥石流影响区、滑坡体等危险区域设置施工驻地。

施工作业区应当根据施工安全风险辨识结果，确定不同风险等级的管理要求，合理布设。在风险等级较高的区域应当设置警戒区和风险告知牌。

施工作业点应当设置明显的安全警示标志，按规定设置安全防护设施。施工便道便桥、临时码头应当满足通行和安全作业要求，施工便桥和临时码头还应当提供临边防护和水上救生等设施。

第二十三条　施工单位与从业人员订立的劳动合同，应当载明有关保障从业人员劳动安全、防止职业危害等事项。施工单位还应当向从业人员书面告知危险岗位的操作规程。

施工单位应当向作业人员提供符合标准的安全防护用品，监督、教育从业人员按照使用规则佩戴、使用。

第二十四条　公路水运工程建设应当实施安全生产风险管理，按规定开展设计、施工安全风险评估。施工单位应当依据风险评估结论，对风险等级较高的分部分项工程编制专项施工方案，并附安全验算结果，经施工单位技术负责人签字后报监理工程师批准执行。必要时，施工单位应当组织专家对专项施工方案进行论证、审核。

第二十五条　建设、施工等单位应当针对工程项目特点和风险评估情况分别制定项目综合应急预案、合同段施工专项应急预案和现场处置方案，告知相关人员紧急避险措施，并定期组织演练。施工单位应当依法建立应急救援组织或者指定工程现场兼职的、具有一定专业能力的应急救援人员，配备必要的应急救援器材、设备和物资，并进行经常性维护、保养。

第二十六条　从业单位应当依法参加工伤保险，为从业人员缴纳保险费。

3. 安全生产责任

第二十七条　从业单位应当建立健全安全生产责任制，明确各岗位的责任人员、责任范围和考核标准等内容。从业单位应当建立相应的机制，加强对安全生产责任制落实情况的监督考核。

第三十四条　施工单位应当按照法律、法规、规章、工程建设强制性标准和合同文件组织施工，保障项目施工安全生产条件，对施工现场的安全生产负主体责任。施工单位主要负责人依法对项目安全生产工作全面负责。

建设工程实行施工总承包的，由总承包单位对施工现场的安全生产负总责。分包单位应当服从总承包单位的安全生产管理，分包单位不服从管理导致生产安全事故的，由分包单位承担主要责任。

第三十五条　施工单位应当书面明确本单位的项目负责人，代表本单位组织实施项目施工生产。

项目负责人对项目安全生产工作负有下列职责：

（1）建立项目安全生产责任制，实施相应的考核与奖惩；

（2）按规定配足项目专职安全生产管理人员；

（3）结合项目特点，组织制定项目安全生产规章制度和操作规程；

（4）组织制定项目安全生产教育和培训计划；

（5）督促项目安全生产费用的规范使用；

（6）依据风险评估结论，完善施工组织设计和专项施工方案；

（7）建立安全预防控制体系和隐患排查治理体系，督促、检查项目安全生产工作，确认重大事故隐患整改情况；

（8）组织制定本合同段施工专项应急预案和现场处置方案，并定期组织演练；

（9）及时、如实报告生产安全事故并组织自救。

第三十六条　施工单位的专职安全生产管理人员履行下列职责：

（1）组织或者参与拟订本单位安全生产规章制度、操作规程，以及合同段施工专项应急预案和现场处置方案；

（2）组织或者参与本单位安全生产教育和培训，如实记录安全生产教育和培训情况；

（3）督促落实本单位施工安全风险管控措施；

（4）组织或者参与本合同段施工应急救援演练；

（5）检查施工现场安全生产状况，做好检查记录，提出改进安全生产标准化建设的建议；

（6）及时排查、报告安全事故隐患，并督促落实事故隐患治理措施；

（7）制止和纠正违章指挥、违章操作和违反劳动纪律的行为。

第三十七条　施工单位应当推进本企业承接项目的施工场地布置、现场安全防护、施工工艺操作、施工安全管理活动记录等方面的安全生产标准化建设，并加强对安全生产标准化实施情况的自查自纠。

第三十八条　施工单位应当根据施工规模和现场消防重点建立施工现场消防安全责任制度，确定消防安全责任人，制定消防管理制度和操作规程，设置消防通道，配备相应的消防设施、物资和器材。

施工单位对施工现场临时用火、用电的重点部位及爆破作业各环节应当加强消防安全检查。

第三十九条　施工单位应当将专业分包单位、劳务合作单位的作业人员及实习人员纳入本单位统一管理。

新进人员和作业人员进入新的施工现场或者转入新的岗位前，施工单位应当对其进行安全生产培训考核。

施工单位采用新技术、新工艺、新设备、新材料的，应当对作业人员进行相应的安全生产教育培训，生产作业前还应当开展岗位风险提示。

第四十条　施工单位应当建立健全安全生产技术分级交底制度，明确安全技术分级交底的原则、内容、方法及确认手续。

分项工程实施前，施工单位负责项目管理的技术人员应当按规定对有关安全施工的技术要求向施工作业班组、作业人员详细说明，并由双方签字确认。

第四十一条　施工单位应当按规定开展安全事故隐患排查治理，建立职工参与的工作机制，对隐患排查、登记、治理等全过程闭合管理情况予以记录。事故隐患排查治理情况应当向从业人员通报，重大事故隐患还应当按规定上报和专项治理。

第四十二条　事故发生单位应当依法如实向项目建设单位和负有安全生产监督管理职责的有关部门报告。不得隐瞒不报、谎报或者迟报。

发生生产安全事故，施工单位负责人接到事故报告后，应当迅速组织抢救，减少人员伤亡，防止事故扩大。组织抢救时，应当妥善保护现场，不得故意破坏事故现场、毁灭有关证据。

事故调查处置期间，事故发生单位的负责人、项目主要负责人和有关人员应当配合事故调查，不得擅离职守。

第四十三条　作业人员应当遵守安全施工的规章制度和操作规程，正确使用安全防护用具、机械设备。发现安全事故隐患或者其他不安全因素，应当向现场专（兼）职安全生产管理人员或者本单位项目负责人报告。

作业人员有权了解其作业场所和工作岗位存在的风险因素、防范措施及事故应急措施，有权对施工现场存在的安全问题提出检举和控告，有权拒绝违章指挥和强令冒险作业。

在施工中发生可能危及人身安全的紧急情况时，作业人员有权立即停止作业或者在采取可能的应急措施后撤离危险区域。

4. 监督管理

第四十四条　交通运输主管部门应当对公路水运工程安全生产行为和下级交通运输主管部门履行安全生产监督管理职责情况进行监督检查。

第四十五条　交通运输主管部门对公路水运工程安全生产行为的监督检查主要包括下列内容：

（1）被检查单位执行法律、法规、规章及工程建设强制性标准情况；

（2）本办法规定的项目安全生产条件落实情况；

（3）施工单位在施工场地布置、现场安全防护、施工工艺操作、施工安全管理活动记录等方面的安全生产标准化建设推进情况。

第四十七条　交通运输主管部门对监督检查中发现的安全问题或者安全事故隐患，应当根据情况作出如下处理：

（1）被检查单位存在安全管理问题需要整改的，以书面方式通知存在问题的单位限期整改；

（2）发现严重安全生产违法行为的，予以通报，并按规定依法实施行政处罚或者移交有关部门处理；

（3）被检查单位存在安全事故隐患的，责令立即排除；重大事故隐患排除前或者排除过程中无法保证安全的，责令其从危险区域撤出作业人员，暂时停止施工，并按规定专项治理，纳入重点监管的失信黑名单；

（4）被检查单位拒不执行交通运输主管部门依法作出的相关行政决定，有发生生产安全事故的现实危险的，在保证安全的前提下，经本部门负责人批准，可以提前24小时以书面方式通知有关单位和被检查单位，采取停止供电、停止供应民用爆炸物品等措施，强制被检查单位履行决定；

（5）因建设单位违规造成重大生产安全事故的，对全部或者部分使用财政性资金的项目，可以建议相关职能部门暂停项目执行或者暂缓资金拨付；

（6）督促负有直接监督管理职责的交通运输主管部门，对存在安全事故隐患整改不到位的被检查单位主要负责人约谈警示；

（7）对违反本办法有关规定的行为实行相应的安全生产信用记录，对列入失信黑名单的单位及主要责任人按规定向社会公布；

（8）法律、行政法规规定的其他措施。

第四十九条 交通运输主管部门对有下列情形之一的从业单位及其直接负责的主管人员和其他直接责任人员给予违法违规行为失信记录并对外公开，公开期限一般自公布之日起12个月：

(1) 因违法违规行为导致工程建设项目发生一般及以上等级的生产安全责任事故并承担主要责任的；

(2) 交通运输主管部门在监督检查中，发现因从业单位违法违规行为导致工程建设项目存在安全事故隐患的；

(3) 存在重大事故隐患，经交通运输主管部门指出或者责令限期消除，但从业单位拒不采取措施或者未按要求消除隐患的；

(4) 对举报或者新闻媒体报道的违法违规行为，经交通运输主管部门查实的；

(5) 交通运输主管部门依法认定的其他违反安全生产相关法律法规的行为。

对违法违规行为情节严重的从业单位及主要责任人员，应当列入安全生产失信黑名单，将具体情节抄送相关行业主管部门。

5. 法律责任

第五十四条 从业单位及相关责任人违反本办法规定，国家有关法律、行政法规对其法律责任有规定的，适用其规定；没有规定的，由交通运输主管部门根据各自的职责按照本办法规定进行处罚。

第五十五条 从业单位及相关责任人违反本办法规定，有下列行为之一的，责令限期改正；逾期未改正的，对从业单位处1万元以上3万元以下的罚款；构成犯罪的，依法移送司法部门追究刑事责任：

(1) 从业单位未全面履行安全生产责任，导致重大事故隐患的；

(2) 未按规定开展设计、施工安全风险评估，或者风险评估结论与实际情况严重不符，导致重大事故隐患未被及时发现的；

(3) 未按批准的专项施工方案进行施工，导致重大事故隐患的；

(4) 在已发现的泥石流影响区、滑坡体等危险区域设置施工驻地，导致重大事故隐患的。

第五十六条 施工单位有下列行为之一的，责令限期改正，可以处5万元以下的罚款；逾期未改正的，责令停产停业整顿，并处5万元以上10万元以下的罚款，对其直接负责的主管人员和其他直接责任人员处1万元以上2万元以下的罚款：

(1) 未按照规定设置安全生产管理机构或者配备安全生产管理人员的；

(2) 主要负责人和安全生产管理人员未按照规定经考核合格的。

1.1.3 《公路水运工程平安工地建设管理办法》(交安监发〔2018〕43号)

1. 办法颁布意义

加强公路水运工程平安工地建设，落实《中华人民共和国安全生产法》《建设工程安全生产管理条例》《公路水运工程安全生产监督管理办法》等法律法规和规章，引导和激励从业单位加强安全生产工作，落实安全生产责任，提升安全管理水平。

平安工地是指项目从业单位以落实安全生产主体责任为核心，施工过程以风险防控无死角、事故隐患零容忍、安全防护全方位为目标，推进施工现场安全文明与施工作业规范有序的有机统一，是不断深化平安交通发展的重要载体。本办法涉及建设、施工、监理等工作的单位。

2. 建设内容

第六条　公路水运工程建设项目应当保障安全生产条件，落实安全生产责任，建立项目安全生产管理体系，实现安全管理程序化、现场防护标准化、风险管控科学化、隐患治理常态化、应急救援规范化，并持续改进。

第七条　公路水运工程项目应当具备法律、法规、规章和工程建设强制性标准规定的安全生产条件，并在项目招（投）标文件、合同文本，以及施工组织设计和专项施工方案中予以明确。从业单位应当保证本单位所应具备的安全生产条件必需的资金投入，任何单位和个人不得降低安全生产条件。

第八条　公路水运工程项目从业单位应当依法依规制定完善全员安全生产责任制，明确各岗位的责任人员、责任范围和考核标准等内容，并进行公示。施工、监理单位项目负责人安全生产责任考核结果应作为合同履约考核内容，每年定期向建设单位报送。

第九条　公路水运工程项目从业单位应当贯彻执行安全生产法律法规和标准规范，以施工现场和施工班组为重点，加强施工场地布设、现场安全防护、施工方法与工艺、应急处置措施、施工安全管理活动记录等方面的安全生产标准化建设。

第十条　公路水运工程实施安全风险分级管控。项目从业单位应当全面开展风险辨识，按规定开展设计、施工安全风险评估，依据评估结论完善设计方案、施工组织设计、专项施工方案及应急预案。

施工作业区应当根据施工安全风险辨识、评估结果，确定不同风险等级的管理要求，合理布设。在风险较高的区域应当设置安全警戒和风险告知牌，做好风险提示或采取隔离措施。施工过程中，应当建立风险动态监控机制，按要求进行监测、评估、预警，及时掌握风险的状态和变化趋势。重大风险应当及时登记备案，制定专项管控和应急措施，并严格落实。

第十一条　安全生产事故隐患排查治理实行常态化、闭合管理。项目从业单位应当建立健全事故隐患排查治理制度，明确事故隐患排查、告知（预警）、整改、评估验收、报备、奖惩考核、建档等内容，逐级明确事故隐患治理责任，落实到具体岗位和人员。按规定对隐患排查、登记、治理、销号等全过程予以记录，并向从业人员通报。

重大事故隐患应当在确定后5个工作日内向直接监管的交通运输主管部门报备，其中涉及民爆物品、危险化学品及特种设备等重大事故隐患的，还应向相应的主管部门报备。

重大事故隐患整改应当制定专项方案，确保责任、措施、资金、时限、预案到位。整改完成后应当由施工单位成立事故隐患整改验收组进行专项验收，可组织专家对重大事故隐患治理情况进行评估。整改验收通过的，施工单位应将验收结论向直接监管的交通运输主管部门报备，并申请销号。

第十二条　公路水运工程从业单位应当按要求制定相应的项目综合应急预案、施工合同段的专项应急预案和现场处置方案，并定期组织演练。依法建立项目应急救援组织或者指定工程现场兼职的、具有一定专业能力的应急救援人员，定期开展专业培训。结合工程实际编制应急资源清单，配备必要的应急救援器材、设备和物资，进行经常性维护、保养和更新。

3. 考核评价

第十三条 施工单位是平安工地建设的实施主体，应当确保项目安全生产条件满足《标准》要求，当项目安全生产条件发生变化时，应当及时向监理单位提出复核申请。

合同段开工后到交工验收前，施工单位应当按照《标准》要求，每月至少开展一次平安工地建设情况自查自纠，及时改进安全管理中的薄弱环节；每季度至少开展一次自我评价，对扣分较多的指标及反复出现的突出问题，应当采取针对性措施加以完善。施工单位自我评价报告应报监理单位。

第十八条 平安工地建设考核评价按照百分制计算得分，考核结果在70分及以上的评定为合格，低于70分的评定为不合格。项目年度考核结果按照建设单位在本年度考核周期内考核结果累计的平均值计算。

施工、监理合同段首次考核不合格的应当及时整改，建设单位应组织复评，复评仍不合格的施工、监理合同段应当全部停工整改，并及时向直接监管的交通运输主管部门报告。对已经发生重特大生产安全责任事故、经查实存在重大事故隐患、被列入安全生产黑名单的合同段直接评为不合格。年度考核结果由省级交通运输主管部门统一对外公示。

1.1.4 《公路工程标准施工招标文件》(2018年版)(交通运输部公告2017年第51号)

1.《公路工程标准施工招标文件》以国家九部委《标准施工招标文件》（以下简称《标准招标文件》）为基础，以《中华人民共和国招标投标法》、《中华人民共和国招标投标法实施条例》《公路工程建设项目招标投标管理办法》（交通运输部令2015年第24号）等法律法规和部门规章为依据，结合公路工程施工招标特点和管理需要编制而成。《标准招标文件》规定通用部分，《公路工程标准招标文件》规定公路工程内容，两者结合使用，其中《公路工程标准招标文件》不加修改地引用《标准招标文件》的部分只标注相关条款号，其内容详见《标准招标文件》。

2.《公路工程标准招标文件》适用于依法必须进行招标的各等级公路和桥梁、隧道建设项目，其他公路项目可参照执行。

3. 招标人根据《公路工程标准招标文件》编制项目招标文件时，不得修改“投标人须知”正文和“评标办法”正文，但可在前附表中对“投标人须知”和“评标办法”进行补充、细化，补充和细化的内容不得与“投标人须知”和“评标办法”正文内容相抵触。

4. 招标人在根据《公路工程标准招标文件》编制项目招标文件中的“项目专用合同条款”时，可根据招标项目的具体特点和实际需要，对“通用合同条款”及“公路工程专用合同条款”进行补充、细化，除“通用合同条款”明确“专用合同条款”可作出不同约定以及“公路工程专用合同条款”明确“项目专用合同条款”可作出不同约定外，补充和细化的内容不得与“通用合同条款”及“公路工程专用合同条款”强制性规定相抵触。同时，补充、细化或约定的内容，不得违反法律、行政法规的强制性规定和平等、自愿、公平和诚实信用原则。

5. 公路工程施工招标评标一般采用合理低价法或技术评分最低标价法。技术特别复杂的特大桥梁和特长隧道项目主体工程，可以采用综合评分法。工程规模较小、技术含量较低的工程，可以采用经评审的最低投标价法。

6. 招标文件主要内容与章节组成详见原文。

1.1.5 《公路工程建设项目评标工作细则》(2017年10月1日起施行)

《公路工程建设项目评标工作细则》系为规范公路工程建设项目评标工作，维护招标投标活动当事人的合法权益，依据《中华人民共和国招标投标法》《中华人民共和国招标投标法实施条例》、交通运输部《公路工程建设项目招标投标管理办法》及国家有关法律法规而制定。作为公路工程建设人员，应了解评标过程与办法，以便更好地编制投标文件。具体详见原文。

1.1.6 《公路水运工程试验检测管理办法》(2016年12月10日起施行)

1. 办法出台意义与总则

(1) 为规范公路水运工程试验检测活动，保证公路水运工程质量及人民生命和财产安全，根据《建设工程质量管理条例》。

(2) 办法所称公路水运工程试验检测，是指根据国家有关法律、法规的规定，依据工程建设技术标准、规范、规程，对公路水运工程所用材料、构件、工程制品、工程实体的质量和技术指标等进行的试验检测活动。

(3) 办法所称公路水运工程试验检测机构（以下简称检测机构），是指承担公路水运工程试验检测业务并对试验检测结果承担责任的机构。

(4) 交通运输部负责公路水运工程试验检测活动的统一监督管理。交通运输部工程质量监督机构（以下简称部质量监督机构）具体实施公路水运工程试验检测活动的监督管理。省级人民政府交通运输主管部门负责本行政区域内公路水运工程试验检测活动的监督管理。省级交通质量监督机构（以下简称省级交通质监机构）具体实施本行政区域内公路水运工程试验检测活动的监督管理。

公路工程建设人员应了解公路工程试验检测相关规定，以便正确选择和委托开展相关试验检测、鉴定工作。

2. 检测机构等级

公路工程专业分为综合类和专项类。公路工程综合类设甲、乙、丙3个等级。公路工程专项类分为交通工程和桥梁隧道工程。

3. 试验检测活动

(1) 取得《等级证书》，同时按照《计量法》的要求经过计量行政部门考核合格，通过计量认证的检测机构，可向社会提供试验检测服务。

(2) 取得《等级证书》的检测机构在《等级证书》注明的项目范围内出具的试验检测报告，可以作为公路水运工程质量评定和工程验收的依据。

(3) 公路水运工程质量事故鉴定、大型水运工程项目和高速公路项目验收的质量鉴定检测，质监机构应当委托通过计量认证并具有甲级或者相应专项能力等级的检测机构承担。

1.1.7 《公路工程标准施工招标文件》(2018年版)(交通运输部公告2017年第51号)

1. 颁布意义

规范公路工程建设项目招标投标活动，落实《中华人民共和国公路法》《中华人民共和国招标投标法》《中华人民共和国招标投标法实施条例》等法律、行政法规要求，完善公路工程建设市场管理体系。公路工程建设人员应了解公路工程标准施工招标相关规定与文件，以便正确开展投标工作。

2. 招标

第九条 有下列情形之一的公路工程建设项目，可以不进行招标：

（1）涉及国家安全、国家秘密、抢险救灾或者属于利用扶贫资金实行以工代赈、需要使用农民工等特殊情况；

（2）需要采用不可替代的专利或者专有技术；

（3）采购人自身具有工程施工或者提供服务的资格和能力，且符合法定要求；

（4）已通过招标方式选定的特许经营项目投资人依法能够自行施工或者提供服务；

（5）需要向原中标人采购工程或者服务，否则将影响施工或者功能配套要求；

（6）国家规定的其他特殊情形。招标人不得为适用前款规定弄虚作假，规避招标。

第十九条 潜在投标人或者其他利害关系人可以按照国家有关规定对资格预审文件或者招标文件提出异议。招标人应当对异议作出书面答复。未在规定时间内作出书面答复的，应当顺延提交资格预审申请文件截止时间或者投标截止时间。招标人书面答复内容涉及影响资格预审申请文件或者投标文件编制的，应当按照有关澄清或者修改的规定，调整提交资格预审申请文件截止时间或者投标截止时间，并以书面形式通知所有获取资格预审文件或者招标文件的潜在投标人。

第二十一条 招标人结合招标项目的具体特点和实际需要，设定潜在投标人或者投标人的资质、业绩、主要人员、财务能力、履约信誉等资格条件，不得以不合理的条件限制、排斥潜在投标人或者投标人。除《中华人民共和国招标投标法实施条例》第三十二条规定的情形外，招标人有下列行为之一的，属于以不合理的条件限制、排斥潜在投标人或者投标人：

（一）设定的资质、业绩、主要人员、财务能力、履约信誉等资格、技术、商务条件与招标项目的具体特点和实际需要不相适应或者与合同履行无关；

（二）强制要求潜在投标人或者投标人的法定代表人、企业负责人、技术负责人等特定人员亲自购买资格预审文件、招标文件或者参与开标活动；

（三）通过设置备案、登记、注册、设立分支机构等无法律、行政法规依据的不合理条件，限制潜在投标人或者投标人进入项目所在地进行投标。

第二十五条 招标人在招标文件中要求投标人提交投标保证金的，投标保证金不得超过招标标段估算价的2%。投标保证金有效期应当与投标有效期一致。依法必须进行招标的公路工程建设项目的投标人，以现金或者支票形式提交投标保证金的，应当从其基本账户转出。投标人提交的投标保证金不符合招标文件要求的，应当否决其投标。招标人不得挪用投标保证金。

3. 投标

第三十条 投标人是响应招标、参加投标竞争的法人或者其他组织。投标人应当具备招标文件规定的资格条件，具有承担所投标项目的相应能力。

第三十一条 投标人在投标文件中填报的资质、业绩、主要人员资历和目前在岗情况、信用等级等信息，应当与其在交通运输主管部门公路建设市场信用信息管理系统上填报并发布的相关信息一致。

第三十二条 投标人应当按照招标文件要求装订、密封投标文件，并按照招标文件规定的时间、地点和方式将投标文件送达招标人。公路工程勘察设计和施工监理招标的投标文件应当以双信封形式密封，第一信封内为商务文件和技术文件，第二信封内为报价文件。对公路工程施工招标，招标人采用资格预审方式进行招标且评标方法为技术评分最低标价法的，或者采用资格后审方式进行招标的，投标文件应当以双信封形式密封，第一信封内为商务文件和技术文件，第二信封内为报价文件。

第三十三条　投标文件按照要求送达后，在招标文件规定的投标截止时间前，投标人修改或者撤回投标文件的，应当以书面函件形式通知招标人。修改投标文件的函件是投标文件的组成部分，其编制形式、密封方式、送达时间等，适用对投标文件的规定。投标人在投标截止时间前撤回投标文件且招标人已收取投标保证金的，招标人应当自收到投标人书面撤回通知之日起 5 日内退还其投标保证金。投标截止后投标人撤销投标文件的，招标人可以不退还投标保证金。

第三十四条　投标人根据招标文件有关分包的规定，拟在中标后将中标项目的部分工作进行分包的，应当在投标文件中载明。投标人在投标文件中未列入分包计划的工程或者服务，中标后不得分包，法律法规或者招标文件另有规定的除外。

具体内容见原文。

1.1.8 《公路水运品质工程评价标准（试行）》

1. 基本规定

（1）评价为公路水运品质工程的项目，应当满足优质耐久、安全舒适、经济环保、社会认可的建设目标，工程管理或技术达到行业同时期同类工程的领先水平，示范引导作用显著。

（2）公路水运品质工程评价标准分为示范创建项目品质工程评价标准、交竣工品质工程示范项目评价标准、农村公路（三、四级）品质工程示范项目评价标准三类，均由基本要求、评价指标、加分指标、总体评价等四部分构成。

（3）评价指标满分均为 1000 分。申报部级品质工程项目的，高速公路和大型水运工程评价指标分数不得低于 800 分，其他工程评价指标分数不得低于 700 分。

（4）公路水运品质工程除符合本标准的规定外，还应符合工程建设强制性标准等有关要求。

2. 示范创建项目品质工程评价标准

（1）基本要求。见表 1-1。

示范创建项目品质工程评价基本要求　　**表 1-1**

序号	评价内容
1	项目建设基本程序符合规定
2	项目参建单位没有因在本项目发生围标串标、恶意低价抢标、挂靠借用资质、转包和违法分包等违法违规行为被交通运输主管部门通报或行政处罚的
3	已完工程质量全部合格
4	工程未存在严重质量缺陷或重大安全隐患
5	工程未发生质量事故或较大及以上生产安全责任事故以及其他在社会上造成严重影响事件的
6	工程建设期间未发生重大环境污染或生态破坏等在社会上造成严重影响事件的
7	项目没有因党风廉政违法违纪案件被追究刑事责任情形的

（2）评价指标。见表 1-2。

示范创建项目品质工程评价指标 **表 1-2**

一级指标	二级指标	三级指标
1. 工程设计(200 分)	1. 系统设计(80 分)	1. 全寿命周期成本(5 分)
		2. 建养一体化(15 分)
		3. 耐久性设计(15 分)
		4. 精细化设计(25 分)
		5. 设计标准化(8 分)
		6. 设计创新(12 分)
	2. 安全设计(40 分)	7. 安全设施设计(15 分)
		8. 灾害防御设计(15 分)
		9. 安全评价与风险评估(10 分)
	3. 生态环保设计(30 分)	10. 生态防护(15 分)
		11. 节能环保(15 分)
	4. 工程美学(20 分)	12. 建筑艺术(10 分)
		13. 环境融合(10 分)
	5. 人性化设计(20 分)	14. 人本服务功能(20 分)
	6. 设计服务水平(10 分)	15. 后续服务(10 分)
2. 工程管理(200 分)	7. 管理专业化(60 分)	16. 管理目标(12 分)
		17. 管理体系(18 分)
		18. 基本保障(30 分)
	8. 管理精细化(110 分)	19. 精细化管理机制(20 分)
		20. 精细化管理措施(30 分)
		21. 智慧工地(20 分)
		22. 工地建设标准化(16 分)
		23. 施工作业标准化(24 分)
	9. 班组管理规范化(30 分)	24. 班组管理措施(30 分)
3. 科技创新(100 分)	10. 科技保障(20 分)	25. 科技创新机制(20 分)
	11. 技术创新与应用(80 分)	26. 四新技术推广应用(30 分)
		27. 创新工艺工法(50 分)
4. 工程质量(150 分)	12. 质量管理体系(20 分)	28. 关键人履职责任落实(10 分)
		29. 质量责任终身制落实(10 分)
	13. 质量风险预防管理(40 分)	30. 质量风险管理(20 分)
		31. 施工方案落实程度(20 分)
	14. 过程质量控制(60 分)	32. 三检制落实(10 分)
		33. 质量追溯(20 分)
		34. 首件工程制(20 分)
		35. 产品质量管理(10 分)
	15. 耐久性保障(30 分)	36. 耐久性施工保障措施(30 分)

续表

一级指标	二级指标	三级指标
5. 安全保障(150 分)	16. 施工安全(150 分)	37. 深化平安工地建设(100 分)
		38. 双重预防体系建设(50 分)
6. 绿色环保(120 分)	17. 生态环保施工(40 分)	39. 生态环境监测(10 分)
		40. 生态环境保护(30 分)
	18. 资源节约(40 分)	41. 节约用地(20 分)
		42. 再生利用(20 分)
	19. 节能减排(40 分)	43. 节能措施(20 分)
		44. 减排措施(20 分)
7. 软实力(80 分)	20. 管理人员素质提升(20 分)	45. 岗位考核和培训(10 分)
		46. 人才激励机制(10 分)
	21. 一线工人队伍素质提升(40 分)	47. 岗位考核和培训(10 分)
		48. 权益保障(20 分)
		49. 激励机制(10 分)
	22. 培育品质工程文化(20 分)	50. 特色文化(5 分)
		51. 培育与宣传(10 分)
		52. 基层党建(5 分)

(3) 加分指标。见表 1-3。

示范创建项目品质工程评价加分指标　　表 1-3

序号	评价内容
1	依托工程项目开展科技攻关与创新，其成果获得省部级科技进步奖、国家专利、公路或水运工程工法，参与制定国家、行业或地方标准
2	项目在工程结构耐久性开展深入研究，提出了科学先进的控制方案，实施效果显著，具有推广借鉴作用
3	项目建设最大限度地实现了工厂化生产、装配化施工；危险作业和质量控制薄弱环节最大限度地实现了机械化、自动化和智能化
4	项目实施全过程全环节有效地体现了质量安全管理标准化，在管理模式体系化、作业程式化、班组管理规范化等方面落实有力，成效明显
5	项目实施了“智慧工地”，在 BIM 技术、质量安全数据自动采集管理、结构风险可知可控、隐蔽工程检验等方面积极推进信息化技术，成效明显，技术先进
6	项目建立了品质文化培育机制，在全面实行师徒制、培育岗位能手、大力弘扬工匠精神和创新精神等方面做法创新，成效明显，形成体系性管理方式
7	其他省级及以上交通运输主管部门认为项目具有全国或省内领先水平的技术工艺，或具有全国示范借鉴作用的管理经验
评价说明：上述各项分数可累计加分，总分为 200 分。即当累计加分大于 200 分时，应取为 200 分。	

(4) 总体评价。见表 1-4。

总体评价　　表 1-4

评价内容	备注
项目打造品质工程中，围绕“优质耐久、安全舒适、经济环保、社会认可”的建设目标，在理念、管理、技术、文化等某一方面或某一具体点的创新或突破所形成的特色经验、实施效果以及成果的领先性和示范性等进行整体性评价	总体评价不设分值

1.1.9 《公路工程基本建设项目造价文件管理导则》JTG 3810—2017

1. 《公路工程基本建设项目造价文件管理导则》颁布的目的在于指导和规范公路工程造价文件的编制，推动公路工程造价文件编制标准化、造价管理规范化、管理手段信息化，衔接公路工程前期阶段造价费用项目与实施阶段工程量清单费用项目，提升公路工程全过程造价管理水平。

2. 公路工程造价文件体系

（1）项目前期阶段的造价文件

1）投资估算文件

2）设计概算文件

3）施工图预算文件

（2）项目实施阶段的造价文件

1）招（投）标工程量清单

2）工程量清单预算文件

3）合同工程量清单

4）计量与支付文件

5）工程变更费用文件

6）造价管理台账

（3）项目竣（交）工阶段的造价文件

1）工程结算文件

2）工程竣工决算文件

3. 造价文件归档。公路工程各阶段的造价文件应按相应建设阶段同步收集、整理、归档。实施计算机辅助建设管理的项目，其造价文件的电子版应与纸质版同步归档。

具体内同见原文。

1.2 公路工程新标准

1.2.1 《公路工程质量检验评定标准》JTG F80/1—2017

1. 概述

《公路工程质量检验评定标准》（JTG F80/1—2017，以下简称 JTG F80/1）从 2018 年 5 月 1 日起施行。新版《检评标准》是对原《公路工程质量检验评定标准》JTG F80/1—2004 的全面修订，在基本保持原有整体框架的基础上，突出其强制性及限值要求，优化评定方法，简化评定程序，合理确定检验评定标准，明确公路工程质量检验评定的定位和主导作用。JTG F80/1 适用于各等级公路新建与改扩建工程施工质量的检验评定。

本次修订的八大变化：

（1）取消原标准采用的综合评分法，改为采用合格率法进行质量评定，相应地对分项工程检验项目和标准等进行了全面修订。

（2）对适用范围、质量检验评定程序和内容进行了修订，进一步提高了标准的刚性要求、适应性和可操作性。

（3）调整修订了部分章节，第 3 章改为基本规定，原标准第 12 章环保工程改为第 12 章绿化工程和第 13 章声屏障工程两章。

（4）调整、修订了部分实测项目质量标准，增加了一般项目的最低合格率要求。

（5）调整了部分实测项目的检查频率，在明确标准方法的基础上，鼓励采用精度高、效率高的快速检测方法。

（6）增加了结构混凝土外观质量限制缺陷标准和波形梁护栏板之间连接件的要求等。

（7）对工程划分进行整体修订，调整了单位工程、分部工程和分项工程。

（8）保持与公路工程相关标准的协调一致，调整了相应的检验评定指标、检查方法和内容。

2. 基本规定

（1）一般规定

1）公路工程质量检验评定应按分项工程、分部工程、单位工程逐级进行，在合同段中具有独立施工条件和结构功能的工程为单位工程。在单位工程中，按路段长度、结构部位及施工特点等划分的工程为分部工程。在分部工程中，根据施工工序、工艺或材料等划分的工程为分项工程。

2）单位工程、分部工程和分项工程应在施工准备阶段按检评标准进行划分。

3）分项工程完工后，应根据检评标准进行检验，对工程质量进行评定。隐蔽工程在隐蔽前应检查合格。分部工程、单位工程完工后，应汇总评定所属分项工程、分部工程质量资料，检查外观质量，对工程质量进行评定。

（2）工程质量检验

1）分项工程应按照基本要求、实测项目、外观质量和质量保证资料等检验项目分别检查。

2）分项工程质量应在所使用的原材料、半成品、成品及施工控制要点等符合基本要求的规定，无外观质量限制缺陷且质量保证资料真实齐全时，方可进行检验评定。

3）分项工程应对所列基本要求逐项检查，经检查不符合规定时，不得进行工程质量的检验评定。分项工程所用的各种原材料的品种、规格、质量及混合料配合比和半成品、成品应符合有关技术标准规定，并满足设计要求。

4）对检查项目按规定的检查方法和频率进行随机抽样检验并计算合格率。检评标准规定的检查方法为标准方法，采用其他高效检测方法应经比对确认。检评标准中以路段长度规定的检查频率为双车道路段的最低检查频率，对多车道应按车道数与双车道之比，相应增加检查数量。检查项目合格率等于合格的点（组）数除以该检查项目的全部检查点（组）数乘以 100％。

5）关键项目的合格率应不低于95%（机电工程为100%），否则该检查项目为不合格。有规定极限的检查项目，任一单个检测值不应突破规定极值，否则该检查项目为不合格。

6）外观质量应进行全面检查，并满足规定要求，否则该检验项目为不合格。

7）工程应有真实、准确、齐全、完整的施工原始记录、试验检测数据、质量检验结果等质量保证资料。质量保证资料应包括下列内容：所用原材料、半成品和成品质量检验结果；材料配合比、拌和加工控制检验和试验数据；地基处理、隐蔽工程、施工记录和桥梁、隧道施工监控资料；质量控制指标的试验记录和质量检验汇总图表；施工过程中遇到的非正常情况记录及其对工程质量影响分析评价资料；施工过程中如发生质量事故，经处理补救后达到设计要求的认可证明文件等。

8）检验项目评为不合格的，应进行整修或返工处理直至合格。

（3）工程质量评定

1）工程质量等级应分为合格与不合格。

2）分项工程、分部工程、单位工程质量评定应有符合检评标准规定的资料。

3）分项工程质量评定合格应符合下列规定：检验记录应完整、实测项目应合格、外观质量应满足要求。

4）分部工程质量评定合格应符合下列规定：评定资料应完整、所含分项工程及实测项目应合格、外观质量应满足要求。

5）单位工程质量评定合格应符合下列规定：评定资料应完整、所含分部工程应合格、外观质量应满足要求。

6）评定为不合格的分项工程、分部工程，经返工、加固、补强或调测，满足设计要求后，可重新进行检验评定。

7）所含单位工程合格，该合同段评定为合格；所含合同段合格，该建设项目评定为合格。

3. 路基土石方工程

JTG F80/1中，对土方路基、填石路基、软土地基处置等检查项目与评定指标作出了基本规定。

4. 排水工程

JTG F80/1中，对管节预制、混凝土排水管安装、检查（雨水）井砌筑、土沟、浆砌水沟、盲沟、排水泵站沉井、沉淀池等检查项目与评定指标作出了基本规定。

5. 防护支挡工程

JTG F80/1中，对砌体、片石混凝土挡土墙、悬臂式和扶臂式挡土墙、锚杆、锚定板和加筋土挡土墙、墙背填土、边坡锚固防护、土钉支护、砌体坡面防护、石笼防护、导流工程等检查项目与评定指标作出了基本规定。

6. 路面工程

JTG F80/1中，对水泥混凝土面层、沥青混凝土面层和沥青碎（砾）石面层、沥青贯入式面层（或上拌下贯式面层）、沥青表面处置面层、稳定土基层和底基层、稳定粒料基层和底基层、级配碎（砾）石基层和底基层、填隙碎石（矿渣）基层和底基层、路缘石铺设、路肩等检查项目与评定指标作出了基本规定。

7. 桥梁工程

JTG F80/1 中，对桥梁总体、钢筋、预应力筋及管道压浆、砌体、基础、混凝土墩、台、混凝土梁桥、拱桥、钢桥、斜拉桥、悬索桥、桥面系和附属工程等检查项目与评定指标作出了基本规定。

8. 涵洞工程

JTG F80/1 中，对涵洞总体、涵台、混凝土涵管安装、盖板安装、波形钢管涵安装、箱涵浇筑、拱涵浇（砌）筑、倒虹吸竖井、集水井砌筑、一字墙和八字墙、顶进施工的涵洞等检查项目与评定指标作出了基本规定。

9. 隧道工程

JTG F80/1 中，对隧道总体、明洞浇筑、明洞防水层、明洞回填、洞身开挖、喷射混凝土、锚杆、钢筋网、钢架、仰拱、仰拱回填、衬砌钢筋、混凝土衬砌、防水层、止水带、排水、超前锚杆、超前小导管、管棚等检查项目与评定指标作出了基本规定。

10. 交通安全设施

JTG F80/1 中，对交通标志、交通标线、波形梁钢护栏、混凝土护栏、缆索护栏、突起路标、轮廓标、防眩设施、隔离栅和防落物网、中央分隔带开口护栏、里程碑和百米桩、避险车道等检查项目与评定指标作出了基本规定。

11. 绿化工程

JTG F80/1 中，对绿地整理、树木栽植、草坪、草木地被及花卉种植、喷播绿化等检查项目与评定指标作出了基本规定。

12. 声屏障工程

JTG F80/1 中，对砌块体声屏障、金属结构声屏障、复合结构声屏障等检查项目与评定指标作出了基本规定。

1.2.2 《公路工程施工安全技术规范》JTG F90—2015

1. 概述

《公路工程施工安全技术规范》（JTG F90—2015，以下简称 JTG F90）从 2015 年 5 月 1 日起施行。新版 JTG F90 是对原《公路工程施工安全技术规程》JTJ 076-95 的全面修订，章节为 12 章，附录为 5 个。规范对临时设施、施工管理、安全费用等方面进行了变化。

本次修订的十大变化：

（1）适用范围增加了扩建项目。

（2）增加章节：第 2 章术语、第 10 章交通安全设施、第 11 章改扩建工程。

（3）补充了危险源辨识、特种设备管理等要求，增加了施工便道、栈桥、生产生活用水、临时用电等相关规定。

（4）调整原规程第 8 章主要工序作业调整为本规范第 5 章通用作业，补充了支架及模板工程、起重吊装、水上作业、爆破作业等规定。

（5）路基工程中补充了人工挖孔、排水工程、软基处理、特殊路基处理等规定，调整了路面工程章节结构和内容。

（6）根据桥涵工程施工风险，大幅增加了围堰、高墩施工等方面内容，补充了悬索桥、斜拉桥等桥型的相关规定，并按照桥梁结构形式和部位对章节结构进行了调整。

（7）隧道工程补充了大量内容，增加了盾构施工、水下隧道、小净距及连拱隧道、监控量测、逃生与救援、不良地质和特殊岩土地段等方面规定。

（8）原规程第9章特殊季节与夜间施工调整为规范第12章特殊季节与特殊环境施工，并增加了台风季节施工、汛期施工、沙漠地区施工、高海拔地区施工等内容。

（9）原规程第10章内容调整至本规范改扩建工程等相应章节。

（10）增加了附录A～附录E，明确了规范中提及的特殊设备名录、特殊作业人员、危险性较大及超过一定规模危险性较大工程的范围、专项施工方案主要内容、风险评估报告内容。

2. 总则

本规范适用于各等级新建、改扩建、大中修公路工程。公路工程施工安全生产应贯彻“安全第一、预防为主、综合治理”的方针。公路工程施工应制定相应的安全技术措施。

3. 基本规定

（1）公路工程施工必须遵守国家有关法律法规，符合安全生产条件要求，建立安全生产责任制，健全安全生产管理制度，设立安全生产管理机构，足额配备具相应资格的安全生产管理人员。

（2）公路工程施工应进行现场调查，应在施工组织设计中编制安全技术措施和施工现场临时用电方案，对于中危险性较大的工程应编制专项施工方案，并附具安全验算结果，或组织专家进行论证、审查。危险性较大的工程类别如下：

1）基坑开挖、支护、降水工程；

2）滑坡处理和填、挖方路工程；

3）基础工程：①桩基础；②挡土墙基础；③沉井等深水基础。

4）大型临时工程：①围堰工程；②各类工具式棱板工程；③支架高度不小于5m；跨度小于10m；施工总荷载不小于10kN/m^2；集中线荷载不小于15kN/m；④搭设高度24m及以上的落地式钢管脚手架工程；附着式整体和分片提升脚手工程悬挑式脚手架工程、吊篮脚手架工程；自制卸料平台、移动操作平台工程；新型及异型脚手架工程；⑤挂篮；⑥便桥、临时码头；⑦水上作业平台。

5）桥涵工程：①桥梁工程中的梁、拱、柱等构件施工；②打桩船作业；③施工船作业；④边通航边施工作业；⑤水下工程中的水下焊接、混凝土浇筑等；⑥顶进工程；⑦上跨或下穿既有公路、铁路、管线施工。

6）隧道工程：①不良地质隧道；②特殊地质隧道；③浅埋、偏压及邻近建筑物等特殊环境条件隧道；④Ⅳ级及以上软弱围岩地段的大跨度隧道；⑤小净距隧道；⑥瓦斯隧道。

7）起重吊装工程：①采用非常规起重设备、方法，且单件起吊重量在10kN及以上的起重吊装工程；②采用起重机械进行安装的工程；③起重机械设备自身的安装、拆卸。

8）拆除、爆破工程：①桥梁、隧道拆除工程；②爆破工程。

（3）公路工程施工前应进行危险源辨识，并应按要求对桥梁隧道、高边坡路基等工程进行施工安全风险评估，编制风险评估报告，现场应监控。

（4）应对从业人员进行安全生产教育培训，未经培训不得上岗。特殊作业人员应按相关规定经专门培训，取得相应资格证书，持证上岗。

（5）公路工程施工前应逐级进行安全技术交底，内容包括安全技术要求、风险状况、应急处置措施等内容。《公路水运工程安全生产监督管理办法》第二十条，施工单位应当对施工安全生产承担责任。施工单位主要负责人依法对本单位的安全生产工作全面负责。施工单位应当建立健全安全生产责任制度和安全生产教育培训制度及安全生产技术交底制度，制定安全生产规章制度和操作规程，保证本单位安全生产条件所需资金的投入，对所承担的公路水运工程进行定期和专项安全检查，并做好安全检查记录。施工单位的项目负责人依法对项目的安全施工负责，落实安全生产各项制度，确保安全生产费用的有效使用，并根据工程特点组织制定安全施工措施，消除安全事故隐患，及时、如实报告生产安全事故。本条所称安全生产技术交底制度，是指公路水运工程每项工程实施前，施工单位负责项目管理的技术人员对有关安全施工的技术要求向施工作业班组、作业人员详细说明，并由双方签字确认的制度。

（6）公路工程施工应按国家有关规定提取、使用安全生产费用。

1）财政部、安全监管总局关于印发《企业安全生产费用提取和使用管理办法》的通知（财企〔2012〕16号）。

2）房屋建筑工程、水利水电工程、电力工程、铁路工程、城市轨道交通工程为2.0%。

3）市政公用工程、冶炼工程、机电安装工程、化工石油工程、港口与航道工程、公路工程、通信工程为1.5%。

（7）公路工程施工应为从业人员配备合格的安全防护用品和用具，并定期更换。从业人员在施工作业区域内，应正确使用安全防护用品和用具。

（8）施工现场、生产区、生活区、办公区应按规定配备满足要求且有效的消防设施和器材。

（9）公路工程施工应编制综合应急预案、专项应急预案和现场应急处置方案，配备应急物资，并应定期组织相关人员进行应急培训和演练。

（10）公路工程施工前，应全面检查施工现场、机具设备及安全防护设施等，施工条件应符合安全要求。用于施工临时设施受力构件的周转材料使用前应进行材质检验。

（11）公路工程施工使用的特种设备应按相关规定取得生产许可，应经检验合格并取得使用登记证书。

（12）机械设备上各种安全防护、保险限位装置及各种安全信息装置必须齐全有效。必须按照使用说明书规定的技术性能、承载能力和使用条件操作、使用，严禁超载、超速作业或任意扩大使用范围。

（13）危险作业场所应按规定设置警戒区或其他安全防护、逃生设施。

（14）施工现场出入口、沿线各交叉口、施工起重机械、临时用电设施以及脚手架等临时设施、民爆物品和易燃易爆危险品库房、孔洞口、基坑边沿、桥梁边沿、码头边沿、隧道洞口和洞内等危险部位应设置明显的安全警示标志和必要的安全防护设施。

（15）工程货运车辆严禁运送人员。

（16）六级及以上大风和大雨、大雪、大雾等恶劣天气不得进行露天作业。

4. 施工准备

JTG F90 中，对项目驻地和场站建设、施工便道、施工临时用电、生产生活用水、施工机械设备等施工的安全作出了基本规定。

5. 通用作业

JTG F90 中，对测量作业、支架及模板工程、钢筋工程、混凝土工程、电焊与气焊、起重吊装、高处作业、爆破作业、小型机具等项目施工的安全作出了基本规定。

6. 路基工程

JTG F90 中，对场地清理、土方工程、石方工程、防护工程、排水工程、软基处理、特殊路基等项目施工的安全作出了基本规定。

7. 路面工程

JTG F90 中，对基层与底基层、沥青面层、水泥混凝土面层等项目施工的安全作出了基本规定。

8. 桥涵工程

JTG F90 中，对预应力混凝土工程、钻（挖）孔灌注桩、沉入桩、沉井、地下连续墙、围堰、明挖地基、承台与墩台、砌体、钢筋混凝土和预应力梁式桥、拱桥、斜拉桥、悬索桥、钢桥、涵洞与通道等项目施工的安全作出了基本规定。

9. 隧道工程

JTG F90 中，对洞口与明洞、开挖、装渣与运输、支护、衬砌、辅助坑道、防水和排水、通风、防尘及防有害气体、风、水、电供应、不良地质和特殊岩土地段、盾构施工、水下隧道、特殊地段、小净距及连拱隧道、附属设施工程、超前地质预报和监控量测、逃生与救援等项目施工的安全作出了基本规定。

10. 交通安全设施

JTG F90 中，对护栏、交通标志、交通标线、隔离栅和桥梁护网、防眩设施等项目施工的安全作出了基本规定。

11. 改扩建工程

JTG F90 中，对改扩建、拆除、加固等项目施工的安全作出了基本规定。

12. 特殊季节与特殊环境施工

JTG F90 中，对在冬季施工、雨季施工、夜间施工、高温施工、台风季节施工、汛期施工、能见度不良施工、沙漠地区施工、高海拔地区施工等特殊季节与特殊环境施工项目的安全作出了基本规定。

1.2.3 《公路项目安全性评价规范》JTG B05—2015

1. 概述

《公路项目安全性评价规范》（JTG B05—2015，以下简称 JTG B05）自 2016 年 4 月 1 日起施行。新版 JTG B05 是对原《公路项目安全性评价指南》JTG/T B05—2004 的全面修订和扩充，吸收了近年来国内外相关研究成果和实践经验，统筹把握了当前安全性评价工作的重点，体现了“平安交通”的发展要求。章节为 7 章，附录为 3 个。

本次修订的七个变化：

（1）补充了各阶段安全性评价的重点和评价流程要求。

（2）新增了各阶段安全性评价结论内容和深度的要求。

（3）新增了各阶段二级公路、三级公路及改扩建公路的评价内容。

（4）调整了设计阶段章节内容，并按照初步设计阶段和施工图设计阶段编写。

（5）新增了交工阶段章节条文。

（6）调整了运营阶段章节部分条文内容，并将运营阶段条文纳入评价章节。

（7）补充完善了高速公路、一级公路、二级公路、三级公路运行速度计算方法。

2. 总则

本规范适用于实施公路项目安全性评价的高速公路、一级公路、二级公路和三级公路。本规范适用于公路项目的工程可行性研究阶段、初步设计阶段、施工图设计阶段、交工阶段和后评价。

3. 工程可行性研究阶段

（1）一般规定

本阶段评价重点应为走廊带及工程方案对交通安全、社会和环境的影响。新建公路应针对同深度比选的走廊带方案进行评价。改扩建公路应分析既有公路交通安全特点，评价改扩建方案对交通安全的影响。

（2）评价方法宜采用经验分析法或安全检查清单进行评价。

（3）评价内容

1）应根据地形条件、交通组成等，评价工程建设对交通安全的影响。

2）应根据预测交通量，评价路线起讫点与其他公路的连接方式、交通组织等对交通安全的影响。

3）应评价急弯陡坡、连续上坡、连续长陡下坡，路侧有悬崖、深谷、深沟、江河湖泊等危险路段对交通安全的影响。

4）应评价特大桥、特长隧道等大型构造物的选址、规模和安全运营需求等对交通安全的影响。

5）应根据路网条件、出入交通量及沿线城镇布局等，评价互通式立体交叉选址、形式，相邻互通式立体交叉之间，互通式立体交叉与隧道等大型构造物以及管理、服务设施之间关系等对交通安全的影响。

6）应根据地形条件、主线技术指标、相交公路状况、预测交通量等，评价平面交叉的选址、形式、交通组织及交叉口间距等对交通安全的影响。

7）应评价与项目交叉或临近的铁路、油气管道、高压输电线路等对交通安全的影响。

8）应根据穿越村镇、居民区、牧区、林区等情况评价路侧干扰等对交通安全的影响。

9）改扩建公路在施工期间不中断交通或将主线交通量分流到相关道路时，应评价改扩建方案交通组织及采取的相应安全措施。

10）应根据降雨、冰冻、积雪、雾、侧风等自然气象条件，评价气象条件对交通安全的影响。

11）应评价在发生自然灾害或严重交通事故而造成交通中断时，路线方案与相关路网配合进行应急救援和紧急疏散的能力。

12）应根据动物活动区及动物迁徙路线，评价设置隔离栅或动物通道的必要性。

（4）评价结论

4. 初步设计阶段

(1) 一般规定

本阶段评价重点应为路线方案及其技术指标的运用情况、结构物布设的合理性、交通工程及沿线设施建设规模的合理性等。应进行总体评价、比选方案评价和设计要素评价。比选方案评价应针对各同深度比选方案进行，设计要素评价应针对推荐方案进行。

(2) 比选方案评价宜采用经验分析法或安全检查清单等方法。设计要素评价可采用运行速度协调性分析等方法。

(3) 总体评价：评价公路项目特点对交通安全的影响、利用路段的设计指标、工程可行性研究批复执行情况等。

(4) 比选方案评价

1) 应评价各方案存在的急弯陡坡、连续上坡、连续长陡下坡，路侧有悬崖、深谷、深沟、江河湖泊等危险路段对交通安全的影响。

2) 应评价各方案设置的特大桥、特长隧道及隧道群、互通式立体交叉、重要平交路口、服务设施等与路线总体布局的协调性及其对交通安全的影响。

3) 应评价不利气象或环境对各方案交通安全的影响。

4) 改扩建公路尚应评价各改扩建方案的路线线形顺接、拼宽、拼接和既有交通安全设施的再利用等对交通安全的影响。

(5) 设计要素评价：运行速度协调性评价、路线评价、路侧评价、桥梁评价、隧道评价、互通式立体交叉评价、平面交叉评价、交通工程及沿线设施评价等。

(6) 评价结论内容应包括总体评价结论、比选方案评价结论和设计要素评价结论。

5. 施工图设计阶段

(1) 一般规定

本阶段评价重点应为交通工程及沿线设施的设置情况等。应进行总体评价和设计要素评价。改扩建公路尚应评价施工期间的交通组织设计对周边安全的影响。

(2) 本阶段宜采用运行速度协调性分析、安全检查清单等评价方法。对复杂项目、复杂路段，可采用驾驶模拟方法对线形设计协调性、交通安全设施等进行评价。

(3) 总体评价应对初步设计批复中与交通安全相关意见的执行情况进行核查。当初步设计阶段进行过安全性评价时，应对安全性评价意见的响应情况进行核查。

(4) 设计要素评价

1) 路线评价包含：超高、加宽值和加宽形式、合成坡度、爬坡车道、避险车道、既有公路利用的合理性等。

2) 路基和路面评价包含：路面抗滑能力的措施、中央分隔带开口、排水设施、原有排水设施等。

3) 桥梁和涵洞评价包含：设置位置对交通安全的影响、桥面铺装抗滑、桥面泄水孔的泄水能力、侧风对桥面交通安全的影响、应急救援中央分隔带开口、涵洞洞口形式等。

4) 隧道评价包含：车行横通道或人行横通道、洞口抗滑、照明、通风、消防和监控设施、应急救援等。

5) 互通式立体交叉评价包含：分流鼻端位置、匝道运行速度协调性、视距、出入口距离等。

6）平面交叉评价包含：变速车道和转弯附加车道、渠化设计、交通管理方式等。

7）交通工程及沿线设施评价包含：交通标志、标线、轮廓标、线形诱导标志、护栏、服务区、停车区内部服务设施、内部车道及停车场、加（减）速车道长度、连续上坡路段、连续长陡下坡路段、长下坡接小半径曲线路段、长大隧道群路段、桥隧相连路段、隧道与互通式立体交叉相连路段、气象灾害多发路段、路侧干扰严重路段、路侧险要路段等，应对其交通工程及沿线设施的综合设置等。

（5）评价结论内容应包括总体评价结论和设计要素评价结论。

6. 交工阶段

（1）一般规定

本阶段评价重点应为通车前交通工程及沿线设施的设置情况。本阶段安全性评价应在工程质量验收合格的前提下，进行总体评价和公路安全状况评价。

（2）公路安全状况评价应进行公路现场踏勘和实地驾驶，宜采用安全检查清单等方法进行评价。

（3）总体评价

分析公路项目的特点，评价其对交通安全的影响。应对设计审查中与交通安全相关意见的执行情况进行核查。当在设计阶段进行过安全性评价时，应对安全性评价意见的响应情况进行核查。

（4）公路安全状况评价包含路线评价、路基和路面评价、桥梁评价、隧道评价、互通式立体交叉评价、平面交叉评价、交通工程及沿线设施评价。

（5）评价结论内容包括总体评价结论和公路安全状况评价结论。

7. 后评价

（1）一般规定

适用于公路建设项目后评价中的交通安全评价，也适用于通车后公路安全状况发生较大变化，或竣工验收、大中修、改扩建时的安全性评价。评价重点应为公路设施、交通量及交通组成、路网环境、路侧环境等的现状对公路交通安全的影响。应进行总体评价和公路安全状况评价。

（2）评价方法宜采用交通事故统计分析、问卷调查等方法。公路安全状况评价宜采用安全检查清单、断面速度现场观测等方法。

（3）总体评价

应根据交通量及交通组成、公路环境、安全管理、气候条件、交通事故等，评价公路运营后的交通运行特点对交通安全的影响。应调研运营情况、交通事故主要原因、交通事故频发路段和交通安全管理等方面的情况。应进行资料收集，资料的质量、数量和时效应满足评价要求。宜进行公路使用者问卷调查，主要调查安全运营需求、安全管理措施的效果，以及对安全改善的建议等。交通事故分析应对交通事故次数、伤亡人数、经济损失等进行统计，分析交通事故变化的趋势。应对交通事故发生的时间分布、空间分布、形态分布、原因分布、气候特征等进行分析，总结交通事故的统计规律。应根据交通事故的空间分布对事故频发路段进行鉴别，确定其起、终点范围，并分析事故频发原因。宜对典型的重大、特大交通事故进行个案分析。可对与应急救援相关的公路设施和应急预案进行评价。

（4）公路安全状况评价

公路安全状况评价应进行公路安全状况现场调查。包含路线评价、路基和路面评价、桥梁评价、隧道评价、互通式立体交叉评价、平面交叉评价、交通工程及沿线设施评价、养护维修作业控制区评价。

（5）评价结论内容包括总体评价结论和公路安全状况评价结论。

1.2.4 《公路养护安全作业规程》JTG H30—2015

1. 概述

《公路养护安全作业规程》（JTG H30—2015，以下简称 JTG H30）从 2015 年 6 月 1 日起施行。新版规程是对原《公路养护安全作业规程》JTG H30—2004 的全面修订，修订遵循布置合理、管控有效、安全可靠、便于实施的原则，体现以人为本、以车为本的服务理念，加强现场安全作业管理，保障公路养护作业人员、设备和车辆运行的安全，提高公路养护安全作业的规范化管理水平。修订后的规程包括 14 章和 2 个附录，主要修订了以下内容：

（1）增加了基本规定、四级公路养护作业控制区布置和交通工程及沿线设施养护作业控制区布置等 3 章。

（2）将原规程特大桥桥面和隧道养护作业控制区布置一章分为桥涵养护作业控制区布置和隧道养护作业控制区布置两章，并分别作了修订。

（3）将原规程养护维修安全作业中的共性要求纳入基本规定一章，并将该章名称修改为特殊路段及特殊气象条件养护安全作业，细化了其相关规定。

（4）提出了按作业时间划分公路养护作业类型的方法。

（5）提出了公路养护作业控制区限速方法，修订了最终限速值。

（6）修订了公路养护作业控制区划分及各区段长度，增加了横向缓冲区。

（7）修订并补充了公路养护安全设施种类、功能及布设方法 。

（8）引入了高速公路及一级公路养护作业控制区两侧差异化布置，修订并补充了二、三级公路养护作业控制区布置。

（9）修订了平面交叉、收费广场养护作业控制区布置。

2. 总则

为规范公路养护安全作业，保障养护作业人员、设备和车辆运行的安全，制定本规程。本规程适用于各等级公路养护作业控制区布置、安全设施布设和安全作业管理。公路养护作业控制区布置与作业管理应遵循布置合理、管控有效、安全可靠、便于实施的原则，应根据作业时间划分公路养护作业类型，并进行相应的安全作业管理，保障养护安全作业，提高管控区域的通行效率。

3. 基本规定

（1）公路养护作业可分为长期养护作业、短期养护作业、临时养护作业和移动养护作业，并应根据养护作业类型制订相应的安全保通方案。

（2）长期养护作业应加强交通组织，必要时修建便道，宜采用稳固式安全设施并及时检查维护，加强现场养护安全作业管理；短期养护作业应按要求布置作业控制区，可采用易于安装拆除的安全设施；临时和移动养护作业控制区布置可在长期和短期养护作业控制区基础上，根据实际情况，在保障安全的前提下进行简化。

（3）公路养护作业应在保障养护作业人员、设备和车辆运行安全的前提下，充分考虑养护作业对交通安全保通状况的影响，保障交通通行。

（4）公路养护作业应利用可变信息标志、交通广播、网络媒体、临时性交通标志等沿线设施、信息服务平台，及时发布前方公路或区域路网内的养护作业信息。

（5）公路长期养护作业应组织制订养护安全作业应急预案。当发生突发事件时，应及时启动应急预案。

（6）养护作业前应了解埋设或架设在公路沿线、桥梁上和隧道内的各种设施，并与有关设施管理部门取得联系，采取必要的保护措施。当通航桥梁养护作业影响到航运安全时，应在养护作业前向有关部门通报。

（7）公路养护作业开始前应覆盖与养护安全设施相冲突的既有公路设施，结束后应及时恢复被覆盖的既有公路设施。

（8）公路养护作业未完成前，不得擅自改变作业控制区的范围和安全设施的布设位置。

4. 公路养护作业控制区

（1）公路养护作业控制区应按警告区、上游过渡区、纵向缓冲区、工作区、下游过渡区和终止区的顺序依次布置。

（2）长期和短期养护作业应布置警告、上游过渡、缓冲、工作、下游过渡、终止等区域；临时养护作业控制区布置可在长、短期养护作业基础上减小区段长度，有移动式标志车时也可不布置上游过渡区；移动养护作业控制区可仅布置警告区和工作区，警告区长度可减小。四级公路养护作业控制区布置可在二、三级公路养护作业基础上简化。

（3）养护作业控制区限速应符合下列规定：

1）限速过程应在警告区内完成。

2）限速应采用逐级限速或重复提示限速方法。逐级限速宜每 100m 降低 10km/h。相邻限速标志间距不宜小于 200m。

3）最终限速值不应大于表 1-5 的规定。当最终限速值对应的预留行车宽度不符合要求时，应降低最终限速值。

公路养护作业限速值 **表 1-5**

设计速度(km/h)	限速值(km/h)	预留行车宽度(m)
120	80	3.75
100	60	3.5
80	40	3.5
60	30	3.25
40	30	3.25
30	20	3.00
20	20	3.00

4）高速公路及一级公路封闭路肩养护作业，最终限速值可提高 10km/h 或 20km/h。

5）不满足超车视距的二、三级公路弯道或纵坡路段养护作业，最终限速值宜取

20km/h。

6）隧道养护作业，最终限速值可降低 10km/h 或 20km/h，但不宜小于 20km/h。

（4）警告区最小长度应符合表 1-6 的规定。当交通量 Q 超出表中范围时，宜采取分流措施。

高速公路及一级公路警告最小长度 **表 1-6**

公路等级	设计速度(km/h)	交通量 Q[pcu/(h·ln)]	警告区最小长度(m)
高速公路	120	$Q \leqslant 1400$	1600
		$1400 < Q \leqslant 1800$	2000
	100	$Q \leqslant 1400$	1500
		$1400 < Q \leqslant 1800$	1800
	80	$Q \leqslant 1400$	1200
		$1400 < Q \leqslant 1800$	1600
一级公路	100、80、60	$Q \leqslant 1400$	1000
		$1400 < Q \leqslant 1800$	1500

（5）封闭车道养护作业的上游过渡区最小长度值应符合表 1-7 的规定，封闭路肩养护作业的上游过渡区长度不应小于表 1-7 中数值的 1/3

封闭车道上游过渡区最小长度 **表 1-7**

最终限速值(km/h)	封闭车道宽度(m)			
	3.0	3.25	3.5	3.75
80	150	160	170	190
70	120	130	140	160
60	80	90	100	120
50	70	80	90	100
40	30	35	40	50
30	20	25	30	
20	20			

（6）缓冲区可分为纵向缓冲区和横向缓冲区，应符合下列规定：

1）纵向缓冲区的最小长度应符合表 1-8 的规定。当工作区位于下坡路段时，纵向缓冲区的最小长度应适当延长。

2）在保障行车道宽度的前提下，工作区和纵向缓冲区与非封闭车道之间宜布置横向缓冲区，其宽度不宜大于 0.5m。

纵向缓冲区最小长度 **表 1-8**

最终限速值(km/h)	不同下坡坡度的纵向缓冲区最小长度(m)	
	≤3%	>3%
80	120	150
70	100	120

续表

最终限速值(km/h)	不同下坡坡度的纵向缓冲区最小长度(m)	
	≤3%	>3%
60	80	100
50	60	80
40	50	
30、20	30	

(7) 工作区长度应符合下列规定:

1) 除借用对向车道通行的高速公路及一级公路养护作业外，工作区的最大长度不宜超过 4km。

2) 借用对向车道通行的高速公路及一级公路养护作业，工作区的长度应根据中央分隔带开口间距和实际养护作业而定，工作区的最大长度不宜超过 6km。当中央分隔带开口间距大于 3km 时，工作区的最大长度应为一个中央分隔带开口间距。

(8) 下游过渡区的长度不宜小于 30m。

(9) 终止区的长度不宜小于 30m。

5. *公路养护安全设施*

(1) 公路养护安全设施包括临时标志、临时标线和其他安全设施，各类安全设施应组合使用。

(2) 临时标志应包括施工标志、限速标志等，其使用应符合下列规定:

1) 施工标志宜布设在警告区起点。

2) 限速标志宜布设在警告区的不同断面处。

3) 解除限速标志宜布设在终止区末端。

4) “重车靠右停靠区”标志应用于控制大型载重汽车在特大、大桥和特殊结构桥梁上的通行。

(3) 临时标线应包括渠化交通标线和导向交通标线，应用于长期养护作业的渠化交通或导向交通标线，宜为易清除的临时反光标线。渠化交通标线应为橙色虚、实线；导向交通标线应为醒目的橙色实线。

(4) 其他安全设施可包括车道渠化设施、夜间照明设施、语音提示设施、闪光设施、临时交通控制信号设施、移动式标志车、移动式护栏和车载式防撞垫等。

(5) 车道渠化设施可包括交通锥、防撞桶、水马、防撞墙、隔离墩、附设警示灯的路栏等。

(6) 照明设施和语音提示设施可用于夜间养护作业。

(7) 闪光设施可包括闪光箭头、警示频闪灯和车辆闪光灯。

(8) 临时交通控制信号设施灯光颜色应为红、绿两种，可交替发光，可用于双向交替通行的养护作业，宜布设在上游过渡区和下游过渡区。

(9) 移动式标志车颜色应为黄色，顶部应安装黄色警示灯，后部应安装标志灯牌，可用于临时养护作业或移动养护作业。

(10) 移动式护栏可用于三级及三级以上公路下坡路段养护作业。

(11) 车载式防撞垫颜色应为黄、黑相间，可安装在养护作业车辆或移动式标志车尾部。

6. 高速公路及一级公路养护作业控制区布置

(1) 养护作业控制区布置应考虑养护作业的内容与要求、时间和周期、交通量、经济效益等因素，控制区内交通标志的布设必须合理、前后协调，起到引导车流平稳变化的作用。养护作业控制区两侧应差异化布设安全设施。同一行车方向不同断面同时进行养护作业时，相邻两个工作区净距不宜小于5km。封闭车道养护作业控制区与被借用车道上的养护作业控制区净距不宜小于10km。养护作业控制区应设置工程车辆专门的出、入口，并宜设在顺行车方向的下游过渡区内。当工程车辆需经上游过渡区或工作区进入时，应布设警告标志并配备交通引导人员。

(2) 养护作业控制区布置，JTG H30 作了详尽的规定。

7. 二、三级公路养护作业控制区布置

(1) 养护作业控制区布置应兼顾养护作业控制区是否交替通行、线形特征等因素。

(2) 二、三级公路车道养护作业时，本向应布置警告区、上游过渡区、缓冲区、工作区、下游过渡区和终止区，对向应布置警告区和终止区。警告区应布设施工标志及限速标志，车道封闭养护作业尚应布设改道标志；上游过渡区应布设交通锥、闪光箭头、交通引导人员等；上游过渡区和缓冲区交界处应布设附设警示灯的路栏；终止区应布设解除限速标志。

(3) 同一方向不同断面同时养护作业时，相邻两个工作区净距不应小于3km。

(4) 不满足超车视距的弯道或纵坡路段养护作业控制区布置，应提前布置警告区。

8. 四级公路养护作业控制区布置

长期和短期养护作业控制区可仅布置警告区、上游过渡区、工作区和下游过渡区，临时和移动养护作业控制区可仅布置警告区和工作区。警告区内应布设施工标志、限速标志，上游过渡区、工作区、下游过渡区应布设交通锥，上游过渡区内应布设交通引导人员，视距不良路段养护作业时应增设一名交通引导人员。

9. 桥涵养护作业控制区布置

(1) 桥梁养护作业时应加强车辆限速、限宽和限载的通行控制。经批准允许通行的危险品运输车辆应引导通过。当预判桥梁养护作业会出现车辆排队时，应利用桥梁检查站、收费站、正常路段或警告区布置大型载重汽车停靠区，并布设“重车靠右停靠区”标志，间隔放行大型载重汽车，不得集中放行。

(2) 立交桥上养护作业控制区布置应在立交桥下方公路上布设施工标志、限高及限宽标志，并不得向桥下抛投任何物品。养护作业占用下方公路路面时，立交桥下方公路应布置养护作业控制区。

(3) 特大、大桥养护作业除应满足桥梁养护作业控制区布置的一般要求外，尚应符合该特大、大桥养护作业的特定技术要求。

(4) 桥梁伸缩缝常规检查、清理作业可按临时养护作业控制区布置。桥梁伸缩缝更换作业应半幅封闭或全幅封闭受伸缩缝施工影响的桥孔，应做好分流信息提示，并在作业控制区前后的交叉路口布设桥梁封闭或改道标志。

(5) 桥梁拉索、悬索及桥下部结构养护作业影响范围内，应将对应桥面封闭为工作区，并布置养护作业控制区；对影响净高或净宽的养护作业，应布设限高或限宽标志。

10. 隧道养护作业控制区布置

（1）隧道养护作业时，当隧道养护作业影响原建筑限界时，应设置限高及限宽标志。

（2）隧道养护作业控制区中交通锥的布设间距不宜大于 4m，缓冲区和工作区照明应满足养护作业照明要求。隧道养护作业人员应穿戴反光服装和安全帽，养护作业机械应配备反光标志，施工台架周围应布设防眩灯。

（3）隧道养护作业宜在交通量较小时进行。特长、长隧道养护作业应全时段配备交通引导人员，轮换时间不应超过 4h。特长、长隧道养护作业时，应间隔放行大型载重汽车。

（4）临时和移动养护作业宜布设移动式标志车，并在隧道两端布设施工标志，必要时配备交通引导人员。移动养护作业宜采用机械移动养护作业。

11. 平面交叉养护作业控制区布置

（1）有渠化的平面交叉养护作业的范围应包括平面交叉规划及渠化范围。无渠化的平面交叉养护作业的范围距交叉入口不应超过停车视距范围。

（2）当工作区上游存在交叉，且其在养护作业控制区内时，可将警告区起点移至其出口处。

（3）平面交叉养护作业控制区的上游视距不良时，可在视距不良处增设施工标志。

（4）平面交叉入口或出口封闭车道改为双向通行时，应划出橙色临时标线；当车道宽度无法满足双向通行时，应配备交通引导人员引导车辆交替通行。

（5）平面交叉养护作业车辆应配备闪光箭头或车辆闪光灯，可布设移动式标志车。

（6）养护作业控制区布置

1）十字交叉入口封闭且需借用对向车道交替通行的养护作业，应布设临时交通信号灯。入口封闭且需借用对向车道双向通行的养护作业，应在借用车道上布设车道渠化设施分隔双向交通。入口单车道封闭且本向车道维持通行的养护作业。

2）十字交叉出口养护作业，应根据出口封闭情况布置养护作业控制区，出口封闭且需借用对向车道交替通行的养护作业，应布设临时交通信号灯。出口封闭且需借用对向车道双向通行的养护作业，应在借用车道上布设车道渠化设施分隔双向交通。出门单车道封闭且本向车道维持通行的养护作业，对应入口车道宜封闭一定区域布置上游过渡区和缓冲区。

3）十字交叉中心处养护作业，应同时在四个交叉入口布置作业控制区。

4）被交道为单车道四级公路的十字交叉养护作业，主线养护作业的终止区应布置在通过被交道后的位置，被交道可简化作业控制区布置，应在被交道入口配备交通引导人员。

5）环形交叉封闭入口车道养护作业，应在入口处布置养护作业控制区。当中间车道进行养护作业时，应封闭相邻一侧车道。

6）环形交叉封闭出口车道养护作业，应在出口处布设闪光箭头或导向标志和附设警示灯的路栏，尚应在另三个交叉入口分别布设施工标志。

7）环形交叉中心处养护作业，应在交叉入口处布设施工标志。

8）T 形交叉养护作业，可按十字交叉封闭入口车道养护作业控制区布置。

9）临时养护作业控制区布置可按第 6 章至第 8 章的有关规定执行，在受影响的交叉入口应配备交通引导人员。

12. 收费广场养护作业控制区布置

(1) 收费广场养护作业应关闭受养护作业影响的收费车道，并布置养护作业控制区。进行各类养护作业时不得全部封闭单向收费车道。

(2) 主线收费广场养护作业控制区可简化，工作区在收费车道入口处，可仅布置警告区、上游过渡区、缓冲区和工作区，警告区应布设施工标志，上游过渡区应布设闪光箭头或导向标志，车辆无须变道时，宜布设施工标志。工作区在收费车道出口处，可仅布置工作区和下游过渡区，并关闭对应的收费车道。

(3) 匝道收费口前养护作业，应在匝道入口布设施工标志，并关闭养护作业的收费车道，上游过渡区和缓冲区长度均可取10～20m。匝道收费口后养护作业，应关闭对应的收费车道，并应布置下游过渡区，其长度可取5～10m。

13. 交通工程及沿线设施养护作业控制区布置

护栏、防眩板和视线诱导标养护作业，可按封闭内侧车道或封闭路肩的临时养护作业控制区布置，交通锥宜布设在车道分隔标线内侧，可布设移动式标志车。

交通标志养护作业，根据其所在的位置，可按封闭路肩或封闭车道的临时养护作业控制区布置，可布设移动式标志车。拆除交通标志时，必须保证原有标志的指示、警示等功能，可布设临时性标志。

交通标线养护作业，应充分考虑施划标线的位置，按移动养护作业控制区布置，可布设移动式标志车，画线车辆应配备闪光箭头。施划标线后，应沿标线摆放交通锥。

14. 特殊路段及特殊气象条件养护安全作业

穿城区、村镇路段、易发生地质灾害的傍山路段、路侧险要路段养护安全作业需满足规定。

冬季、高温季节、雨季、雾天及沙尘天气、大风天气养护安全作业要满足规定。

1.2.5 《黄土地区公路路基设计与施工技术规范》JTG/T D31-05—2017

1. 概述

《黄土地区公路路基设计与施工技术规范》(JTG/T D31-05—2017，以下简称JTG/T D31-05) 从2017年9月1日起施行。规范制定过程中，对全国已建和在建的黄土地区公路路基工程开展了广泛的技术调研，参考了国内外近十余年来有关黄土地区公路建设的科研成果和技术资料，全面总结并充分吸收了我国黄土地区公路建设的经验，广泛征求了业内有关单位和专家的意见和建议。

本规范共分7章、4个附录，涵盖黄土地区公路路基勘察、设计与施工诸方面，主要内容包括：(1) 总则。(2) 术语和符号。(3) 工程地质勘察与评价。(4) 地基处理。(5) 路基设计。(6) 路基施工。(7) 路基拓宽改建。(附录A) 黄土地貌类型。(附录B) 黄土地区公路工程分区及主要特征。(附录C) 防护、支挡、排水等构造物采用圬工材料强度要求。(附录D) 黄土路基设计分区及主要特征。

2. 总则

本规范适用于黄土地区各等级新建和改扩建公路路基的设计与施工。黄土地区公路路基设计与施工，应因地制宜，落实绿色发展理念，遵循水土保持、环境保护、资源节约的原则。

3. 工程地质勘察与评价

（1）黄土地区工程地质勘察可分为四个阶段，即预可行性研究阶段工程地质勘察（简称预可勘察）、工程可行性研究阶段工程地质勘察（简称工可勘察）、初步设计阶段工程地质勘察（简称初步勘察）和施工图设计阶段工程地质勘察（简称详细勘察）。各阶段的勘察成果应符合各相应设计阶段的要求。

（2）二级及二级以上公路工程，在地质条件复杂，或有特殊要求的项目或特殊工点，可进行专门勘察。三级、四级公路工程，在地质条件简单，或有工程经验的地区，可根据设计阶段简化勘察阶段。

（3）勘探点、测试点和观测点的布置应查明各地质体界线及工程地质特性，其密度、深度应根据勘察阶段、成图比例、露头情况和工程结构要求等确定。

4. 地基处理

（1）一般规定

应做好湿陷性黄土地基处理和黄土陷穴处理。地基处理应与加强防水相结合，做到防治并重。湿陷性黄土地区的公路工程宜按表 1-9 的规定划分等级，并按下列规定确定地基处理深度：

1）甲类工程应消除地基的全部湿陷量，或采用桩基础穿透地表水、施工用水下渗影响范围内的湿陷性土层。

公路工程等级划分 **表 1-9**

工程等级	划分标准
甲类	①二级及二级以上公路上的涵洞、通道、墙高大于 6m 的挡土墙； ②高速公路、一级公路上与桥台距离 25m 范围内的路基
乙类	除甲类、丙类以外的工程
丙类	三级及三级以下公路

2）乙类工程地基最小处理深度应符合表 1-10 的规定。

湿陷性黄土地基最小处理深度（m） **表 1-10**

路基类型	湿陷等级与特征							
	经常积水或浸湿可能性大				季节性积水或浸湿可能性小			
	Ⅰ	Ⅱ	Ⅲ	Ⅳ	Ⅰ	Ⅱ	Ⅲ	Ⅳ
高度大于 4m 的路堤	2	3	4	6	1	2	3	5
零填、路堑、高度小于或等于 4m 的路堤	1	1.5	2	3	1	1.5	2	2.5

3）丙类工程当地基湿陷等级为Ⅰ～Ⅱ级时，可不进行处理。

4）湿陷性黄土地基的处理宽度，在路堤段应处理至坡脚排水沟外侧不小于 1m，且距离坡脚不小于 3m；在路堑段应为路基的断面宽度。小型构造物处的处理宽度应与相邻路基相同。

5）黄土地基符合下列条件之一时，均可按一般土质进行处理：

① 地基湿陷量的计算值小于或等于 50mm。

② 在非自重湿陷性黄土场地，地基内各土层的湿陷起始压力值，均大于其附加压力与上覆土体的饱和自重压力之和。

（2）换填垫层法

1）换填垫层法可用于处理厚度 3m 以内的湿陷性黄土地基。当临近房屋建筑、结构物，其他处理方法受限时，宜采用换填垫层法。高速公路、一级公路宜采用石灰土垫层，二级及二级以下公路可采用石灰土垫层或素土垫层。当地基土的塑性指数小于 7 时，可采用水泥土垫层。

2）垫层施工应符合下列规定：

① 施工前应先施作排水设施，施工现场应防止积水。当垫层底部存在洞穴或旧基础时，应用石灰土分层填实或挖除旧基础后用石灰土分层填实。

② 垫层分层摊铺碾压的厚度不宜大于 0.3m，每层压实遍数宜通过试验确定。

③ 垫层验收合格后，应及时填筑路堤或作临时遮盖，防止日晒雨淋。

（3）冲击碾压法

1）冲击碾压法可用于处理湿陷等级为Ⅰ～Ⅱ级的非自重湿陷性黄土地基，以及零填和高度小于 4m 的路堤下的Ⅱ级自重湿陷性黄土地基；地基土的含水率宜为 10%～22%。湿陷性黄土处理厚度宜为 0.5～1.0m，不宜超过 1.5m。

2）冲击碾压处理湿陷性黄土地基施工应符合下列规定：

① 冲击碾压前应先用平地机将原地面大致整平，再用钢轮压路机静压或振压将地表适当压实。

② 冲击碾压宜采用排压法，纵横向轮迹交错，纵向相错 1/6 轮轴距，横向轴缘相互重叠 20～30cm。

③ 冲击碾压处理的最短施工长度不应小于 100m，场地宽度应满足保证冲击碾压速度的要求。

④ 地基土的天然含水率应控制为最佳含水率±3%，天然含水率较高时应在晾晒后冲击碾压，天然含水率较低时应补充洒水后冲击碾压。

⑤ 冲击碾压过程中应对沉降值、压实度、湿陷系数进行测试，及时掌握压实效果。

⑥ 冲击碾压工序完成后，应采用平地机进行初步整平，再用钢轮压路机振动碾压 1～2 遍，并进行压实收光。

（4）强夯法

1）强夯法可用于处理各湿陷等级的湿陷性黄土地基。适宜处理的湿陷性土层厚度宜为 3～6m，不宜超过 8m。

2）强夯施工应符合下列规定：

① 夯点宜按正方形或等边三角形布置，夯点中心距可取夯锤直径的 1.2～2.0 倍。

② 强夯宜分为主夯、副夯、满夯三遍实施。第一遍主夯完成后，第二遍的副夯点应在主夯点中间穿插布置；副夯点与主夯点的布置间距及单击夯击能应相同。满夯夯点应采用彼此搭接 1/4 连续夯击；满夯单击夯击能可采用主夯单击夯击能的 1/2～1/3。

③ 两遍夯击之间宜有一定的时间间歇，间歇时间根据试夯结果确定。

④ 强夯夯点的夯击次数，应按试夯得到的夯击次数和夯沉量关系曲线确定。

（5）挤密桩法

1）挤密桩法可用于处理湿陷等级为Ⅱ～Ⅳ级的自重湿陷性黄土地基。适宜处理的湿陷性黄土层厚度宜为5～12m，不宜超过15m。

2）沉管法成孔施工应符合下列规定：

① 桩管宜选用壁厚不小于10mm的钢管，应在管壁上每隔0.5m清晰设置观测入土深度的标识。

② 沉管初始阶段，宜采用低锤轻击。当桩管沉入深度超过1m，方向垂直且稳定后，再加大落距，直至桩管下沉到设计的深度。

③ 成孔后应检测成孔的直径、深度是否符合设计要求。当发现缩径等问题时，应及时采取措施处理。

3）预钻孔法成孔施工应符合下列规定：

① 钻孔机械可采用螺旋钻、机动洛阳铲、钻斗等，钻杆上应有明显的深度标识。

② 钻进过程中，当出现钻杆跳动、机架明显晃动或无法进尺等异常情况时，应停机检查是否遇到石块、砖砌体等地下障碍物。在排除障碍物之后再继续施工。

③ 钻进到达设计深度后，应保持在该深度处空转清土，然后停止回转，提升钻杆至孔外卸土。采用钻斗钻机时，钻进到达设计深度后即可停钻，直接提升钻杆至孔外卸土。

4）桩孔夯填施工应符合下列规定：

① 石灰土挤密桩桩孔内所填石灰土掺灰量盐宜为10%～12%。石灰应采用消石灰，不得采用生石灰。石灰中CaO+MgO含量不应低于55%，宜采用Ⅲ级钙质消石灰或Ⅱ级镁质消石灰。

② 干拌水泥碎石挤密桩桩孔内所填水泥碎石的配合比宜为水泥：石屑：碎石＝1.0：2.6：3.3。水泥宜采用P.O42.5R；石屑粒径宜为0～5mm；碎石粒径宜为5～20mm，其含泥量不应大于5%。

③ 素土挤密桩桩孔内所填土料宜采用塑性指数7～15的黏质土，土料中有机质含量不应超过5%，亦不应夹有砖块、瓦砾和石块。

④ 沉管法成孔回填的夯实机宜采用锤质量0.2t以上的夯锤，分层夯填之后的桩体压实度不宜小于93%，预钻孔法成孔夯扩回填的夯实机应采用锤质量1.0t以上的夯锤，分层夯填之后的桩体压实度不宜小于93%，夯扩后的桩径应达到设计要求。

⑤ 开始填料前，应将孔底夯实。

⑥ 填料应严格按规定的数量对称均衡地填入桩孔，并按规定的落距进行夯击，待夯击达到规定的次数后，方可进行下一层填料。不得边填料、边夯击施工。

（6）桩基础法

桩基础法适用于人工构造物基底湿陷性黄土层处理，对地基受水浸湿可能性大的桥头路堤段亦可采用。桩体应穿过全部湿陷性黄土层，桩尖应位于坚实的非湿陷性土层中；桩长宜在15m以上。

（7）黄土陷穴处理

1）对危及路基安全的黄土陷穴，应根据其埋藏深度和大小选用适当的方法进行处理。常用处理方法可参考表1-11选用。

黄土陷穴处理方法 **表 1-11**

处理方法	适用条件	处理方法	适用条件
回填夯实	明陷穴	注浆或爆破回填	陷穴埋藏深度大于 6m
明挖回填夯实	陷穴埋藏深度小于或等于 3m	灌砂	陷穴埋藏深度小于或等于 3m，直径小于或等于 2m，洞身较直
开挖导洞或竖井回填夯实	陷穴埋藏深度大于 3m、小于或等于 6m	—	—

2）黄土陷穴的处理范围，宜控制在路堤或路堑边坡上侧 80m、下侧 50m 范围内。

5. 路基设计

（1）一般路基设计

1）当路堤边坡高度不大于 30m 时路堤的边坡形式及边坡坡率可按表 1-12 选用。年平均降水量大于 500mm 的地区宜采用阶梯形断面，并在边坡中部设置宽度为 2～3m 的平台。平台上应设截水沟，并采取防渗加固处理。

黄土路堤边坡形式及边坡坡率 **表 1-12**

边坡形式	第一级边坡坡率		
	$H \leqslant 10m$	$10m < H \leqslant 20m$	$20m < H \leqslant 30m$
折线形	1∶1.5	1∶1.75	1∶2.0
阶梯形	1∶1.5	1∶1.75	1∶1.75

2）当路堤边坡高度大于 30m 时，应与桥梁方案进行技术经济比较。确定采用路堤方案时，应结合变形和稳定性计算结果进行工点设计；应根据工后沉降量预留路堤顶面加宽值，该值不宜小于 0.5m。

（2）路堑设计

1）当路堑边坡高度不大于 30m 时，边坡坡率应根据黄土的地貌单元、年代、成因、构造节理、地下水分布、降水量、边坡高度、施工方法，并结合自然或人工稳定边坡坡率确定。

2）当路堑边坡高度大于 30m 时，应与隧道方案进行比较。当采用路堑方案时，应结合稳定性计算结果进行工点设计。

（3）高路堤、陡坡路堤设计

高路堤、陡坡路堤的边坡形式和坡率应根据地形与工程地质条件、边坡高度、地面坡率、填料性质等，结合经济与环保因素，经稳定性计算分析确定。边坡形式宜采用阶梯形。

（4）深路堑设计

1）深路堑边坡稳定性评价应以定性分析为基础，定量计算为手段，在进行边坡稳定性计算之前，根据边坡工程地质条件或已经出现的变形破坏迹象，定性判断边坡可能的破坏形式和边坡稳定性状态。

2）深路堑稳定性计算的安全系数不得小于表 1-13 的规定，否则应采取边坡支挡措施。

深路堑稳定安全系数容许值　　表 1-13

工况	稳定安全系数	
	二级及二级以上公路	三级、四级公路
正常工况	1.30	1.25
路堑用于暴雨或连续降雨状态	1.20	1.15

(5) 路基防护与支挡设计

1) 黄土路基边坡防护工程类型及适用条件可按表 1-14 选用。

黄土路基边坡防护工程类型及适用条件　　表 1-14

防护类型	结构形式		适用条件
工程防护	喷护(喷掺砂水泥土、喷浆、喷混)		适用于易风化但未遭强风化的岩石边坡;边坡坡率应缓于 1∶0.5,边坡地下水不发育和边坡无渗水且较干燥。高速公路、一级公路和景观要求高的公路不宜采用
	挂网喷浆(喷混)护坡		适用于坡面为碎裂结构的硬质岩石或层状结构的不连续地层以及坡面岩石与基岩分开并有可能下滑的挖方边坡;边坡坡率不受限制。高速公路、一级公路和景观要求高的公路不宜采用
	浆砌片石(混凝土)护面墙		边坡坡率应缓于 1∶0.5。当边坡坡率不陡于 1∶0.75 时,为节省圬工,可采用窗孔式护面墙
植物防护	植草、植灌防护		适用于降水量适宜的地区;边坡坡率应缓于 1∶0.75
	植树防护		适用于土壤水分多、降水量适宜的地区;边坡坡率应缓于 1∶1.5
	液压喷播植草防护		边坡坡率应缓于 1∶0.5
综合防护	栽藤技术		适用于已有工程防护或不适合植草种树的地区;边坡坡率不受限制
	骨架植草防护	浆砌片石骨架	边坡坡率应缓于 1∶0.75;当坡面受雨水冲刷严重或潮湿时,边坡坡率应缓于 1∶1
		混凝土骨架	边坡坡率应缓于 1∶0.75;当坡面受雨水冲刷严重或潮湿时,边坡坡率应缓于 1∶1。在石料缺乏地区采用
	铺网植草防护		适用于边坡坡率缓于 1∶0.75 的地区
	厚层基材喷播植草防护		适用于降水量较少,土壤含水率较低、瘠薄土质的地区。边坡坡率应缓于 1∶0.5。对黄土古土壤层防护尤其有效

2) 黄土路基沿河冲刷防护工程类型与适用条件可按表 1-15 选用。

黄土路基沿河冲刷防护工程类型与适用条件　　表 1-15

防护类型	使用条件
植物防护	可用于允许流速 1.2～1.8m/s、水流方向与公路路线近似平行、不受洪水主流冲刷的季节性河流冲刷地段防护
砌石或混凝土护坡	可用于允许流速 2～8m/s 的路基边坡防护
石笼防护	可用于允许流速 4～5m/s 的沿河路基坡脚防护
浸水挡墙	可用于允许流速 5～8m/s 的峡谷急流和水流冲刷严重的路段
护坦防护	可用于沿河路基挡土墙或护坡的局部冲刷深度过大、深基础施工不便的路段
抛石防护	可用于经常浸水且水深较大的路基边坡或坡脚以及挡土墙、护坡的基础防护
排桩防护	可用于局部冲刷深度过大的河湾或宽浅性河流的防护

续表

防护类型		使用条件
导流	丁坝	可用于宽浅性河段防护，保护河岸或路基不受水流直接冲蚀而产生破坏
	顺坝	可用于河床断面较窄、基础地质条件较差的河岸或沿河路基防护，以调整流水曲度和改善流态

3）路基支挡工程类型有挡土墙、抗滑桩和锚固工程等。支挡工程结构形式应根据当地气候、水文、地形、地质条件确定，可按表1-16选用。

黄土地区公路路基边坡支挡工程类型及适用条件　　表1-16

支挡类型	结构形式	适用条件
挡土墙	重力式挡土墙	适用于石料充足的一般地区、浸水地区和地震地区的路肩、路堤和路堑等支挡工程。作为重力式挡土墙的一种特殊形式，抗滑挡土墙适用于下滑推力较小的滑坡地段
	半重力式挡土墙	介于重力式挡土墙与悬臂式挡土墙中之间的一种挡土墙，适用于不宜采用重力式挡土墙的地下水位较高或较软弱的地基
	石笼式挡土墙	适用于地下水较多的土质、风化破碎岩石路段
	悬臂式挡土墙	宜在石料缺乏、地基承载力较低的填方路段采用
	扶壁式挡土墙	宜在石料缺乏、地基承载力较低的填方路段采用
	锚杆挡土墙	适用于缺乏石料的地区和挖基困难的岩质路堑地段，其他具有锚固条件的路堑墙也可使用，还可用于陡坡路堤，可用作抗滑挡土墙。锚固条件不好的新黄土地层不宜采用，老黄土地层中应慎用
	锚定板挡土墙	宜使用在缺少石料地区的路肩墙或路堤式挡土墙，但不应建筑于滑坡、坍塌地区
	加筋土挡土墙	用于一般地区的路肩式挡土墙、路堑式挡土墙，但不应修建在滑坡、水流冲刷、崩塌等不良地质路段
	桩板式挡土墙	用于表土及强风化层较薄的均质岩石地基及桩基锚固段地层条件较好的黄土地基，挡土墙高度可较大；也可用于地震区的路堑或路堤支挡或滑坡等特殊地段的治理
抗滑桩	普通抗滑桩	适用于下滑推力较大、有较好的桩基锚固地层的滑坡及需要预加固的边坡
	锚索抗滑桩	适用于下滑推力较大、滑动面埋深较大、抗滑桩悬臂较长、具有较好的锚索锚固条件和桩基锚固条件的滑坡及需要预加固的特殊边坡
锚固工程	锚索（杆）框架	锚索（杆）可用于老黄土地层中，尽可能锚固到下伏基岩中，锚固力应通过现场拉拔试验核定；框架的尺寸应根据坡面土体的承载力计算确定
	锚索肋板墙	锚索可用于老黄土地层中，尽可能锚固到下伏基岩中，锚固力应通过现场拉拔试验核定

（6）路基排水设计

黄土地区路基排水设计应做好排水系统总体设计，使路表排水、中央分隔带排水、坡面排水、路侧排水、地下排水的设施衔接合理，排水畅通，防止积水与下渗，避免发生湿陷导致路基破坏。

6. 路基施工

（1）一般规定

1）施工前应做好临时排水，临时排水设施应与永久排水设施综合考虑，并与工程影响范围内的自然排水系统相协调。

2）天气干燥季节施工，应做好施工现场防尘。

3）防护工程施工应与路堤填筑和路堑开挖施工紧密结合、合理衔接，防止降水、风蚀对坡面的破坏。

（2）路堤填筑

黄土路堤填料可采用新黄土和老黄土，但路床部分不宜采用老黄土。应测试黄土填料的 CBR 值；当达不到设计要求时，可采取掺石灰等处理措施。石灰缺乏的地区，可采用砂砾填料。

（3）路堑开挖

1）路堑开挖应从上而下进行，不得掏底开挖和采用大药量爆破施工。当黄土层含石过多、开挖困难时，可采用雷管进行破碎施工。

2）施工中应保持开挖坡面平整，不可随便刷方。当发现边坡有变形迹象时，宜采取合理的减载措施。

3）施工开挖接近设计高程时，应通过试验查明路床土料的物理力学性质，视土质和含水率情况，必要时采取挖除换填、掺灰改良、晾晒等处理措施。

（4）路基防护与支挡工程施工

1）防护与支挡工程所用的砂浆、混凝土，应采用机械集中拌和，不得直接在砌体面上或路面上人工拌和，并应随拌随用。

2）喷浆施工、喷混施工、挂网喷浆施工、挂网喷混防护施工、护面墙施工、植物防护施工、液压喷播植草防护施工、藤蔓植物防护施工、骨架植草防护施工、铺网植草防护施工、厚层基材喷播植草防护施工、路基沿河冲刷防护工程施工、挡土墙施工、重力式挡土墙施工、半重力式挡土墙施工、石笼式挡土墙施工、悬臂式挡土墙施工、扶壁式挡土墙施工、锚杆挡土墙施工、锚定板挡土墙施工、加筋土挡土墙施工、桩板式挡土墙施工、抗滑桩施工、锚固工程施工应满足 JTG/T D31-05 要求。

（5）排水工程施工

1）对排水沟渠进行铺砌加固前，应先对基底进行夯实、掺灰夯实等处理。压实度应达到 90%。

2）各类排水设施采用浆砌片石铺砌时，应选用有平整面的片石。各砌缝砂浆应饱满，保证不渗水、不漏水。

3）急流槽施工、填石渗沟施工、边坡渗沟施工、支撑渗沟施工、渗井施工、仰斜式排水孔施工应满足 JTG/T D31-05 要求。

（6）施工监测

1）应做好高路堤填筑、深路堑开挖、抗滑桩受力与位移、锚固工程支护效应的监测，满足 JTG/T D31-05 要求。

2）施工监测周期与观测频率应满足 JTG/T D31-05 要求。

7. 路基拓宽改建

（1）路基拼接设计

1）路基拼接时，应通过加强地基处理、加强路基衔接等措施控制既有路基与拓宽路基之间的差异沉降，路拱横坡度的工后增大值不应大于0.5%。

2）利用二级及二级以下公路拓宽改建为高速公路、一级公路，既有路基强度与压实度等指标不能满足要求时，应对其进行处理。

3）拓宽路基湿陷性黄土地基处理，应根据湿陷性黄土层的厚度及湿陷等级，采用换填垫层法或预钻孔挤密桩法。

（2）路基拼接施工

1）对整体式拓宽路基，应拆除既有路缘石、路肩、边坡防护、排水设施及既有构造物的翼墙或护墙等。

2）施工前应截断流向拓宽作业区的水源，做好原地表临时排水设施，并与永久排水设施相结合，保证施工期间排水通畅。

3）路基开挖前，应进行既有路基边坡削坡及坡脚以外原地面清表，并根据路基填筑高度确定最下一层的台阶高度。

4）台阶开挖宜采用由下至上，逐级开挖、填筑的方法，开挖一级填筑一级。

5）按设计要求铺设的加筋材料，应将其深入台阶内缘采用钢筋钉固定，并及时填土覆盖，防止暴晒。

6）削坡与台阶开挖不宜在雨季施工。雨季施工时，应对已经削坡和开挖的台阶采取有效的防水、排水措施。

（3）拓宽改建路基排水

1）拓宽路基排水设施应与既有路基排水设施总体布局，自然合理衔接，形成完整、有效的排水系统。

2）既有路基边坡台阶开挖前，应结合现场调查情况，确认既有排水设施是否满足要求。当不能满足要求时，应对其进行疏通、修复和改造，必要时增设排水设施。

3）对严重堵塞无法修复的既有排水设施，应拆除或进行封闭处理，防止渗漏水对路基的侵蚀破坏。

4）整体式拓宽路基，拓宽部分路基路拱应与既有路基路拱综合设计，保证路面水畅排。

5）既有路基与拓宽路基结合处顶面应进行防渗处理。

1.2.6 《季节性冻土地区公路设计与施工技术规范》JTG/T D31-06—2017

1. 概述

《季节性冻土地区公路设计与施工技术规范》（JTG/T D31-06—2017，以下简称JTG/T D31），从2017年9月1日起正式开始施行。JTG/T D31是在《公路工程抗冻设计与施工技术指南》（交公便字〔2006〕02号）的基础上编写的。编写过程中，编写组对季节性冻土地区公路工程冻害进行了广泛的调研，全面总结了季节性冻土地区公路工程抗冻设计与施工的实践经验，充分吸纳了近年来国内外先进的研究成果和成熟技术，针对抗冻设计与施工方面的主要问题开展了专题研究工作。本规范对季节性冻土地区公路工程抗冻设计与施工做出了全面的规定。

本规范共分8章、5个附录，主要内容包括：1 总则；2 术语和符号；3 基本资料调查；4 抗冻水泥混凝土和抗冻水泥砂浆技术要求；5 路基设计与施工；6 路面设计与施工；7 桥梁和涵洞设计与施工；8 隧道设计与施工；附录A 气象资料；附录B 沥青混合料抗冻性试验；附录C 沥青与集料的低温黏结性试验；附录D 引气水泥混凝土和引气水泥砂浆配合比设计；附录E 现场水泥混凝土拌合物含气量试验（体积密度法）。

2. 总则

本规范适用于季节性冻土地区二级及二级以上公路新建与改扩建工程的设计与施工。季节性冻土地区公路工程应具有足够的冰冻稳定性与抗冻耐久性，工程建设的各阶段工作均应考虑冰冻作用对工程的不利影响。

3. 基本资料调查

（1）季节性冻土地区公路工程应根据不同工作阶段的需要收集和调查相关资料，及当地既有工程的冻害资料和相应的冻害防治经验。

（2）可行性研究阶段应调查区域的气象、地形地貌、水文、地质等资料，重点调查当地的冻土深度及强冻胀土、岛状冻土、雪害等分布范围及对工程方案的影响。

（3）初步勘察阶段应查明公路沿线水文条件、地质条件，冻结指数、标准冻深以及涎流冰等特殊冻害，提出抗冻设计方案。

（4）详细勘察阶段应在初步勘察的基础上，通过进一步勘察和试验查明沿线地基及路基填料的冻胀特性，并确定路基、路面、桥梁、涵洞及隧道等设施抗冻设计所需的设计参数。

（5）施工阶段应核查施工图抗冻设计中相关的基础资料，不符合实际情况时应及时调整设计。

4. 抗冻水泥混凝土和抗冻水泥砂浆技术要求

（1）季节性冻土地区公路工程应采用抗冻水泥混凝土和抗冻水泥砂浆。

（2）抗冻水泥混凝土和抗冻水泥砂浆宜采用引气水泥混凝土和引气水泥砂浆，也可采用能够保证抗冻性的其他水泥混凝土和水泥砂浆。

（3）抗冻水泥混凝土和抗冻水泥砂浆配合比应根据所在地区环境条件、工程特点，并结合原材料情况进行设计。

（4）JTG/T D31 对水泥混凝土冻融环境等级的确定、水泥混凝土的抗冻等级及技术要求和原材料技术要求作了规定。

5. 路基设计与施工

（1）路基设计一般规定

1）路基设计应满足强度和稳定性要求，并应满足抗冻性能要求。路基设计应依据沿线的气象、水文、地质及路基土质试验等资料，结合当地路基冻害防治的经验进行抗冻设计。

2）路基设计应满足路面的容许冻胀变形要求，采取措施控制路基冻胀量，进行路基路面综合抗冻设计。

3）路基抗冻应从基底处理、填料选择、路基防护、路基排水等方面进行综合设计。对水文地质不良路段的路基应进行动态设计。

4）土质边坡坡率应满足冻融稳定性要求。

5）路基施工应核查施工路段的水文地质条件及路基填料的冻胀等级，并按抗冻设计要求编制施工方案。

6）路基宜在非冰冻期施工。在冰冻期可进行挖方路基施工，也可采用不冻胀的粗粒土填筑路基和进行基底处理。

（2）JTG/T D31 对路基抗冻设计指标冰冻条件下路基临界高度、路基填料选择、路基压实要求、路基排水设计、涎流冰路段路基设计、路基防护与支挡、改扩建路基设计等作了规定。

（3）路基施工

1）冻深范围内的填土不得混合填筑，冻胀性不同的土应水平分层填筑，分层压实。同一水平层路基的全宽应采用同一种填料。每种填料的填筑层压实后的连续厚度不宜小于500mm。填筑路床顶最后一层时，压实后的厚度应不小于100mm。

2）挖方段路基应做好施工阶段排水，防止边界外的水流入路堑中；应经常疏通排水沟渠，提前填筑拦水埂。

3）挖方段路基为冻胀土时，地基土挖除换填深度误差应不大于5%。换填粗颗粒材料中0.075mm的通过率不应大于5%。

4）路堤冻深范围内填土施工应符合下列规定：

① 全冻路堤施工前，应在路基两侧挖出排水沟或边沟，并根据排水设计先做渗沟、渗井等地下排水设施。

② 同一施工段内同一层土的含水率应基本一致，含水率偏差应小于2%。

③ 每层路基填土顶面应设2%～4%的排水横坡。

5）涎流冰路段路基施工应符合下列规定：

① 应保护涎流冰处的地形、地貌，不得随意挖掘取土。

② 有涎流冰路段路基应采用水稳性良好的粗粒土作为填料。

③ 挡冰墙宜采用浆砌片（块）石砌筑，砌筑砂浆强度等级不得低于M_a20。砌筑砂浆应填充饱满、密实，未达到设计强度前不得浸水。

6）路基排水施工应符合下列规定：

① 应合理安排地下排水设施和路基施工的工序衔接，避免扰动已压实路基。应及时排出地下渗水，在冻前疏干路基。

② 边沟铺砌应在冰冻来临前完成施工。未完成的地下排水设施应设临时出水口，并采取保温措施，避免冻结。

③ 排水设施预制构件强度等级冻前应达到设计强度的80%，砂浆强度等级冻前应达到设计强度的100%。

7）冰冻期路基施工应符合下列规定：

① 路基填筑粗粒土和进行地基处理可在冰冻期施工，填筑前应清除基底范围内的积雪和冰块。

② 挖方边坡在冰冻期施工时不得一次挖到设计线，坡面应预留不小于300mm的覆盖层，正常施工季节时再修整到设计坡面。挖方路基在冰冻期施工时应预留不小于1m的覆盖层，正常施工季节时再开挖到设计高程。

③ 已完工路基，越冬时路基顶面应采取素土覆盖并碾压等保护措施，加强地表排水，防止雪水下渗。越冬后路基压实度应满足规范的要求，不满足时应进行复压或采取换填措施，直至满足要求。

④ 春融期宜在地表土层融化厚度大于500mm后开始路基施工。在取土场取土时应将未融化的冻土夹层清除，不得使用含有冻结块的路基填料。

6. 路面设计与施工

（1）一般规定

1）在满足荷载与环境要求下，应采用安全可靠、经济合理的抗冻技术，进行路基路面综合设计。

2）沥青路面设计应根据高温抗车辙、低温抗裂和抗冻融稳定性的要求，进行路面结构与材料性能的平衡设计。

3）中冻区和重冻区，应对无机结合料稳定类基层进行抗冻性检验。

4）高速公路和一级公路的沥青路面不宜在气温低于10℃下施工，二级公路沥青路面不宜在低于5℃下施工。

（2）JTG/T D31对路面原材料技术要求、结构层技术要求、沥青面层低温抗裂设计、路面最小防冻厚度的确定、路面排水设计、桥面沥青铺装层等作了规定。

（3）路面施工

1）路面结构层铺筑前应对越冬路基进行冻害调查，并对冻害提出处理方案，处理后方可铺筑路面结构层。

2）无机结合料稳定类基层施工期的日最低气温应在5℃以上，水泥稳定类基层应在第一次重冰冻到来前30d完成；石灰、粉煤灰稳定类基层应在第一次重冰冻到来前45d完成。

3）无机结合料稳定类基层低温施工时，应采取提高无机结合料稳定类基层早期强度的技术措施。水泥稳定类基层宜增加水泥剂量0.5～1.0个百分点，石灰粉煤灰稳定类基层宜掺早强剂或1%～2%的水泥，并采取适宜的保温养护方式。

4）无机结合料稳定类基层与沥青层宜在同一年内施工。未铺筑面层的无机结合料稳定类基层，在冬季宜采取素土、砂砾覆盖等防冻措施，做素土覆盖时宜采取土工布等隔离措施。

5）沥青混合料最低摊铺温度依据下承层表面温度、摊铺层厚度确定。

6）有条件采用温拌沥青混合料时，应根据施工温度要求，试验确定温拌剂类型与掺量，并验证沥青混合料的路用性能。

7. 桥梁和涵洞设计与施工

（1）一般规定

1）桥梁、涵洞所用材料应满足抗冻性要求；结构形式选择应考虑冻融环境作用的影响。

2）桥梁、涵洞基础底面的埋置深度应满足冲刷条件控制的最小埋置深度要求，并应满足抗冻埋置深度要求。

3）中冻区、重冻区的桥梁、涵洞基础应进行抗冻拔稳定性验算、薄弱截面抗冻强度验算；轻型桥台应进行抗冻强度验算；冻胀力应按可变荷载考虑。

4）桥梁、涵洞水泥混凝土及水泥砂浆的抗冻等级、最小强度等级，应根据结构构件的冻融环境等级按本规范第4章有关要求确定。

5）直接接触融雪剂的水泥混凝土、潮汐区和浪溅区受海水侵蚀的水泥混凝土、水位变动区内的水泥混凝土，应增加表面防腐措施；其他受冻融影响明显的水泥混凝土宜增加表面防腐措施。

6）桥梁、涵洞不宜冬季施工。需冬季施工时应编制合理的施工方案，对水泥混凝土、水泥砂浆砌体工程应采取保温、防冻措施。

（2）JTG/T D31对桥梁和涵洞基础埋深、抗冻构造、抗冻材料要求、结构抗冻计算等作了规定。

（3）桥梁和涵洞施工

1）桥梁、涵洞地基土换填时，应粗细集料混合均匀并夯实；宜选用砂、碎石、砾石等粗粒材料回填基坑，并夯填密实。

2）桥梁、涵洞基础浇筑（或砌筑）后应在地基土冻结前回填覆盖，并满足设计埋深要求。冬季施工时和完工后，基础的地基均不得受冻。

3）冬季施工期间，钢筋的焊接、冷拉及预应力筋应符合下列规定：

① 焊接钢筋宜在室内进行。当必须在室外进行时，最低温度不宜低于－20℃，并应采取防雪挡风等措施，减少焊件温度差，焊接后的接头冷却前不得接触冰雪。

② 冷拉钢筋时环境温度不宜低于－15℃，当采取可靠的安全措施时可不低于－20℃；当采用控制应力或冷拉率方法冷拉时，冷拉控制应力宜较常温时提高，提高值应经试验确定。

③ 预应力筋张拉时的环境温度不宜低于－15℃，并不得灌浆。

4）冬季施工期间，混凝土配制和搅拌应符合下列规定：

① 拌制混凝土的各种材料的温度，应满足混凝土拌合物的温度要求。当材料原有温度不能满足需要时，应加热拌和用水；仍不能满足要求时，再对集料加热。水泥只能保温，不得加热。

② 冬季搅拌混凝土时，应严格控制混凝土的配合比和坍落度。集料应用保温材料进行覆盖，不得带有冰雪和冻结团块。投料前，应先用热水或蒸汽冲洗搅拌机。加料顺序为集料、水，稍加搅拌，再加水泥搅拌，时间应比常温时延长50%。混凝土拌合物的出机温度不宜低于10℃，入模温度不应低于5℃。

5）冬季施工期间，混凝土运输和浇筑应符合下列规定：

① 混凝土的运输时间宜缩短，运输混凝土的容器应有保温措施。

② 混凝土在浇筑前应清除模板、钢筋上的冰雪和污垢。浇筑完成后开始养护时的温度，用蓄热法养护时不得低于10℃；用蒸汽法养护时不得低于5℃，细薄结构不得低于8℃。

③ 冬季施工在浇筑下一级混凝土时，应在新混凝土浇筑前对接合面加热，其温度应保持在5℃以上。浇筑完成后，应采取措施使混凝土结合面继续保持正温，直至新浇混凝土达到规定的抗冻强度。

④ 浇筑预应力混凝土构件的湿接缝时，宜采用热混凝土或热水泥砂浆，并应适当降低水灰比。浇筑完成后应加热或连续保温养护，直至接缝混凝土或水泥砂浆抗压强度达到

设计强度的75%。

⑤ 预应力混凝土的孔道压浆应在正温下进行，压浆过程中及压浆后48h内，结构混凝土的温度不得低于5℃。

6）混凝土养护应符合下列规定：

① 冬季施工期间，混凝土抗压强度未达到设计强度的80%时不得受冻。

② 混凝土的养护方法，应根据技术、经济比较和热工计算确定。当气温较低、结构表面积系数较大，蓄热法不能适应强度增长速度要求时，可根据具体情况，选用蒸汽加热、暖棚加热或电加热等方法，并应符合规范第4.5.3条的有关规定。

7）当采用引气混凝土时，对外观质量要求较高的部位宜使用透水模板布或清水混凝土脱模剂。

8）桥梁伸缩缝预留槽及其他小体积混凝土应采用机械拌制并振捣密实。

9）位于水中的墩柱混凝土，冻前应达到设计强度。

10）防水防腐涂层及硅烷类材料的技术要求、施工工艺应符合现行《公路工程混凝土结构防腐蚀技术规范》JTG/T B07-01及《海港工程混凝土结构防腐蚀技术规范》JTJ 275的有关规定。

11）伸缩装置应按设计要求设置，且在适应的温度范围内安装。气温在5℃以下时，橡胶伸缩装置不得施工。

8. 隧道设计与施工

（1）一般规定

1）隧道抗冻设计及施工应综合考虑防水、排水、保温措施，根据施工现场情况进行动态设计及施工方案调整。

2）应根据气候因素和地下水赋存条件确定隧道不同区段的抗冻设防等级，根据抗冻设防等级选择抗冻方案。

3）隧道位置应避免穿越水文地质复杂的地段，减少因渗漏水导致的隧道冻害。隧道洞口宜选择背风向阳、不易积雪、易于排水的位置；在降雪量较大地区，隧道洞口不宜设在边坡和仰坡较为陡峻的位置。

4）隧道防水与排水设计应综合考虑地表水、地下水对隧道运营的影响，隧道内外形成完整的排水系统。

5）应根据抗冻设防等级分别采取深埋中心排水沟、排水管局部保温、衬砌全断面保温等技术措施，防止衬砌背后排水管、排水沟及其出口冻结堵塞。

6）隧道施工过程中，有漏水现象时，应采取有效措施迅速止水；有侵蚀性地下水时，应针对侵蚀类型压注抗侵蚀浆液。

7）应采用二次注浆的方法填充初期支护与围岩之间、二次衬砌与初期支护间存在的空隙。

8）隧道进出口宜设透明明洞，有条件时，可采用空气幕、电伴热、地源热泵等技术对隧道进出口进行保温防冻。

（2）JTG/T D31对隧道抗冻设防等级、抗冻保温构造、衬砌结构抗冻设计、防水和排水设计等作了规定。

（3）保温层施工

1）表面铺设保温层施工，应符合下列规定：

① 施工前检查二次衬砌表面平整度，应清除尖锐凸出物，打磨、平整错台和凹凸不平部位。

② 定位放线，自下而上顺序安装龙骨，安装偏差不应超过 5mm；镀锌膨胀螺栓与隧道二次衬砌连接牢固。

③ 应使用专用胶粘贴安装保温板材，并用发泡胶封堵缝隙，龙骨与保温板间应牢固连接，施工面随二次衬砌表面圆滑过渡。

④ 铺设保温层应考虑风荷载的作用、自重以及外界气候的长期反复作用等因素，不得出现面层剥落、保护层脱落、裂缝等。

2）表面喷涂保温层施工，应符合下列规定：

① 喷涂施工的环境温度宜不低于 10℃，且不高于 40℃，风速应不大于 5m/s（3 级风），相对湿度应小于 80%。隧道洞口宜做遮蔽，防止泡沫飞溅污染环境。

② 喷涂施工前，应检查隧道二次衬砌表面的平整度，清除尖锐凸出物和表面污物，打磨、平整错台和凹凸不平部位。

③ 喷涂后的抗冻保温层应熟化 48～72h 后再进行下道工序的施工。

④ 喷涂保温层应连续、饱满，保温层表面平整度偏差不宜大于 6mm。

⑤ 可使用聚合物乳液砂浆修饰并保护保温层。

3）复合式衬砌保温层施工，应符合下列规定：

① 初期支护表面应除污清理。

② 复合式防水板宜采用涂胶粘贴的方法粘贴到初期支护表面，粘贴过程中应保证防水板平整、无褶皱、无破损，与洞壁密贴，接缝粘贴防水可靠。

③ 在隧道初期支护表面有湿渍的区段，应对铺设好的防水层进行工间检测，无渗漏缺陷后方可进行后续作业。

④ 保温层保温板宜预制成型，洞内拼装后方可粘贴施工。保温板与防水板应紧贴密实、无空鼓、整体平整度良好。

4）隧道保温层施工，必须保证施工防火安全。施工前应制定详细的防火预案、施工操作规程，并进行全员培训。防火安全员应在现场值班。施工现场应配备消防器材并不得堆放可燃材料。

5）“U”形沟槽施工，应保证保温层粘贴或锚固牢靠，电伴热接口易于检查维护。

1.2.7 《公路路面基层施工技术细则》JTG/T F20—2015

1. 概述

《公路路面基层施工技术细则》（JTG/T F20—2015，以下简称 JTG/T F20）从 2015 年 8 月 1 日起施行。新版 JTG/T F20 是对原《公路路面基层施工技术规范》JTJ 034—2000 的全面修订，在总结十余年来公路路面基层施工技术发展经验和相关科研成果的基础上，经分析论证和广泛征求国内专家意见，以提高基层施工质量均匀性为核心，以修建耐久性路面基层为目标，吸收了近些年在基层生产实践中逐渐形成的、成熟的新技术、新材料和新工艺。

本细则由 8 章和 4 个附录构成。本次修订的主要内容包括：

（1）提高了基层用粗集料的压碎值技术要求，增加了软石含量、针片状颗粒含量、粉尘含量等指标；增加了细集料技术要求。

（2）增加了高速公路和一级公路路面基层混合料生产时材料分档的数量要求和规格要求。

（3）提出采用间断、密实型的级配构成原理，改进无机结合料稳定级配碎石或砾石等材料的级配设计方法。

（4）增补了水泥粉煤灰稳定材料的技术要求。

（5）补充、完善了级配碎石的材料设计和施工工艺要求。

（6）调整了无机结合料稳定材料的强度标准，增加了目标配合比和生产配合比的设计内容与要求。

（7）提高了基层和底基层施工压实度标准。

（8）提高了无机结合料稳定材料拌和设备和工艺要求。

（9）规范了无机结合料稳定材料的养生方式和周期，明确了层间结合处理的工艺措施及要求。

（10）补充了再生材料在各级公路路面基层中使用的基本要求。

（11）强化了基层施工质量的控制措施和指标要求。

本细则修订后，章节调整为：（1）总则；（2）术语；（3）原材料要求；（4）混合料组成设计；（5）混合料生产、摊铺及碾压；（6）养生、交通管制、层间处理及其他；（7）填隙碎石施工技术要求；（8）施工质量标准与控制；（附录 A）无机结合料稳定材料级配设计；（附录 B）水泥稳定级配碎石等质量控制关键环节；（附录 C）回弹弯沉值的计算；（附录 D）质量检验的统计分析计算。

2. 总则

本细则适用于各等级公路新建和改扩建工程的基层、底基层施工。应采用符合本细则的原材料、施工配合比、施工工艺和质量标准与控制规定。在满足实际工程技术要求的前提下，应优先选用技术可靠、经济合理的当地材料。

质量保障体系应贯穿于施工全过程，明确全员质量责任，加强各工序质量控制与管理，保证工程质量。

应建立健全安全生产管理体系及应急预案，明确安全责任，严格执行安全操作规程，保障施工人员的职业健康和施工安全。应注重节约用地，降低能源和材料消耗，保护环境。

3. 原材料要求

（1）一般规定

1）在原材料试验评定中，应随机选取具有足够数量的样本进行材料试验。

2）再生材料可用于低于原路结构层位或原路等级的公路建设。

3）工业废弃物作为筑路材料使用前应进行环境评价，并满足国家相关规定。

（2）JTG/T F20 对水泥及添加剂、石灰、粉煤灰等工业废渣、水、粗集料、细集料等材料要求作了规定。

（3）材料分档与掺配

1）材料分档应符合表 1-17 的规定。

材料分档要求　　表 1-17

层位	高速公路和一级公路		二级及二级以下公路
	极重、特重交通	重、中、轻交通	
基　层	≥5	≥4	≥3 或 4
底基层	≥4	≥3 或 4	≥3

2）用于二级及二级以上公路基层和底基层的级配碎石或砾石，应由不少于 4 种规格的材料掺配而成。

3）天然材料用于高速公路和一级公路的基层时，天然材料的规格不满足设计级配的要求时，可掺配一定比例的碎石或轧碎砾石。

4）级配碎石或砾石类材料中宜掺加石屑、粗砂等材料。

5）级配碎石或砾石细集料的塑性指数应不大于 12。不满足要求时，可加石灰、无塑性的砂或石屑掺配处理。

4. 混合料组成设计

（1）一般规定

1）混合料组成设计应按设计要求，选择技术经济合理的混合料类型和配合比。

2）应根据公路等级、交通荷载等级、结构形式、材料类型等因素确定材料技术要求。

3）无机结合料稳定材料组成设计应包括原材料检验、混合料的目标配合比设计、混合料的生产配合比设计和施工参数确定四部分。

4）原材料检验应包括结合料、被稳定材料及其他相关材料的试验。所有检测指标均应满足相关设计标准或技术文件的要求。

5）目标配合比设计应包括下列技术内容：

① 选择级配范围。

② 确定结合料类型及掺配比例。

③ 验证混合料相关的设计及施工技术指标。

6）生产配合比设计应包括下列技术内容：

① 确定料仓供料比例。

② 确定水泥稳定材料的容许延迟时间。

③ 确定结合料剂量的标定曲线。

④ 确定混合料的最佳含水率、最大干密度。

7）施工参数确定应包括下列技术内容：

① 确定施工中结合料的剂量。

② 确定施工合理含水率及最大干密度。

③ 验证混合料强度技术指标。

8）确定无机结合料稳定材料最大干密度指标时宜采用重型击实方法，也可采用振动压实方法。

9）应根据当地材料的特点和混合料设计要求通过配合比设计选择最优的工程级配。

10）用于基层的无机结合料稳定材料，强度满足要求时，尚宜检验其抗冲刷和抗裂性能。

11）在施工过程中，材料品质或规格发生变化、结合料品种发生变化时，应重新进行材料组成设计。

（2）TG/T F20对混合料强度要求、强度试验及计算、无机结合料的计算和比例、混合料推荐级配及技术要求、无机结合料稳定材料目标配合比设计技术要求、无机结合料稳定材料生产配合比设计技术要求、级配碎石配合比设计技术要求等作了规定。

5. 混合料生产、摊铺及碾压

（1）一般规定

1）根据公路等级的不同，宜按1-18选择基层、底基层材料施工工艺措施。对于边角部位施工，混合料拌和方式应与主线相同，可采用推土机摊铺、平地机整平的人工方式摊铺，并与主线同步碾压成型。

施工工艺选择表　　表1-18

材料类型	公路等级	结构层位	拌和工艺		摊铺工艺	
			推荐	可选择	推荐	可选择
无机结合料稳定中、粗粒材料	二级及二级以上	基层	集中厂拌	—	摊铺机摊铺	—
无机结合料稳定细粒材料		底基层	集中厂拌	—	摊铺机摊铺	推土机摊铺 平地机整平
水泥稳定材料	二级以下	基层和底基层	集中厂拌	—	摊铺机摊铺	—
其他各种无机结合料稳定材料		基层和底基层	集中厂拌	人工路拌	摊铺机摊铺	推土机摊铺 平地机整平
级配碎石	二级及二级以上	基层和底基层	集中厂拌	—	摊铺机摊铺	—
	二级以下	基层和底基层	集中厂拌	人工路拌	摊铺机摊铺	推土机摊铺 平地机整平

2）稳定材料层宽11～12m时，每一流水作业段长度以500m为宜；稳定材料层宽大于12m时，作业段宜相应缩短。宜综合考虑下列因素，合理确定每日施工作业段长度：

① 施工机械和运输车辆的生产效率和数量；

② 施工人员数量及操作熟练程度；

③ 施工季节和气候条件；

④ 水泥的初凝时间和延迟时间；

⑤ 减少施工接缝的数量。

3）对水泥稳定材料或水泥粉煤灰稳定材料，宜在2h之内完成碾压成型，应取混合料的初凝时间与容许延迟时间较短的时间作为施工控制时间。

4）石灰稳定材料或石灰粉煤灰稳定材料层宜在当天碾压完成，最长不应超过4d。

5）无机结合料稳定材料在过分潮湿路段上施工时应采取措施，降低潮湿程度、消除积水。

6）无机结合料稳定材料结构层施工应选择适宜的气候环境，针对当地气候变化制订相应的处置预案，并应符合下列规定：

① 宜在气温较高的季节组织施工无机结合料稳定材料施工期的日最低气温应在5℃以

上，在有冰冻的地区，应在第一次重冰冻到来的15～30d之前完成施工。

② 宜避免在雨季施工，且不应在雨天施工。

7）应将室内重型击实试验法确定的干密度作为压实度评价的标准密度。

8）无机结合料稳定材料的基层压实标准应符合表1-19的规定。

基层材料压实标准（%） **表1-19**

公路等级		水泥稳定材料	石灰粉煤灰稳定材料	水泥粉煤灰稳定材料	石灰稳定材料
高速公路和一级公路		≥98	≥98	≥98	
二级及二级以下公路	稳定中、粗粒材料	≥97	≥97	≥97	≥97
	稳定细粒材料	≥95	≥5	≥95	≥95

9）无机结合料稳定材料的底基层压实标准应符合表1-20的规定。

底基层材料压实标准（%） **表1-20**

公路等级		水泥稳定材料	石灰粉煤灰稳定材料	水泥粉煤灰稳定材料	石灰稳定材料
高速公路和一级公路	稳定中、粗粒材料	≥97	≥97	≥97	≥97
	稳定细粒材料	≥95	≥95	≥95	≥95
二级及二级以下公路	稳定中、粗粒材料	≥95	≥95	≥95	≥95
	稳定细粒材料	≥93	≥93	≥93	≥93

10）对级配碎石材料，基层压实度应不小于99%，底基层压实度应不小于97%。

11）高速公路和一级公路在极重、特重交通荷载等级下，基层和底基层的压实标准可提高1～2个百分点。

(2) JTG/T F20对混合料集中厂拌与运输、混合料人工拌和、摊铺机摊铺与碾压、人工摊铺与碾压要求等作了规定。

6. 养生、交通管制、层间处理及其他

(1) 一般规定

1）无机结合料稳定材料层碾压完成并经压实度检查合格后，应及时养生。

2）无机结合料稳定材料的养生期宜不少于7d，养生期宜延长至上层结构开始施工的前2d。

3）养生可采取洒水养生、薄膜覆盖养生、土工布覆盖养生、铺设湿砂养生、草帘覆盖养生、洒铺乳化沥青养生等方式，宜结合工程实际情况选择适宜的方式。

4）养生期间应封闭交通，除洒水车和小型通勤车辆外严禁其他车辆通行。

5）无机结合稳定材料层过冬时应采取必要的保护措施。

6）根据结构层位的不同和施工工序的要求，应择机进行层间处理。

(2) JTG/T F20对无机结合料稳定材料层养生方式、交通管制、无机结合料稳定材料层之间的处理、无机结合料稳定材料基层与沥青面层之间的处理、基层收缩裂缝的处理集等作了规定。

7. 填隙碎石施工技术要求

(1) 一般规定

1）填隙碎石可采用干法或湿法施工。干旱缺水地区宜采用干法施工。

2）单层填隙碎石的压实厚度宜为公称最大粒径的1.5～2.0倍。

（2）TG/T F20对填隙碎石的材料技术要求、施工工法作了规定。

8. 施工质量标准与控制

（1）一般规定

1）基层、底基层施工质量标准与控制应包括原材料检验、施工参数确定、施工过程中的质量检查验收等方面，并应符合下列规定：

① 按本细则的相关要求备料，严把进料质量关。

② 按施工需求合理布置建设场地，选择适宜的拌和、摊铺和碾压机械。

③ 将试验段确定的施工参数作为施工过程中质量控制的标准。

④ 健全工地试验室能力，试验、检验数据真实、完整、可靠。

⑤ 各个工序完结后，应检查验收；合格后，方可进行下一个工序。

2）施工过程中发现质量缺陷时，应加大检测频率；必要时应停工整顿，查找原因。

3）施工关键工序宜拍摄照片或录像，作为现场记录保存。

4）施工结束后，应清理现场，处理废弃物，恢复耕地或绿化，做到工完场清。

5）高速公路和一级公路，应在拌和厂内或距离不超过1km的范围内设有功能完备的试验室。

6）在施工过程中，应配备有相关试验资质的试验操作人员。每个工地试验室的试验操作人员宜不少于8人，同时应明确每个质量控制环节上的责任人。

（2）材料检验

（3）铺筑试验段

1）基层和底基层正式施工前，均应铺筑试验段。

2）试验段应设置在生产路段上，长度宜为200～300m。

3）试验段开工前，应符合下列规定：

① 提交完整的目标配合比报告和生产配合比报告。

② 正常施工时所配备的施工机械完全进场，且调试完毕。

③ 全部施工人员到位。

4）在试验段施工期间，应及时检测下列技术项目：

① 施工所用原材料的全部技术指标。

② 混合料拌和时的结合料剂量，应不少于4个样本。

③ 混合料拌和时的含水率，应不少于4个样本。

④ 混合料拌和时的级配，应不少于4个样本。

⑤ 不同松铺系数条件下的实际压实厚度，宜设定2～3个松铺系数。

⑥ 不同碾压工艺下的混合料压实度，宜设定2～3种压实工艺，每种压实工艺的压实度检测样本应不少于4个。

⑦ 混合料压实后的含水率，应不少于6个样本。

⑧ 混合料击实试验，测定干密度和含水率，应不少于3个样本。

⑨ 7d龄期无侧限抗压强度试件成型，样本量应符合要求。

5）养生7d后，无机结合料稳定材料的试验段应及时检测下列技术项目：

① 标准养生试件的7d无侧限抗压强度。

② 水泥稳定材料钻芯取样，评价芯样外观，取芯样本量应不少于 9 个。

③ 对完整芯样切割成标准试件，测定强度。

④ 按车道，每 10m 一点测定弯沉指标。

⑤ 按车道，每 50m 一点测定承载比。

6）对非整体性材料结构层试验段铺筑完成后应及时进行承载板试验，按车道，每 50m 一点。

7）试验段铺筑阶段应对下列关键工序、工艺进行评价：

① 拌和设备各档材料的进料比例、速度及精度。

② 结合料的进料比例和精度。

③ 含水率的控制精度。

④ 松铺系数合理值。

⑤ 拌和、运输、摊铺和碾压机械的协调和配合。

⑥ 压实机械的选择和组合，压实的顺序、速度和遍数。

⑦ 对人工拌和工艺，应确定合适的拌和设备、方法、深度和遍数。

⑧ 对人工摊铺碾压工艺，应确定适宜的整平和整形机具和方法。

8）试验段施工后，应及时总结，总结报告应包括下列内容：

① 试验段检测报告。

② 试验段总体效果评价。

③ 施工关键参数的推荐值，包括配合比、含水率、松铺系数、碾压工艺等。

④ 确定每一作业段的合适长度。

9）试验段不满足技术要求时，应重新铺设试验段。试验段各项指标合格后，方可正式施工。

（4）施工过程检测

1）施工过程中的质量控制应包括外形尺寸检查及内在质量检验两部分。

2）外形尺寸检查项目、频度和质量标准应符合表 1-21 的规定。

外形尺寸检查项目、频度和质量标准　　　　**表 1-21**

工程类别	项目		频度	质量标准	
				高速公路和一级公路	二级及二级以下公路
基层	纵断高程(mm)		二级及二级以下公路每 20m 1 点；高速公路和一级公路每 20m 1 个断面，每个断面 3～5 点	+5～−10	+5～−15
	厚度(mm)	均值	每 1500～2000m² 6 点	≥−8	≥−10
		单个值		≥−10	≥−20
	宽度(mm)		每 40m 1 处	>0	>0
	横坡度(%)		每 100m 3 处	±0.3	±0.5
	平整度(mm)		每 200m 2 处，每处连续 10 尺(3m 直尺)	≥8	≥12
			连续式平整度仪的标准差(mm)	≤3.0	—

续表

工程类别	项目		频度	质量标准	
				高速公路和一级公路	二级及二级以下公路
底基层	纵断高程(mm)		二级及二级以下公路每20m 1点;高速公路和一级公路每20m 1个断面,每个断面3~5点	+5~−15	+5~−20
	厚度(mm)	均值	每1500~2000m² 6点	≥−10	≥−12
		单个值		≥−25	≥−30
	宽度(mm)		每40m 1处	>0	>0
	横坡度(%)		每100m 3处	±0.3	±0.5
	平整度(mm)		每200m 2处,每处连续10尺(3m直尺)	≤12	≤15

3）施工过程中的内在质量控制应分为原材料质量控制、拌和质量控制、摊铺及碾压质量控制等四部分。对集中厂拌、摊铺机摊铺的施工工艺，应按后场与前场划分。

4）后场质量控制的项目、内容应符合表1-22的规定实际检测频率应不低于表中的要求，检测结果应满足本细则或具体工程的技术要求。

施工过程中后场质量控制的关键内容　　表1-22

项次	项目	内　容	频　度
1	原材料抽检	结合料质量	每批次
		粗、细集料品质	异常时,随时试验
		级配、规格	异常时,随时试验
2	混合料抽检	混合料级配	每2000m² 1次
		结合料剂量	每2000m² 1次
		混合料最大干密度	每个工日
		含水率	每2000m² 1次

5）应在现场碾压结束后及时检测压实度。压实度检测中，测定的含水率与规定含水率的绝对误差应不大于2%；不满足要求时，应分析原因并采取必要的措施。

6）压实度检测应采用整层灌砂试验方法，灌砂深度应与现场摊铺厚度一致。

7）无机结合料稳定材料应钻取芯样检验其整体性，并应符合下列规定：

① 无机结合料稳定细粒材料的芯样直径宜为100mm，无机结合料稳定中、粗粒材的芯样直径应为150mm。

② 采用随机取样方式，不得在现场人为挑选位置；否则，评价结果无效。

③ 芯样顶面、四周应均匀、致密。

④ 芯样的高度应不小于实际摊铺厚度的90%。

⑤ 取不出完整芯样时，应找出实际路段相应的范围，返工处理。

8）无机结合料稳定材料应在下列规定的龄期内取芯：

① 用于基层的水泥稳定中、粗粒材料，龄期7d。

② 用于基层的水泥粉煤灰稳定的中、粗粒材料，龄期10~14d。

③ 用于底基层的水泥稳定材料、水河粉煤灰稳定材料，龄期 10～14d。

④ 用于基层的石灰粉煤灰稳定材料，龄期 14～10d。

⑤ 用于底基层的石灰粉煤灰稳定材料，龄期 20～28d。

9）设计强度大于 3MPa 的水泥稳定材料的完整芯样应切割成标准试件，检测强度，并应符合下列规定：

① 标准试件的径高比应为 1∶1。

② 记录实际养生龄期。

③ 根据实际施工情况确定试件强度的评价标准。

④ 同一批次强度试验的变异系数应不大于 15%。

⑤ 样本量宜不少于 9 个。

（5）质量检查

1）检查内容应包括工程完工后的外形和质量两方面，外形检查的要求应符合表 1-21 规定。

2）宜以 1km 长的路段为单位评定路面结构层质量；采用大流水作业法施工时，以每天完成的段落为评定单位。

3）应检查施工原始记录，对检查内容初步评定。

4）应随机抽样检查，不得带有任何主观性。压实度、厚度、水泥或石灰剂量检测样品和取芯等的现场随机取样位置的确定应按相关标准的要求执行。

5）厚度检查时，厚度平均值的下置信限应不小于设计厚度减去均值允许误差。

1.2.8 《公路水泥混凝土路面施工技术细则》JTG/T F30—2014

1. 概述

《公路水泥混凝土路面施工技术细则》（JTG/T F30—2014，以下简称 JTG/T F30）从 2014 年 4 月 1 日起施行。新版 JTG/T F30 是对原《公路水泥混凝土路面施工技术规范》JTG F30—2003 的全面修订，在总结现有施工技术的基础上，结合近十年来水泥混凝土路面技术相关科研成果，对成熟的研究成果进行了分析论证，吸收了近年来水泥混凝土路面施工中所采用的成熟新材料、新工艺和新技术，并广泛征求了国内专家的意见。

本细则由 13 章和 8 个附录构成。本次修订的主要内容包括：

（1）增加了对再生粗集料、玄武岩纤维及合成纤维、硅酮及橡胶沥青填缝料、夹层与封层材料等的质量要求。

（2）增加了隧道、收费广场和服务区水泥混凝土路面，混凝土路缘石、路肩石、浅碟形排水沟、护栏的滑模铺筑技术、质量和检验要求。

（3）增加了水泥混凝土砌块路面的施工技术、质量和检验要求。

（4）根据原规范颁布以来所积累的成熟施工经验，对部分工艺细节进行了修改完善。

（5）取消了我国目前不再使用的轨道摊铺机铺筑、真空吸水工艺等技术内容。

（6）删除原规范第 12 章安全生产及施工环保，将其中有实质性要求的内容编入相关章节。

（7）凡在本细则中规定了技术指标，《公路工程水泥及水泥混凝土试验规程》JTG E30—2005中暂未编入的试验方法，编入了本细则附录。

2. 总则

（1）本细则适用于各等级公路水泥混凝土路面工程的施工。

（2）应采用符合本细则规定的质量要求、性能稳定的原材料和混凝土施工配合比，并选用满足本路面工程交通荷载等级质量要求的施工工艺及其机械装备。

（3）质量保证体系应贯穿于施工全过程，并明确全员质量责任，加强各工序质量控制与管理，保证工程质量。

（4）水泥混凝土路面施工应建立健全安全生产管理体系及应急预案，明确安全责任，严格执行安全操作规程，保障施工人员的职业健康，保证施工安全。

3. 原材料技术要求

JTG/T F30 对水泥、掺合料、粗集料与再生粗集料、细集料、水、外加剂、钢筋、纤维、接缝材料、夹层与封层材料、养生材料等材料进行了规定。

4. 配合比设计

（1）一般规定

1）公路面层水泥混凝土的配合比设计应满足其弯拉强度、工作性、耐久性要求，兼顾经济性。

2）应选用符合本细则规定的质量标准要求、性能稳定的原材料。不同的原材料组合应分别进行配合比设计。

3）各级公路面层水泥混凝土配合比设计宜采用正交试验法；二级及二级以下公路可采用经验公式法。

4）混凝土配合比设计应包括目标配合比设计和施工配合比设计两个阶段。目标配合比设计应确定混凝土的水泥用量、集料用量、水灰（胶）比、外加剂掺量，纤维混凝土还应确定纤维掺量。施工配合比设计应通过拌和楼拭拌确定拌和参数。经批准的配合比在施工过程中不得擅自调整。

5）目标配合比设计应对混凝土性能进行全面检验，并规定施工配合比设计与目标配合比的允许偏差。目标配合比设计应按下列要求进行：

① 根据原材料、路面结构及施工工艺要求，通过计算或正交试验拟定混凝土配合比的控制性参数。

② 按拟定配合比进行试验室试拌，实测各项性能指标，选择混凝土的弯拉强度、工作性、耐久性满足要求，且经济合理的配合比作为目标配合比。

③ 根据拌和楼（机）试拌情况，对试拌配合比进行性能检验和调整，直至符合目标配合比要求。

6）施工配合比应符合目标配合比的实测数据，并应按下列要求进行：

① 施工配合比中的水泥用量可根据拌和过程中的损耗情况，较目标配合比适当增加5～10kg/m^3。

② 根据目标配合比计算各种原材料用量，按照实际生产要求进行试拌。

③ 进行混凝土的弯拉强度、工作性和耐久性检验，确定是否满足要求。

④ 总结试验数据，提出施工配合比，确定设备参数，明确施工中根据集料实际含水率调整拌和楼（机）上料参数和加水量的有关要求。

7）当原材料变化时，应重新进行目标配合比和施工配合比设计与检验。

8）目标配合比设计中，进行混凝土试拌时，粗、细集料应处于饱和面干状态。

（2）JTG/T F30 对水泥混凝土配合比设计、纤维混凝土配合比设计、碾压混凝土配合比设计、配合比检验与施工控制等进行了规定。

5. 施工准备

（1）一般规定

1）应充分了解并掌握设计要求。

2）应对施工现场及其附近的原材料、燃油、水资源储存及供应情况进行充分调研，收集当地气候特征、中长期天气预报、无线通信条件等与施工相关的资料。

3）应根据标段施工条件、场地位置、沿线建筑物等情况，对现场施工便道、拌和站、钢筋加工场、生活与办公区等进行合理的总体布局。

4）应根据路面的设计与施工质量控制水平要求、工程规模、进度工期等条件，选择适宜施工工艺、机械设备及其数量，制订施工方案和施工组织计划。

5）应对拌和楼（机）与滑模摊铺机操作手和各特种岗位人员进行培训。未经培训的人员不得上岗操作。

6）应制订拌和楼、发电（机）站、运输车、滑模摊铺机、沥青摊铺机、三辊轴机组等大型机械设备的安全操作规程，并在施工中严格执行。

7）基层、封层或夹层应验收合格，并应测量校核平面和高程控制桩，恢复路面中心、边缘等全部基本标桩，测量精度应满足相应规范的规定。

8）进场时，每批量原材料应有产品合格证。应建立能对原材料、配合比和施工质量进行检测和控制、符合相应资质要求的工地试验室。

9）施工现场的发电机、线缆等应放置在无车辆、人、畜通行部位，确保用电安全。

10）使用填缝料、外加剂、水泥或粉煤灰、矿渣粉时，现场操作人员应按规定佩戴防护用具。

11）所有施工机械、电力、燃料等操作部位，严禁吸烟和有任何明火。摊铺机、拌和楼、油库、发电站，配电站等重要施工设备上应配备消防器具，确保防火安全。

12）所有机械设备机手不得擅离操作台，严禁用手或工具触碰正在运转机件。非操作人员不得登机。

13）大型摊铺设备停放在通车道路上时，周围应设置明显的安全标志，正对行车方向应提前不少于 200m 引导车辆转向，夜间应以红灯示警。

（2）JTG/T F30 对水泥混凝土路面施工组织、拌和站、原材料与设备检查、路基沉降观测与基层检查修量、夹层与封层施工、试验路段铺筑等进行了规定。

6. 水泥混凝土拌合物搅拌与运输

（1）一般规定

1）应根据工程规模、施工工艺和日进度要求合理配备拌和设备。

2）混凝土拌合物应在初凝时间之内运输到铺筑现场。

3）拌和楼（机）出口混凝土拌合物的坍落度应根据铺筑最适宜的坍落度值加上运输过程中坍落度的经时损失值确定，并应根据运距长短、气温高低随时进行微调。

4）当原材料、混凝土种类、混凝土强度等级等有变化时，应重新进行配合比设计及试拌，必要时应重新铺筑试验路段，合格后方可搅拌生产。

（2）搅拌设备及运输车辆

1）拌和站的搅拌能力配置应符合规定。

2）水泥混凝土拌和应采用间歇强制式拌和楼（机），或配料计量精度满足要求的连续式拌和楼（机），不宜使用自落式滚筒搅拌机。高速公路、一级及二级公路水泥混凝土面层施工时，应采用配备计算机自动控制的强制式拌和楼（机）。

3）可选配车况优良、载重量2～20t的自卸车，自卸车后挡板应关闭紧密，运输时不漏浆撒料，车厢板应平整光滑桥面铺装或远距离运输时，宜选配混凝罐车。

（3）混凝土拌和

1）施工单位应编制安全搅拌生产作业指导书，明确混凝土拌合物质量标准和安全拌和生产程序。拌和楼（机）机械上料时，在铲斗及拉铲活动范围内，人员不得逗留和通过。

2）在标定有效期满或拌和楼（机）搬迁安装后，应重新标定施工中应每15d校验一次拌和楼（机）计量精度。

3）采用计算机自动控制的拌和楼（机）时，应使用自动配料方式控制生产，并按要求打印对应路面摊铺桩号的混凝土配料统计数据及偏差。

4）拌和楼（机）拌和第一盘拌合物之前，应润湿搅拌锅，并排净积水。拌和楼（机）生产时，每台班结束后均应对搅拌锅进行清洗，剔除结硬的混凝土块，并更换严重磨损的搅拌叶片。

5）搅拌时间应根据拌合物的黏聚性、匀质性及搅拌机类型，经试拌确定并应符合下列规定：

① 单立轴式搅拌机总搅拌时间宜为80～120s，纯搅拌时间不应短于40s。

② 行星立轴和双卧轴式搅拌机总搅拌时间宜为60％～90％纯搅拌时间不应短于35s。

③ 连续双卧轴拌和楼（机）的总搅拌时间宜为80％～120％纯搅拌时间不应短于40s。

6）可溶解的外加剂应充分溶解、搅拌均匀后加入搅拌锅，并扣除溶液中的加水量。有沉淀的外加剂溶液，应每天清除一次稀释池中的沉淀物。

7）不可溶解的粉末外加剂加入前应过0.30mm筛，可与集料同时加入，并适当延长纯搅拌时间。

8）混凝土中掺有引气剂时，拌和楼（机）一次搅拌量不应大于其额定搅排量的90％。

9）粉煤灰或其他掺合料应采用与水泥相同的输送、计量方式加入。加入粉煤灰的水泥混凝土拌合物的纯搅拌时间应比不掺的延长15～25s。

10）拌和楼（机）卸料时，自卸车每装载一盘拌合物应挪动一次车位，搅拌锅出口与车厢底板之间的卸料落差不应大于2.0m。

11）纤维混凝土的搅拌，除应符合水泥混凝土的规定外，尚应符合下列规定：

① 搅拌纤维混凝土时，拌和楼（机）一次搅拌量不宜大于额定容量的90％拌和掺量较多的纤维混凝土时，不宜大于80％。

② 纤维混凝土搅拌宜采用纤维分散机在搅拌过程中分散加入纤维。可采用先将钢纤维或其他纤维、水泥、粗细集料干拌，基本均匀后再加水湿拌的方法改善纤维的均匀性。出机拌合物中不得有纤维结团现象。

③ 纤维混凝土的纯搅拌时间应比水泥混凝土规定的纯搅拌时间延长 20～30s。

④ 应保证纤维在混凝土中的分散性及均匀性。水洗法检测的纤维体积率偏差不应大于设计掺量的±15%。

12）除拌和楼（机）应配备砂（石）含水率自动反馈控制系统外，每台班应至少监测 3 次粗细集料含水率。并根据集料含水率变化，快速反馈并严格控制加水量和粗、细集料用量。

13）碾压混凝土的最短纯搅拌时间应比水泥混凝土延长 15～20s。雨天不得拌和碾压混凝土。

14）在拌和楼（机）的搅拌锅内清理黏结混凝土时，无电视监控的拌和楼（机）应有两人以上方可进行，一人清理，一人值守操作台。有电视监控的拌和楼（机）应打开电视监控系统，关闭主电机电源，并在主开关上挂警示红牌。

（4）混凝土运输

1）混凝土的运输应保证到现场的拌合物具有适宜摊铺的工作性。

2）不掺加缓凝剂的混凝土拌合物从搅拌机出料到运抵现场的允许最长时间应符合本规定。不满足时，可采用通过试验调整缓凝剂的剂量等措施，保证到达现场的拌合物工作性满足要求。

3）混凝土运输过程中应防止漏浆、漏料和污染，防止拌合物离析。

4）车辆行驶和卸料过程中，当碰撞了模板或基准线时，应重新测量纠偏。

7. 滑模摊铺机施工

（1）一般规定

1）滑模摊铺工艺宜用于高速、一级、二级公路普通水泥混凝土面层、配筋混凝土面层、纤维混凝土面层、钢筋混凝土桥面、隧道混凝土面层、混凝土路缘石、路肩石及护栏等的滑模施工。

2）采用滑模摊铺机在基层上行走的铺筑方案时，基层侧边缘到滑模摊铺面层边缘的宽度不宜小于 650mm。

3）传力杆和胀缝拉杆钢筋宜采用前置支架法施工，也可采用滑模摊铺机配备的自动插入装置（DBI）施工。

4）应加强混凝土运输组织，保证供料速度与摊铺速度相适应，避免发生料多废弃或等料停机现象。

5）滑模铺筑施工应编制安全生产作业指导书。

6）上坡纵坡大于 5%、下坡纵坡大于 6%、半径小于 50m 或超高超过 7%的路段，不宜采用滑模摊铺机进行摊铺。

（2）设备选择

1）高速公路、一级公路宜选配能一次摊铺不少于 2 个车道宽度的滑模摊铺机。二级公路路面的最小摊铺宽度不得小于单个车道设计宽度。硬路肩宜选配可连体摊铺路缘石的中、小型多功能滑模摊铺机。

2）滑模摊铺水泥混凝土路面时，摊铺机应配备自动抹平板装置。

3）滑模摊铺机械系统应配套齐全，辅助设备的数量及生产能力应满足铺筑进度的要求。

（3）摊铺前准备

1）摊铺段夹层或封层质量应检验合格，对于破损或缺失部位，应及时修复。表面应清扫干净并洒水润湿，并采取防止施工设备和车辆碾坏封层的措施。

2）应检查并平整滑模摊铺机的履带行走区。行走区应坚实，不得存在湿陷等病害，并应清除砖、瓦、石块、废弃混凝土块等杂物。履带行走部位基层存在斜坡时，应提前整平。

3）摊铺前应检查并调试施工设备。滑模摊铺机首次作业前，应挂线对其铺筑位置、几何参数和机架水平度进行设置、调整和校准，满足要求后方可用于摊铺作业。

4）横向连接摊铺前，前次摊铺路面纵向施工缝处溜肩胀宽部位应切割顺直；拉杆应校正扳直，缺少的拉杆应钻孔锚固植入。

5）横向连接摊铺时，纵向施工缝的上半部缝壁应按设计涂覆隔离防水材料。

6）滑模摊铺面层前，应准确架设基准线。基准线架设与保护应符合下列规定：

① 滑模摊铺高速公路、一级公路时，应采用单向坡双线基准线；横向连接摊铺时，连接一侧可依托已铺成的路面，另一侧设置单线基准线。

② 滑模整体铺筑二级公路的双向坡路面时，应设置双线基准线，滑模摊铺机底板应设置为路拱形状。

③ 基准线桩纵向间距直线段不宜大于 10m，桥面铺装、隧道路面及竖曲线和平曲线路段宜为 5～10m，大纵坡与急弯道可加密布置。基准线桩最小距离不宜小于 2.5m。

④ 基层顶面到夹线臂的高度宜为 450～750mm。基准线桩夹线臂夹口到桩的水平距离宜为 300mm。基准线桩应固定牢固。

⑤ 单根基准线的最大长度不宜大于 450m。架设长度不宜大于 300m。

⑥ 基准线宜使用钢绞线。采用直径 2.0mm 的钢绞线时，张线拉力不宜小于 1000N；采用直径 3.0mm 钢绞线时，不宜小于 2000N。

⑦ 基准线设置后，应避免扰动、碰撞和振动。多风季节施工，宜缩小基准线桩间距。

7）架设完成的基准线，不得存在眼睛可见的拐点及下垂，并应逐段校验其顺直度及张紧度。

8）顺直度、张紧度或板厚不满足要求时，应重新测量架设基准线。

9）当面层传力杆、胀缝钢筋采用前置支架法施工时，应在表面先准确安装和固定支架，保证传力杆中部对中缩缝切割位置，且不会因布料、摊铺而导致推移。支架可采用与锚固入基层的钢筋焊接等方法固定。

（4）水泥混凝土面层滑模摊铺机铺筑

1）滑模摊铺机的施工参数设定及校准应符合规定。

2）滑模摊铺混凝土机前布料，应采用机械完成，布料高度应均匀一致，不得采用翻斗车直接卸料的方式。布料尚应符合下列规定：

① 卸料、布料速度应与摊铺速度协调一致，不得局部或全断面缺料。发生缺料时应立即停止摊铺。

② 采用布料机布料时，布料机与滑模摊铺机之间施工距离宜为 5～10m；现场蒸发率较大时，宜采用较小值。

③ 当坍落度在 10～30mm 时，布料松铺系数宜在 1.08～1.15。

④ 应保证滑模摊铺机前的料位高度位于螺旋布料器叶片最高点以下，最高料位高度不得高于松方控制板上缘。使用布料犁布料时，应按松方高度严格控制料位高度。

⑤ 当面层传力杆、胀缝与隔离缝钢筋采用前置支架法施工时，不得在支架顶面直接卸料。传力杆以下的混凝土宜在摊铺前采用手持振捣棒振实。

3）滑模摊铺机起步时，应先开启振捣棒，在 2～3min 内调整振捣到适宜振捣频率，使进入挤压底板前缘拌合物振捣密实，无大气泡冒出破灭，方可开动滑模机平稳推进摊铺。当天摊铺施工结束，摊铺机脱离拌合物后，应立即关闭振捣棒组。

4）摊铺过程中应随时调整松方高度板位置控制摊铺机进料，保证进料充足。起步时宜适当调高，正常摊铺时宜保持振捣仓内料位高于振捣棒顶面 100mm 左右，料位高低波动宜控制在±30mm 之内。

5）滑模摊铺应缓慢、匀速、连续不间断地作业。滑模摊铺速度应根据板厚、混凝土工作性、布料能力、振捣排气效果等确定，可在 0.75～2.5m/min 之间选择，宜采用 1m/min。

6）滑模摊铺水泥混凝土面层时，严禁快速推进、随意停机与间歇摊铺。

7）滑模摊铺振捣频率应根据板厚、摊铺速度和混凝土工作性确定，以保证拌合物不发生过振、欠振或漏振。振捣频率可在 100～183Hz 之间调整，宜为 150Hz。

8）可根据拌合物的稠度大小，采取调整摊铺的振捣频率或速度等措施，保证摊铺质量稳定。当拌合物稠度发生变化时，宜先采取调振捣频率的措施，后采取改变摊铺速度的措施。

9）应通过控制抹平板压力的方法，使其底部不小于 85%长度接触新铺混凝土表面。

10）在开始摊铺 5～10m 内，应在铺筑行进中对摊铺出的路面高程、边缘厚度、中线、横坡度等参数进行复核测量，必要时可缓慢微调摊铺参数，保证路面摊铺质量满足规定的要求。

11）滑模摊铺推进应匀速，平稳，滑出挤压底板或搓平梁的拌合物表面应平整、无缺陷，两侧边角应为 90°，光滑规则，无塌边溜肩，表层砂浆厚度不宜大于 3mm。除露石混凝土路面外，滑模摊铺水泥混凝土面层表面不应裸露粗集料。

12）滑模摊铺采用传力杆插入装置（DBI）设置传力杆与拉杆时，应符合下列规定：

① 应安排专人负责对中横向缩缝位置，应一次振动插入整排全部传力杆。

② 插入传力杆时，应缓慢插入，防止快速插入导致阻力过大使滑模摊铺机整体抬升。

③ 拉杆插入装置应根据一次摊铺的车道数和设计选用。与未摊铺水泥混凝土面层连接的拉杆应采用侧向拉杆插入装置插入；两个以上车道摊铺，在摊铺范围内的拉杆应采用拉杆压入装置压入。

④ 中央拉杆可自动定位插入或手工操作在规定位置插入，应一次插入到位。

⑤ 边缘拉杆应一次插入到位，不得在脱模后多次插入或手工反复打进。插入就位的拉杆应妥善保护，避免拉杆与混凝土黏结丧失。

13）摊铺上坡路段时，挤压底板前仰角宜适当调小，并适当调小抹平板压力；摊铺下坡路段时，前仰角宜适当调大，并适当调大抹平板压力。

14）摊铺小半径水平弯道时，弯道外侧的抹平板到摊铺边缘的距离应向内调整，两侧的加长侧模应采用可水平转动的铰连接，不得固接。

15）抗滑纹理做毕，应立即开始保湿养生。养生龄期不应少于5d，且混凝土强度满足要求后，方可连接摊铺相邻车道面板。履带在新铺面层上行走时，钢履带底部应铺橡胶垫或使用有橡胶垫履带的摊铺机。纵缝横向连接高差不应大于2mm。

16）摊铺中应经常检查振捣棒的工作情况和位置。面层出现条带状麻面现象时，应停机检查振捣棒是否损坏；振捣棒损坏时，应更换振捣棒。摊铺面层上出现发亮的砂浆条带时，应检查振捣棒位置是否异常；振捣棒位置异常时，应将振捣棒调整到正常位置。

17）当摊铺宽度大于7.5m时，应加强左右两侧拌合物工作性检查。发现不一致时，摊铺速度应按偏干一侧进行微调，并采取将偏稀一侧的振捣棒频率调小等措施，避免局部过振。当拌合物严重离析或离散时，应停止摊铺，废弃已拌和混合料，查找并解决问题后，再重新开始摊铺。

8. 三辊轴机组与小型机具施工

（1）一般规定

1）三辊轴机组铺筑工艺可用于二级及二级以下公路的水泥混凝土路面面层、桥面和隧道混凝土面层的施工，也可用于高速、一级公路硬路肩、匝道、收费广场边板、封闭式中央分隔带、弯道超高加宽段硬路肩及局部异形面板等的施工。

2）小型机具铺筑工艺可用于三、四级公路水泥混凝土面层的施工，不得用于隧道水泥混凝土面层与桥面铺装施工。

3）三辊轴机组与小型机具两种铺筑工艺的混凝土应采用集中搅拌。铺筑长度不足10m时，可使用小型搅拌机现场搅拌。严禁人工拌和。

4）三辊轴机组与小型机具铺筑时，混凝土拌合物的出机与摊铺坍落度应符合本规范的规定。

5）三辊轴机组与小型机具铺筑时，应加强各工序之间的衔接，振捣密实与成型饰面所需时间不得超过拌合物初凝时间。

（2）JTG/T F30对水泥混凝土路面施工三辊轴机组施工模板及其架设与拆除、水泥混凝土面层三辊轴机组铺筑、钢筋混凝土、纤维混凝土路面与桥面三辊轴机组铺筑、水泥混凝土面层小型机具铺筑等进行了规定。

9. 碾压混凝土路面施工

（1）一般规定

1）碾压工艺可用于二、三、四级公路混凝土面层与高速公路、一级公路复合式路面碾压混凝土上下面层施工。

2）碾压铺筑应按卸料进摊铺机、摊铺机摊铺、拉杆设置、钢轮压路机初压、振动压路机复压、轮胎压路机终压、抗滑处理、养生、切缝等工艺流程进行。

3）碾压混凝土面层摊铺，宜选用沥青混凝土摊铺机。摊铺机应具有振动压实功能，摊铺密实度不应小于85％。

4）碾压混凝土面层铺筑可采用基准线法，基准线设置精度应符合本细则的要求，板厚校验应符合本细则的规定。

（2）碾压混凝土面层施工

1）采用沥青混凝土摊铺机摊铺时，松铺系数宜控制在1.05～1.15之间。采用基层摊铺机摊铺时，松铺系数宜控制在1.15～1.25之间。应通过试铺确定松铺系数。

2）摊铺前应洒水湿润基层。摊铺作业应均匀、连续，摊铺过程中不得随意变换速度或停顿。

3）螺旋分料器转速应与摊铺速度相适应，摊铺过程中应保证两边缘供料充足。

4）弯道及超高路段铺筑时，应及时调整左右两侧分料器的转速，保证两侧供料均衡、充足。

5）两台摊铺机前后紧随摊铺时，两幅摊铺间隔时间应控制在 1h 之内。

6）拉杆设置应与摊铺同步进行。采用打入法时，应根据设计间距设醒目的定位标记，准确打入拉杆。

7）摊铺后，应立即对所摊铺混凝土表面进行检查，局部缺料部位，应及时补料。局部粗集料聚集部位，应在碾压前挖除并用新混凝土填补 。

8）碾压段长度宜控制在 30～40m 之间。直线段碾压时，压路机应从外侧向路中心碾压；平曲线有超高路段，应由低侧向高侧、自内向外碾压。

9）碾压应紧随摊铺机碾压。碾压宜分初压、复压和终压三个阶段进行，并应符合本细则的规定。

10）碾压密实后的表面应及时喷雾、洒水，并尽早覆盖养生。

11）施工过程中应采取措施控制碾压混凝土表面裂纹的产生。碾压终了后的面层表面不应有可见微裂纹。

10. 混凝土砌块路面砌筑施工

（1）一般规定

1）混凝土砌块路面的砂垫层应均匀、密实，能保证砌块稳固，不得局部缺失。

2）混凝土砌块路面两侧应按设计设置路缘基座或缘石。与水泥混凝土路面连接时，可依托水泥混凝土路面进行约束。

3）混凝土砌块路面宜采用机械化方式铺砌。

（2）JTG/T F30 对砌块路面材料、路缘基座施工、砂垫层施工、砌块路面铺砌等进行了规定。

11. 面层接缝、抗滑构造施工及养生

（1）一般规定

1）水泥混凝面层缩缝应使用切缝机按设计位置、深度、形状切割而成。

2）横向施工缝以与其他横向接缝合并设置。

3）各种接缝均应填缝密封，填缝材料不得开裂、挤出或缺失，填缝材料开裂、挤出或缺失的接缝均应局部清除，重新填缝密封。

4）各级公路行车道与超车道面层表面应制作细观抗滑纹理和宏观抗滑构造，不得遗留光滑的表面。纹理和构造深度应均匀一致。

5）各种水泥混凝土面展、隧道路面、桥面铺筑完成后，均应立即开始保湿养生，养生龄期应满足强度增长的要求。

（2）JTG/T F30 对接缝施工、抗滑构造施工、面层养生等进行了规定。

12. 特殊天气条件施工

（1）一般规定

1）水泥混凝土面层铺筑期间，应收集当地月、旬、日天气预报资料。高速、一级公路宜在现场设置简易气象站，遭遇危害路面铺筑质量的灾害性天气和气象要素时，应进行及时观测与快速通报，并制订特殊天气的专项施工组织方案和应急处理预案。

2）水泥混凝土面层施工如遇下列天气条件之一者，必须停工，不得强行铺筑：

① 现场降雨或下雪。

② 风力达到 6 级及 6 级以上的强风天气。

③ 现场气温高于 40℃，或拌合物摊铺温度高于 35℃。

④ 摊铺现场连续 5 昼夜平均气温低于 5℃或夜间最低气温低于−3℃。

3）施工过程中，铺筑现场发生影响铺筑面层质量的瞬间强风、下雷阵雨或冰雹时，应立即停工。

（2）JTG/T F30 对雨期施工、刮风天施工、高温期施工、低温期施工等特殊天气条件施工进行了规定。

13. 施工质量标准与控制

（1）一般规定

1）混凝土路面施工应建立健全的施工质量保证体系，对施工全过程进行全面的质量控制。

2）应按铺筑工艺与进度要求，配备足量质检仪器设备和人员。对面层施工各工艺环节的各项质量标准应做到及时检测，根据检测结果对施工进行动态控制，保证施工各项质量指标合格、稳定。

3）水泥混凝土面层施工过程中应采取有效措施、严防出现质量缺陷。铺筑过程中发现质量缺陷时，应加大检测频率，必要时应停工整顿，查找原因，提出处置对策，恢复到正常铺筑工况和良好质量状态再继续施工。

4）施工关键工序宜拍摄照片或进行录像、作为现场记录保存。

5）施工结束后，应清理现场，处理废弃物，恢复耕地或绿化，做到工完场清。

（2）JTG/T F30 对水泥混凝土路面质量标准、水泥混凝土桥面铺装质量标准、碾压混凝土面层的质量标准、混凝土砌块路面质量标准等进行了规定。

1.2.9 《公路水泥混凝土路面再生利用技术细则》JTG/T F31—2014

1. 概述

《公路水泥混凝土路面再生利用技术细则》（JTG/T F31—2014，以下简称 JTG/T F31）从 2014 年 6 月 1 日起施行。细则的编制以强化科技成果推广，注重资源节约利用，保护生态为理念，主要规范了多锤头碎石化、共振碎石化、冲击压裂碎石化及板式打裂等关键技术在旧水泥混凝土路面改造中的应用。编写组以国内外现有研究成果为基础，结合实际工程经验，广泛征求了业内有关单位和专家的意见和建议。

本细则共分 7 章，主要包括旧路调查与分析、再生利用设计、就地碎石化施工、就地发裂施工、就地碎石化集中破碎再生等内容，对水泥混凝土路面再生决策、方案选择、设计、施工及检查验收等都作了具体的规定。

2. 总则

（1）为规范水泥混凝土路面再生利用技术的应用，提高水泥混凝土路面再生利用技术水平，保证水泥混凝土路面再生利用工程质量，制定本细则。

（2）本细则适用于各等级公路普通水泥混凝土路面的再生利用工程。

（3）应遵循资源节约、环境保护、技术可靠、经济合理的原则，选择适宜的再生利用技术。

3. 旧路调查与分析

（1）一般规定

1）水泥混凝土路面再生利用路段，应开展有针对性的调查分析工作，为再生利用方式决策、设计和施工提供依据。

2）旧路面状况调查，应包括旧路基础资料、气候条件、交通量、旧路面技术状况、沿线设施等内容。

（2）JTG/T F31对旧路的资料收集、旧路现状调查、沿线构造物及施工环境调查、旧路状况分析等要求进行了规定。

4. 再生利用设计

（1）一般规定

1）再生利用设计应包括再生利用技术选择、旧路处理与排水设计、加铺层结构设计和施工期间交通组织设计等内容。

2）加铺层结构设计位按现行《公路沥青路面设计规范》JTG D50和《公路水泥混凝土路面设计规范》JTG D40的规定进行。加铺层结构设计应按两阶段设计进行。

3）应按充分利用旧路面强度和材料的原则，综合考虑路面状况、路基条件、构造物、净空要求、施工限制条件、材料供应情况等要素，结合技术经济比较，合理选择再生利用技术，提高资源利用率。

4）应根据旧路状况，分段进行再生利用设计，分段长度不宜小于1km。

5）对损坏严重路段应进行特殊设计。

6）应在设计图中详细标注出受施工影响的桥涵结构物、沿线设施和房屋的位置。

7）应对施工期间的交通组织进行详细设计，维持通车路段应明确交通管制方案。

（2）再生利用技术选择

1）旧水泥混凝土路面再生利用选择就地再生利用技术。当施工条件受限时，也可选择集中破碎再生方案。

2）断板率不小于5%时，不宜采用再生利用技术；断板率大于5%且小于80%时，宜采用就地碎石化再生利用技术；断板率小于20%，且脱空率不大于10%时，也可采用就地发裂再生利用技术。

3）旧路面地下水位深度小于1m或路基含水率超出最佳含水率4%时，不宜采用冲击压裂技术。

4）采用多锤头碎石化和就地发裂再生利用技术时，应满足下列要求：

① 作业面距构造物最小距离应符合本细则的规定。不能满足时，可采取共振碎石化技术或集中破碎技术。

② 当公路沿线或两侧有对施工振动特别敏感的构造物或设备时，应与相关部门协商确定安全距离。

（3）旧路处置与排水设计

1）对调查确定的路基软弱路段，应采用换填方式进行处置。换填要求应符合下列规定：

① 应按旧路面结构逐层开挖至满足该设计承载力要求的深度。

② 换填材料宜采用透水性较好的材料。

③ 基层回填宜采用与原基层相同的材料进行换填。

④ 面层回填宜采用级配砾石，并宜符合本细则的规定。换填层的顶面当量回弹模量应满足设计要求。

⑤ 应采用满足要求的振动压路机。

2）有沥青混凝土罩面或其他柔性材料修补的，应制订清除方案。

3）就地再生利用路段，路面板边缘应设置纵向盲沟；路肩应设置横向盲沟，盲沟的数值可参照本细则进行设计，并应满足下列要求：

① 纵向盲沟应设置于旧路面板边缘下，底面深度宜为旧路面板底面以下 15～20cm，宽度不宜小于 20cm，高度不宜小于 30cm。

② 横向盲沟的设置间距宜符合本细则的规定。

③ 横向盲沟方向宜为路肩合成坡度方向，其断面不应小于纵向盲沟断面。

④ 盲沟底部宜设置用反滤织物包裹的多孔 PVC 管，管径不宜小于 10cm 碎石层顶面应设置反滤织物。

⑤ 盲沟的回填宜采用粒径在 19～37.5mm 范围内的单级配石料，填充高度不宜小于 25cm，剩余部分可采用砂土等透水性材料回填。

⑥ 超高路段外侧路面板边缘可不设置纵、横向盲沟。有中央分隔带的应在内侧路面板边缘设置横向集水设施，防止外侧水流入内侧路面范围内。

（4）加铺层结构设计

1）加铺层结构设计应根据交通量、气候条件、路面状况、路基条件、沿线设施及再生利用技术等分段进行。

2）净空受限路段宜采取调整加铺层结构组成等方法减少加铺层总厚度，也可采取挖除重建的方案。

3）应进行破碎施工后的纵、横坡调平设计，宜选用级配碎石或沥青碎石等材料，并应满足相应的等级要求。

4）采用就地碎石化再生利用技术时，碎石化层直接作为基层或底基层。用作底基层时，宜采用柔性基层进行结构补强；采用就地发裂再生利用技术时，就地发裂层宜作为底基层。

5）加铺层结构设计宜分为预估设计与优化设计两个阶段。实测计算回弹模量值与推荐回弹模量值的差超出 20MPa 时，宜重新进行加铺层结构设计。

5. 就地碎石化施工

（1）一般规定

1）就地碎石化施工应根据设计文件编制施工组织设计，合理选择设备。

2）遇雨、雪等恶劣天气，不宜进行就地碎石化施工，已破碎而未施工封层的路段宜采取防排水措施。

3）就地碎石化施工前，应通过试验路段确定施工参数及工艺流程，并在施工过程中严格执行。

4）现场施工的交通组织应按现行《公路养护安全作业规程》JTG H30 进行，未封闭施工路段应制订交通管制及分流措施，未施工封层的已破碎路段不得开放交通。

5）应合理安排作业时间，减少噪声与振动对环境的影响。

（2）设备要求

1）多锤头碎石化施工应采用多锤头破碎机和“Z”型单钢轮振动压路机等设备。

2）多锤头破碎机各锤头应能独立工作，提升高度应能自由调节；当多个锤头同时工作时，各锤头应能交替间隔落地。

3）“Z”型单钢轮振动压路机的自重不宜小于 12t，Z 型钢箍的间距宜为 7cm±1cm，高度宜为 2.5～3cm，宽度不宜小于 1cm。

4）共振碎石化施工应采用共振破碎机和单钢轮振动压路机等设备。

（3）施工准备

1）施工前应熟悉工程的设计文件，收集现场资料，核实工程数量，按工期要求、施工难易程度、气候条件等编制施工组织计划。

2）应落实仪器、设备，并进行调试校核。

3）应修复和疏通既有排水系统，按设计文件完成路面排水系统施工。

4）应清除旧路面上的沥青混合料修补材料。

5）应按旧路处置设计要求完成路基软弱路段的处理工作。

6）应核实沿线上跨构造物、房屋、桥梁、管涵、地下管线和边沟等构造物的位置，并区分标注。

7）应按设计要求，采取开挖边沟等减轻振动影响的措施。

8）应在施工影响区外设置水准控制点，并复测旧路高程。

（4）试验路段

1）应选取有代表性的路段作为试验路段，长度不宜小于 500m。

2）试验路段应按拟采用的工艺进行施工，试验过程中应实测相关的施工参数，并及时评价处置效果。

3）应通过试验路段并结合本细则的要求，确定下列施工参数：

① 多锤头破碎机锤头落锤高度和间距。

② 共振破碎机的振动频率和振幅。

③ 工作速度。

④ 乳化沥青及石屑用量。

4）乳化沥青封层破乳成型后，应实测顶面当量回弹模量，检测点数不宜少于 3 个，作为优化设计阶段的顶面当量回弹模量实测值，并计算其代表值。

5）试验路段施工结束后，应及时整理数据，确定标准施工工艺流程，编制总结报告，完善施工组织设计。

（5）多锤头碎石化施工

多锤头碎石化施工应按下列工序进行：

① 清除现有的沥青混合料修补层。

② 修复或增设排水设施。

③ 路基软弱路段处置。

④ 线路内、外及地下构造物标记。

⑤ 设置施工测量控制点。

⑥ 按照试验路段确定的相关施工参数，破碎旧水泥混凝土路面，清除嵌缝料。

⑦“Z”型单钢轮振动压路机碾压2～3遍，钢轮压路机碾压2～3遍，洒布乳化沥青封层后再撒布集料，钢轮压路机碾压2～3遍。

⑧ 质量检验。

⑨ 加铺新结构层。

（6）共振碎石化施工

1）共振碎石化应按下列工序进行：

① 清除现有的沥青混合料修补层。

② 修复或增设排水设施。

③ 路基软弱路段处置。

④ 设置施工测量控制点。

⑤ 按照试验路段确定的相关施工参数，破碎旧水泥混凝土路面，清除嵌缝料。

⑥ 钢轮振动压路机碾压2～3遍，洒布乳化沥青封层后再撒布集料，钢轮压路机静压2～3遍。

⑦ 质量检验。

⑧ 加铺新结构层。

2）破碎施工应按先破碎路面两侧车道，再破碎中间行车道的顺序进行；破碎时应有重复破碎搭接面，搭接宽度不应小于5cm。

3）当距路面两侧边缘50～75cm破碎时，应将锤头与路边缘调成30°～50°的夹角进行边缘破碎。

4）水泥板强度过高或过厚路段，应适当提高振动频率或在破碎施工前采用打裂或其他手段对混凝土路面进行预裂处理。

（7）就地碎石化施工质量检验

6. 就地发裂施工

（1）一般规定

1）就地发裂施工应根据设计文件编制施工组织设计，合理选择设备。

2）遇雨、雪等恶劣天气时，不宜进行就地发裂施工，已破碎而未施工封层的路段宜采取防排水措施。

3）就地发裂施工前，应通过试验路段确定施工参数及工艺流程，并在施工过程中严格执行。

4）现场施工的交通组织应按现行《公路养护安全作业规程》（JTG H30）进行，未封闭施工路段应制订交通管制及分流措施，发裂作业完成且未加铺结构层路段可开放交通进行碾压。

5）应合理安排作业时间，减少噪声与振动对环境的影响。

（2）设备要求

1）板式打裂压稳施工应采用板式破碎机和重型胶轮压路机等设备。

2）板式破碎机的破碎能力应与待破碎水泥混凝土路面板强度、厚度相适应，能使水泥混凝土路面板全深度开裂。设备主要性能参数宜符合表1-23的要求。

板式破碎机主要性能参数表 **表1-23**

参数	要求	参数	要求
板锤质量(kg)	5000±500	最小破碎宽度(cm)	≤250
最大落锤高度(cm)	≥200	落锤间距(cm)	20～50

3）重型胶轮压路机自重不应小于24t。

4）冲击压裂施工设备宜采用四边形或五边形冲击压路机，不宜采用三边形冲击压路机。

（3）施工准备

1）施工前应熟悉工程的设计文件，收集现场资料，核实工程数量，按工期要求、施工难易程度、气候条件等编制施工组织计划。

2）应落实仪器、设备，并进行调试校核。

3）应修复和疏通既有排水系统，按设计文件完成路面排水系统施工。

4）应清除旧路面上的沥青混合料修补材料。

5）应按旧路处置设计要求完成路基软弱路段的处理工作。

6）应核实沿线上跨构造物、房屋、桥梁、管涵、地下管线和边沟等构造物的位置，并区分标注。

7）应按设计要求，采取开挖边沟等减轻振动影响的措施。

8）应在施工影响区外设置水准控制点，并复测旧路高程。

（4）试验路段

1）应选取有代表性的路段作为试验路段，长度不宜小于800m。

2）应通过试验路段并结合本细则的要求，确定下列施工参数：

① 冲击压路机型号。

② 冲击压路机的行进速度及冲压遍数。

③ 板式破碎机的落锤间距和高度。

④ 标准施工工艺流程。

3）就地发裂施工完成后应实测顶面当量回弹模量，检测点数不宜少于3个，作为优化设计阶段的顶面当量回弹模量实测值，并计算其代表值。

4）试验段施工结束后，应及时整理数据，确定标准施工工艺流程，编制总结报告，完善施工组织设计。

（5）板式打裂压稳施工

1）板式打裂压稳施工应按下列工序进行：

① 修复或增设排水设施。

② 路基软弱路段处置。

③ 线路内、外及地下构造物标记。

④ 设置施工测量控制点。

⑤ 按照试验路段确定相关施工参数，打裂旧水泥混凝土路面，并清除嵌缝料。

⑥ 重型胶轮压路机碾压。

⑦ 质量检验。

⑧ 加铺新结构层。

2）应按行车方向从距路面板边缘20cm处开始逐幅打裂，相邻两幅的间隔宽度宜为20～50cm。

3）成打裂作业后，应采用重型胶轮压路机压稳，遍数不应少于3遍，也可开放交通碾压。

（6）冲击压裂施工

1）冲击压裂施工应按下列工序进行：

① 修复或增设排水设施。

② 路基软弱路段处置。

③ 线路内、外及地下构造物标记。

④ 设置施工测量控制点。

⑤ 按试验路段确定相关施工参数，冲压旧水泥混凝土路面，施工中应有安全监控措施。

⑥ 冲压完路面应测量顶面高程，并按设计要求进行调平层施工。

⑦ 质量检验。

⑧ 加铺新结构层。

2）应从路面板边缘处开始向中间冲压，冲击压路机的行驶路线宜按标准中图6.6.2的方式进行。当直行冲击碾压数遍、破碎效果不理想时，可尝试走“S”形路线。

3）四边形冲击压路机冲压遍数宜为7～15遍，五边形冲击压路机冲压遍数宜为10～20遍，具体数值应根据现场情况确定。

4）冲击压裂作业时振动强烈，应预留安全间距并注意对冲压区域构造物的观察。当发现有异常情况时，应立即中断施工，采取其他方式打裂，避免造成构造物损伤。

5）冲压施工过程中出现“弹簧”现象时，应暂停施工，采取其他方式破碎。

（7）就地发裂施工质量检验

1）就地发裂施工应按本细则的要求进行质量检验。

2）就地发裂施工后应立即检测顶面当量回弹模量值，测点数量每公里不宜少于3个，并计算其代表值。代表值应满足试验路段顶面当量回弹模量代表值的要求；不满足要求时，应采取调整施工参数等措施。

7. 集中破碎再生

（1）一般规定

1）挖除旧路面前，应按设计要求修复或增设排水设施，挖除后应及时做好基层防排水工作。

2）现场施工的交通组织应按现行《公路养护安全作业规程》JTG H30进行，挖除路段未加铺结构层前不得开放交通。

3）集中破碎时应有防尘等措施。

4）挖除水泥混凝土路面板后应及时进行后续施工。

5）集中破碎场地应进行硬化处置，并做好防排水。

6）再生集料应根据设计要求分级筛分、分级堆放。

7）再生集料使用前，应进行相应的配合比设计和性能试验分析，确定再生集料的使用比例。

（2）设备要求

1）旧水泥混凝土路面挖除应采用对基层强度和结构无影响的设备。

2）集中破碎机械应具备两级破碎功能，并配备除尘和钢筋剔除装置，钢筋的剔除率不应小于95%，初级破碎后的混凝土碎块粒径宜为70～150mm。

3）筛分设备应配备除尘装置。

（3）再生集料质量要求

1）满足《公路水泥混凝土路面施工技术细则》JTG/TF 30—2014中表3.3.2和表3.3.3要求的再生粗集料经配合比验证后可用于水泥混凝土面层，再生细集料不宜用于水泥混凝土面层。

2）满足《公路路面基层施工技术规范》JTJ 034—2000中第3.2节要求的再生集料经配合比验证后可用于水泥稳定碎石。

3）满足《公路路面基层施工技术规范》JTJ 034—2000中第6.2节要求的再生集料经配合比验证后可用于级配碎石。

4）满足《混凝土用再生粗集料》GB/T 25177—2010中第5章要求的再生粗集料也可用于贫混凝土基层。

5）其他粒料类基层施工要求可参照现行《公路路面基层施工技术规范》JTJ 034执行。

1.2.10 《公路钢结构桥梁设计规范》JTG D64—2015

1. 背景

公路桥梁建设大发展，截至2014年底，全国已建成公路桥梁75.71万座，4257.89万m。公路桥梁已消耗钢材1.36亿吨，为支撑钢铁行业发展做出了应有的贡献。公路钢结构桥梁建设发展较慢，全国钢结构和钢-混组合结构桥梁分别只有584座和1293座，数量占比仅为0.08%和0.17%，钢材消耗占比仅为1.17%和1.55%。在国外，日本13万座桥梁中，钢桥约占41%；美国60万座桥梁中，钢桥占35%；法国钢结构和钢-混组合桥梁占比达85%。

2009年，国务院要求交通运输部组织开展了在建桥梁改用钢结构论证分析，2013年，中国钢结构协会组织编写了“钢结构在建设领域中推广应用”实施方案，编制了钢-混组合结构、钢结构适合跨径30～100m、100～350m的公路桥梁；未来长江、黄河、珠江等我国主要水系临近城市发展及跨区域道路的建设所需，将有更多的以钢结构桥梁为主的大中跨径桥梁的建设。

2016年7月1日交通运输部颁发《交通运输部关于推进公路钢结构桥梁建设的指导意见》交公路发〔2016〕115号，为推进公路建设转型升级，提升公路桥梁品质，充分发挥钢结构桥梁性能优势，交通运输部研究决定推进公路钢结构桥梁（包括钢箱梁、钢桁梁、钢混组合梁等桥梁）建设。

表1-24～表1-28所示为各类桥梁的跨径前10情况。

世界排名前10位的大跨径斜拉桥 表1-24

序号	桥名	主跨(m)	国家	建成时间(年)
1	Russky	1104	俄罗斯	2012
2	沪通大桥(公铁两用)	1092	中国	在建
3	苏通大桥	1088	中国	2008
4	昂船洲大桥	1018	中国	2009
5	鄂东长江大桥	926	中国	2010
6	多多罗大桥	890	日本	1999
7	诺曼底大桥	856	法国	1995
8	九江长江大桥	818	中国	2012
9	荆岳长江大桥	816	中国	2010
10	Incheon-2	800	韩国	2009
	贵州鸭池河大桥		中国	2018

(1) 总体要求

1) 指导思想

牢固树立创新、协调、绿色、开放、共享的发展理念，落实现代工程管理人本化、专业化、标准化、信息化、精细化的“五化”要求，提升公路桥梁品质和耐久性，降低全寿命周期成本，推进钢结构桥梁建设，促进公路建设转型升级、提质增效。

2) 基本原则

① 政策引导、市场为主

充分发挥政府引导作用，通过完善相关政策和技术标准，发挥市场配置资源的决定性作用，营造有利于钢结构桥梁应用的政策环境和市场环境。

② 因地制宜，有序推进

结合经济社会发展水平、资源禀赋、自然条件和工程特点，确定本地区钢结构桥梁推广应用技术发展路线，因地制宜，有序推进钢结构桥梁建设。

③ 重点示范，标准先行。

根据实际选择合适的项目，组织开展钢结构桥梁建设应用示范，注重管理创新和技术创新，通过示范引领，总结经验，不断完善技术标准和规范。

④ 建养并重，质量可控。

完善钢结构桥梁建设、养护管理制度，配备专业的建设、管理、养护、检测人员和设备，保证钢结构桥梁建设质量和运行安全。

3) 主要目标

到“十三五”时期末，公路行业钢结构桥梁设计、制造、施工、养护技术成熟，技术标准体系完备，专业化队伍和技术装备满足钢结构桥梁建设养护需要。新建大跨、特大跨径桥梁以钢结构为主，新改建其他桥梁钢结构比例明显提高。

(2) 七大措施

世界排名前 10 位的悬索桥 表 1-25

序号	桥名	主跨(m)	国家	建成时间(年)
1	明石海峡大桥	1991	日本	1998
2	虎门二桥泥洲航道桥	1688	中国	在建
3	西堠门大桥	1650	中国	2009
4	大海带桥	1624	丹麦	1998
5	光阳大桥	1545	韩国	2012
6	润扬长江大桥	1490	中国	2005
7	南京长江四桥	1418	中国	2012
8	洞庭湖大桥	1480	中国	在建
9	亨伯桥	1410	英国	1981
10	江阴长江大桥	1385	中国	1999

1）加强方案比选，鼓励选用钢结构桥梁。

2）合理选型，更好地发挥钢结构桥梁的优势。

3）重视钢结构桥梁的构造设计/连接过渡、抗疲劳、抗渗漏、抗火等。

4）全面提高结构可维护性/可达、可检、可修、可换“四可”设计。

5）推进钢结构桥梁工业化、标准化、智能化建造。

6）尽快完善相关标准定额/专用施工和养护定额和标准图。

7）加强专业人才培养/相关标准规范和知识技能的专项培训。

（3）组织保障

1）加强组织领导。省级交通运输主管部门要加强组织领导，建立完善钢结构桥梁推广应用工作机制，积极组织开展钢结构桥梁示范工程建设，总结经验，推广先进技术，提高钢结构桥梁应用水平。

2）加强科研和技术推广。公路建设单位应结合具体项目，组织开展提升钢结构桥梁品质、保证结构安全耐久、推进标准化建造等方面的专题研究，推广科技成果，夯实技术基础，推动钢结构桥梁整体技术水平的提高。

3）推动设计施工总承包和养护专业化发包。鼓励公路建设单位采用设计、施工（含制造、安装）总承包等方式发包桥梁上部建造任务，通过设计、施工和钢结构制造企业深度融合，提高钢结构桥梁建设专业化水平。鼓励桥梁管养单位开展钢结构桥梁专业化养护发包，提高钢结构桥梁养护质量，降低全寿命周期成本。

4）完善信用评价体系。省级交通运输主管部门应研究建立钢结构制造单位的信用评价制度，交通运输部将适时把钢结构制造单位纳入公路建设行业信用评价体系中，充分发挥市场信用的引导作用，确保钢结构桥梁的制造、安装质量。

5）充分发挥专家作用。在钢结构桥梁推进过程中，有关单位要根据工作需要，充分利用专家智慧和社会力量，开展相关科研、通用图编制、标准规范修编等工作，为推进钢结构桥梁建设提供技术支持和保障。

世界排名前 10 位的梁桥 表 1-26

序号	桥名	主跨(m)	国家	建成时间(年)
1	石板坡长江大桥	330	中国	2006
2	斯道玛大桥	301	挪威	1998
3	拉大森德大桥	298	挪威	1998
4	北盘江大桥	290	中国	2013
5	巴拉圭河桥	270	巴拉圭	1979
6	虎门大桥辅航道桥	270	中国	1997
7	苏通长江大桥专用航道桥	268	中国	2008
8	红河大桥	265	中国	2003
9	门道桥	260	澳大利亚	1985
10	瓦洛德二号桥	260	挪威	1994

世界排名前 10 位的拱桥 表 1-27

序号	桥名	主跨(m)	国家	建成时间(年)
1	重庆朝天门长江大桥	552	中国	2009
2	上海卢浦大桥	550	中国	2003
3	合江长江一桥	530	中国	2013
4	新河峡大桥	518	美国	1977
5	贝永大桥	504	美国	1931
6	悉尼海港大桥	503	澳大利亚	1932
7	重庆巫山长江大桥	492	中国	2005
8	杰纳布大桥	480	印度	2010
9	宁波明州大桥	450	中国	2011
10	湖北支井河大桥	430	中国	2009

世界排名前 10 位的跨海大桥 表 1-28

序号	桥名	总长(km)	国家	建成时间(年)
1	杭州湾大桥	36	中国	2008
2	港珠澳大桥	35.6	中国	2018
3	东海大桥	32.5	中国	2005
4	青岛海湾大桥	27	中国	2011
5	法赫德国王大桥	25	巴林	1986
6	舟山大陆连岛工程	25	中国	2009
7	大贝尔特桥	17.5	丹麦	1997
8	厄勒海峡大桥	16	丹麦	2000
9	里约尼泰罗伊大桥	13.3	巴西	1974
10	嘉绍大桥	10.1	中国	2012

2. 总则

（1）为规范公路钢结构桥梁的设计，提高设计水平，保障工程质量，按照安全、耐久、适用、环保、经济和美观的原则，制定本规范。

（2）本规范适用于各等级公路钢结构桥梁和桥梁钢结构设计。

（3）本规范采用以概率理论为基础的极限状态设计方法，按照分项系数的设计表达式进行设计。

（4）公路钢结构桥梁应进行耐久性设计，特大桥、大桥、中桥主体结构应按不小于一百年设计使用年限进行设计，高速公路、一级公路、二级公路上的小桥主体结构宜按不小于一百年设计使用年限进行设计。

（5）公路钢结构桥梁应按《公路桥涵设计通用规范》JTG D60-2015 的要求，考虑设计状况并开展相应的极限状态设计。

（6）公路钢结构桥梁设计应提出对制作、运输、安装、养护、管理等的要求，选择合理的结构形式，宜采用标准化、通用化的结构单元和构件，构造与连接应便于制作、安装、检查和维护。

3. 材料及设计指标

（1）材料

1）钢材宜选用 Q235 钢、Q345 钢、Q390 钢和 Q420 钢，其质量应分别符合现行《碳素结构钢》（GT/T 700）和《低合金高强度结构钢》（GB/T 1591）的规定。其中，Q235 钢中的沸腾钢不宜用于需要验算疲劳的，以及虽不需要验算疲劳但工作温度低于−20℃的焊接结构；也不宜用于需要验算疲劳且工作温度等于或低于−20℃的非焊接结构。

2）有关牌号钢材冲击韧性应符合下列规定：

① 对需要验算疲劳的焊接构件，当桥梁工作温度 t 处于 $0℃ \geqslant t > -20℃$ 范围内时，Q235 和 Q345 的冲击韧性应满足表 1-29 中质量等级 C 的要求；而 Q390 和 Q420 的冲击韧性应满足质量等级 D 的要求；当桥梁工作温度 $t \leqslant -20℃$ 时，Q234 和 Q345 冲击韧性应满足表 1-29 中质量等级 D 的要求，而 Q390 和 Q420 的冲击韧性应满足质量等级 E 的要求。

② 对需要验算疲劳的非焊接构件，当桥梁工作温度 $t \leqslant -20℃$ 时，Q235 和 Q345 的冲击韧性应满足表 1-29 中质量等级 C 的要求，而 Q390 和 Q420 的冲击韧性应满足表 1-29 中质量等级 D 的要求。

钢材冲击韧性 **表 1-29**

钢材牌号	Q235		Q345		Q390		Q420	
质量等级	C	D	C	D	D	E	D	E
试验温度(℃)	0	−20	0	−20	−20	−40	−20	−40
冲击韧性(J)	27	27	34	34	34	27	34	27

（2）设计指标

1）钢材的强度设计值应根据钢材的不同厚度按表 1-30 的规定采用。

钢材的强度设计值（MPa）　　表 1-30

钢材		抗拉、抗压和抗弯 f_d	抗剪 f_{vd}	端面承压（刨平顶紧）f_{cd}
牌号	厚度（mm）			
Q235 钢	≤16	190	110	280
	16～40	180	105	
	40～100	170	100	
Q345 钢	≤16	275	160	355
	16～40	270	155	
	40～63	260	150	
	63～80	250	145	
	80～100	245	140	
Q390 钢	≤16	310	180	370
	16～40	295	170	
	40～63	280	160	
	63～100	265	150	
Q420 钢	≤16	335	195	390
	16～40	320	185	
	40～63	305	175	
	63～100	290	165	

2）铸钢和锻钢的强度设计值应按表 1-31 的规定采用。

铸钢和锻钢的强度设计值（MPa）　　表 1-31

强度种类	钢　　号				
	ZG230～450	ZG270～500	ZG310～570	35 号钢	45 号钢
抗拉、抗压和抗弯 f_d	170	200	225	250	280
抗剪 f_{vd}	100	115	130	145	160
铰轴紧密接触时径向受压 f_{rd1}	85	100	110	125	140
辊轴或摇轴自由接触时径向受压 f_{rd2}	6.5	8.0	9.0	10.0	11.0
销孔承压 f_{sd}	—	—	—	190	210

3）焊缝的强度设计值应按表 1-32 的规定采用。

焊缝的强度设计值（MPa）　　表 1-32

焊接方法和焊条型号	构件钢材		对　接　焊　缝				角焊缝
	牌号	厚度（mm）	抗压 f_{cd}^{w}	抗拉 f_{td}^{w} 焊缝质量等级		抗剪 f_{vd}^{w}	抗拉、抗压或抗剪 f_{fd}^{w}
				一级、二级	三级		
自动焊、半自动焊和 E43 型焊条的手工焊	Q235 钢	≤16	190	190	160	110	140
		16～40	180	180	155	105	
		40～100	170	170	145	100	

续表

焊接方法和焊条型号	构件钢材		对接焊缝				角焊缝
	牌号	厚度（mm）	抗压 f_{cd}^{w}	抗拉 f_{td}^{w}		抗剪 f_{vd}^{w}	抗拉、抗压或抗剪 f_{fd}^{w}
				焊缝质量等级			
				一级、二级	三级		
自动焊、半自动焊和E50型焊条的手工焊	Q345钢	16	275	275	235	160	175
		16～40	270	270	230	155	
		40～63	260	260	220	150	
		63～80	250	250	215	145	
		80～100	245	245	210	140	
自动焊、半自动焊和E55型焊条的手工焊	Q390钢	≤16	310	310	265	180	200
		16～40	295	295	250	170	
		40～63	280	280	240	160	
		63～100	265	265	225	150	
	Q420钢	≤16	335	335	285	195	200
		16～40	320	320	270	185	
		40～63	305	305	260	175	
		63～100	290	290	245	165	

4）普通螺栓和锚栓连接的强度设计值应按表1-33的规定采用。

普通螺栓和锚栓连接的强度设计值（MPa）　　表1-33

螺栓的性能等级、锚栓和构件钢材的牌号		普通螺栓						锚栓
		C级			A、B级			
		抗拉 f_{td}^{b}	抗剪 f_{vd}^{b}	承压 f_{cd}^{b}	抗拉 f_{td}^{b}	抗剪 f_{vd}^{b}	承压 f_{cd}^{b}	抗拉 f_{td}^{b}
普通螺栓	4.6级、4.8级	145	120	—	—	—	—	—
	5.6级	—	—	—	185	165	—	—
	8.8级	—	—	—	—	283500	—	—
锚栓	Q235钢	—	—	—	—	—	—	125
	Q345钢	—	—	—	—	—	—	160
构件	Q235钢	—	—	265	—	—	350	—
	Q345钢	—	—	340	—	—	450	—
	Q390钢	—	—	355	—	—	470	—
	Q420钢	—	—	380	—	—	500	—

5）高强度螺栓预应力设计值Pd应按表1-34的规定取用。

高强度螺栓预应力设计值Pd（kN）　　表1-34

性能等级	螺纹规格				
	M20	M22	M24	M27	M30
8.8S	125	150	175	230	280
10.9S	155	190	225	290	355

6）铆钉连接的强度设计值应按表 1-35 的规定采用。

铆钉连接的强度设计值（MPa）　　表 1-35

铆钉钢号和构件钢材牌号		抗拉(钉头拉脱) f_{td}^{τ}	抗剪 f_{vd}^{τ}		承压 f_{cd}^{τ}	
			Ⅰ类孔	Ⅱ类孔	Ⅰ类孔	Ⅱ类孔
铆钉	BL2 或 BL3	105	160	135	—	—
构件	Q235 钢	—	—	—	390	320
	Q345 钢	—	—	—	500	405
	Q390 钢	—	—	—	520	425

7）钢材和铸钢的物理性能指标应按表 1-36 规定采用。

钢材和铸钢的物理性能指标　　表 1-36

弹性模量 E（MPa）	剪切模量 G（MPa）	线膨胀系数 α（1/℃）	泊松比 ν	密度 ρ（kg/m^3）
2.06×10^5	0.790×10^5	12×10^{-6}	0.31	7850

8）拉索用钢丝、钢绞线的抗拉强度设计值应按表 1-37 的规定采用。

拉索用钢丝、钢绞线的抗拉强度设计值　　表 1-37

材料种类	抗拉强度标准值 f_k	抗拉强度设计值 f_d
钢丝	1570	850
	1670	900
	1770	955
	1860	1005
钢绞线	1570	850
	1670	900
	1720	925
	1770	955
	1860	1005
	1960	1055

9）钢丝绳应按其最小破断拉力（kN）除以抗拉强度分项系数 γ_R 求得最小破断拉力设计值 F_d，γ_R 应按表 1-38 确定。最小破断拉力应根据现行《粗直径钢丝绳》（GB 20067）钢芯钢丝绳取值。

钢丝绳抗拉强度分项系数 γ_R　　表 1-38

材料种类	骑跨式吊索	销接式吊索
抗拉强度分项系数 γ_R	2.95	2.2

4. 结构分析

1）结构分析采用的模型和基本假定，应能反映结构实际受力状态，其精度应能满足结构设计要求。

2）在结构分析中，应考虑环境对构件和结构性能的影响。

3）结构受力分析可按线弹性理论进行，当极限状态条件下结构的变形不能被忽略时，应考虑几何非线性对结构受力的影响。

4）结构动力分析应考虑下列因素：

① 所有相关的结构构件质量、刚度和阻尼特性。

② 模型的边界条件应反映结构的固有特性。

③ JTG D64 对结构强度、稳定与变形计算进行了规定。

5. 构件设计

（1）一般规定

1）构件应按承载能力极限状态验算强度的稳定性，作用组合效应设计值按现行《公路桥涵设计通用规范》JTG D60 规定计算。疲劳计算应按本章抗疲劳设计与计算的有关规定执行。

2）进行承载能力极限状态设计时，结构重要性系数 γ_0 应符合《公路桥涵设计通用规范》JTG D60 的相关规定。

3）除轧制型钢、正交异性板的闭口加劲肋、填板外，其他受力钢构件的板厚不应小于 8mm。

4）构件容许最大长细比应符合表 1-39 的规定。

构件容许最大长细比 **表 1-39**

类别	杆　件	长细比
主桁梁	受压弦杆 受压或受压—拉腹杆	100
	仅受拉力的弦杆	130
	仅受拉力的腹杆	180
联结系构件	纵向联结系、支点处横向联结系和制动联结系的受压或受压—拉构件	130
	中间横向联结系的受压或受压—拉构件	150
	各种横向联结系的受拉构件	200

（2）JTG D64 对轴心受力构件、受弯构件、拉弯压弯构件、抗疲劳设计等进行了规定。

6. 连接的构造和计算

（1）一般规定

1）连接可采用焊接、螺栓连接和铆钉连接，并应符合下列规定：

① 板件间的连接应优先选用焊接，杆件或梁段之间的连接可选用焊接、螺栓连接或焊接与螺栓的混合连接。

② 螺栓连接可分为普通螺栓连接和高强度螺栓连接。对主要受力结构，应采用高强度螺栓摩擦型连接；对次要构件、结构构造性连接和临时连接，可采用普通螺栓连接。

③ 必要时可采用铆钉连接。

2）接头处各杆件轴线宜相交于一点。不能交于一点时，应考虑偏心的影响。

3）桥面板块划分宜避开轮迹线。

4）焊接和高强度螺栓摩擦型连接同时并存的连接应慎用；当必须使用时，其所采用的工艺应保证接触面不变形。该混合连接所传递的力应由两种连接按各自的承载力依比例分担，且使混合接头的内力设计值不大于其二者承载力总和的90%。

（2）JTG D64对焊接连接、栓、钉连接等进行了规定。

7. 钢板梁

（1）一般规定

1）本章适用于受弯为主的工字形截面钢板梁桥设计。

2）应采取措施防止板梁在制作、运输、安装架设过程中出现过大变形和丧失稳定；在运营阶段的板梁端部支承处也应阻止梁端部截面扭转。

3）设计构件截面和制作工艺时，宜避免和减少应力集中、残余应力以及次应力。

4）普通焊接板梁应采用三块钢板焊接而成。当板厚不能用其他方法解决时可采用外贴翼缘钢板的形式，外贴翼缘板宜用一块钢板。

（2）JTG D64对钢板梁的翼缘、腹板、纵横向联结系等进行了规定。

8. 钢箱梁

（1）一般规定

1）本章适用于简支或连续钢箱梁桥设计。

2）应采取措施防止钢箱梁在制作、运输、安装架设和运营阶段的过大变形或丧失稳定。

3）钢箱梁应设置进入箱内的检修通道和排水孔。

4）钢箱梁剪应力计算应考虑扭转的影响。

（2）JTGD64对钢箱梁的正交异性钢桥面板、翼缘板、腹板、横隔板等进行了规定。

9. 钢桁梁

（1）一般规定

1）主桁杆件截面可采用“H”形或箱型，上、下平面纵向联结系横向联结系构件截面可采用“I”形、“L”形或“T”形。

2）可将桁梁结构划分为若干个平面系统分别计算，但应考虑各个系统间的共同作用和相互影响。

3）对构造复杂的桁架结构，宜采用空间计算模型进行分析。

（2）JTG D64对钢桁梁的杆件、节点板、联结系等进行了规定。

10. 钢管结构

（1）一般规定

1）本章适用于上部结构或桥墩采用钢管结构的桥梁设计。

2）圆钢管的外径与壁厚之比不应大于$70\sqrt{345/f_y}$；矩形钢管的最大外边缘尺寸与壁厚之比不应大于$30\sqrt{345/f_y}$。

3）在满足下列情况下，分析桁架杆件内力时可将节点视为铰接：

① 符合各类节点相应的几何参数的适用范围。

② 当桁架平面内杆件的节间长度或杆件长度与截面高度（或直径）之比不小于 12（弦杆）和 24（腹杆）时。

4）当弦杆与腹杆连接节点偏心满足本规范的范围限制，在计算节点和受拉弦杆承载力时，可不计偏心弯矩影响。

5）钢管之间对接时，可采用高强度螺栓和焊接连接；对于小直径的钢管，不便采用栓接和焊接时，可采用法兰连接。当要连接的钢管轴线方向不同时，可采用节点板连接、腹杆与弦杆相贯焊连接。

（2）JTG D64 对钢管结构的构造要求、计算等进行了规定。

11. 钢—混凝土组合梁

（1）一般规定

1）钢梁可采用“I”形、闭口或开阔箱梁等截面形式，混凝土板可采用现浇或预制，连接件可采用焊钉，槽钢或开孔板等形式。

2）考虑混凝土板剪力滞影响的混凝土板翼缘有效宽度可按附录 F 计算。

3）组合梁应按下列规定进行结构整体分析：

① 组合梁内力分析应采用线弹性分析方法，考虑温度、混凝土收缩徐变、施工方法及顺序等因素的影响。

② 计算组合梁截面特性时，宜采用换算截面法。按混凝土是否开裂，组合梁截面的抗弯刚度分为未开裂截面刚度 EI_{un} 和开裂截面刚度 EI_{cr}。计算时 I_{cr}，不应计受拉区混凝土对刚度的影响，但应计入混凝土板内纵向钢筋的作用。

③ 组合梁的温度效应应按现行《公路桥涵设计通用规范》JTGD 60 的相关规定计算。

④ 混凝土收缩产生的效应应按现行《公路钢筋混凝土及预应力混凝土桥涵设计规定》JTG D62 的相关规定计算。

⑤ 在进行组合梁整体分析时，可根据下式采用钢材与混凝土的有效弹性模量比考虑混凝土徐变的影响。

$$n_L = n_0[1+\psi_L\phi(t,t_0)] \tag{1-1}$$

⑥ 超静定结构中混凝土收缩徐变引起的效应宜采用有限元方法计算。

（2）JTG D64 对钢—混凝土组合梁的承载能力极限状态、正常使用极限状态计算、连接件设计、构造等进行了规定。

12. 钢塔

钢塔宜采用箱形截面，多肢钢塔宜设置横系梁。据结构受力需要和构造要求不同，钢塔柱和混凝土塔柱的连接位置可设在承台顶、下横梁顶或上塔柱中间。钢塔与混凝土塔柱（基础）的连接应安全可靠，必要时可通过试验验证。钢塔宜采用高强度的钢材作为结构主材，可根据不同的应力要求选用不同强度等级的材料。钢塔设计必须进行整体稳定性和局部稳定性计算，并保证局部失稳不先于整体失稳发生。可通过塔柱截面选型或附加气动装置改善钢塔的气动性能。具体要求可遵循 JTG D64—2015 第 12 章相关要求。

13. 缆索系统

缆索构件及其附属设施的设计应考虑安全性、实用性和耐久性，斜拉索、吊索尚应考虑可调节、可监测、可维修和可更换。应设置合理的缆索气动外形、阻尼装置或稳定索，控制振动对缆索构件及其附属设施的影响。缆索构件及其附属设施应考虑单根钢丝的防护、钢丝间的防护、构件外表面的防护和构件连接处的防护。具体要求可遵循 JTG D64—2015 第 13 章相关要求。

14. 钢桥面铺装

钢桥面宜采用沥青混凝土铺装，且应具有完善的防水、排水系统。钢桥面铺装设计使用年限宜不小于 15 年。钢桥面铺装设计应与正交异性钢桥面板结构整体考虑。钢桥面铺装除应具有良好的平整性、抗滑性、耐磨性和适应钢板变形的能力外，必须具备良好的抗疲劳性能与保护钢桥面板不被侵蚀的功能。具体要求可遵循 JTG D64—2015 第 14 章相关要求。

15. 防护及维护设计

应对钢结构桥梁进行防腐、防火和养护设计。钢结构防腐年限应不小于 15 年。具体要求可遵循 JTG D64—2015 第 15 章相关要求。

16. 支座与伸缩装置

钢结构梁式桥梁，可采用弧形支座、辊轴式支座、铰轴式支座或性能可靠的其他形式支座。对受力复杂或大跨径桥梁，宜采用盆式支座、球型支座或双曲形支座。可根据伸缩量大小，采用模数式伸缩装置或梳齿板式伸缩装置。具体要求可遵循 JTG D64—2015 第 16 章相关要求。

1.2.11 《公路钢混组合桥梁设计与施工规范》JTG D64-01—2015

1. 概述

《公路钢混组合桥梁设计与施工规范》（JTG D64-01—2015，以下简称 JTG D64-01）从 2016 年 1 月 1 日起施行。JTG D64-01 对公路钢混组合桥梁设计、施工中的有关技术要求进行了规定。在编制过程中，编写组吸取了国内公路钢混组合桥梁设计和施工中的研究成果和实际工程经验，参考、借鉴了国外先进的标准规范，广泛征求了设计、施工、建设、管理等有关单位和部门的意见，并经过反复讨论、修改后定稿。

本规范主要内容包括：（1）总则；（2）术语和符号；（3）材料；（4）设计基本规定；（5）组合梁；（6）组合梁桥面板；（7）组合梁计算；（8）混合结构；（9）连接件；（10）耐久性设计；（11）连接件施工；（12）组合梁施工；（13）混合梁结合部施工；（14）索塔及拱座钢混结合部施工。

2. 总则

（1）为规范和指导公路钢混组合桥梁的设计和施工，保障工程质量，按照安全、耐久、适用、环保、经济和美观的原则，制定本规范。

（2）公路钢混组合结构桥梁设计应考虑以下四种设计状况及其相应的极限状态：：

1）持久状况应进行承载能力极限状态和正常使用极限状态设计。

2）短暂状况应进行承载能力极限状态设计，必要时进行正常使用极限状态设计。

3）偶然状况应进行承载能力极限状态设计。

4）地震状况应进行承载能力极限状态设计。

（3）公路钢混组合桥梁应根据其所处环境条件和设计使用年限要求进行耐久性设计。

3. 材料

（1）钢筋混凝土构件混凝土强度等级不应低于C30；预应力混凝土构件混凝土强度等级不应低于C40。

（2）混凝土相关设计指标应按现行《公路钢筋混凝土及预应力混凝土桥涵设计规范》JTG D62的规定取用。

（3）普通钢筋及预应力钢筋的相关设计指标应按现行《公路钢筋混凝土及预应力混凝土桥涵设计规范》JTG D62的规定取用。

（4）钢材相关设计指标应按现行《公路钢结构桥梁设计规范》JTG D64的规定取用。

4. 设计基本规定

（1）设计原则

1）组合桥梁设计应根据建设条件、结构受力性能、耐久性、施工、工期、经济性、景观、运营管理、养护等因素，合理确定结构形式、跨径布置、截面构造、混合梁钢混结合部位置及结构形式。

2）组合梁尺寸和构造应保证具有合理的抗弯、抗扭刚度，梁截面中性轴宜位于钢梁截面范围内。

3）组合梁及组合构件在钢与混凝土交界面应设置连接件，宜采用焊钉或开孔板连接件。

4）组合梁及组合构件除应考虑正常的温度效应外，尚应考虑由于钢材和混凝土两种材料不同的线膨胀系数引起的效应影响。

5）组合梁应根据组合截面形成过程对应的各工况及结构体系进行计算。

6）组合构件应满足延性的要求，混凝土板在组合截面临近塑性弯矩时不得出现压碎和剥落。

7）混合梁（构件）钢混结合部截面刚度过渡应均匀、平顺。钢混结合部两侧钢与混凝土截面的重心位置宜一致。

（2）作用及作用组合

1）组合桥梁设计应考虑可能同时出现的所有作用，按承载能力极限状态和正常使用极限状态进行作用组合。

2）组合桥梁施工阶段的作用组合，应根据实际情况确定，结构上的施工人员和施工机具设备等均应作为可变作用加以考虑。

5. 组合梁

（1）一般规定

1）钢梁可采用“I”形、闭口或槽形箱梁截面形式；混凝土板可采用现浇混凝土板、叠合混凝土板、预制混凝土板或压型钢板组合板等形式。

2）组合梁的剪力连接件应能够承担钢梁和混凝土板间的纵桥向剪力及横桥向剪力，同时应能抵抗混凝土板与钢梁间的掀起作用。

（2）JTG D64-01对组合梁的设计原则、计算规定、变形与裂缝控制等进行了规定。

6. 组合梁桥面板

（1）一般规定

1）当桥面板采用叠合混凝土板或预制混凝土板时，应采取有效措施保证新老混凝土结合并共同受力。

2）桥面板及板内钢筋除应满足桥梁整体受力要求外，尚应能抵抗由局部作用引起的效应。

3）桥面板混凝土达到其设计强度的85%后，方可考虑混凝土板与钢梁的组合作用。

（2）JTG D64-01对组合梁桥面板的构造要求、纵向抗剪验算等进行了规定。

7. 组合梁计算

JTG D64-01对组合梁计算的作用效应计算、强度计算、稳定计算、疲劳计算、构造要求、裂缝计算、变形计算、预应力施加方法和计算等进行了规定。

8. 混合结构

（1）混合结构设计应遵循下列原则：

1）钢混结合部的位置应根据建设条件、结构受力、工程造价、施工等因素综合确定，斜拉桥混合梁钢混结合部位置还可以结合主梁弯曲应变能综合确定。

2）结合面混凝土与承压钢板紧密结合。

3）结合面两侧的钢、混凝土截面相对应的顶板、底板、腹板的中心位置宜设置一致。

4）对处于全截面受压状态的以承受轴向力为主的结合部，应采取合理、有效的构造将轴向力由截面面积较小的钢截面平顺、流畅的传递到面积较大的混凝土截面中。

5）对承受弯矩较大的结合部，应采用施加预应力来平衡截面弯矩，使结合部处于全截面受压状态。

6）斜拉索塔端锚固区钢混结合部应采取合理、有效的构造将斜拉索的竖向分力和水平分力（或部分水平分力）有效地由钢结构传递到混凝土塔柱中去。

7）混合梁、混合塔柱及混合拱肋的结合连接处宜设置横隔板。

8）钢和混凝土的结合部应设置有效的连接件。

9）结合部连接构造应保证具有良好的抗开裂性、抗疲劳性和耐久性。

10）结合部钢结构设计应符合现行《公路钢结构桥梁设计规范》JTG D64的规定，应避免应力集中和局部失稳。

11）结合部构造设计应充分考虑方便施工与养护。

12）必要时宜开展钢混结合部整体比例缩尺模型和（或）局部足尺模型试验研究。

13）对需要保证钢板与混凝土间接触率的部位或构造，宜开展混凝土浇筑或压浆工艺试验研究。

（2）JTG D64-01对混合结构的结合部连接形式、构造要求、计算等进行了规定。

9. 连接件

（1）一般规定

1）钢与混凝土的结合应采用连接件。

2）常用连接件形式可分为焊钉连接件、开孔板连接件及型钢连接件。

3）连接件应保证钢与混凝土有效结合，共同承担作用力，并应具有一定的变形能力。

4）钢与混凝土结合面剪力作用方向不明确时，应选用焊钉连接件。

5）钢与混凝土结合面对抗剪刚度、抗疲劳性能要求较高时，宜选用开孔板连接件。

6）钢与混凝土结合面对抗剪刚度要求很高，且无拉拔力作用时，可选用型钢连接件。

7）钢与混凝土结合面宜设在垂直方向受压的位置。当结合面较大范围的连接件处于拉拔状态时，应施加预压力使结合面处于受压状态。

8）连接件布置成倒立状态时，应在铜板上设置出气孔保证混凝土浇筑密实；连接件布置成侧立状态时，宜避免混凝土离析。

9）采用预制混凝土构件与钢构件结合时，可将焊钉连接件集中配置在混凝土构件预留孔中，并应考虑群钉效应所造成的连接件承载性能的降低。

（2）JTG D64-01 对连接件的构造要求、计算等进行了规定。

10. 耐久性设计

（1）一般规定

1）组合桥梁耐久性应根据结构的设计使用年限及其对应的极限状态、环境类别及其作用等级进行设计。

2）除应进行混凝土和钢结构的耐久性设计外，尚应进行钢混结合部的耐久性设计。

3）混凝土结构应选用质量稳定并有利于改善混凝土密实性和抗裂性的水泥和集料等原材料以及混凝土配合比。混凝土结构可参照行业相关标准规范进行耐久性设计。

4）当同一组合桥梁的不同构件或同一构件的不同部位所处的环境类别及其作用等级不同时，应根据实际情况分别进行耐久性设计。

5）应采用合理的构造措施使雨水在施工和运营期，尽快排出桥外。

6）有条件时，钢结构内部应设置除湿系统。

7）组合桥梁耐久性设计应包括下列内容：

① 明确结构与构件的设计使用年限。

② 明确结构所处的环境类别及其作用等级。

③ 提出结构耐久性要求的原材料品质、耐久性指标及相关的重要参数和要求。

④ 明确结构耐久性要求的构造措施。

⑤ 提出结构耐久性要求的主要施工工序、工艺、控制措施。

⑥ 明确与结构耐久性有关的跟踪检测、养护要求。

（2）JTG D64-01 对钢结构耐久性设计、钢混接触面耐久性设计、连接件耐久性设计等进行了规定。

11. 连接件施工

（1）一般规定

1）本章适用于焊钉、开孔板以及型钢连接件的加工、焊接、安装。其材料和工艺除应满足设计和本章相关要求外，尚应满足现行《电弧螺柱焊用圆柱头焊钉》GB/T 10433、《建筑钢结构焊接技术规程》JGJ 81 的相关要求。

2）连接件宜在工厂成型和焊接，宜采用 CO_2 气体保护焊。型钢和焊钉安装前应对其平面位置进行准确的测量放样；连接件安装前应进行外观检查，外观应平整，无裂缝、毛刺、凹坑、变形等缺陷。

3）连接件与钢结构焊接前，应进行焊接工艺评定试验，合格后方可正式实施。

4）混凝土浇筑前，应检查连接型钢和焊钉安装质量。连接件周边的普通钢筋安装过程中，严禁损伤型钢和焊钉。

5）宜通过工艺试验确定施工参数，验证混凝土性能及浇筑振捣工艺，连接件与混凝土的结合质量应满足设计要求。

（2）焊钉连接件施工

1）焊钉焊接过程中，翼缘板横向最大焊接变形不得超过 1mm，翼缘板纵向最大焊接变形 1m 范围内不得超过 1mm，并应采取下列措施：

① 采取合理的焊接次序，宜先内排后外排运排焊接。

② 同一排焊钉焊接时，应间隔进行，300mm 范围内的焊钉不应同时焊接。

2）应严格控制焊钉平面位置、间距及焊钉连接件的外侧边缘与钢梁翼缘边缘的距离。

3）钢构件运输、安装过程中不得触碰和损伤焊钉连接件。

4）连接部位普通钢筋安装时，禁止弯折和割除焊钉；必要时可调整普通钢筋位置。

5）焊钉连接件安装到位后宜尽快浇筑混凝土，浇筑前应再次除锈。

（3）开孔板连接件施工

1）开孔板连接件孔径允许偏差应为±0.7mm，孔位允许偏差应为±0.5mm。

2）贯通钢筋加工尺寸应严格控制，其允许偏差应为±5mm，并应顺直。

3）贯通钢筋安装及定位宜居中布置，并严禁与开孔板焊接。

（4）型钢连接件施工

1）钢连接件安装前应根据设计构造特点确定合理的安装顺序和工艺，安装过程中应避免型钢与普通钢筋位置发生冲突。

2）连接型钢安装应严格控制制梁顶面高程，不得采用填塞焊形式调整连接件高程。

（5）连接件处混凝土施工

1）应保证混凝土填充密实并与连接件良好接触。对受混凝土收缩影响的部位宜采用微膨胀混凝土，必要时可掺入纤维提高其抗裂性能。

2）配置混凝土用的粗集料宜采用 5～20mm 连续级配碎石，集料最大粒径不应超过 25mm；混凝土应有良好的工作性、和易性和流动性。

3）当连接件布置成倒立状态时，应在钢板上设孔用于混凝土振捣和排气，保证钢板下的混凝土浇筑密实；当连接件布置成倒、侧立状态时，应优化混凝土配合比，避免混凝土离析。

4）混凝土浇筑过程中应保证连接件周围的混凝土密实性。对直立焊钉宜采用平板式振捣器；对侧立焊钉，宜选用较小直径的插入式振捣棒，棒体距离焊钉端部 30～50mm，在保证振捣效果的前提下，避免触碰焊钉造成损坏。

5）混凝土原材料除应满足现行《公路桥涵施工技术规范》JTG/T F50 对水泥、集料、水、外加剂、混合材料的具体要求外，尚应针对连接件构件对混凝土浇筑带来的影响，采取相应措施保证混凝土密实度、强度和耐久性。

6）连接件处混凝土宜保温保湿养护 7d 以上。

12. 组合梁施工

（1）一般规定

1）组合梁施工以及使用的材料应满足现行《公路桥涵施工技术规范》JTG/T F50 的相关规定。

2）钢梁涂装材料应具有良好的附着性、耐蚀性，具有出厂合格证和检验资料，并符合耐久性要求。

3）现浇桥面板应采用无收缩混凝土，膨胀剂的掺量应以混凝土 28d 体积保持不变为原则，并根据试验确定。

4）施工前应根据组合梁结构特点和受力特性确定施工程序和工艺，防止桥面板开裂。

5）钢梁和混凝土连接处应做好防、排水。

（2）钢梁加工与运输

1）钢梁加工应满足下列要求：

① 钢梁加工前应制订详细的工艺。

② 湿接缝连接钢筋的安装应避免与焊钉冲突。

③ 对开口槽形梁，应预留腹板之间的临时剪刀撑连接板件、临时吊点设施等。

2）钢梁运输应满足下列要求：

① 运输过程中，应做好钢梁防护，保护焊钉，避免焊钉受到触碰导致脱落。

② 钢梁运输过程中，应加强支撑、固定牢固，防止变形或倾覆。

③ 槽形钢箱构件运输过程中，应在箱内设置剪刀撑，防止腹板变形；工字梁运输应采用辅助撑架，防止变形或倾倒。

（3）钢梁安装

1）钢梁安装可采用支架上分段安装、整孔安装、分段顶推及杆件悬臂拼装等。

2）钢梁在吊装、对位、拼接各环节、应采取下列措施：

① 吊具的刚度应满足吊装需要，吊点应均匀布置，避免钢梁发生扭转、翘曲和侧倾。

② 应轻吊轻放，支垫平稳，安装前应对临时支架、吊机起吊能力和钢梁结构在不同受力状态下的强度、刚度及稳定性进行验算。

③ 焊钉、连接板等连接件应进行防护。

3）支架上分段安装钢梁应满足下列要求：

① 支架应具备钢梁就位后平面纠偏、高程及倾斜度调整等功能。

② 支架纵横向线形应与设计要求的梁底线形相吻合，同时兼顾支架变形产生的影响。

③ 钢梁安装宜减少分段，从简支梁的一端向另一端顺序安装，并应及时纠偏调整，避免误差累积；应严格控制其平面精度和高程，钢梁与设计位置的偏差不得超过 5mm。

④ 拼装过程中应减少相邻梁段接缝偏差，在纵、横向及高度方向的拼接错口宜不大于 2mm。

4）整孔安装钢梁应满足下列要求：

① 梁体吊装前应做好专项方案，并进行吊装工况下结构应力验算。

② 吊点应设置在支承线或横隔板的位置，梁上吊点以 4 个为宜。

③ 钢梁预制前应在梁体内设置吊点连接设施，并能保证较大集中荷载的传递。

④ 可设置吊具减小吊装荷载产生的水平力。

⑤ 应严格控制其平面精度和高程，钢梁与理论位置的允许偏差：应为±5mm。

5）钢梁悬臂安装应满足下列要求：

① 钢梁悬拼过程中，应严格控制预拱度及轴线偏差，轴线允许偏差应为±10mm。

② 钢梁拼装过程中，应减少相邻梁段接缝偏差，在纵、横向及高度方向的拼接错口宜不大于 2mm。

③ 钢梁悬臂拼装过程中，应及时施工混凝土桥面板，浇筑湿接缝形成整体。

6）钢梁顶推安装应满足下列要求：

① 顶推的方式应根据钢梁的结构特点确定，并制订专项方案，进行顶推期结构验算，包括强度、整体稳定性、局部应力、局部稳定性等。

② 应设置导梁，导梁和钢梁之间宜采用螺栓连接，其长度宜为最大顶推跨度的 0.75 倍，并具有足够的刚度和强度。

③ 钢梁的支点和顶推施工点处应采取必要的加固措施，防止在顶推过程产生变形和失稳。

④ 钢梁顶推落位后应利用墩顶布置的微调装置精确就位，其轴线允许偏差应为 ±10mm。

（4）组合梁节段制作与悬臂安装

1）节段制作、存放应满足下列要求：

① 节段可采用长线法或短线法预制，台座宜选择坚实地基，减小台座顶面沉降；在各种荷载作用下，台座顶面沉降不应大于 2mm。

② 台座应设置钢梁起吊安装、微调的设备和装置。

③ 采用短线法制作时，相邻节段应在同一台座上匹配预制，前一节段的端面直接作为后一节段的端头模板。

④ 应制订专门的组合梁节段养护方案，宜采用搭设养护棚等适宜的方式进行养护，养护时间不应少于 14d。

⑤ 节段脱模后应及时检查验收，其轴线允许偏差应为 ±5mm，节段长度允许偏差应为 ±2mm。

⑥ 节段的存放不宜超过两层，临时支点的位置应符合要求，并应设置橡胶垫等弹性支撑物对支点部位的钢梁进行局部防护。

⑦ 节段的存放时间不宜少于 28d。

2）节段悬臂安装应满足下列要求：

① 节段吊点的布置应综合考虑截面重心、钢梁位置等确定，吊点预埋件应避开结合部。

② 节段悬拼设备应安全可靠，应具备节段平面位置、高程、倾角的调整功能。

③ 应根据组合梁构造特点，采取合理措施定位和锚固吊机。

④ 应严格控制起始节段的拼装精度包括节段高程和纵横轴线。

（5）混凝土桥面板施工

1）桥面板预制应符合下列规定：

① 桥面板安装前，宜存放 6 个月以上。

② 桥面板预制及存放台座基础宜选择坚实地基，对软质地基应进行加固。

③ 桥面板底模、侧模宜采用刚度较大的钢模，保证接缝平顺，板面平整，转角光滑，并定期校正。底模制作安装精度：平整度不应大于 2mm，长宽尺寸允许偏差应为 ±3mm

④ 为保证连接件与钢筋的准确匹配，应在底模上严格标出桥面板钢筋位置，并宜在板各边标示出至少 3 排焊钉等连接件的相对位置。

⑤ 侧模上应开有钢筋定位槽口。侧模制作安装精度：对角线长度允许偏差应为 ±3mm，钢筋预留槽位置允许偏差应为 ±6mm。

⑥ 桥面板预制混凝土强度达到 2.5MPa 时，板四周和板顶面应人工凿毛保证粗骨料

露出，凿毛深度不宜小于5mm。

⑦ 预制板长宽尺寸允许偏差应为±3mm，厚度允许偏差应为±5mm；连接钢筋预埋位置允许偏差应为±5mm，板面沿板长方向支承面平整度应控制在2m范围内小于2mm。

2）混凝土桥面板运输与安装应符合下列规定：

① 预制板的存放支点宜和吊点位置相吻合；同时4个支点应严格调平，保证在同一平面内。

② 混凝土强度达到85%强度后方可吊装，应采用四点起吊，并配置相应的吊具，防止吊装受力不均产生裂纹。

③ 吊装和移运过程中应避免碰撞湿接缝钢筋，并应保证湿接缝混凝土浇筑质量。

④ 桥面板安装允许偏差应为±5mm，相邻两板错开量应小于3mm。

3）湿接缝施工应符合下列规定：

① 湿接缝浇筑前，应对安装过程中变形的连接钢筋予以校正和调直，对损伤的连接件予以修补。

② 连接钢筋应焊接，并应通过垫块保证连接钢筋的保护层厚度。

③ 温接缝混凝土浇筑应防止干缩裂纹。

④ 湿接缝混凝土应保湿、保温养护不少于7d；当气温低于5℃时，宜采用热水拌和混凝土，浇筑完成后应及时覆盖保温。

⑤ 湿接缝混凝土强度达到85%设计强度前，不得在其上进行施工作业。

4）混凝土桥面板现场浇筑施工应符合下列规定：

① 混凝土板的现浇时机和程序应符合要求。

② 混凝土板浇筑可利用钢梁支撑安装支架模板并应在桥面板混凝土达到规定的强度后拆除。支架与钢梁之间可采取栓接形式，在钢梁上焊接临时连接板，支架安装、拆除过程中应避免损伤钢梁及表面防腐涂层。

③ 浇筑桥面板混凝土前，应清除钢梁上翼缘和连接件上的锈蚀、污垢，保持表面清洁。

④ 在湿接缝混凝土达到85%设计强度前，不应进行吊机移动、大型构件吊装等作业。

（6）组合梁预应力施工

1）预应力张拉时机和顺序应符合要求。

2）应控制桥面板混凝土内的预应力管道的位置，保证衔接顺直，相邻孔道对位高差应为±2mm。

3）体外预应力应严格控制转向装置的位置和角度，同时应在墩顶梁段预留工作孔，在梁底板上预留反力锚座。

4）采用支点位移法对桥面板施加预应力的结构，梁板安装时应严格控制梁底临时支座和永久支座顶高程，允许偏差应为±1mm，临时支座的卸落顺序应符合结构受力要求。

13. 混合梁结合部施工

（1）一般规定

1）混合梁结合部施工应符合现行《公路桥涵施工技术规范》JTG/T F50的相关规定。

2）结合部施工前应制订详细的施工实施方案，明确结合部各施工工作界面。

3）钢混结合部严禁出现混凝土脱空、不密实的现象。对浇筑空间复杂、配筋较密的结合部，宜按实体比例模型进行混凝土浇筑工艺试验，必要时可调整混凝土配合比设计。

4）结合部混凝土浇筑前应对结合部钢结构温度、混凝土浇筑温度、混凝土内外温差进行控制。

（2）结合部钢梁制造

1）应根据结合部钢梁结构特点制订详细的制造与组装方案。

2）结合部连接件安装允许误差应为±3mm。

3）焊接时应防止局部焊接温度过高而造成局部变形，承压板焊接时应保证其平整度。

4）结合部钢梁的焊接缝应进行专门检测。

（3）结合部钢箱梁安装

1）箱梁出厂之前，梁段与相邻梁段应进行预拼装，制作、预拼装精度符合相关要求后方可出厂。

2）钢箱梁运输过程应保证无损伤和无腐蚀，宜采用水路运输。

3）钢箱梁在运输和安装过程中，支点和吊点等设置应防止钢箱梁发生扭转、翘曲和侧倾。钢梁吊装就位，应轻吊轻放，支垫平稳。

4）钢箱梁可采用桥面吊机或浮吊安装，吊装过程应严格遵守高空作业及水上作业的安全规定。

5）钢箱梁拼装支架应经结构分析计算，必要时应进行荷载试验。在支架上布置纵横移及梁底高程微调设备后方可进行钢箱梁的安装。

6）平面位置、纵坡和高程应符合要求。钢箱梁安装到位后，应临时定位固定。

7）当以结合部钢箱梁为基准梁，后续安装钢箱梁时，钢箱梁梁轴线定位精度应控制在5mm以内；当以结合部钢箱梁为基准梁，后续浇筑混凝土箱梁时，结合部钢梁的轴线定位精度应控制在10mm以内。

（4）结合部混凝土施工

1）钢混结合部应配制大流态低收缩高性能混凝土，可采用微膨胀钢纤维混凝土或聚丙烯纤维混凝土。

2）结合部顶埋件宜采取与已浇筑梁段外露钢筋焊接的方法进行固定。混凝土浇筑前和振捣过程中应安排专人检查预埋件的位置。

3）混凝土胶凝材料用量不宜超过550kg/m^3，宜掺入优质矿粉、粉煤灰等矿物掺和料，混凝土绝热温升不宜超过55℃；砂率宜控制在38%～41%范围内；混凝土用水量不宜超过160kg/m^3。

4）混凝土拌合物应流动性良好、无泌水现象，初始坍落度宜为220±20mm，坍落扩展度宜为600±50mm，坍落度1h损失率宜不大于10%。

5）混凝土浇筑前应对结合面进行凿毛，凿毛深度不宜小于8mm，表面不得有浮浆且应露出粗骨料，并应保持结合面湿润。

6）在钢混结合部混凝土浇筑之前，应对钢箱梁和混凝土梁之间进行临时锁定。

7）宜选择夜间气温较低时段浇筑混凝土，浇筑前应进行降温使钢结构温度与环境温度一致。

8）宜在不易振捣的钢结构部位预留出气孔或振捣孔，当插入式振捣棒无法使用时，可在钢结构对应部位采用附着式振捣器辅助振捣。

9）混凝土横桥向宜全断面一次性布料，分层浇筑，分层厚度宜为 300mm，相隔舱面混凝土允许高差宜为 300mm。可超浇钢格室位置混凝土，直至混凝土从排气孔、压浆孔溢出。浇筑完成后，必要时可从预留压浆孔向各个钢格室内灌注水泥浆，填充与钢箱梁未紧密结合处混凝土。

10）夏期高温季节应降低混凝土的浇筑温度，混凝土入模温度不应超过 280℃。结合部混凝土应按现行《公路桥涵施工技术规范》JTG/T F50 大体积混凝土的要求进行浇筑温度控制。

11）混凝土浇筑时宜缩短从出料到浇筑入模的间隔时间，混凝土施工阶段的内表温差宜不大于 250℃，降温速率宜不大于 2℃/d。

12）混凝土强度达到 85％设计强度前，应严格控制外荷载作用于结合部。

13）混凝土浇筑完成后应及时覆盖湿润养护，夏季应对结合部钢箱梁洒水覆盖保湿。

（5）预应力施工

1）预应力管道应设定束形控制点，其位置允许偏差应为±3mm。

2）混凝土强度达到 85％设计强度前，不得张拉预应力。

3）张拉顺序、张拉力及伸长值均应符合设计要求。对分批张拉引起的预应力损失和短预应力筋，可采取超张拉或二次张拉方法。设有临时预应力钢束的，应按要求及时解除。

4）施加预应力时，张拉装置不宜直接作用于钢板上，应对钢板进行有效防护。

5）钢箱梁侧顶应力锚头应锚固于承压板上，宜采用防水帽等装置对其进行密封处理。

6）孔道压浆应在终张拉完毕后 24h 内进行。压浆前可用高压气检查锚垫板、喇叭管、压浆管结合部的密实性，并压气排出积存在预应力管道内的积水。

7）宜采用真空辅助压浆工艺，孔道内的真空度宜稳定在－0.10～0.06MPa 之间。压浆顺序应为先下后土上，同一管道压浆应连续进行，一次完成。

8）浆体温度应在 5～35℃之间。压浆及压浆后 3d 内，梁体及环境温度不得低于 5℃，否则应采取保温措施。当环境温度高于 35℃时，压浆应在夜间进行。

9）宜选用专用的后张法预应力管道压浆材料。浆体强度应不低于混凝土强度。

14. 索塔及拱座钢混结合部施工

（1）一般规定

1）本章适用于混合索塔塔柱结合部、斜拉索塔端钢混锚固、钢横梁（钢斜撑）与混凝土塔柱结合、钢塔柱与混凝土基础结合部、钢拱肋与混凝土基座结合部。

2）索塔及拱座钢混结合部的施工应符合现行《公路桥涵施工技术规范》JTG/T F50 的相关规定。

3）混合塔柱、塔上钢横梁结合部施工前应进行安全风险评估，并做好安全专项预案。

4）测量、定位和安装工作宜在温度稳定且无日照影响的时段进行。

5）结合部混凝土施工前宜按实体比例模型进行混凝土浇筑工艺试验。

6）结合部混凝土浇筑应按大体积混凝土进行温度控制，防止出现温度裂纹。

（2）混合塔柱及斜拉索锚固区钢混结合部施工

1）塔柱结合部底座轴线、高程允许偏差均应为±3mm。

2）塔柱结合部锚固箱安装前应在没有局部温差的条件下对底座顶面的高程、轴线和上下游间绝对距离进行复测。铀固箱应精确定位。

3）塔柱结合部开孔板连接件贯通钢筋应定位准确，构造主筋应同剪力钢筋分层错开绑扎。纵、横剪力筋间应固定，保证布设位置准确、牢固，同时应防止混凝土振捣施工时出现位移。

4）混凝土分层浇筑厚度宜为200～300mm，相邻隔舱混凝土面高差不宜超过300mm。相邻隔舱应预留孔洞，以便于混凝土流动，使剪力键间气泡排出。

5）斜拉索锚固区钢锚箱（梁）制作、安装线形控制应从工厂制造阶段开始，并应于出厂前在预拼装场地专用胎架上进行预拼装。可采取竖向预拼，预拼装节数不宜少于3节。验收合格后，可将钢锚箱连接螺栓全部拆解，运至现场之后再拼装成整体。

6）钢锚箱（梁）运输时应设置临时支撑点固定装置，注意节段间匹配件的保护，防止运输中碰撞和变形。

7）钢锚箱（梁）吊装前应对起吊设备、机具等进行全国安全检查，符合要求后方可进行吊装作业。吊装应采用专门的吊具，使吊姿有利于安装对位，并避免钢锚箱（梁）起吊时因起吊产生内力导致变形。

8）锚固箱安装后应在没有温差的情况下测量顶口的轴线、高程及上下游间绝对距离。钢锚箱（梁）安装后，锚固点高程允许偏差应为±10mm，两端与纵向限位板间间隙不应小于5mm。钢锚箱（梁）上索导管安装后空间位置允许偏差应为±10mm。

9）首节钢锚箱（梁）的底座顶埋件应设置适当的预抬值。钢锚箱可通过承重钢板、调节螺栓进行定位，倾斜度允许偏差应为±1/4000。吊装时宜采用塔吊，其吊重、吊幅、吊高应满足吊装需要。

10）锚箱底座混凝土浇筑时宜预留一定高度，定位调整满足要求后再通过预留孔浇筑无收缩性混凝土或压浆，压浆材料性能指标应满足要求。

11）锚箱安装施工锚固螺栓拧紧前应检测锚箱底板压浆的密实性。

12）后续钢锚箱初定位宜通过限位和导向装置实现。每安装完4～6个节段，应测量实际安装轴线倾斜度，对下组4～6个已预拼节段进行轴线偏移预测。可设置1～2个调节段，通过调节段进行偏移的调整，调节段可根据实际安装轴线偏移情况进行加工。

13）钢锚箱施工时宜高出混凝土面一个节段。严禁随意切割钢锚箱与混凝土组合截面钢筋和剪力钉。采用泵送工艺施工时，混凝土的初始坍落度及流动度宜根据不同的施工高度进行调整，并应加强锚固区混凝土的振捣。

（3）钢横梁（钢斜撑）与混凝土塔柱结合部施工

1）钢横梁应保证拼装组件密贴，焊缝不得有裂纹、未熔合、夹渣、未填满弧坑等缺陷。运输时应加设临时支撑加以固定。

2）安装横梁时应考虑横梁制作偏差、塔柱间的误差值，同时应考虑安装时温度的影响，钢横梁与预埋钢板安装前应对天气状况进行连续观测，并分析预测不同天气条件下尺寸变化值，以此确定横梁尺寸制作偏差。

3）钢横梁与塔壁的连接可采取嵌补段来进行连接，在横梁一端或两端顶留约500mm长的嵌补段。

4）可通过设置主动横撑，调整横梁装配时合拢口的间距进行辅助合拢安装。

（4）钢塔柱与混凝土承台（钢拱肋与混凝土基座）结合部施工

1）预应力束（筋）安装应采用定位支架进行固定，预应力束（筋）的安装方式可采取整体制作安装，也可采取现场逐根安装。

2）锚杆安装的平面允许偏差应为±2mm。

3）承台（塔座）混凝土浇筑前应对所有锚杆的位置进行复测，满足要求后方可进行施工。混凝土浇筑时锚杆锚固应充分振捣，保证混凝土浇筑密实。

4）可采取打磨法及间隙压浆法，保证结合部钢塔节段承压板底面与混凝土承台（塔座）端面接触率满足设计要求。

5）锚杆顶应力张拉宜分2～3次张拉完成，首次张拉力不应小于设计值的50%。张拉时以平面对称为施工原则，施工顺序宜从中间向两边张拉。对于采用间隙压浆法的处理方法，应在水泥浆强度达到设计要求后进行锚杆预应力张拉。

6）拱座钢结构部分宜整体安装。

7）拱座钢结构宜采用劲性骨架进行安装定位，可通过装置微调其空间位置。

8）拱座混凝土应进行分层分段交错浇筑，分层下料，每层厚度控制在200～300mm；混凝土浇筑能力应保证不出现浇筑冷缝；混凝土保温、保湿养护时间不应少于14d。

1.2.12 《公路钢筋混凝土及预应力混凝土桥涵设计规范》JTG 3362—2018

1. 概述

《公路钢筋混凝土及预应力混凝土桥涵设计规范》JTG 3362—2018在《公路钢筋混凝土及预应力混凝土桥涵设计规范》JTG D62—2004基础上修订而成，主要用于新建公路钢筋混凝土及预应力混凝土桥涵结构设计计算、在役公路桥涵钢筋混凝土与预应力混凝土构件设计计算。

《公路钢筋混凝土及预应力混凝土桥涵设计规范》主要包括：总则；材料；结构设计基本规定；持久状况承载能力极限状态计算；持久状况正常使用极限状态计算；持久状况和短暂状况构件的应力计算；构件计算规定；构造规定等。相对于2004版，2018版《公路钢筋混凝土及预应力混凝土桥涵设计规范》调整了混凝土桥涵用钢筋等级，增加了桥梁结构设计的基本要求，强化了混凝土桥涵的耐久性设计要求，补充了混凝土箱梁桥抗倾覆验算要求、针对复杂桥梁的实用精细化分析方法、体外预应力桥梁设计方法、混凝土桥梁应力扰动区设计方法，调整了圆形截面受压构件的正截面承载力计算方法，增加了不同边界条件下确定受压构件计算长度系数的计算公式，调整了钢筋混凝土及B类预应力混凝土结构裂缝宽度计算方法，补充调整了构造设计要求。

在公路工程施工中，常常遇到钢筋混凝土或预应力混凝土临时结构需要设计验算，如临时墩柱、牛腿、基础等，《公路钢筋混凝土及预应力混凝土桥涵设计规范》也是施工临时结构设计需要遵循的主要规范。

2. 材料

施工中需要确保临时结构材料，包括混凝土、钢筋等材料符合设计及规范要求。JTG 3362规范3.1.3、3.1.4、3.1.5、3.2.2、3.2.3、3.2.4等给出了混凝土、钢筋的强度、弹性模量，在计算中应参照执行或通过试验确定。

混凝土强度标准值 **表 1-40**

强度等级	C25	C30	C35	C40	C45	C50	C55	C60	C65	C70	C75	C80
f_{ck}(MPa)	16.7	20.1	23.4	26.8	29.6	32.4	35.5	38.5	41.5	44.5	47.4	50.2
f_{tk}(MPa)	1.78	2.01	2.20	2.40	2.51	2.65	2.74	2.85	2.93	3.00	3.05	3.10

混凝土强度设计值 **表 1-41**

强度等级	C25	C30	C35	C40	C45	C50	C55	C60	C65	C70	C75	C80
f_{cd}(MPa)	11.5	13.8	16.1	18.4	20.5	22.4	24.4	26.5	28.5	30.5	32.4	34.6
f_{td}(MPa)	1.23	1.39	1.52	1.65	1.74	1.83	1.89	1.96	2.02	2.07	2.10	2.14

混凝土的弹性模量 **表 1-42**

强度等级	C25	C30	C35	C40	C45	C50	C55	C60	C65	C70	C75	C80
E_c (×10^4MPa)	2.80	3.00	3.15	3.25	3.35	3.45	3.55	3.60	3.65	3.70	3.75	3.80

注：当采用引气剂及较高砂率的泵送混凝土且无实测数据时，表中C50～C80的Ec值乘折减系数0.95。

普通钢筋抗拉强度标准值 **表 1-43**

钢筋种类	符号	公称直径 d(mm)	f_{sk}(MPa)
HPB300	Φ	6～22	300
HRB400 HRBF400 RRB400	$\underline{\Phi}$ $\underline{\Phi}^F$ $\underline{\Phi}^R$	6～50	400
HRB500	$\underline{\underline{\Phi}}$	6～50	500

预应力钢筋抗拉强度标准值 **表 1-44**

钢筋种类		符号	公称直径 d(mm)	f_{pk}(MPa)
钢绞线	1×7	Φ^S	9.5、12.7、15.2、17.8	1720、1860、1960
			21.6	1860
消除应力钢丝	光面螺旋肋	Φ^P Φ^H	5	1570、1770、1860
			7	1570
			9	1470、1570
预应力螺纹钢筋		Φ^T	18、25、32、40、50	785、930、1080

注：抗拉强度标准值为1960MPa的钢绞线作为预应力钢筋作用时，应有可靠工程经验或充分试验验证。

普通钢筋抗拉、抗压强度设计值 **表 1-45**

钢筋种类	f_{sd}(MPa)	f'_{sd}(MPa)
HPB300	250	250
HRB400、HRBF400、RRB400	330	330
HRB500	415	400

注：钢筋混凝土轴心受拉和小偏心受拉构件的钢筋抗拉强度设计值大于330MPa时，应按330MPa取用；在斜截面抗剪承载力、受扭承载力和冲切承载力计算中垂直于纵向受力钢筋的箍筋或间接钢筋等横向钢筋的抗拉强度设计值大于330MPa时，应取330MPa。

预应力钢筋抗拉、抗压强度设计值 表 1-46

钢筋种类	f_{pk}(MPa)	f_{pd}(MPa)	f'_{pd}(MPa)
钢绞线 1×7(七股)	1720	1170	390
	1860	1260	
	1960	1330	
消除应力钢丝	1470	1000	410
	1570	1070	
	1770	1200	
	1860	1260	
预应力螺纹钢筋	785	650	400
	930	770	
	1080	900	

钢筋的弹性模量 表 1-47

钢筋种类	弹性模量 E_s(×10^5MPa)	钢筋种类	弹性模量 E_p(×10^5MPa)
HPB300	2.10	钢绞线	1.95
HRB400、HRB500 HRBF400、RRB400	2.00	消除应力钢丝	2.05
		预应力螺纹钢筋	2.00

3. 结构设计基本规定

JTG 3362 中，钢筋混凝土及预应力混凝土桥梁结构设计作出了基本规定。对于施工设计中遇到的临时混凝土结构设计，应根据施工情况参照相关条款执行。

4. 持久状况承载能力极限状态计算

桥梁结构持久状况承载能力事关结构的使用安全，必须达到要求。桥梁施工中的临时混凝土结构设计时，同样需要按照相关条款进行结构承载能力验算。其中，受弯构件应按照 JTG 3362 中 5.2 相关规定验算；受压构件应按照 JTG 3362 中 5.3 相关规定验算；JTG 3362 中 5.4 则给出了受拉构件的验算方法；临时结构中混凝土构件受扭、受冲击以及局部承压的情况也可能存在，其设计计算需按照 JTG 3362 中 5.5、5.6 以及 5.7 规定执行。

5. 持久状况正常使用极限状态计算

桥梁结构除承载能力极限状态需要符合要求外，正常使用极限状态也必须通过验算。桥梁施工中的临时混凝土结构正常使用极限状态同样需要参照 JTG 3362 规定进行结构承载能力验算。

6. 持久状况和短暂状况构件的应力计算

桥梁施工中的临时混凝土结构设计验算中，构件应力计算也应符合 JTG 3362 相关规定，其中，7.1.3 条给出了不开裂受弯构件的混凝土和钢筋应力计算方法，7.1.5 条给出了使用阶段预应力混凝土受弯构件正截面混凝土的压应力和预应力钢筋的拉应力验算方法。

施工中还需计算构件在制作、运输及安装等施工阶段，由自重、施工荷载等引起的正截面和斜截面的应力，并不应超过 JTG 3362 规定的限值。施工荷载除有特别规定外均采用标准值，当有组合时不考虑荷载组合系数。当用吊机（车）行驶于桥梁进行安装时，应对已安装就位的构件进行验算，吊机（车）应 乘以 1.15 的分项系数，但当由吊机（车）产生的效应设计值小于按持久状况承载能力极限状态计算的作用效应设计值时，则可不必验算。

当进行构件运输和安装计算时，构件自重应乘以动力系数。动力系数应按《公路桥涵设计通用规范》(JTG D60）的规定采用。

7. 构件计算的规定

桥梁施工中的临时混凝土结构构件验算也应符合 JTG 3362 的规定。在后张预应力施工时，混凝土锚固区局部承载力应满足 JTG 3362 中 8.2 的相关要求。

8. 构造规定

钢筋混凝土及预应力混凝土桥梁结构构造是否合理直接影响结构受力的合理性及其长期安全性能，需要在设计中严格按照规范执行以及在施工中确保符合设计及规范要求。在施工临时混凝土结构设计与施工中，同样需要保证构造合理，包括钢筋构造、钢筋锚固长度、钢筋焊接、钢筋搭接、钢筋机械接头、施工质量保证需要空间等。具体要求可遵循 JTG 3362 第 9 章相关要求。

1.2.13 《公路隧道养护技术规范》JTG H12—2015

1. 概述

《公路隧道养护技术规范》(JTG H12—2015，以下简称 JTG H12）从 2015 年 3 月 1 日起正式开始施行。新版 JTG H12 是对原《公路隧道养护技术规范》JTG H12—2003 的全面修订，近十余年来，我国大量公路隧道投入运营，积累了较为丰富的养护管理经验。通过对隧道集中省份的行业主管部门、建设单位、运营单位和检测机构的调研，对原规范进行了全面修订。

本规范包括 8 章和 4 个附录，即：1. 总则；2. 术语和符号；3. 养护等级与技术状况评定；4. 土建结构；5. 机电设施；6. 其他工程设施；7. 安全管理；8. 技术管理；附录 A. 土建结构检查记录表；附录 B. 土建结构技术状况评定标准；附录 C. 机电设施技术状况评定及检查记录表；附录 D. 其他工程设施技术状况评定表。本次主要修订内容如下：

（1）提出了隧道养护等级分级方法；

（2）按照养护等级，对清洁频率和检查频率进行了调整；

（3）在原有判定方法基础上，提出了公路隧道技术状况评定方法，包括隧道土建结构、机电设施、其他工程设施和总体评定；

（4）对隧道土建结构的保养维修和病害处置方法做了补充完善；

（5）补充完善了机电设施养护工作内容；

（6）对应急安全管理进行了规定；

（7）增加了技术管理章节。

2. 总则

本规范适用于钻爆法山岭公路隧道的养护工作。公路隧道养护应贯彻“预防为主、防治结合”的方针，加强预防性养护，保持公路隧道正常的使用状态。

3. 养护等级与技术状况评定

(1) 养护等级

根据公路等级、隧道长度和交通量大小，公路隧道养护可分为三个等级，分级标准宜按表 1-48 和表 1-49 执行。

高速公路、一级公路隧道养护等级分级表 **表 1-48**

单车道年平均日：交通量[pcu/(d.ln)]	隧道长度(m)			
	$L>3000$	$3000\geqslant L>1000$	$1000\geqslant L>500$	$L\leqslant 500$
≥10001	一级	一级	一级	二级
5001～10000	一级	一级	二级	二级
≤5000	一级	二级	二级	三级

二级及二级以下公路隧道养护等级分级表 **表 1-49**

年平均日交通量(pcu/d)	隧道长度(m)			
	$L>3000$	$3000\geqslant L>1000$	$1000\geqslant L>500$	$L\leqslant 500$
≥10001	一级	二级	二级	三级
5001～10000	二级	二级	三级	三级
≤5000	二级	三级	三级	三级

(2) 技术状况评定

1) 公路隧道技术状况评定应包括隧道土建结构、机电设施、其他工程设施技术状况评定和总体技术状况评定。公路隧道技术状况评定应采用分层综合评定与隧道单项控制指标相结合的方法，先对隧道各检测项目进行评定，然后对隧道土建结构、机电设施和其他工程设施分别进行评定，最后进行隧道总体技术状况评定。

2) 公路隧道总体技术状况评定应分为 1 类、2 类、3 类、4 类和 5 类，评定类别描述及养护对策见表 1-50。

公路隧道总体技术状况评定类别 **表 1-50**

技术状况评定类别	评定类别描述		养护对策
	土建结构	机电设施	
1 类	完好状态。无异常情况，或异常情况轻微，对交通安全无影响	机电设施完好率高，运行正常	正常养护
2 类	轻微破损。存在轻微破损，现阶段趋于稳定，对交通安全不会有影响	机电设施完好率较高，运行基本正常，部分易耗部件或损坏部件需要更换	应对结构破损部位进行监测或检查，必要时实施保养维修；机电设施进行正常养护，应对关键设备及时修复
3 类	中等破损。存在破坏，发展缓慢，可能会影响行人、行车安全	机电设施尚能运行，部分设备、部件和软件需要更换或改造	应对结构破损部位进行重点监测，并对局部实施保养维修；机电设施需进行专项工程
4 类	严重破损。存在较严重破坏，发展较快，已影响行人、行车安全	机电设施完好率较低，相关设施需要全面改造	应尽快实施结构病害处治措施；对机电设施应进行专项工程，并应及时实施交通管制

续表

技术状况评定类别	评定类别描述		养护对策
	土建结构	机电设施	
5类	危险状态。存在严重破坏，发展迅速，已危及行人、行车安全	—	应及时关闭隧道，实施病害处治，特殊情况需进行局部重建或改建

3）隧道总体技术状况评定等级应采用土建结构和机电设施两者中最差的技术状况类别作为总体技术状况的类别。

4. 土建结构

（1）一般规定

1）土建结构的养护工作应包括日常巡查、清洁、结构检查与技术状况评定、保养维修和病害处治等内容。

2）隧道养护产生的垃圾、废渣和废水的处理应符合环保方面的有关规定。

（2）日常巡查

1）日常巡查应对隧道洞口、衬砌、路面是否处在正常工作状态、是否妨碍交通安全等进行检查，包括下列内容：

① 隧道洞口边仰坡是否存在边坡开裂滑动、落石等现象。

② 隧道洞门结构是否存在大范围开裂、砌体断裂、脱落等现象。

③ 隧道衬砌是否存在大范围开裂、明显变形、衬砌掉块等现象。

④ 是否存在地下水大规模涌流、喷射，路面出现涌泥沙或大面积严重积水等威胁交通安全的现象。

⑤ 隧道路面是否存在散落物、严重隆起、错台、断裂等现象。

⑥ 隧道洞顶预埋件和悬吊件是否存在断裂、变形或脱落等现象。

2）日常巡查频率宜不少于1次/d，雨季、冰冻季节和极端天气，应增加日常巡查的频率。隧道日常巡查可与路段日常巡查一起进行。

3）日常巡查可采用人工与信息化手段相结合的方式。

4）日常巡查中，发现路面有妨碍通行的障碍物或其他异常情况时，应视情况予以清除或报告，并做好记录。记录方式可以文字记录为主，并配合照相或摄像手段辅助。

（3）清洁

1）隧道清洁应综合考虑隧道养护等级、交通组成、结构物脏污程度、清洁方式及效率和环境条件等因素确定清洁方案和频率。

2）隧道内路面清洁应满足下列要求：

① 应保持干净、整洁，两侧边沟不应有残留垃圾等物品。

② 高速公路和一级公路宜以机械清扫为主，清扫时应防止产生扬尘。

③ 路面被油类物质或其他化学品污染时，应采取措施清除。

3）隧道的顶板、内装饰、侧墙和洞门清洁应满足下列要求：

① 应保持干净、整洁，无污垢、污染、油污和痕迹。

② 顶板、内装饰和侧墙的清洁宜以机械作业为主，以人工作业为辅。

③ 采用湿法清洁时，应防止路面积水和结冰，并应注意保护隧道内机电设施的安全，防止水渗入设施内。清洗用的清洁剂，可根据实际效果选择确定，宜选用中性清洁剂。清洁剂应冲洗干净。

④ 采用干法清洁时，应避免损伤顶板、内装饰和侧墙，以及隧道内机电设施。清洁时应采取必要的降尘措施。对不能去除的污垢可用清洁剂进行局部特别处理。

⑤ 隧道内没有顶板和内装饰时，应根据需要对洞壁混凝土进行清洁。

⑥ 洞门的清洁应按照侧墙要求执行。

4）隧道排水设施应按下列规定进行清理和疏通：

① 应保持无淤积、排水通畅。

② 在汛前、汛中和汛后以及极端降水天气后，应对排水设施进行检查和清理疏通。在冰冻季节，应增加排水沟的清理频率。

③ 对于纵坡较小的隧道或隧道的洞口区段，应增加清理和疏通的频率；对于窨井和沉沙池，应将其底部沉积物清除干净。

5）隧道的标志、标线和轮廓标清洁应满足下列要求：

① 应保持完整、清晰、醒目。

② 当标志、标线和轮廓标表面有污秽，影响其辨认性能时，应及时进行清洗。清洗标志、标线和轮廓标时，应避免损伤其表面覆膜或涂层等。

6）隧道横通道应定期清除杂物和积水。

7）斜井、检修道及风道等辅助通道应定期清除可能损伤通风设施或影响通风效果的异物。

（4）结构检查

1）土建结构检查应包括经常检查、定期检查、应急检查和专项检查，并应满足下列要求：

① 经常检查应对土建结构的外观状况进行一般性定性检查。

② 定期检查应按规定频率对土建结构的技术状况进行全面检查。

③ 应急检查应在隧道遭遇自然灾害、发生交通事故或出现其他异常事件后对遭受影响的结构进行详细检查。

④ 专项检查应根据经常检查、定期检查和应急检查的结果，对于需要进一步查明缺损或病害的详细情况的隧道，进行更深入的专门检测、分析等工作。

2）按照公路隧道养护等级，土建结构经常检查频率应不低于本规范规定的频率，且在雨季、冰冻季节或极端天气情况下，或发现严重异常情况时，应提高经常检查频率。

3）应通过经常检查，及时发现早期缺损、显著病害或其他异常情况，确定对策措施，并应符合下列规定：

① 经常检查宜采用人工与信息化手段相结合的方式，配以简单的检查工具进行。应当场填写"公路隧道经常检查记录表"，翔实记述检查项目的缺损类型，估计缺损范围和程度以及养护工作量，对异常情况做出缺损状况判定分类，并提出相应的养护措施。

② 经常检查以定性判断为主，检查内容和判定标准宜按本规范执行。经常检查破损状况判定分三种情况：情况正常、一般异常、严重异常。

③ 当经常检查中发现隧道存在一般异常情况时，应进行监视、观测或做进一步检查；

当经常检查中发现隧道存在严重异常情况时，应采取措施进行处治；当对其产生原因及详细情况不明时，尚应做定期检查或专项检查。

4）定期检查的周期应根据隧道技术状况确定，宜每年 1 次，最长不得超过 3 年 1 次。当经常检查中发现重要结构分项技术状况评定状况值为 3 或 4 时，应立即开展一次定期检查。定期检查宜安排在春季或秋季进行。新建隧道应在交付使用 1 年后进行首次定期检查。

5）应通过定期检查，系统掌握结构技术状况和功能状况，开展土建结构技术状况评定，为制订养护工作计划提供依据，并应符合下列规定：

① 定期检查需要配备必要的检查工具或设备，进行目测或量测检查。检查时，应尽量靠近结构，依次检查各个结构部位，注意发现异常情况和原有异常情况的发展变化；对有异常情况的结构，应在其适当位置做出标记；此外，检查结果记录宜量化。

② 定期检查内容应按表 1-51 执行。

定期检查内容表 **表 1-51**

项目名称	检查内容
洞口	山体滑坡、岩石崩塌的征兆及其发展趋势；边坡、碎落台、护坡道的缺口、冲沟、潜流涌水、沉陷、坍落等及其发展趋势
	护坡、挡土墙的裂缝、断缝、倾斜、鼓肚、滑动、下沉的位置、范围及其程度、有无表面风化、泄水孔堵塞、墙后积水、地基错台、空隙等现象及其程度
洞门	墙身裂缝的位置、宽度、长度、范围或程度
	结构倾斜、沉陷、断裂范围、变位量、发展趋势
	洞门与洞身连接处环向裂缝开展情况、外倾趋势
	混凝土起层、剥落的范围和深度，钢筋有无外露、受到锈蚀
	墙背填料流失范围和程度
衬砌	衬砌裂缝的位置、宽度、长度、范围或程度，墙身施工缝开裂宽度、错位量
	衬砌表层起层、剥落的范围和深度
	衬砌渗漏水的位置、水量、浑浊、冻结状况
路面	路面拱起、沉陷、错台、开裂、溜滑的范围和程度；路面积水、结冰等范围和程度
检修道	检修道毁坏、盖板缺损的位置和状况；栏杆变形、锈蚀、缺损等的位置和状况
排水系统	结构缺损程度，中央窨井盖、边沟盖板等完好程度，沟管开裂漏水状况；排水沟(管)、积水井等淤积堵塞、沉沙、滞水、结冰等状况
吊顶及各种预埋件	吊顶板变形、缺损的位置和程度；吊顶等预埋件是否完好，有无锈蚀、脱落等危及安全的现象及其程度；漏水(挂冰)范围及程度
内装饰	表面脏污、缺损的范围和程度；装饰板变形、缺损的范围和程度等
标志、标线、轮廓标	外观缺损、表面脏污状况，连接件牢固状况、光度是否满足要求等

③ 检查结果应当场填入“定期检查记录表”。应做影像记录，并详细、准确地记录缺损或病害状况，分析成因，对结构物的技术状况进行评定。

④ 当定期检查中出现状况值为 3 或 4 的项目且其产生原因及详细情况不明时，应做专项检查。

⑤ 定期检查完成后，应编制土建结构定期检查报告，内容应包括：检查记录表、隧道展示图及相关调查资料等，对土建结构的技术状况评定，对土建结构的养护维修状况的评价及建议，需要实施专项检查的建议，需要采取处治措施的建议。

6）应通过应急检查，及时掌握结构受损情况，为采取对策措施提供依据，并应符合下列规定：

① 应根据受异常事件影响的结构，决定采取的检查方法、工具和设备。

② 应急检查的内容和方法原则上应与定期检查相同，但应针对发生异常情况或者受异常事件影响的结构或结构部位做重点检查，以掌握其受损情况。

③ 检查的评定标准，应与定期检查相同。当难以判明缺损原因、程度等情况时，应做专项检查。

④ 检查结果的记录，应与定期检查相同。检查完成后，应编制应急检查报告，总结检查内容和结果，评估异常事件的影响，确定合理的对策措施。

7）应通过专项检查，完整掌握缺损或病害的详细资料，为其是否实施处治以及采取何种处治措施等提供技术依据，并应符合下列规定：

专项检查项目表 **表 1-52**

检查项目		检查内容
结构变形检查	公路线形、高程检查	公路中线位置、路面高度、缘石高度以及纵、横坡度等测量
	隧道横断面检查	隧道横断面测量，周壁位移测量（与相邻或完好断面比较）
	净空变化检查	隧道内壁间距测量（自身变化比较）
裂缝检查	裂缝调查	裂缝的位置、宽度、长度、开展范围或程度等
	裂缝检测	裂缝的发展变化趋势及其速度；裂缝的方向及深度
漏水检查	漏水调查	漏水的位置、水量、浑浊、冻结及原有防排水系统的状态等
	漏水检测	水温，pH 值检查、电导度检测、水质化学分析
	防排水系统	拥堵、破坏情况
材质检查	衬砌强度检查	强度简易测定，钻孔取芯，各种强度试验等
	衬砌表面病害	起层、剥落、蜂窝、麻面、孔洞、露筋等
	混凝土碳化深度检测	采用酚酞液检查混凝土的碳化深度
	钢筋锈蚀检测	剔凿检测法、电化学测定法、综合分析判定法
衬砌及围岩状况检查	无损检查	无损检测衬砌厚度、空洞、裂缝和渗漏水等，以及钢筋、钢拱架、衬砌配筋位置及保护层厚度、围岩状况、仰拱充填层密实程度及其下岩溶发育情况
	钻孔检查	钻孔测定衬砌厚度等，内窥镜观测衬砌及围岩内部状况
荷载状况检查	衬砌应力及拱背压力检查	衬砌不同部位的应力及其变化、拱背压力的分布及其变化
	水压力检查	地下水丰富的隧道检查衬砌背后水压力大小、分布及变化规律

（5）土建结构技术状况评定

1）土建结构技术状况评定应根据定期检查资料，综合考虑洞门、结构、路面和附属设施等各方面的影响，确定隧道的技术状况等级。专项检查时，宜按照本规范规定对所检项目进行技术状况评定。

2）土建结构技术状况评定应分为1类、2类、3类、4类和5类。评定应先逐洞、逐段对隧道土建结构各分项技术状况进行状况值评定，在此基础上确定各分项技术状况，再进行土建结构技术状况评定。评定结果应填入“土建结构技术状况评定表”。

3）隧道洞口、洞门、衬砌结构、衬砌渗漏水、路面、检修道、排水设施、吊顶、内装饰、交通标志标线等各分项技术状况评定标准应按本规范执行。

4）土建结构技术状况评定方法应符合下列规定：

① 土建结构技术状况评分应按下式计算：

$$JGCI=100\cdot\left[1-\frac{1}{4}\sum_{i=1}^{n}\left(JGCI_i\times\frac{W_i}{\sum\limits_{i=1}^{n}W_i}\right)\right] \tag{1-2}$$

② 分项状况值应按下式计算：

$$JGCI_i=\max(JGCI_{ij}) \tag{1-3}$$

③ 土建结构各分项权重宜按表1-53取值。

土建结构各分项权重表　　表1-53

分　　项		分项权重 W_i	分　　项	分项权重 W_i
洞口		15	检修道	2
洞门		5	排水设施	6
衬砌	结构破损	40	吊顶及预埋件	10
	渗漏水		内装饰	2
路面		15	交通标志、标线	5

④ 土建结构技术状况评定分类界限值宜按表1-54规定执行。

土建结构技术状况评定分类界限值　　表1-54

技术状况评分	土建结构技术状况评定分类				
	1类	2类	3类	4类	5类
JGCI	≥85	≥70，<85	≥55，<70	≥40，<55	<40

⑤ 土建结构技术状况评定时，当洞口、洞门、衬砌、路面和吊顶及预埋件项目的评定状况值达到3或4时，对应土建结构技术状况应直接评为4类或5类。

（6）保养维修

1）土建结构的保养维修应包括经常性或预防性的保养和轻微缺损部分的维修等内容，恢复和保持结构的正常使用状况。

2）应对土建结构经常检查和定期检查发现的一般性异常和技术状况值为2以下的状况，进行保养维修。

3）应及时清除洞口边仰坡上的危石、浮土，保持洞口边沟和边仰坡上截（排）水沟的完好、畅通，修复存在轻微损坏的洞口挡土墙、洞门墙、护坡、排水设施和减光设施等结构物的开裂、变形，维护洞口花草树木。冬季应清除边仰坡上的积雪和挂冰。

4）当明洞上边坡出现危石或有崩塌可能时，应及时清除，也可采取保护性开挖等措施。明洞顶的填土厚度和地表线，应保持原设计状态。当遇边坡塌方形成局部堆积，或遇暴雨、洪水原填土大量流失时，应及时采取措施调整到原有状态，避免产生严重偏压导致明洞结构变形、损坏。明洞的防水层失效或损坏时，应及时修复。

5）应及时清除半山洞内的雨雪、杂物以及洞顶坠落的石块，并保持边沟畅通。应及时修复、添补缺损的护栏、护墙。

6）对无衬砌隧道出现的碎裂、松动岩石和危石，应按照“少清除，多稳固”的原则进行处理；对围岩的渗漏水，应开设泄水孔接引水管，将水导入边沟排出；冬季应及时清除洞顶挂冰。

7）对有衬砌隧道出现的衬砌起层、剥离，应及时清除；应及时修补衬砌裂缝，并设立观测标记进行跟踪观测；对衬砌的渗漏水应接引水管，将水导入边沟；冬季应及时清除洞顶挂冰等。

8）应及时清除隧道内外路面上的塌（散）落物和堆积物。应及时修复、更换损坏的窨井盖或其他设施盖板。当路面出现渗漏水时，应及时处理，将水引入边沟排出，防止路面积水或结冰。

9）横通道内严禁存放任何非救援用物品，应及时清除散落杂物，修复轻微破损结构；应定期保养横通道门，保证横通道清洁、畅通。

10）应及时清除斜（竖）井内可能损伤通风设施或影响通风效果的异物；应保持井内排水设施完好、水沟（管）畅通；应对井内的检查通道或设施进行保养，防止其锈蚀或损坏。

11）应清理送（排）风口的网罩，清除堵塞网眼的杂物；应定期保养风道板吊杆，防止其锈蚀或损坏；应及时修复风口或风道的破损，更换损坏的风道板。

12）应保持隧道内外排水设施完好，发现破损或缺失应及时修复；排水管堵塞时，可用高压水或压缩空气疏通。应及时清理排水边沟、中心排水沟、沉沙池等排水设施中的堆积物，不定期检查排水沟盖板和沟墙，及时修复破损、翘曲的盖板。寒冷地区应及时清除排水沟内结冰堵塞。排水的金属管道应定期做好防腐处理。

13）吊顶和内装饰应保持完好和整洁美观，当有破损、缺失时，应及时修补恢复，不能修复的应及时更换。各种预埋件和桥架应保持完好、坚固、无锈蚀，当有缺损时，应及时更换或加固。

14）应保持人行道或检修道平整、完好和畅通，人行道或检修道不得积水，当道板有破损、翘曲或缺失时，应及时进行修复和补充；应定期保养人行道或检修道护栏，护栏应保持完好、清洁、坚固、无锈蚀，立柱正直无摇动现象，横杆连接牢固，当有缺损时，应及时恢复。

15）寒冷地区隧道尚应进行下列保养维护：

① 寒冷地区隧道的防冻保温设施应做好保养维护，当有损坏时，应及时维修，保证其正常使用功能。

② 洞口设有防雪设施的隧道，应做好防雪设施的保养维护，并在大雪降临前完成设施的维修加固；冬季应及时清除洞口处积雪。

16）隧道的交通标志应保持外观完整、信息清晰准确，保持位置、高度和角度适当，保证交通信息传递无误，并应符合下列规定：

① 应及时修补变形、破损的标牌，修复弯曲、倾斜的支柱，紧固松动的连接构件。

② 对锈蚀损坏、老化失效的标志，应及时更换，缺失的应及时补充。

③ 对损坏的限高及限速设施应及时维修。

17）隧道的交通标线应保持完整、清洁和醒目并应符合下列规定：

① 对破损严重和脱落的标线应及时补划。

② 应及时紧固松动的路标，发现损坏或丢失的，应及时修复或补换。

18）隧道轮廓标应保持完整、清洁和醒目，当有损坏时，应及时修复或更换。

（7）病害处治

制订病害处治方案应满足下列要求：

1）原则上应不降低隧道原有技术标准。

2）应按照安全、经济、快速、合理的原则，通过多方案技术、经济比选确定。

3）处治设计应体现信息化设计和动态施工的思想，制订监控量测方案。

4）应尽量减少施工对隧道正常运营的影响，不能中断交通时应制订保通方案。

5）应采取相应措施减小处治施工对既有结构、排水设施、机电设施及附属设施的不良影响。

5. 机电设施

机电设施的养护应包括日常巡查、清洁维护、机电检修与评定、专项工程等内容。机电设施设备完好率考核单位如表 1-55，机电设施分项技术状况评定表如表 1-56，机电设施各分项权重表如表 1-57。

机电设施设备完好率考核单位 **表 1-55**

分　项	设备名称	单　位
供配电设施	高压断路器柜、高压互感器与避雷器柜、高压计量柜、高压隔离开关和负荷开关柜、电力变压器、箱式变电站、电力电容器柜、电压开关柜、配电箱、插座箱、控制箱、综合微机保护装置、直流电源、UPS 电源、EPS 电源、自备发电设备	台
	防雷装置、接地装置、变电所铁构件	个/处
	电力线缆、电缆桥架	条
照明设施	隧道灯具、洞外路灯	盏
	照明线路	条
通风设施	轴流风机及离心风机、射流风机	台
消防设施	双/三波长火焰探测器、视频型火灾报警装置、火灾报警控制器、电动机、气体灭火设施、消防车、消防摩托车	台
	点型感烟感温探测器、光纤光栅感温火灾探测系统、液位检测器、消火栓及灭火器、阀门、手动报警按钮、水泵接合器、水泵、消防水池、电光标志	个/处
	线型感温光纤火灾探测系统、水喷雾灭火设施、给水管	条
监控与通信设施	亮度检测器、能见度检测器、CO 检测器、风速风向检测器、车辆检测器、摄像机、编解码器、视频矩阵、监视器、硬盘录像机、视频交通事件检测器、本地控制器、横通道控制箱、光端机、路由器、交换机	台
	大屏幕投影系统、地图板、有线广播、紧急电话、横通道门、可变信息标志、可变限速标志、车道指示器、交通信号灯、监控室设备	个/处
	光缆、电缆	条

机电设施分项技术状况评定表 **表 1-56**

分项	状况值			
	0	1	2	3
供配电设施	设备完好率≥98%	93%≤主设备完好率<98%	85%≤设备完好率<93%	设备完好率<85%
照明设施	设备完好率≥95%	86%≤设备完好率<95%	74%≤设备完好率<86%	设备完好率<74%
通风设施	设备完好率≥98%	91%≤设备完好率<98%	82%≤设备完好率<91%	设备完好率<82%
消防设施	消防设备完好率 100%	95%≤设备完好率<100%	89%≤设备完好率<95%	设备完好率<89%
监控与通信设施	设备完好率≥98%	91%≤设备完好率<98%	81%≤设备完好率<91%	设备完好率<81%

机电设施各分项权重表 **表 1-57**

分项	分项权重 W_i	分项	分项权重 W_i
供配电设施	23	消防设施	21
照明设施	18	监控与通信设施	19
通风设施	19		

6. 其他工程设施

其他工程设施养护应包括日常巡查、清洁维护、检查评定、保养维修等内容。其他工程设施检查的主要内容如表 1-58，其他工程设施各分项权重如表 1-59。

其他工程设施检查的主要内容 **表 1-58**

分项设施	经常检查内容	定期检查内容
电缆沟	是否完好，有无涌水	是否完好，有无杂物、积尘、积水
设备洞室	是否完好，有无渗漏水，标志是否齐全	是否完好，有无渗漏水、杂物、积尘，标志是否齐全、清晰
洞外联络通道	隔离设施是否完好，标志是否齐全，路面有无落物	隔离设施是否完好，标志是否齐全、清晰，路面是否清洁、有无隆起积水
洞口限高门架	门架有无变形，结构是否完好，标志是否齐全	结构是否完好，标志是否齐全、清晰，门架有无变形，净空误差能否满足限高要求
洞口绿化	树木是否妨碍行车，有无树木枯死	树木是否妨碍行车，有无树木枯死、草皮失养，整体绿化效果是否美观
消音设施	是否完好	是否完好，是否具备消音功能
减光设施	结构是否完好	结构是否完好，标志是否齐全清晰，减光效果是否正常
污水处理设施	是否渗漏，有无淤积	是否渗漏，有无杂物、泥沙沉积
洞口雕塑、隧道铭牌	是否存在毁损	表面是否脏污，是否存在毁损
房屋设施	承重构件有无变形，非承重墙体有无渗漏，屋面有无渗漏，楼地面、门窗是否完好	承重构件有无变形、裂缝、松动；非承重墙体有无渗漏、破损；屋面排水是否通畅、有无渗漏；楼地面、门窗是否完好；顶棚有无变形；水卫、电照、暖气等设备是否完好，能否正常使用

其他工程设施各分项权重　　表 1-59

分项设施	权重 W_i	分项设施	权重 W_i
电缆沟	10	消音设施	3
设备洞室	10	减光设施	10
洞外联络通道	9	污水处理设施	4
洞口限高门架	14	洞口雕塑、隧道铭牌	2
洞口绿化	3	房屋设施	35

1.2.14 《公路隧道养护工程预算定额》JTG/T M72-01—2017

1. 概述

《公路隧道养护工程预算定额》（JTG/T M72-01—2017，以下简称 JTG/T M72-01）从 2017 年 10 月 1 日起施行。JTG/T M72-01 以交通运输行业已取得的科研成果及已制定的养护工程技术规范和标准为依托，并吸纳国内、外相关科研成果和工程经验，兼顾目前公路隧道运营养护工作的技术水平和行业需求，遵循“贯彻国家政策、法规，广泛调研、全国兼顾，统一性和差别性相结合，技术与管理相结合”的原则。

本定额包括两章和四个附录等内容：第一章土建工程；第二章机电工程；附录 A 砂浆及水泥混凝土材料消耗配合比；附录 B 材料周转及摊销；附录 C 人工、材料、半成品损耗率及基价表；附录 D 公路隧道养护工程机械台班费用定额。

本定额总说明：

（1）本定额是全国公路隧道养护工程专业定额，是编制公路隧道养护工程年度养护费用及施工图预算的依据。

（2）本定额适用于各等级公路隧道养护工程（不包括隧道内桥梁），不适用于新建、改建隧道工程及水下隧道工程。

（3）本定额只规定了人工、材料、机械的消耗量，未对设备购置费、措施费、企业管理费、规费、利润、税金、专项管理费、土地使用及拆迁补偿费、养护工程其他费用等的计算进行规定。编制预算时，应根据本定额规定和各省（自治区、直辖市）发布的公路养护工程预算编制办法的有关规定办理。

（4）本定额的机电养护工程定额适用于运营时间 10 年以内的隧道；超过 10 年的隧道，其机电养护费用可按各 省（自治区、直辖市）规定调整。

（5）本定额包括土建工程、机电工程共两章及附录。现行《公路隧道养护技术规范》JTG H12 中各章节所含养护工程内容，本定额中未涵盖的，费用另计。

（6）本定额是在增值税财税体制下，按照合理的施工组织和一般正常的施工条件编制的。定额中所采用的施工方法和工程质量标准，是根据国家现行的公路养护工程技术及验收规范、质量评定标准及安全作业规程取定的。使用本定额时，除定额中规定允许换算者外，不得因具体工程的施工组织、操作方法和材料消耗、机械种类和规格与定额的规定不同而抽换定额。

（7）隧道养护工程鼓励采用更先进的新技术、新材料、新工艺、新设备，实际采用时应另行编制补充定额，不得在本定额中抽换。

(8) 本定额除隧道洞内工作按每工日7h计算外，其余均按每工日8h计算。洞内工程项目如需采用洞外工程的有关项目，所采用定额的人工工日、机械台班数量及小型机具使用费应乘以系数1.26。

(9) 本定额中的工程内容，均包括定额项目的全部施工过程。定额内除扼要说明施工的主要操作工序外，均包括准备与结束、场内操作范围内的水平与垂直运输、材料工地小搬运、辅助和零星用工、工具及机械小修、场地清理、施工现场转移等工程内容，不包括施工区域封闭、施工安全设施布置、安全保通，以及完工后恢复交通等工程内容。各等级公路隧道的养护维修作业控制区内的公路交通安全维护按现行《公路养护安全作业规程》JTG H30要求执行，发生的施工安全维护作业费用按实际发生的费用另外计算。

(10) 本定额中的材料消耗量按现行材料的标准合格料和标准规格料计算。定额内材料、成品、半成品消耗量均已包括场内运输及操作损耗，编制预算时，不得另行增加。其场外运输损耗、仓库保管损耗应在材料预算价格内考虑。

(11) 本定额中各强度等级混凝土和砂浆的材料消耗量已经按照本定额附录A中配合比表规定的数量列入定额，不得重复计算。设计采用的混凝土、砂浆强度等级与定额所列强度等级不同时，可按配合比表进行换算。混凝土、砂浆配合比表的材料用量，实际施工中不论采用何种配合比，均不得调整定额用量。

(12) 本定额中各类混凝土均未考虑外掺剂的费用。当设计需要添加外掺剂时，可按设计要求另行计算外掺剂的费用，并按实际调整定额中的水泥用量。

(13) 本定额中周转性的材料，模板、支撑、脚手杆、脚手板和挡土板等的数量，均已考虑了材料的正常周转次数并计入定额，不应抽换。当确因施工安排达不到规定的周转次数时，可根据具体情况进行换算并按规定计算回收。

(14) 本定额中各类混凝土均按施工现场拌和进行编制。当采用商品混凝土时，可将相关定额中的水泥、中（粗）砂、碎石及拌和设备台班的消耗量扣除，并按定额中所列的混凝土消耗量增加商品混凝土的消耗。

(15) 本定额的基价是人工费、材料费、机械使用费的合计价值。基价中人工费按106.28元/工日计算，材料费按本定额附录C计算，机械使用费按本定额附录D计算。

(16) 本定额中的施工机械消耗量已经考虑了工地合理的停置、空转和必要的备用量等因素。机械台班预算单价，应按本定额附录D规定计算。

(17) 本定额中只列工程所需的主要材料用量和主要机械台班数量。次要、零星材料和小型施工机具均未一一列出，分别列入"其他材料费"及"小型机具使用费"内，以元计，编制预算时不得重复计算。

(18) 本定额表中注明"××以内"或"××以下"者，均包括"××"本身；而注明"××以外"或"××以上"者，则不包括"××"本身。定额内数量带"( )"者，表示基价中未包括其价值。

(19) 凡本定额名称中带有"※"号者，均为参考定额，使用定额时，可根据情况进行调整。

(20) 本定额中的"工料机代号"系编制预算时软件对工、料、机械名称识别的符号，不应变动。

2. 土建工程

(1) 说明

1) 本章定额包括隧道清洁维护、结构检查、保养维修、病害处治等项目。

2) 洞内工程项目的工程内容均包括施工照明、通风、供排水所需电缆、管路的安装、拆除及维修等，不包含对原有设施的迁改和保护。

3) 洞内工程项目的施工照明用电包括在定额消耗量内。

4) 本定额未考虑地震、坍塌、溶洞及涌、突水处理，以及其他特殊情况所需的费用，需要时可根据设计另行计算。

5) 定额工程内容中的操作脚手架，仅包括移动脚手架（或移动平台）的工作，不含脚手架（或移动平台）搭、拆的内容，脚手架（或移动平台）搭、拆另外见有关子目。

6) 定额中洞外废渣清运费用按洞外运输 200m 计，洞内废渣清运费用按洞内全部及洞外运输 200m 计。洞外实际运距超过 200m 时，应计算增运费用。

7) 本定额除“1-2-1 经常检查”以外的洞内工程项目按施工工作面距洞口 500m 以内编制。工作面距洞口长度每增加 500m（不足 500m 时按 500m 计），相应定额人工工日及机械台班数量增加 3%。

(2) 清洁维护

1) 本节定额包括地面清扫、地面清污、边墙清洗、边沟清理，清洗标志、标线，斜井、风道清扫等项目。

2) 隧道清洗定额，按洒水汽车在水源处自吸水考虑，水的运输已包含在定额内。编制预算不得将高速公路内消防用水作为取水水源。

3) 工程量计算规则：

① 隧道清扫工程量按清扫面积计算。

② 地面清污工程量按清污地面面积计算。

③ 边沟清理工程量按清理的水沟长度计算。

④ 清洁维护各子目按一次清洁维护考虑。

(3) 结构检查

1) 本节定额包括经常检查、定期检查等项目。

2) 工程量计算规则：地质雷达扫描按照扫描的测线长度计量。

(4) 保养维修

1) 本节定额包括清除洞口边、仰坡浮土及危石，截、排水沟清淤，除雪和除冰，修复洞门墙及边、仰坡护坡，修复洞口截、排水沟，清除洞内危石，衬砌表层起层、剥离处治，更换井盖，清理纵向排水沟及沉砂井，人行道（检修道）侧壁及盖板修复，风道隔板及吊杆保养、风道及风道隔板修复，隧道装饰，更换隧道内标志牌，更换限高门架，恢复标线，更换反光路标及轮廓标等项目。

2) 工程量计算规则：

① 清除洞口边、仰坡浮土、危石按设计清除体积数量计算工程量。

② 消除洞内危石等子目，按设计清除体积数量计算工程量，包含洞身及所有附属洞室的数量。定额中已考虑超挖因素，不得将超挖数量计入。

③ 截、排水沟清淤以清理沟槽长度计算工程量。

④ 修补裂缝按裂缝长度计算工程量。

⑤ 浆砌片石、浆砌块石、烧筑混凝土及修复洞门墙、边、仰坡按设计砌筑（浇筑）的体积计算工程量。

⑥ 风道吊杆刷漆按吊杆质量计算工程量。

⑦ 钢筋按设计质量计算工程量。

⑧ 清除衬砌表层剥离按面积计算工程量。

⑨ 隧道装饰按装饰面积计算工程量。

（5）病害处治

1）本节定额包括隧道衬砌空洞处理、围岩加固注浆、喷射混凝土加固、锚杆及钢筋网加固、拱墙钻孔、凿除混凝土及瓷砖、隧道衬砌、钢支撑制作安装、粘贴钢板加固、粘贴碳纤维布加固、隧道衬砌裂缝封堵、凿槽埋排水管、衬砌表面腐蚀处理等项目。

2）工程量计算规则：

① 喷射混凝土工程量按设计厚度乘以喷射混凝土面积计算，喷射面积按设计外轮廓线计算。

② 砂浆锚杆工程量为锚杆、垫板及螺母的质量之和，中空锚杆工程量按锚杆设计长度计算。

③ 格栅钢架、型钢钢架工程量按钢架的设计质量计算，连接钢筋的数量不得作为工程量计算。

④ 现浇混凝土衬砌中混凝土工程量按设计断面衬砌数量计算，包含洞身及所有附属洞室的衬砌数量；定额中已经综合因正常超挖及预留变形需回填的混凝土数量，不得将上述因素的工程量计入计价工程量中。

⑤ 钢筋网、钢筋按设计质量计算。

⑥ 钻孔按设计长度计算。

⑦ 粘贴钢板及粘贴碳纤维布按设计面积计算。

⑧ 裂缝封堵工程量按封堵裂缝长度计算。

⑨ 埋排水管按设计排水管长度计算。

⑩ 衬砌表面腐蚀处理按设计处理面积计算。

⑪ 压浆工程量按设计数量计算。

⑫ 防水板工程量按设计敷设面积计算。

（6）施工台架

1）本节定额包括隧道施工台架等项目。

2）钢管脚手架按脚手架钢管用扣件连接考虑。移动台架按采用型钢焊接连接考虑，其底部安装移动轮。

3）施工台架均考虑采用钢材制作，考虑了钢材的回收利用。

4）施工台架上安装的警示标志（如警灯、彩条灯带）等，按其他材料费计入定额内。

5）工程量计算规则：

① 施工台架工程量按脚手架或台架外轮廓水平投影面积计算。

② 移动台架（分层）按高度每 2m 为一层计算面积，高度不足 2m 按一层计算面积。

3. 机电工程

(1) 说明

1) 适用于公路隧道机电设施维护保养工程。

2) 本章主要包括日常巡查、供配电设施、照明设施、通风设施、消防设施、监控与通信设施六节。

3) 隧道机电设施按照养护内容不同分为日常巡查、经常检修和定期检修，具体内容如下：

日常巡查：指在巡视车上或通过步行目测以及其他信息化手段对隧道机电设施外观和运行状态进行的一般巡视检查，并对检查结果及时记录。

经常检修：通过步行目测或者使用简单工具对设施仪表读数、运转状态或损坏情况进行检查，并对检查结果定性判断，对设备进行清洁、维护等。

定期检修：通过检测仪器对机电设施运转状态和性能进行的较全面检查、标定和维护，对关键设备进行的检测、保养工作等。

4) 本章不包括以下内容：系统联调、故障关键器件的购置、设备故障的处理、系统新建、系统扩容等工作。

(2) 日常巡查

1) 本节中日常巡查的详细内容参见现行《公路隧道养护技术规范》JTG H12 的相关规定。

2) 日常巡查的基价单位为 1km/次，即巡检一次、每公里的基价。

(3) 供配电设施

1) 本节适用于公路隧道机电系统设施设备中与供配电有关设备的维护工作。

2) 本节内容包括隧道变电所、变电站、电力变压器、不间断电源、参数稳压器、柴油发电机组、电源插座箱等供配电相关设备在正常情况下的维护工作。

3) 干式变压器定额仅适用 10kV 电压等级的设备。

4) 本定额不包括供配电设施在投产前、大修后或者需要时进行的电力设备的预防性试验内容，也不包括隧道防雷接地系统测试和油浸式电力变压器绝缘油的油质测试内容，需要时可另计。

(4) 照明设施

1) 本节适用于公路隧道机电系统设施设备中与照明功能有关设备的维护工作。

2) 本节内容包括隧道照明灯具、洞外路灯、亮度及照度检测器等照明相关设备在正常情况下的维护工作。

(5) 通风设施

1) 本节适用于公路隧道机电系统设施设备中与通风功能有关设备的维护工作。

2) 本节内容包括隧道风机及控制箱等通风相关设备在正常情况下的维护工作。

3) 隧道通风设备主要由通风机及其控制箱组成，通风机按照常用的隧道通风方式，分为轴流风机和射流风机两类。

(6) 消防设施

1) 本节适用于公路隧道机电系统设施设备中与消防功能有关设备的维护工作。

2) 本节内容包括隧道火灾报警按钮、控制器、传感器、探测器火灾报警计算机、消防水泵、管阀、水池、横通道卷帘门、防火门等消防相关设备（不含消防车等应急救援设施）在正常情况下的维护工作。

（7）监控及通信设施

1）本节适用于公路隧道机电系统设施设备中与监控及通信功能有关设备的维护工作。

2）本节内容包括隧道车辆检测器、摄像机、监视器、可变信息标志、交通监控计算机、风速风向检测器、CO/VI 检测器等监控和通信相关设备在正常情况下的维护工作。

3）光电缆线路根据被维护内容取费，维护电缆不含电缆性能测试项目及费用，维护光缆不含光缆认证测试项目及费用。

2

公路工程“四新”技术

2.1 公路工程新材料

公路工程新材料很多，如温拌沥青混合料、薄层抗滑层、温拌浇筑式沥青混凝土、环保型 TR 沥青混合料增强剂材料、高性能玄武岩纤维沥青混合料透水性路面、排水性路面、保水性路面、彩色沥青微表处、低温沥青混凝土路面（冬季、高海拔适用）、山区主动除凝冰沥青路面、低噪声沥青路面、精细抗滑碎石、C80 以上高性能混凝土、纤维混凝土、轻质混凝土、环保节能型高性能混凝土外加剂、Q345、Q370、Q420、Q500 钢材、耐候钢、环氧涂层钢筋、不锈钢钢筋、1770 钢丝、1860 钢绞线、1960 钢丝（锌铝合金）、记忆合金、压电材料、光导纤维、智能自修复混凝土等。下面仅对其中少数材料做简要介绍，具体可查阅相应资料。

2.1.1 精细抗滑碎石

精细抗滑碎石是构成精细抗滑保护层（图 2-1）的主要材料，精细抗滑保护层技术就是在小粒径碎石层上均匀地以撒布添加的方式将稳固材料与碎石层面进行紧密结合，从而形成具有防水、防开裂以及防滑作用的路面保护磨耗层。

图 2-1 精细抗滑保护层

2.1.2 温拌沥青混合料

温拌沥青混合料（WMA）是指与相同类型热拌沥青混合料相比，在基本不改变沥青混合料配合比和施工工艺的前提下，通过技术手段，使沥青混合料的拌和温度降低 30～

40℃以上，性能达到热拌沥青混合料的新型沥青混合料。温拌沥青混合料和热拌沥青混合料一样，按集料公称最大粒径、矿料级配、空隙率等进行分类。温拌沥青混合料分为：降黏型温拌沥青混合料技术、发泡型温拌沥青混合料技术和表面活性温拌沥青混合料技术。

温拌沥青混合料技术优势：

(1) 使沥青混合料的拌和和摊铺温度降低 30～60℃，节省大量的加热能源。

(2) 有利于环境保护。普通的热拌沥青混合料在整个施工过程中会产生大量的沥青烟和有害的气体，而采用温拌沥青混合料技术可以在最大程度上减少有害气体排放，从而有效地保护施工人员的身体健康及降低环境污染。

(3) 温拌沥青混合料地拌和温度较低，这样在混合料的生产过程中对拌和设备的损耗也相对较低，这就有效地延长了拌和设备的使用寿命，从而降低了生产成本。

(4) 采用温拌沥青混合料，可以降低沥青的老化程度，沥青在普通热拌沥青混合料中是要加热到 150℃的，采用温拌技术就可以大大降低这个温度，这样沥青在低温下进行储存和拌和可以保持较好的路用性能。

(5) 温拌沥青混合料技术的整个过程都是在借鉴热拌沥青混合料的基础上发展起来的，可以很方便地进行大规模推广。

2.1.3 薄层环氧抗滑层路面

1. 概述

路面抗滑性能是指车辆轮胎受到制动时沿表面滑移所产生的力。通常抗滑性能被看作路面的表面特性，包括路面表面细构造和粗构造，影响抗滑性能的因素有路面表面特性、路面潮湿程度和行车速度。

路面细构造是指集料表面的粗糙度，它随车轮的反复磨耗逐渐被磨光，通常采用磨光值表征。细构造在低速时（30～50km/h 以下）对路表抗滑性能起决定作用。而高速时起决定作用的是粗构造，通常采用构造深度表征。

抗滑磨耗层就是采用一种硬度极高的单一粒径石料均匀撒布在树脂黏结料表面，这种表面构成不但耐磨耗能力强，而且表面构造深度很大，摩擦摆值 BPN 可明显高于普通路面的值，大约高出普通路面 20BPN，根据英国的调查结果，BPN 值每提高 10 个值，雨天事故率就会降低 13%。

2. 适用范围与布置形式

(1) 隧道进口与出口、弯道入口、下坡路段、高速公路收费站入口等减速路段、事故多发路段。另外薄层环氧抗滑层路面还可以通过其表面耐磨碎石颜色的多样化起到美观的效果，也可以应用于公交车道。

(2) 常用布置形式

1) 桥面铺装薄层环氧抗滑层通常采用满铺；

2) 在隧道洞内采用满铺，在隧道进出口位置采用间断铺筑；

3) 弯道、收费站及下坡路段通常采用间断铺筑；

4) 城市公交车道、停车场、景区道路通常采用满铺。

3. 对原基面处理的要求

原基面质量状况直接影响到抗滑磨耗层的使用质量，原基面须处理完好。对于沥青基面必须采用钢刷和高压吹风机清洁原基面，以保证道路表面足够的清洁和干燥，对于水泥混凝土基面先采用自动喷砂机对混凝土基面进行喷砂处理，除掉松散浮浆与油污。处理完毕后，对原基面进行强度检测，根据有限元分析结果并结合实际工程中的检测结果，要求沥青混凝土基面 25℃ 拉拔强度大于 0.5MPa，水泥混凝土基面 25℃ 拉拔强度大于 1.0MPa。

4. 施工工艺流程

（1）原水泥混凝土基面进行喷砂处理；沥青混凝土基面在进行表面清理后，涂布一层粘接层，固化时间小于 3 小时。

（2）将 A 组分和 B 组分进行混合，搅拌 3～5min，再把 0.15～0.6mm 的细集料和某些助剂按规定比例加入，搅拌 5～8min，形成具有一定稠度的环氧砂浆。

（3）将搅拌好的环氧砂浆摊铺成所需厚度，材料用量要求如下：5～6mm（A、B 组分用量为 2.8～3.0kg/m^2），7～8mm（A、B 组分用量为 3.0～3.2kg/m^2），并在其上撒布适当粒径的耐磨碎石，撒满为止，用量为 8～15kg/m^2，总厚度控制在 5～8mm。

（4）待薄层抗滑层材料固化后，扫去表面多余的粗石料。

5. 施工

（1）常温施工。薄层抗滑层路面材料为生产包装好的成品，到达施工现场后无须对材料进行加热，直接人工按比例混合并搅拌均匀。

（2）人工摊铺。薄层抗滑层路面铺筑的厚度在 5～8mm，因此材料通过搅拌后，只需要操作人员采取人工涂布的方法进行铺装，机械设备需求量少，操作简便。

（3）自动流平，无须机械设备碾压。由于薄层抗滑层材料是一种流体砂浆，其自流性可以保证铺装表面的平整度达到要求，无须机械设备碾压。

2.1.4 机制砂自密实块片石混凝土

机制砂自密实块片石混凝土是在自密实混凝土的基础上发展起来的一种新型大体积混凝土技术，又称堆石混凝土。是指首先将满足一定粒径要求的大块石/块片石直接放入施工仓，形成有一定自然空隙的块片石体，然后在块片石体表面浇注超流态机制砂自密实混凝土，依靠其自重，完全填充块片石体空隙，超流态机制砂自密实混凝土硬化后与块片石形成完整、密实、低水化热的混凝土结构。其混凝土强度等级可满足不同设计要求。超流态机制砂自密实混凝土是用机制砂配制的，指拌合物具有非常良好的工作性，黏度极低、流动性很好且粘聚性好，倒坍落度筒流出时间小于 6s，仅仅依靠混凝土自重作用无须振捣作用便能够均匀密实的填充块片石/块石自然堆积后的空隙的高性能自密实混凝土。

机制砂自密实块片石混凝土技术具有如下特点：水化热低，水化温升慢，容易控制温度，不易产生温度裂缝，耐久性好，而且施工速度快，施工质量好，同时取材方便，造价较低，非常适合公路挡土墙的建设和施工。

2.1.5 轻质路基填筑料

气泡混合轻质土材料具有超轻性、耐压缩性、自立性、耐水性和施工简单、方便、快捷等优点，在国内外得到了广泛的应用，有效地解决了软基过渡段的沉降和不均匀沉降、路堤与桥台相接处的差异沉降等问题。现已应用于桥台台背回填、道路拼宽、山区路段填筑、工程抢险等特殊路段的填筑、空洞、管线的回填、隧道口的填筑等。

1. 气泡混合轻质土特点

气泡混合轻质土是人工制作的土工材料，其容重可以做得比一般的土体小得多，而其强度和变形特性可以达到甚至超过良好的土体，且便于施工等。其主要特性如下：

（1）轻质性。气泡混合轻质土内含有大量的气泡，其容重不但比一般的土体要小得多，而且通过调整土体中的气泡和固化剂的含量，可以按照需要对气泡混合轻质土的容重在 7～14kN/m^3 内进行必要的调整。

（2）固化后的自立性。由于使用水泥作为固化剂，通常在碾压完成 14h 后就会开始固化，且固化后可以自立，可进行垂直填土，且对挡土结构物几乎没有推挤力。

（3）良好的施工性。气泡混合轻质土的拌和、运输、摊铺、碾压均方便，对于空间较小的部位施工时，可以采用夯机进行夯实，对碾压的质量相对于其余土质要低，便于施工。

（4）耐久性。属水泥类材料，与高分子材料相比，其耐久性，耐热及抗油污能力强，具有水泥材料同等的耐久性。

（5）良好的环保特性。气泡混合轻质土原料土可采用施工期间开挖的废土、粉煤灰等废料，避免工程废料对环境的二次污染，并可以利用工业废渣等材料，做到废物利用。在道路工程施工中，可节省土地资源，避免高填高挖等对环境的破坏，对保护自然生态环境意义重大。

（6）隔热性。气泡混合轻质土中含有大量的气泡，具有良好的隔热性。

（7）强度的可调节性。和容重的可调节性原理一样，通过改变各种成分的配合比，气泡混合轻质土的强度的可以在 300～1500kN/m^2 的范围内进行调整。

（8）高流动性。气泡混合轻质土具有良好的流动性，可通过管道泵送，其最大输送距离可达到 1500m，最大泵送高度可达到 30m。为防止泄漏，在进行气泡混合轻质土的浇筑施工时，通常不得不砌一些必要而简单的挡墙。

2. 适用范围

气泡混合轻质土技术在公路建设中有着非常广泛的应用，它为解决高等级公路软基路堤中的桥涵跳车、公路路基加宽时新老路基的差异沉降、高填土路堤的稳定性等世界性难题提供了一种极好的技术手段。运用这种技术能节省昂贵的用地、减少拆迁，充分有效地利用土地资源等。它主要应用于以下一些领域：路堤的快速修复；工后沉降要求高、软土指标差的桥头或箱涵接部位路堤；拓宽高路堤；挡墙后填土，以减小台背土压力；高桥墩台与隧道相连部位，以减少弃渣对桥墩的侧向土压力，便于墩的自由变形，易于施工。

3. 原材料要求

（1）水泥宜采用 42.5 级及以上的通用硅酸盐水泥或硫铝酸盐水泥。通用硅酸盐水泥应符合现行《通用硅酸盐水泥》GB 175—2007 的规定，硫铝酸盐水泥应符合现行《硫铝酸盐水泥》GB 20472—2006 的规定。

（2）水应符合现行《混凝土用水标准》JGJ63—2006 的规定。发泡剂应对环境无影响。发泡剂性能试验应符合规定，经稀释发泡后产生的气泡群应符合下列规定：1）气泡群密度应为 50kg/m^3±2kg/m^3；2）标准气泡柱的沉降距应小于 5mm；3）标准气泡柱的泌水量应小于 25mL。添加材料包括细集料、掺和料、外加剂等，其粒径不宜大于 4.75mm。

(3) 聚苯乙烯球状小珠，经发泡工艺由工厂生产，为白色圆形状，粒径 3～5mm，密度 15～20kg/m^3，要求采用阻燃型。

(4) 固化剂：普通 42.5 号硅酸盐水泥，要求尽可能采用缓凝水泥，终凝时间大于 6h。水泥参量一般可在 4%～10%之间选用。

(5) 原料土：应按就地取材的原则，选用黏土、粉土、中细砂、粉煤灰、石屑及淤泥等一种或者几种混合轻质土为原料土。

2.1.6 高强及高性能混凝土

高性能混凝土必须具有高强度，而仅仅强度高的混凝土并非高性能混凝土。

1. 高强混凝土

高强混凝土是为适应工程技术发展与要求而产生的，是混凝土技术进步的结果。在大跨度和高耸建筑结构等工程中应用高强混凝土具有显著优越性。

高强混凝土是指：

(1) 强度等级达到或超过 C60 的混凝土称为高强混凝土；

(2) 新拌混凝土黏度较大，保水性好，流动性按需调配；

(3) 高强混凝土的早期强度、弹性模量、密实性、耐久性等都有所提高和改善。

高强混凝土的拉压比和徐变较小，脆性较大。

图 2-2、图 2-3、图 2-4、图 2-5 所示为高强混凝土的强度、高强混凝土的应力-应变曲线、普通混凝土破坏、高强混凝土破坏。

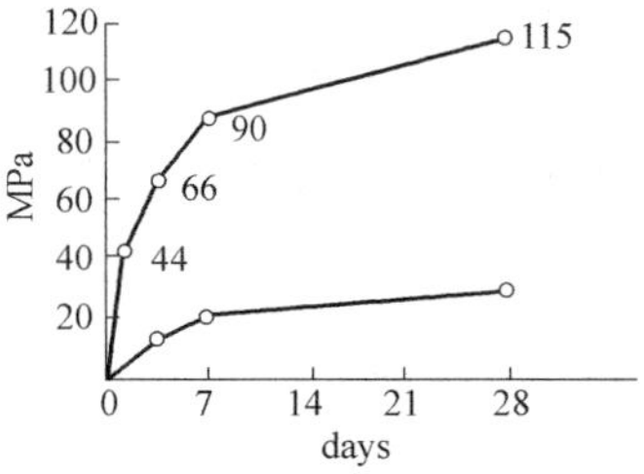

图 2-2 高强混凝土的强度

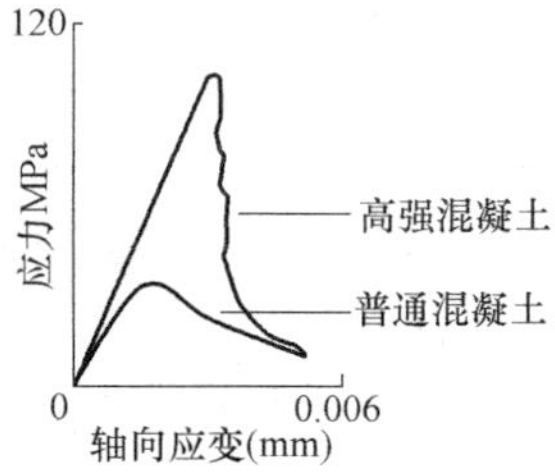

图 2-3 高强混凝土的应力-应变曲线

图 2-4 普通混凝土破坏

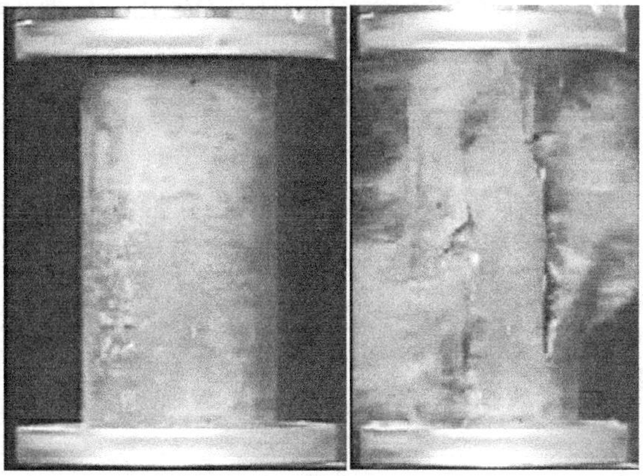

图 2-5 高强混凝土破坏

混凝土高强化的技术途径与措施：

(1) 胶结材料本身的高强化；

(2) 高强度的骨料；

(3) 强化胶结材料与骨料的界面结合力

(4) 合理选择原材料；

(5) 合理选择混凝土配合比设计参数；

(6) 合理的施工工艺。

原材料基本要求：

(1) 水泥：强度等级不低于 42.5 的硅酸盐水泥或普通硅酸盐水泥；

(2) 细骨料：细度模数大于 2.6 的偏粗中砂；

(3) 粗骨料：高强度的硬质骨料，D_{max}≤25mm；

(4) 外加剂：非引气、坍落度损失小的高效减水剂；

(5) 掺和料：硅灰、超细矿渣、超细粉煤灰等。

配合比设计要点：

(1) 水胶比：宜控制在 0.38±0.03 以下；

(2) 胶结材料用量：水泥用量≤550kg/m^3，胶结材料总量≤600kg/m^3；

(3) 砂率：宜通过试验确定最优砂率；

(4) 外加剂：根据试验确定外加剂品种和合理掺量。

确定高强混凝土设计配合比后，还应针对该配合比重复进行 6～10 次的试拌、测试和调整等试验进行验证，最终确定可施工应用的混凝土配合比。

施工工艺：

(1) 强剪切力作用下的机械搅拌；

(2) 高频机械振捣，提高密实性；

(3) 加压成型；

(4) 离心成型；

(5) 加强养护，延长湿养护时间（>14d)。

2. 高性能混凝土

高性能混凝土基本要求：

（1）高性能混凝土是具有某些性能要求的匀质混凝土，必须采用严格的施工工艺，采用优质材料配制的、不离析、便于浇捣、力学性能稳定、早期强度高、具有韧性和体积稳定性等优良性能而耐久的混凝土。

（2）高抗渗性、高耐久性是高性能混凝土的基本特征。

（3）高性能混凝土的微观结构特征为孔隙率低且孔径小，连通的毛细孔很少。

（4）高性能混凝土配合比的特点是：采用低水胶比和较低水泥用量，除水泥、水和骨料外，还掺加外加剂与矿物掺和料作为基本组成材料。

2.1.7 高性能玄武岩纤维沥青混合料

1. 技术原理

玄武岩纤维均匀分散于沥青混合料中，呈三维随机分布且相互搭接形成空间网络。通过复合材料界面理论分析，玄武岩纤维与沥青之间有较大的接触面，说明沥青相对纤维相有很好的浸润性，使界面的黏结力大于沥青相本身的黏结力。当沥青混合料在外力作用下产生裂缝或空隙时，玄武岩纤维空间网络结构犹如沥青混合料“微加筋”，将沥青混合料受损部位连成一体，使得裂纹扩展时的能量释放率减少从而延缓裂缝的扩展。

2. 工艺流程

（1）确定玄武岩纤维沥青混合料的目标配合比设计，通过室内试验得到玄武岩纤维的不同掺量和沥青混合料路用性能的关系以及玄武岩纤维沥青混合料的施工工艺。

（2）采用DEM等微观实验分析方法，得到玄武岩纤维增强沥青混合料性能的作用机理；

（3）采用全寿命经济效益分析方法，解决玄武岩纤维复合沥青混合料的综合性能评价问题。

3. 主要技术指标

（1）玄武岩纤维

采用6mm的短切玄武岩纤维，主要技术指标应满足表2-1要求。

玄武岩纤维技术指标　　表2-1

项　　目	技术要求
密度/g·cm^{-3}	2.60～2.80
断裂强度/MPa	≥1200
断裂伸长率/%	≤3.1
吸油率/%	≥50
可燃物含/%	0.1～1.0
含水率/%	≤0.2
耐热性,断裂强度保留率/%	≥85
耐碱性,断裂强度保留率/%	≥75
可燃性	明火点不燃

（2）玄武岩纤维沥青混合料路用性能

玄武岩纤维可以减小沥青混合料高温时的流动变形，增强抗车辙能力；提高低温时的流变变形，增强低温抗裂性能；有效改善沥青混合料抗永久变形能力；沥青混合料抗疲劳性改善明显，在AC级配中，掺加纤维后的沥青混合料疲劳次数提高2倍以上，在SMA级配中，疲劳次数提高4倍左右。玄武岩纤维沥青混合料力学性能：玄武岩纤维的加入能减小混合料损伤所消耗的能量，延长混合料的疲劳寿命，混合料韧性得到明显的改善，材料的阻裂性能得到增强。

2.1.8 环保型TR沥青混合料增强剂材料

1. 原理

选用多种优质进口天然岩沥青，作为TR沥青混合料增强剂的基材，因其具有软化点高、极性官能团多，抗老化性能强的诸多优点；岩沥青直接从岩沥青矿中开采出来，是天然、环保型材料。根据沥青路面不同层位路用性能的要求，按照成分和元素含量不同复配成不同型号的复合岩沥青改性剂，再添加含高分子材料的特种助剂，采用共混技术，制成TR增强剂，降低岩沥青的熔点，便于采用干法工艺，在显著改善高温、疲劳和水稳定性能的同时，改善沥青混合料低温性能。

TR沥青混合料增强剂采用干法工艺，其主要原理：采用相溶剂与岩沥青发生共混、共聚反应，适当降低岩沥青的熔点，使其在180℃左右的热集料表面被熔化，然后在集料表面对沥青进行改性，提高沥青的高温性能，同时岩沥青作为基材，还有其他添加剂，如超细丁苯橡胶、分散剂等，改善沥青混合料的低温性能。总之，主要采用共混改性和界面改性技术，发挥TR沥青混合料增强剂对沥青混合料的性能改善的作用。

2. 关键技术或工艺流程

（1）以不同天然沥青为基材，辅之以特种助剂，采用共混改性技术，开发了TR沥青混合料增强剂系列产品；针对不同层位路用性能要求，提出了相应的产品指标；

（2）添加特种助剂，采用共混改性技术，解决传统岩沥青低温性能差的问题；

（3）开发了与TR增强剂相匹配的自动化上料设备，拌和无延时，计量准确。

3. 主要技术指标

TR沥青混合料增强剂的性能技术指标见表2-2。

TR沥青混合料增强剂物理技术指标 **表2-2**

指标		单位	产品技术要求			检测方法
			TR-100	TR-200	TR-400	
颜色		—	黑色粉末			观察法
含水率		%	<2			T0612
密度		%	1.0～1.3			T0352
灰分		%	18～26	15～23	2～10	T0614
溶解度(正庚烷)		%	10～15	15～20	20～25	参考T0607—2011
溶解度(甲苯:正庚烷为3:7溶液)		%	25～35	35～45	55～65	参考T0607—2011
软化点		℃	180～200	180～200	160～180	T0606或针入法
粒度范围	<4.75mm	%	100	100	100	T0351
	<2.36mm		100	100	100	
	<1.18mm		100	100	100	

2.1.9 桥梁工程新材料

1. 混凝土材料

(1) 抗压强度在60～100MPa之间的工程混凝土；

(2) 具有高耐蚀性、高抗裂性、高抗冻性、低收缩性和高韧性等高性能工程混凝土；

(3) 具有抗振动扰动、净化大气、融冰化雪等功能型混凝土；

(4) 具有应力、温度等自感知能力的机敏（智能型）混凝土。

2. 钢材

(1) 抗拉强度在500～700MPa之间的桥用钢板。桥梁工程设计施工中，选用高强度钢材（屈服强度ReL≥390MPa），可减少钢材用量及加工量，节约资源，降低成本。为了提高结构的抗震性，要求钢材具有高的塑性变形能力，选用低屈服点钢材（屈服强度R_{eL}=100～225MPa）。国家标准《低合金高强度结构钢》GB/T 1591—2008中规定八个牌号，其中Q390、Q420、Q460、Q500、Q550、Q620、Q690属高强钢范围；《桥梁用结构钢》GB/T 714—2015有九个牌号，其中Q420q、Q460q、Q500q、Q550q、Q620q、Q690q属高强钢范围。

(2) 抗拉强度为1860MPa、1960MPa的缆索用高强钢丝；

(3) 桥用高强不锈钢筋和不锈钢平行钢丝拉索；

(4) 可感知应力和温度的智能型钢束和拉吊索。

3. 防护材料

(1) 渗透型有机硅烷混凝土防护涂料；

(2) 锌网/电化学活性砂浆；

(3) 改性树脂乳液砂浆；

(4) 环境友好型水基脱漆剂、水性氟树脂耐候涂料和快固化喷涂弹性体涂料。

形成了渗透型有机硅烷混凝土防护涂料、锌网/电化学活性砂浆、改性树脂乳液砂浆、环境友好型水基脱漆剂、水性氟树脂耐候涂料和快固化喷涂弹性体涂料的材料配比、生产工艺及工程应用技术。

2.2 公路工程新技术

公路工程新技术众多，包括共振碎石技术、废旧橡胶沥青路面施工、灌注桩后注浆技术、真空预压法组合加固软基技术、装配式支护结构施工技术、地下连续墙施工技术、超浅埋暗挖施工技术、隧道安全监测技术、钢结构虚拟预拼装技术、钢结构滑移、顶（提）升施工技术、索结构应用技术、预制装配式桥梁技术、基于BIM的路桥隧现场施工管理信息技术、隧道施工新意法、大断面软岩隧道新意法施工、墩柱液压模板、无水平推力顶推、拱桥斜拉扣挂悬臂浇筑施工、无封底混凝土钢套箱施工、沉井“钢锚墩＋锚系”半刚性定位和“空气幕＋砂套助沉”、超大“∞”字形地连墙基础和“预制承台＋钢管复合桩”基础、浅埋软弱地层隧道施工、超大断面隧道施工、桥梁结构空间姿态调整、不良地质隧道超前加固施工、隧道机械化快速施工、单层衬砌隧道施工等。下面仅对其中少数技术做简要介绍，具体可查阅相应资料。

2.2.1 灌注桩后注浆技术

灌注桩后注浆指灌注桩成桩后一定时间，通过预设于桩身内的注浆导管及与之相连的桩端、桩侧注浆阀注入水泥浆，使桩端、桩侧土体（包括沉渣和泥皮）得到加固，从而提高单桩承载力，减小沉降。

钻孔灌注桩的后注浆基本上属于劈裂注浆与渗透注浆相结合。所谓劈裂注浆，即压入的高压浆体克服土体主应力面上的初始压应力，使土体产生劈裂破坏，浆体沿劈裂缝隙渗入土体填充空隙，并挤密桩侧土，促使土体固结从而提高注浆区的土体强度。如注浆区在桩底，则浆液首先在桩底沉渣区劈裂和渗透，使沉渣及桩端附近土体密实，产生“扩底”效应，使端承力提高，如注浆区在桩侧某部位，则该部位也同样出现“扩径”效应。从大量试桩实测资料可看出，桩底注浆后不仅桩的端承力提高了，在桩端以上 5m 甚至更大范围内的桩侧摩阻力也有较大提高。如果在桩侧某段面注浆，同样该断面以上一定范围内的桩侧摩阻力也有明显提高。

2.2.2 真空预压法组合加固软基技术

真空预压法是在需要加固的软黏土地基内设置砂井或塑料排水板，然后在地面铺设砂垫层，其上覆盖不透气的密封膜使软土与大气隔绝，然后通过埋设于砂垫层中的滤水管，用真空装置进行抽气，将膜内空气排出，因而在膜内外产生一个气压差，这部分气压差即变成作用于地基上的荷载。地基随着等向应力的增加而固结。

2.2.3 装配式支护结构施工技术

装配式支护结构是以成型的预制构件为主体，通过各种技术手段在现场装配成为支护结构。与常规支护手段相比，该支护技术具有造价低、工期短、质量易于控制等特点，从而大大降低了能耗、减少了建筑垃圾，有较高的社会、经济效益与环保作用。市场上较为成熟的装配式支护结构有：预制桩、预制地下连续墙结构、预应力鱼腹梁支撑结构、工具式组合内支撑等。

2.2.4 地下连续墙施工技术

地下连续墙，就是在地面上先构筑导墙，采用专门的成槽设备，沿着支护或深开挖工程的周边，在特制泥浆护壁条件下，每次开挖一定长度的沟槽至指定深度，清槽后，向槽内吊放钢筋笼，然后用导管法浇注水下混凝土，混凝土自下而上充满槽内并把泥浆从槽内置换出来，筑成一个单元槽段，并依此逐段进行，这些相互邻接的槽段在地下筑成的一道连续的钢筋混凝土墙体。地下连续墙主要作承重、挡土或截水防渗结构之用。

2.2.5 超浅埋暗挖施工技术

在下穿城市道路的地下通道施工时，地下通道的覆盖土厚度与通道跨度之比通常较小，属于超浅埋通道。为了保障城市道路、地下管线及周边建（构）筑物正常运用，须采用严格控制土体变形的超浅埋暗挖施工技术。一般采用长大管棚超前支护加固地下通道周围土体，将整个地下通道断面分为若干个小断面进行顺序错位短距开挖，及时强力支护并封闭成环，形成平顶直墙交替支护结构条件，进行地下通道或空间主体施工的支护技术方法。施工过程中应加强对施工影响范围内的城市道路、管线及建（构）筑物的变形监测，及时反馈信息，及时调整支护参数。该技术主要利用钢管刚度强度大，水平钻定位精准，型钢拱架连接加工方便、撑架及时和适用性广等特点，可以在不阻断交通、不损伤路面、不改移管线和不影响居民等城市复杂环境下使用，因此具有安全、可靠、快速、环保、节资等优点。

2.2.6 钢结构虚拟预拼装技术

采用三维设计软件，将钢结构分段构件控制点的实测三维坐标，在计算机中模拟拼装形成分段构件的轮廓模型，与深化设计的理论模型拟合比对，检查分析加工拼装精度，得到所需修改的调整信息。经过必要校正、修改与模拟拼装，直至满足精度要求。

2.2.7 索结构应用技术

进行索结构设计时，需要首先确定索结构体系，包括结构的形状、布索方式、传力路径和支承位置等；其次采用非线性分析法进行找形分析，确定设计初始态，并通过施加预应力建立结构的强度与刚度，进行索结构在各种荷载工况下的极限承载能力设计与变形验算；然后进行索具节点、锚固节点设计；最后对支承位置及下部结构设计。索结构的预应力施工技术可分为分批张拉法和分级张拉法。分批张拉法是指：将不同的拉索进行分批，执行合适的分批张拉顺序，以有效地改善张拉施工过程中结构中的索力分布，保证张拉过程的安全性和经济性。分级张拉法是指：对于索力较大的结构，分多次张拉将拉索中的预应力施加到位，可以有效地调节张拉过程中结构内力的峰值。实际工程中通常将这两种张拉技术结合使用。

2.2.8 预制装配式桥梁技术

桥梁预制装配式技术，就是在预制工厂或运输方便的桥位附近设置预制场，然后在预制场内“工厂化”制作工程所需预制构件，再将一块块犹如“积木”的桥梁构件运至工地现场进行拼装。

2.2.9 基于BIM的公路工程现场施工管理信息技术

利用BIM技术，并借助移动互联网技术实现施工现场可视化、虚拟化的协同管理。在施工阶段结合施工工艺及现场管理需求对设计阶段施工图模型进行信息添加、更新和完善，以得到满足施工需求的施工模型。依托标准化项目管理流程，结合移动应用技术，通过基于施工模型的深化设计，以及场布、施组、进度、材料、设备、质量、安全、竣工验收等管理应用，实现施工现场信息高效传递和实时共享，提高施工管理水平。

2.2.10 旋挖桩施工

1. 概述

旋挖桩指采用旋挖钻机成孔的混凝土灌注桩。旋挖钻机是由动力驱动伸缩钻杆使带有切土刀片的圆形回转斗（简称钻斗）切削土壤钻孔成桩的一种钻孔机。

旋挖钻进借助旋挖钻机在土层钻孔的一种先进有效的成孔方法。这种钻进方法在钻杆柱下端连接一个底部带耙齿的桶状钻具（又叫钻斗），借钻具自重和钻机加压力，耙齿切人土层，在回转力矩作用下钻斗同时回转，切削钻掘前面的土层，并将切削下的土块纳入斗内。待斗内土装到相当数量后被钻机提到孔外，打开钻斗，卸去钻渣。其后再将钻斗下人孔内，重复以上操作。一次次钻挖和提斗卸渣，钻孔不断加深，最终成孔。图 2-6 所示为旋挖钻机结构示意图。旋挖桩适用黏土、粉土、砂、砾石、卵石、强风化基岩及回填土、杂填土等地层。

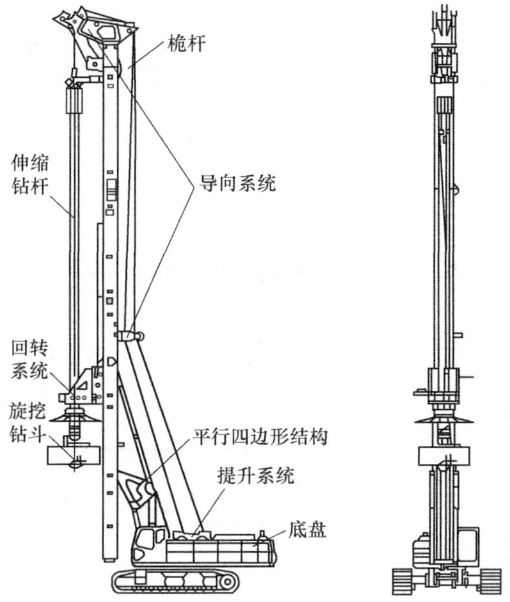

图 2-6　旋挖钻机结构示意图

目前，旋挖钻机在公路工程、建筑工程、市政工程中应用广泛，其最大钻控制深度超过 100m，最大直径超过 4m。

2. 旋挖成孔灌注桩施工工艺

工艺流程见图 2-7。

3. 工艺要点

(1) 在正式施工前进行试成孔。

(2) 旋挖钻成孔灌注桩应根据不同的地层情况及地下水埋深，采用干作业成孔或泥浆护壁成孔和套管护壁成孔工艺。

(3) 钻机安装就位：旋挖钻机的自重大，所以要求地耐力不小于 100kPa，且履盘坐落的位置应平整，坡度应不大于 3°（因为：第一，仅靠油缸调节垂直度有限度；第二，易产生功率损失和回转过程中倾角更大，重心高易发生安全事故；第三，防止倾斜位移）。必要时可在场地铺设能保证其安全行走和操作的钢板或垫层（路基板）。

(4) 栓桩。桩点须按预检结果，自检合格，甲方或监理验线后才能用两根相互垂直的直线相交于桩点，并定出十字控制点，做好标识。

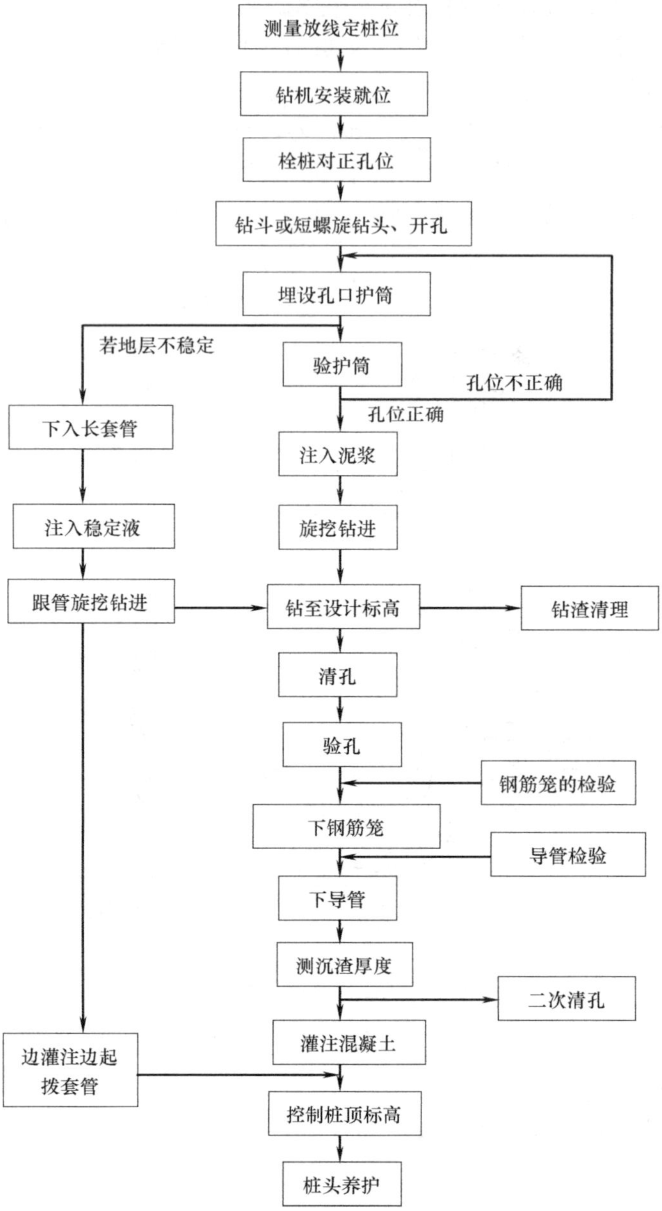

图 2-7 旋转成孔灌注桩施工工艺流程图

(5) 对准孔位。首先调整旋挖钻机的桅杆，使之处于铅垂状态，让螺旋钻头中心或钻斗中心对正孔位，开孔。

(6) 每根桩均应安设钢护筒，护筒应满足相关规范的规定。护筒的作用在于：

1) 固定桩位，并作钻孔导向；

2) 保护孔口，防止孔口土层坍塌；

3) 隔离地表水，并保持孔内水位高出施工水位以稳定孔壁。

护筒的埋设：定出十字控制桩后，进行护筒埋设工作，测量孔深，用水准仪将高程引到护筒顶部，并做好记录。

(7) 验护筒。根据设有十字控制点验护筒的偏斜程度，若超过范围应重新埋设。1) 护筒中心与桩位中心的偏差不得大于 50mm；2) 护筒可用 4～8mm 厚钢板制作，其内径应大于钻头直径 100mm，上部宜开设 1～2 个溢浆孔。

(8) 泥浆的配制同其他泥浆护壁钻孔灌注桩（湿作业成孔时）。

(9) 旋挖钻进：根据地层特点选择钻斗底部切削齿的形状和规格，钻杆类型，钢丝绳长度等。

1) 旋挖钻机施工时，应保证机械稳定、安全作业，必要时可在场地铺设能保证其安全行走和操作的钢板或垫层（路基板）。

2) 成孔前和每次提出钻斗时，应检查钻斗和钻杆连接销子、钻斗门连接销子以及钢丝绳的状况，并应清除钻斗上的渣土。

3) 旋挖钻机成孔应采用跳挖方式，钻斗倒出的土距桩孔口的最小距离应大于 6m，并应及时清除。应根据钻进速度同步补充泥浆，保持所需的泥浆面高度不变。

4) 为保证孔壁稳定，应视表土松散层厚度，孔口下入长度适当的护筒，并保证泥浆液面高度，随泥浆损耗及孔深增加，应及时向孔内补充泥浆，以维持孔内压力平衡。

5) 钻遇软层，特别是黏性土层，应选用较长斗齿及齿间距较大的钻斗以免糊钻，提钻后应经常检查底部切削齿，及时清理齿间黏泥，更换已磨钝的斗齿。钻遇硬土层，如发现每回次钻进深度太小，钻斗内碎渣量太少。可换一个较小直径钻斗，先钻一小孔，然后再用直径适宜钻斗扩孔。

6) 钻砂卵砾石层，为加固孔壁和便于取出砂卵砾石，可事先向孔内投入适量黏土球，采用双层底板捞砂钻斗，以防提钻过程中砂卵砾石从底部漏掉。

7) 提升钻头过快，易产生负压，造成孔壁坍塌。

8) 在桩端持力层钻进时，可能会由于钻斗的提升引起持力层的松弛，因此在接近孔底标高时应注意钻斗的提升速度。

9) 不稳定性地层对孔壁极度不稳定地层采用全套管钻进。

10) 清孔和验孔。钻孔达到设计深度时，应采用清孔钻头进行清孔或其他可靠的方法清孔，并根据建筑桩基规范要求，检查孔位、孔深、孔径、垂直度、孔底沉渣厚度。

11) 钢筋笼的检验：与其他灌注桩施工工法相同。

12) 下钢筋笼。场内运输、吊装就位，下入孔内等过程，应保证钢筋笼不产生永久变形。

13) 导管检验。导管使用前应试装、试压、最小压力为 0.6～1.0MPa。

14) 下导管。导管连接应密封、顺直，导管下口离孔底约 300～500mm，直径小的桩可加大，导管平台应平整，夹板牢固可靠。

15) 测沉渣（二次清孔）。沉渣应不超过《建筑桩基技术规范》JGJ 94—2008 中的要求：端承桩≤50mm，摩擦桩≤100mm。

4. 旋挖钻机施工的优越性及适用范围

旋挖钻机成孔法其主要优点在于：

(1) 旋挖成孔施工具有低噪声、低振动、大扭矩、成孔速度快等优点。

(2) 用旋挖钻进工艺，能适合各种复杂地层，可在水位较高、卵石较大等用正反循环及长螺旋钻无法施工的地层中施工，极大地提高工作效率和施工质量。

（3）履带底盘承载，接地压力小，适合于各种施工工况，在施工场区内行走自如，机动灵活，对孔位方便、快捷。

（4）伸缩钻杆不仅向钻头传递回转力矩和轴向压力，而且利用其本身的伸缩性实现钻头的快速升降，快速卸土，以缩短钻孔辅助作业时间，提高钻进率。

（5）自动化程度高、成孔质量好、效率高；该钻机为全液压驱动，电脑控制，能精确定位钻孔、自动校正钻孔垂直和自动测量钻孔深度，最大限度地保证钻孔质量。该钻机能在各种地层条件下进行高效钻进，施工 Φ800～1200 深度 20m 的桩孔仅需 1h，是一般反循环机效率的 8～10 倍。

（6）采用旋挖钻进的干孔或泥浆不循环静态护壁的新型成孔工艺，减少泥浆污染，实现文明施工。

（7）旋挖钻机采用钻斗不循环工艺钻进，通过钻斗挖出的岩屑，比正、反循环钻进工艺能更直接地了解施工地层的变化情况，加之其电脑控制的精确定位系统，能使支盘挤扩桩精确地定位于设计确定的位置，并对其进行有效的验证，确保支盘挤扩桩位于设计的持力层，有效地保证支盘挤扩桩的施工质量。

（8）采用捞砂斗清理孔底沉渣，可使孔底比普通正反循环钻进工艺更为干净，能更充分有效地利用持力层，减少基础沉降，节约工程成本。

（9）自带柴油动力，可以缓解施工现场电力不足的矛盾，动力电缆造成的安全隐患也可以排除。

2.2.11 隧道施工新意法

隧道围岩变形控制分析工法（A. DE. CO-RS）是 19 世纪 80 年代由意大利 Pietro Lunardi 教授在隧道预支护工艺基础上，将隧道开挖过程中的变形状况按三维空间进行考虑，结合大量理论和试验研究，形成此技术。该技术用于隧道设计与施工，适应各种围岩条件，特别是浅埋松软地层、变形环境控制要求高的隧道工程。过去十余年中，意大利铁路、公路及大型地下工程建设项目将此工法纳入设计规范并且广泛采用。2010 年前后传入我国，有人称之为“新意大利法”。

1. 基本原理

隧道掘进时对隧道周边及前方一定范围的围岩产生扰动，改变了围岩原始应力状态。在开挖面周边区域内，围岩由三轴应力逐渐转变为平面应力状态，开挖面及前方一定范围内围岩应力重分布。开挖后围岩变形也在扰动区域内提前发生。

2. 基本术语

（1）超前核心土：是隧道掌子面前方一定体积的土体，呈圆柱形，圆柱体的高度和直径大致等于隧道直径。

（2）掌子面挤出变形：是开挖介质对隧道开挖产生的变形反应的主要表现形式，主要发生在超前核心土内；挤出变形的大小取决于超前核心土的强度、变形特征及其所处的原始应力场；挤出变形发生在掌子面表面，沿隧道水平轴线方向发展，其几何形状大概呈轴对称（掌子面鼓出），或在掌子面形成螺旋状突出。

（3）隧道预收敛：是隧道掌子面前方的理论轮廓线的收敛变形，完全取决于超前核心土的强度及变形特性与其原始应力状态间的关系。

3. 开挖介质变形反应及效应

(1) 开挖介质对隧道开挖作业的变形反应预示着是否能够形成成拱效应及成拱效应的位置，即预示着隧道所能达到的稳定等级。

(2) 变形反应从掌子面前方的超前核心土开始，逐步沿隧道向后发展；变形反应不仅包括收敛变形，而是由挤出变形、预收敛变形和收敛变形组成。收敛变形只是错综复杂的应力一应变过程的最后阶段。

(3) 掌子面—超前核心土体系的变形反应与隧道洞身变形之间存在直接联系，前者是因，后者是果，从而强调对掌子面—超前核心土体系的变形反应进行监测的重要性，而不仅仅只对隧道洞身的变形进行监测。

(4) 对超前核心土进行防护和加固，提高其刚度，可以控制超前核心土的变形（挤出变形及预收敛变形），从而可控制隧道洞身的收敛变形。

核心思想：可以把超前核心土视作一种新的隧道长期和短期稳定的工具；超前核心土的强度及变形特性是隧道变形的真正原因；可以通过对超前核心土进行防护和加固，提高其强度，以达到控制超前核心土变形，并最终控制隧道变形的目的；超前核心土的强度和变形特性对隧道的长期和短期稳定起决定作用。

4. 掌子面加固材料—玻璃纤维管

土体固定—玻璃纤维管由新型高强合成结构单元由加劲纤维玻璃加固单元以及注浆单元构成，因此可以利用其对开挖掌子面前方围岩进行加固并得到准确的土力学参数，同时可以抵抗由于开挖引起的围岩过度疲劳变形且最终避免在洞身采取其他任何约束措施。结构单元可以是管状或平条状，带有单独注浆管和垫块。

结构单元在掌子面前方的运用减小了由于土壤张拉状态改变带来的影响，而且由于他们与岩芯土黏结（胶结）在一起，可以抵消部分由于开挖引起的围束损失。事实上，沿着纤维玻璃条—胶凝材料—围岩土体发展的剪应力将它们变为围束压力，并且因此阻止岩土力学特性损失。

因此，在土体能吸收由于隧道开挖诱发的应力情形下，隧道开挖便能不断循序渐进地进行。

如图 2-8 所示。纤维玻璃结构单元易于运输和安装。

另外，纤维玻璃加固单元可以不采取任何特殊措施就能轻松移除；事实上，利用普通隧道开挖机械就能将他们破坏并移除，如图 2-8、图 2-9 所示。

利用这种方法，能使土体很好地维持隧道结构的稳定，减少终期衬砌/二次衬砌工作，并且通过减小衬砌厚度大大节省混凝土用量。

5. 新意法在某隧道施工中的应用

某隧道毛洞的最大尺寸为：宽×高＝13.48m×15m，为浅埋大断面隧道，在整个工程中占有重要的地位，这就要求必须对其施工参数作合理选取。

针对影响浅埋大断面隧道的多个施工参数，本书做了新意法在浅埋大断面隧道施工中的应用研究，基于正交试验原理，共计算了 42 种工况，得到各级围岩下的浅埋大断面隧道最优施工参数建议值，可为浅埋大断面隧道施工提供参考。

(1) 施工参数选取

选取隧道施工参数如下：

图 2-8　玻璃纤维结构单元及其运输与安装

图 2-9　玻璃纤维结构单元移除

1）初期支护参数：喷射25cm混凝土；全环采用I20a钢架，纵向间距0.5m；为了防止洞周围岩松动破坏，环向打设径向锚杆，锚杆长度4m，间距1.0m×1.0m（环×纵）。

2）施作二衬（拱底0.8m，拱顶0.6m）。

3）掌子面超前加固密度为每12m 21根、加固长度取为18m（GFRP）锚杆。

4）在施工允许的情况下，开挖进尺应尽可能的大，选为1.8m。

5）施设大小管棚。

（2）验证计算

土体参数根据勘察报告中的数据选取，材料为弹塑性模型，采用DP屈服准则。运用大型岩土分析软件FLAC3D进行分析。模型［3］宽度100m，上至地表，下部取17.42m，模型高度50.15m，纵向取36m。即宽×高×深＝$X\times Z\times Y$＝100m×50.15m×36m，单元网格数为49920个，节点数为53741个，模型如图所示。

数值模拟时，采用相应的实体单元对初期支护、二衬进行模拟，采用Cable单元模拟系统锚杆、超前玻璃锚杆，通过提高围岩参数模拟大小管棚的作用。

同时模拟了整个动态开挖过程。验证计算结果：掌子面最大纵向位移24.92mm，拱顶最大位移31.55mm。

（3）模型试验

根据试验得到拱顶最大变形值0.156mm，拱底最大突起0.074mm，侧壁最大侧向位移0.166mm，掌子面比较稳定，最大变形量0.026mm。由破坏试验得到隧道支护体系的安全系数为5.1。

（4）现场量测

通过现场量测结果来看，掌子面变形量较小。从多点位移计检测情况来看，掌子面突出最大变形量为6.76mm，一般为2～4mm。洞内变形也在控制范围内，拱顶下沉量在20mm以内，洞周收敛也在20mm以内。

（5）结果分析

比较数值模拟、模型试验、现场量测可以得到，数值模拟结果偏大，模型试验结果偏小。主要可能由以下原因引起：

1）数值模拟时，对于掌子面超前加固，只考虑了玻璃锚杆的作用，没有考虑注浆加固作用；对于大小管棚，只考虑了注浆加固作用，没有考虑大小管棚的作用。

2）模型试验时，没有考虑现场岩体的节理、断层等不安全因素，偏于保守。

3）现场量测由于受到量测条件的限制，量测结果比真实值偏小。综合数值模拟、模型试验及现场量测结果可以得到，根据自主创新研究开发浅埋大断面隧道全断面预加固工法选取的施工参数用于指导浏阳河隧道施工，能够满足隧道施工运营稳定性要求。

隧道过河段施工时，选取施工参数，动态数值模拟浏阳河隧道施工过程，然后通过相似材料模型试验验证，最后把选定的施工参数用于指导隧道施工，取得了成功。成为新意法在中国的首次成功应用。

6. 黄土隧道工程实例

黄土具有大孔隙性、普遍存在有垂直节理和管状孔道，天然含水量时强度较高，能维持很高的垂直边坡，但遇水时土颗粒崩解。

黄土隧道开挖后围岩不能形成拱效应，成洞效果差，围岩处于松弛状态，变形大，隧道不能稳定，新意法将其定为C类应力应变行为（不能形成拱效应）。

（1）隧道施工情况

某隧道开挖至SK244＋695～SK244＋730段时，黄土围岩含水量增大，土体含水量达30％以上，属饱和黄土Ⅵ级围岩，施工时掌子面有涌泥，核心土变形大、局部段落外挤，地表产生裂缝和塌陷，由此可见该段围岩条件极差。

（2）处治方案设计及具体参数

隧道施工现场出现的问题，完全吻合新意法的分析，核心土变形大、局部段落外挤为掌子面挤出变形，而地表产生裂缝和塌陷则是未开挖围岩预收敛变形牵引的结果。因此采用新意法的理念，在监控量测数据分析的基础上，对隧道衬砌结构支护参数及施工工法进行动态设计。

（3）超前预注浆承载拱

超前预注浆承载拱具备两个功能：加固围岩和环周防水功能。因此，通过结构分析计算，在隧道衬砌结构轮廓线以外3m范围内形成预支护，与钢支撑、锁脚钢管等形成联合支护体系，作为临时支护结构，是有效的辅助施工措施。如图2-10。

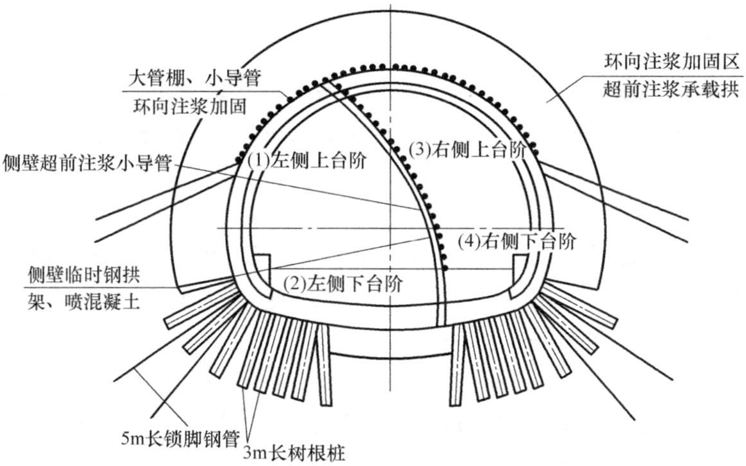

图2-10　饱和黄土围岩超前注浆承载拱衬砌结构及施工横断面图

（4）掌子面水平旋喷桩加固

通过经济技术比较，卧龙隧道采用水平旋喷桩对掌子面（超前核心土）进行加固，隧道施工方法由双侧壁导坑法调整为单侧壁导坑法。如图2-11。

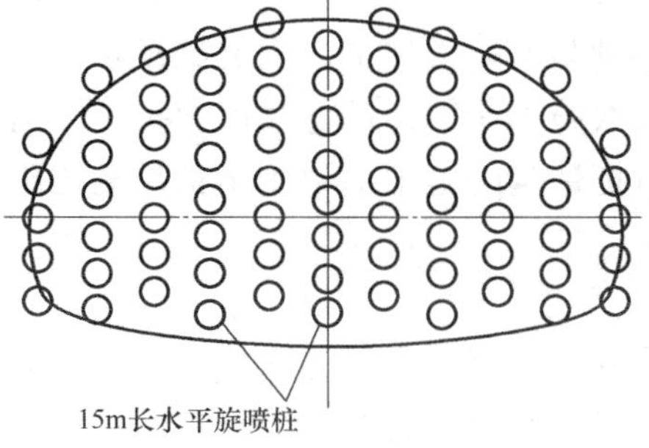

图2-11　掌子面水平旋喷桩加固饱和黄土围岩示意图

(5) 监控量测

施工过程中除了加强了地表沉降及开裂、洞内拱顶下沉及拱脚收敛变形等常规量测外，还增加了掌子面的挤出量测。

量测中能得到挤出变形量与时间的关系或与掌子面掘进的关系。通过量测数据可以判断掌子面—核心土的实际类别是否同预测一致，如果挤出变形为0，则稳定；如果挤出变形在减小，则短期稳定；如果挤出变形增大，则不稳定。

(6) 应用新意法的意义

“新意法”理论对围岩变形情况做了科学翔实分析，与隧道施工实际动态相符，卧龙隧道在采用新意法理念的基础上，提出了围岩加固的新方法：超前预注浆承载拱和掌子面加固，提高了施工安全度，采用了单侧壁导坑施工较大断面开挖，加快了施工进度。经过实践检验，分析监控量测数据，该段洞顶沉降及裂缝现象明显降低，施工过程中洞内变形及收敛均在可控范围内，提高了结构耐久性、稳定性。由此可见，在黄土隧道中使用新意法进行动态化设计、信息化施工是可行的，为同类工程提供了重要借鉴。

(7) 新意法隧道设计施工注意事项

1) 贯彻“地质选线”的设计理念，隧道尽量绕避重大不良地质

为确保隧道安全、顺利施工，在各阶段设计中，始终贯彻“地质选线，规避工程风险”的设计理念。

2) 重视现场管理，开展动态设计

在隧道施工阶段，建设管理、勘察设计、施工各方必须高度重视，成立动态设计领导小组，加强现场管理，通过地质预测预报、现场测试与试验收集基础资料，以及工程类比、理论分析计算、专家系统等方法，及时优化调整衬砌支护参数，并进行围岩及支护的安全性监测，对衬砌支护参数做出评价；及时进行技术小结，把前一阶段取得的成功经验用于后续施工中，实现软岩及富水地层隧道的安全施工，控制工程投资。

3) 采用预支护和各种支护措施，减小或避免围岩变形

① 加强围岩保护

相对于新奥法强调隧道开挖轮廓周边超前注浆加固，“新意法”强调的是包括核心土在内的全面超前加固保护围岩。采用“新意法”施工的隧道核心土一般采用玻璃纤维锚杆注浆进行超前加固；而对隧道开挖轮廓周边地层的超前约束技术，应根据具体围岩的特性及强度，以少扰动围岩为主，方便快捷、经济、支护效果好为原则进行确定

② 重视降、排水

在地下水富集地段，掌子面出现涌水、涌砂现象，基底软化多呈淤泥状，拱部及边墙变形、收敛及塌落滑塌现象很严重，施工难度极大。

降水主要以疏干基底地下水、提高基底承载力、确保基底正常作业和边墙顺利开挖为原则，无需对前方围岩进行长时间、大规模的超前降水。

③ 提高初期支护强度

对于需要采取新意法施工的隧道，围岩条件都比较差，单靠超前加固进行防护是远远不能满足要求的，还要加大初期支护的强度和刚度，具体措施主要包括三部分：一是采用高标号的喷混凝土，必要时采用钢纤维喷混凝土；二是加大钢架刚度，尽量采用型钢钢架，必要时可采用“H”型钢，也可以把两榀钢架焊在一起，共同受力；三是加强薄弱点

的处理措施：钢架接头处是受力的薄弱环节，应做好钢架联接及锁脚锚管（杆）；对于台阶底部钢架接头，需加大钢架底脚钢板尺寸，以提高承载力。当然，及早使初期支护封闭成环，提高初期支护整体刚度也是必须采取的措施。

4）强调施工快捷

"新意法"本身就要求施工中立足于一个"快"字，即快支护、快封闭。"快支护"要求开挖后及时封闭暴露面，尽快施作锚网喷等支护措施，防止围岩在暴露时间长、泥化过快的情况下进一步恶化而大幅降低围岩强度，产生更大的塑性范围及更大的变形。"快封闭"则要求支护结构在最短的时间内发挥最有效的作用，支护闭合刚度远大于支护未闭合刚度，并且越靠近掌子面封闭，对掌子面的稳定性就越有利。

2.2.12 大跨钢混组合连续宽箱梁多点同步连续顶推技术

1. 技术原理

该技术为一套集顶升、平移、横向调整于一体的顶推设备。该设备自成一体，在计算机控制下，可以实现顶升、顺桥方向移动，同时还可以实现横桥方向的调整，以适应不同桥型不同方向的线型和坡度要求；按照机械标准设计制造，调节精度高，能更好地满足九堡桥对载荷和变形的控制要求；全液压系统驱动，整机体积小、重量轻，控制比较平稳，液压保护齐全，安全性比较高；顶推设备的上下两部分通过油缸实现顺桥方向的移动，该推力为设备自身的内力，克服了由于其他方法顶推时对桥墩产生的水平推力；通过液压系统的控制，可以自动适应顶推拱箱梁的变形，使顶推更安全可靠。

如图 2-12，该套设备包括顶升油缸、下支撑架、滑移系统、上支撑架、水平顶推油缸、横向调整油缸。

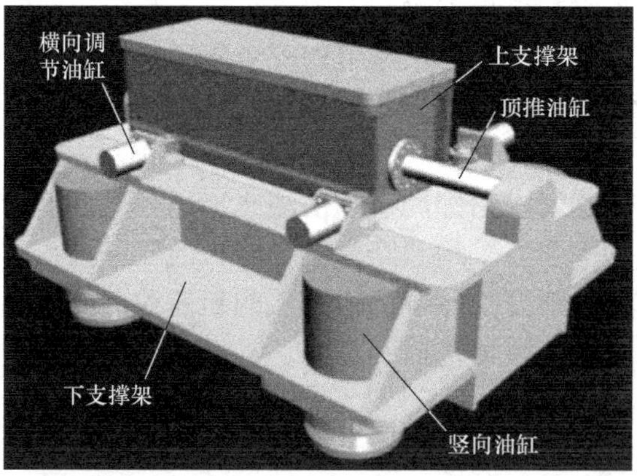

图 2-12　顶推设备三维示意图

该设备利用"顶"、"推"的两个步骤交替进行，先将钢槽梁托起；再向前托送；然后顶升油缸回油，将钢槽梁置于桥墩临时结构上；最后顶推油缸回油，继续实现下一个循环。通过顶推步骤的循环，最终将钢槽梁顶推到预定的位置。该工艺我们称之为"循环托举式多点同步连续顶推施工工艺"，其工作原理如图 2-13 所示。

2. 关键技术

（1）顶推技术

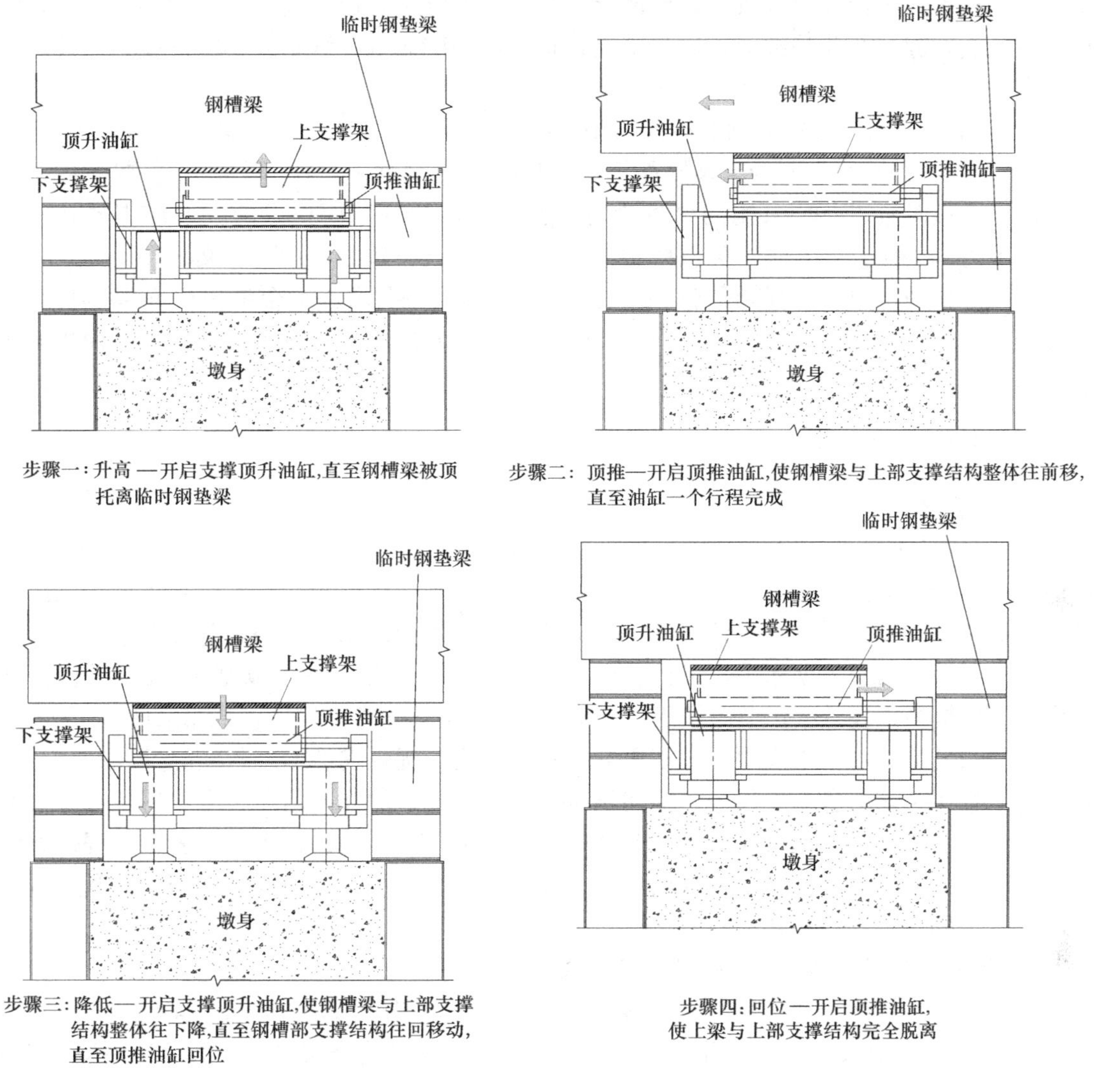

图 2-13　循环托举式顶推系统工作原理

1）采用全新的顶推施工工艺——超长联大跨度无临时墩循环托举式多点同步连续顶推施工工艺。该工艺具有适用范围广、材料用量省、综合成本低、施工精度高、施工速度快、安全环保等优点。

2）开发、研制了高自动化智能顶推设备。该设备由大型中央控制台和多点多台纵竖向同步千斤顶组成，集顶升、平移、横向调整动作于一体，构思新颖巧妙，构造简单、受力明确，施工方便，安全可靠。

3）提出了新的钢梁拼装方法，解决了多段竖曲线钢梁无应力线性组拼难题，该方法现场实施方便快捷、调节精度高、适用范围广。

其中“一种用于顶推复杂竖曲线梁的可调式滑块及其制作方法”已获国家专利。

（2）复合纤维混凝土及微膨胀混凝土的研制

根据设计对混凝土抗裂性能的要求，通过配合比试配优化，采用在混凝土中掺加高强度高弹模和高强度低弹模（按一定比例掺加）的复合纤维，以提高混凝土的早期收缩裂缝及后期徐变裂缝。在此基础上，通过试配选择合适的膨胀剂，满足微膨胀混凝土的设计技术要求。

（3）钢-混凝土组合箱梁预制桥面板施工工艺

1）为解决钢槽梁与混凝土预制面板未形成整体前刚度不足的问题，对预制面板的安装顺序、连接时机以及所采用的设备进行了全方位的研究，所提出的方法使得质量、进度、成本达到共赢，该方法对类似桥型结构设计和施工有较好的指导意义。

2）运梁车及双悬臂龙门研制。根据钢槽梁结构受力要求，综合考虑桥面板安装特点和现场实际施工情况，研制便于桥面板运输及起吊安装用的专用设备，以实现桥面板的快速准确安装。

2.2.13 路桥隧BIM技术

1. 关于BIM

BIM（Building Information Modeling）技术是Autodesk公司在2002年率先提出，目前已经在全球范围内得到业界的广泛认可，它可以帮助实现工程建设信息集成，从公路工程（道路、桥梁、隧道）设计、施工、运行直至全寿命周期的终结，各种信息始终整合于一个三维模型信息数据库中，设计、施工、运维和业主等各方可以基于BIM进行协同工作，有效提高工作效率，节省资源、降低成本，实现可持续发展。BIM的核心是通过建立虚拟的公路工程三维模型，并利用数字化技术为其提供完整的、与实际情况一致的公路工程信息库。该信息库不仅包含描述路桥工程结构构件的几何信息、专业属性及状态信息，还包含了非构件对象（如空间、时间等）的状态信息。借助这个包含公路工程信息的三维模型，大大提高了公路工程的信息集成化程度，从而为公路工程项目的相关利益方提供了一个工程信息交换和共享的平台。

2. 交通行业对BIM技术应用的基本要求

为提升公路水运工程建设品质，落实全生命期管理理念，交通运输部决定在公路水运工程中大力推进BIM技术的应用，并于2018年3月对推进公路水运工程BIM技术应用提出了要求。针对公路工程，主要内容包括：

（1）把握工程设计源头，推动设计理念提升

公路工程工程设计单位应加强BIM技术研发和技术培训，鼓励设计人员广泛应用BIM技术，提升BIM技术软硬件开发应用水平，加快形成以BIM数据方式提交设计成果的能力。鼓励在初步设计阶段同时提交BIM数据形式表述的总体设计方案，技术复杂大桥、地质水文条件复杂的道路、桥梁、隧道等工程鼓励提交BIM数据表述的总体布置及关键结构方案。在施工图设计阶段，鼓励利用BIM技术进行构造细部优化和施工组织设计；鼓励提交基于地理信息系统（GIS）的交通安全设施、环保景观BIM设计文件，推进BIM与GIS的结合。

（2）打造项目管理平台，降低建设管理成本

鼓励项目建设单位搭建基于BIM技术的项目管理平台，改进技术复杂的大桥、隧道等工程项目各参建单位的技术交流方式，压缩管理层次，提升管理效率，提高管理水平。鼓励施工单位对技术复杂工程利用BIM技术优化施工管理，改进施工工艺，提高设备利

用效率，减少材料和备件库存，降低施工成本，提升施工质量。鼓励钢结构制造加工单位直接利用 BIM 数据进行构件加工，减少中间环节，提高加工效率和精度。

（3）加强 BIM 数据应用，提升养护管理效能

建设、运营单位应完善项目管理制度，加快实现公路工程设计、施工、养护、运营管理各阶段工程信息共享传递，充分利用建设期 BIM 数据改进养护管理，提高养护决策水平。鼓励对在役项目搭建 BIM 技术养护管理平台，逐步推进养护信息数字化管理，提升管理水平。

（4）推进标准化建设，研发应用基础平台

加快制定公路工程 BIM 技术应用相关标准。跟踪并积极参与 BIM 国际标准制定进程，结合国内工程实际，加快研究制定符合我国国情的 BIM 标准。鼓励科研、设计、施工、养护管理、咨询等单位联合研究 BIM 标准，研发 BIM 技术应用基础平台，推进应用共享；鼓励技术联盟、研发中心等机构间加强沟通协调和数据交流，为 BIM 标准的建立和统一创造条件。

（5）注重数据管理，夯实技术应用基础

加强公路工程建设期 BIM 数据管理，完善项目基础数据，保证重大工程 BIM 数据的安全。对既有的复杂结构工程，推进利用设计文件或竣工文件生成 BIM 数据文件，为养护、运营管理工作提供数据和技术支撑。

3. BIM 技术在桥梁施工中的应用

以某长江大桥主桥为例，介绍 BIM 技术在施工中的应用。某长江大桥主跨 660m 的双塔双索面路轨共建双层钢桁梁斜拉桥，桥型布置及施工范围见图 2-14。

桥梁为公轨两用，轨道交通和道路交通采用上下分层形式布置，上层桥面按双向 8 车道，两侧设置人行检修道，下层桥面中央设置双向轨道。标准断面见图 2-15。

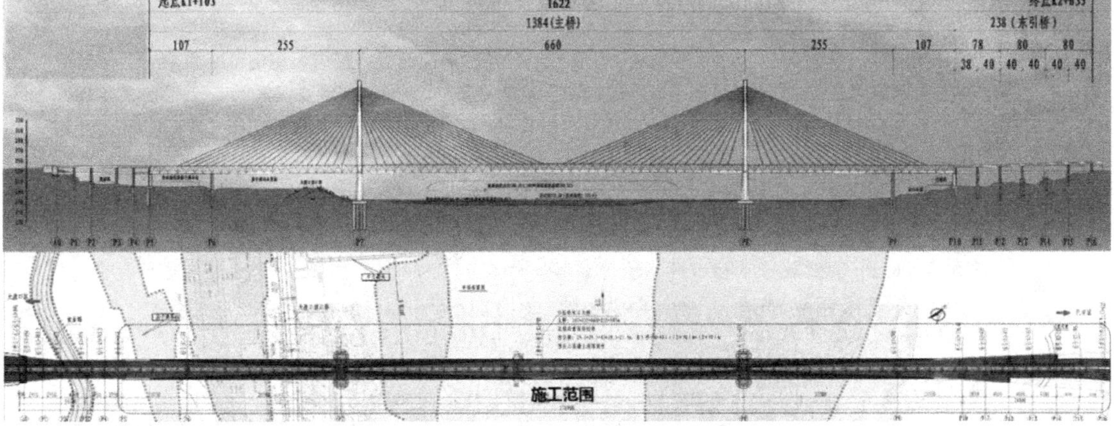

图 2-14　桥梁施工范围

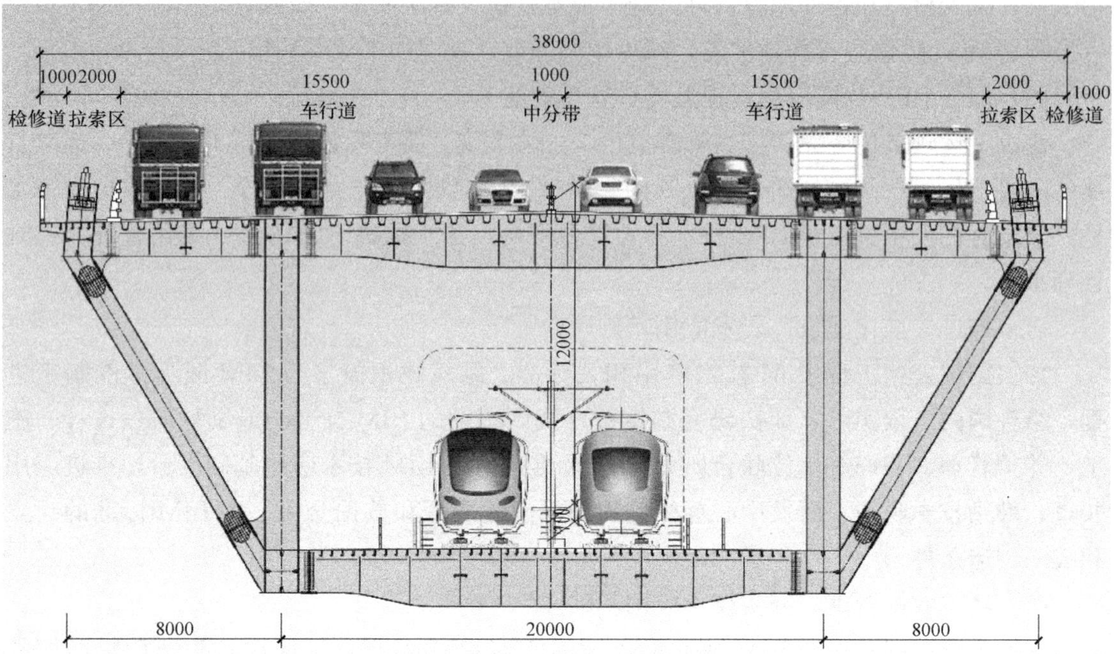

图 2-15　主桥标准横断面布置图（单位：cm）

主桥主要施工内容见表 2-3。

主桥主要施工内容　　　　**表 2-3**

项目名称		主要施工内容	结构形式
白居寺大桥主桥	桥塔	包含 P7、P8 主塔下塔柱、上塔柱、下横梁、中横梁、上横梁的钢筋安装、模板安装、混凝土浇筑及预应力施工	P7 桥塔和 P8 桥塔均是由上下两个塔柱和上中下三道横梁组成的水滴形结构。P7、P8 桥塔塔高和结构尺寸相同，桥塔总高 236m，其中上塔柱高 181.8m，下塔柱高 54.2m。 下横梁采用变截面单箱室普通钢筋混凝土结构，中横梁采用变截面多箱室预应力混凝土结构，上横梁为实心截面混凝土结构；下塔柱横桥向分两肢，为八边形空心薄壁截面，上塔柱为 A 字形塔，塔柱均为 C55 混凝土结构
	钢桁梁与斜拉索	包含主桁架悬臂拼装与斜拉索安装，及体系转换，索力调整等施工	主梁为板一桁结合钢桁梁，采用两片主桁的三角形桁架，主桁中心距为 18m（等间距布置），桁高 12.606m，节间长度 15m，沿桥纵向共分成 93 个节段。上、下层桥面均采用正交异性钢桥面板。钢桁梁钢桁梁断面采用倒梯形断面，标准断面上桥面总宽度为 38m，下桥面总宽度为 19.2m。主桁由上弦杆、下弦杆、腹杆、边纵梁及斜杆组成
	辅助墩与过渡墩	包含 P6、P9 辅助墩与 P5、P10 过渡墩桩基、承台、墩身和过渡墩横梁的钢筋安装、混凝土浇筑，及预应力施工	P6、P9 墩为辅助墩，P5、P10 墩为过渡墩。 桩基础采用 3.0m 桩径混凝土灌注桩。承台均采用接桩基础结构形式，承台采用矩形截面 P5、P10 桥墩桩基承台平面尺寸 11.5m×11.5m，高 4m；P6 桥墩桩基承台平面尺寸 5.0m×36.0m，高 5m；P9 桥墩桩基承台平面尺寸 11.2m×23.6m，高 5m。 辅助墩采用独柱式钢筋混凝土结构；P6 西岸辅助墩总高 30.0m，墩身采用矩形倒圆角空心薄壁形式；P9 东岸辅助墩总高 48.5m，采用花瓶墩形式。过渡墩采用门形，桥墩两侧立柱。P5 西岸墩总高 35.5m。P10 东岸过渡墩墩总高 45.0m。横梁以上采用矩形倒圆角实心断面形式，横梁以下墩身采用矩形倒圆角空心薄壁形式；墩身采用 C40 普通钢筋混凝土结构，中横梁采用 C50 预应力混凝土结构

续表

项目名称		主要施工内容	结构形式
白居寺大桥主桥	附属结构	包含爬梯、桥墩防撞工程、钢桁架及桥塔检修系统等	(1)桥面系附属设施包括钢桥面行车道铺装、检修道、支座、伸缩缝、大位移阻尼器、防撞护栏、桥梁检修设施、供电照明及防雷接地等部分。 (2)塔内设置电梯及爬梯装置,有索区段爬梯采用竖向爬梯直爬,其余塔段采用“人”字形爬梯,每隔6m、5m高设置一道检修平台。 (3)防撞结构采用自适应机构浮式防撞装置。 (4)运营监测系统、桥区航标配布、桥墩防撞工程、钢桁架及桥塔检修系统、景观灯饰等

BIM技术作为信息化的重要组成部分，以其本身所具备的高效的协同性，连贯的全生命周期可管理性，成为项目真正实现信息化的重要手段。

以深化设计后的BIM模型为基础，对项目进行虚拟设计与施工（Virtual Design and Construction，简称VDC），即对施工场地布置，施工工序、工艺，过程资源配置等进行虚拟现实模拟，从而实现场布、工序、工艺、资源配置的优化，明晰施工重难点，形成施工过程信息化控制的基础理论数据。

本项目信息化主要应用项目为：1）安全、质量管理；2）进度管理；3）生产视主页监控；4）可视化技术交底；5）钢桁梁虚拟预拼装；6）原材料追溯；7）施工技术与专项方案等。

（1）利用BIM技术实现施工过程的环境监控。利用BIM+GIS技术，通过无人机定期摄影采集现场情况，结合实景建模技术，整合结构BIM模型形成实景场布沙盘，动态控制施工环境，如图2-16。

图2-16　BIM+GIS的动态环境模型

（2）利用BIM技术，提升施工准备期各专业间的协同性。1）整合多专业BIM模型，通过碰撞检查，查找并优化各专业间的结构碰撞点（图2-17）；2）在BIM模型环境下，通过虚拟建造，明晰并优化个专业间的工作干扰项；3）利用BIM模型，对复杂结构重难点工艺进行可视化交底（图2-18），提升各专业间的沟通效率。

（3）利用信息化平台，提升施工过程中各专业间的协同性。在大桥施工协同管理平台中，将各专业的工作任务模块化、标准化，再站在项目整体全寿命周期的角度将标准化的任务模块统筹协调，实现各专业的交叉工作有序进行，如图2-19。

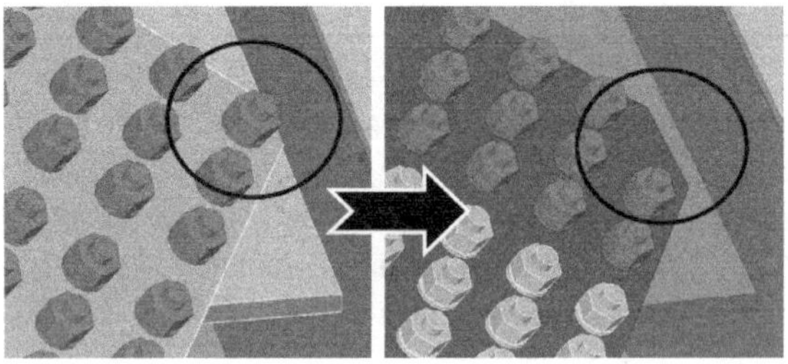

图 2-17　碰撞检查

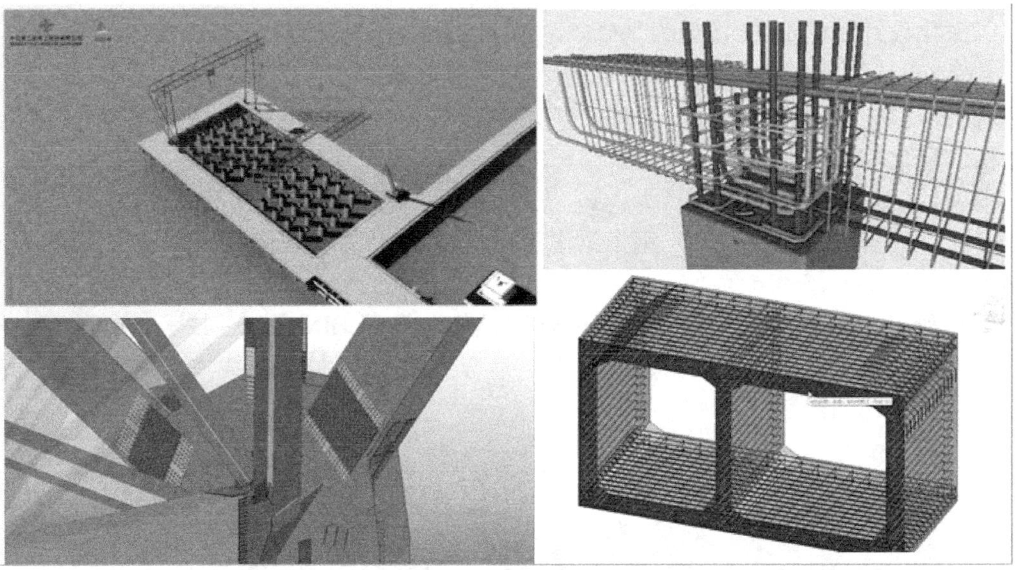

图 2-18　重要部位可视化交底

图 2-19　大桥施工协同管理平台

（4）利用BIM技术水滴形索塔结构以及圆曲线形横梁施工。1）利用BIM技术，通过建立精度达到LOD300的索塔模型（图2-20），合理划分索塔节段，在三维模型环境下优化模板设计和分块；2）建立精度达到LOD400的BIM模型，精确放样孔群连接关系；3）通过模拟预拼装（图2-21），及时发现杆件接头匹配精度存在的问题。

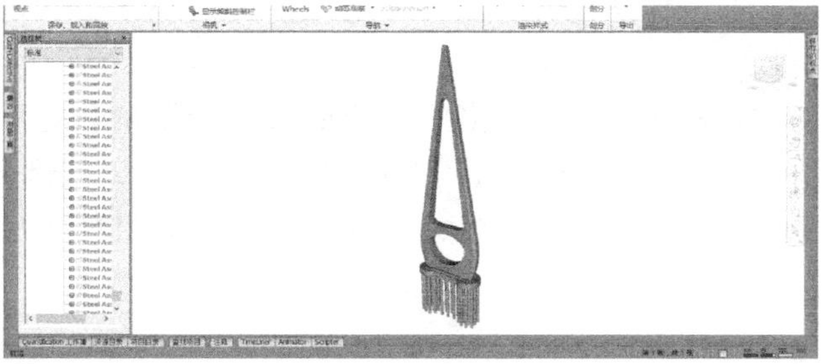

图2-20 索塔BIM模型

图2-21 杆件建模模拟示意图

图2-22 BIM虚拟拼装

（5）通过模型构件与设计构件对比，检验制造构件的制造偏差是否满足规范要求；优化传统桥梁钢桁梁结构场内预拼实验，检验和评价结构的拼装性能，使其满足结构现场安装要求。利用BIM+虚拟拼装技术（图2-22、图2-23），在模型中通过改变环境因素，模拟分析合龙口的变化情况。

（6）利用BIM技术，根据资料图纸建立周边管网BIM模型，在模型环境下整合陈家阁立交BIM结构模型，通过碰撞检查，在实际施工前提前明晰潜在的管网迁改点、保护点，为相关工作做好准备，如图2-24。

（7）原材料追溯，如图2-25，功能化模块的形式整合至信息化管理平台内。实现钢筋、混凝土从原材料到形成构筑物整个过程的可追溯性，可借助二维码等手段；物料（原材料）包含的数据信息（可追溯、可匹配、可查找）包含原材料供应商、原材料进场信息、原材料加工信息等。

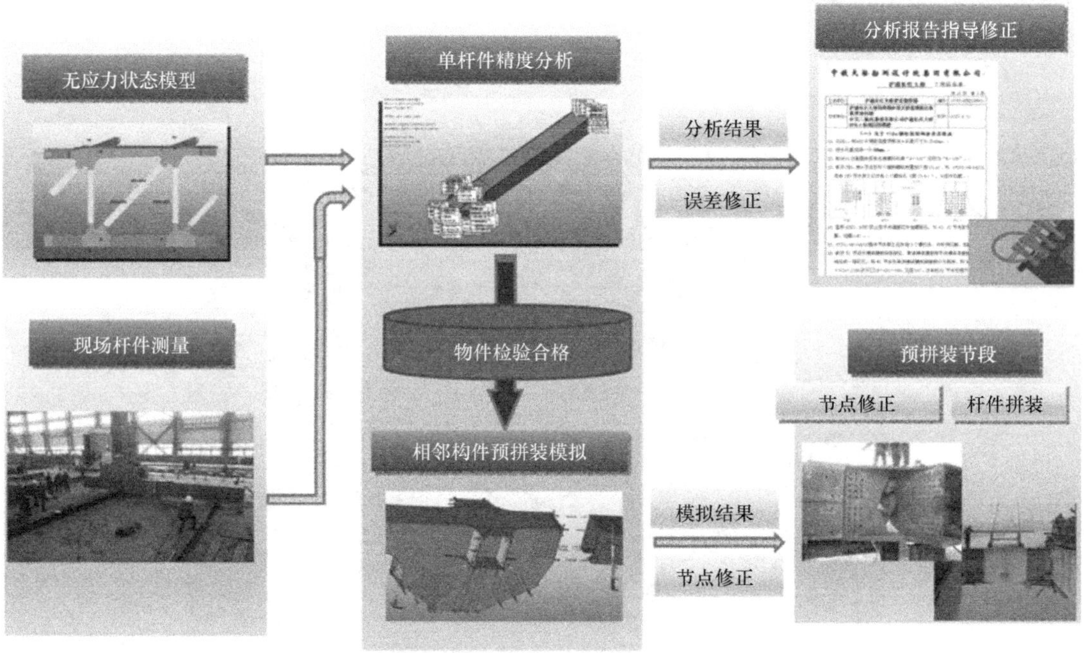

图2-23　虚拟预拼装工艺流程

图2-24　周边管网BIM模型示意图

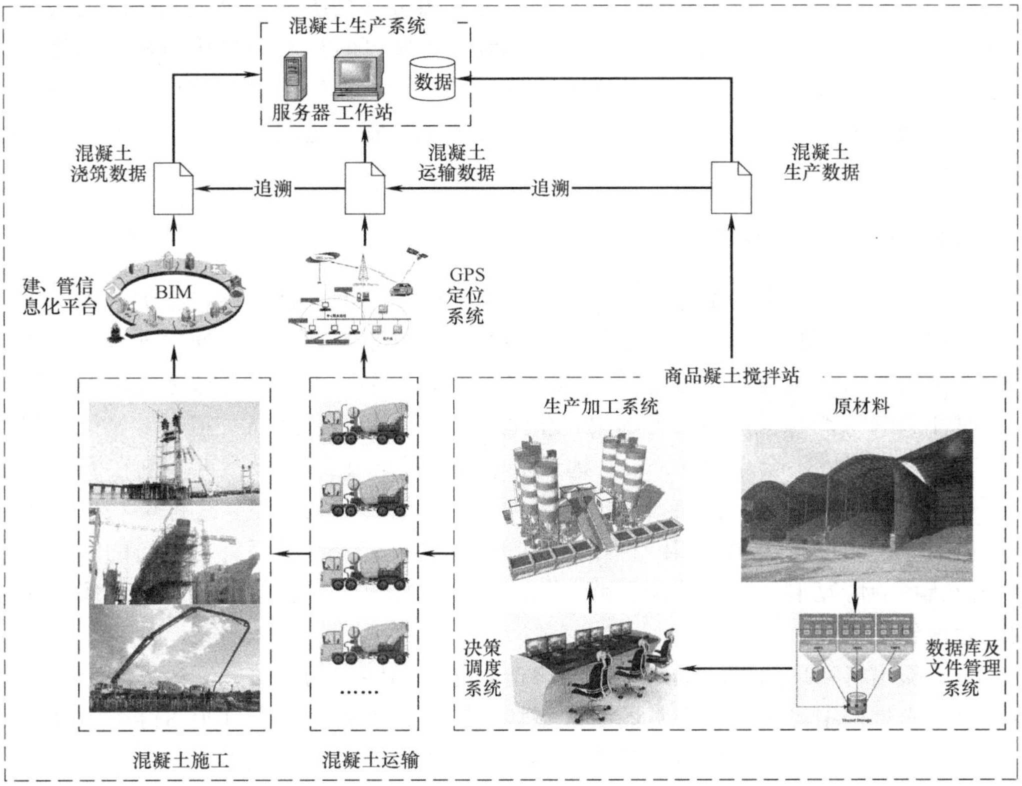

图 2-25 原材料追溯

2.3 公路工程新技术新工艺

公路工程新工艺非常多，如轻质路基填筑、沥青路面无损温再生、机制砂自密实片石混凝土施工、沉井空气幕下沉、步履式顶推、钢围堰整体下水浮运就位、咬合桩、大直径旋挖成孔、PHC 桩、塑钢模板、预应力孔道智能压浆、预制梁液压模板、厚钢塔底座钢板焊接、大断面钢塔节段制作、钢拱形索塔架设拼装、混凝土高塔辊模施工以及混凝土拱形索塔节段浇筑、大跨径变截面连续钢箱梁桥整孔架设、桁架箱桁断面整体吊装及现场安装、三塔悬索桥主缆架设、悬索桥加劲梁“轨索滑移法”架设、隧道非爆破开挖等。下面仅对其中少数工艺做简要介绍，具体可查阅相应资料。

2.3.1 沉井空气幕助沉

空气幕助沉随着井内土体的挖出，沉井依靠自重克服刃脚反力及井壁周边摩阻力而下沉。由沉井下沉系数的分析可知，该井进入灰色砂质粉土层后，仅靠自重下沉已经很困难，且该层土含砂量大、渗透系数高，易发生流砂现象。当锅底深度超过一定值时，井内外土体产生压力差，引起井底土体的隆起和破坏，若处理不当往往会发展到塑性破坏程度，致使井底土体失稳，引起井底和周围的土体发生整体滑动，导致井外地面发生大面积大范围灾害性的沉降，严重破坏周围建筑物。为克服沉井终沉系数小、锅底深度又不宜太大等困难。采用空气幕法助沉，亦即当锅底达到一定深度时启动空气压缩机，通过从供气支管上的喷气孔内逸出的气体沿井壁向上快速运动，形成一层气幕，减小由土层压力所形成的沉井侧壁摩阻力，提高下沉系数，协助沉井下沉。施工过程表明，空气幕法对协助沉井下沉效果十分明显。

2.3.2 沥青路面无损温再生

沥青路面无损温再生技术适用于不同气候条件的系列沥青路面温再生剂，提出了微波和温再生剂协同作用的沥青路面再生技术；研制了基于紧凑型螺旋径向阵列方式的微波发射装置并集成了以微波为辅助渗透方式的沥青路面养护车。本技术通过微波辅助作用，将具有暂时性降低沥青与石料黏聚力的温再生剂快速渗透至沥青路面一定深度，该过程当中沥青路面的表面温度不会超过130℃，远远低于沥青的老化温度；温再生剂在沥青混凝土当中不但能够暂时性降低沥青与石料的黏聚力，使之易于回收再生，还能够将已经老化的沥青予以还原。该技术实现了旧沥青路面回收过程当中充分保护沥青与集料的问题，在不添加任何新料的情况下，实现了沥青路面的高效高性能再生，真正使沥青路面作为绿色路面的理念得到了体现。

本技术提出将物理的微波场与化学的渗透软化剂相结合的方法，解决了沥青路面冷铣刨或者热耙松过程中对集料和沥青的二次破坏问题，为沥青混合料100%再利用奠定了基本条件，同时也为就地原位再生过程当中不添加新集料与沥青奠定了基础。

1. 整体技术原理

通过微波辅助作用，将具有暂时性降低沥青与石料黏聚力的温再生剂快速渗透至沥青路面一定深度，通过物理加热及化学溶解双重作用软化沥青混合料，该过程当中沥青路面的表面温度不会超过130℃，远远低于沥青的老化温度；温再生剂在沥青混凝土当中不但能够暂时性降低沥青与石料的黏聚力，使之易于回收再生，还能够将已经老化的沥青予以还原。该技术实现了旧沥青路面回收过程当中充分保护沥青与集料的问题，可在不添加任何新料的情况下，实现了沥青路面的高效高性能再生，真正使沥青路面作为绿色路面的理念得到了体现。图2-26为无损温再生列车示意图。

图2-26 无损温再生列车示意图

2. 关键技术或工艺流程

(1) 关键技术

1) 采用适用于不同气候条件的系列沥青路面无损温再生剂，通过微波辅助方式实现温再生剂渗透并作用沥青路面，实现了沥青路面的高效高性能再生。

2）采用于紧凑型螺旋径向阵列方式的微波发射装置，解决了微波辐射平面不均匀问题。

3）采用常温呈松散状态并可长期储存的温拌温补料，可实现沥青路面坑槽等病害的快速修复。

（2）工艺流程

利用微波拖板式沥青路面辅助养护车就地对喷洒微波温无损温再生剂的病害路面辅助渗透软化（必要时利用PT-M混合料填补高程），当混合料恢复热料状态后，利用人工或机械方式将坑槽处混合料耙松，用压路机碾压成型的路面再生技术。具体流程如下：

1）原路面调查。调查病害，如：横向裂缝、网裂、松散、车辙等，对其进行分析，判断是否符合无损温再生的条件。

2）施工准备。制备好所需的温再生剂和温拌久储温补料。为保证快速、安全、优质地完成施工任务，必须配齐施工所需的各种机械设备和相关的器具、配件、工具及燃油、附属油等。在施工开始前首先将设备调试在最佳状态。相关人员必须提前到位，明确分工，施工机械、人员的安全标识配备齐全，各种警告、警示、限速等标志标牌提前到位。

3）封闭交通。封闭交通：依据《公路养护安全作业规程》，警告区长度1600m（两警告标志及限速标志），过渡区90m，缓冲区50m，工作区长度50m，下游过渡区30m，终止区30m，需安全锥摆放长度250m，间隔10m，需安全锥25个。

4）喷涂微波无损温再生剂（图2-27）。无损温再生剂的使用量可根据路面的现状进行判断，一般用量在1～1.5kg/m^2，本试验段最终用量为1.4kg/m^2。人工或机械喷涂在沥青路面病害处。

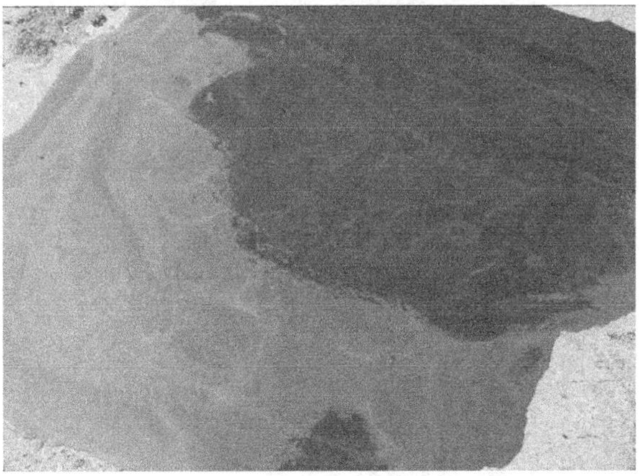

图2-27 喷涂再生剂

5）沥青路面辅助渗透（图2-28）。利用沥青路面辅助养护车的微波辅助渗透墙照射辅助路面，促使微波无损温再生剂快速渗透的路面中，并对路面进行有效软化再生。一般情况下，微波墙工作面离地高度不超过50mm，必须保证微波防泄漏网完全贴合在地面上，墙体触地开关完全触地。发电机启动，打开操作界面，设置辅助时间，开启微波元件。

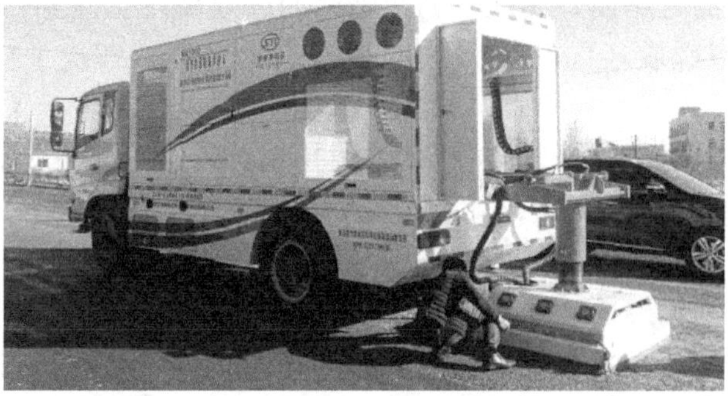

图 2-28　辅助渗透软化

6）耙松碾压（图 2-29）。达到预设加热时间后停止辅助，测量修补区域温度达到 120℃，进行人工耙松，如图 2-29 所示，若高程不够，则可采用温拌久储离散混合料进行高程填补。碾压时应重两侧往中心碾压，碾压终了温度不低于 50℃。为防止碾压“带走”路面材料，往返碾压应在同一幅上进行，在热材料上变向会造成路面变形与新裂缝，因此在改变碾压方向前，应关闭振动，压路机在向下一幅上移动的时候，只能在冷却地方进行，以防止裂缝和推挤，在碾压过程中不得在碾压区域里变向、掉头、左右移动位置或突然刹车。

图 2-29　耙松与碾压

7）试验检测。为验证无损温再生技术修补后路面实际效果，施工后待温度降低到环境温度后对修补处进行了现场平整度、构造深度以及渗水试验检。

3. 主要技术指标

（1）微波无损温再生剂技术指标见表 2-4。

微波无损温再生剂性能参数　　　　**表 2-4**

项　　目	指　　标
外观	深灰黑色，不透明，无絮凝，无分层
电解质稳定性	良好
pH 值	6.5
黏度	16.3cp
机械稳定性	良好

（2）沥青路面辅助养护车技术指标见表 2-5。

沥青路面辅助养护车技术指标　　表 2-5

底盘	总质量(t)	12
	轴距(mm)	3800/3950
	排放	国五
微波墙	微波作用面积(m^2)	1
	微波防辐射	双层
	工作墙底离地距离(mm)	2～50
整车尺寸	长×宽×高(mm)	6630×2450×3300
	前悬与后悬(mm)	1230/1600

（3）温拌久储温补料技术指标见表 2-6。

温拌久储温补料技术指标　　表 2-6

试验项目		试验结果	技术要求
稳定度　MS	kN	12.13	≥8.0
流值　FL	Mm	2.85	2～4
残留稳定度	%	85.9	≥75
冻融劈裂抗拉强度比 TSR	%	77.91	≥70
动稳定度	次/mm	1651.7	≥800
破坏应变	$\mu\varepsilon$	2898.4	≥2800
渗水系数	mL/min	65.6	≤120

2.3.3 咬合桩

1. 施工工艺

咬合桩是相邻混凝土排桩间部分圆周相嵌，并于后序次相间施工的桩内署入钢筋笼，使之形成具有良好防渗作用的整体连续防水、挡土围护结构。

咬合桩是在桩与桩之间形成相互咬合排列的一种基坑围护结构。桩的排列方式为一条不配筋并采用超缓凝素混凝土桩（A 桩）和一条钢筋混凝土桩（B 桩）（采用全套管钻机施工）间隔布置。施工时，先施工 A 桩，后施工 B 桩，在 A 桩混凝土初凝之前完成 B 桩的施工。A 桩、B 桩均采用全套管钻机施工，切割掉相邻 A 桩相交部分的混凝土，从而实现咬合。

2. 施工流程

咬合桩施工工艺流程见图 2-30、图 2-31。

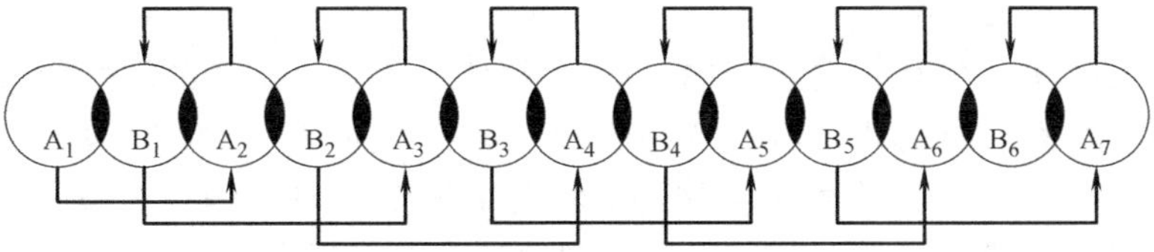

图 2-30　咬合桩施工顺序示意图

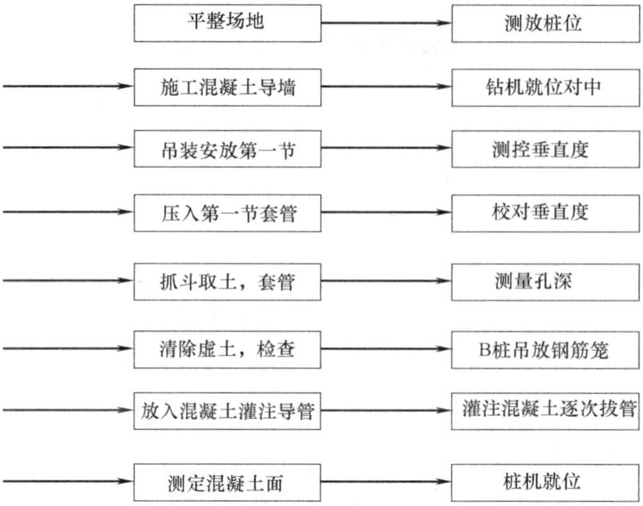

图 2-31　单桩施工工艺流程图

3. 施工方法

（1）作混凝土导墙（图 2-32），保证咬合桩准确定位，确保钻机平稳，承受施工荷载。

图 2-32　咬合桩导墙

（2）开钻，吊放第 1 节套管，控制套管的垂直度，采用测斜仪附贴在套管外壁进行垂度检测，发现偏差及时纠正。成孔后套管随混凝土灌注逐段拔起。如图 2-33、图 2-34、图 2-35。

（3）钢筋笼制作、安放。成孔检查合格后吊放钢筋笼的工作。安装钢筋笼时应采取有效的措施保证钢筋笼的标高。

（4）混凝土灌注。在 B 桩施工中由于必须切割 A 桩，在 A 桩混凝土未达到某种强度的状态下，套管钻机的磨动和下切对 A 桩混凝土会产生损害。为此，采用延缓 A 桩混凝土的初凝时间，在 A 桩混凝土处于未初凝的状态下施作 B 桩的施工方案。据试验，掺 SP 型缓凝减水剂后，混凝土的初凝时间可延缓到 60h 左右（根据施工设备情况及施工速度确定），从而确保了施工方案可操作性的实施。混凝土采用导管法灌注，若孔底渗水多，涌

图 2-33 桩机和套管就位

图 2-34 套管桩机取土

图 2-35 全套管施工

水量超过 $1m^3/h$，采用水下混凝土灌注。

一边浇筑混凝土一边拔管，应注意始终保持套管底低于混凝土面 2.5m 以上。如图 2-36、图 2-37、图 2-38、图 2-39。

4. 施工质量控制

（1）控制孔口定位误差

在钻孔咬合桩桩顶以上设置施工导墙（本工程采用钢筋混凝土导墙，也可循环使用的钢模导墙），导墙上设置定位孔，其直径宜比桩径大 20～40mm。钻机就位后，检查第 1 节套管插入定位孔并要求施工单位进行调整，使套管周围与定位孔之间的空隙保持均匀。

（2）控制桩的垂直度

根据设计要求，桩身垂直度偏差不大于 3‰。为了保证钻孔咬合桩底部有足够厚度的

图 2-36　二次清孔、浇筑混凝土前测量孔深（沉渣）

图 2-37　下导管

图 2-38　浇筑水下混凝土

图 2-39　咬合桩成品

咬合量，除对其孔口定位误差严格控制外，还应对其垂直度进行严格的控制。

成孔过程中要控制好桩的垂直度，必须抓好以下三个环节的工作：

1）套管的顺直度检查和校正

钻孔咬合桩施工前在平整地面上进行套管顺直度的检查和校正，首先检查和校正单节套管的顺直度，然后将按照桩长配置的套管全部连接起来进行整根套管（15～25m）的顺直度偏差宜小于10mm。检测方法：于地面上测放出两条相互平行的直线，将套管置于两条直线之间，然后用线锤和直尺进行检测。

2）成孔过程中桩的垂直度监测和检查

地面监测：在地面选择两个相互垂直的方向采用线锤监测地面以上部分的套管的垂直度，发现偏差随时纠正。这项检测在每根桩的成孔过程中应自始至终坚持，不能中断。

检查：每节套管压完后安装下一节套管之前，都要停下来用“测环”进行孔内垂直度检查，不合格时需进行纠偏，直至合格才能进行下一节套管施工。

3）纠偏

成孔过程中如发现垂直度偏差过大，必须及时要求施工单位进行纠偏调整，纠偏的常用方法有以下三种：

用钻机油缸进行纠偏：如果偏差不大于或套管入土不深（5m以下），可直接利用钻机的两个顶升油缸和两个推拉油缸调节套管的垂直度，即可达到纠偏的目的。

桩纠偏：如果A桩在入土5m以下发生较大偏移，可先利用钻机油缸直接纠偏，如达不到要求，可向套管内填砂或黏土，一边填土一边拔起套管，直至将套管提升到上一次检查合格的地方，然后调直套管，检查其垂直度合格后再重新下压。

纠偏：B桩的纠偏方法与A桩基本相同，其不同之处是不能向套管内填土而应填入与A桩相同的混凝土，否则有可能在桩间留下土夹层，从而影响排桩的防水效果。

（3）超缓凝混凝土的施工质量控制

A桩混凝土缓凝时间应根据单桩成桩时间来确定，单桩成桩时间与施工现场地质条件、桩长、桩径和钻机能力等因素相关。根据咬合桩施工工艺，A桩初凝时间为

$$T=3t+K+Q \tag{2-1}$$

式中 T——A桩混凝土的缓凝时间；

t——单桩成桩所需时间；

K——储备时间，一般为1.0t；

Q——夜间停工时间。

一般初步控制A桩初凝时间为60h，在以后施工中根据现场情况进行调整。

（4）咬合厚度的确定

相邻桩之间的咬合厚度 d 根据桩长来选取，桩越短咬合厚度越小、桩越长咬合厚度越大，按下式进行计算：

$$2(kl+q)\leqslant d-50\text{mm}（即保证桩底的最小咬合厚度不小于50mm） \tag{2-2}$$

式中 l——桩长；

d——钻孔咬合桩的设计咬合厚度；

k——桩的垂直度；

q——孔口定位误差容许值。

5. 常见工程事故的预防及处理措施

（1）“管涌”处理

“管涌”是指在B桩成孔过程中，由于A桩混凝土未凝固，还处于流动状态，A桩混凝土有可能从A、B桩相交处涌入B桩孔内。克服“管涌”有以下几个方法：

1）A桩混凝土的坍落度应相对小一些，不宜超过18cm，以便于降低混凝土的流动性；

2）套管底口应始终保持超前于开挖面一定距离，以便于造成一段“瓶颈”，阻止混凝土的流动，如果钻机能力许可，这个距离越大越好，但至少不应小于2.5m；

3）必要时（如遇地下障碍物套管底无法超前时）可向套管内注入一定量的水，通过水压力来平衡A桩混凝土的压力，阻止“管涌”的发生；

4）B桩成孔过程中，应注意观察相邻两侧A桩混凝土顶面，如发现A桩混凝土下陷，应立即停止B桩开挖，并一边将套管尽量下压，一边向B桩内填土或注水，直到完

全止住“管涌”。

（2）钢筋笼上浮处理

由于套管内壁与钢筋笼外缘之间的空隙较小，在上拔套管的时候，钢筋笼有可能被套管带着一起上浮。预防措施主要有：

1）A 桩混凝土的骨料粒径应小一些，不宜大于 20mm；

2）在钢筋笼底部焊上一块比钢筋笼直径略小的薄钢板以增加其抗浮能力；

3）安装钢筋笼导正器；

4）混凝土灌注必须按操作规程进行。

（3）钻进遇到块石的处理方法

如果场地内有比较多的有规则的块石带，对此我们将采用“二阶段成孔法”进行处理：第一阶段，不论 A 桩还是 B 桩，先钻进取土至块石面，然后卸下抓斗改换冲击锤，从套管内用冲击锤冲钻至桩底设计标高，成孔后向套管内填土，一边填土一边拔出套管，即第一阶段所成的孔用土填满；第二阶段，按钻孔咬合桩正常施工方法施工。

（4）分段施工接头的处理方法

往往一台钻机施工无法满足工程进度，需要多台钻机分段施工，这就存在在先施工段的接头问题。采用砂桩是一个比较好的方法，在施工段与段的端头设置一个砂桩（成孔后用砂灌满），待后施工段到此接头时挖出砂灌上混凝土即可。

（5）事故桩的处理

在钻孔咬合桩施工过程中，因 B 桩超缓凝混凝土出现早凝现象或机械设备故障等原因，造成钻孔咬合桩的施工未能按正常要求进行而形成事故桩。事故桩的处理主要有以下几种情况。

1）平移桩位单侧咬合（图 2-40）

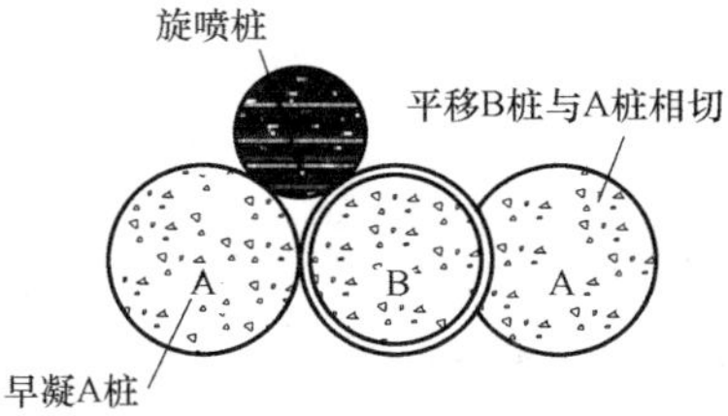

图 2-40　平移桩位单侧咬合

A 桩成孔施工时，其一侧 B_1 桩的混凝土已经凝固，使套管钻机不能按正常要求切割咬合 B_1、B_2 桩。处理方法为向 B_2 桩方向平移 A 桩桩位，使套管钻机单侧切割 B_2 桩，施工 A 桩（凿除原桩位导墙，并严格控制桩位），并在 B_1 桩和 A 桩外侧另增加 1 根旋喷桩作为防水处理。

2）背桩补强（图 2-41）

A_1 桩成孔施工时，其两侧 B_1 桩、B_2 桩的混凝土均已凝固，处理方法为放弃 A_1 桩的施工，调整桩序，继续后面咬合桩的施工，以后在 A_1 桩外侧增加 3 根咬合桩及两根旋喷桩作为补强。

3）预留咬合企口

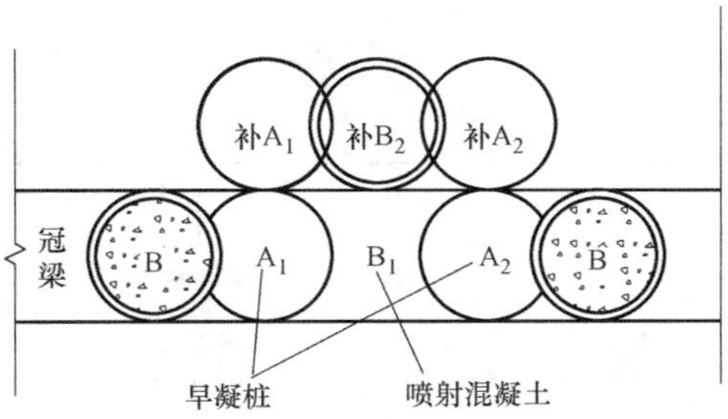

图 2-41　背桩补强

在 B1 桩成孔施工中发现 A1 桩混凝土已有早凝倾向但还未完全凝固时，此时为避免继续按正常顺序施工造成事故桩，可及时在 A1 桩右侧施工一砂桩以预留咬合企口，待调整完成后再继续后面桩的施工。

2.3.4　步履式顶推

以九堡大桥 3×210m 三孔结合梁-钢拱组合体系拱桥（图 2-42）为例，介绍桥梁钢结构步履式顶推施工新工艺。主要施工工艺为：下部结构桩基、承台、墩身施工完成后，在后场陆地上搭设拼装支架平台，钢拱梁先梁后拱分节段在拼装平台上拼装成形，单孔钢拱梁拼装主要包括拱梁节点、主纵梁、小纵梁、端横梁、中横梁、主钢拱肋、副钢拱肋、连杆、临时撑杆。主副拱拼装完成后，安装临时支撑，拆除拱肋支架，采用顶推工艺将该孔钢拱梁顶推出拼装平台，然后拼装下一孔钢拱梁，再将其顶推出拼装平台，最后拼装第三孔钢拱梁。三孔钢拱梁全部拼装完成后，整体顶推到位。

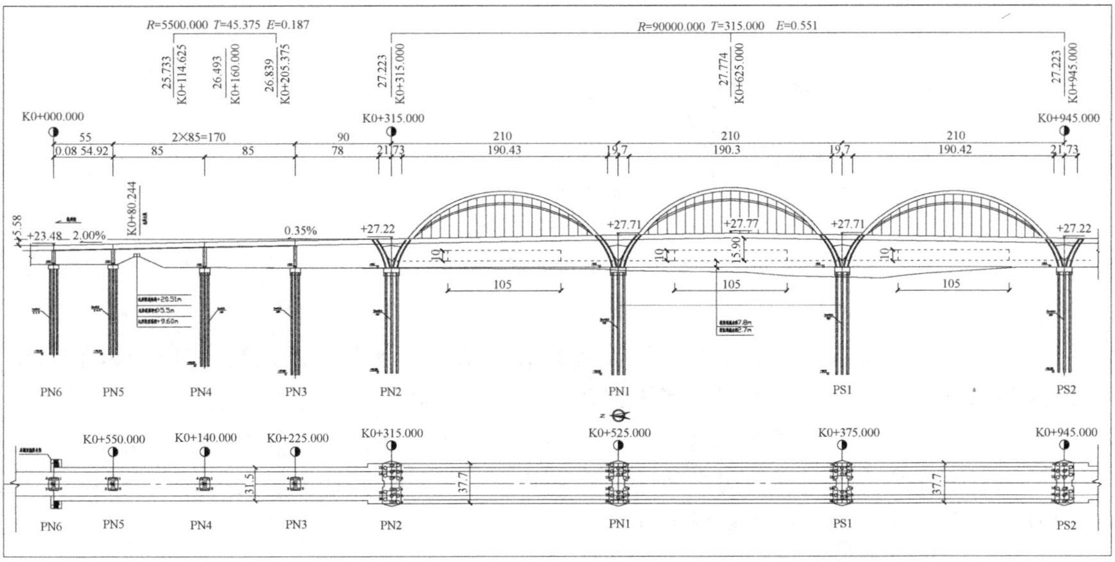

图 2-42　九堡大桥总体布置

1. 施工工艺流程

施工工艺流程、工序见图 2-43、图 2-44。

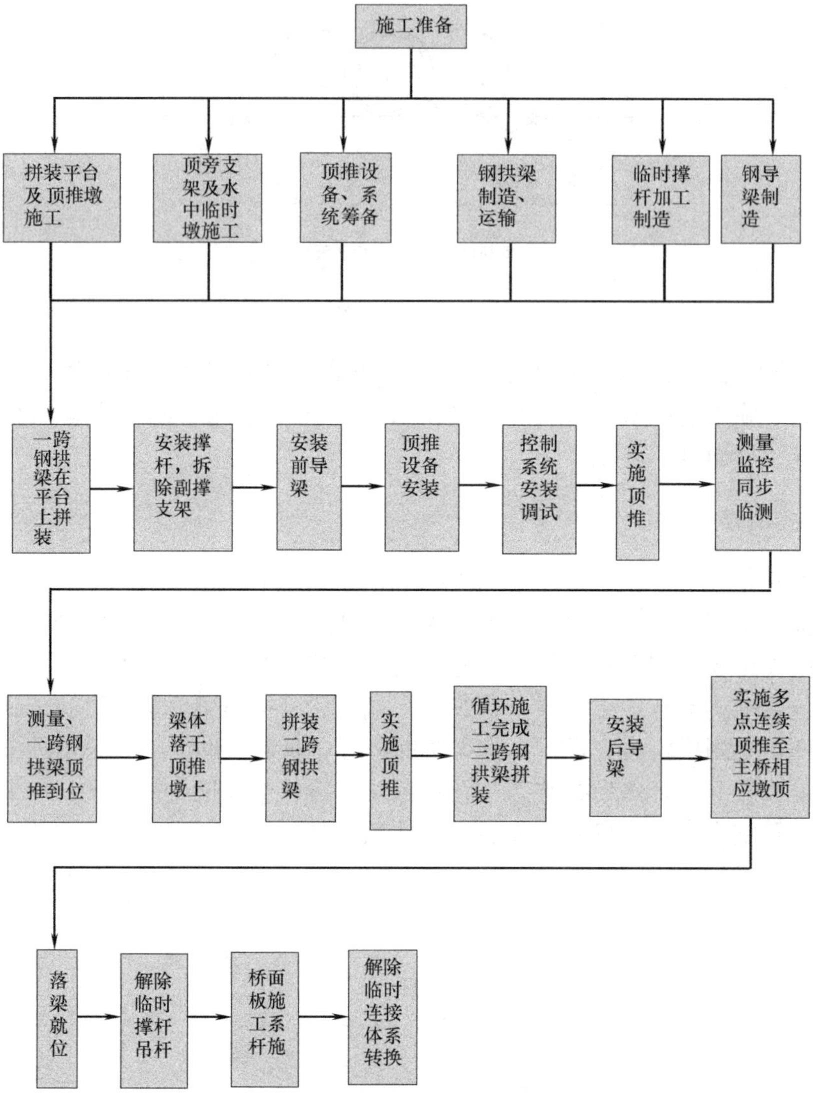

图 2-43　施工工艺流程图

2. 步履式顶推设备工作流程

步履式顶推设备机械系统，主要包括上部滑移结构、顶升支撑油缸、顶推移动油缸、横向调整油缸，通过计算机控制和液压驱动来实现组合和顺序动作，以满足施工要求。

顶推设备设计如下：其顶推设备机械结构部分的顶升油缸安装于下部结构内，支撑在桥墩顶面，下部结构和上部结构之间通过安装的聚四氟乙烯板和不锈钢板进行滑动，滑动时顶升油缸和下部结构相对于桥墩不动。

步履式顶推设备三维模型见图 2-45。

步履式顶推设备主要工作流程：

步骤一：顶升（图 2-46）——开启支撑顶升油缸，使得支撑顶升油缸同步上升，直到钢箱梁脱离临时垫梁。

工序	施工说明	立面示意图
一	1.搭设栈桥及施工平台结构，留出临时通航孔。 2.主桥及引桥基础、墩身施工、江上主跨及北岸临时墩施工。 3.混凝土桥面板预制、钢梁钢拱板单元工厂加工，现场拼装。 4.北岸地基进行硬化处理。 5.搭设拱梁拼装、顶推平台，提升站(图中未示)，采用多点顶推。	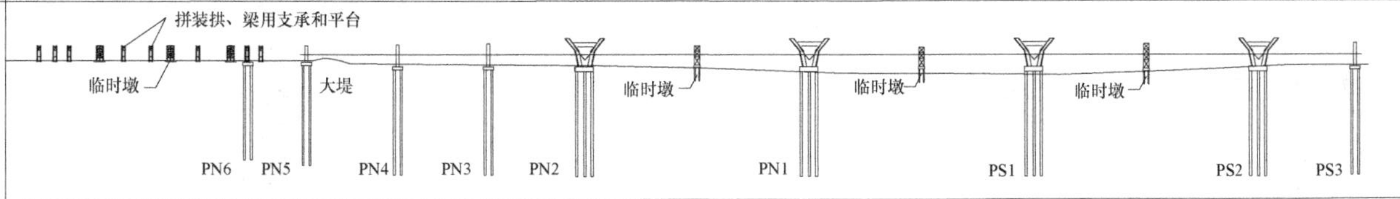
二	1.在主体结构墩顶及临时墩顶安装顶推装置。 2.在顶推平台上拼装结合段的钢主梁。 3.搭设拱肋拼装支架。 4.在支架上拼装拱肋、并安装拱、梁间临时支撑。 5.安装顶推用前导梁。	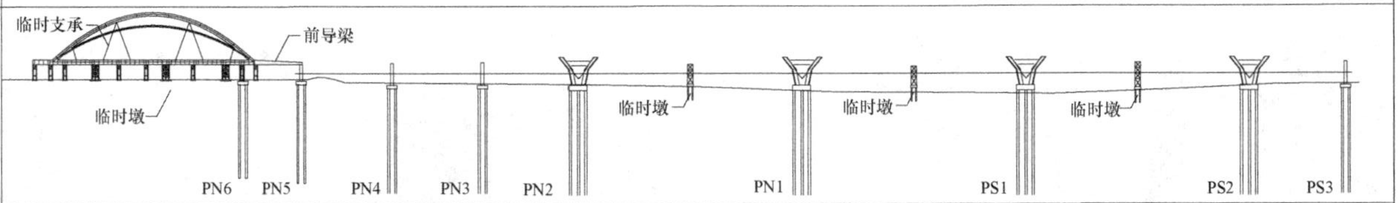
三	1.对第一节拱梁结合段整体顶推至图示位置。 2.在支架上继续拼装一个拱梁结合段，并与前拱梁结合段连接。	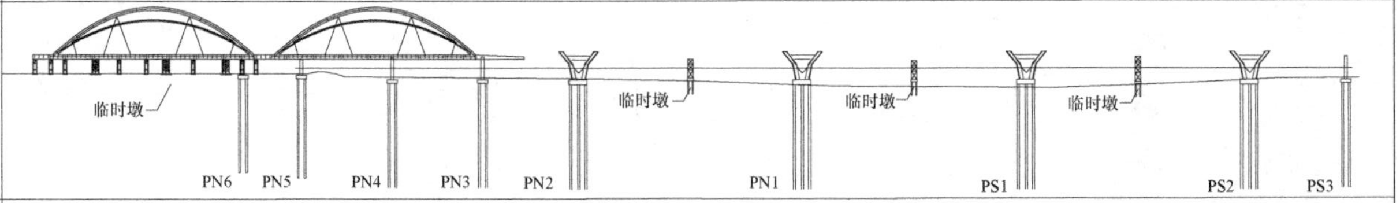
四	1.待拱梁结合段整体后端点到达后，在拼装平台上组拼三拱梁结合段。 2.将第三拱梁结合段、简支梁与前面的拱梁结合段通过临时栓接连成一个拱梁结合段整体。	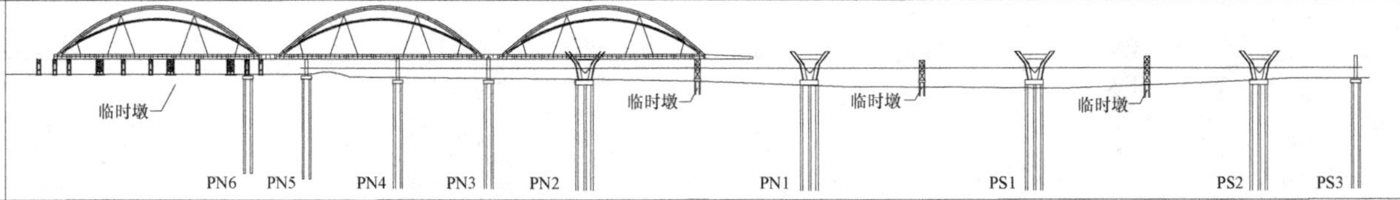
五	1.对拱梁结合段继续进行整体顶推至后端点到达后。 2.安装后导梁。	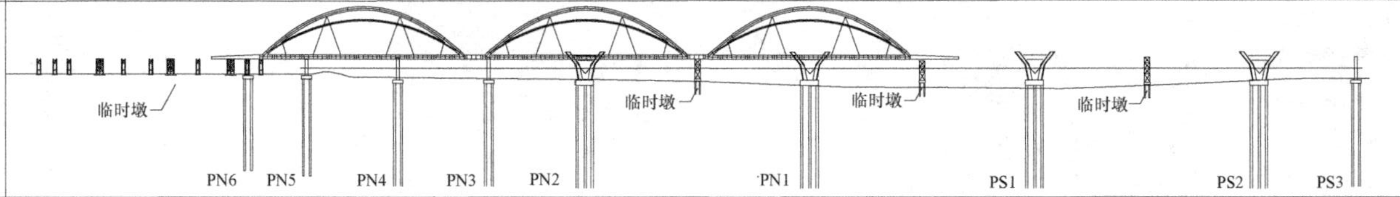
六	1.继续顶推主桥拱梁结合段前行。 2.主桥就位后拆除前、后导梁。	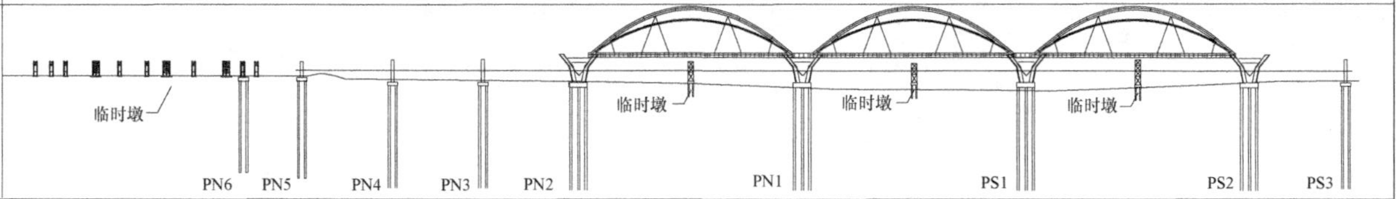

图 2-44　主桥顶推施工工序图

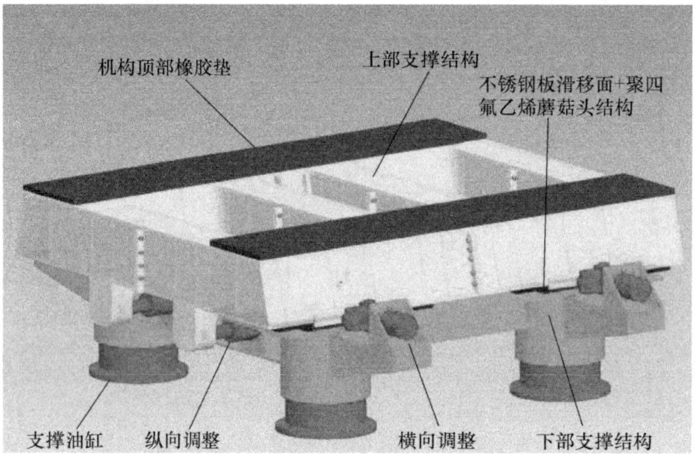

图 2-45　步履式顶推设备三维模型

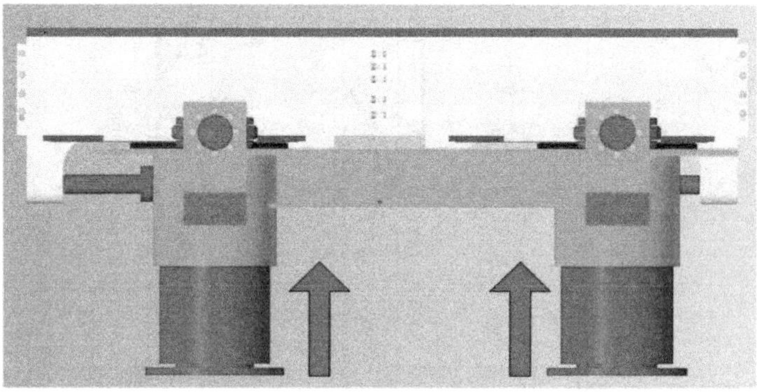

图 2-46　顶升

步骤二：平推（图 2-47）——开启平推油缸，使钢箱梁与上部滑移结构整体前移，直至平推油缸完成一个行程。

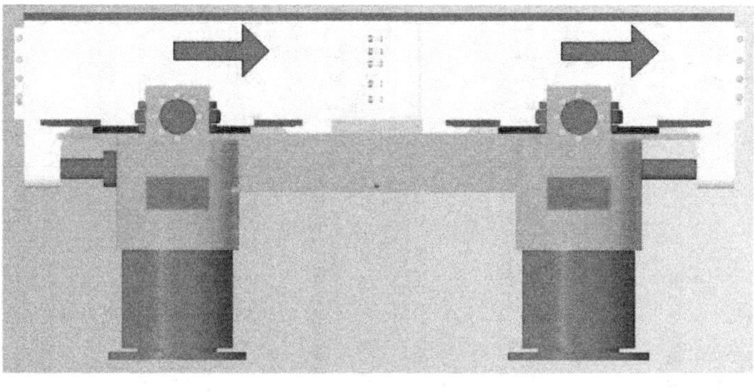

图 2-47　平推

步骤三：下降（图 2-48）——开启顶升油缸，使得钢箱梁与上部滑移结构整体下降，直到下部滑移结构完全脱离钢箱梁。

步骤四：回缩（图 2-49）——开启平推油缸，使上部滑移结构向后回位，回到初始位置，并开始下一个往复行程。

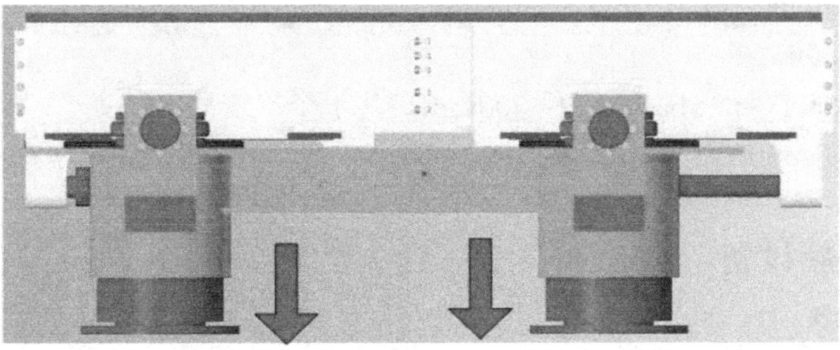

图 2-48 下降

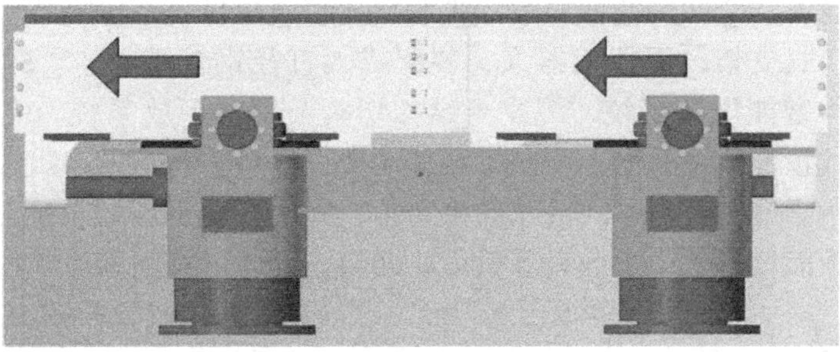

图 2-49 回缩

3. 顶推系统的主要技术参数

桥梁顶推分为单点顶推，多点顶推两种工况。单点顶推水平顶推力装置的位置集中于桥台上，前方各墩上设置滑动装置。多点顶推时，在每个桥墩上均设置滑动装置和顶推装置，将集中的顶推力分散到各个墩上。本桥采用多点顶推方式。

多点分散顶推条件；否则梁体不能被推动。

$$\sum F_i > \sum (f_i \pm a_i) N_i \tag{2-3}$$

式中 F_i——第 i 个桥墩处的顶推动力装置的顶推力；

N_i——第 i 个桥墩处的支点瞬时（最大）支反力；

f_i——第 i 个桥墩处的支点装置的相应摩擦系数；

a_i——桥墩纵坡率，“+”为上坡顶推，“−”为下坡顶推。

多点顶推与集中单点顶推相比较，可以避免配置大型顶推设备，能有效地控制顶推时梁体的偏移，顶推时对桥墩的水平推力可减小到很小，便于采用结构柔性墩的临时墩。但多点顶推需要较多的设备装置，操作时的同步性等要求甚高。根据滑道摩擦系数及最大轴力，选用 100t 水平千斤顶。

4. 支撑顶升液压系统参数

系统压力：400bar

系统总流量：16L/min@400bar

电机总功率：7.5kW

支撑顶升油缸：500T@400bar，行程 300mm，共 4 台

顶升速度：约 10mm/min;

5. 顶推平移液压系统参数

系统压力：315bar

流量：16L/min@315bar

电机功率：7.5kW

平移油缸：100T@315bar，行程 500mm，共 1 个

顶推最大速度：60mm/min

2.4 公路工程新设备

公路工程新设备包括：测量机器人、GNSS 系统、测量用无人机、智能挖掘机、液压强夯机、R480 旋挖钻机、KP4000 钻机、大功率液压振动锤、大吨位浮吊、钢筋笼滚焊机、步履式顶推设备、全回旋桥面吊机、带载行走缆载吊机、节段拼装机、大吨位缆索吊机、盘扣支架和门式支架、焊接机器人、装配式大直径钢管支架、“S”形钢丝缠丝机、预应力智能张拉与智能压浆系统、混凝土结构切割及整体下放系统、95m 打桩船、5200 吨米塔吊、步履式顶推系统和海上预制桥墩移动架设平台、马蹄形、矩形隧道盾构机、湿喷机械手、三臂凿岩台车、自行式液压仰拱台车、固定环向止水带二衬钢端模、纵向止水带固定装置等。下面仅对其中少数设备做简要介绍，具体可查阅相应资料。

2.4.1 测量机器人

如图 2-50，测量机器人又称自动全站仪，是一种集自动目标识别、自动照准、自动测角与测距、自动目标跟踪、自动记录于一体的测量平台。测量机器人组成包括坐标系统、操纵器、换能器、计算机和控制器、闭路控制传感器、决定制作、目标捕获和集成传感器等八大部分。坐标系统为球面坐标系统，望远镜能绕仪器的纵轴和横轴旋转，在水平面 360°、竖面 180°范围内寻找目标；操纵器的作用是控制机器人的转动；换能器可将电能转化为机械能以驱动步进马达运动；计算机和控制器的功能是从设计开始到终止操纵系统、存储观测数据并与其他系统接口，控制方式多采用连续路径或点到点的伺服控制系统；闭路控制传感器将反馈信号传送给操纵器和控制器，以进行跟踪测量或精密定位；决定制作主要用于发现目标，如采用模拟人识别图像的方法（称试探分析）或对目标局部特征分析的方法（称句法分析）进行影像匹配；目标获取用于精确地照准目标，常采用开窗法、阈值法、区域分割法、回光信号最强法以及方形螺旋式扫描法等；集成传感器包括采用距离、角度、温度、气压等传感器获取各种观测值。由影像传感器构成的视频成像系统通过影像生成、影像获取和影像处理，在计算机和控制器的操纵下实现自动跟踪和精确照准目标，从而获取物体或物体某部分的长度、厚度、宽度、方位、二维和三维坐标等信息，进而得到物体的形态及其随时间的变化。

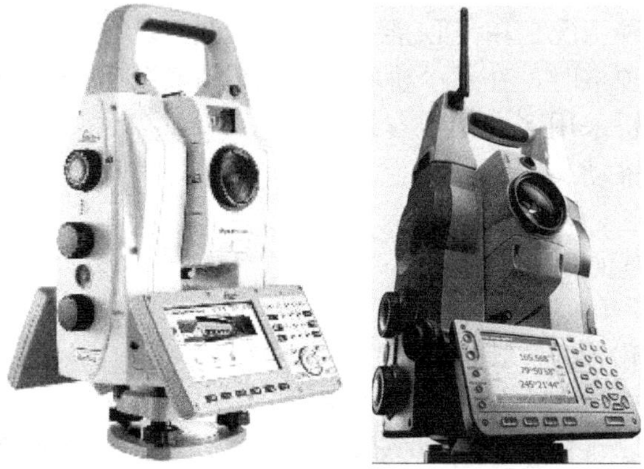

图 2-50 测量机器人

2.4.2 隧道钻爆法施工的机械化快速施工设备

1. 机械化建造方法基本理念

(1) 基本原则

超前支护＋工法＋初期支护协调作用：控制掌子面、洞身围岩稳定性。

(2) 基本原理

1) 掌子面稳定：微台阶、管棚、掌子面锚杆、掌子面注浆等方法。

2) 施工方法：大断面或微台阶，机械化快速施工、控制爆破等。

3) 初期支护：快速支护、早高强喷射混凝土、低预应力锚杆。

(3) 主要措施

超前支护、机械化大断面开挖、早高强喷射混凝土、低预应力锚杆。

2. 施工工艺及设备

(1) 超欠挖控制施工工艺及设备

快速施工机械：JGH4—15502 四臂凿岩台车、B325E 三臂凿岩台车见图 2-51、图 2-52。

图 2-51 JGH4—15502 四臂凿岩台车

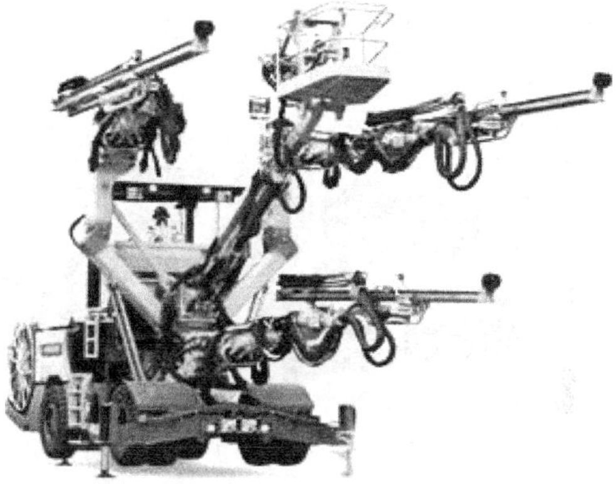

图 2-52 B325E 三臂凿岩台车

人工风钻运用的是高压风做驱动，粉尘和噪声都很大。多臂台车运用的是清洁的电能做驱动，改变了传统开挖作业时对工作面空气的污染和对施工人员的健康危害，最大限度地降低了工作强度和环境的污染，并且提高了作业的安全系数。其优点有：

钻孔速度快，效率高：多臂凿岩台车配备 22kW 的凿岩钻机，钻进速度为 2.5m/min，钻孔深度 4.0m，使用两台台车同时钻孔（7 台钻机），一般 2h 不到就可以钻完所有的炮眼。台车还配有可进行测量、找顶、放置炸药等作业的多功能升降框架式结构作业臂；而且台车还可以方便快捷的进行支护铺杆作业。与传统的风钻施工相比，多臂台车一个钻爆循环只需 3.5h 左右，节约了近 1.5h，隧道开挖施工的进度大大的得到了提高。

安全系数高：两台多臂台车同时开挖只需要 10 个工作人员，操作面距掌子面 10m 以上，操作平台上有安全顶棚，这样的安排不仅方便工作人员更好地观察围岩变化，而且遇到突发险情时，工作人员可以快速撤离。

作业环境好，劳动强度低：传统风钻为手持工作，需要高强度劳动，多臂台车运用按钮操作，工作强度小；多臂台车使用电力做动力、液压传动，对周边几乎无污染，而且在钻孔中其自带的高压水冲洗功能，使声其不产生任何粉尘污染；施工作业时产生的噪声在90dB左右，大大地降低了噪声污染。

开挖成型好，资源浪费少：爆破效果上多臂台车优于人工手持风钻，隧道残眼保持在92%以上，开挖成型好，有效地减少了超挖，欠挖得到杜绝，节约了工序时间。因为成型好，也节约了因为超挖、欠挖所引起的人力物力及财力，而且钢筋网铺设、锚杆施作更加顺畅，混凝土喷射更加平顺密实，也为二次衬砌内实外美打下了基础。

（2）初期支护早高强喷射混凝土施工工艺及设备

湿喷的特点是施工混凝土强度得到保证，喷射均质性好，生产率高，施工时基本无粉尘、回弹率低。液态速凝剂能按混凝土排量自动计量添加到喷枪，通过大流量压缩空气混合作用，更易于混凝土湿料充分混合，湿喷层喷射均匀，易更快凝结硬化并通过与锚杆挂网的牢固联结黏附在隧道基面上，形成具有一定支撑能力的初衬支护层。

若采用自带高压风，液压臂臂展长、操作灵活，速凝剂掺量均匀准确的电-液控湿喷台车（图2-53、图2-54）进行湿喷作业，会降低施工人员作业强度，减少职业病危害，大大提高湿喷作业时的工作效率和施工质量。

图2-53　全自动电-液控湿喷台车

图2-54　带机械手湿喷机（Sika-PM500PC）

带机械手湿喷机Sika-PM500PC工作时有如下特点：

1）由于Sika-PM500PC机械手湿喷机机械性能高，一般一个工作面仅一台就能满足施工要求。不需要辅助机械，可以单独作业。

2）每台Sika-PM500PC配备4个工人，大大减少了人工成本。

3）由于机械化施工，施工质量好，回弹率低，大大节约了成本。

4）施工效率高，同样的施工距离，Sika-PM500PC湿喷机比TK500湿喷机所用时间短，为工程快速施工提供了保障。

5）Sika-PM500PC湿喷机作业时，工作人员在机车上进行操作，降低了劳动强度。

6）喷射作业面距操作面较远，提高了操作人员的安全系数高。

7）污染相对小。

（3）低预应力锚杆施工工艺及设备

特点：使用劳动力少，作业强度降低；施工安全及内在质量得到保证。

锚杆快速施工：锚杆钻注一体机，见图2-55。

（4）自动式液压仰拱栈桥施工工艺及设备

如图2-56，仰拱快速施工设备主要由五部分组成：仰拱模板、中心沟模架、端头梁、栈桥和走行设备。

图2-55 锚杆钻注一体机

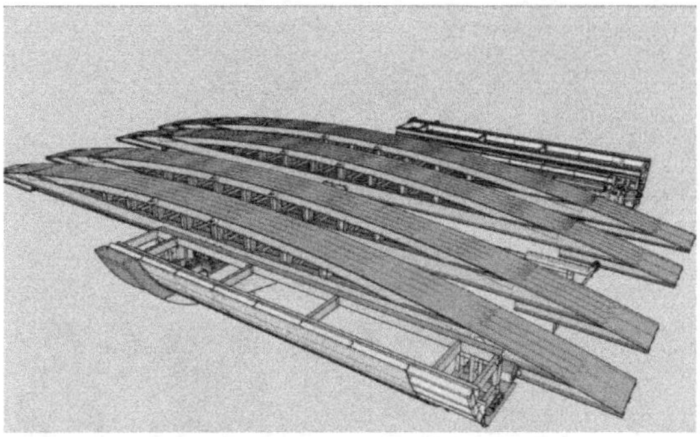

图2-56 自动式液压仰拱栈桥施工设备

快速施工技术的使用效果：

1）每循环时间由原来的58h缩短为19h，使循环时间大大缩短。

2）施工成本大幅降低。前期使用的拼装小模板，每8延米需要320kg以上的钢筋来加固和支撑，需要10个专业木工4h以上的工作时间来完成安装工作，仰拱模板的安装费用约为225元/延米。快速施工法仅需不足10kg的钢筋，5个人3h完成模板安装，费用不足80元/延米。每延米节约成本约145元。

3）工程质量明显提高。快速施工法法采用端头梁定位固定，整体模板，模架刚度好，有效避免了上述问题，使仰拱混凝土达到了内实外美的效果。

4）为隧道快速掘进提供了保障。快速施工法使用前只能每3d一循环，每天进度不足3m；如果增加作业面保证进度，必然要加大掌子面与衬砌间的距离，造成安全步距超标，使得施工进度与安全步距之间的矛盾一直未能得到很好地解决。采用本例快速施工法法施工，可满足每月227m（6m×24÷19×30＝227m）的施工进度要求。若将本例模板长度由6m加长到8m，则可满足每月303m（8m×24÷19×30＝303m）的施工进度要求。所以，快速施工法法可轻易地满足隧道施工各工序安全步距的实现。

5）优化洞内施工组织和工序分区、利于标准化作业和安全文明施工。模架法施工工艺只需保留一个仰拱作业面，减少了工序分区间的相互干扰，减小了掌子面与二衬之间的作业面数量和总长度，利于二衬及时跟进，保障了隧道施工安全；双车道栈桥保持了洞内开挖出渣作业的交通畅通，文明施工和标准化作业水平显著提高。

（5）防水板自动铺设施工工艺及设备

新型防水板作业台车主要由行走系统、提升系统、液压系统、支架四部分组成。如图2-57、图2-58、图2-59、图2-60。

3. 施工工艺流程

（1）人工铺设防水板台车轨道。

图 2-57　新型防水板作业台车

图 2-58　新型防水板作业台车行走系统

图 2-59　新型防水板作业台车提升系统

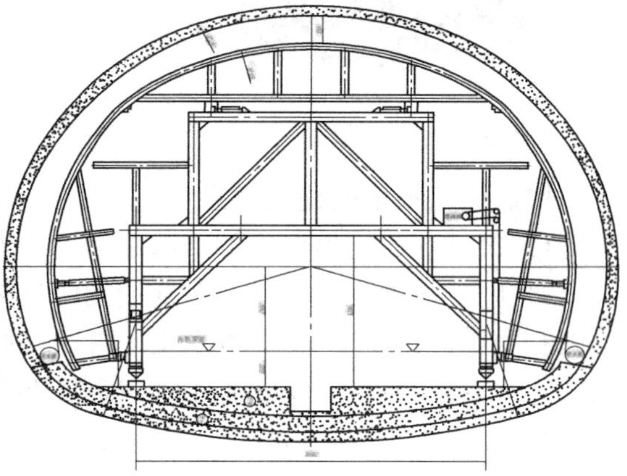

图 2-60　新型防水板作业台车液压系统

(2) 台车行走至挂设防水板位置下方。

(3) 人工辅助机械将防水板运至施工现场并放置于防水板台车左侧同时将防水板端头抽出 1～1.5m。

(4) 将防水板与台车吊挂系统掉点安装牢固。

(5) 启动防水板台车吊挂系统卷扬机，卷扬机将自动提升防水板一头使防水板整卷打开并单层沿防水板台车外骨架行走，直至防水板由台车一侧被拉至另一侧施工工艺流程。

(6) 在防水板铺满台车外侧骨架后，启动台车液压系统，将防水板顶升至距拱顶初支面 50cm 处，两侧边墙顶推至距初支面 60cm 处。

(7) 作业平台上的焊接人员采用热熔焊枪开始逐个将热熔垫圈与防水板焊接，焊接时按右侧边墙—拱顶—左侧边墙的顺序进行焊接。

(8) 进行充气质量检验，检查接缝是否有漏焊现象，如有不符合质量要求者，及时进行补焊处理，以满足质量要求。

用新的作业台车将比传统简易台车节约 6.4 个工时。

4. 衬砌智能带压分层浇筑施工工艺及设备

如图 2-61、图 2-62 所示。

图 2-61 自动浇筑衬砌台车

图 2-62 衬砌智能带压分层浇筑机

自动浇筑衬砌台车主要技术特点：

（1）模板为主受力件，结构强度高，门架为 4 支腿门框结构，模板与门架无连接，结构非常简洁，顶部、两侧和底部空间超大，改善了作业环境，提高了通风截面积，便于工程车辆行驶。

（2）支撑杆件比传统台车减少一半，操作简单，劳动强度低，减少收、立模时间。

（3）设置可调节式折叠支撑，便于立模和脱模。

（4）可实现足够大的脱模空间，便于模板表面维护。

（5）结构简单，零部件种类和数量大大减少，便于现场安装、拆卸和管理。

（6）梯子平台人性化设计，方便现场施工和通行，促进安全和文明施工。

（7）可与分层浇注布料机配套使用，实现混凝土自动化分层逐窗入模浇筑。

分层浇筑布料机技术特点：

（1）不用人工拆管、换管、清洗、接管和固定等，仅需一名操作人员轻松操作控制元件即可实现泵送接口不同位置的变换，实现机械化施工，操作简单快捷，所需人员少，耗时短。

（2）管路分层布置实现分层浇筑，克服一孔灌到底浇筑导致混凝土离析、产生“人”字坡冷缝的弊端。管路从进料口直通出料口，无中间操作环节，简单易行。

（3）管路均为封闭式，不会漏混凝土，造成材料浪费和现场的污染；可实现有压输送，便于清洗；分层浇筑换管耗时短，不会造成混凝土坍落度损失而堵管和影响浇筑质量。

（4）换管溢出部分混凝土少，不会造成浪费和现场的污染。

（5）采用混凝土分层浇筑布料机有效提高了二衬混凝土浇筑的实体质量和外观质量，减少了换管施工工序，降低了劳动强度，减少了操作人员，节约了浇筑时间提高了效率降低了施工成本和安全风险。

2.4.3 钢筋笼滚焊机

数控钢筋笼滚焊机（图 2-63）是一种由 PLC 控制的加工生产钢筋笼的设备。数控钢筋笼滚焊机的出现，结束了钢筋笼一贯手工捆绑的历史，为我国桥梁、高铁的制造提高了效率。

1. 数控钢筋笼滚焊机工作原理

根据施工要求，钢筋笼的主筋通过人工穿过固定旋转盘相应模板圆孔至移动旋转盘的相应孔中进行固定，把盘筋（绕筋）端头先焊接在一根主筋上，然后通过固定旋转盘及移动旋转盘转动把绕筋缠绕在主筋上（移动盘是一边旋转一边后移），同时进行焊接，从而形成产品钢筋笼。

2. 数控钢筋笼滚焊机特点

（1）加工速度快。正常情况下备料及滚焊部分 5 人一班，分二班作业，10 个人一天就可以加工出 20 多个 12m 长成品的笼子（备料、滚焊、加强筋安装、探测管安装、导向垫块安装等），工作效率非常高。

（2）加工质量稳定可靠。由于采用的是数控机械化作业，主筋、缠绕筋的间距均匀，钢筋笼直径一致，产品质量完全达到规范要求。在实际中手工生产钢筋笼时工程监理几乎每天都到加工现场进行检查，而使用机械加工后，监理对机械化加工的钢筋笼基本实行了“免检”。

（3）箍筋拉紧不需搭接，较之手工作业节省材料 1.5%，降低了施工成本。

（4）由于主筋在其圆周上分布均匀，多个钢筋笼搭接时很方便，节省了吊装时间。

（5）机械化加工钢筋笼，在质量控制方面得到了保障。

图 2-63　钢筋笼滚焊机

2.4.4 桥面吊机

桥面吊机是大跨径悬索桥钢桁梁架设最关键的设备，桥面吊机必须结构简单，满足钢桁梁架设起重性能要求，具备全回转、行走（包括爬坡能力10%）及锚固等功能，满足大跨径悬索桥钢桁梁的架设安装要求，如图2-64。

1. 桥面吊机设计要求

桥面吊机的技术性能必须满足大跨径悬索桥钢桁加劲梁架设的使用要求，适应架设过程中的各种施工工况，满足钢桁梁架设过程中的线性变化，满足临时铰过铰作业，使钢桁梁架设施工安全、优质、快捷。综合分析，桥面吊机设计主要技术要求有：

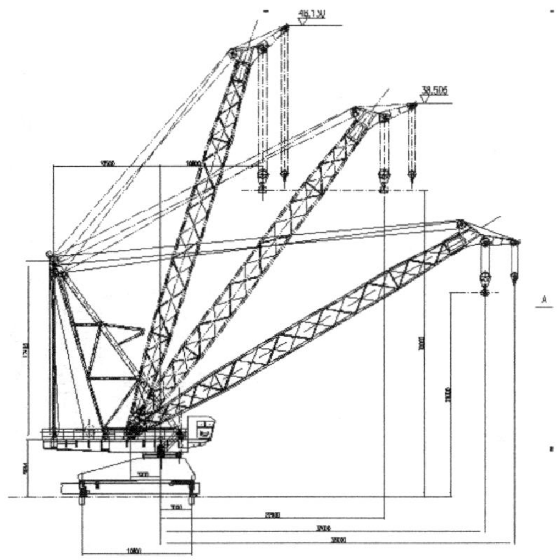

图2-64　桥面吊机

（1）须具备全回转功能，钢桁梁上走行功能；

（2）单榀钢桁梁梁段最大吊装重量、吊距、起重力矩需满足要求；

（3）钢桁加劲梁和永久吊索在桥面吊机工作支腿压力临时荷载作用下会产生较大的结构内力，为确保钢桁加劲梁和永久吊索的受力安全，吊机机身设计重量需受到限制；

（4）桥面吊机设计中为控制机身重量取消配重部分，吊机工作时机身必须锚固在已安装好的钢桁加劲梁上，以确保吊机作业安全。桥面吊机的安全及锚固措施须专项研究，同时在全桥没有贯通前，桥面吊机始终处于柔性及悬浮体系之上，其行走方式及安全措施必须安全可靠；

（5）在钢桁梁采用逐次无铰刚接法架设时，施工阶段永久吊索及主桁架杆件内力较大，超过了结构允许范围，为释放由于悬臂拼装引起的吊索及主桁架各杆件的过大内力，在主桁架上弦杆的位置设置临时铰，临时铰处钢桁梁上弦杆设置销轴，下弦杆断开，主桁架顶部成折线，坡度最大达到要求；

（6）根据运输及现场安装条件，设计上需充分考虑桥面吊机现场组装的可行性和方便性，控制杆件的单件尺寸和重量。

2. 桥面吊机工作机构

（1）主起升机构

主起升机构（图2-65）由交流变频电动机（YTSZ315M1-8 90kW，带编码器、超速开关等）驱动，经减速器、卷筒驱动起升钢丝绳和吊钩组及货物，实现货物的上升和下降运动。卷筒为钢板卷制焊接而成，卷筒表面切有折线绳槽，采用四层卷绕。卷筒轴的一端设置有机械式的起升高度及下降高度限位装置。

在电动机和减速器高速轴设置有液压推杆制动器，为适应钢桁梁吊装过程较长，为确保安全，在减速器高速轴的另一端也设置了制动器装置。

采用交流变频调速，可在较大范围内调速，并可有效降低起升机构起、制动时的冲击振动。为确保安装对位要求，设置了微速控制开关。

（2）变幅机构

如图2-66，变幅机构为工作性变幅机构，其驱动型式为钢丝绳滑轮组传动，驱动臂

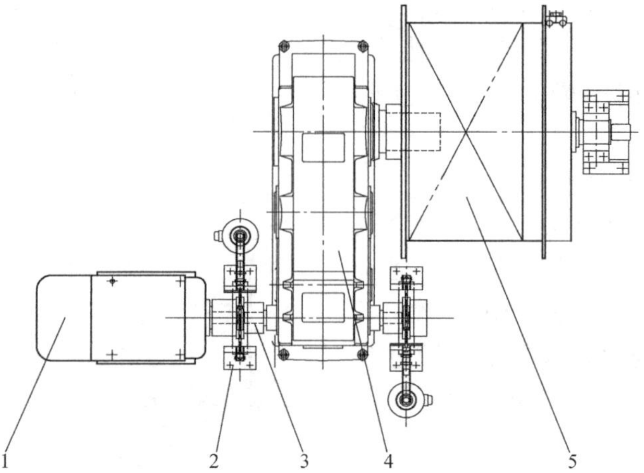

图 2-65 主起升机构

1. 电机；2. 制动器；3. 联轴器；4. 减速器；5. 卷筒

架摆动以改变起重机的幅度。

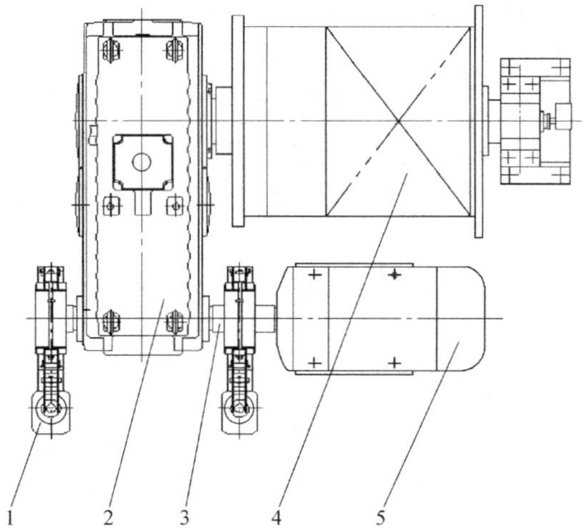

图 2-66 变幅机构

1. 制动器；2. 减速器；3. 联轴器；4. 变幅卷筒组；5. 电动机

变幅机构的卷筒包括两部分，一部分为变幅钢丝绳卷绕段，另一部分为主起升钢丝绳卷绕段（补偿卷筒）。变幅钢丝绳和主起升钢丝绳的出绳方向相反，在变幅过程中，由补偿卷筒放出或收回一定量钢丝绳以补偿货物的升降，以使货物在变幅过程中，沿近似水平线移动，既减小变幅功率，也改善了操作性能。经优化，变幅卷筒、补偿卷筒的直径相同，有效简化了结构。

(3) 回转机构

回转机构由回转支承装置和回转驱动装置两部分组成。回转支承装置采用大型三排滚子滚动轴承（131.50.3150 型，外啮合）。

回转驱动装置（图 2-67）共两台，对称布置，均采用立式交流变频电动机（YTSZ225S-8 22kW）驱动，减速器为四级立式行星减速器，经行星小齿轮驱动起重机回转部分回转。

回转驱动装置的传动系统中，设有极限力矩联轴器，以保证起重机在急剧起、制动时，以及起重机臂架在回转受阻时，保护传动系统的零部件。

回转驱动装置中的制动装置为常开式脚踏液压制动器，制动器的制动力矩可由司机控制，以保证制动平稳，并设有手动锁紧装置，防止起重机回转部分因风载而自行转动。

(4) 幅起升机构

起重机设有副起升机构一台，具有较高的起升速度，其结构和组成见图 2-68。

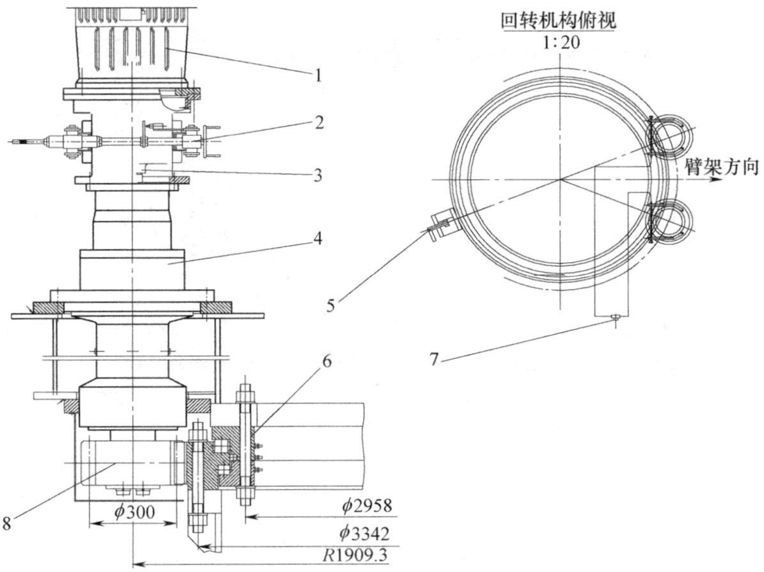

图 2-67 回转机构

1. 电动机；2. 制动器；3. 极限力矩联轴器；4. 立式行星减速器；
5. 锁定装置；6. 回转轴承；7. 制动操作系统；8. 行星小齿轮

副起升机构由电动机、联轴器、制动器、减速器、卷筒组、钢丝绳卷绕系统及吊钩组等部分组成。交流变频电动机（YTSZ225S-8 22kW），经联轴器（带制动轮）、减速器、卷筒联轴器驱动绳索卷筒，驱动副起升滑轮组（倍率为 2）、吊钩组，提升或下放货物。

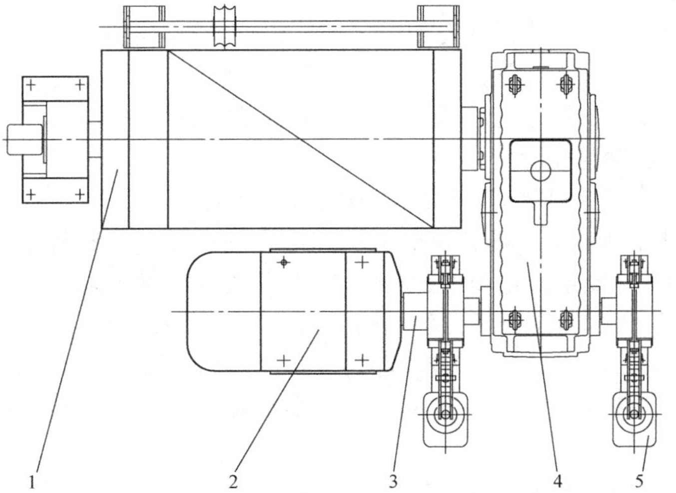

图 2-68 副起升机构

1. 卷筒组；2. 电机；3. 联轴器；4. 减速器；5. 制动器

（5）下车总成

下车总成结构和组成见图 2-69。由下车底盘、步履走行机构、锚固系统、液压系统等组成。

下车底盘主要由一个支承圆筒和四个双“工”字形截面的支腿组成。支承圆筒为上车

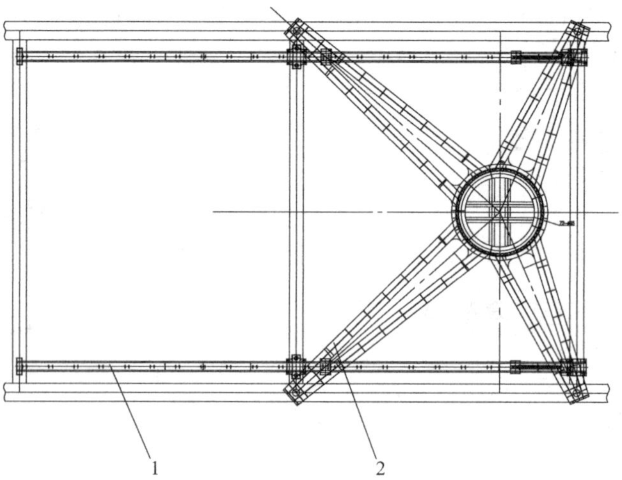

图 2-69　下车总成

1. 走行轨道总成；2. 底盘

提供支撑和联接，圆筒周围有四个支腿，在每个支腿头部下面安装有一个带机械锁定的支顶油缸，在吊机工作时起调平和支承的作用。支顶油缸的底座设有橡胶垫，以保证在与桥梁接触时不对桥梁产生伤害。

步履走行机构由轨道梁、走行油缸和滑靴等组成。两根轨道梁在顺桥方向布置。每个支腿下面有一个滑靴，在滑靴槽的导向作用下，整车可以沿轨道梁滑动。

步履轨道两端设有可纵向转动的铰支座，中部设有可伸缩的球形铰座，满足起重机纵向折线走行的要求。折线走行的夹角最大可达 9°。

吊机通过四个支顶油缸支承在已架设好的钢桥横梁上，油缸提供支反力满足工作时的受力要求；通过精轧螺纹钢筋把四个支腿锚定于步履轨道上，同时步履轨道通过精轧螺纹钢筋锚定于已架设钢桥的横梁上，保证工作时提供足够的拉锚力。

（6）桥面吊机驱动与控制

各主要机构均采用变频驱动，选用 ABB 公司变频器。其中主、副起升机构，变幅机构均采用闭环矢量控制，系统具有足够的调速硬度和良好的低频转矩特性，即使在接近 0Hz 电机也能以 150%额定转矩输出。50Hz 以下实现恒转矩调速，50Hz 以上实现恒功率调速。调速比达到 1∶50，可以保证各机构微速运行的要求。整机控制采用西门子 S7300 系列 PLC，带 Profibus 通信接口。变频器与 PLC 之间采用 Profibus 通讯方式，PLC 实时读取变频器的数据，并通过输入给 PLC 的主令控制器信号控制变频器的频率及电动机的转速。

本机各机构的电气保护有短路保护，过载保护，失压，缺相及零位保护等，另外各机构均设置了相应的机械保护开关。

3. 桥面吊机的使用

桥面吊机通过安装验收与荷载试验检验后使用。图 2-70 为桥面吊机实景。桥面吊机检验主要内容：

（1）步履走行

1）吊机通过支顶油缸支撑于钢桥横梁上。支顶油缸顶起，轨道梁被悬吊于滑靴上。

2）通过走行油缸的多次伸缩动作和插拔销子，使轨道梁沿滑靴槽向前移动，到达支撑位。

3）回缩支顶油缸，使轨道梁放置于钢桥横梁上，此时整机自重通过滑靴全部承受在轨道上。

4）通过走行油缸的多次伸缩动作，吊机沿轨道梁向前移动预定距离，到达工作位，完成一个走行循环。

（2）支顶作业

1）吊机走行到达工作位置后，操作四个支顶油缸使整机上升并调平，此时滑靴应处于不受载状态，整机处于水平工作状态。

2）装上支顶油缸的垫块一、垫块二，并旋紧支顶油缸总成的螺母，使螺母压紧垫块。

3）把每个锚固点的精轧螺纹钢筋装上并拉紧。下车支顶作业准备就绪。

（3）吊装作业

桥面吊机旋转从运梁车上起吊钢桁梁桁片，旋转至安装部位，调整安装构件的空间位置，使待安装构件与已安装钢桁梁精确对接就位，主钩稳定后进行钢桁梁安装节点拼接和高强螺栓施工，由此完成单个构件的拼装架设。

（4）桥面吊机过铰

采用支垫方式使桥面吊机轨道梁以一定斜度（设计限值以内）可靠地支撑并锚固在主横桁的横梁上，桥面吊机依靠自身的爬坡能力沿轨道走行到预定位置，调整并锚固。

轨道支垫高度以钢桁梁架设分析计算成果为预设值，以现场实测值进行校核。支垫材料采用钢结构组焊件。

轨道梁单点支垫高度控制在规定范围以内，桥面吊机走行时轨道梁坡度小于设计限值。

（5）安全操作规程

桥面起重机为单臂架全回转式起重机，用于桥梁钢桁梁的吊装作业。起重机回转部分通过回转大轴承支承在下车底盘上，底盘的四个支承腿和起重机的爬行装置连接，起重机在爬行机构（油缸）推动下可沿轨道移动。整机的动作有：主钩升降、副钩升降、变幅、旋转、移机、移轨、整机顶升。其中主钩升降、副钩升降、变幅、旋转在司机室操作，移机、移轨、整机顶升在液压站操作。主机的操作应由专人负责，并严格遵照如下安全规程执行。

1）操作前的检查

操作前应巡视工作场地有无影响机构运行的障碍物，如有应事先排除，检查总电源及各机构的电源是否接通，有无电路未通。

2）场地照明

夜间作业时，应将机上的照明灯打开，保证机上和工作场地有足够的可见度。

3）安全检查

至少每周对整机结构和各机构进行一次安全检查，发现问题及时解决。

4）维护保养

各机构的运动件应按使用说明书的要求进行加油润滑，钢丝绳按周期进行润滑，定期检查钢丝绳的磨损和断丝情况，达到报废程度应及时更换。

5）移轨

桥面吊机做完一个节间的安装吊运工作，就进行下节间的工作流程，每个节间的安装吊运流程中，首先将桥面吊机的轨道梁前移一个节间距，即10.8m。移轨前，必须松开轨道梁的四套锚固装置，吊轨四个支顶油缸为顶起状态，使轨道梁腾空，锚固吊机后支腿，使整机不出现倾覆，启动爬行油缸，拉动轨道梁到下一节间。

6）移机

轨道梁移动到位后，吊机四个支顶油缸回收将整机落下，让轨道梁着地，锚固轨道梁，松开吊机后支腿锚固装置，启动爬行油缸，推动吊机到下一节间。

7）锚固

吊机移动到位后，松开轨道梁的四套锚固装置，即将进入吊装环节，吊装作业前，吊机四个支顶油缸将整机顶起，装上支顶油缸的垫块一、垫块二，并旋紧支顶油缸总成的螺母，使螺母压紧垫块。将轨道梁与桥梁锚固，然后将吊机与轨道梁锚固。

8）吊装作业

吊机主钩在一定幅度的起吊能力一定，吊装作业中严禁超载作业，为防止吊钩冲顶，必须保证重锤限位开关的完好。旋转时，谨防臂架和吊物与猫道及吊索相碰。

9）应急

吊装作业中，如发现异常情况，应立即停机检查。直到排除故障。

10）下机

作业过程中，操作人员不得离开岗位，下班离机前，应将吊机转到特定角度，以便下机，操作人员离开岗位前，应断开所有电源，并将上部回转锚固。

11）建制

吊机使用单位和管理部门应建立完善的管理制度，维护保养制度、安全操作制度等，确保吊机安全正常地使用。

图2-70　为桥面吊机实景

2.5　公路工程施工新工法

随着公路工程建设质量、安全要求的不断提高，每年均有一大批新的工法涌现。这些工法对公路工程建设具有重要的参考与借鉴价值。本节仅对交通运输部2017年认定的代表性工法做简要介绍。

2.5.1 生态混凝土护坡施工工法

1. 背景

生态防护系指“用活的植物，单独用植物或者植物与土木工程和非生命的植物材料相结合，以减轻坡面的不稳定性和侵蚀”，工程防护是植被防护的基础，两类防护形式是相互支持相互渗透的，只有将两者有机结合，才能起到永久防护、美观耐用的目的。生态混凝土护坡主要用于此段路基路堑边坡绿色防护，路堑边坡坡率1∶1.25～1∶1.5，岩质为强风化玄武岩，属于深长路堑，且位于城市周边，对景观及生态要求较高。生态混凝土能够实现在混凝土上长草，做到工程保护与生态保护相结合，解决“绿化”与“硬化”相矛盾，符合可持续发展与保护环境的基本国策，符合防护技术发展趋势，利于绿色通道建设。本工法解决生态混凝土护坡工艺问题。

2. 特点及使用范围

本工法施工的生态混凝土护坡坚固耐久，满足抗冲刷、抗磨损性能；在孔隙内填充缓释营养材料，使植物根系尽快发育，解决了营养供给不足的问题，使生态混凝土护坡土壤适应性更广；通过添加保水材料为植物储存水分，提高了生态混凝土的气候适应性；具有生态系统的基本功能（能量转换、物质循环、信息传递功能），改善环境功能，植被能恢复被破坏的生态环境，降低噪声，减少污染，促进有机污染物的降解，精华空气，调节小气候；便于施工、修复、加固。

本工法适用于生态混凝土护坡施工，边坡坡率在1∶1.25～1∶1.5。特别是在对景观、生态要求较高地区或者浸水地区，生态混凝土护坡优势明显。

3. 施工工艺流程及操作要点

（1）边坡修整

边坡必须修整至设计边坡坡率，同时应将坡面表土范围的土块打碎，使其尽可能均匀。如坡面以石块为主，石块之间应填充耕植土至表面平整且无外观孔隙，便于铺装生态混凝土构件。修整后的边坡（图2-71），必须经监理人员验收合格后，方可进行下一工序作业，见图2-72。

图2-71 边坡修整

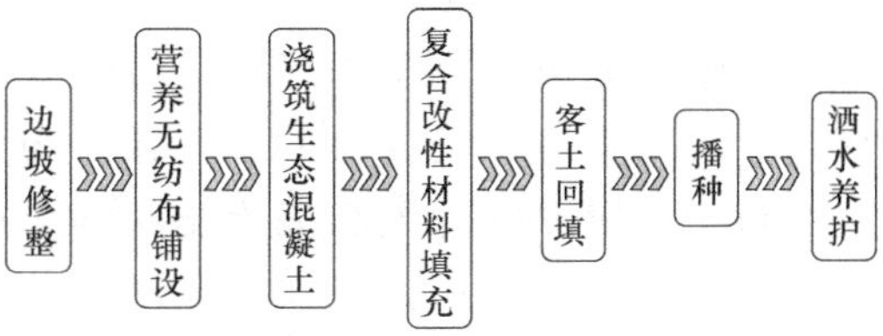

图2-72 工艺流程图

（2）营养无纺布铺设

营养型无纺布同时具有反滤和为植物生长提供营养的作用，外观为双层结构，上层一般为营养层，下层为反滤层，常用规格为300g/m^{2}和400g/m^2，见图2-73。

图 2-73 营养无纺布铺设

铺设时，营养层在上侧，反滤层在底侧。布间连接可采用搭接或缝接方式。

1）铺设前应对土工织物进行质量复检，如材质是否均匀，强度、渗透和抗淤堵性能等是否满足设计及规范要求；

2）铺设时应避免土工织物折叠、打皱等。幅间缝接宜采用专用设备缝合，宽度不得低于 5cm；

3）铺设时应避免土工织物破损，一旦发现，应予剔除废弃，不得使用。同时还应避免泥土或杂物淤堵土工织物，以免影响渗透效果；

4）土工织物应做好遮光保护，施工时应避免阳光长时间照射，以防老化；

5）铺设后，可采用 8＃铁条制成“U”形钉将营养型无纺布固定在被保护边坡坡土面上，防止滑移、错动。

（3）拌和浇筑生态混凝土

1）根据设计的框格型式，结合坡面高度、长度放样框格位置；

2）按设计框格材料，施工框格圬工（按一般圬工构件要求施工）；

3）生态混凝土拌和生产。

按试验得出的施工配合比配制生态混凝土原料，见表 2-7。

适用于现场施工的最佳配合比 **表 2-7**

编号	水泥用量	（16～31.5mm）骨料用量	水灰比
S42	300kg	1540kg	0.4

先投入骨料、50％的水，预拌 30s 左右，使骨料表面完全湿润；然后加入水泥搅拌 1min，再将剩余的水逐渐加入，通过观察绿化混凝土状态是否达到要求，酌情确定是否补充适量的水，搅拌时间控制在 3min 以内。水量及搅拌时间适当时，骨料表面发亮、浆体均匀，不出现流态浆体。

在混凝土拌合的同事加入生态混凝土改良剂，加入比例按照产品说明要求添加，以达到生态混凝土的降碱效果，完成上述过程即可开始浇筑。

4）生态混凝土浇筑

图 2-74 浇筑生态混凝土

在已施工完成的场工框格内，应预先铺设一层小粒径碎石，承接滴落的水泥浆，防止淤堵无纺布。将搅掉好的生态混土用工程车载传送带运输到圬工枢格内，按设计厚度进行浇筑（图 2-74）。浇筑作业时间不宜过长，以避免骨料表面风干。浇筑时不可采用大功率振捣器进行振捣，应采用微型振捣器（电动抹具）压平或人工拍实生态混凝土表面，并与周边紧密结合。生态混凝土厚度不小于 150mm。施工完毕后，搅拌机和运输工具需及时清理，铲除粘在机内的剩余物。

(4) 复合改性材料充填

生态混凝土孔隙内需填充复合改性材料（图 2-75)。复合改性材料可在工厂制成母料，在施工现场混合后进行充灌。

1) 充填材料配制：用当地耕植土 0.5m^3、草炭土 0.5m^3，加充填母料 40～60kg，用二次过筛法充分混合；如缺乏草炭土资源时，可采用母料 50～70kg 加当地耕植土 1m^3 混合；

2) 将配制好的充填材料平推在生态混凝土表面，厚度约为构件厚度的 1/3；

3) 向生态混凝土孔隙内充填复合改性材料。充填方式分为吹填、水填两种方式，可根据具体情况酌情选择。

吹填：用空气压缩机、吹风机吹填，须近距离吹填、减少飞溅量，以孔隙基本充满、无法继续吹入充填材料为度。

水填：采用低水压喷头喷水，使充填材料随水流注入孔隙中。水量不宜过大，以免多余水流带走充填材料。

(5) 客土回填

生态混凝土表面覆土厚度应不大于 20mm。

1) 回填的客土一般采用耕植土（图 2-76)。客土既是生态混凝土的组成部分之一，又是提高生态混凝土植草发芽率、防热晒、阻止肥料逸出的有效方式；

2) 回填前，可在生态混凝土表面施撒速效底肥，以磷酸氢二铵为宜，若回填后立即播种时，可施用尿素；

3) 回填土中应无碎石等杂物、杂质，无块状，必要时，应进行筛选；

4) 回填土含水率一般不小于 15%，过干时，可在回填后的土表面少量撒水；

5) 回填时，应摊平并轻夯；

6) 回填土切勿过厚，以免草在回填土层内过度分蘖，使草、混凝土分离。

图 2-75　填充复合改性沥青

图 2-76　客土回填

(6) 播种

1) 在生态混凝土上播种植物，可酌情选用播植（草籽)、铺植（草坪卷)、栽植（秧苗）等方式。所播种的草品种，应根据当地具体气候情况和工程要求，结合生态混凝土上温度变化的特点进行选择，以耐热、耐贫瘠、匍匐型为宜，播种量应通过试验确定；

2）采用播植方式时，所选草籽必须是发芽率在80%以上的新鲜草籽。播种前，必须对选定草进行发芽率实验。播草方法基本与在普通土地上播种相同：将草籽均匀散播在客土表面并轻拍固定，也可撒少许覆土，但覆土厚度不可大于5m。若采用颗粒较小的草籽时，应注意防蚁；

3）采用铺植草坪卷方式时，应按构件内凹面形状，预先将草坪卷割成小块。铺设时，先在充填复合材料后的构件表面洒水，然后将草坪卷铺在构件凹面内踩实，周边不得露根；

4）采用栽植方式时，先将草株分开，每2～3株为一捆：用细木棍插到生态混凝土表面孔洞，将草株捆栽入后，周围培土固定；

5）播种期应根据植物特性选择，且宜在生态混凝土表面温度15～25℃时播种。一般不宜在夏季高温期间播种，必须要播种时，应采用架设遮阴网等防晒措施；插植不宜在雨季，以免冲走草籽。

（7）养护

1）播种初期：每日上、下午各浇水一次，应采用喷头浇水，严禁用喷嘴直射，防止水流带走草籽。如播植的是颗粒较小的草籽，应注意防蚁；

2）草发芽初期：日浇水两次；

3）分蘖成坪后，每周浇水两到三次，以表层客土完全湿润并渗透构件为度；

4）在植草形成覆盖草坪、草根穿透生态混凝土并在混凝土下土壤中分根时，若无特殊情况可基本停止养护。

4. 质量控制

（1）项目执行标准

《中华人民共和国安全生产法》；

《公路工程技术标准》JTG B01—2014

《公路土工合成材料应用技术规范》JTG/T D32—2012

《公路环境保护设计规范》JTG B04—2010

《公路建设项目环境影响评价规范》JTG B03—2006

《公路工程质量检验评定标准》JTG F80（1）—2004

《公路路基设计规范》JTG D30—2015

《公路工程施工安全技术规范》JTG F90—2015

《国务院关予进一步推进全国绿色通道建设的通知》（国发〔2000〕31号）

（2）质量控制措施

1）生态混凝土护坡材料验收

物理力学性能：

生态混凝土护坡的技术参数及检验标准应符合表2-8的规定。

抗压强度试验：

一般须测定生态混凝土立方体试件的抗压强度。试验步骤应按下列方法进行：

① 试件从养护地点取出后应及时进行试验，将试件表面与上下承压板面擦干净。

绿化混凝土生态护坡的技术参数及检验标准　　表 2-8

部位	平面几何尺寸偏差(mm)	厚度偏差(mm)	混凝土标号	抗冻指标	集料粒径范围(mm)	有效孔径 O_{50}(mm)	孔隙率%
外保护框	±2	±4	C235	F150	5～31.5		
内生长基			C3～C8	F50	16～315	≥0.36	≥30
检查数量	抽查 25m 检查 6 点，上中下各 2 点		每 $100m^3$ 抽查 1 次		每 $100m^3$ 或 600t 抽查 1 次		每 $100m^3$ 取 1 组

② 将试件安放在试验机的下压板或垫板上，试件的承压面应与成型时的顶面垂直。试件的中心应与试验机下压板中心对准，开动试验机，当上压板与试件或钢垫板接近时，调整球座，使接触均衡。

③ 在试验过程中应连续均匀地加荷，混凝土强度等级＜C30 时，加荷速度取每秒钟 03～0.5MPa；混凝土强度等级≥C30 且＜C60 时，取每秒钟 0.5～0.8MPa；混凝土强度等级≥C60 时，取每秒钟 0.8～1.0MPa。

④ 当试件接近破坏开始急剧变形时，应停止调整试验机油门，直至破坏。然后记录破坏荷载。

立方体抗压强度试验结果计算及确定按下列方法进行：

混凝土立方体抗压强度应按下式计算：

$$f=\frac{F}{A} \tag{2-4}$$

式中　f——混凝土立方体试件抗压强度（MPa）；

F——试件破坏荷载（N）；

A——试件承压面积（mm^2）。

混凝土立方体抗压强度计算应精确至 0.1MPa。

强度值确定应符合下列规定：

三个试件测值的算术平均值作为该组试件的强度值（精确至 0.1MPa）；三个测值中的最大值或最小值中如有一个与中间值的差值超过中间值的 15%时，则把最大及最小值一并舍除，取中间值作为该组试件的抗压强度值；如最大值和最小值与中间值的差均超过中间值的 15%，则该组试件的试验结果无效。

混凝土立方体抗压强度试验报告内容除应满足技术参数要求外，还应报告实测的混凝土立方体抗压强度值。

生态混凝土孔隙率的测定：

根据日本混凝土协会 1998 年提出的“多孔混凝土性能试验方法草案”，生态混凝土总孔隙率、连通孔隙率的测定可采用如下试验方法：

① 测量试件外观体积 V_1（cm^3）；

② 在（20±3)℃的水中浸泡 4d 以上，使其饱和，测得试件在水中的质量 W_1（g）；

③ 将试件从水中取出，控水，至表面不再看到水迹为止，测量其在空气中质量 W_2（g）；

④ 在温度（20±2)℃、相对湿度 60%条件下，试件自然放置 24h 后，测量其在空气中质量 W_3（g）；

⑤ 连通孔隙率为

$$P_1(\%)=\left(1-\frac{W_2-W_1}{V_1}\right)\times 100$$

⑥总孔隙率

$$P_2(\%)=\left(1-\frac{W_3-W_1}{V_1}\right)\times 100$$

生态混凝土冻融次数的测定：

冻融循环试验按照《普通混凝土长期性能和耐久性能试验方法》的快冻法进行。

混凝土快速冻融试件浇注后养护至28d龄期时开始试验。提前4d将试件浸泡在温度为15～20℃的水中，试验前测试动弹性模量和重量，每次冻融环应在2～4h内完成，其中用于融化的时间不得少于整个冻融时间的1/4，一般每隔50次循环作一次动弹性模量测试。在冻结和融化终了时，试件中的温度应分别控制在−17±2℃和20±2℃，遇到以下几种情况之一即可停止试验：

① 已达到300次循环；

② 相对动弹性模量下降到60%以下；

③ 重量损失率达5%及以上。

生态混凝土pH值测定：

采用取出固液萃取的方法来制备溶液测定生态混凝土的pH值。具体步骤如下：将达到一定龄期的绿化混凝土试块破碎，充分研磨，过筛（用0.08mm方孔筛），称取10g，然后加入10倍重量的蒸馏水中，用磨口瓶装量，再用橡皮塞塞紧，以防碳化，每隔约5min摇匀一次，2h后过滤，使用pH计测定滤液的pH值。

每200m^3 检验1组。

2）边坡修整验收

边坡必须符合设计边坡比，坡面应平整，见表2-9。

边坡修正主控项目 **表2-9**

项次	检查项目	质量标准	检查数量
1	边坡表层清理	表层清理的范图符合设计要求	
2	边坡坡度	符合设计要求	每100m检查2处

3）营养型无纺布铺设验收

营养型无纺布目前为国家实用新型专利产品，必须由专利权人或由专利权人指定厂家生产；铺设前应对无纺布进行质量复检，如材质是否均匀，强度、渗透和抗淤堵性能等是否满足设计要求；铺设时应避免土工织物破损，一旦发现，应予别除废弃，不得使用；同时还应避免泥土或杂物弄脏土工织物，以免影响透效果；施工时防止无纺布被阳光长时间照射。见表2-10。

营养无纺布铺设主控项目 **表2-10**

项次	检查项目	质量标准	检查数量
1	土工布重量	设计重量的1%	每30000m^2 检1组
2	营养土工布成分	满足质量要求	每30000m^2 检1组

4）复合充填材料及覆土作业验收

向生态混凝土孔隙内充填复合营养改性材料时，可酌情采用吹填、水填、振填方式；充填材料不应结块，应二次过筛使其充分混合。客土回填时，土中应无碎石等杂物，无硬块，必要时，应进行筛选。回填土含水率应不小于15%，过干时，可在回填后的土表面少量洒水。采用插植方式时，所选草将必须是发芽率在80%以上的新鲜草籽，播种前，必须对选定草籽进行发芽率实验，见表2-11、表2-12。

复合充填材料及覆土作业主控项目 **表2-11**

项次	检查项目	质量标准	检查数量
1	客土回填土	回填土含水率>15%	每100m^3检1组
2	播种草籽	发芽率>80%	3条带(带宽3m)

复合充填材料及覆土作业一般项目 **表2-12**

项次	检查项目	质量标准	检查数量
1	充填材料	草炭土含量>0.5	每50m^3检1组

5. 安全措施

(1) 建立以项目经理为核心、各部门为主体的安全组织机构，对转体施工安全进行全面监控。

(2) 对所有参建人员进行深入的思想教育和安全培训，统一思想、团结一致、确保转体施工安全。

(3) 进入施工现场人员必须正确佩戴各类安全防护用品，严禁酒后作业，禁止操作与自己无关的机械设备，操作机械时，精力必须集中。

(4) 施工现场的临时用电，严格按照《施工现场临时用电安全技术规范》JGJ 46—88的规定执行，电工必须持证上岗，严禁非电工拆装电气设备，严禁乱接电源。所有电气设备的绝缘状况必须良好，并有开关漏电保护装置。

(5) 高空作业人员必须挂好安全带并在高空作业的范围内挂设安全网，严禁从高处向下抛投东西。

(6) 加强工地临时施工便道的保养工作，教育司机遵守交通规则，文明驾驶，并加强车辆的维修保养工作。

(7) 加强同气象部门的联系，注意气象预报，及时掌气候变化情况，搞好预防措施，避免恶劣天气造成人员伤亡和财产损失。

摘自交通运输部工法GGG（中企）A5006—2017。其他内容详见该工法。

2.5.2 基于快速精确定位的空心六棱砖拱形骨架护坡高效施工工法

1. 背景

在拱形骨架护坡（内嵌空心六棱砖）施工过程中，往往存在拱形骨架护坡基槽传统人工开挖效率低、成本高，开挖质量难控制；骨架核心土采用传统人工铁锹拍打夯实，实体质量控制难度大；传统挂线检测空心六棱砖安装工效低、线形精度差等一系列问题。本工法基于快速精确定位的空心六棱砖拱形骨架护坡高效施工技术的研究与应用，从根本上解决了路基拱形骨架护坡（内嵌空心六棱砖）施工关键工序中的技术难题。

2. 特点及使用范围

（1）空心六棱砖预制过程中、对传统人工脱模方式进行优化，自主设计应用了一种新型脱模工具，确保空心砖在脱模落地后各部位能够均匀受力，减少冲击，有效的保证了预制件的实体质量，加快了脱模效率，将预制块损耗率控制在了7%以内。

（2）拱形骨架基槽采用机械开挖，通过在挖机悬臂上增加旋转钻头，利用旋转钻头进行基槽开槽解决传统人工开挖效率低、成本高的问题；同时配合人工整修成型，减少了对边坡核心土的扰动，提升整体工效。

（3）采用液压平板夯对拱形骨架内开挖顶留土进行夯击，电锤夯配合对圆弧边角位置夯击，有效保证了骨架内土体密实、平整，对下补六棱砖安装提供了良好条件，避免二次修面，节省时间，提高工效指标。

（4）针对传统挂线检测空心六棱砖铺设线形精度差、工效低的问题，自主研制了一种空心六棱砖安装就位标尺，有效控制空心砖表面平整度、缝隙均匀线形顺直，施工效率高。

（5）采用360°自动喷淋绿化养护系统、实现定时自动喷养，节省大量水车租费、养护工工费，避免了洒水车辆尾气排放及水压冲刷坡面造成二次污染混凝土表面。

本工法适用公路、铁路空心六棱砖预制，混凝土拱型截水骨架＋内嵌空心砖＋客土植草防护施工及后期植被绿化养护。

3. 施工工艺流程及操作要点

本工程路基边坡防护采用了拱形截水骨架＋内嵌空心六棱砖＋客土植草防护施工的结构形式，具体设计图见图2-77。

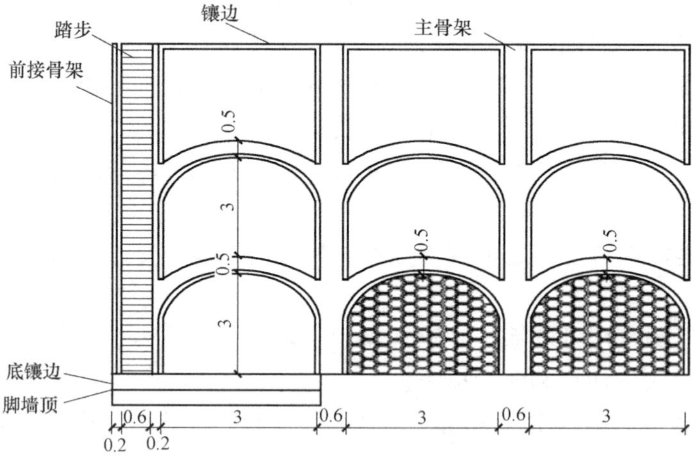

图2-77 拱形截水骨架＋内嵌空心六棱砖＋客土植草防护结构示意图

（1）施工工艺流程

本工法施工工艺流程见图2-78。

（2）关键工序施工工艺及操作要点

空心六棱砖预制

施工准备：

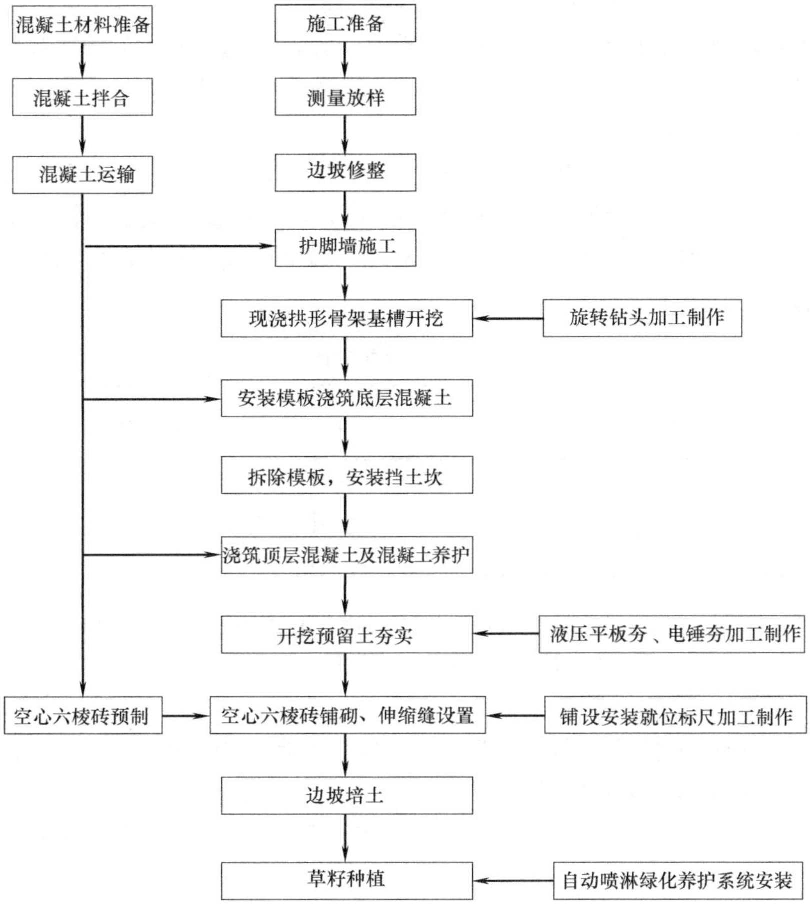

图 2-78　基于快速精确定位的空心六棱砖拱形骨架护坡高效施工工艺流程图

① 对预制场区进行规划、作图设计，规划出模具摆放区、清洗区、振动台安置区、半成品加工区、半成品养护区、成品堆放区、养护设施及临时房屋等建设。

② 施工前根据预制构件数量选取场地并平整，做好临时排水设施，确保施工现场不积水。在半成品养护区设置 7 道镶有瓷砖的养护台座（见图 2-79、图 2-80），严格控制台座铺设的平整度，在施工过程中使用水平尺进行测量，并设专人定时对台座进行清扫。

图 2-79　镶有瓷砖平整的施工场地

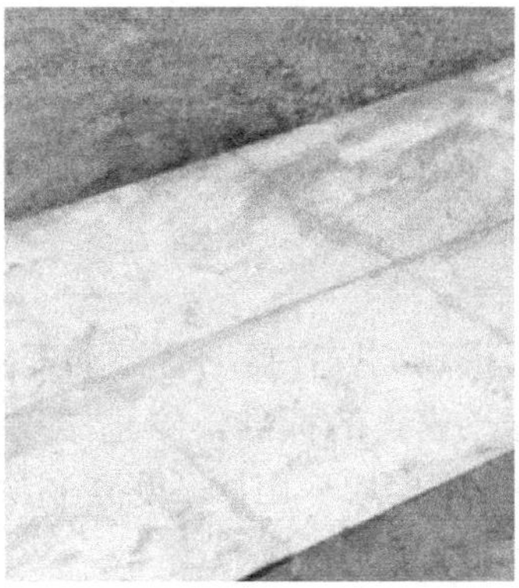

图 2-80　瓷砖平整

③ 在大批量预制施工前，在设计范围以内选择有代表性小型构件进行工艺试验，确定工艺参数。预制件应振捣密实，并记录脱模时间等，以选定科学的施工技术参数。将以上试验资料整理上报监理工程师批准通过后，用以指导小型预制构件施工。

混凝土配合比设计：

① 根据前期3cm宽空心六棱砖预制试验过程中，混凝土表面易出现裂缝的问题，在混凝土中添加10m长聚丙烯纤维，掺量为2kg/m³，有效降低混凝土脆性，提高混凝土的抗冲击性能，减少混凝土在浇筑后早期硬化阶段，因水分散失而引起的塑性收缩和微小裂纹，具体配合比见表2-13。

混凝土理论配合比　　表2-13

项目	水泥（P・O42.5）	粉煤灰	减水剂	5～10	10～20	砂	引气剂	水	聚丙烯纤维
kg/m³	279	119	3.92	349	749	700	0398	159	每方混凝土掺入2kg
配合比	1	0.43	0.014	1.25	2.684	2.509	0.0014	0.569	

② 项目部拌和站严格按照审批通过优化后的空心六棱砖纤维混凝土进行混凝土拌和，严格控制拌和时间，确保纤维在混凝土中充分打开。

模具喷脱模剂：

① 从清洗完成的塑料模具中，选取尺寸合格、外观表面及内部质量合格干净无杂物、无破损、无裂纹和变形的塑料模具。

② 在混凝土入模前对其喷涂脱模剂，确保在脱模时，混凝土与塑模无粘连，达到轻松脱模。

混凝土拌制：

① 采用拌和站集中拌制，严格按照施工配合比进行配料，混凝土坍落度控制在180～220mm，混凝土搅拌时间不小于2min。保证混凝土拌合物的和易性。

② 监理旁站抽样测试混凝土拌合物的坍落度等试验，抽样制作试件。

混凝土入模：

① 在混凝土运至预制加工区时，保证混凝土的入模温度低于环境温度，避免由水化热引起的温度裂缝，若入模温度高于环境温度，则要求报废处理。

② 浇筑混凝土前再次对模具进行检查，并做好记录，符合设计要求后方可浇筑。模具内的杂物、积水和污垢应清理干净。

③ 拌和机拌出混凝土后直接放入“移动式轨道混凝土料仓”（见图2-81）、该料仓移动到模具上方布料。

振动台振动：

① 将模具放置在振动台振动密实，现场测试保证振动台振捣时间。

② 振动密实的标准：停止振动后混凝土表面是否平坦、泛浆、无气泡、不再下沉。混凝土振动密实后采用抹子对预制块进行初次抹平处理。

倒运、摆放至台座：

将已浇筑好的预制件连同模具一起用小推车运至半成品养护区，倒运过程中要轻、

图 2-81　采用移动式轨道混凝土料仓布料

慢、稳，整齐、平整的放置在台座上。

人工收面：

根据混凝土的凝结情况，在混凝土初凝前对预制块顶面进行二次收光，保证预制块顶面光滑平整。然后覆盖土工布，避免阳光晾晒。

混凝土养护：

混凝土浇筑结束后，应在收浆后尽快予以覆盖和洒水养生。混凝土养生时间为 7d。每天洒水次数以能保持混凝土的表面经常处于水润状态为度。

工具法脱模施工：

① 混凝土浇筑完成 3d 后，进行脱模。

② 大面积脱模前、应随机找一块混凝土浇筑的预制构件做脱模试验，当预制块脱模时混凝土不产生掉角、缺边等现象时，即可进行大面积脱模。

③ 脱模时将预制块模具翻转过，放置在加工好的脱模模具上进行脱模，预制构件拆除后采取轻拿轻放，防止预制块出现损坏现象。

④ 工具法脱模施工操作要点

A. 对传统脱模方法进行优化，严格按照 3cm 宽空心六棱砖尺寸，使用角铁、钢筋焊接脱模模具（见图 2-82），并在模具底铺设一层海绵，确保落地后 3cm 宽空心六棱块各部位能够均匀受力，减少冲击（见图 2-83、图 2-84）。

图 2-82　新型脱模模具

图 2-83　成功脱模

图 2-84　脱模完成

B. 安排专门的施工人员对脱模模具的制作进行全程监督，并检验其截面尺寸、焊接的牢固性，确保优化后的脱模工具能够正常使用。

C. 针对新的脱模工具使用的施工要点，对现场人员进行技术交底，并安排专门的技术人员对现场脱模人员进行指导，确保脱模人员能够熟练的掌握新的脱模工具的使用方法，保证脱模质量。

运至成品养护区及不合格品堆放区：

① 脱模完成后，由现场技术人员、质量检测人员共同见证，人工将合格的预制构件搬运至码垛点进行堆码。

② 堆码应分层进行，最先预制的预制构件放在最下层，最后预制的放在最上层。不合格品运送至不合格品堆放区。

成品养护：

① 将合格品运送至成品养护区后，继续进行养生，养生时间为自混凝土浇筑之日起不小于 7d。

② 日间，每隔 30min 喷淋 5min，夜间，每隔 60min 喷淋 5min。根据天气温度及空气湿度情况进行灵活调整，保证混凝土表面湿润，喷淋洒水养护时间为 7d。

运至施工现场：

养生完成后，成品由项目部、质检部门检验合格后报监理工程师检验，并出具产品合格证书。将预制件码垛整齐，按照施工现场所需进行集中配送。

（3）拱形截水骨架护坡施工

1）测量放样

以线路中线控制，依据设计图纸段落内护坡道标高与路床顶面高差按照边坡坡率推算坡脚位置，段落内坡脚位置点进行加柱设置，放样出边坡尺寸。

2）边坡修整

① 基床底层 A、B 料填筑压实完毕并验收合格后，即可进行护坡土方修整，设计坡面以上预留 8cm 厚的保护层，多余土方用 $1m^3$ 反铲式挖掘机挖去。

② 整坡结束后，保证坡面平整、坚实，坡面整好后，要求无树根、草皮、乱石、裂缝，进行质量自检和复检，并经监理工程师终检合格后，才能进行下一道工序施工。

3）护脚墙施工

① 护坡脚墙采用人工配合小型机械开挖的方法进行开挖，开挖时应严格控制好线形，基坑宽度尺寸比设计尺寸宽出约 50cm 以便留出施工平台，离设计基底高程 20cm 处采用人工进行清理以免超挖。开挖完成后及时清理基底与钢筋混凝土板虚土并夯实基底。

② 模板采用钢模支设，模板安装后表面光洁、平整。模板安装中要保证接缝紧密，板体顺直。

③ 护脚墙采用 C25 混凝土浇筑，每隔 10m 设置伸缩缝一道，浇筑过程中，应有专人检查模板，变形情况。控制浇筑速度，发现问题及时纠正。混凝土浇注完后，应采用土工布覆盖混凝土洒水养生，养护 7～14d。

4）现浇拱形骨架基槽开挖

持护脚墙混凝土强度达到设计要求后，开始对空心块现浇拱形框架基槽开挖，施工前在挖机上安装旋转钻头（见图 2-85），采用开挖机对拱形骨架进行机械开槽（见图 2-86）。

5）安装模板浇筑底层混凝土

① 模板安装应满足骨架结构尺寸要求，支撑、固定牢固。浇筑混凝土前，应将基槽清理干净，保证骨架的结构尺寸。

② 采用吊车吊漏斗浇筑骨架混凝土，底层混凝土厚度为 38cm，采用振捣棒振捣密实。混凝土面为毛面，且应平整以便于安装挡水坎。

③ 混凝土初凝前，进行接茬筋设置，接茬筋采用 $\phi16$ 钢筋，主骨架及拱骨架均设置一道接茬筋，接茬筋间距为 32cm，主骨架接茬筋长度为 56cm，拱骨架接茬筋长度为 40m。混凝土浇筑完成后，应及时进行覆盖洒水养护。

图 2-85 骨架基槽开槽机作用

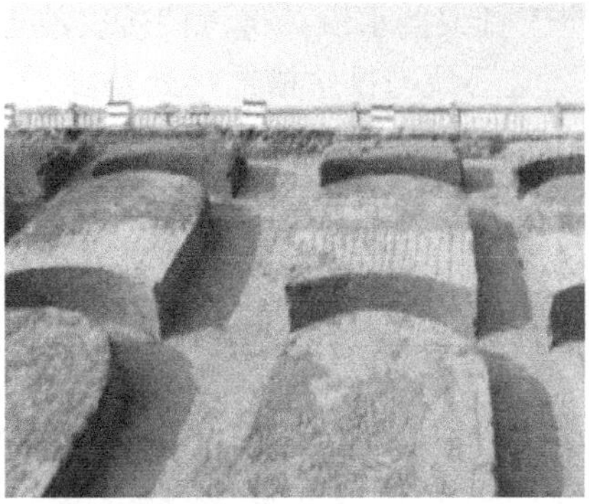
图 2-86 拱形骨架开槽成型效果

6）拆除模板，安装挡土坎

① 在混凝土强度保证其表面、棱角不因拆模而受损坏时，即可拆除模板。

② 采用砂浆安装、固定挡水坎，安装前，应进行纵横向挂线，保证挡水坎在同一直线且在同一平面上。安装挡水坎时，应采取措施保证挡水坎垂直于坡面。挡水坎间设 1cm 缝隙，缝隙采用砂浆勾凹缝。

7）浇筑顶层混凝土及混凝土养护

① 浇筑顶层混凝土前，应将底层混凝土面清理干净。混凝土面及施工缝应光滑平顺。

② 混凝土初凝土后，及时覆盖土工布进行洒水养护，每天洒水次数须保持混凝土表面经常处于湿润状态为度，养护期不小于 7d。

（4）空心六棱砖铺砌

1）开挖预留土夯实

采用液压平板夯对拱形骨架内开挖预留土进行夯击（见图 2-87），电锤夯配合对圆弧边角位置夯击（见图 2-88），避免安置完成后局部出现不均匀沉陷。

图 2-87 采用液压平板夯进行夯击

图 2-88 电锤夯配合对圆弧边角位置航迹

2）空心六棱砖铺设

① 按设计图纸要求进行空心块的安置，每个空心块要紧密平整的安置在拱形骨架内，安置时自下而上进行，逐层铺设，空心块与空心块应纵横交错，连成一体，块体间咬扣紧密，错缝无通缝，不得叠砌和浮塞，空心块表面应保持平整、美观。

② 采用自制六棱砖安装就位标尺对空心砖安装过程中实时检测、定位，使用时将两端固定于骨架挡水沿，将六棱砖安放至固定模具槽中（见图 2-89）。

③ 空心块与排水槽连接处空隙采用 C25 混凝土填塞。

④ 安置完成后进行培土，注意培土过程中土质内不能含带杂物，每个六棱块内需装满培土（见图 2-90）。培土完成后需将多余的土质清除出护坡外，保证护坡清洁美观。

图 2-89　六棱砖铺设定位检查装置

图 2-90　铺设成型后的路基六棱块

3）伸缩设置

沿线路方向每 10m 设置一道伸缩缝，缝宽 0.02m，缝宽要上下贯通、整齐垂直，缝内填塞沥青木板，深 0.2m。伸缩缝不应设置在排水槽内。

（5）草籽种植，自动喷淋绿化养护系统安装

1）草籽种植

种草采用液压喷播植草技术，利用液态播种原理，将草籽、肥料、粘着剂、纸浆或木纤维、土壤改良剂和色素等按照一定比例在混合箱内配水搅匀，通过机械加压喷射到边坡坡面而完成植草施工。

2）自动喷淋绿化养护系统安装

通过设置时间继电器，将自动喷淋系统改装成适用于灌溉的绿化养护系统（见图 2-91），并在施工现场进行安装。

3）采用 360°雾化喷头进行自动喷淋绿化养护（见图 2-92），每个喷头能覆盖周围半径 6m 范围，有效控制了边坡骨架内土体流失及植被损坏。

4. 质量控制

（1）施工操作程序化：做好施工准备，科学安排施工工序并按工艺要求组织施工，做到边施工边自检、互检。

（2）施工管理标准化：以设计图纸、招标文件、变更洽商为技术指导依据，按技术要求选定合格技术人员。

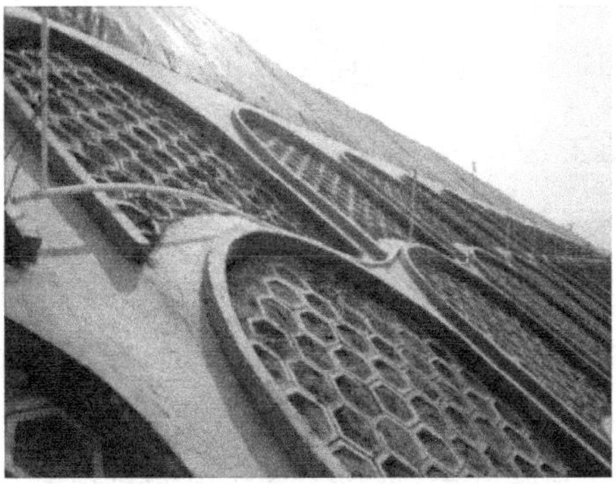

图 2-91 边坡自动喷淋绿化养护系统

图 2-92 360°雾化喷头

（3）施工操作标准化：以技术交底为施工依据，按专业工种选用合格的操作人员。

（4）施工管理规范化：按“工艺操作规程”指导施工；按工程质量目标措施及其他质量管理制度管理施工；施工作业指导书、交底、技术通知，语言文字严密、清楚、准确。

5. 安全措施

施工过程中必须要坚持“安全第一、预防为主”的施工安全方针，坚持“安全为了生产、生产必须安全”的原则，广泛开展安全标准工地建设，严格执行国家、交通运输部有关施工安全的法规、规定，无重大人身安全事故，并狠抓施工中的落实，确保安全施工。

（1）建立健全安全生产管理机构、成立以项目经理为组长的安全生产领导小组，全面负责并领导本项目的安全生产工作。实行安全生产三级管理，即一级管理由项目经理负责，二级管理由专职安全员负责，三级管理由领工员（或班组长）负责，各作业点设安全监督岗。

（2）实行逐级安全技术交底制，由项目部组织有关人员对工程项目或专项进行书面详细安全技术交底。项目部专职安全员要对安全技术措施的执行状情况进行监督检查，并作好记录。

（3）针对工程特点，对所有从事管理和生产的人员进行全面的安全教育，通过安全教育，增强职工安全意识，树立“安全第一、预防为主”的思想；掌握基本生产知识和安全操作技能；提高职工遵守施工安全纪律的自觉性，认真执行安全操作规定，做到不违章指挥、不违章操作、不伤害自己、不伤害他人、不被他人伤害，达到提高职工整体安全防护意识和自我防护能力。

（4）保证检查制度的落实，规定定期检查日期及参加检查的人员，项目部每月最少检查一次；作业班组每天工前要求，非定期检查应视工程情况如施工准备前，施工危险性、采取新工艺、季节性变化、节假日前后等要进行检查，对检查中发现的安全问题按照“三不放过”的原则制定整改措施，定人限期进行整改。

（5）施工人员进场后，组织操作人员进行安全培训，安全培训合格后，方可在现场作业；定期组织作业人员进行安全学习和安全教育，班前进行安全讲话。

（6）进入施工现场，必须佩戴安全帽等安全防护用品。

（7）现场临时用电线路采用三相五线制，严禁乱拖乱拉。配电箱严格做到三级配电二级漏电保护。施工电器设备的保护接地、接零措施必须严格按照规定实施。工作照明灯使用安全电压。

摘自交通运输部工法 CGG（中企）A4004—2017。其他内容详见该工法。

2.5.3 基于压实功等效的 GTM 设计沥青路面施工工法

1. 背景

由于 GTM 混合料具备着更低的沥青用量和更高的密实度，GTM 设计沥青路面的优良路用性能能否得以发挥，很大程度上将取决于路面施工质量的好坏，尤其是路面的压实质量及其控制标准与方法的适宜性。《沥青路面施工技术规范》JTG F40—2004 要求“当采用其他方法设计沥青混合料时，应按本规范规定进行马歇尔试验及各项配合比设计检验”，然而，实践表明，GTM 法设计沥青混合料的相关指标并不一定满足马歇尔试验的相应要求。对于不同设计理念形成的沥青路面，其原材料技术指标、试验与施工设备、碾压工艺、路面施工质量控制要求以及质量验收方法和标准，必然存在差异。为此，本工法通过技术研究，形成了一整套基于压实功等效的 GTM 设计沥青混凝土路面施工方法，并对主要试验设备 GTM 进行了改进，使其试验窗内温度可根据现场施工环境的实际情况进行灵活调整。工法改变了沥青路面室内配合比设计与现场施工状况分离的传统模式，实现了室内试验与现场施工的协同与集成，节约了建设成本，提高了路面质量，降低了维修养护成本，使路面主体结构的使用寿命更长，具有显著的社会经济效益。

2. 特点及使用范围

（1）在室内配合比设计中考虑了工后重载交通对路面结构的应力梯度影响以及环境温度对路面结构的温度梯度影响。

（2）为防止沥青结合料被胶轮压路机的搓揉挤压作用导致上浮，与胶轮的损耗过大以致增加压实成本，在传统沥青路面的现场压实工艺设计中，都尽可能地避免“先胶后钢”的碾压方案。

（3）在配合比设计和施工验收的质量控制过程中，均以基于力学性能的指标—旋转剪切稳定值 GSI（Gyratory Stability Index）和旋转剪切系数 GSF（Gyratory Shear Factor）作为主要指标，传统体积指标比如空隙率、矿料间隙率等仅作为参考性指标。

（4）得到的沥青混合料的最佳沥青用量相对更低、标准密度相对更高空、空隙率更小，使沥青路面节省了大量原材料费用同时，又有效地提高路面的抗水损害能力，并减少了沥青路面在重载交通下出现的车撤、推移、拥包等早期损坏，提高沥青路面抗车辙能力、延长路面使用命、降低路面全寿命周期费用、减少路面维修对交通通行的影响，提高路面服务质量。

本拱法适用于各种等级新建和改建公路工程、市政工程道路沥青路面面层或沥青稳定碎石基层的设计与施工，也可用于旧沥青路面面层的加铺和修复。

3. 施工工艺流程及操作要点

主要包括后场原材甄选与储备、GTM 配合比设计（包括试验参数的计算等）和现场试验段铺筑三大部分。如图 2-93 所示。

（1）后场原材甄选与储备

选购经调查试验合格的沥青、粗集料、细集料、填料等材料进行备料，矿料分类堆放，并做好对沥青矿料堆放场地的硬化处理和做好场内四周防、排水措施，以及搭设矿粉专用的库房或储存罐。

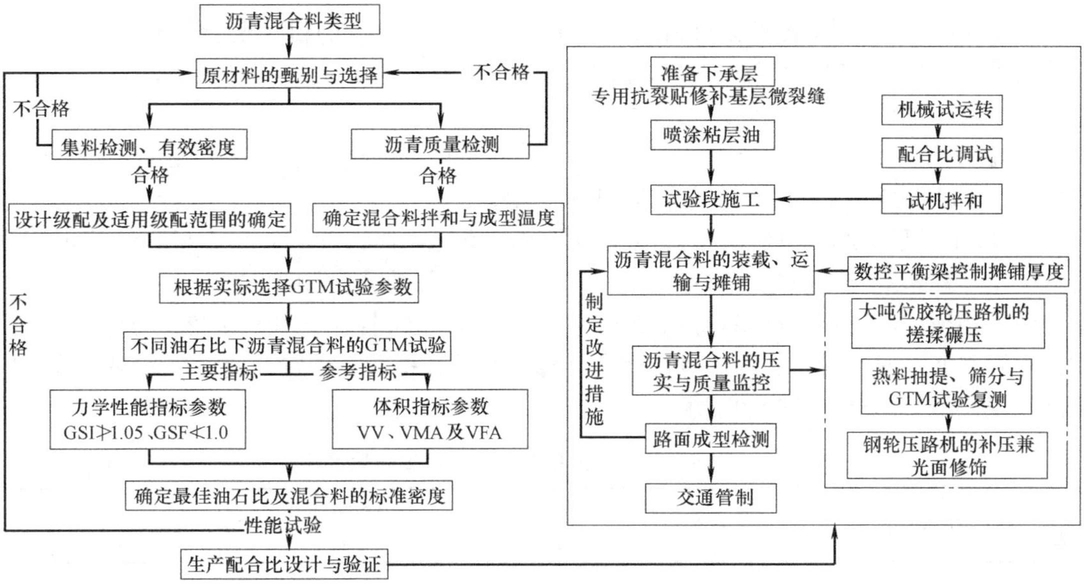

图 2-93 工艺流程图

(2) GTM 配合比设计

主要包括

1) 确定 GTM 试验参数;

2) 确定设计级配及工程级配的范围;

3) 确定试验温度;

4) 进行 GTM 试验及确定最大油石比;

5) 检验沥青混合料的路用性能;

6) 设计与验证生产配合比。

(3) 沥青面层的现场铺筑

1) 准备下承层;

2) 拌和;

3) 运输;

4) 摊铺;

5) 接缝处理与交通管制。

4. 质量控制

(1) 施工前的材料与设备检查

1) 所用各种材料都在施工前以“批”为单位进行检查，不符合施工规范、本项目设计要求，以及 GTM 法对原材料的技术要求的材料不得进场。

2) 使用成品改性沥青时，要求供应商提供所使用改性剂型号、基质沥青的质量检验报告，必要时应对基质沥青进行取样检测。

3) 施工前，对拌合楼、摊铺机、压路机等各种施工机械和设备进行调试，对机械设备的配套情况、技术性能、传感器计量精度等进行认真检查、标定，并得到机械工程师的认可。

4）正式开工前，将各种原材料的试验结果，及据此进行的目标配合比和生产配合比设计结果，在规定的期限内向业主和监理提出正式报告，待取得正式认可后，方可使用。

（2）施工过程中的质量管理与检查

1）路面施工中抓好材料质量、施工温度、摊铺碾压机械、施工工艺几个关键，保证压实度，不片面地为了追求平整度而降低压实度。

2）施工过程中原材料质量检查项目和频率同现行各种沥青路面用原材料的技术规范与《公路工程施工监理规范》JTG G10—206 中有关原材抽检的相关要求。

（3）必须按以下步骤对沥青混合料生产过程进行质量控制，并按表 2-14 规定的项目和频率检查沥青混合料产品的质量，如实计算产品的合格率。单点检验评价方法应符合相关试验规程的试样平行试验的要求。

GTM 热拌沥青混合料的检测项目、频率与质量要求　　表 2-14

项目		检查频度及单点检验评定方法	质量要求或允许偏差	试验方法
沥青用量（油石比）		逐盘在线检测	±0.3%	计算机采集数据计算
		逐盘检查，每试验段汇总一次，取平均值评定	±0.1%	总量检验 JTG F40—2004 附录 G
		每拌合楼每天 2 次，取平均值评定	−0.1%，+0.2%	T0722 抽提或燃烧法
矿料级配（关键筛孔的通过率，必要时增加公称最大粒径及中间粒径的观测）	0.075mm	每台拌和机每天 1～2 次，以 2 个试样的平均值评定	±1%	T0725 抽提筛分与标准级配比较的差（或采用计算机采集系统自行观测）
	2.36mm		±3%	
	4.75mm		±4%	
GTM 试验：GSF、GSI 空隙率		每拌合楼每天 1～2 次，取 4～6 个试件的平均值评定	符合设计要求	ASTM D3387 T0705、T0706、T0708
冻融劈裂试验		必要时	符合配合比设计要求	T0729
车辙试验		必要时	符合配合比设计要求	T0719

铺筑过程中随时对铺筑质量进行评定，质量检查的内容、频度、允许偏差应符合表 2-15 的规定。

公路热拌沥青混合料路面施工过程中工程质量的控制标准　　表 2-15

项目	检查频度及单点检验评价方法	质量要求或允许偏差	试验方法
外观	随时	表面平整密实，不得有明显轮迹、裂缝、推挤、油盯、油包等缺陷，且无明显离析	目测

续表

项目		检查频度及单点检验评价方法	质量要求或允许偏差	试验方法
接缝		随时	紧密平整、顺直、无跳车	目测
		逐条缝检测评定	3mm	T0931
施工温度	摊铺温度	逐车检测评定	符合要求	T0981
	碾压温度	随时		插入式温度计实测
厚度	每一层次	随时，厚度50mm以下 厚度50mm以上	设计值的5% 设计值的8%	施工时插入法测松铺厚度及压实厚度
	每一层次	每试验段的平均值 厚度50mm以下 厚度50mm以上	−3mm −5mm	总量检验 JTG F40—2004附录G
	总厚度	每2000m²一点单点评定	设计值的−5%	T0912
	上面层	每2000m²一点单点评定	设计值的−10%	
压实度		每2000m²检查一组逐个试件评定并计算平均值	GTM标准密度的97% 试验段实测密度的95% 最大理论密度的93%	T0924、T0922 JTG F40—2004附录E
平整度（最大间隙）	上面层	随时，接缝处单杆评定	3mm	T0931
	中下面层	随时，接缝处单杆评定	5mm	
平整度（标准差）	上面层	连续测定	1.2mm	T0932
	中面层	连续测定	1.5mm	
	下面层	连续测定	1.8mm	
	基层	连续测定	2.4mm	
宽度	有侧石	检测每个断面	±20mm	T0911
	无侧石	检测每个断面	不小于设计宽度	
纵断面高程		检测每个断面	±10mm	T0911
横坡度		检测每个断面	±0.3%	T0911
沥青表面层渗水系数		每1km不少于5点、每点3处取平均值	≯80ml/min	T0911
密度均匀性	表面层	每1km不少于1处	非离析区域大于95%	无核密度仪法
	中下面层	每2km不少于1处	非离析区域大于90%	
颗粒均匀性	表面层	每1km不少于1处	非离析区域大于85%	构造深度法
	中下面层	每2km不少于1处	非离析区域大于80%	
表面层构造深度		每1km 5点	符合设计要求	T 0961/62/63
表面层横向力系数		全线连续	符合设计要求	T0965

摘自交通运输部工法GGG（粤）B3003—2017。其他内容详见该工法。

2.5.4 高寒地区沥青玛瑞脂碎石路面面层施工工法

1. 背景

在昼夜温差大的高寒地区，选择一种能够有效减少沥青混凝土路面裂缝，增强沥青混凝土路面结构和整体连续性，提高抗滑、抗裂、抗老化、抗水损害的路面材料；推行一种适合高寒地区的沥青混凝土路面施工技术，能够有效地增强沥青混凝土路面的使用性能，减少维修养护次数，延长使用寿命，是整个高寒地区沥青混凝土路面成败的关键。

本工法通过增加改性沥青用量、纤维稳定剂、矿粉改善混合料配合比，针对寒冷地区施工期平均气温较低特点，对施工温度采用高限控制，形成一套适合于寒冷地区改性沥青SMA路面施工工法，有效地提高了路面的使用性能和使用寿命。

2. 特点及使用范围

（1）针对高寒地区沥青混凝土路面低温裂缝病害严重特点，主要考虑沥青路面低温抗裂性能。

（2）高寒地区施工期间平均温度较低，改性沥青SMA用于表面层，厚度较薄，温度散失快，施工过程中保证混合料温度处于较高状态很关键。

（3）沥青玛瑞脂碎石中由于沥青玛瑞脂有较好的黏结作用，它的韧性和柔性使混合料大大降低了裂缝的产生和发展，整体性好。

本工法适用于高寒地区修筑普通公路路面和重载、大交通量的高等级公路路面以及旧路面的加铺层等。

3. 施工工艺流程及操作要点

（1）工艺流程图

本工法工艺流程见图2-94、图2-95。

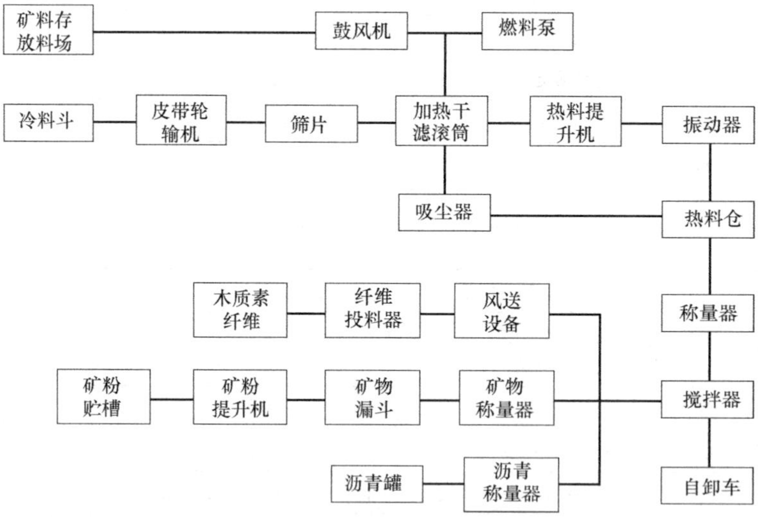

图2-94　改性沥青拌制工艺流程图

（2）工艺顺序及操作要点

1）配合比设计

SMA混合料配合比设计方法与热拌沥青混合料配合比过程大致相同，区别在于SMA混合料不只将马歇尔试验的稳定度、流值作为重要控制指标，还必须进行谢伦堡析漏试验和肯特堡飞散试验，室内试验要注意保持高温进行。为提高混合料低温抗裂性能，在配合比设计中，沥青、矿粉、纤维稳定剂用量要采用高限，沥青用量采用5.8%～6%，矿粉用量采用10%，纤维稳定剂用量0.3%。抗剥落剂、石料质量应严格要求，采用改性沥青，增加沥青玛䅟脂与集料间的粘附性，减小空隙率，减少低温产生的裂缝。另外对构造深度、渗水性能严格检测，保证路面抗滑性能及渗水指标。

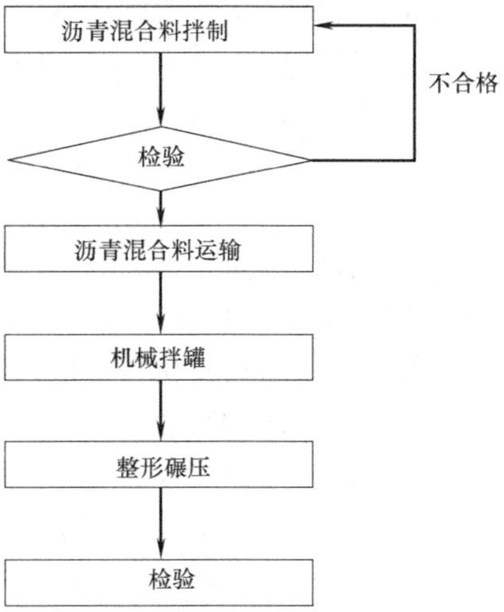

图 2-95 改性沥青 SMA 路面施工工艺流程图

改性沥青 SMA 路面配合比设计应在以往同类材料配合比设计经验和使用效果的基础上，按以下步骤进行。

① 目标配合设计阶段。用工程使用材料按《公路沥青路面施工技术规范》JTG F40—2004 附录 B、附录 C、附录 D 的方法，并参考《公路沥青玛䅟脂碎石路面技术指南》，优选矿粉级配，确定最佳沥青用量，符合配合比设计技术标准和配合比设计检验要求，以此作为目标配合比，供拌和站确定各冷料仓的供料比例、进料速度及试拌使用。

② 生产配合设计阶段。按规定方法取样测试各热料仓的材料级配，确定各热料仓的配合比，供拌和站控制室使用。同时选择适宜的筛孔尺寸和安装角度，尽量使各热料仓的供料大体平衡。并取目标配合比设计的最佳沥青用量 OAC、OAC±0.3%等 3 个沥青用量进行马歇尔试验和试拌，通过室内试验及从拌和站取样试验综合确定生产配合比的最佳沥青用量，由此确定的最佳沥青用量与目标配合比设计的结果差值不宜大于±0.2%。

③ 生产配合比验证阶段。拌和站按生产配合比结果进行试拌，铺筑试验段，并取样进行马歇尔试验，同时从路上钻芯取样观察空隙率的大小，由此确定生产用的标准配合比。

经设计确定的标准配合比在施工过程中不得随意改变。生产过程中应加强跟踪检测，严格控制进场材料的质量，如遇材料发生变化并经检测沥青混合料的矿料级配、马歇尔技术指示不符合要求时，就及时调整配合比，使沥青混合料的质量符合要求并保持相对稳定，必要时重新进行配合比设计。

2）拌和站选址及建设

选址合理，具有较好运输条件，能连续拌和供料满足现场摊铺要求。场地应有足够大的空间，符合国家环保、安全、环境、消防等有关规定。防雨设施齐备，保证集料（尤其是细集料、填料）的防潮；料场、道路采用粒类材料硬化，保证矿料不被污染，各种集料间要砌筑隔离墙，保证各规格材料不相互混杂。

3）施工前准备工作

① 对下承层表面的浮动混合料颗粒及杂物用硬扫帚或电动工具清扫干净，有泥土等不洁物玷污时，应一边清扫一边用高压水冲洗干净，并用鼓风机将进入路面中水分吹干蒸发后铺筑。

② 在已清扫干净的下承层喷洒符合要求的粘层油，用量宜为 0.3～0.4L/m^2。路面不干净、潮湿，气温低于 10℃时禁止喷洒，喷洒粘层油时要均匀，并防止污染，采用乳化沥青粘层油时须等待乳化沥青破乳水分蒸发后，才能进行上面层摊铺。

4）施工放样

① 在复测水准点和中心线的基础上，对沥青中面层顶面高程进行准确复测。

② 一般路段采用非接触平衡梁自动找平控制上面层摊铺，过桥涵时采用钢丝线控制。

5）沥青混凝土拌和

SMA-13 细粒式改性沥青玛蹄脂碎石的拌和是把一定级配的集料、矿粉、木质素纤维与 SBS 改性沥青按一定规定比例在给定的温度下拌和均匀而制成的沥青混合料。

① 采用德国安迈 4000 型拌和站，并逐盘打印，生产温度及拌和时间等都按拟定参数执行，添加的矿粉由专门的管线直接加人搅拌锅中，SMA 结构添加的木质素纤维由专用纤维投料器和管道直接喷入拌锅内。

② 由于 SMA 的特点，纤维宜在集料投入后立即加入，经 5～8s 的干拌，再投入矿粉，总的干拌时间应比普通沥青混合料增加 5～10s。喷入沥青后的拌和时间，应根据拌和情况适当增加，通常不得少于 5s，保证纤维能充分均匀地分散在混合料中。

③ 改性沥青 SMA 混合料在拌制上要求拌和温度要比普通石油沥青混合料温度高，沥青加热温度控制在 165～175℃，集料加热温度控制在 190～200℃，混合料的出厂温度控制在 170～185℃，并不得高于 195℃（废弃温度）。

④ 拌和站燃烧油应采用优质的燃烧油，如燃烧油燃烧不充分，将导致热料表面发黑，同时混有少量焦油等杂质，经水浸泡后有明显的油花，严重影响混合料的粘附性、耐久性等各方面性能。

6）改性 SMA 沥青混合料的运输

① 改性沥青混合料的运输应考虑拌和能力、运距、道路情况、车辆吨位等因素，合理确定车辆数量，易采用载重 20t 以上运输车装料运输，严禁运输车辆在路面上紧急刹车，以防破坏下承层。

② 运输车辆的车厢应严密并保持清洁，每次装料前要将粘附料清扫干净，并涂一层油水混合物，防止混合料粘附厢体。喷涂后不能有多余液体聚集于车厢底。每次卸料后安排专人检查，车厢内必须保证卸料干净。

③ 装车时，应尽量缩小混合料的出口与车厢的距离，装车时按前、后、中三次装满，每装一次移动一次车位，以减少混合料离析。

④ 为了防止混合料污染路面，以及表面混合料降温结成硬壳，保证混合料的到场温度，所有运输车辆全部用苫布覆盖，厢体用苫布包裹，如遇外界温度相对较低，车厢厢体可用棉苫布进行包裹，以便确保沥青混合料的温度。

⑤ 运输到现场的混合料要逐一检测沥青混合料的质量，检查混合料的颜色是否均匀一致，有无花白料，有无结团或严重离析现象，温度是否在允许范围内，如混合料的温度过高或过低，应该废弃不用。已结块或遭雨淋的混合料也应废弃不用。

⑥ 运输车辆应在摊铺机前 10～30cm 处停住，不得撞击推铺机，卸料过程中运输车辆应挂空挡，靠推铺机的推动前进。

7）改性 SMA 沥青混合料的摊铺

① 改性沥青 SMA 混合料宜使用履带式摊铺机铺筑。连续稳定的摊铺，是提高路面平整度的最主要措施。摊铺机的摊铺速度应根据拌和站的产量、施工机械配套情况及摊铺厚度予以调整，做到缓慢均匀、不间断地摊铺。摊铺过程不得随意变换速度或中途停顿。不得出现快速摊铺后等料车现象，午饭应分批轮换交替进行，切忌停铺用餐，争取做到每天

收工停机一次。由于改性沥青SMA混合料生产影响拌和站生产率，摊铺机的摊铺速度应放慢，通常不超过3～4m/min，容许放慢到1～2m/min。当供料不足时，宜采用运输车辆集中等候，集中摊铺的方式，尽量减少摊铺机的停顿次数。此时摊铺机每次应将剩余的混合料铺完，做好临时接头。如等料时间过长，混合料温度降低，表面结硬成硬壳，影响继续摊铺时，必须将硬壳去除。

② 由两台摊铺机联合作业实施摊铺时，要求采用两台摊铺机梯队摊铺，以提高摊铺层均匀性和压实度。前摊铺机过后，摊铺层纵向接缝上应呈斜坡，后面摊铺机应跨缝5～10cm摊铺。两台摊铺机距离不应超过10m。

③ 摊铺机应调整到最佳工作状态，调试好螺旋布料器两端的自动料位器，并使料门开度、链板送料器的速度和螺旋布料器的转速相匹配。螺旋布料器的料量应高于螺旋布料器中心，使熨平板的挡料板前混合料在全宽范围内均匀分布，并在每天起步前就应将料量调整好，再实施摊铺，避免摊铺层出现离析现象。随时分析、调整粗细料是否均匀，检测松铺厚度是否符合规定。摊铺前应将熨平板预热至规定温度（不低于100℃），摊铺时熨平板必须拼接紧密，不许存有缝隙，防止卡入粒料将铺面拉出条痕。

④ 要注意摊铺机接料斗的操作程序，以减少粗细料离析。摊铺机集料斗在刮板尚未露出，尚有约约10cm厚的热料时，下一辆运料车即开始卸料，做到连续供料，并避免粗料集中。

⑤ 改性沥青SMA混合料的推铺温度应比普通沥青混合料温度高10℃～20℃（摊铺温度不低于160℃），混合料在卸料到摊铺机上时测量其温度是否符合要求。当气温低于15℃时，不得摊铺改性沥青SMA混合料。

⑥ 改性沥青SMA混合料表面层铺筑时宜采用非接触式平衡梁自动找平方式摊铺。

⑦ 不得在雨天或下层潮湿的情况下铺筑SMA路面。摊铺遇雨时，立即停止施工，并清除未压实成型的混合料。遭受雨淋的混合料应废弃，不得卸入摊机铺。

⑧ 混合料压实前，施工人员不得进入踩踏。一般不用人工整修，只有在特殊情况下，需在现场主管人员指导下，允许用人工找补或更换混合料，缺陷较严重时应予铲除，并调整摊铺机或改进摊铺工艺。

8）改性沥青SMA混合料压实

① 沥青混合料的压实是保证面层质量的重要环节，应选择合理的压路机组合方式及碾压步骤。要特别注意，改性沥青SMA路面宜采用振动式压路机或钢筒式压路机碾压。因为轮胎压路机碾压时的揉搓作用将使玛㙦脂上浮，使构造深度降低，造成泛油，影响路面的抗滑性能。初压应尽量在较高温度下进行，复压紧跟初压，一气呵成，碾压过程中应重点注意温度的保护，压路机喷水系统宜采用间歇式喷淋。

② 压路机应以缓慢而均匀的速度碾压，碾压应遵循“紧跟、慢压、高频、低幅”的原则进行，压路机适宜的碾压速度随初压、复压、终压及压路机的类型而别，可通过试铺确定，混合料摊铺后必须紧跟在尽可能高温状态下开始碾压、不得等候。除必要的加水等短暂歇息外，压路机在各阶段的碾压过程中应连续不间断地进行。同时也不得在低温状态下反复碾压、防止磨掉石料棱角或压碎石料，破坏集料嵌挤。

③ 压路机应紧跟摊铺机向前推进地碾压，碾压长度大体相同、每次碾压到摊铺机跟前后折返碾压。碾压速度不得超过5km/h。为避免碾压时混合料推挤产生拥包，碾压时

应将驱动轮朝向摊铺机。碾压路线及方向不应突然改变，压路机起动、停止必须减速缓行，不准刹车制动。压路机折回不应处在同一横断面上。

④ 混合料碾压按照初压、复压、终压三阶段进行。

初压时的温度宜控制在155～165℃的范围内，低温施工时，应提高5～10℃。宜用激振力180kN双钢轮、双振动压路机紧跟碾压，前进时关闭振动装置静压，以2～3km/h的速度碾压，返回时沿前进轮迹振动碾压，速度3～4km/h。

复压宜紧跟初压，与初压无明显界限，在较高温度下进行，利于碾压密实。复压温度控制在145～155℃。通常使用双钢轮、双振动压路机碾压，碾压遍数参照试铺段结果，通常2～3遍，碾压速度可以控制在3～4km/h。

终压紧跟复压之后，一般双钢轮静碾1遍，终压结束时混合料温度宜不低于140℃。

⑤ 改性沥青SMA路面应防止过度碾压，在压实度达到98%以上或者现场取样的空隙率不大于6%后，宜中止碾压。如碾压过程中发现有沥青玛蹄脂部分上浮或石料压碎、棱角明显磨损等过碾压的现象时，碾压即应停止，并分析原因。

⑥ 要对初压、复压、终压段落设置明显标志，便于司机辨认。对松铺厚度、碾压顺序、压路机组合、碾压遍数、碾压速度及碾压温度应设专岗管理和检查，使面层做到既不漏压也不超压。

⑦ 在当天碾压的尚未冷却的沥青混凝土层面上，不得停放压路机或其他车辆，并防止矿料、油料和杂物散落在沥青层面上。

⑧ 压实完成12h后，方能允许施工车辆通行。开放交通时的路表温度不高于50℃。

9）施工接缝的处理

① 纵向施工缝：对于采用两台摊铺机成梯队联合摊铺方式的纵向接缝，应在前部已混合料部分留下10～20cm宽暂不碾压、作为后高程基准面，并有5～10cm左右的摊铺层重叠，以热接缝形式在最后作跨接缝碾压以消除缝迹。

② 横向施工缝：全部采用平接篷。用3m直尺沿纵向位置，在摊铺段端部的直尺呈悬臂状，以摊铺层与直尺脱离接触处定出接缝位置，用锯缝机割齐后铲除。继续摊铺时，应将接缝锯切时留下的灰浆擦洗干净，涂上少量粘层油，摊铺机熨平板从接缝处起步摊铺，碾压时用钢筒式压路机进行横向压实，从先路面上跨缝逐渐移向新铺面层。

摘自交通运输部工法CGC（黑）B3001—2017。其他内容详见该工法。

2.5.5 旧路面全深式就地冷再生底基层施工工法

1. 背景

公路旧路路面大中修时将铣刨或挖除的旧路混合料直接废弃，产生大量的旧路路面废旧料，而废弃的废旧料会占用大量的土地，造成资源浪费和环境污染，并增加公路大中修费用。因此，对旧路废旧料进行有效利用，实现废旧料的“零废弃”具有非常重要的经济效益和社会效益。为此，在旧路路面全深式就地冷再生底基层施工技术基础上形成本工法。

2. 特点及适用范围

（1）旧路路面废旧料100%的回收再利用，节约了养护维修资金，减少了资源浪费和环境污染。

(2) 集旧路路面铣刨、破碎、拌和与摊铺一体化，提高了施工效率、缩短了施工工期。

(3) 通过改善旧路混合料级配和掺加添加剂，改善了原路面结构承载力。

(4) 提出了是否增加新骨料的判断标准，设计了一种简便快捷的横坡测量装置。

本工法适用于二级及二级以下公路路面底基层再生。

3. 施工工艺流程及操作要点

(1) 施工工艺

施工工艺流程图见图 2-96。

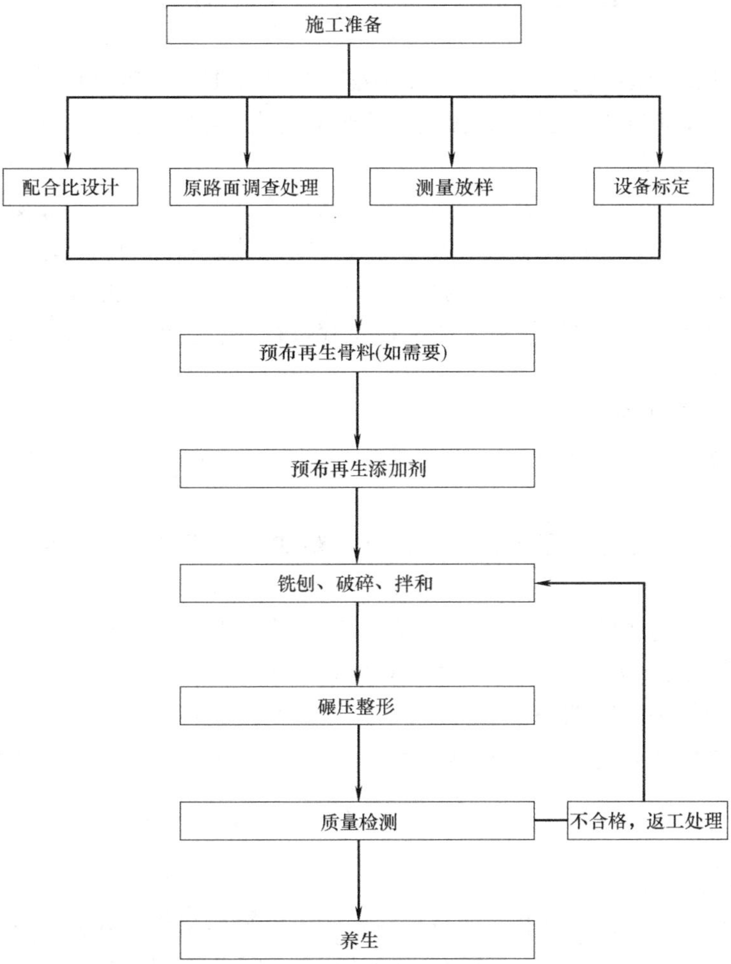

图 2-96 施工工艺流程图

(2) 操作要点

1) 配合比设计

设计方法：旧路路面全深式就地冷再生配合比设计方法同无机结合料水泥稳定基层配合比设计方法。

合成级配选择：对旧路路面结构层铣刨后取具有代表性的试样进行室内配合比设计，合成级配范围参考表 2-16 的规定。建议合成级配宜选用级配范围的中值进行配合比设计。

无机结合料稳定冷再生混合料级配范围　　表 2-16

筛孔	31.5	26.5	19	9.5	4.75	2.36	1.18	0.6	0.075
通过率	90～100	60～100	54～100	39～100	28～84	20～70	14～57	8～47	0～30

最大干密度和最佳含水量的确定：分别按 3.5％、4.0％、4.5％、5.0％、5.5％水泥剂量配制同一种试样，每种试样对应的含水率为 5.0％、6.0％、7.0％、8.0％和 9.0％。按照《公路工程无机结合料稳定材料试验规程》JTG E51—2009 T0804—94 方法采用重型击实确定冷再生混合料在每种水泥剂量下的最大干密度和最佳含水率。

成型试件：根据确定的最佳含水率以及最大干密度采用静压成型的方式在规定压实度下成型试件。

养生及无侧限抗压强度测试：试件在标准养护条件下（温度 20±2℃、湿度≥95％），养生 6d，浸水 1d，按照《公路工程无机结合料稳定材料试验规程》JTG E51—2009 进行无侧限抗压强度试验。

确定水泥剂量：根据无侧限抗压强度试验结果计算平均值、偏差系数和代表值，选定合适的水泥剂量。现场施工采用的水泥剂量应比室内试验确定的剂量增加 1％。

确定骨料添加量：当室内设计水泥剂量达到 5.0％，冷再生混合料的无侧限抗压强度达不到设计要求时，应添加新骨料按照上述步骤进行配合比设计。添加量大小通过室内配合比设计结果确定。

2）原路面调查处理

① 按设计文件要求对原路面进行弯沉检测，对弯沉值大于设计文件要求的部位进行局部补强处理；

② 对旧路面基层翻浆路段进行换填处理，路基换填处理路段再生厚度范围内最大颗粒粒径不允许超过 37.5mm；

③ 对原道路进行预整形（包括超高或路拱），使原来局部隆起或凹陷等严重变形的路面在再生前得到校正，以保证再生层厚度均匀；

④ 明涵以及桥头的顺坡需提前处理；

⑤ 清除原路表面，包括不需要再生的相临行车道和路肩杂物，清除路表积水以免影响再生含水量。

3）测量放样

4）设备标定

冷再生机组就位方式为：水泥撒布车＋水车＋冷再生机＋凸块式压路机＋平地机＋单钢轮压路机＋胶轮压路机。进行水泥撒布量的标定、冷再生机的连接、铣刨深度标定和冷再生机行进速度和转子速度的确定。

5）预布再生添加剂

再生添加剂选用水泥，水泥撒布车根据设计水泥剂量设定好撒布量后在前方布灰（如图 2-97 所示），水泥撒布车半幅作业 100m 后全深式就地冷再生机开始作业。

6）铣刨、破碎和拌和

冷再生机后应有专人跟随，随时检查再生深度和含水量，并随时进行调整；还应时刻注意冷再生机的负荷变化和破碎声音变化，以防石块、钢构件、地下设施等损坏冷再生机

图 2-97 水泥撒布车预布水泥

铣刨鼓，对损坏的刀座、刀头应及时发现更换。

7）碾压整形

含水量的调整：冷再生机操作人员根据天气情况实时调整再生含水量。一般最佳含水量的经验判断法为：手捏成团，落地开花。

稳压：凸块式振动压路机紧跟冷再生机进行碾压，以便保持水分以及使再生料均匀受压稳定成型。凸块式振动压路机必须错轮碾压以防漏压，速度宜为 1.5～3km/h。

整形与整平：冷再生机完成再生作业且凸块式压路机稳压完成以后，在测量的引导下平地机进行预整形，以弥补纵向旧路平整度不良的现象并进行横向找拱和整平。单钢轮压路机高幅低频碾压一遍，平地机横向从低处向高处进行整平作业，对横坡及平整度进行精确定位。忌反复多次整平，防止混合料中大颗粒上浮。平地机对再生层精平后，如仍存在轮迹、麻面、局部集料集中等现象，则须人工用修补。

压实：沿着行车方向，超高曲线段碾压顺序为由低到高。直线路段从路面边缘向路中心线方向压实。压路机轮迹重叠二分之一轮宽。22t 单钢轮振动压路机高频低幅压实一遍、高幅低频压实两遍，30t 胶轮压路机压实两遍，达到密实无轮迹为止。振动压路机压实速度不超过 3km/h，胶轮压路机压实速度不超过 5km/h。

接缝处理：施工过程中应尽量减少停机，对不可避免的临时停机重新开始施工时，冷再生机应倒退 1.5～2m 后重新进行再生施工；当天施工结束后次日施工时冷再生机应倒退 0.5m 后进行再施工。施工路段纵向接缝每幅重叠宽度不小于 10cm，半幅施工完毕后预留 30cm，待另外半幅施工作业时，冷再生机与已完工半幅冷再生路面重叠 30cm 进行再生。

8）质量检测

测量厚度、平整度，使用灌砂法进行压实度检测。

9）养生

碾压成型后的冷再生底基层要及时覆盖养生（宜用一布一膜土工布进行覆盖养生，土工布周边压实，不能透气），养生期一般不少于 7d，始终保持表面潮湿，封闭养生期间专人看管，7d 之内不允许车辆通行。

4. 质量控制

（1）执行的质量标准与技术规范

《公路工程质量检验评定标准》JTG F80/1—2004
《公路旧路路面再生技术规范》JTG F41—2008
《公路工程无机结合料稳定材料试验规程》JTG E51—2009
《公路土工试验规程》JTG E40—2007
《公路路基路面现场测试规程》JTG E60—2008
《生活饮用水卫生标准》GB 5749—2006
《公路养护安全作业规程》JTG H30—2015
（2）质量控制措施
1）原材料
水泥质量技术要求见表 2-17。

水泥技术指标要求　　表 2-17

试验项目	标准值	
细度(%)	≤10.0	
抗折强度(MPa)	3d	≥2.5
	28d	≥5.5
抗压强度(MPa)	3d	≥11
	28d	≤32.5
凝结时间	初凝	初凝≥180min
	终凝	360min≤终凝≤600min

水应符合现行《生活饮用水卫生标准》GB 5749—2006 的饮用水可直接使用。质量技术要求应符合表 2-18 的要求。

饮用水技术要求　　表 2-18

项次	项目	技术要求	试验方法
1	pH 值	≥4.5	T5750
2	氯离子含(mg/L)	≤3500	
3	硫酸根含(mg/L)	≤2700	
4	碱含量(mg/L)	≤1500	
5	可溶物含(mg/L)	≤10000	
6	不容物含(mg/L)	≤5000	
7	其他杂质	不应有漂浮的油脂和泡沫及明显的颜色和异味	

全深式就地冷再生铣刨料技术要求如表 2-19 所示。

全深式就地冷再生铣刨料技术要求　　表 2-19

项次	检测项目	技术要求	检测方法
1	含水率	实测	《公路土工试验规程》JTG E40—2007
2	级配	实测	
3	塑性指数	≤17	

2）工程质量控制标准

全深式就地冷再生基层施工质量应满足《公路旧路路面再生技术规范》JTG F41—2008中的规定，其主要质量控制项目按照表2-20和表2-21执行。

全深式就地冷再生质量控制检查项目、频度和要求　　表2-20

检查项目	质量要求	检验频率	检测方法
压实度	≥97	每车道每公里1次	T0921
级配	符合规范要求	每车道每公里1次	T0302
抗压强度(MPa)	符合规范要求	每车道每公里6个或9个试件	T0805
含水率	符合规范要求	发现异常时随时检测	T0801
灰剂量	不小于设计值−0.1%	每车道每公里1次	T0809

全深式就地冷再生外观尺寸检查项目、频度和要求　　表2-21

检查项目		质量要求	检测频率	检测方法
平整度(mm)		10	每200延米2处，每处连续10尺	T0931
纵断高程(mm)		±10	每20延米1点	T0911
厚度(mm)	均值	−10	每车道每10米1点	插入测量
	单个值	−20		
宽度		不小于设计宽度，边缘整齐、顺适	每40延米1处	T0911
横坡(%)		±0,3	每100延米3处	T0911
外观		表面平整密实，无浮石、弹簧现象，无明显压路机轮迹	随时	目测

摘自交通运输部工法GGC（甘）B1004—2017。其他内容详见该工法。

2.5.6 深水岩溶区厚覆砂卵层超大直径桩基施工工法

1. 背景

岩溶地区桩基施工的主要困难在于桩下地质条件及岩溶发育情况的不确定性；桩基成孔过程中如遇渗透性强、自稳性差的厚砂卵覆盖层，钢护筒下沉困难，护筒脚与覆盖层接触面易漏浆，尤其是当基层存在溶洞，溶洞裂隙发育强烈且透水性强时，泥浆会急剧流失，造成负压再加上深水水压的作用极易引起自稳性差的覆盖层坍塌造成坍孔、埋钻等问题。针对深水岩溶区厚覆层松散、自稳性差的特点，通过对厚砂卵覆盖层和溶洞分层处理相结合：其中向溶洞中压入小碎石混凝土浆体进行预处理，填充溶洞和溶蚀裂隙；对覆盖层进行固结预处理，提高其抗渗性能和防坍塌能力，有效确保了成桩速度和成桩质量。以此为基础形成本工法。

2. 特点及适用范围

（1）针对该地质情况，对厚砂卵覆盖层和溶洞分层处理：水泥浆体挤密、填充、胶结砂卵覆盖层效率高，明显提高其抗渗性和稳定性且注浆压力相对较低，水泥浆体在砂卵石层扩散时，不破坏覆盖层原有结构；往溶洞内注入小碎石混凝土进行加固预处理，效果显著，成本低；

（2）压入水泥浆的同时，压入 5% 比例的水玻璃，加速浆体固化，并降低了水泥用量，节约成本；

（3）通过 3 孔压小碎石混凝土浆体配合 3 孔检查补压水泥浆，处理效果好；

（4）在桩基施工前对覆盖层进行预处理，降低施工风险，加快施工进度。

本工法适用于深水岩溶地区砂卵覆盖层厚度大、表层松散不稳定、渗透性强，且岩层溶洞、裂隙集中发育的岩溶区超大直径桩基施工。

3. 施工工艺流程及操作要点

（1）施工工艺流程图

深水岩溶区厚覆砂卵层超大直径桩基施工流程图见图 2-98。

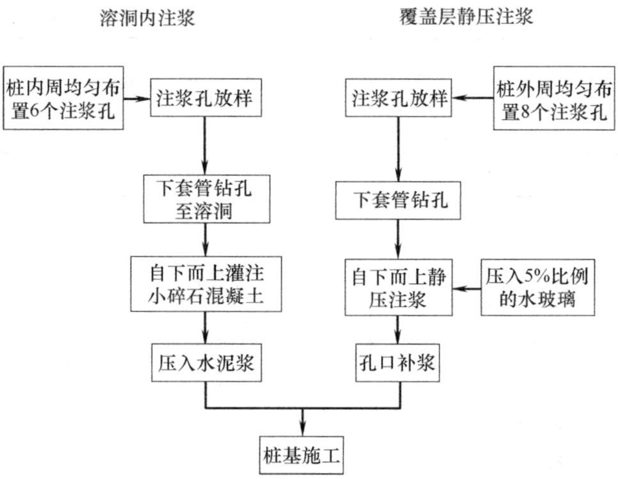

图 2-98 施工工艺流程图

（2）施工操作要点

1）注浆孔放样

在桩位处，以桩基中心为圆心，半径为桩基半径减 10cm 的圆周上，等间距交错布置 3 个小碎石混凝土压浆孔和 3 个水泥浆压浆孔（同时亦用作检查压浆情况），如图 2-99 所示。

2）下套管钻孔至溶洞

如图 2-100，先沉入 ϕ168mm 套管最大深度进入覆盖层；然后钻孔至岩面，再沉入 ϕ127mm 套管至岩面；最后钻至溶洞，并将 ϕ108m 套管沉入至溶洞底板以上 0.5～1m。

3）灌注小碎石混凝土

① 压浆之前钻成 3 个小碎石混凝土压浆孔；

② 使用地泵进行泵送压注小碎石混凝土（图 2-101），自下而上分段进行灌注，泵送压力约为 13MPa；

③ 采用单个孔依次压浆，此时第二、三个孔可以起到检测混凝土标高、排水、检验压浆填充情况的作用。当检测到混凝土面标高接近溶洞顶板时，或泵送困难时，停止泵送。之后每孔各泵送一次水泥浆，将溶洞压满；

④ 小碎石混凝土配制。根据现场溶洞试压情况，调整小碎石混凝土配比，以改变其

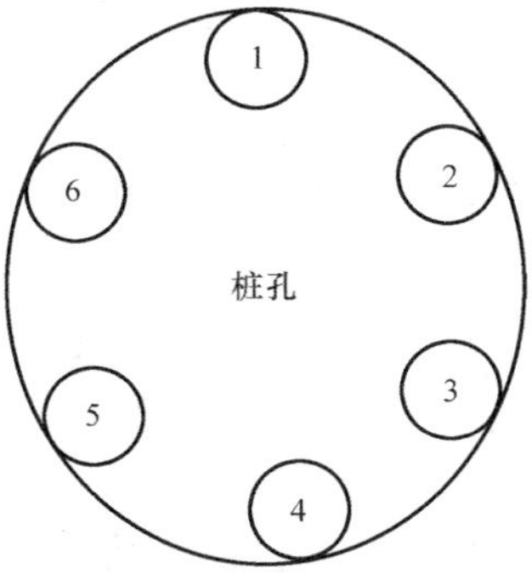

图 2-99 注浆孔位布置示意图
1、3、5—小碎石混凝土压浆孔；
2、4、6—水泥压浆孔

图 2-100 沉入套管现场施工

流动度和在溶洞中的扩散度，可参考的基准小碎石混凝土配合比为，水泥：粉煤灰：水：砂：石：减水剂＝180：200：220：840：990：6.86，其中水泥为 42.5R 普通硅酸盐水泥，粉煤灰为二级灰，石子为 5～10mm 碎石。

4）压入水泥浆

待小碎石混凝土初凝后，再从另外 3 个水泥压浆孔，以 5～10MPa 的压力进行旋喷压浆，对溶洞及裂隙进行完全的封堵及填充。

（3）覆盖层静压注浆

1）注浆孔放样

要求在护筒边向外 150cm 范围内的圆周上均匀布置 8 个孔，如图 2-102 所示。

2）下套管钻孔

① 采用直径中 ϕ127mm 套管沉入至河床底、其上接上套顶；采用 100～150kg 吊锤向下击打套管，使其底部入护筒脚上 5m 左右；

② 钻孔范围从护筒脚上 5m 向下进行直至基岩面。

3）自下而上静压注浆

图 2-101 灌注小碎石混凝土

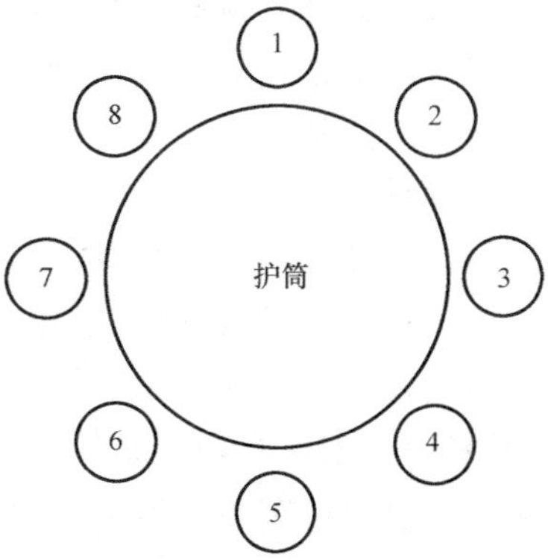

图 2-102 静压注浆孔位布置图

① ϕ91～110mm 钻具将套管内的砂卵石返出水面、并进入套管底地层 3～5m，将钻具与注浆泵连接好，先向孔内通清水 15min 或看见孔口返出清水后则进行注浆。

② 注浆浓度先稀后浓，注浆压力 0.5～1.5MPa，注浆速度为中到慢速；压入 5%比例的水玻璃，加速浆体固化。

③ 当孔口返出水泥浆后，将孔内钻具取出，盖上管盖向孔内注浆直至压力上升，吸浆量变小或注浆量达到预计设计量的三倍可结束该段注浆，重复上述步骤至岩面。一般地层注浆配比先稀后浓，水灰比先 1∶1，再 0.8∶1，最后 0.6∶1；若地层漏水严重，则直接采用水灰比 0.8∶1 或 0.6∶1 进行注浆。

④ 孔口补浆。控制补浆时间，在浆体终凝前完成补浆。

（4）桩基施工

对厚覆砂卵层和溶洞进行预处理后，提高了该区域地质的抗渗性能和防坍塌能力，即可按照常规施工工艺进行桩基施工。

4. 质量控制

（1）静压注浆质量控制

柱基施工以《公路桥涵施工技术规范》JTG/T F50—2011 为施工控制依据，以《公路工程质量检验评定标准》JTG F80/1—2004 为检验标准，以《公路工程竣（交）工验收办法》为竣（交）工验收依据。

1）孔位放样准确，误差不大于 5cm；

2）钻孔施工时应采取预防措施，钻孔垂直度偏差不超过 0.5%；

3）注浆配比先稀后浓，水灰比可先 1∶1，再 0.8∶1，最后 0.6∶1；若地层漏水严重，则可直接采用水灰比 0.8∶1 或 0.6∶1 进行注浆，浆液中可掺入约水泥用量 5%～7%的 $CaCl_2$ 作为早强剂，加快浆体固化；

4）注浆由稀变浓的用量原则是当注一个等级水灰比时，孔口不返水泥浆，而注浆量达 1.5～2m^3，压力没有明显上升则需更换高一等级水灰比；反之当压力明显上升，孔口返出水泥浆则水灰比不需调整，此时可将钻具取出地面，采用孔口挤浆的方法进行注浆，当压力上升至约 1.5MPa，地层吸浆量较小（5～10L/min）可停止注浆；当注浆压力明显下降时，需换高一等级水灰比进行注浆；

5）浆液水灰比、浆液比重、每米桩体掺入水泥重量等参数均以现场试桩情况为准；施工现场配备比重计，每天量测浆液比重，严格控制水泥用量；灰浆搅拌应均匀，并进行过滤；喷浆过程中浆液应连续搅动，防止水泥沉淀。

（2）溶洞内注浆质量控制

1）孔位放样准确，误差不大于 5cm。

2）钻孔施工时应采取预防措施，钻孔垂直度偏差不超过 0.5%。

3）小碎石混凝土灌注时，混凝土在运输过程中不产生分层、离析现象。如有离析必须在浇筑前进行二次搅拌或采用搅拌车不断进行搅拌，防止分层、离析现象。

4）灌浆过程中应密切观察邻孔的冒浆、冒气情况，以判断溶洞的大小、充填情况及分布走向等，及时调整布孔方案、灌浆压力、灌浆时间、浆液配比等参数。

5. 安全措施

（1）现场成立多级桩基施工安全保证体系，对相关施工人员进行紧急撤离安全演练，增强员工安全意识，明确发生紧急情况下的逃生路线；

（2）根据旋喷注浆作业的施工特点，按照国家《劳动保护法》，作业人员须戴安全帽，穿工作服，从事粉尘操作应戴口罩、防护眼镜、橡胶手套；

（3）临时设施及变压器等供电设施，应按《施工现场临时用电安全技术规程》的规定，必须采用三相五线制，并按规范要求使用一电网一闸一漏电制，严禁一闸多机；

（4）严格执行《施工现场安全生产保证体系》相关规定，机械设备操作、工地接电、用电应由持证人员上岗；

（5）经常密切注意灌注压力。在确保满足设计泵送压力的同时、防止因堵管或其他原因造成压力过大，发生爆管安全事故；

（6）应全面检查和清洗干净高压泥浆泵，防止泵体的残渣和铁屑存在，各密封圈完整无泄漏，安全阀中的安全销要进行试压检验，确保能在额定最高压力时断销卸压；

（7）孔口管、止浆塞要安装固结牢固，施工期间严禁人员站在其冲出方向前方，以防止孔口管、止浆塞冲出伤人；人与喷嘴距离应不小于600mm，防止喷出浆液伤人；

（8）应全面检查和清洗干净高压泥浆泵，防止泵体的残渣和铁屑存在，各密封圈完整无泄漏，安全阀中的安全销要进行试压检验，确保能在额定最高压力时断销卸压；

（9）按要求配制的浆液要过筛除去粗颗粒，防止堵塞喷嘴造成憋爆事故；浆液要随时测定密度；不得使用过期水泥和结块水泥。

摘自交通运输部工法GGG（粤）C1003—2017。其他内容详见该工法。

2.5.7 钢拱架整体横移施工拱桥工法

1. 背景

拱桥具有造型美观、经久耐用、投资省、易施工、取材方便、便于养护等优点，在山区高速公路建设中大量采用。对于钢筋混凝土箱型拱桥采用钢拱架施工时，如何保证钢拱架山区吊装、拱圈整体横移等施工问题，成为亟待解决的技术难题。本工法开发了“钢拱架法+分环分段法”施工混凝土拱圈技术、适用于两岸高差大的山区地貌的缆索吊装系统以及钢拱架、拱圈整幅横移系统，解决了钢拱架山区吊装、拱圈整体横移等施工技术难题，保证了安全和质量，提高施工效率。

2. 特点及使用范围

本工法具有节约成本、安全、节约了工期、钢拱架可重复利用性以及钢拱架—混凝土结构共同受力，桥梁线形完美。

本工法适用于各种地形的现浇混凝土拱桥。对于左右双幅拱桥施工更具优势。

3. 工艺原理

利用“钢拱架法+分环分段法”施工混凝土拱圈技术，通过应用Midas软件理论建模计算分析与现场预压试验相结合的方法，分析钢拱架与拱圈共同受力，确定拱圈浇筑的钢拱架施工预拱度和优化“分环分段”施工工序，确保拱圈线形、混凝土浇筑质量满足要求。采用能适用于两岸高差大的山区地貌的缆索吊装系统，该系统采用一端索塔、一端锚座方式，同时在建造施工过程中突破常规方法采用转向滑轮牵索方法，使得该系统的功效更优越，利用缆索吊装系统能安全、高效拼装钢拱架。采用钢拱架、拱圈整幅横移系统，该系统考虑施工状态下的钢拱架、拱圈特点，分析横向移动牵引力，特别设计横移装置及牵引装置，将钢拱架整体横移至另一幅桥横移施工技术。

4. 施工工艺流程及操作要点

(1) 施工工艺流程

钢拱架施工拱桥施工工艺流程包括：准备工作、拱脚节段、标准节段及次合龙段、合龙段钢拱架的安装、拱脚固结及扣索拆除、钢拱架横移等工艺。详见图 2-103。

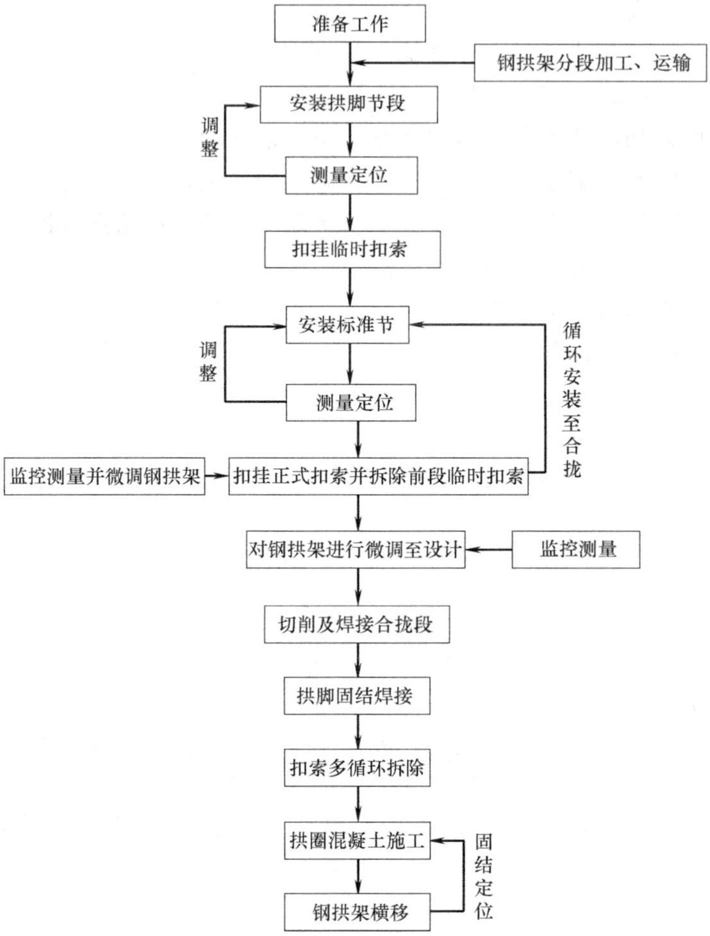

图 2-103　钢拱架施工拱桥施工工艺流程图

1) 准备工作

临时拱座及平移操作台：

为了实现钢拱架的平移，需紧邻拱座外侧设置临时拱座。临时拱座应为左右幅通长设置，以不妨碍钢拱架拱脚节段的拼装及节约材料的原则将临时拱座设置成有倾角的基座。为了钢拱架整体平移的需要，需在紧邻拱座的外侧现浇钢筋混凝土操作平台，并在操作平台上预埋 2cm 厚钢板以便牵引端的焊接。需要注意的是操作平台应低于预埋滑槽15～20cm为宜，留有空间设置进行牵引端。

预埋滑槽及固结钢板：

预埋钢管滑槽的内径应比拱脚节段的拱轴的直径大 3～5cm 为宜，预埋钢管滑槽在临时拱座上通长设置，钢管的一半位于临时拱座中，另一半露出拱座外，整体平移前再对钢管进行切削形成滑槽，滑槽用水准仪准确定位，控制同岸的整条滑槽标高一致，然后每米利用定位钢筋将其与临时拱座钢筋骨架固定，防止其浇筑拱座时移动。为了实现钢拱架拼装完成及整体平移完成后的拱脚节段的固结，需在临时拱座中预埋 2cm 厚钢板。

钢拱架拼装预抬值：

采用有限元软件对钢拱架拼装过程进行模拟，计算出扣索的索力及钢拱架拼装时的预抬高值。

应力应变监控：

对钢拱架拼装过程的缆索索力、钢拱架应力应变、缆索吊装系统主要结构的位移进行监测，如有问题可提前预警。

2）拱脚节段钢拱架的拼装

首先清除滑槽内的杂物和积水，并在滑槽内涂抹四氟黄油，确保铰轴在滑槽内能够灵活转动。拱脚节段的安装对于整个拱架的轴线有着至关重要的影响，为了使拱脚节段安装准确，应预先用墨线在临时拱座上画出的拱脚节段边线并对其复测，然后利用缆索吊装系统将在拼装区拼装好的拱脚段钢拱架垂直起吊使其不碰触地面及其上障碍物缓慢地将钢拱架移动到滑槽前方，利用钢拱架上倒链葫芦调整钢拱架的倾角，利用两根起重索的松弛调整钢拱架的垂直方向的位置，利用牵引索的移动控制钢拱架水平方向的位置将拱脚段钢拱架安放在预埋滑槽中，观察钢拱架的边缘是否与预先刻画的墨线重合，钢拱架标高与设计是否相符。定位准确后扣挂临时扣索，松开滑车，再次观测钢拱架标高是否与设计相符，如有偏差，利用设置在扣索上的倒链葫芦进行微调。

3）标准节段及次合龙段钢拱架的拼装

拱脚节段安装完成后利用缆索吊装系统将下一段钢拱架吊至已安装好的拱脚段前方，将下弦阳铰接头插入拱脚段下弦前端阴铰接头并安装销轴。上弦法兰钢板与前节段上弦前端已安装好的连接构件法兰钢板通过螺栓进行连接。准确定位后，及时扣挂正式扣索并松开滑车，拆除前段的临时扣索。观测钢拱架标高是否与设计相符，如有偏差，利用设置在扣索上的倒链葫芦进行微调。同法循环安装其余节段直至达拱顶合龙段，在拼装过程中应进行应力及钢拱架高程、轴线、缆索吊装系统的监控。为了保证钢拱架的横向稳定，在钢拱架拼装过程中在两岸的第 4、6、8、10 段钢拱架两侧上采用 21.5mm 的钢丝绳对称设置横向缆风索。

4）合龙段钢拱架的拼装

施工合龙段前利用倒链葫芦拉紧或松弛扣索对拱架高程及轴线进行微调使其达到设计规范要求。合龙段钢拱架应根据理论计算并多预留约 30cm 的长度预先加工制作完成，故需对合龙段钢拱架根据实际情况进行二次加工。首先在前一天清晨观测合龙口长度，掌握合龙口精确长度，然后切削拱顶合龙段多余长度，切削时本着宁少勿多的原则，以免合龙段切削过多无法使用。在第二天清晨时进行合龙。首先利用缆索吊装系统将拱顶合龙段吊运至合龙口并放入，利用倒链葫芦调整合龙段位置使之达到设计位置，将合龙段上下弦两端头与次合龙段钢拱架的法兰钢板间进行焊接，并将拱脚节段弦杆与预埋钢板固结。

5）扣索拆除

合龙段及拱脚固结完毕后，必须进行监控观测 24h，如钢拱架无异常变化，方可拆除扣索。因拆除扣索后，拱架上下弦杆内力会突然增大，为缓和这种情况，需从拱顶至拱脚两岸对称多次循环放松扣索，循环次数由观测结果决定。每组扣索放松一次后，均要复测整个拱架的高程和平面位置及应力，如果拱架的沉降和偏位、应力均在允许范围内，才可继续放松扣索，如果超过允许范围，则需查明原因后再进行。

6）钢拱架横移

钢拱架横移施工思路：

由于钢拱架启动时为克服静摩阻力、需辅助30t手摇千斤顶同时顶推，另一侧使用穿心式千斤顶进行张拉精轧螺纹钢筋、使精轧螺纹钢筋不断引伸，从而带动钢拱架沿着滑槽由一端向另外一端移动，钢拱架移动速度通过张拉力控制，拱轴实际行走行程监控，钢拱架监控复核，如钢拱架两端出现超过3cm的偏差或者钢拱架的节段出现过大不均衡移动等非正常情况时应停止滑移及时调整，并且在横移过程中每行走完一个行程应对钢拱架进行监控，主要监控钢拱架是否处于垂直状态，是否有节段出现不均匀位移。

试滑移：

当单幅拱圈施工完成后，并完成钢拱架横移施工前的准备工作，即可进行横移施工。由现场负责总指挥下达命令开始张拉横移，首先两侧千斤顶各张拉到0.8F（F为理论计算出的单侧滑动摩阻力），两侧观察员观察钢拱架是否移动，如未动以每级1t的张拉力加载，每次由总指挥统一发布张拉命令。当一侧出现移动时，观察员应立即用对讲机传达信息至总指挥，总指挥下达停止张拉，立即回油的命令，并应记录移动时张拉力及移动行程，另一侧继续加载直到钢拱架出现移动并使两侧行程一致，暂停张拉。经过试拉得出以下数据：钢拱架两侧滑动时的张拉力 $F1$、$F2$，钢拱架正常平移速度 V。由监控人员对钢拱架的拱脚、1/4、1/2点进行观测，并将数据反馈到现场总指挥，如钢拱架出现不均衡，需对单侧张拉进行微调直至钢拱架两侧同步、轴线不出现扭曲。依托工程对钢拱架经过试拉得出以下结论：A岸钢拱架可以移动的张拉力为50t，B岸钢拱架可以移动的张拉力为37t，钢拱架横移速度约为3cm/min。

正常滑移：

当掌握了钢拱架移动时的张拉力及移动速度后，进行正常横移，每次平移行程定为12cm，由现场总指挥下达张拉命令，当一端张拉至 $0.9F1$ 时暂停张拉，另一端继续张拉至 $F2-0.1F1$（此处 $F2>F1$）后，两侧同步张拉，直至钢拱架开始滑动。依托工程当B岸张拉至32t时暂停张拉，待A岸张拉至45t后，再由总指挥下达同步张拉命令，张拉直至钢拱架开始滑动。两侧钢拱架观察人员在钢拱架每次横移1cm时使用对讲机进行报数，保证两侧横移行程不超过3cm范围，持续滑移直至本次行程达到12cm。如两侧行程相差超过3cm范围，应停止滑移过快的一侧张拉，持续另一侧的张拉，直至两侧行程均衡，此时暂停张拉，对钢拱架进行监控并根据监控数据对钢拱架进行微调。在滑移过程中有专人观察钢拱架拱轴滑移情况及钢拱架的构建是否有异常，钢拱架上是否有杂物与拱圈接触、刮擦，并由专人随时清除滑槽内的杂物涂抹润滑剂。在滑移过程中应仔细观察钢拱架滑移速度是否有突变，并且张拉人员应注意张拉力变化，正常情况，当A岸张拉力约为50t，B岸张拉力约为37t，油表会自动回油，但当有异常时张拉力持续增大但钢拱架运行缓慢，此时应暂停张拉，进行检查，找出问题原因进行适当处理。

精确定位：

当横移距设计位置不足一行程12cm时，应分三次缓慢滑移，并加强监控，使钢拱架精确定位并确定钢拱架脚轴稳定位于滑槽中，防止在后期钢拱架上加载钢拱架出现晃动。

横移结束后使用型钢将钢拱架与预埋钢板固结。

7）拱圈混凝土施工

搭设辅助支架，通过测量放线安装、调整拱圈底模、侧模及顶部模板，检查验收合格后进行拱圈现浇混凝土施工。

（2）钢拱架分段拼装过程的监控

1）钢拱架拼装过程测量监控的意义

通过理论分析，可以得到各施工阶段的理想标高和内力值，但实际施工中受各种因素的干扰，可能导致成桥线形与内力状态偏离设计要求，给桥梁施工安全、外形、可靠性、行车条件和经济性等方面带来不同程度的影响。因此，要求在施工过程中，必须实施有效的施工监控。主要为拱肋钢拱架线形的监测及拱肋钢拱架应力监测。

2）钢拱架拼装中应力监控

在拱顶、拱脚、两侧 L/4 截面处设置表面式振弦应变传感器，并于每日早、中、晚不同温度区间监测钢拱架应力应变的变化，应变传感器的布设详见，图 2-104，为钢拱架应力应变监测点布置图。

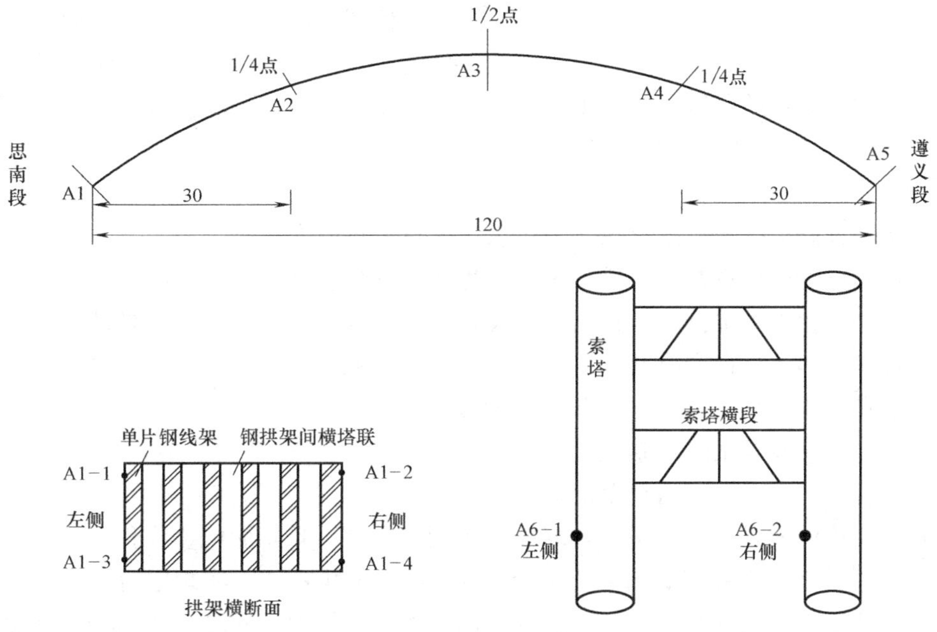

图 2-104　钢拱架应力应变检测点布置

3）钢拱架拼装中线性监控

由于钢拱架拼装处于悬臂状态，诸多因素都会影响钢拱架的标高，为了实现钢拱架的顺利合龙并保证其轴线及标高符合设计，需要有准确的测量控制。

5. 安全措施

（1）在拼装过程中需对缆索吊系统和钢拱架构件进行随时检查，检查的重点有：索塔的位移变形、钢拱架节段的变形和位移情况、主索、起重索、牵引索和扣索的受力情况等，并做好详细完整的记录以便使整个拼装过程处于受控状态。

（2）起重安装作业前须严格检查起重设备各部件的可靠性和安全性，并进行试运行，钢丝绳的安全系数应符合规定。起重作业时指派专人统一指挥，分工明确。所有钢丝绳连接处和扣挂处索卡的数量不少于现行《钢丝绳夹》GB/T 5976—2006 规定的数量，且用油漆作好标识。

（3）在夏季进行高空作业时应避开酷热的中午，并为施工人员配发防暑降温药，在大风、雷雨、降雪等恶劣气候应暂停钢拱架拼装作业。

（4）严格遵守现行《施工现场临时用电安全技术规范》JGJ 46—2005 规定，搞好钢拱架分段拼装及整体平移的用电安全工作。

（5）场内供电采用 TN-S 系统三相五线制系统，对场内电箱进行合理的布置；各种电气设备的检查维修，一般应停电维修，并挂上警示牌。

（6）钢拱架拼装应对拱架下区域进行临时封闭，并派专职安全员进行监察。

摘自交通运输部工法 GGG（中企）C3075—2017。其他内容详见该工法。

2.5.8 基于二维码的预制梁场 BIM 技术应用施工工法

1. 背景

随着我国社会经济的进步，建筑业已经逐步向低碳、环保、可持续的方向发展。且伴随着国际同行业日趋激烈的竞争与挑战，将 BIM 技术应用于工程建设过程中以提高企业的核心竞争力是必然的发展方向。本工法结合 BIM 技术发展的大趋势，重点在于 BIM 技术在预制梁场现场生产管理中的应用。

2. 特点及适用范围

（1）实现预制梁生产信息化采集及录入，信息采集查询方便、快速。

（2）预制梁生产信息在网络后台集成，生产数据自动分析，需求同步可得。

（3）管理平台上可根据不同参与人员设置不同的权限，有利于项目管理。

（4）可实现多人数据实时共享，施工信息时效性强。

（5）信息化程度高，有助于提升项目管理水平。

（6）人员信息及施工时间系统自动采集，信息真实性高。

（7）可将所有施工过程信息全部保存，信息保存完整、可追溯。

（8）采用可伸缩式旋转喷头，实现 360°无死角养护，且不影响生产作业。

（9）通过手机端或者电脑端控制箱梁自动喷淋的养生系统，实现定时、定点养护。

本工法适用于各类预制梁、预制板等预制构件生产管理，同时也适用于各类预制钢结构构件加工生产。

3. 工艺原理

本工法根据预制梁场生产过程信息化管理的需要，开发了一套基于二维码的预制梁场 BIM 信息化生产管理系统，应用该系统可以利用手机微信端及二维码进行预制梁施工过程信息的实时采集及录入，使施工过程信息完成保存、可追溯，并在电脑后台对采集的信息进行管理，实现预制梁生产数据的多人共享、实时更新、自动分析等，同时可以通过手机微信端根据生产时间、部位等进行信息检索，查询预制梁生产信息。同时建立梁场自动喷淋养护系统，实现预制梁场定时定点养护作业。该 BIM 生产管理系统可以实现整个生产过程信息的信息化、集成化管理。BIM 主要应用模块如表 2-22：

BIM 技术主要应用模块及目标　　表 2-22

序号	应用模块	目标	主要措施	备注
1	BIM 生产管理管理系统研发	保证 BIM 生产管理系统适用于预制梁场生产施工过程、提高公司核心技术生产力	(1)针对现场需求提要求，委托咨询单位进行开发； (2)在使用过程中根据需求不断完善该系统； (3)根据预制梁生产过程设定生产过程所需要的阶段； (4)平台中添加预制梁生产需要的施工过程信息	
2	利用 Autodesk Revit 进行 BIM 三维模型的建立	解决预制梁及预制梁场可视化、BIM 专业人才培养问题	(1)对 Autodesk Revit 进行使用培训； (2)根据设计图纸进行梁片三维建模及设计信息附加； (3)根据设计图纸进行预制梁场三维建模	
3	二维码的应用	解决扫码即可查询相关预制梁片生产信息的问题	(1)对每个预制梁片进行单独的 ID 编号； (2)对每个预制台座进行单独的 ID 编号； (3)对每个梁片及台座进行相关信息附加； (4)利用二维码生成器生成预制梁及台座二维码	
4	手机微信终端的研发	解决预制梁信息采集、录入、共享及施工进度实时查看等问题	(1)将 BIM 管理平台集成至手机微信端，并与电脑后台数据同源； (2)为手机微信端添加预制梁场微信企业公众号； (3)对相关微信号进行授权管理； (4)利用手机扫描进行现场信息采集及录入	
5	预制梁生产信息的查询及分析	解决预制梁生产状态的实时查询、生产信息的自动分析	(1)通过后台数据库的联动，实现各方数据的实时更新； (2)通过研发系统自动分析功能，实现预制梁生产信息的自动查询	
6	预制梁自动喷淋系统	湿陷预制梁场定时、定量自动喷淋，加强梁体养护	(1)在预制台座上安装自动喷淋的喷头装置； (2)电脑端及手机端安装自动喷淋系统，并接入 BIM 生产管理系统； (3)通过手机或电脑端设置自动喷淋时间等	

4. 施工操作要点

(1) 前期准备

1) 通过对目前市场上较多的 BIM 协同管理平台及相关 BIM 咨询单位进行分析比选，最终选定合作的咨询单位。

2）通过对建模平台的对比分析，选择目前市场上使用程度较高、较成熟的 Autodesk Revit 建模平台进行项目 BIM 模型的建立。

3）前期需对公司及项目上人员进行 BIM 相关知识进行培训，让项目人员革新理念，认识并接纳新技术。

4）派遣人员进行 REVIT 建模培训，使得项目人员能够独立完成预制梁场场地布置及预制梁片建模任务。

（2）预制梁场及预制梁片整体参数化模型的建立

如图 2-105、图 2-106，根据工程需要，应用 Autodesk Revit 2015 软件建立了本项目每座桥梁上部各类预制小箱梁参数化 BIM 模型，并对各预制梁片的相关设计信息进行附加，如梁场、方量、所属桥梁等，同时建立预制梁场整体 BIM 模型（包含台座、钢筋棚、龙门及现场其他大型机械），结构模型精度满足 LOD400 的要求。为每一个梁片及生产台座进行编码，使每一片梁都对应一个单独的 ID 及二维码。

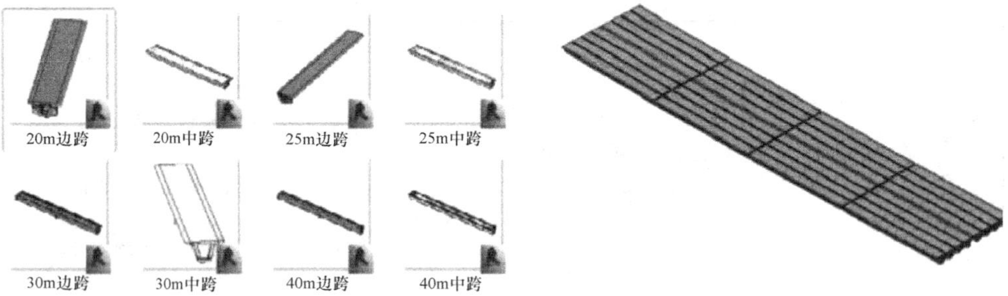

图 2-105　钢预制梁族库模型

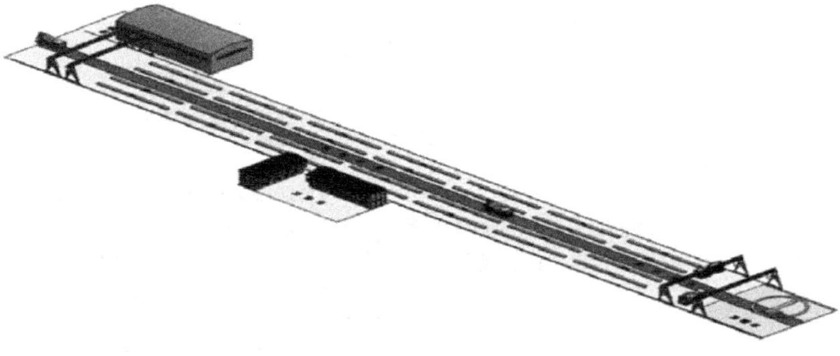

图 2-106　预制梁场整体三维模型

项目根据预制梁生产过程中的施工工序及施工特点，开发出了一套适用于预制梁场的 BIM 技术信息化管理平台，同时开发电脑 PC 端、微信平台等终端，让项目管理人员可以通过多种形式随时随地登入该平台进行信息的采集、录入及查询（图 2-107、图 2-108）。该 BIM 管理平台主要可以实现以下功能：

1）应用该系统可查询任意一个预制梁的桥梁位置、编号、混凝土方量、预制及架设时间等信息。

2）应用该系统可查询任意一个预制梁段目前所处于的生产状态（如：未生产、钢筋绑扎、模板安装、混凝土浇筑、养护、张拉、压浆、存梁、已架设），并且可查询每个施工阶段对应的施工时间、负责人及其他相关信息。

3）应用该系统可查询预制场每一个生产台座的信息，如正在生产梁的梁号、梁的生产状态等。

4）根据生产时间、编号、人员、台座等查询筛选条件对预制箱梁进行分类分析统计，可将统计结果一键快速提取到 excel 表，并自动生成柱状图、饼图、曲线表等分析图表，直观的反映出各种所需信息。

5）对人员进行分类权限设置，如部分人员可上传下载及删除平台资料，部分人员只能浏览资料，不能上传下载及删除等进行分类。

通过各研究对比后，最终得出该管理系统的主要工作模块及原理如表 2-23：

BIM 信息化管理系统主要应用功能模块　　表 2-23

序号	功能模块名称	功能	详细内容描述
1	BIM 模型建立	桥梁结构 BIM 模型	对本项目每座桥梁，建立上部结构 BIM 模型
		梁场整体 BIM 模型	对两个梁场的场地、大型机械、预制梁生产设备进行模块化 BIM 建模
2	轻量化 BIM 模型及二维码管理标准	利用 BIM 技术，建立虚拟现实空间进行模型浏览	BIM 模型轻量化在线展示，构件信息定位及查询，如桥梁位置、编号、混凝土体积、预设施工时间等信息
		编制本项目的二维码生成及管理标准	根据现场需求，调查和编制本项目的二维码生产规则及使用、管理规范
3	平台主要功能	UI 界面定制开发	按照平台主要功能和使用需求订制专用界面和企业标识
		项目需求流程分析及权限管理	汇总和分析项目需求，并按照项目管理流程和参与人员订制平台流程和管理权限
		生产信息查询	查询各种信息（录入数据库里的可编信息）
		数据自动筛选及统计	安装预设的查询条件筛选查询信息，并统计数量，如按时间/编号/人员/台座等统计
		数据分析及导出	将生产信息按条件分析和统计，一键快速提取到 excel 表
		图表统计	根据状态生成柱状图、饼图、曲线表等，直观的反映出各种所需信息
4	移动端应用	微信集成	二维码生成，可通过扫描二维码查询已录入信息
			通过移动端平台现场录入及修改数据（梁的生产状态等数据）
			通过移动端平台查询统计数据

平台研发完成后需进行测试，保证平台能够正常运行。平台根据管理需要，对不同的参与人员设置了不同的权限，相关人员仅可以在权限范围内使用该平台系统。主要分为：一号梁场技术员、二号梁技术员、管理者。其中一号、二号梁场技术员仅能上传、查看对应自己负责梁场的相关生产信息，并且不能更改已经上传的预制梁生产信息；管理员权限

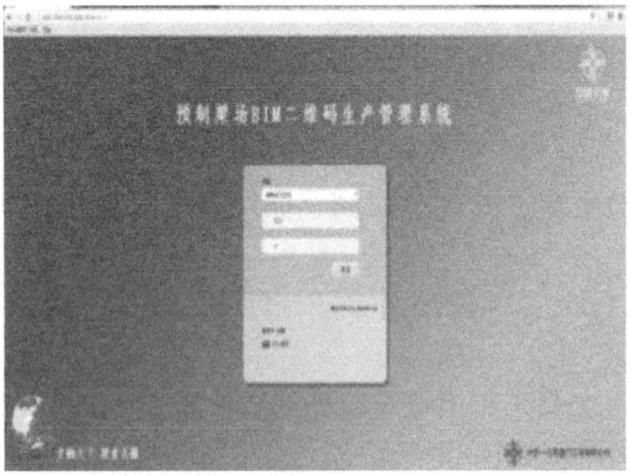

图 2-107　BIM 管理系统登录界面

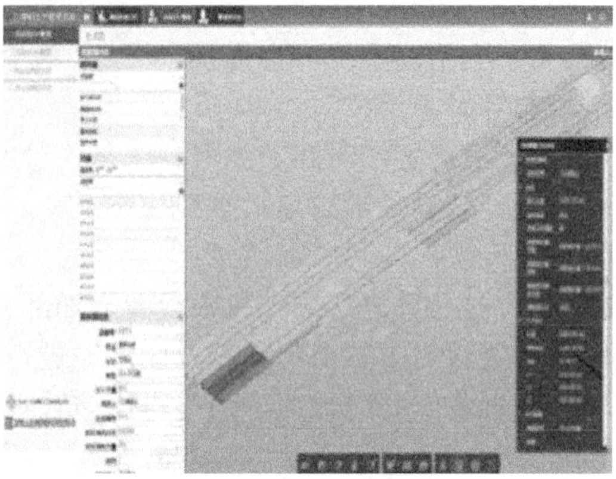

图 2-108　BIM 管理系统管理界面

可以查看所有梁场的信息，并且可以对不完整的生产信息进行补录，同时可以更改部分有误的生产信息，保证平台数据的准确性，见图 2-109。

（3）手机终端应用平台研发

为了方便现场 BIM 技术应用，除了电脑客户端，我们还将 BIM 管理平台集成到手机的微信端上，建立了海南琼乐预制梁场微信企业公众号，手机微信端与电脑客户端采用统一的后台数据库。

现场技术人员通过手机扫描梁片及台座二维码就可以实现现场施工信息的采集及录入，系统会自动记录信息的采集时间，保证信息的真实性，同时通过手机微信端可根据生产时间、部位等进行信息检索，查询预制梁生产信息，见图 2-110。

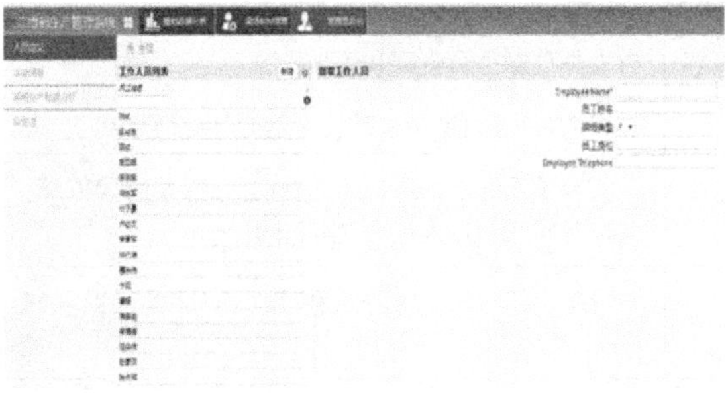

图 2-109　人员信息定义

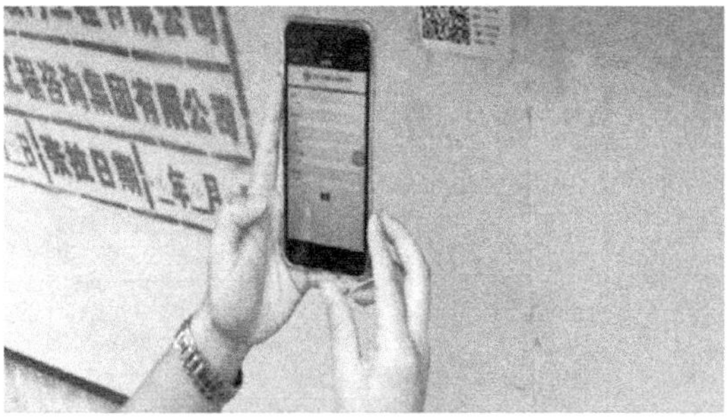

图 2-110　手机终端信息采集

（4）二维码的应用

BIM 三维模型建立过程中对每一个预制梁片及生产台座进行编码，使每一片梁都对应一个独立的 ID，根据编号利用网络平台批量生产梁片二维码，二维码信息由原始 BIM 模型数据批量生成，每个梁片对应单独的二维码，然后利用二维码专业打印机打印二维码。

台座二维码打印完成之后直接粘贴于每个台座的前后两端，梁片二维码打印完成之后，在预制梁处于绑钢筋、模板安装等生产状态时，二维码采用挂牌的方式，即利用透明塑料卡牌将二维码套在其中，挂在正在生产的梁片模板上，待梁片生产完成之后，将二维码粘贴与梁片翼缘板下方，然后二维码将随梁片一起移动。

每个梁片应进行相关设计信息附加及预留施工过程信息附加端口，通过手机扫码即可实现相关生产信息的查询。

本工程生成了全部预制梁片及预制台座的二维码，扫描每个二维码均可自动追溯查询对应相关梁片生产信息。图 2-111、图 2-112、图 2-113、图 2-114。

图 2-111　梁片二维码

图 2-112　二维码打印

图 2-113　梁片二维码粘贴

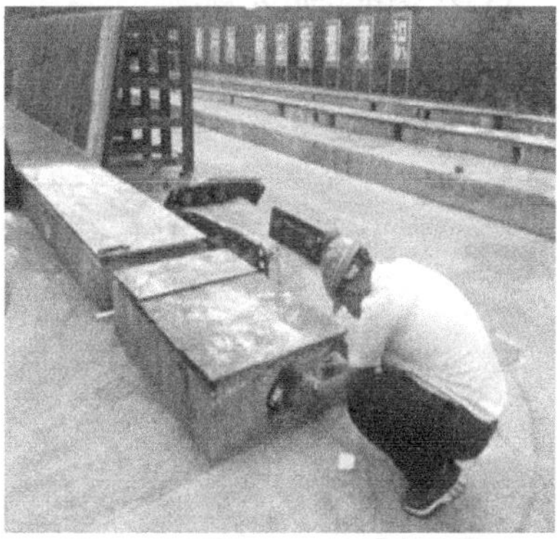

图 2-114　台座二维码粘贴

（5）信息采集、录入

预制梁片生产分为：未生产、钢筋绑扎、模板安装、混凝土浇筑、养护、张拉、压浆、存梁、已架设等这些生产状态，每进行到一个状态，则现场技术员通过手机微信端扫描二维码（图 2-115），然后选择相应的生产状态，并输入采集人员名称及现场相关情况，点击确定后系统自动记录现场的输入时间。

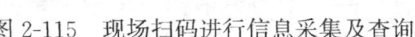

图 2-115　现场扫码进行信息采集及查询

（6）后台信息查询及分析

在管理系统中，点击预制梁片三维模型即可查询对应梁片的设计及生产信息，同时图中每一个预制梁的颜色对应了梁体处于的不同生产状态，可使生产过程直观的表达出来。利用该平台可以根据预制梁的生产状态、梁长、生产时间等进行预制梁信息的查询汇总，并且可以一键生成 Excel 汇总表，见

图 2-116、图 2-117。

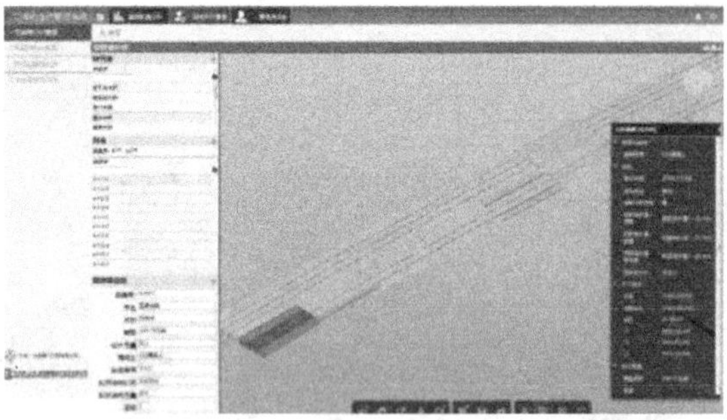

图 2-116　预制梁生产状态查询

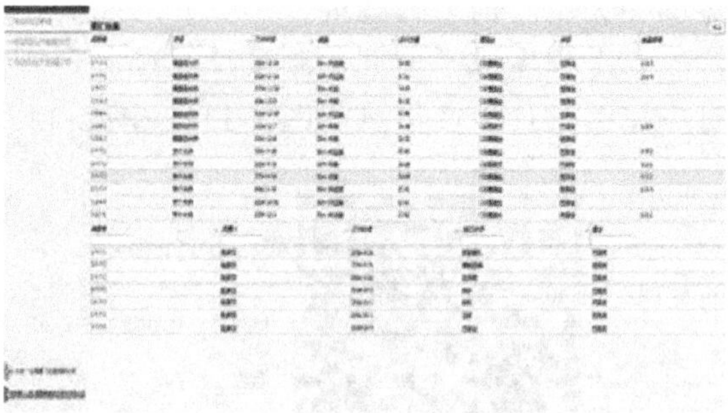

图 2-117　预制梁生产信息查询

同时该平台也可以对整个预制梁场总体的生产情况汇总分析，自动生成生产饼状分析图及每个台座生产状态图，点击每个饼图就可查询到其相应的梁片信息。

(7) 自动喷淋养护系统

本工程将控制自动喷淋的系统纳入 BIM 生产管理系统中，通过手机端或者电脑端控制箱梁自动喷淋的养生系统，使喷出的气雾状水对梁板侧面进行养护。其喷出的水雾均匀，可以达到全天候、全湿润的养护质量标准，养护效果极为显著。同时喷淋系统从供水到工作完毕，基本实现了过程全自动控制，大大降低劳动强度，提高劳动生产率，具有成本低，安装、维修方便，节约用水等显著优点。

自动喷淋伸缩旋转喷头具备自动伸缩功能，阀体隐藏在台座内，在梁片生产时，不必担心有外漏喷头影响生产作业，提供工作效率和使用性。该喷头内装滤网，喷嘴和过滤网拆换方便，升降柱具有自动清洗功能。喷水角度调节范围为 40°～360°，操作简单，更换喷嘴方便，射程根据水压不同可以达到 4.6～10.7m。

在预制台座施工过程中先预埋喷头安装洞，并安装喷淋主水管及连接水管，台座施工完成之后安装伸缩旋转喷头。

自动喷淋系统通过开关控制板控制，控制面板采用 TCP/IP 协议与控制主机（PC 机）进行通讯，运行稳定可靠，并通过电磁阀来控制喷淋用水的自动化基础元件，通过执行控制主机的命令来实现预期的控制。

BIM 生产管理系统中的自动喷淋系统以网络为主控，通过手机平台、电脑等实现远程控制，方便快捷，实现身在异地也能方便操作养护系统。

喷头在台座内预埋，养护时自动伸出，避免了梁片生产过程中喷头堵塞和损坏。同时伸缩旋转喷头为 180°旋转喷头，作业半径 6m，确保养护无死角。

实现定时、定点养护，可根据天气情况设定养护间隔时间和喷淋时间，也可开启任何一个喷头，实现不同梁长通用台座上梁片的养护，节约水资源。

采用自动喷淋系统后，现场施工人员通过电脑端或手机端即可对喷淋系统进行控制，同时也可以设定每天定时定量进行喷淋工作，大大提高了自动喷淋的效果，减少人工动强度。

摘自交通运输部工法 GGG（中企）C4005—2017。其他内容详见该工法。

2.5.9 预制小箱梁液压滑模施工工法

1. 背景

小箱梁拼装式模板具有结构简单、制造成本低、适用性强等特点，一直广泛受到施工单位的青睐。随着社会技术水平的快速提升，大规模工厂式预制施工需求越来越迫切，但拼装式模板工效低、模板接缝多、安全性差的劣势逐渐突显出来，为了提高预制产能，实现工厂化施工，预制小箱梁液压滑模施工工法应运而生。

2. 特点及适用范围

(1) 施工工效高：在预制小箱梁施工中，箱梁模板能够整体自行行走、安装和拆除，极大地降低了预制小箱梁施工中模板施工工序的时间。

(2) 自动化程度高：作业人员仅需要对模板的液压系统及行走系统通过控制器进行操作，人员操作过程中体力依赖小，劳动强度低。

(3) 模板的利用率高：模板为整体作业，不需要反复拆除，对模板的损伤小，减小了模板的变形，有效提高了模板的周转次数。

(4) 施工质量好、安全性高：本工法进行箱梁外侧模板安装、拆除及行走与常规工艺相比，模板接缝少，外观质量好，空间交叉作业减少，吊装安全风险降低了。

本工法适用于预制场进行大规模小箱梁、T梁、空心板的预制施工。

3. 施工工艺及操作要点

(1) 施工工艺流程

预制小箱梁液压滑模施工工艺流程见图2-118。

(2) 操作要点

1) 液压滑模系统准备

如图2-119，预制小箱梁液压滑模系统由模板系统、行走系统、液压系统组成。

图2-118 施工工艺流程图

图2-119 一侧模板（含侧模、轨道、行走系统、液压系统）

模板系统：

本工法模板系统是指外侧模板，根据小箱梁设计图纸进行常规结构设计，其背部骨架配合行走系统及液压系统要求进行局部优化设计。模板采用大型钢模板，模板标准节段长度为6m，外形尺寸根据设计图纸小箱梁尺寸设计，由专业厂家进行加工制作。模板背部骨架为型钢骨架，采用8号、10号槽钢，面板为6mm A3钢板。模板间接口均为平接口，采用12mm法兰板用M16螺栓进行拼装连接，用定位销进行定位。模板的第一次现场安装利用预制场门吊完成。

内模与常规预制小箱梁施工工艺的结构一致，按常规内模结构设计。

行走系统：

① 行走系统采用轨道式行走方式，通过行走电机带动整体模板移动。主要由台车及其轨道、行走电机、控制电箱、控制器组成。

② 台车轨道采用2条5cm槽钢进行铺设，在预制场场坪硬化混凝土浇筑的同时，进行轨道放样，预埋好台车轨道定位钢板，后期安装轨道时通过槽钢与定位钢板进行焊接来固定轨道。台车通过竖向千斤顶的顶端用螺栓和钢板与模板固结在一起。

③ 行走电机是模板从一个台座向下一台座移动的主要装置。主要通过电力带动电机，传动到台车滚轮，从而达到前行的目的。行走电机安装在台车底座一侧。

④ 控制电箱及控制器主要为行走电机提供电源及控制台车前进、后退、停止。控制电箱安装在模板骨架上，并使一片梁的四台台车通过控制电路进行联动，达到行走同步的目的。

液压系统：

液压系统之竖向千斤顶如图2-120。

图2-120 液压系统之竖向千斤顶（左）、横向千斤顶（右）

液压系统的一个分配控制系统包含了六根液压油管、三个分配阀位。如图2-121所示，编号为1、2、3、4、5、6、A、B、C；其中A控制阀分别接通1或2号油管控制顶升油缸（内）的升降；B控制阀分别接通3或4号油管控制顶升油缸（外）的升降；C控制阀分别接通5或6号油管控制拉伸油缸，使得模板完成姿态的调整。

① 竖向千斤顶安装于台车上，每个台车安装2台10t千斤顶，与横向小车承重梁通过螺栓连接。千斤顶活塞顶面支撑于模板上，与模板纵梁通过螺旋连接。竖向千斤顶主要用于调整模板腹板角度及支撑模板作用。

② 横向千斤顶安装于台车底座上，每个台车安装1台5t千斤顶，千斤顶底部与台车

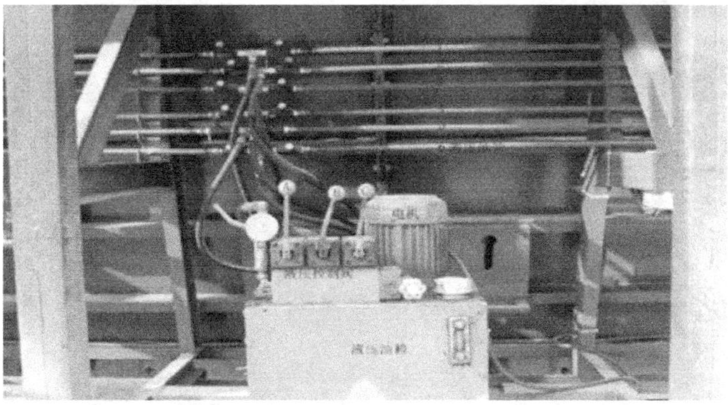

图 2-121 液压系统之液压泵站（图中 1～6 为液压油管，A～C 为控制阀）

底座外侧轨道梁铰接，千斤顶活塞顶部与台车横向小车铰接。横向千斤顶主要作用是用于横向牵引模板系统整体移动。

2）场地准备

3）台座清理

在小箱梁准备施工前，对预制台座底模进行必要的清理和涂刷脱模剂。台座清理重点是清理好底模两侧边缘的水泥浆，以便在外侧模板靠模时能与底模边缘贴紧，避免小箱梁侧模底部漏浆，影响小箱梁外观质量。图 2-122。

图 2-122 底模清理与底模涂脱模剂

4）模板滑移就位

① 在模板准备滑移就位前需要做以下准备工作：

A. 对模板进行清理，主要是去除模板面板上的水泥灰浆；

B. 模板面板表面刷脱模剂；

C. 检查模板系统在当前位置是否与梁片及其他物件有连接；

D. 检查模板前移线路上的障碍物；

E. 检查前移轨道是否有局部损毁。

② 接通电源，启动控制器开关，模板整体向前移动。在前行过程中注意观察模板整体运行的稳定性，出现异常状态要及时停止，进行检查。

③ 如图 2-123，模板大体就位后，进行微调，保障模板与台座上梁片端线基本重叠，

即模板纵向前行就位完成。

图 2-123　液压滑模滑移到位

5）模板调整

① 启动横向千斤顶控制油泵，将模板向内侧逐步靠近底模，并留有一定空隙。启动竖向千斤顶控制油泵，顶升模板到需要高度，此时模板下缘基本靠紧底模边，完成模板的初步定位。

② 进行模板精调。技术人员通过测量观测检查模板的高度及腹板斜率是否满足设计尺寸。若未达到规范及设计要求，进行竖向、横向反复调整，直至满足要求，完成模板的精确定位。

③ 模板调整完毕后，安装底部对拉螺杆并拧紧，安装模板骨架底部刚性支撑。刚性支撑采用木楔或者螺旋底托制作。

④ 刚性支撑及对拉杆安装完毕后，千斤顶油泵回油，使千斤顶活塞处于不受力状态。

6）模板验收

由现场技术负责人组织相关人员从相邻模板的错口和间隙、模板的长度、面板的平整度等方面，严格按照标准进行验收，合格后方可进行下道施工工序。

7）预应力混凝土施工

模板调整完毕并经过监理验收合格后，即进行后续工序施工。

① 将在胎架上已经整体绑扎并验收的小箱梁低腹板钢筋骨架吊装入模，穿预应力波纹管内衬管；

② 小箱梁内模在场内内模拼装区拼装完毕后，吊装就位；

③ 安装小箱梁两端封端模板；

④ 绑扎预制小箱梁顶板钢筋，安装小箱梁顶板负弯矩波纹管并穿好内衬管；

⑤ 待通过检查验收后即可浇筑小箱梁混凝土。

8）脱模

待小箱梁混凝土达到脱模强度后，即可进行脱模施工。

① 启动竖向千斤顶油泵，使所有竖向千斤顶的油压均达到立刚性支撑前的油压状态。

② 逐步拆除模板的所有刚性支撑，使模板整体完全由竖向千斤顶支撑受力。

③ 千斤顶回油，并缓慢卸压，待模板依靠自重与混凝土构件脱离后，继续卸压至初始状态，模板降至最低点。此环节有时需要横向千斤顶配合向外少量拉松模板。

④ 启动横向千斤顶油泵，使得模板系统横向向外移动，待模板内侧边线远离开箱梁横隔板外缘后，即可将千斤顶卸压回油。

9）外模滑移到下一台座

模板完成脱模后即组织进行模板的表面清理工作，并涂好脱模剂，待下一台座准备完毕即纵向滑移就位。

摘自交通运输部工法 GGG（湘）C3012—2017。其他内容详见该工法。

2.5.10 隧道掘进聚能水压光面爆破新技术施工工法

1. 背景

隧道爆破掘进实施光面爆破十分必要和重要，一是防止爆破后岩石出现新的裂缝甚至洞穴，影响围岩稳定，避免可能出现塌方；二是防止爆破后出现欠挖或超挖，如欠挖需要补爆，延长钻爆作业时间，影响施工工期；如超挖，增加喷锚支护和混凝土衬砌量，加大成本，不经济。

隧道掘进所实施的光面爆破，当前比较好的一种方法就是光爆炮眼间隔装药，炮眼最底部装填一卷炸药，然后每隔 60～70cm 装填半卷炸药直至离地眼 70～80cm 为止，底部一卷和半卷炸药用传爆线串联引爆，见图 2-124。

图 2-124 常规光面爆破炮眼装药结构

目前所进行的光面爆破为常规光面爆破，存在的问题是：光爆炮眼间距为 40～50cm，布眼过密、打眼过多、打眼作业占用时间过长。为解决常规光面爆破存在的问题，以我国著名爆破专家何广沂教授领衔的团队，研发了"隧道掘进聚能水压光面爆破新技术"。所谓"聚能水压光面爆破"就是光爆炮眼中由聚能管装置替代了常规光爆炮眼中的药卷和传爆线，光爆炮眼的最底部和上部有水袋，用专用设备加工成的炮泥回填堵塞，见图2-125。基于聚能水压光面爆破新技术形成本工法。

图 2-125 聚能水压光爆炮眼装药结构

2. 特点及适用范围

（1）设备材料取之方便，价格便宜。该工法所需设备为炮泥机、封口机、小型空压机和注药枪，市场都有现货，随时随地均可买到，而且价格便宜。所需聚能管有专门工厂供应，其他的像炸药、传爆线和起爆雷管，施工现场均有现成材料。

（2）可操作性强，有利于推广。组装聚能管装置工艺简单，往炮眼装填程序清楚明了，普通工人培训一两个小时即可熟练掌握，无需特殊技术人员，十分有利推广。

（3）经济、社会效益显著。光爆炮眼采取该工法，可节约成本 30%左右；对于山岭隧道采用该工，光爆效果明显改善，每米可节省混凝土费用上千元。该工法降尘作用显著，改善了作业环境，对施工人员的安全和健康很有保障。由于光爆炮眼减少 50%，缩短打眼时间，加快施工进度，对保障工期或提前工期有重要作用。

无论是铁路、公路隧道还是城市地铁暗挖隧道和矿山巷道，无论是几级围岩还是断面大小，只要是采取矿山法施工或者说打眼爆破，均可以采取该工法，都会取得令人满意的爆破效果。本工法除了适用于隧道和地下工程之外，还适用于露天路堑开挖和城市基坑开挖，对边坡的稳定尤其有好处。

3. 工艺原理

本工法中光爆炮眼中的聚能管装置取代常规光爆炮眼中的药卷和传爆线。聚能管装置实物如图 2-126 所示，它由聚能管、炸药、传爆线、起爆雷管和定位圈五部分组成。

图 2-126　聚能管装置实物

聚能管委托工厂生产，是非金属材料 PVC，聚能管根据炮眼深度可长可短，聚能管是由两个相似半壁管组成，如图 2-127 所示。聚能管壁厚 2mm，半壁管中央有一个凹进去的槽，叫做“聚能槽”。聚能管截面尺寸如图 2-128 所示，聚能槽顶角 70°，聚能槽顶部距离 17.27mm，半壁管宽度 24.18mm，两半壁管相扣成的聚能管宽度为 28.35mm。为调节聚能槽对准开挖轮廓面，两半壁管可调聚能方向 8°～10°。

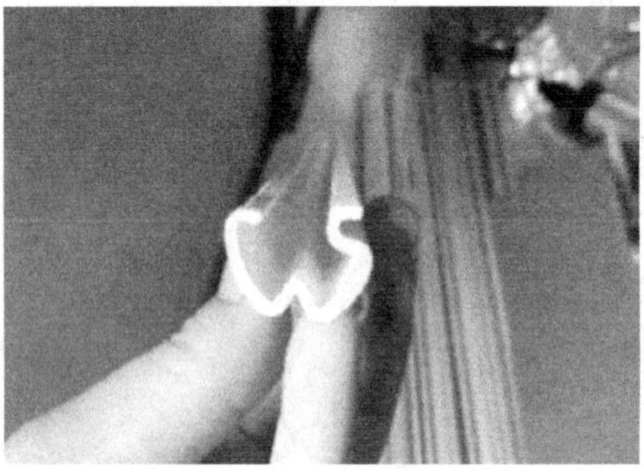

图 2-127　聚能管（半壁管）

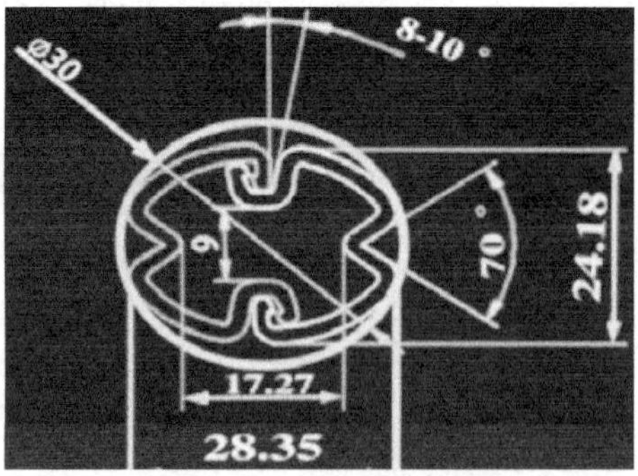

图 2-128　聚能管截面尺寸

聚能管装置中的炸药为施工现场通用炸药即乳化炸药。聚能管内部尺寸形成的截面就是炸药截面。

聚能管装置中的传爆线和起爆雷管为施工现场通用起爆器材，起爆雷管段别与常规光面爆破相同。

定位圈如图 2-129 所示，套在聚能管两端，为普通塑料制品。

本工法光爆炮眼装填程序是：首先往炮眼最底部装填水袋，紧接着装填聚能管装置，再装填水袋，最后用炮泥回填堵塞炮眼。

聚能水压光爆炮眼这种新型装药结构与常规光面爆破相比面目全非，能够解决常规光面爆破存在的问题吗？从聚能水压光面爆破技术原理可以找到答案，实际爆破效果更足以证实这种新技术完全解决了常规光面爆破存在的问题。

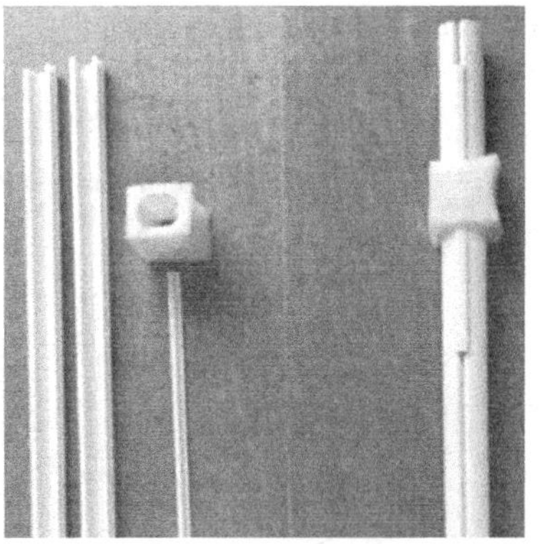

图 2-129 定位圈

常规光面爆破技术原理是光爆炮眼中的炸药爆炸在岩石传播应力波产生径向压应力和切向拉应力，由于光爆炮眼相邻互为“空眼”，所以在光爆炮眼连线两侧产生应力集中度很高的拉应力，超过岩石抗拉强度，于是使炮眼之间的岩体形成的初始裂缝要比其他方向厉害得多。除此之外，由于炸药爆炸产生的高温高压气体膨胀产生的静力作用促使初始裂缝进一步延伸扩大，而聚能水压爆破除上述应力波作用外，紧跟随的是聚能槽产生的高温高压射流以及光爆炮眼中的水袋在爆炸作用产生的“水楔”效应，促使岩石初始裂缝延伸扩展加大。聚能水压光爆炮眼由于水袋炮泥复合堵塞，有力控制炸药爆炸生成的膨胀气体在炮眼中，其膨胀气体静力作用要比常规光面爆破不堵塞强得多，更有利于已形成的裂缝再延伸扩展加大。聚能水压光面爆破增添了高温高压射流和水楔作用以及增强了膨胀气体静力作用，这三种因素共同作用的结果是解决常规光面爆破炮眼分布过密的问题。除此之外，还增加了一个好处，由于光爆炮眼中放置了水袋，在爆炸过程中形成水雾又起到了降尘的作用效果，改善作业环境，保护施工人员身体健康。

该工法光爆炮眼间距可达 100cm，而常规光爆炮眼间距 40～50cm，两者相比，前者对围岩的扰动相应减少一半；聚能管装置中装药直径相对常规光面爆破标准直接 32mm 药卷小，炮眼不耦合系数大，对围岩损坏作用小；定位圈顾名思义除起“定位”作用，即保障聚能槽与轮廓面一致外，还起到聚能管装置在光爆炮眼正中央的作用，不但促进了高温高压射流的充分作用，还减少对圈岩的损伤，这是解决常规光面爆破存在围岩不稳定、超挖的基本理论。

4. 施工工艺及操作要点

本工法主要集中在聚能管装置组装和往光爆炮眼装填程序两大重要环节。

（1）聚能管装置组装操作要点（图 2-130-1）

1）首先要强调说明的是，起爆雷管不要在聚能管装置组装房间安放，运到掌子面时再安装。

2）给注药枪加压，不要超过 0.2 个大气压，若低于 0.2 个大气压，炸药从注药枪咀口不易流出来；若大于 0.2 个大气压，会降低炸药灵感度甚至拒爆。

3）往半壁管注药要均匀连续不断，为了正常传爆切记不能间断或不均匀。

4）聚能管内的传爆线要比聚能管长 10m 左右即可。

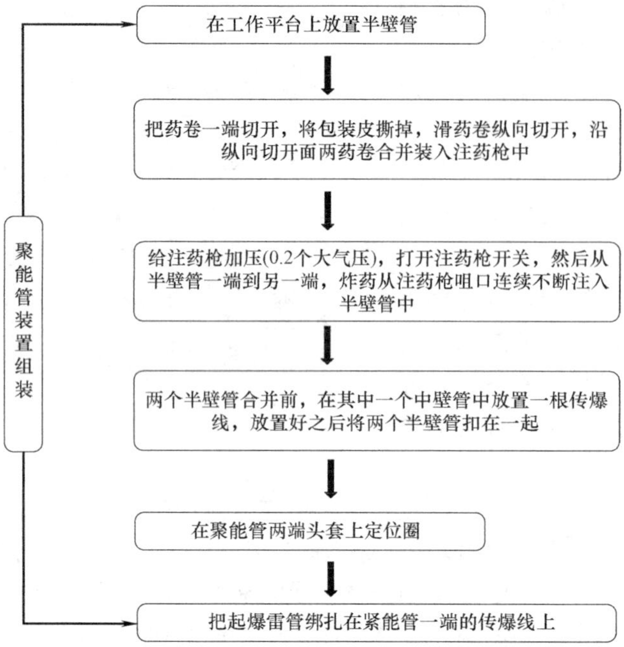

图 2-130-1　聚能管装置组装工艺流程

5）定位圈要套在聚能管两端，离端口 50cm 左右即可，为防止装填时脱落，要用胶布绑扎紧。

（2）光爆炮眼装填工艺流程

光爆炮眼装填工艺流程如图 2-130-2所示。

（3）光爆炮眼装填操作要点

1）光爆炮眼最底部装填一袋水袋，水袋一定要装满水要挺拔，必须装填到炮眼最底部，不得留有空隙。

2）聚能管长度为光爆炮眼深度 70%左右，聚能槽必须与轮廓面平行一致。

3）光爆炮眼上部装填 1～2 袋水袋。

4）回填堵塞的炮泥要回填到炮眼口，炮泥软硬适中，要用木质炮棍捣固严实。

5）光爆炮眼装填次序为水袋→聚能管装置→水袋→炮泥，在光爆炮眼纵向必须紧密相连，不得留有空隙。

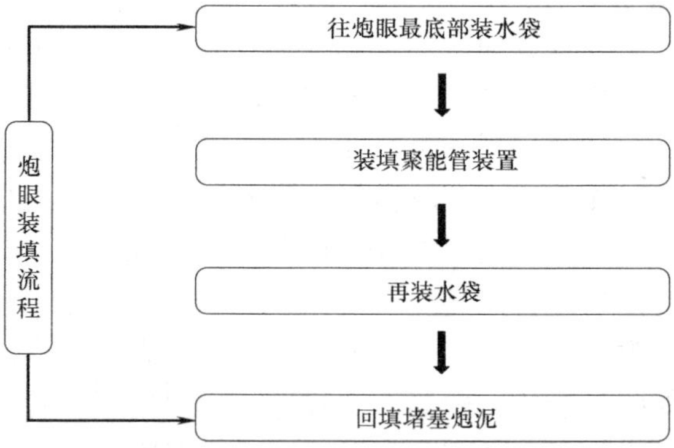

图 2-130-2　光爆炮眼装填流程

5. 质量控制

（1）打眼质量要求及控制

本工法对光爆炮眼打眼质量要求及控制，除按照常规光面爆破打眼“准、平、齐”和外角不大于 5°规定与要求之外，该工法光爆炮眼间距通常为 10cm，软弱破碎围岩炮眼间距为 80cm，无论是 100cm 还是 80cm，其控制误差为±5cm。

（2）聚能管装置线装药密度质量要求及控制

对于坚硬而整体性好的围岩，线装药密度为 450g/m；一般围岩为 400g/m；软弱破碎围岩为 350g/m。

半壁管截面大小是控制线装药密度主要参数，还要注意到往半壁管中注药多少要与实际用量吻合，只有这样才能防止线装药密度不会过大或过小。

（3）聚能管装置长度的控制

前面已述及，聚能管装置中聚能管长度应为光爆炮眼深度 70%左右，从聚能管中引出的传爆线长度为 10cm。

（4）水袋注水量控制与要求

水袋长 200mm，口径 35m，注满水应为 192g，灌的挺拔为略大于 200g。

（5）控制封口机封口温度

为了保障水袋封好后不漏不渗水，封口的温度应控制在 200℃左右，冬天大于 200℃，夏天小于 200℃。

（6）炮泥质量控制

炮泥组成为土：砂：水＝0.75：0.1：0.15，土为黏土，砂为细沙。为保障炮泥不软不硬，应在使用前两个小时加工好为宜。

炮泥直径 35mm，长 200mm，为保障不断接，加工好的炮泥应放在小型塑料筐中运到掌子面前。

6. 安全措施

本工法必须遵守国家颁布的《民用爆炸物品安全管理条例》中有关购买、运输和使用的规定外，针对该工法的特点，对聚能管装置的组装和使用的安全措施分述如下：

（1）组装聚能管装置安全措施

组装聚能管装置工作间，应选在炸药及起爆器材储存仓库旁，其安全要求与库房相同。每次进入工作间的炸药和传爆线够一个爆破循环的就可以了，不得多放入。放入工作间炸药与传爆线要分放；一个放在东头，另一个放在西头。冬天组装时，炸药尤其传爆线远离暖气管道，更不得使用明火取暖。一个循环所需的聚能管装置数量最好在使用前一小时组装完毕。千万要注意，在工作间内不得放起爆雷管。

（2）运输使用聚能管装置安全措施

聚能管装置从工作间运输到掌子面前，要单独运输，绝不能与起爆雷管混运。运到掌子面前的聚能管装置，不要一起安装起爆雷管，要逐个安装逐个放入光爆炮眼中。

摘自交通运输部工法 GGG（中企）D1002—2017。其他内容详见该工法。

3

公路工程施工项目管理

公路工程施工项目管理十分重要，是保证公路工程按照设计、规范要求，按质、按时安全实施的关键。公路工程施工项目管理涉及施工过程组织、网络计划、技术管理、质量管理、劳动管理、设备管理、材料管理、成本管理、安全管理、环境保护、档案管理、竣（交）工验收等。本章主要通过案例介绍质量安全等管理情况。

3.1 道路改建施工

3.1.1 基本情况

本段道路全长2.88km，为新建另一道路而对既有道路的改移工程。既有道路交通量很大，改移线路多处与原有道路交叉，并有一处下穿铁路，因此，在施工过程中交通组织方案本着“不影响已有通行中道路的交通”的原则，根据以往完成过类似工程施工时道路封闭的经验，精心组织施工，确保安全。在原有道路两侧根据实际情况按照原有路基宽度修筑保通便道，便道采用统一设计和统一施工标准，严格执行，分阶段施工。便道设计路面宽度7.5m，基层采用20cm厚5%水泥稳定砂砾，面层采用5cm中粒式沥青混凝土。

3.1.2 工程特点、重点及难点

（1）既有道路交通车流量大，保持道路畅通，确保施工正常进行，是施工的重点。

（2）既有道路下穿铁路施工安全，是施工的难点。

（3）既有道路保通施工安全是施工中的又一难点。在施工中将采取各种有效的施工方案，随时分析和掌握施工变化动态，制订处理突发性应急预案，装备在特殊地段施工的配套设备，打有准备之仗，确保施工质量、施工安全和施工进度。

3.1.3 施工方案

1. 施工测量

开工前做好复测与增设水准点、导线点等，核对横断面图，发现问题及时报局指。进行用地放样，根据设计图表测出国道路基用地界桩和路堤坡脚、路堑堑顶、边沟等的具体位置，如果需要增加临时用地，根据施工需要提出增加临时用地计划，测量并绘制用地平面图，送有关单位办理拆迁及临时占用土地手续。

2. 路基施工加宽、新建改线

（1）改建中需对多段落进行加宽，因此，沿路基平行开挖 2.0m 宽台阶，台阶底向内倾斜 4%的横坡，当填方高度大于 5m 或处于陡坎时，在路面底 80cm 下连续铺设三层钢塑土工格栅，间距为 100cm，小于 5m 时，仅铺设一层钢塑土工格栅。半填半挖路基的挖方半幅应在路槽下超挖 80cm 后再以优质填料回填，填挖交界处每填 1m 进行一次重锤夯实，夯实宽度 8m 以减少路基横向不均匀沉降。施工人员应从设计审查、施工方案选择、现场地质水文调查多方面把关，切实搞好改线路基施工。

（2）改建中部分路段为新增改线段落。路面结构层为 20cm 级配砂砾底基层＋20cm 水泥稳定砂砾基层＋5cmAC-16 中粒式沥青＋4cmAC-13 细粒式沥青。

（3）新旧路基衔接处理

1）施工前截断流向拓宽作业区水源，开挖临时排水沟，保证施工期间排水通畅。

2）新旧路搭接处的旧路边坡应拆除老路路缘石、旧路肩、边坡防护、边沟等；进行翻挖碾压对不合格材料进行换填处理以达到设计质量要求。

3）同时清除旧路肩边坡上草皮、树根及腐殖土等杂物，并由硬路肩开始下挖台阶，以消除旧路基边坡压实度不足，加强新旧路基的结合程度，减少旧路基结合处的不均匀沉降。

4）施工时，为保证老路堤与新路堤交界坡面搭接良好，需挖除清理法向厚度不宜小于 30cm 虚土，然后从老路堤坡脚向上按设计要求挖设 50cm 宽台阶。当老路堤高度小于 2m 时，老路堤坡面处理后，可直接填筑新路堤。严禁将边坡清挖物作为新路堤填料。

5）加宽路堤填料选用与老路堤基本相同的填料作为填料，挡墙路基回填采用砂砾透水性材料回填。路基其他段落加宽部分若采用非透水性填料时，应在地基表面铺设砂砾或碎石垫层。

（4）加宽部分路基基底清表（软基处理）

1）开工前，根据设计图纸尺寸放出路基坡脚、边沟位置，并结合施工现场实际情况，修建临时排水工程。同时沿加宽路基宽度外侧 50cm 左右设定边线，对此范围进行清表，平整压实，基底经监理工程师验收合格再进行回填填筑施工。

2）首先在施工便道打通之后，推土机、平地机、挖掘机进场把路基填筑范围原地面的树木、草皮、腐殖土等杂料清除原地面，至合格基底。表土清除深度一般为 30cm，清除的表土杂物堆弃于加宽路基坡脚线与道路红线之间。清表后树根须全部挖除并将坑穴填平夯实。

3）清表时，地面自然横坡或纵坡陡于 1∶5 时，需将原地面挖成台阶，台阶宽度要满足摊铺和压实设备操作的需要，一般不小于 2m，台阶须做成 2%～4%的内侧斜坡。

4）路基清表将适用于绿化的表层腐殖熟土储存于指定地点，以备工程后期用于绿化用土。

5）清表结束后，用平地机进行整平，压路机对清表后的原地面进行碾压，压实度符合设计及规范的要求。

6）路基基底压实采用振动压路机先轻后重碾压，一般碾压 5～8 遍至表面无明显轮迹，现场灌砂法做压实度合格后即可终止碾压，报检验收。碾压遍数按压实度、含水率、机械性能经过现场试验确定。

7）加宽部分路基基底处理：施工过程中局部也可根据实际情况在路基基底铺筑 20cm 级配砂砾；处理路基顶面回弹模量达到 $E_0=30$MPa，若达不到要求需进行处理满足技术要求。

（5）摊铺、整平

土方摊铺作业采用自卸车运料，推土机推平、平地机刮平组合完成作业，局部较窄处采用挖机摊铺。摊铺时从路基最低处开始分层平行摊铺，松铺层的厚度按试验段总结数据确定。一般土方最大松铺厚度不大于 300mm。填筑时作业须按设计断面水平分层全幅进行填筑，施工时充分发挥现场机械配合效率，提高施工速度。填料进场前，施工人员在待填筑基底面上用白灰洒出 10m×10m 网格线，自卸汽车进场后专人指挥卸土至指定网格位置。推土机将卸土堆摊平，保证摊铺厚度，平地机进行整平。洒水或晾晒后保证好含水率即可进行碾压作业。摊铺时，保证摊铺宽度宽出设计坡脚线 50cm 的超宽碾压宽度。

填筑材料尽量选用同类填料，性质不同的填料，应水平分层、分段填筑，分层压实。将透水性较好的填料填筑于透水性较小的土层下面，边坡不得用透水性小的包边。同一水平层路基的全宽应采用同一种填料，不得混合填筑。每种填料的填筑层压实后的连续厚度不宜小于 500mm。填筑路床顶最后一层时，压实后的厚度应不小于 100mm。对潮湿或冻融敏感性小的填料应填筑在路基上层。强度较小的填料应填筑在下层。在有地下水的路段或临水路基范围内，宜填筑透水性好的填料。在透水性不好的压实层上填筑透水性较好的填料前，应在其表面设 2%～4%的双向横坡，并采取相应的防水措施。不得在由透水性较好的填料所填筑的路堤边坡上覆盖透水性不好的填料。摊铺时路基做成单向向外的横坡一般为 2%～3%，摊铺时遇现况构筑物周围需人工夯实时，摊铺厚度须小于 20cm。路基填筑接头部位如不能交替填筑，则先填路段按 1∶1 坡度分层留台阶；如能交替填筑，则应分层相互交替搭接，搭接长度不小于 2m。

（6）碾压成型

路基压实采用振动压路机碾压完成，碾压须在填料最佳含水量时完成作业。填料摊铺平整后即开始碾压，先用压路机对松铺层表面进行预压，然后再用大吨位振动压路机压实。压实须先轻后重顺序碾压，一般碾压 5～8 遍至表面无明显轮迹，最后用溜光成型，现场灌砂法做压实度合格后即可终止碾压。碾压时自路基边缘向中央匀速进行，路基直线段由路边逐渐向路中填筑压实，曲线段从里向外进行。振动碾遵循先慢后快、由弱渐强的原则、层层碾压密实。压路机每次碾压时应有重叠轮宽，一般重叠 40～50cm 宽度，碾压过程中平地机随时配合整型清平。碾压时填料含水量进行严格控制，含水量严格控制在最佳含水量的正负 2%之内。当含水量不足时，采用洒水车适量均匀洒水。含水量过大时适时翻松晾晒，必要时掺拌适量白灰以缩短填压周期。

3. 路面结构层施工工艺流程

20cm 级配砂砾底基层→20cm 水泥稳定砂砾基层→5cmAC-16 中粒式沥青→4cmAC-13 细粒式沥青→附属工程。

4. 基底检验处理

土质路基施工完成后，应及时按程序通过监理、业主等相关部门人员进行检查验收，达到合格标准。路面结构层施工前还应再次进行复检，对路基的中线、边线、坡度标高、表面平整度、构筑物的标高、轴线等存在的问题进行修整处理。同时搞好结构层施工的排水处理工作，满足结构的施工条件。

5. 级配砂砾石底基层

在合格的土质路基上，根据复测的路中线，用白灰放出砂砾垫层回填边线。回填时要求松铺厚度不宜大于25cm。用推土机平料，边角处辅以人工进行收边整平，采用压路机进行碾压，先静压后震动碾压。碾压遍数及标准根据实际情况通过实验确定。碾压过程中个别缺砂或含水率偏低的地方，用人工进行补砂洒水，达到碾压密实度。施工时应严格控制回填厚度、表面平整度及坡度。

(1) 在路床上恢复中线，直线段每15～20m设一桩，平面曲线每10～15m设一桩，并在两侧路肩边缘外设指示桩进行水平测量，在两侧指示桩上用明显标记标出基层边缘的设计高程。

(2) 对级配砂砾石作为底基层，首先应用预先筛分成几组不同粒径的砂砾石组配而成，其颗粒组成应该是一根圆滑的曲线，混合料必须拌和均匀，没有细颗粒离析现象。砂砾石中针片状颗粒的总含量应不超过20%，不应有粘土块、植物等有害物质。

(3) 级配砂砾石摊铺施工时，等路床验收结束后，自卸车运料至现场，推土机推平，再用平地机整片。在摊铺过程中严格控制平整度、厚度符合规范要求。

(4) 碾压采用20～26t三轮压路机或振动压路机碾压时，每层压实度厚度不大于20cm，严禁用薄层贴补法找平。

6. 水泥稳定级配碎石层回填

根据路基成型情况安排施工计划进行流水作业。施工采用集中厂拌摊铺机摊铺的方法进行，机械摊铺。

(1) 开工前在规定的时间将配合比及其他各项试验提交工程师批准，并根据监理工程师的指示铺设一段不少于500m^2的试验段，试验段用以检验修正计划的拌和、摊铺、压实机械设备的合理配置及施工方法、工艺等的合理性，并得出相应的数字依据。

(2) 在底基层上恢复中线，直线段每15～20m设一桩，平面曲线每10～15m设一桩，并在两侧路肩边缘外设指示桩进行水平测量，在两侧指示桩上用明显标记标出水泥稳定碎石基层边缘的设计高程。

(3) 基层施工气温应在5℃以上，路面基层采用水泥稳定碎石。宜采用初凝时间和终凝时间较长（宜在6h以上）的普通硅酸盐水泥、矿渣硅酸盐水泥或火山灰质硅酸盐水泥，强度等级不高于32.5MPa，考虑偏差系数及95%的保证率，水泥剂量4%～5%。施工中应严格控制水泥用量，在满足基层各项物理力学指标的前提下，尽量减低用量，水泥稳定碎石7d抗压强度宜为3.5MPa，不宜超过4MPa，压实度不小于98%。需养生，通常为7d。碎石应用硬质岩轧制，采用反击式破碎机破碎，压碎值＜26%，碎石中不应有粘土块、植物等有害物质，最大粒径不大于31.5mm。

(4) 施工中还应严格控制集料的级配，特别是细料的含量，改善集料的级配可以明显增加水稳碎石基层的强度、耐久性、抗裂和冲击刷性能，在基层施工前对集料颗粒组合进行多种级配，确保在经济性、技术性，满足的前提下获得最佳的质量，同日施工的两工作段的衔接处，应采用搭接，前段拌合整形后，留5～8m不进行碾压，后一段施工时，前段留下未碾压部分，应在加部分水泥重新拌合，并与后一段一起碾压。

（5）材料在中心拌和厂拌和，采用连续式混合料搅拌机拌和，水泥、碎石的比例按重量比进行配合。所有的拌和设备，都应保证其拌制的混合料是非常均匀的，混合料色泽一致。混合料应在拌和均匀后用自卸车运至摊铺现场，在距离铺装地点较远时，按工程师要求予以覆盖。

（6）采用自动找平摊铺机摊铺，在摊铺过程中保证水泥稳定碎石的平整度、厚度符合规范要求。

（7）水泥稳定碎石基层应采用12t以上压路机碾压，用12～15t压路机时，每层压实度厚度不大于15cm，用18～20t压路机或振动压路机碾压时，每层压实度厚度不大于20cm，严禁用薄层贴补法找平，水泥稳定碎石基层上层铺筑前，应在下层顶面撒水泥浆以利于结合。

（8）水泥稳定碎石施工完成后应及时用水车洒水养生并断绝交通。水泥稳定碎石基层、石灰土底基层7d浸水无侧限抗压强度及其压实度（重型击实标准）均应符合要求：压实度（%）不小于98，7d抗压强度不低于3.5（MPa）。

7. 沥青混凝土层铺设

（1）沥青材料选用

1）透层：采用慢裂的洒布型乳化沥青。用量为0.7～1.1L/m^2。透层宜在基层碾压成形后表面稍干，但尚未硬化的情况下，用沥青洒布车喷洒沥青，洒布的透层沥青应渗入基层一定深度，不应在表面流淌，并不得形成油膜，渗入基层的深度宜不小于5mm，如遇大风或即将降雨时不得浇洒沥青透层，气温低于10℃时或大风天气、即将降雨时不得喷洒透层油。浇洒透层前，路面应清扫干净，应采取防止污染路沿石及人工耕植造物的措施，浇洒沥青透层后应立即撒布2～3m^3/1000m^2石屑或粗砂，并严禁车辆、行人通过，在铺筑沥青面层前，当局部地方由多余的透层沥青未渗入基层时，应予清除。在基层上浇洒透层沥青后，为保护透油不被运输车轮破坏，立即撒布用量为2～3m^3/1000m^2的石屑。当不能及时铺筑面层，并需开放施工车辆通行时，撒布石屑后应用6～8t压路机稳压一遍。通行车辆应控制车速（小于5km/小时），不得刹车和调头，铺筑沥青下封层前如发现局部地方透层油剥落，应予以修补，有多余的石屑应予以清除，透层油洒布后应尽早铺筑下封层。

2）稀浆封层（下封层）：待透层沥青完全下透后，再喷洒封层沥青，下封层采用改性乳化沥青稀浆封层，厚度为6mm。封层施工最低温度不得低于10℃，严禁在雨天施工，应在干燥情况下进行，稀浆封层机具工作时匀速前进，达到厚度均匀、表面平整的要求，在摊铺后尚未成型的混合料遇雨时应予以铲除，施工稀浆封层两幅纵缝搭接的宽度不宜超过80mm，横向接缝宜做成对接缝，横向接缝与纵向接缝处不得出现余料堆积或缺料现象。

3）黏层：在热拌热铺沥青混合料路面的沥青层之间必须喷洒沥青黏层，黏层采用快裂的洒布型乳化沥青PC-3型乳化石油沥青，其用量一般在：沥青面层间为0.3～0.6L/m^2。用沥青洒布车喷洒黏层沥青，并选择适宜的喷嘴，气温低于10℃时，不宜喷洒黏层油，当路面潮湿时亦不得喷洒黏层油，当路面上有脏物、尘土时应清除干净，当有沾黏的土块时，应用水洗刷后待表面干燥后喷洒。喷洒的黏层油必须成均匀雾状，在路面全宽度内均匀分布成一薄层，不得有洒花漏空或呈条带状，不得有堆积。喷洒不足的应补洒，过量处应刮除。在路缘边沟侧面应用刷子进行人工涂刷。黏层油应在当天洒布。喷洒黏层油后，严禁运料车外的其他车辆和行人通过，待乳化沥青破乳、水分蒸发完成后，应立即铺筑沥青层，确保黏层不受污染。

（2）路面施工方案

本合同段路面面层设计为沥青混凝土。采用沥青混凝土拌合站集中拌合，自卸汽车运输，沥青混凝土摊铺机摊铺，光轮压路机压实成型。沥青混合料必须在沥青拌合场采用拌合机械拌制，拌合厂的设置必须符合国家有关环境保护、消防、安全等规定。拌合厂和工地现场距离应充分考虑交通堵塞的可能，且不致因颠簸造成混合料离析。拌合厂应具有完备的排水设施。各种集料必须分隔储存，细集料场设防雨棚，料场及场内道路做硬化处理，严禁泥土污染集料。

粗集料与沥青应具有良好的粘附性，表面层所用集料与沥青的粘附性应达到5级，其他情况粘附性不应低于4级，当粘附性达不到要求时，应通过掺入适量的消石灰、水泥或抗剥落剂等措施，提高粘附性等级及混合料的水稳定性。

细集料采用机制砂或天然砂，或石屑与天然砂配制，细集料应清洁、干燥、无风化、无杂质，并有适当的颗粒级配，具有一定的棱角性，天然砂可采用河砂，宜采用中砂、粗砂。

填料必须采用石灰石或岩浆岩等憎水性石料经磨细得到的矿粉，不得使用酸性岩石等其他矿物的矿粉，原石料中的泥土杂质应处净，矿粉应干燥、洁净、不成团块、能自由地从矿粉仓流出。

当沥青混合料的粘附性达不到要求时，可以采用掺抗剥落剂来改善沥青与石料的粘附性，抗剥落剂的剂量应通过试验确定，要求测定抗剥落剂高温稳定性。经设计确定的标准配合比在施工过程中不得随意变更，生产过程中应加强跟踪检测，严格控制进场材料的质量，如遇材料发生变化并经检测沥青混合料的矿料级配、马歇尔技术指标不符要求时，应及时调整配合比，使沥青混合料的质量符合要求并保持相对稳定，必要时重新进行配合比设计。沥青加热温度为155～165℃，沥青混合料出料温度为145～165℃，正常施工条件下摊铺温度介于135～150℃之间，施工温度采用具有金属探测针的插入式数显温度计测量。

1）施工准备

① 进行沥青、碎石、砂、石屑、矿粉等材料的检验和沥青混凝土配合比设计等工作，特别注意在碎石的开采、筛分过程中，采取合理有效的方法保证碎石级配符合规范要求。

② 按照施工技术规范要求进行沥青下封层的试验路段铺筑和正式施工。

③ 施工机械检查：主要是沥青混凝土拌合设备、运输车辆、摊铺机和压实设备的合格试运行。

④ 修筑150m的试验路段，以便确定合理拌合时间与温度、摊铺温度与速度、压实机械的合理组合方式、压实温度及压实方法、松铺系数和合适的作业段长度，通过试验段修筑，优化拌合、运输、摊铺、碾压等施工机械设备的组合方式和工序衔接，提出沥青混凝土最优的施工方案，并呈报监理工程师批准。

⑤ 施工放样：完成平面控制和高程控制点的设置。

2）沥青混凝土的拌合

沥青混合料采用间歇式拌合机拌制，拌合机拌合能力满足施工要求，拌合除尘设备完好，达到环保要求。冷料仓的数量满足配合比的要求，具有添加纤维、消石灰的能力。拌合机要求必须配备计算机设备，拌合过程中逐盘采集并打印各传感器测定的材料用量和沥青拌合料拌和量、拌合温度等参数，按台班统计量进行沥青混合料生产质量和铺筑厚度的总量检验。总量检验的数据有异常波动时，应立即停止生产，分析原因。拌合机的矿粉仓应配备振动装置以防止矿粉起拱。拌合机必须有二级除尘装置，回收粉必须全部废弃，不得回收利用。对因除尘造成的粉料损失应补充等量的新矿粉。间歇式拌和振动筛规格应与矿料规格相匹配，最大筛孔宜略大于混合料的最大粒径，其余筛的设置应考虑混合料的级配稳定，并尽量使热料仓大体均衡，不同级配混合料必须配置不同的筛孔组合。

沥青混合料拌和时间经试拌确定，以沥青均匀裹覆集料为度，均匀一致，无花白料，无结团成块或严重的粗细料离析现象。间歇式拌合机每盘的生产周期不宜少于45s，（其中干拌时间不少于5～10s）。改性沥青混合料的拌合时间应适当延长。

3）沥青混凝土运输

① 采用自卸汽车运输，车厢要清扫干净，为防止沥青与车厢板黏结，车厢侧板和底板可涂一薄层防止沥青黏结的隔离剂或防腐剂，但不得有余液积聚在车厢底部。混合料在运输过程中如发现有沥青结合料滴漏，应采取措施避免。

② 从拌合站向运料车放料时，应每卸一斗混合料挪动一次汽车位置，以减少粗细集料的离析现象。

③ 运料车运输过程中，必须进行覆盖，以确保混合料运输到现场时的温度不低于规范规定温度，同时，保证混合料防雨和防污染。

④ 运料车进入摊铺现场时，轮胎上不得沾有泥土等可能污染路面的赃物，否则宜设水池洗净轮胎进入工程现场。沥青混凝土摊铺过程中，摊铺机前方应有运料车在等候卸料。运料车在摊铺机前10～30cm处停放，以防撞击摊铺机。卸料过程中运料车应挂空挡，靠摊铺机推运前进。运料车每次卸料必须倒净，如有剩余，应及时清除，防止硬结。

4）沥青混凝土摊铺

热拌沥青混合料应采用沥青混凝土摊铺机摊铺，在喷洒有黏层油的路面上铺筑沥青混合料时宜使用履带式摊铺机。摊铺机的受料斗应刷涂薄层隔离剂或防黏结剂。摊铺沥青混合料时，必须缓慢、均匀、连续不断地摊铺。不得随意变化速度或中途停顿。摊铺速度应控制在2～6m/s。摊铺机应用自动找平方式，下面层或基层采用钢丝绳引导的高程控制方式，中面层根据现场情况而定。

5）沥青混合料的碾压

在面层全面施工前修筑试验段，以取得达到规定压实度各种压实机械的碾压变数和混合料的松铺厚度。压实成型的沥青路面应符合压实度及平整度的要求。沥青路面施工选择合理的压路机组合方式及初压、复压、终压的碾压步骤，在尽可能高的温度下进行，以达到最佳的碾压效果。压路机应以慢而均匀的速度碾压，压路机的碾压速度应符合规范要求，压路机的碾压路线及耐压方向不应突然改变而导致混合料推移。碾压区的长度应大体稳定，两端的折返位置应摊铺机前进而推进，横向不得在相同的断面上。

6）压路机的碾压速度

① 初压：初压的目的是整平和稳定混合料，同时为复压创造有利条件。初压采用轻

型压路机碾压、压路机行驶速度控制在 1.5～2.0km/h。

初压时压路机从外侧向中心碾压，碾压时应将驱动轮面向摊铺机。相邻碾压带应重叠 1/3～1/2 轮宽，最后碾压路中心部分。对边缘先空出宽 30～40cm，待压完第一遍后将压路机大部分重量位于已压实过的混合料面上再压边缘，以减少向外推移。

② 复压：复压的目的是使沥青混凝土密实、稳定、成型。复压必须紧接在初压后进行，采用重型光轮压路机碾压，压路机行驶速度控制在 3.5～4.5km/h，碾压遍数不少于 4～6 遍。

③ 终压：终压的目的是消除轮迹，保证路面平整度。终压紧接在复压后进行，采用重型光轮压路机碾压，压路机行驶速度控制在 2.0～3.0km/h，碾压不少于两遍，终压时沥青混凝土温度对于钢轮压路机不低于 90℃。

碾压轮在碾压过程中应保持清洁，有混合料沾轮应立即清除。对钢轮可涂刷隔离剂或防黏结剂，但严禁刷柴油，轮胎压路机开始碾压阶段，可适当烘烤、涂刷少量隔离剂或防黏结剂，也可少量喷水，并先到高温区碾压使轮胎尽快升温，之后停止洒水。轮胎压路机轮胎外围宜加设围裙保温。压路机不得在未碾压成型路段上转向、调头、加水或停留。当天成型的路面上，不得停放各种机械设备或车辆，不得散落矿料、油料等杂物。

7）接缝处理

① 纵向接缝：采用将先施工的半幅路面用切刀切齐，铺另半幅前将缝边缘清扫干净。

② 横向接缝：采用斜接缝，相邻两幅的横向接缝错位 1m 以上。

铺筑接缝时，在已压实部分上面铺设一些热混合料使之预热软化，以加强新旧混合料的黏接，在开始碾压前将预热用混合料铲除。

斜接缝的搭接长度一般 0.4～0.8m。搭接处应清扫干净并洒黏层油，当搭接处混合料中的粗集料颗粒超过压实层厚时予以剔除，并补上细料，斜接缝应充分压实并搭接平整。

横向接缝的碾压采用光轮压路机进行横向碾压。碾压带的外侧放置供压路机行驶的垫木，碾压时压路机位于已压实的混合料层上，伸入新铺层 15cm 宽，然后每压一遍向新铺混合料移动 15～20cm，直至全部在新铺层上为止，再改为纵向碾压。

8）开放交通：沥青混凝土面层温度下降至 50℃后即可开放交通。

3.1.4　资源配置

包括设备计划、人员计划等，具体略。

3.1.5　安全控制措施

（1）风险源普查见表 3-1。

风险源普查　　　　**表 3-1**

序号	风险源	判断依据
1	机械伤害	类似工程经验
2	物体打击	类似工程经验
3	高处坠落	类似工程经验
4	触电	类似工程经验
5	坍塌	类似工程经验
6	车辆伤害、其他伤害	类似工程经验

（2）风险因素分析见表3-2。

危险因素分析　　表3-2

单位作业内容	潜在的事故类型	致险因素	受伤害人员类型	伤害程度	不安全状态	不安全行为
路基开挖	滑坡	暴雨、违章作业	作业人员本身	重伤	边坡失稳	违规开挖
	高处坠落	高处、临边作业	作业人员本身	重伤	临边施工	无防护
	机械伤害	挖机、渣车	其他作业人员	重伤	车辆带病作业	违规操作 违章指挥
	物体打击	飞石、滚石	其他作业人员	重伤	无警戒	交叉施工
截水沟	物体打击	滚石	作业人员本身	轻伤	无防护	违章作业
急流槽	物体打击	滚石	作业人员本身	轻伤	无防护	违章作业

（3）安全生产责任制

安全管理是施工企业管理的一项重要内容，确保安全生产，防止事故发生是企业各级领导和全体职工的重要职责。针对本工程特点，将层层落实安全生产责任制，做到规范管理，责任到人。

贯彻“安全第一、预防为主”的方针，执行国家和企业关于安全生产的政策，贯彻实施劳动保护法和规章制度，努力改善施工条件，防止伤亡事故的发生。

结合工程特点，建立安全技术措施制度，各分项工程在施工过程中必须要服从值班人员指挥，遵守各项安全生产管理制度。正确使用个人防护用品，禁止穿拖鞋、高跟鞋或赤脚进入施工现场。

工程开工前，详细核对设计文件，在编制施工组织设计的同时，制定相应的安全技术措施。

严格遵守操作规程，严禁各种违章指挥和违章作业行为的参加施工的人员，必须接受安全技术教育，熟知和遵守本工程的各项安全技术操作规程，并定期进行安全技术考核，合格者方准上岗操作，对于从事电气、起重、登高作业、焊接、车辆驾驶、爆破等特殊工种的人员，应经过专业培训，获得合格证书后，方准持证上岗。

施工所用的各种机具设备和劳动保护用品。定期进行检查和必要的检验，保证其经常处于完好状态，不合格的机具和劳动保护用品严禁使用。

操作人员在工作中不得擅离岗位，不得操作与操作证不相符的机械，不得将机械设备交给无本工种操作证的人员操作。

（4）安全教育

工人上岗前必须进行所属工种的安全教育，经考试合格后方可进行该工种的操作。

工人变换工种，必须进行新工种的安全教育。

工人掌握本工种的操作技能，熟悉本工种安全操作规程。

(5) 安全培训

特种作业人员必须经有关部门培训，经考试合格后持证上岗，操作证必须按期复审，不得延期使用。

(6) 安全技术交底

分部分项工程施工时需进行全面的、有针对性的书面安全技术交底，受交者确认后，履行签字手续。

(7) 安全检查

建立定期的安全检查制度、定时间、定要求，明确重点部位，重点设备、危险岗位。作业段每天，工程队每周，项目部半个月一次进行检查和总结，得出整改意见，落实整改措施，并进行复检。

(8) 现场安全纪律

进入现场人员必须严格遵守“施工现场十大纪律和施工现场六不准”制度的规定，对不听劝阻的，一律责令其离场。

3.1.6 质量控制措施

各级工程质量管理部门和操作人员一定要树立全面质量意识，辅助工程要和重要工程一样对待，次要工序要和重要工序一样对待，只要全面树立了质量意识，工程质量才能得到保证。

建立三级质量管理体系，建立以指挥部、项目部、施工班级的三级质量管理体系，三级质量管理体系层层签订质量责任书，并落实到实处。

建立健全工程技术交底制度，每道工序施工前，施工员必须向施工班级做施工前的技术交底，施工班长要向施工人员做技术交底，施工员的技术交底一定要有记录，施工班长的技术交底可以采取口头形式。

技术复核制度，每道施工工序前后都要进行技术复核，测量复核，不可有半点差错。

过程贯彻执行三检制，即做好自检、互检、交接检工作，将施工图差错、技术差错提前控制住，发现问题，提前解决。

3.1.7 保通措施

(1) 主线警示标志设置

1) 在过渡段前300m位置路侧设“前面300m道路施工”“限速30km/h”标志。

2) 在过渡段前500m位置路侧设“车辆向右”标志。

3) 在过渡段前800m位置路侧设“前面800m道路施工”“限速50km/h”标志。

4) 在过渡段前1000m位置路侧设“前面1000m正在施工”标志。

5) 在过渡段前1200m位置路侧设“前面1200m正在施工”标志。

6) 在过渡段前1400m位置路侧设“限速70km/h”标志。

7) 在过渡段前1500m位置路侧设“前面道路施工请车辆小心行驶”标志。

(2) 修建保通路

在施工范围修建保通公路来解决改线施工和车辆行驶的矛盾。具体略。

（3）安全保通方案

编制交通疏导方案：

1）在施工区内设安全保通人员，不间断查看各种交通标志，发现不规范的及时纠正，对于不符合安全规范要求的施工行为及时给予制止。保通人员穿反光背心，严禁酗酒、打闹以及擅离职守。

2）施工过程中，施工区旁如有障碍，在保证安全的前提下及时清除，以免危及行车安全。

3）现场施工作业人员及施工车辆应服从交通执法人员和路政巡逻人员的指挥和调遣，对于其现场提出的保通安全方面存在的问题应及时进行改进。

4）在施工现场由于受天气条件影响，能见度降低时，根据相关部门的统一安排，将对施工现场进行清理，设立相关安全警示标志，确保行车安全。

（4）保通岗位设置

组织专人24h负责施工区现场通行的指挥工作，在安全区内设立巡视员（表3-3），保证标志、设施齐全、完好，并随时清理道路上的不安全障碍物。

保通岗位、人员、时间　　表3-3

时间	岗位	人数	职　责
6:00-18:00	交通指挥员	2	负责指挥交通、疏散车辆
	安全巡视员	1	保证标志、设施齐全、完好，随时清理公路上不安全障碍物
18:00-6:00	交通指挥员	2	负责指挥交通、疏散车辆
	安全巡视员	1	保证标志、设施齐全、完好，随时清理公路上不安全障碍物

图3-1

（5）安全标志、标牌设置

1）距施工作业区1km处公路路肩上设置“前方施工、减速慢行”提示牌。标志牌为立柱、铝板制作，国产工程级反光膜，规格为3m×4m。见图3-1。

2）在距施工作业前方750m设置限速30km/h标识牌（注：标志牌为立柱、铝板2mm制作，国产工程级反光膜、国标图案，规格ϕ80cm，圆牌），见图3-2。

3）施工作业前方500m设置“跨线施工，注意安全”警示牌，提示车辆减速慢行、注意行车安全（注：标志牌为开合式活动支架、铝板制作，国产工程级反光膜，规格1m×2m），见图3-3。

图3-2

图3-3

4）施工作业前方 350m 设置限速 30km/h 标识牌、禁止停车标识牌、禁止超车标识牌（注：标志牌为立柱、铝板 2mm 制作，国产工程级反光膜、国标图案，规格 ϕ80cm，圆牌），见图 3-4、图 3-5。

图 3-4 禁止停车

图 3-5 禁止超车

5）在施工作业前方 200m、100m 处设置“前方施工”警示牌（注：标志牌为立柱、铝板 2mm 制作，国产工程级反光膜，规格为 1.5m×2m），见图 3-6。

图 3-6

6）在施工作业前方 100m、80m、60m、40m、20m 处设置应急车辆减速带。

7）在施工作业后方 50m 处设置解除限速标志。（注：标志牌为立柱、铝板 2mm 制作，国产工程级反光膜、规格 ϕ80cm，圆牌），见图 3-7。

图 3-7

8）夜间施工，在施工区域设置霓虹灯，显示施工区域轮廓，并起到警示作用，提醒过路司机。保证安全施工。凡进入施工公路的机动车必须遵守《中华人民共和国道路交通安全法》及有关规定，严禁违法行驶及违法停车，确保交通安全；在实施交通管制的施工区域必须服从现场安全员的指挥，按要求行驶，严禁违法行驶和停车、调头，不得妨碍道路的安全畅通。

（6）作业人员

在既有道路上施工布控区内作业的人员必须穿反光背心，严禁现场人员在施工布控区外活动、横穿马路、拦截和搭乘过往车辆及人货混载等行为。

（7）防护设施

既有道路上的各类临时防护设施（标志）必须符合规范《道路交通标志标线》GB 5768—1999及设计文件的要求。

（8）施工现场车辆及机械设备、材料

必须停（堆）放在施工布控区内，大型设备在施工布控区内作业时，应当保证机械悬出部分不能伸出布控区。夜间不撤场的机械设备应当在施工布控区内摆放整齐并不得超过路肩，并在迎车流方向为机械挂上反光车衣或安装夜间闪式示警灯。确需通行的施工车辆，必须车况良好，标志清晰，其车厢后挡板应当挂有高强级反光膜的施工标志牌。

（9）临时停靠车辆

因工作需要，需临时停靠的车辆，须在车辆来车方向放置路锥、警告牌等警告标志；确因工作需要，夜间、雨雾天气需上道路的扩建施工专用车辆，必须装置并开启工程警示灯。

3.1.8 施工应急预案

（1）应急预案的目的

当交通导流段出现交通事故或堵车后，项目部应迅速，向交警和路政部门汇报，并在交警和路政人员指导下进行交通疏导，确保双向道路的畅通。

（2）事故处理流程

发现事故征兆或事故→立即向交警支队及路政大队汇报并报项目部应急领导小组→积极配合交警、路政单位处理事故现场。

（3）可能出现的交通事故

根据本工程各阶段的施工特点，在交通导流段可能出现的情况：

1）恶劣天气时车辆通过施工区域出现事故；

2）隔离设施被过往车辆碰撞；

3）行驶车辆在交通导流段抛锚；

4）雨雪天气发生交通事故。

（4）交通事故的应急处理

在施工现场无论发生以上任何情况，现场值班人员必须立即向交警、路政单位汇报并报项目部应急领导小组，汇报人员必须详细的汇报事故发生地点、时间、性质、初步的危害程度、影响范围等基本情况，同时把汇报人姓名、联系电话说清楚，便于及时沟通了解现场情况。项目应急领导小组接到报警后，迅速组织人员临时维护现场，在交警、路政单位人员的指导下，将事故车辆就近拖离事故区，恢复车辆的正常通行。

（5）危险品车辆在施工区域出现交通事故的应急处理

1）立即向交警、路政单位及项目部应急领导小组汇报；

2）交通执勤人员进行现场维护，然后组织附近的施工人员迅速撤离事故现场；

3）在交警到来之前，维护交通秩序，在事发地点前后用禁止通行等标志做好安全防护，阻止车辆和人员靠近事故车辆；

4）交警、路政单位来到后全力配合做好现场的事故处理工作。

（6）应急预案领导小组

内容略。

(7) 主要应急措施

在保通施工期间，加强保通路段的安全巡查工作，进行24h不间断巡查，及时发现存在的安全问题及安全隐患，保证标志标牌、警示设施的完好。针对保通施工期间可能发生的问题采取应急措施：

1) 遇到警备任务和重大活动时采取的应急措施

遇到警卫任务和重大活动时，提前通知现场作业队做好准备，暂停施工；加强对施工作业区的监督、规范、检查，确保安全通过。

2) 工程施工期间道路交通事故的应急措施

当通行车辆发生交通事故时，现场组成员立即就位，将现场情况反馈后方组员，维护好事故现场，在事故现场摆放有关标志，设置安全区，防止追尾等事故的再次发生，并尽可能维持其他车辆通行。后方组员立即与路政、交警人员联系，报告事故地点及情况。等待路政、交警巡逻人员赶到现场。

事故清障现场，首先在车流前方20m、后方100m处摆放锥形标并设路减速标志，渠化安全区。检查事故现场时如发现有人员伤亡时，应及时与120急救中心联系，及时把伤员送往医院进行抢救。清障过程中，如遇车辆装有易燃、易爆、有毒物品等情况时，应当迅速通知当地消防、卫生防疫等部门，做好各项安全措施，确保人身安全。

3) 事故车辆的处理及分流的应急措施

当渠化区内、外发生车辆事故，公路完全被堵塞导致渠化区无法通行且不能及时疏导时，应急小组立即与路政队取得联系，报告现场情况，现场应急组需果断处理，紧急分流，尽快通行，同时按照处理与分流同时进行的原则，分以下两个方面开展工作：

在加强现场管理的同时，采取以下减缓拥堵的应急处路措施：

①加强现场疏导，特别是阻塞口、门洞等关键点段的指挥疏导。

②必要情况下可以选择现场施工便道进行分流。

4) 工程施工期间雨、雪、雾等恶劣天气下的应急措施　按照“顾全大局、各司其职、沟通协调、安全畅通”的原则，在遇到恶劣天气时做到“信息采集及时、路况掌握及时、各方协调配合及时、领导决策及时、采取措施及时”，切实保障恶劣天气条件下高速公路的安全通行及施工人员、机械的安全，预防恶性交通事故。

当遇有雾天时，应急小组24小时紧盯现场，及时向路政部门报告路面情况。扩大安全区至施工现场2km范围，树立爆闪灯、警示牌等告知车辆驾驶员进入该区域限速40km/h，开启雾灯，保持车距不小于50m。

3.2 混凝土桥梁悬臂施工

3.2.1 工程概述

某特大桥起止桩号K2＋084.5～K2＋638，桥长553.5m，桥跨布置为5×30＋85＋

160＋85＋2×30m，桥面宽 12m，桥面设计高程 669.749～676.867m，桥面纵坡为 1.2%，如图 3-8。

主桥上部结构采用预应力混凝土连续钢构，下部结构采用双薄壁墩、承台桩基础，引桥上部结构采用 30m 装配式预应力混凝土先简支后连续“T”梁，下部结构根据桥墩的高度及上部结构形式不同，采用双柱式圆柱墩和空心薄壁墩，承台桩基础。

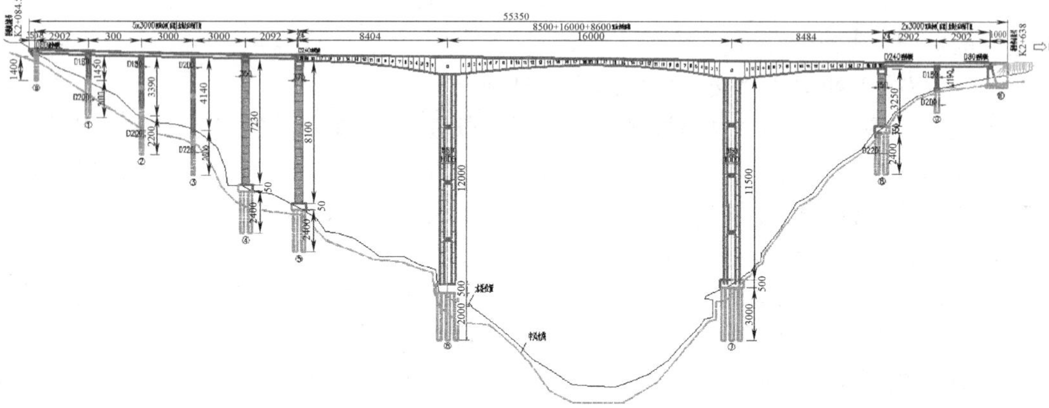

图 3-8　桥型立面布置示意图

主桥上部结构箱梁采用单箱单室，箱顶宽 12m，箱底宽 6.5m，单侧悬臂长度 2.75m，箱梁跨中梁高 3.5m，墩顶根部梁高 10m，单“T”箱梁梁高从中跨跨中至箱梁根部，箱高以 1.5 次抛物线变化。箱梁底板厚从箱梁根部截面的 150cm 渐渐变至跨中及边跨支点截面的 35cm，按 2 次抛物线变化。箱梁腹板厚度采用 60cm 和 80cm 两个级别变化，主梁零号块腹板厚度为 120cm。为满足桥面横坡和减轻结构自重，将箱梁顶板设置成双向横坡，使桥面铺装厚度横向一致。结合有利施工、缩短悬臂浇注周期、降低施工钢材数量的原则考虑，主梁悬臂浇注梁段长度共划分为 3.0m、4.0m 和 5.0m 三种节段。

箱梁设置 4 道横隔板，分别在两主墩墩顶各设两道横隔板，以消除底板预应力产生的径向力对结构的不利影响，确保箱梁的横向安全。

箱梁 0 号梁段长 14.0m（包括桥墩两侧悬臂各 2.5m）。每个“T”构纵桥向划分为 18 个对称梁段，箱梁梁段数及梁段长度从根部至跨中分别为 6m×3m、6m×4m、6m×5m，累计悬臂总长 72m。

0 号段采用托架施工，1～18 号梁段采用挂篮分段对称悬臂浇筑施工，悬臂浇筑梁段最大控制重量 2394kN（7 号块，长 4m），挂篮设计自重 1100kN（含人工及机具等重量）。全桥合计共有 3 个合龙段，分别是 2 个边跨合龙段和 1 个中跨合龙段，合龙段长度均为 2m，每个边跨现浇段长 3.84m，在交界墩顶搭设托架施工。

主梁悬臂施工采用三角形挂篮，三角挂篮高 5.8m，长 12m，宽 12.75m，由主桁架、底模平台及吊挂系统、内外模吊挂及走行系统、后锚固、内外模、限位设施、施顶系统等组成，共 2 片主桁架，如图 3-9 所示。

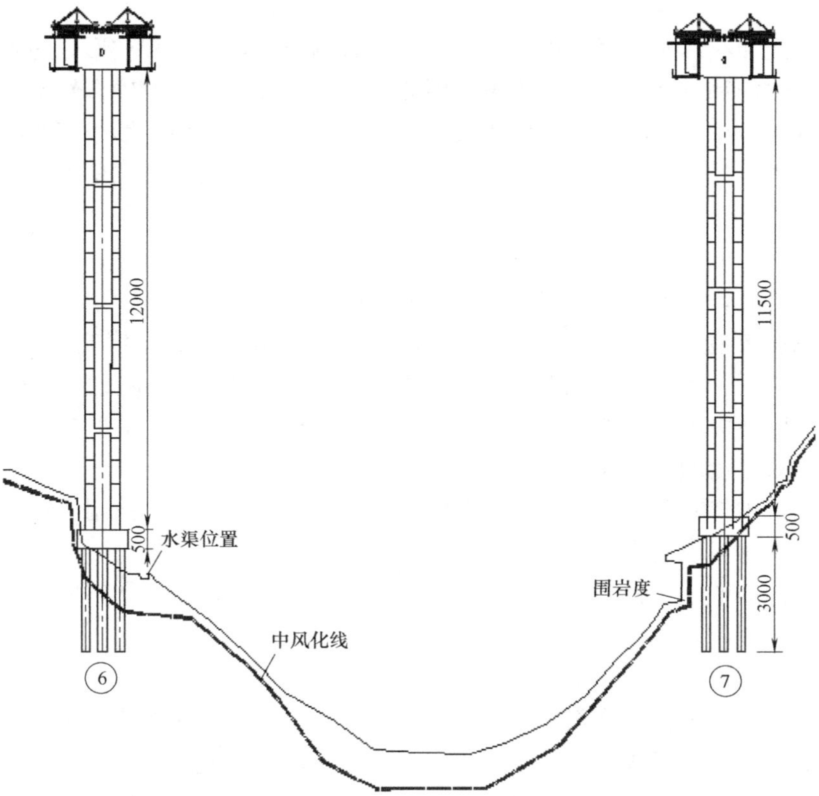

图 3-9 主梁悬臂施工示意图

3.2.2 原材料选用

原材料的选用，除了依据相关规范外还应遵循两个原则，一是有利于改善混凝土拌合物的和易性，减少离析和泌水；二是有利于提高混凝土硬化后的视觉效果。

1. 水泥

选用水泥时，应考虑水泥的颜色、保水性、与外加剂的适应性、碱含量等，尽量选用低热或中热水泥，减少水泥用量。水泥的颜色对混凝土的颜色起决定作用，即使同一水泥厂，也会因生产工艺或掺合料不同导致水泥的颜色差异，所以要求水泥的颜色必须均匀稳定。若水泥的保水性好，将有利于提高混凝土拌合物的保水性，减少离析和泌水。水泥与外加剂的适应性好，有利于混凝土拌合物坍落度的控制，减少浇筑时混凝土坍落度的离差。硬化后的混凝土经干湿循环会在混凝土表面泛碱，影响混凝土的外观颜色，而且清水混凝土缺乏装饰层的保护，受自然环境影响大，选用低碱水泥可减小碱骨料的危害，所以优先考虑碱含量低的水泥。

大体积钢筋混凝土引起裂缝的主要原因是水泥水化热的大量积聚，使混凝土出现早期升温和后期降温，产生内部和表面的温差。减少温差的措施是选用中热硅酸盐水泥或低热矿渣硅酸盐水泥，在掺加泵送剂或粉煤灰时，也可选用矿渣硅酸盐水泥。可充分利用混凝土后期强度，以减少水泥用量。改善骨料级配，掺加粉煤灰或高效减水剂等来减少水泥用量，降低水化热，减少混凝土工程裂缝的产生。

2. 集料

砂石的级配和粒形对混凝土拌合物的和易性影响很大，级配和粒形好的砂石有利于改善混凝土拌合物的和易性。所以应优先选用Ⅱ区天然中砂，在天然砂自然资源日益匮乏的今天，推荐选用粒型良好的机制砂代替天然砂，石子应优先选用连续级配的卵石，石子的粒径宜小不宜大。另外，严格要求砂石中的含泥量和泥块含量，含泥量大将会影响混凝土的颜色。

3. 外加剂

选用外加剂时，着重考虑外加剂与水泥的适应性、保水性及碱含量。外加剂与水泥适应性好，可以有效地控制混凝土拌合物的坍落度损失，减少混凝土浇筑时坍落度的离差。外加剂的保水性好，有利于提高混凝土拌合物的保水性，减少混凝土拌合物的离析和泌水。外加剂中的碱对硬化混凝土外观的影响和水泥一样，外加剂中的碱含量越低越有利于硬化混凝土外观颜色的控制和混凝土耐久性的提高。

如果外加剂中掺有引气成分时，应选用优质的引气成分，不宜选用木钙、十二烷类的引气成分，因为这类引气成分引入的气泡直径大且稳定性差。此外，可以选择消泡剂来减少混凝土中气泡的产生。另外，外加剂的缓凝结时间不宜长，加外加剂后混凝土的凝结时间宜控制在 12h 以内。

4. 矿物掺合料

大量试验研究和工程实践表明，混凝土中掺入一定数量优质的粉煤灰后，不但能代替部分水泥，而且由于粉煤灰颗粒呈球状具有滚珠效应，起到润滑作用，可改善混凝土拌合物的流动性、黏聚性和保水性，从而改善了可泵性。现常用的矿物掺合料有矿渣粉和粉煤灰，选用磨细矿渣粉，目的是减少水泥掺量，从而减小水泥收缩，增加混凝土体积稳定，减少混凝土的干缩裂缝。混凝土表面密实性的提高，有利于提高混凝土的耐久性，掺加优质粉煤灰可改善混凝土和易性，便于浇注成型。选用矿物掺合料，除了考虑其活性外，还应着重考虑其细度和颜色。矿物掺合料的颜色应均匀稳定，矿渣粉宜选用比表面积在 $4000cm^2/g$ 以上 S95 级矿渣粉，粉煤灰宜优先选用Ⅰ级粉煤灰，粉煤灰的掺量控制在掺量为 13%的范围内，因为掺量大将会影响混凝土的颜色。特别重要的效果是掺加原状或磨细粉煤灰后，可以降低混凝土中水泥水化热，减少绝热条件下的温度升高。在混凝土中掺加一定量的具有减水、增塑、缓凝等作用的外加剂，改善混凝土拌合物的流动性、保水性，降低水化热，推迟热峰的出现时间。

特大桥主梁悬臂段混凝土为 C55 混凝土，混凝土采用自拌，其中水泥采用拉法基 P. O. 42. 5R 水泥，粗骨料选用 5～25mm 破碎卵碎石，细骨料采用天然中粗砂，产地岳阳湖。外加剂选用高性能减水剂（12h 缓凝剂）。

混凝土入泵坍落度控制在 210mm，延展度 540mm，混凝土初凝时间控制在 20h。

3. 2. 3 混凝土配合比设计与验证

1. 混凝土配合比基本步骤

混凝土配制强度的确定→计算水胶比→确定每立方米混凝土用水量→计算每立方米混凝土胶凝材料→矿物掺合料和水泥用量→确定混凝土砂率→计算粗骨料和细骨料用量。

（1）混凝土配制强度的确定

混凝土配制强度应按下列规定确定：

当混凝土设计强度等级小于C60时，配制强度应按下式确定：

$$f_{cu,0} \geqslant f_{cu,k} + 1.645\sigma \tag{3-1}$$

式中　$f_{cu,0}$——混凝土配制强度（MPa）；

$f_{cu,k}$——混凝土立方体抗压强度标准值，这里取混凝土的设计强度等级值（MPa）；

σ——混凝土强度标准差（MPa）。

当设计强度等级不小于C60时，配制强度应按下式确定：

$$f_{cu,0} \geqslant 1.15 f_{cu,k} \tag{3-2}$$

混凝土强度标准差应按下列规定确定：

有近1～3个月同品种、同等级混凝土强度资料，且试件组数不小于30，其混凝土强度标准差时（≥30组数据）按式（3-3）统计计算：

$$\sigma = \sqrt{\frac{\sum_{i=1}^{n} f_{cu,i}^2 - n \cdot m_{fcu}^2}{n-1}} \tag{3-3}$$

式中　$f_{cu,i}$——第i组试件强度（MPa）；

m_{fcu}^2——n组试件的强度平均值（MPa）；

n——试件组数。

对于强度等级不大于C30的混凝土，当混凝土强度标准差计算值不小于3.0MPa时，按式（3-3）计算结果取值；当混凝土强度标准差计算值小于3.0MPa时，应取3.0MPa。

对于强度等级大于C30且小于C60的混凝土，当混凝土强度标准差计算值不小于4.0MPa时，应按式（3-3）的计算结果取值；当混凝土强度标准差计算值小于4.0MPa时，应取4.0MPa。

当没有近期的同一品种、同一强度等级混凝土强度资料时，其强度标准差σ可按表3-4取值。

标准差 σ 取值（MPa）　　　　**表 3-4**

混凝土强度标准差	≤C20	C25～C45	C50～C55
Σ	4.0	5.0	6.0

（2）水胶比确定

当混凝土强度等级小于C60时，混凝土水胶比宜按下式计算：

$$W/B = \frac{\alpha_a f_b}{f_{cu,0} + \alpha_a \alpha_b f_b} \tag{3-4}$$

式中　W/B——混凝土水胶比；

α_a、α_b——回归系数，按表3-5取值；

f_b——胶凝材料28d胶砂抗压强度（MPa），可以实测；也可按照式（3-5）计算确定。

回归系数 α_a、α_b 取值表　　　　**表 3-5**

系数	碎石	卵石
α_a	0.53	0.49
α_b	0.20	0.13

当胶凝材料28d胶砂抗压强度值（f_b）无实测值时，可按下式计算：

$$f_b = \gamma_f \gamma_s f_{ce} \tag{3-5}$$

式中　γ_f、γ_s——粉煤灰影响系数和粒化高炉矿渣粉影响系数，按表3-6选用；

f_{ce}——水泥28d胶砂抗压强度（MPa），可以实测；也可按照式（3-6）计算确定。

粉煤灰影响系数 γ_f 和粒化高炉矿渣粉影响系数 γ_s　　表3-6

掺量（%）	γ_f	γ_s
0	1.00	1.00
10	0.85～0.95	1.00
20	0.75～0.85	0.95～1.00
30	0.65～0.75	0.90～1.00
40	0.55～0.65	0.80～0.90
50	—	0.70～0.85

注：1. 采用Ⅰ级、Ⅱ级粉煤灰宜取上限值；
2. 采用S75级粒化高炉矿渣粉宜取下限值，采用S95级粒化高炉矿渣粉宜取上限值，采用S105级粒化高炉矿渣粉可取上限值加0.05；
3. 当超出表中的掺量时，粉煤灰和粒化高炉矿渣粉影响系数经试验确定。

当水泥28d胶砂抗压强度（f_{ce}）无实测值时，可按下式计算：

$$f_{ce} = \gamma_c f_{ce,g} \tag{3-6}$$

式中　γ_c——水泥强度等级值的富余系数，可按实际统计资料确定，也可按表3-7选用；

$f_{ce,g}$——水泥强度等级值（MPa）。

水泥强度等级值的富余系数（γ_c）　　表3-7

水泥强度等级	32.5	42.5	52.5
富余系数	1.12	1.16	1.10

耐久性验证：

控制水胶比是保证耐久性的重要手段，水胶比是配比设计的首要参数。混凝土的最大水胶比应符合《混凝土结构设计规范》GB 50010—2010的规定，对不同环境条件的混凝土最大水胶比见表3-8。

结构混凝土材料水胶比基本要求　　表3-8

环境等级	一	二a	二b	三a	三b
最大水胶比	0.60	0.55	0.50(0.55)	0.45(0.50)	0.40

注：处于严寒和寒冷地区二b、三a类环境中的混凝土应使用引气剂，并可采用括号中的有关参数。

混凝土结构暴露的环境类别按表3-9进行划分。

混凝土结构的环境类别　　表3-9

环境类别	条　件
一	室内干燥环境； 无侵蚀性静水浸没环境

续表

环境类别	条　件
二 a	室内潮湿环境； 非严寒和非寒冷地区的露天环境； 非严寒和寒冷地区与无侵蚀性的水或土壤直接接触的环境； 严寒和寒冷地区的冰冻线以下与无侵蚀性的水或土壤直接接触的环境
二 b	干湿交替环境； 水位频繁变动环境； 严寒和寒冷地区的露天环境； 严寒和寒冷地区冰冻线以上与无侵蚀性的水或土壤直接接触的环境
三 a	严寒和寒冷地区冬季水位变动区环境； 受除冰盐作用环境； 海岸环境
三 b	盐渍土环境 受除冰盐作用环境 海岸环境
四	海水环境
五	受人为或自然的侵蚀性物质影响的环境

在满足最大水胶比条件下，最小胶凝材料用量是满足混凝土施工性能和掺加矿物掺和料后满足混凝土耐久性的胶凝材料用量。混凝土的最小胶凝材料用量应符合表 3-10 的规定。

最小胶凝材料用量　　表 3-10

环境类别	素混凝土	钢筋混凝土	预应力混凝土
一	200	260	300
二 a	225	280	300
二 b	250	280	300
三	300	300	300

（3）用水量确定

每立方米干硬性或塑性混凝土的用水量（m_{w0}）应符合下列规定：

1）混凝土水胶比在 0.40～0.80 范围时，可以按表 3-11、表 3-12 选取；

2）混凝土水胶比小于 0.40 时，可通过试验确定。

干硬性混凝土的用水量（kg/m³）　　表 3-11

拌合物稠度		卵石最大公称粒径(mm)			碎石最大公称粒径(mm)		
项目	指标	10.0	20.0	40.0	16.0	20.0	40.0
维勃稠度(s)	16～20	175	160	145	180	170	155
	11～15	180	165	150	185	175	160
	5～10	185	170	155	190	180	165

塑性混凝土的用水量（kg/m³） **表 3-12**

拌合物稠度		卵石最大公称粒径(mm)				碎石最大公称粒径(mm)			
项目	指标	10.0	20.0	31.5	40.0	16.0	20.0	31.5	40.0
坍落度(mm)	10～30	190	170	160	150	200	185	175	165
	35～50	200	180	170	160	210	195	185	175
	55～70	210	190	180	170	220	205	195	185
	75～90	215	195	185	175	230	215	205	195

注：1. 本表用水量系采用中砂时的取值。采用细砂时，每立方米混凝土用水量可以增加 5～10kg；采用粗砂时，可减少 5～10kg；

2. 掺用矿物掺合料和外加剂时，用水量应相应调整。

（4）胶凝材料用量确定

每立方米混凝土的胶凝材料用量（m_{b0}）应按式（3-7）计算，并应进行试拌调整，在拌合物性能满足的情况下，取经济合理的胶凝材料用量。

$$m_{b0}=\frac{m_{w0}}{W/B} \tag{3-7}$$

式中 m_{b0}——计算配合比每立方米混凝土中胶凝材料用量（kg/m³）；

m_{w0}——计算配合比每立方米混凝土中用水量（kg/m³）；

W/B——水胶比。

（5）砂率确定

砂率（β_s）应根据骨料的技术性质、混凝土拌合物性能和施工要求，参考既有历史资料确定。

当缺乏砂率的历史资料时，混凝土砂率的确定应符合下列规定：

1）坍落度小于 10mm 的混凝土，其砂率应经试验确定；

2）坍落度为 10～60mm 的混凝土，其砂率可根据粗骨料品种、最大公称粒径及水胶比按照表 3-13 选取；

3）坍落度大于 60mm 的混凝土，其砂率可经经验确定，也可在表 3-13 的基础上，按坍落度每增大 20mm、砂率增大 1%的幅度予以调整。

混凝土的砂率（%） **表 3-13**

水胶比	卵石最大公称粒径(mm)			碎石最大公称粒径(mm)		
	10.0	20.0	40.0	16.0	20.0	40.0
0.4	26～32	25～31	24～30	30～35	29～34	27～32
0.5	30～35	29～34	28～33	33～38	32～37	30～35
0.6	33～38	32～37	31～36	36～41	35～40	33～35
0.7	36～41	35～40	34～39	39～44	38～43	36～41

注：1. 本表数值系中砂的选用砂率，对细砂或粗砂，可相应地减少或增加；

2. 采用人工砂配制混凝土时，砂率可以适当增加；

3. 只用一个单粒级粗骨料配制混凝土时，砂率应适当增大。

（6）粗、细骨料用量确定

当采用质量法计算混凝土配合比时，粗、细骨料用量应按式（3-8）计算，砂率按式（3-9）计算。

$$m_{b0}+m_{g0}+m_{s0}+m_{w0}=m_{cp} \tag{3-8}$$

$$\beta_s=\frac{m_{s0}}{m_{g0}+m_{s0}}\times 100\% \tag{3-9}$$

式中 m_{b0}——计算配合比每立方米混凝土中胶凝材料用量（kg/m^3）；

m_{w0}——计算配合比每立方米混凝土中用水量（kg/m^3）；

m_{g0}——计算配合比每立方米混凝土中粗骨料用量（kg/m^3）；

m_{s0}——计算配合比每立方米混凝土中细骨料用量（kg/m^3）；

β_s——砂率；

m_{cp}——每立方米混凝土拌合物的假定质量（kg），可取 $2350\sim2450kg/m^3$。

当采用体积法计算混凝土配合比时，粗、细骨料用量按式（3-10）、式（3-11）计算。

$$\frac{m_{b0}}{\rho_b}+\frac{m_{g0}}{\rho_g}+\frac{m_{s0}}{\rho_s}+\frac{m_{w0}}{\rho_w}+0.01\alpha=1 \tag{3-10}$$

$$\beta_s=\frac{m_{s0}}{m_{g0}+m_{s0}}\times 100\% \tag{3-11}$$

式中 ρ_b——胶凝材料密度（kg/m^3）；仅采用水泥作为胶凝材料时，便为水泥密度；

ρ_g——粗骨料的表观密度（kg/m^3）；

ρ_s——细骨料的表观密度（kg/m^3）；

ρ_w——水的密度（kg/m^3），可取 $1000kg/m^3$；

α——混凝土的含气量百分数，在不使用引气剂或引气型外加剂时，α 可取 1。

2. 混凝土配合比验证

（1）配合比的试配

混凝土试配应采用强制式拌和机进行搅拌，搅拌方法与施工采用方法相同；

实验室成型条件符合国家标准相关规定；

每盘混凝土试配的最小搅拌量应符合表 3-14 的规定，并不应小于搅拌机公称容量的 1/4 且不应大于搅拌机公称容量。

混凝土试配的最小搅拌量　　表 3-14

粗骨料最大公称粒径(mm)	拌合物数量(L)
≤31.5	20
40.0	25

在计算配合比的基础上进行试拌。计算水胶比应该保持不变，并应通过调整配合比其他参数使得混凝土拌合物性能符合设计和施工要求，然后修正计算配合比，提出试拌配合比。

在试拌配合比的基础上进行混凝土强度试验，并符合下列规定：

① 应采用三个不同的配合比，其中一个应为上述确定的试拌配合比，另外两个配合比的水胶比宜比试拌配合比分别增加和减少 0.05，用水量应与试拌配合比相同，砂率可适当增加和减少 1%；

② 进行混凝土强度试验时，拌合物性能应符合设计和施工要求；

③ 进行混凝土强度试验时，每个配合比应至少制作一组试件，并标准养护至 28d 或设计规定龄期进行试压。

（2）配合比的调整与确定

根据得出的各组混凝土强度结果，绘制强度和胶水比的线性关系图或插值法确定略大于混凝土配制强度（$f_{cu,0}$）相对应的胶水比数值。

或者选三个（或多个）强度中的一个所对应的胶水比，该强度大等于配制强度。

在试拌配合比的基础上，用水量（m_w）应按试拌配合比中的单位用水量，并根据制作强度试件时测得的坍落度或维勃稠度进行适当调整。

胶凝材料用量（m_b）应以用水量乘以确定的胶水比计算得出；

粗骨料（m_g）和细骨料（m_s）用量应按试拌配合比中砂率，根据用水量及胶凝材料用量进行调整；

混凝土拌合物表观密度和配合比校正系数的计算应符合下列规定：

配合比调整后的混凝土拌合物的表观密度应按下式计算：

$$\rho_{c,c}=m_b+m_g+m_s+m_w \tag{3-12}$$

式中：$\rho_{c,c}$——混凝土拌合物的表观密度计算值（kg/m^3）；

m_b——每立方米混凝土的水泥用量（kg/m^3）；

m_g——每立方米混凝土的粗骨料用量（kg/m^3）；

m_s——每立方米混凝土的细骨料用量（kg/m^3）；

m_w——每立方米混凝土的用水量（kg/m^3）；

混凝土配合比校正系数按下式计算：

$$\delta=\frac{\rho_{c,t}}{\rho_{c,c}} \tag{3-13}$$

式中：δ——混凝土配合比校正系数；

$\rho_{c,t}$——混凝土拌合物的表观密度实测值（kg/m^3）。

当混凝土拌合物表观密度实测值与计算值之差的绝对值不超过计算值的2％时，配合比保持不变；当二者之差超过2％时，应将配合比中每项材料用量均乘以校正系数δ。

重庆地区某桥悬臂主梁C55混凝土配合比见表3-15。

重庆地区某桥悬臂主梁C55混凝土配合比　　　　表3-15

<table>
<tr><td colspan="2">工程部位/用途</td><td colspan="2">主梁</td><td>设计强度等级</td><td>C55</td></tr>
<tr><td colspan="2">拌和、振捣方法</td><td colspan="2">机械拌合、机械振捣</td><td>坍落度(mm)</td><td>190～230</td></tr>
<tr><td colspan="2">使用气温</td><td colspan="2">5～35℃</td><td>其他要求</td><td>/</td></tr>
<tr><td colspan="2">检测依据</td><td colspan="2">JGJ 55—2011、JTG E30—2005</td><td>试验日期</td><td>2017年04月20日</td></tr>
<tr><td colspan="2">主要仪器设备及编号</td><td colspan="4">TSY-2000压力机，04025A</td></tr>
<tr><td rowspan="7">原材料信息</td><td>材料名称</td><td>规格</td><td colspan="2">生产厂家/产地</td><td>报告编号</td></tr>
<tr><td>水泥</td><td>P·O 42.5R</td><td colspan="2">重庆某水泥有限公司</td><td>BG-2017-SNJ-0017</td></tr>
<tr><td>细集料</td><td>中砂</td><td colspan="2">天然河砂/岳阳市</td><td>BG-2017-XJL-0030</td></tr>
<tr><td>粗集料</td><td>5～25mm卵碎石</td><td colspan="2">破碎卵石/重庆市鼎耀砂石有限公司</td><td>BG-2017-CJL-0045</td></tr>
<tr><td>外加剂</td><td>聚羧酸高性能减水剂(缓凝型)</td><td colspan="2">重庆某建材有限公司(YK-JSJ型)</td><td>BG-2017-WJJ-0025</td></tr>
<tr><td>矿渣粉</td><td>S95级</td><td colspan="2">重庆某再生资源有限公司</td><td>BG-2017-KFJ-0001</td></tr>
<tr><td>聚丙烯纤维</td><td>19mm</td><td colspan="2">重庆某商贸有限公司</td><td></td></tr>
</table>

续表

检测结果及检测结论	室温(℃)	20	拌和方法	机械拌合	振捣方法	机械振捣	黏聚性	良好
	保水性	良好	养护方法	标准养护	坍落度(mm)	210	扩展度(mm)	540
	抗压强度(MPa)	3d	7d	28d	28d 弹性模量(MPa)		初凝时间	
		/	58.0	67.7	4.34×10^4		20h50min	
	选定混凝土配合比							
	材料名称	水泥	细集料	粗集料	水	聚丙烯纤维	矿渣粉	外加剂
	每 m^3 用料(kg)	445	715	1072	152	0.9	55	11.00
	质量比	1.00	1.61	2.41	0.34	0.002	0.12	0.025
	其他建议与说明	1. 配合比以干料计，所用原材料必须符合有关规范，标准的要求； 2. 粗集料采用 5～25mm 连续级配破碎卵石（其中 4.75～16mm 占 50%、16～26.5 占 50%）； 3. 粗集料中少于两个破碎面颗粒的卵砾石含量为 8.5%； 4. 本报告对本次送样负责，施工中材料发生变化应重新取样试验。						

3.2.4 混凝土拌制

混凝土应充分搅拌，应使混凝土的各种组成材料混合均匀，颜色一致；搅拌时间应随搅拌机类型及混凝土拌合料和易性的不同而异，但不得低于 2min，冬期施工不低于 3min；在生产中，应根据混凝土拌合要求的均匀性、混凝土强度增长的效果及生产效率等因素，规定合适的搅拌时间。

为了提高复合外加剂的效率并减少坍落度损失，采用高效减水剂后掺法。投料顺序为：混凝土原材料计量后，宜先向搅拌机投入细骨料、水泥和矿物掺合料，搅拌均匀后，加水并将其搅拌成砂浆，再向搅拌机投入粗骨料，充分搅拌后，再投入外加剂，并搅拌均匀为止。

自全部材料装入搅拌机开始搅拌起，至开始卸料时止，延续搅拌混凝土的最短时间应经混凝土坍落度试验确定。雨期施工应严格测定骨料的含水率，以便对拌合水用量进行调整。时晴时雨时，应适当增加骨料含水量的测定频率。

炎热季节，浇筑浊度是高性能混凝土质量控制的重要环节。高性能混凝土的浇筑温度应控制在 5～30℃，为此，混凝土搅拌时可采取以下几项措施。

（1）用冷却水或加冰拌合；

（2）进行遮阳晒保护，至少在使用前不受烈日暴晒，必要时可采用冷水淋晒，使其散热；

（3）避免使用较热的水水泥；

（4）搅拌筒外壳涂成白色并加以保护。

冬季搅拌混凝土前，应先经过热工计算，并经试拌确定不和骨料需要预热的最高温度，以满足混凝土最低入模温度（12℃）要求。应优先采用加热水的预热方式调整拌合物温度，但水的加热温度不宜高于 80℃。当加热水还不能满足要求或骨料中含有冰、雪等杂物时，也可先将骨料均匀地进行加热，其加热温度不应高于 60℃。水泥、外加剂可在使用前运入暖棚进行自然预热，便不得直接加热。

3.2.5 混凝土运输

混凝土地面水平运输采用混凝土搅拌运输车，容量一般为 6～12m^3。运输途中搅拌筒以 2～4r/min 的转速搅动筒内混凝土拌合料，以保证混凝土在长途运输中不致离析；在远距离运输时可将混凝土干料装入筒内，在运输途中加水搅拌，整个运输途中拌筒的总转数应控制在 300r 以内。

图 3-10 混凝土垂直运输

混凝土垂直运输（图 3-10）采用活塞泵，液压驱动，泵管附着于墩身上，采用混凝土输送泵泵送至桥面浇筑点。

混凝土运输注意事项：

（1）混凝土运输搅拌车装料前应先排尽拌筒内残存的积水和杂物，运送途中，如发现坍落度损失过大时，可在符合混凝土设计配合比要求的条件下适量加水。除此之外，严禁向运输车内的混凝土任意加水。这种情况许多工地都有发生，主要原因是泵机力不足或施工人员不了解混凝土的知识，这应由工地负责人进行培训。

（2）加强对司机的培训，懂得混凝土的基本知识，随时检查每辆车上储备的外加剂，如坍落度损失较大，以便必要时司机到工地后配合地盘用药水调整坍落度，严禁现场随便加水。预拌混凝土是半成品，必须确保混凝土质量，尤其是混凝土强度必须 100%合格，这就需要对混凝土半成品——混凝土拌合物和易性、可泵性、坍落度进行定时地有效地监控，一旦出现异常，应及时分析原因，失去混凝土和易性，无法泵送时，混凝土质量就得不到保证，其解决方法是：在搅拌车或泵车上备一定的外加剂，通过试验加入混凝土中，加入外加剂后，混凝土搅拌车应快转 2min 后，测混凝土坍落度至符合要求为止。

（3）在运输途中，拌筒不得停止转动，应保持 3～6r/min 的慢速转动，以防混凝土离析。搅拌罐转动，它的搅拌机理与搅拌机大相径庭，混凝土在搅拌机中受到强力的作用，混凝土在搅拌运输车车罐中几乎充满了每个部位，混凝土受不到强力作用，它对混凝土的作用只是防止混凝土在运输过程中发生分层、离析，搅拌作用微乎其微。

（4）混凝土的运输时间应满足合同要求，当合同未做规定时，采用搅拌运输车运送的混凝土宜在 1.5h 内卸料；当最高气温低于 25℃时，运送时间可延长 0.5h。有些工地还未经监理验收就通知搅拌站出料，搅拌车到工地等的时间太长或交通受阻等原因造成卸料困难。

（5）混凝土运输到现场一般 60min 左右，最长不宜超过 2h，混凝土搅拌运输车、泵车、地泵管等，在夏季施工时要采取隔热措施，冬期施工要采取保温措施，搅拌车车体向外传热，但同时混凝土产生水化热和骨料摩擦热，途中其温度基本不降低或稍有提高。混凝土搅拌运输车的颜色最好是白色的，它比红色的温度低 1.4℃，比黄色的温度低 0.3～0.5℃。

(6) 运输到现场的混凝土，施工单位宜在 30min 内进行验收，如混凝土坍落度只要在标准允许的范围内就应进行验收。90min 混凝土用完，如发现混凝土有问题，应立即处理或将混凝土退回。如果混凝土到达施工现场不能及时用完，将会出现混凝土质量事故，一般混凝土出机后，宜在 2～4h 内用完，当超过初凝时间的混凝土应废弃，不能再用。

(7) 泵送混凝土运送延续时间。混凝土运送时间系指从第一盘混凝土由搅拌机卸出开始至运输车开始卸料为止。运送时间应满足合同规定。当合同未做规定时，采用搅拌运输车运送的混凝土，宜在 1.5h 内卸料，当最高气温低于 25℃，运输时间可延长 0.5h。泵送混凝土运送延续时间最长不宜超过试验室出具的混凝土初凝时间的 1/2。

(8) 混凝土搅拌运输车给混凝土泵喂料时应符合下列要求：

1) 喂料前，中、高速旋转拌筒使混凝土拌合均匀。

2) 喂料时，反转卸料应配合泵送均匀进行，且应使混凝土保持在集料斗内高度标志线以上。

3) 中断喂料作业时，应使拌筒低速搅拌混凝土。上述作业应由本车驾驶员完成，严禁非驾驶人员操作。

(9) 混凝土泵送进料斗上，应安置网筛并设专人监视喂料，以防粒径过大骨料或异物入泵造成堵塞。

(10) 严禁将质量不符合泵送要求的混凝土入泵。

(11) 混凝土搅拌运输车喂料完毕后，应及时清洗拌筒，高速（14～18r/min）转动 5～10/min，以清洗筒壁及叶片上粘结的混凝土残渣。然后将水排尽，以保证筒内清洁。用高压力水喷嘴与车身漆表面间的距离不得小于 40cm。在清除搅拌筒内外积污及残存混凝土渣块时，以及在机修人员进入筒内进行检修和焊补作业时，必须关闭汽车发动机，使拌筒完全停止转动。

(12) 定期检查搅拌叶片磨损情况，并及时进行修补和换新。

(13) 运送混凝土时，如发现混凝土不好泵送的现象，应及时和有关人员联系，给予解决。

3.2.6 混凝土浇筑

混凝土采用自拌混凝土、混凝土输送泵运送、串筒入模、插入式振捣器振捣的施工方法。浇筑混凝土前应检查模板、钢筋及预埋件的位置、尺寸和保护层厚度，确保其位置准确、保护层足够。

箱梁浇筑顺序：先底板、腹板、后顶板、翼板，底板浇筑时纵桥向为块段远墩端向近墩端方向进行，横桥向为两侧腹板向箱梁块板中轴方向对称均衡进行，防止横桥向过大偏载。对于顶板混凝土，纵桥向为块段端部向根部进行，横桥向为中部顶板→内侧顶板→外侧顶板对称进行。

混凝土浇筑过程分层进行，分层厚度 30cm，采用插入式振捣器振捣混凝土，特别要振实纵锚垫板后的混凝土、防止锚后混凝土不密实。

由于混凝土施工高度大于 2m，为使混凝土的浇筑时不产生离析，混凝土将通过串筒滑落，混凝土垂直运输采用输送泵进行。

为保证混凝土的振捣质量，振捣时要满足下列要求：

振捣前振捣棒应垂直或略有倾斜地插入混凝土中，倾斜适度，否则会减小插入深度而影响振捣效果。

插入振捣棒时稍快，提出时略慢，并边提边振，以免在混凝土中留下空洞。

振捣棒的移动距离不超过振捣器作用半径的1.5倍，并与模板保持5～10cm的距离。振捣棒插入下层混凝土5～10cm，以保证上下层混凝土之间的结合质量。

混凝土浇筑后随即进行振捣，振捣时间一般控制在30s以上，有下列情况之一时即表明混凝土已振捣密实：

（1）混凝土表面停止沉落或沉落不明显；

（2）振捣时不再出现显著气泡或振动器周围元气泡冒出；

（3）混凝土表面平坦、无气体排出；

（4）混凝土已将模板边角部位填满充实。

混凝土的浇筑要保持连续进行，若因故必须间断，间断时间要小于混凝土的初凝时间，其初凝时间由试验确定。如果间断时间超过了初凝时间，则需按二次浇筑的要求，对施工缝进行如下处理：凿除接缝处混凝土表面的水泥砂浆和松弱层，凿除时混凝土强度要达到5MPa以上。在浇注新混凝土前用水将旧混凝土表面冲洗干净并充分湿润，但不能留有积水，并在水平缝的接面上铺一层1～2cm厚的同级水泥砂浆。根据混凝土保护层厚度采用相应尺寸的垫块，垫块数量按底模5～7个/m^2、侧模3～5个/m^2放置。

主梁混凝土为C55大体积混凝土，由于水化热作用，混凝土容易产生裂纹，为保证混凝土的质量，结合以往桥梁大体积混凝土施工经验，其温度控制标准：

（1）混凝土浇筑温度不超过25℃（模板、原材料温度控制）；

（2）混凝土在浇筑温度基础上的最大水化热到达方案设计要求；

（3）混凝土内表温差不超过25℃；

（4）混凝土降温速率不超过2.0℃/d。

混凝土泵管沿墩身向上布置转至下料点，下料点在纵向主肋两端及横隔梁中间各设1个下料点，共6个点。混凝土下料厚度30cm，采用水平分层，斜向分条方式。采用HQ—50高频混凝土振捣棒。振捣时采用“快插慢拔，插点均匀，振幅相叠”方式进行，同点位混凝土振捣时感觉气泡明显析出减少，表面泛浆为止；相邻点位间距不能超过40cm；振捣时应距模板10cm左右，避免扰动钢筋；振捣时振捣棒应插入下层混凝土5～10cm进行振捣，确保振捣密实和搭接良好。混凝土下料时应切忌冲击模板及对着钢筋下料，浇筑混凝土时，要保持南北主肋均衡上下游对等，保持对称加载。超过2.0m高度时宜考虑增设串筒以减少混凝土离析。

为保证混凝土外表色泽基本一致，要求混凝土施工时不得随意更换配合比，尽量避免不同厂家水泥交替使用，严格控制施工时混凝土坍落度，选择相同的脱模剂，不得使用已变质、变色脱模剂等。

在进行桥面板浇筑时，应严格控制梁面标高，保证结构几何尺寸满足设计及规范要求。混凝土浇筑完毕终凝后，即进行养护；养护用水需清澈水质，并设置独立的供水系统。具体措施：终凝后上表面覆盖湿草袋或湿麻袋，使之起到保湿保温作用，保湿保温养护 7d 左右，同时采取不间断喷水养护 14d。

要求混凝土施工质量标准如下：

（1）表面密实、平整。

（2）蜂窝、麻面面积不超过结构同侧面积的 0.5%。

（3）裂纹不超出设计规定，无规定取 0.15mm。

墩身拆模若发生裂纹、狗洞、蜂窝、麻面等质量缺陷的处理：

（1）裂纹：首先分析裂纹成因。若是受力裂纹则须设计提出修补或其他方案，经批准后方可修补；若非受力裂纹则可用“必可法”进行修补。

（2）狗洞：认真研究分析形成原因，坚决杜绝再次发生。处理时，清洗疮面、凿毛、用高一强度等级的混凝土浇筑。或细石子混凝土干扎，养护即可。

（3）麻面：对于蜂窝、麻面、掉角等缺陷，采取凿除松弱层，用钢丝刷清理干净，用压力水冲洗、湿润，再用较高强度的水泥砂浆或混凝土填塞捣实，覆盖养护。

（4）胀模：如在浇筑过程中发现胀模现象，应立即对该部位模板进行加强处理，防止情况恶化，待混凝土成型后，凿除胀模部分混凝土，然后用高强度水泥砂浆补强修饰，力求与其余部分混凝土颜色一致。

（5）严重缺陷，影响结构性能时，应分析情况，研究处理。

施工缝处理：混凝土采用人工凿打方式将表面浮浆清除（凿打时，尽量不从内朝外凿打，避免边角和人为凿松竖向主筋和箍筋），露出新鲜粗骨料，冲洗干净。为保证施工缝水平与美观，要求在每节段安装模板时，校正模板，使每节缝水平留置并清理干净模板接合面垃圾，不留死角。

3.2.7 混凝土养护

混凝土浇筑结束后 12h，洒水养护，使其保持湿润状态。夏季炎热，使用土工布覆盖混凝土表面，保湿养护，养护时间约 7d；冬季山区气温较低，为保证混凝土强度增长，使用蒸汽养护技术，混凝土表面覆盖薄膜，通过蒸汽机管道向混凝土箱梁内外通蒸汽，养护时间约 9d。

3.2.8 桥梁结构混凝土施工质量与安全管理

1. 质量管理

（1）质量控制内容：

1）混凝土配合比要符合规范和设计要求；

2）泵送混凝土、输送管、坍落度、级配、间歇时间等必须符合泵送混凝土要求；

3）控制倾倒高度、下落方式等，防止混凝土离析；

4）控制浇筑方向、间歇时间，防止出现冷缝；

5）按规范规定留置试块；

6）控制混凝土养护。

（2）当采用泵送混凝土应符合下列规定：

1）混凝土的供应，必须保证输送混凝土的泵能连续工作。

2）输送管线宜直，转弯宜缓，接头应严密，如管道向下倾斜，应防止混入空气，产生阻塞。

3）泵送前应先用适量的与混凝土内成分相同的水泥浆或水泥砂浆润滑输送管内壁；预计泵送间歇时间超过 45min 或当混凝土出现离析现象时，应立即用压力水或其他方法冲洗管内残留的混凝土。

4）在泵送过程中，接受料斗内应具有足够的混凝土，以防止吸入空气产生阻塞。

(3) 对模板及其支架、钢筋和预埋件必须进行检查，并作好记录，符合设计要求后方能浇筑混凝土。

(4) 在浇筑混凝土前，对模板内的杂物和钢筋上的泥土、油污等应清理干净；对模板的缝隙和孔洞应予堵严；对木模板应浇水湿润，但不得有积水。

(5) 混凝土自高处倾落的自由高度，不应超过 2m。

(6) 在浇筑竖向结构混凝土前，应先在底部填以 50～100mm 厚与混凝土内砂浆成分相同的水泥砂浆；浇筑中不得发生离析现象；当浇筑高度超过 3m 时，应采用串筒、溜管或振动溜管使混凝土下落。

(7) 混凝土浇筑层的厚度，应符合表 3-16 的规定。

混凝土浇筑层厚度（mm） **表 3-16**

捣实混凝土的方法		浇筑层的厚度
插入式振捣		振捣器作用部分长度的 1.25 倍
表面振动		200
人工捣固	在基础、无筋混凝土或配筋稀疏的结构中	250
	在梁、墙板、柱结构中	200
	在配筋密列的结构中	150
轻骨料混凝土	插入式振捣	300
	表面振动(振动时需加荷)	200

(8) 浇筑混凝土应连续进行。当必须间歇时，其间歇时间宜缩短，并应在前层混凝土凝结之前，将次层混凝土浇筑完毕。

混凝土运输、浇筑及间歇的全部时间不得超过下表的规定，当超过时应留置施工缝。

混凝土运输、浇筑和间歇的允许时间（min）见表 3-17。

混凝土运输、浇筑和间歇的允许时间（min） **表 3-17**

混凝土强度等级	气温	
	不高于 25℃	高于 25℃
不高于 C30	210	180
高于 C30	180	150

(9) 采用振捣器捣实混凝土应符合下列规定：

1）每一振动点的振捣延续时间，应使混凝土表面呈现浮浆和不再沉落。

2）当采用插入式振捣器时，快插慢拔、插点均匀、顺序进行，捣实普通混凝土的移动间距，不宜大于其作用半径的 1.5 倍；振捣器与模板的距离，不应大于其作用半径 0.5 倍，并应避免碰撞钢筋、模板、芯管、吊环、预埋件等；振捣器插入下层混凝土内的深度应不小于50mm。

(10) 浇筑混凝土时遇雨或其他特殊情况，施工单位应有相应的保护质量技术措施。

(11) 混凝土自然养护

1) 对已浇筑完毕的混凝土，应加以覆盖和浇水，并应符合下列规定：

应在浇筑完毕后的12h以内对混凝土加以覆盖和浇水。

2) 混凝土的浇水养护的时间，对采用硅酸盐水泥、普通硅酸盐水泥或矿渣硅酸盐水泥拌制的混凝土，不得少于7d。

2. 安全管理

(1) 高处作业安全管理

1) 该特大桥桥梁高度较高，主墩120m高，主梁悬臂段挂篮施工处于悬空作业，作业人员必须身体健康，有恐高症、心脏病和酒后人员不得参加作业；严禁疲劳作业。

2) 必须向所有参加悬臂段挂篮施工的作业人员进行技术交底、安全交底，使全体作业人员熟悉挂篮操作性能、操作规程及安装程序，严格执行施工工艺要求和技术要求。

3) 主梁悬臂段挂篮施工人员作业时头戴安全帽及防滑鞋，已完成的混凝土梁段及挂篮临空面设置安全防护，栏杆高度不低于1.5m，挡脚板高度不低于18cm；高空作业所用的工具、零件、材料等必须装入工具袋；施工平台上一切易坠落物件清理干净，以防落下伤人。

4) 挂篮安装完后由项目经理、总工和监理、业主共同验收，在混凝土浇筑前应对挂篮施加120%实际荷载预压，以消除非弹性变形，并检验挂篮受力情况。

5) 混凝土浇筑时不得站在模板或支撑上操作；作业人员不得直接在钢筋上踩踏、行走（需搭设跳板）。

6) 浇筑过程中，扶料管人员应与汽车泵操作员紧密配合，当汽车泵放下料管时，扶料管人员应主动避让，同时还应注意汽车泵的料斗碰头，导致站立不稳而坠落，待料管就位后，扶料管人员上前扶管，进行混凝土浇筑施工。

7) 使用覆盖物养护混凝土时，预留孔洞必须按照规定设安全标志加盖或设围栏，不得随意挪动安全标志及防护措施。

(2) 混凝土浇筑防机械伤害安全管理

1) 在混凝土浇筑开始、结束或汽车泵堵泵时，扶料管人员应远离料管口，防止汽车泵突然喷料伤人。

2) 混凝土泵送设备的放置，距离基坑不得小于2cm，悬臂动作范围内，禁止有任何障碍物和输电线路。

3) 使用混凝土泵输送混凝土时，应由2名以上人员牵引布料杆。管道接头、安全阀、管架等必须安装牢固，输送前应试送，检修时必须卸压。

4) 浇筑现场必须设专人指挥运输混凝土的车辆，指挥人员必须站在车辆的安全一侧。

5) 泵机运转时，严禁将手或铁锹伸入料斗或用手抓握分配阀，当需在料斗或分配阀上工作时，应先关闭电动机和消除蓄能器压力。

6) 混凝土泵车作业后，应将管道和料斗内的混凝土全部输出，然后对料斗、管道等进行冲洗。当采用压缩空气冲洗管道时，管道出口端前方10m内严禁站人。

(3) 混凝土振捣防触电安全管理

1）振捣棒的操作人员应穿胶制防滑鞋避免在浇筑混凝土时因振捣棒漏电而触电或因地面滑而滑倒跌落，且湿手不得接触摸电源开关，电源线不得破皮漏电。

2）使用振捣棒前应检查：导线是否漏电，电源线路是否良好；振捣榜电源必须安装有漏电保护装置（实行“一机、一闸、一漏、一箱”制）；振捣棒工作是否正常；振捣棒移动时，不得硬拉电线，更不能在钢筋和其他锐利物体上面进行拖拉，以防止割破拉断电线而造成触电伤亡事故；振捣时，需两人共同负责，一人操作振捣棒进行振捣，一人守在电箱处，负责电源看护。

3）现场电气接线与拆卸必须由电工负责，应符合施工用电安全具体要求，混凝土浇筑过程中，应设电工值班。

（4）其他主要安全管理

1）混凝土浇筑前，应检查模板、支架的稳定状况，且钢筋经验收合格，并形成文件后方可浇筑混凝土；浇筑混凝土应按施工设计规定的程序进行，不得擅自变更。

2）高处浇筑混凝土应支搭作业平台，搭设与拆除脚手架应符合脚手架安全技术交底具体要求；作业平台的脚手板必须铺满、铺稳；上下作业平台必须设安全梯、斜道等攀登设施；作业平台临边必须设防护栏杆；使用前应经检查、验收，确认合格并形成文件，使用中应随时检查，确认安全。

3）浇筑混凝土时，施工人员不得踩踏、碰撞模板及其支撑，不得在钢筋上行走，应设模板工监护，发现模板和支架、支撑出现位移、变形和异常声响，必须立即停止浇筑，施工人员撤离危险区域；排除必须在施工负责人的指挥下进行；排除结束后必须确认安全，方可恢复施工。

4）浇筑混凝土使用的溜槽及串筒节间应连接牢固。操作部位应有护身栏杆，不准直接站在溜槽帮上操作。

5）夜间浇筑混凝土时，应有足够的照明设备。

6）浇筑作业必须设专人指挥，分工明确。

7）向模板内灌注混凝土时，作业人员应协调配合，灌注人员应听从振捣人员的指挥。

8）在大风或雨雪天气，应停止所有高空作业；检查脚手架的接头处是否牢固，安全防护设备是否齐全，脚手架是否因风及雨雪的影响而松动下沉，如有下沉量较大时立即对其进行加固（加垫跳板等）。

9）酒后及患有高血压，心脏病的人员，严禁参加高空作业。

10）特殊工种的施工人员必须持证上岗。

11）加强对工人的安全教育工作，做到从思想上认识到自身的职业性质和可能产生危险的种种可能，从而加强自身的安全防范知识，文明、安全施工。

12）各专业施工人员在施工过程中必须严格遵守本专业的施工操作规程，规范施工。

3.3 混凝土桥梁节段预制拼装施工

3.3.1 工程概况

某隧道西延伸段主线高架桥全长 1170.36m，标准段桥宽为 25.0m，分左右两幅，跨径布置为5×(3×30)+4×30+(34+40+34)+4×33+4×(3×30)m，其中节段预制拼装箱梁桥为10联共31跨（每跨30m）。节段箱梁采用C50混凝土，HRB400钢筋。预应力为单丝环氧预应力无黏结钢绞线体外束，采用短线匹配法预制，专用车辆将梁段运输至拼装地点。

为保障施工质量与安全，制定了专门的施工技术方案与安全施工专项方案，这里不再详述，仅就主要施工技术内容进行介绍。

3.3.2 节段预制模板系统设计

1. 预制工艺选择

根据箱梁的结构型式及成桥的线形特点，节段选用短线匹配法进行预制，在预制场设置多个台座，各台座同时作业，所有梁段都在能移动的定型模板内浇筑，浇筑时，待浇梁段一端设固定模板（除J类墩顶块和匹配节段采用一端固定端模，一端活动端模进行浇筑外）；另一端则为已浇好的前一梁段，以形成匹配接缝来确保相邻块体拼接精度，当后一梁段浇筑完成并初步养生后，前一节段即运走存放，而把新浇梁段转移到其位置上，如此周而复始。

2. 节段模板系统

节段预制共投入6套高精度、大刚度、全液压式模板系统。短线法节段预制的模板系统由固定端模及支架、活动端模、外侧模及支架、内模及移动支架、底模及底模台车、液压系统等几部分组成，见图3-11。

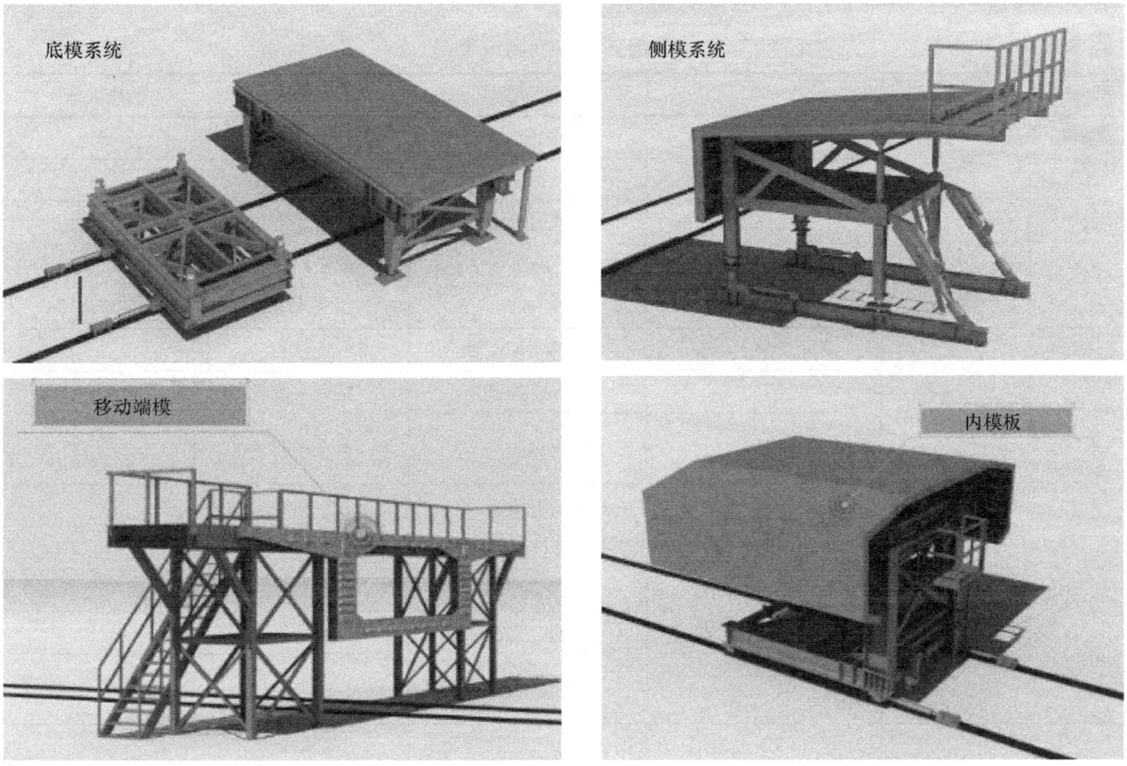

图3-11 节段模板系统

3. 模板制作

模板加工精度要求见表 3-18。

模板加工精度标准表 **表 3-18**

序号	项目	精度误差(mm)
1	各块模板平面几何尺寸允许误差	0,−2
2	每块模板对角线误差	3
3	模板表面平整度	1
4	板面及板侧挠度	1
5	面板端偏斜	≤0.5
6	组合内模及各套模板间(相邻节段)接缝错台	0.5
7	连接螺栓孔眼中心位置允许误差	0.5
8	肋高	±5
9	剪力键凹、凸槽平面位置允许误差	2
10	剪力键凹、凸槽几何尺寸允许误差	0.5
11	预应力管道及封锚位置允许误差	2

模板首次安装顺序为：固定端模系统→底模系统→侧模系统→移动端模系统→内模系统。模板安装前先放样模板在基础埋件上的安装控制轴线，然后依次安放到位并临时固定。根据模板安装精度要求调校模板，经检测合格后，与台座上基础埋件相固定。详见表 3-19。

模板安装精度要求表 **表 3-19**

序号	检查项目		检查部位	检测方法	精度要求
1	轨道(mm)	轴线偏位	轨道安装线	全站仪	2
		轨距	轨道净距	卡板	2
		标高	轨道顶面	精密水准仪	3
2	底模(mm)	轴线偏位	中轴线	全站仪	2
		标高	表面四角点	精密水准仪	1
3	固定端模(mm)	平面控制点偏位	顶部三控制点	全站仪	2
		标高	顶部二控制点	精密水准仪	1
		倾斜度	模板板面	全站仪	$\frac{1}{2000}H$
4	侧模及支架(mm)	翼缘板拐角处标高	模板翼缘板与腹板间拐角处	精密水准仪	2
5	移动端模(mm)	平面控制点偏位	顶部三控制点	全站仪	2
		标高	顶部二控制点	精密水准仪	1
		倾斜度	模板板面	全站仪	$\frac{1}{2000}H$
6	匹配梁段(mm)	平面控制点偏位	顶面 2 个平面控制测点	全站仪	2
		标高	顶面四个测点	精密水准仪	1

续表

序号	检查项目		检查部位	检测方法	精度要求
7	内模(mm)	模板拼装后错台	模板混凝土面	钢直尺	2
8	梁段底板外部尺寸(mm)		梁段底板外部	钢尺	2
9	梁段底板内腔尺寸(mm)		梁段底板内腔	钢尺	4
10	梁段顶板外部尺寸(mm)		顶板处外口	钢尺	2
11	箱梁顶板内腔尺寸(mm)		顶板处内口	钢尺	4
12	模板顶部四角对角线尺寸(mm)		底模	钢尺	4
13	模板底部四角对角线尺寸(mm)		翼缘板	钢尺	4
14	模板整体长度(mm)		节段中轴线	钢尺	2
15	模板整体宽度(mm)		翼缘板	全站仪	2

4. 模板系统构造

(1) 底模及台车

如图 3-12 所示，底模面板采用 $t=10$mm 厚钢板，纵、横向设加劲肋。底模上设有与侧模及固定端模联结固定装置。每个台座处共有两套底模及支撑平台（分别用于匹配梁段和待浇节段），它们之间相互换位。

底模台车安装有竖、横向各 10 台液压千斤顶，其中 4 个顶升缸、2 个平移缸、2 个行走缸、2 个旋转缸，可用于底模和匹配梁段的三维位置调整。

(2) 侧模及支架

如图 3-13 所示，侧模面板采用 $t=10$mm 厚的优质钢板，配纵、横向肋，分为翼板模及腹板模，分别加工，现场拼成整体。侧模面板支撑于支架结构上，支架上除设有螺旋调节系统外，每侧支架下方设有两套液压系统和精调系统，用来对模板进行安拆和微调，且可绕底部设置的铰沿轴转动，既确保了侧模与混凝土匹配梁段的紧密结合，又便于模板的安装与拆除。侧模与底模、固定端模通过螺栓联结固定。

图 3-12　底模和底模台车图

图 3-13　侧模板结构图

(3) 内模

内模由 $t=6$mm 钢板制成，设加劲肋。为了适应各节段内腔尺寸的变化，内模设置了调节块，组合模板分为标准块和异形块，根据各节段预制需要进行组合。内模主要由顶板底模、腹板侧模、齿块模板和角模组成，各模板之间采用可调撑杆支撑。整个内模系统固定在滑梁上，可由液压系统完成竖直方向伸缩及横向开启、闭合，并通过专用台车伸进移出，每套模板设置一套内模及滑梁，见图 3-14。

浇筑混凝土时，对于由腹板处产生的侧压力由水平对撑杆抵抗；对于施工顶板产生的部分竖向力则由支撑结构传递给滑梁。

（4）端模

待浇梁段的端模包括固定端模、活动端模或匹配梁段的匹配面。

固定端模和活动端模由 $t=10$mm 钢板做面板，加劲后与固定在地面的支撑锚固支架连接，安装时，端模与底模及侧模通过螺栓联成一体，见图 3-15。

匹配梁段就位时，应先在匹配梁端面上涂刷专用隔离剂，以方便节段分离。匹配梁段（与底模及平台一起）通过底模台车移运。

图 3-14　内模及内模支架图

图 3-15　端模体系图

5. 节段预制施工

节段预制施工工艺流程见图 3-16。

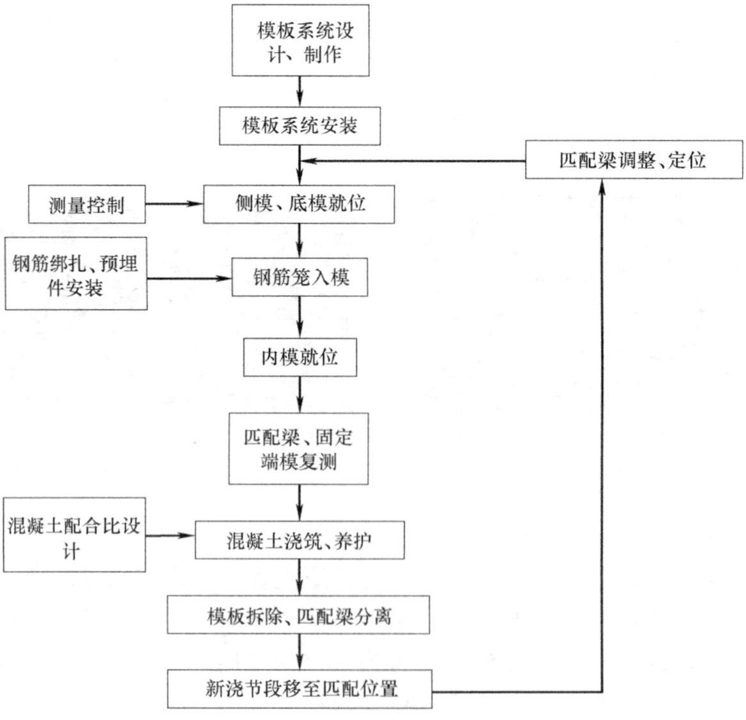

图 3-16　节段预制施工工艺流程图

节段预制施工的总体操作程序如下：

（1）立模、吊装钢筋骨架、浇筑中间0节段。

（2）拆除中0节段模板（侧模及内模），将中0节段移出作匹配梁并编号、调位，立模、吊装钢筋骨架、浇筑下一节段前1节段混凝土。

（3）拆除前1节段模板，将中0节段与前1节段分离，编号。

（4）将中0节段移出至适当的位置进行养护，满足要求后临时储存（待中0节段作匹配梁时再调用）。

（5）将前1节段移至匹配梁位置并调位，安装调整前2节段梁的模板系统及钢筋骨架，浇筑节段混凝土。

（6）按标准节段预制的程序完成中0节段大里程方向一跨内节段梁的预制。

（7）将中0节段起吊转向，并移至另一台座匹配梁的位置，使其另一端作匹配面，调整其三维空间位置，立模、吊装钢筋骨架、浇筑下一节段（以下称后1节段）混凝土。

（8）拆除后1节段模板，将中0节段与后1节段分离，中0节段运走堆存，后1节段编号。

（9）将后1节段移至匹配梁位置并调位，安装调整后2节段梁的模板系统及钢筋骨架，浇筑节段混凝土。

（10）按标准节段预制的程序完成中0节段小里程方向一跨内节段梁的预制。

（11）墩顶块J类梁段和A类节段各单独使用一个台座预制，B类节段和C类节段使用标准台座预制。如用A类节段或Ⅰ类节段作为匹配梁段，则A类节段或Ⅰ类节段只需匹配一次。

按以上程序完成所有节段的预制，见图3-17。

3.3.3 节段预制

1. 钢筋工程

如图3-18、图3-19所示，钢筋工程包括钢筋进场、钢筋去污、钢筋下料、钢筋半成品加工、钢筋接长、钢筋骨架绑扎等。

2. 预埋管件工程

在钢筋绑扎的同时，进行所有预埋管件的埋设。包括：体外预应力锚垫板的埋设、预制节段临时吊点预埋件、预制节段临时预应力预埋孔、体外预应力束在转向块和墩顶块的预埋转向器、体外预应力束限位装置预埋件、湿接缝临时定位装置预埋件、墩顶梁段临时固结预埋件、架桥机所需埋件、其他附属设施预埋件及通风孔、排水孔的埋设。如图3-20所示。

3. 模板工程

（1）端模施工

待浇梁段（第一节浇筑段和J类除外，其端模为固定端模与活动端模）的端模包括固定端模和匹配梁段的匹配面。

（2）固定端模

固定端模上设有剪力键，由于预制梁段所处位置不同，剪力键样式也会出现差异。在整个模板系统中，固定端模的精度要求最高，支立固定端模时必须注意以下几点：

工序	示意图	说明
A		节段B混凝土浇筑完成，对其进行养护
B	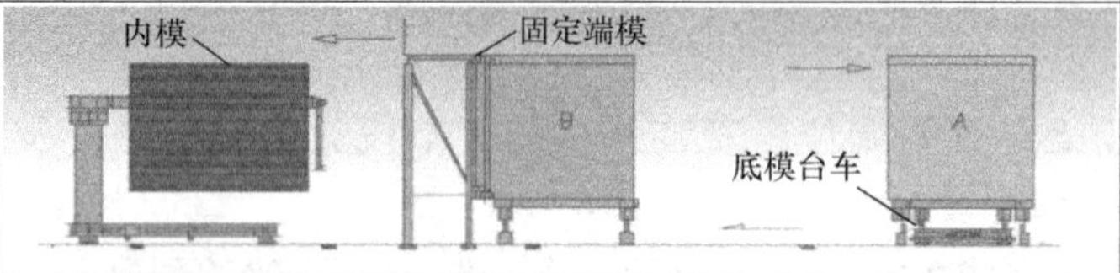	拆除节段B外侧模，将匹配梁段A与节段B分开，移走内模
C	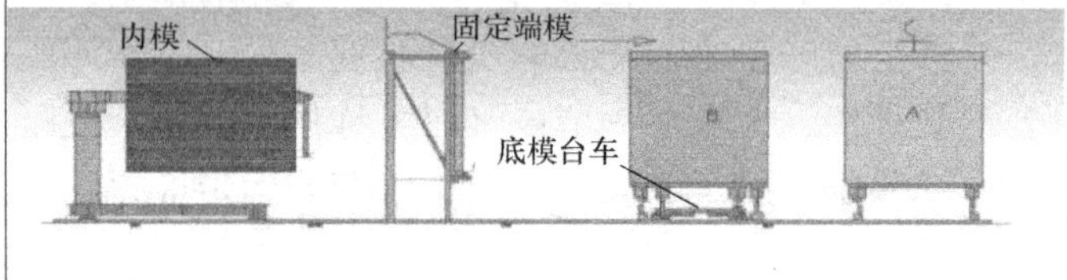	将节段B与固定端模分开，并移开一定的距离，同时，将节段A吊走存放
D	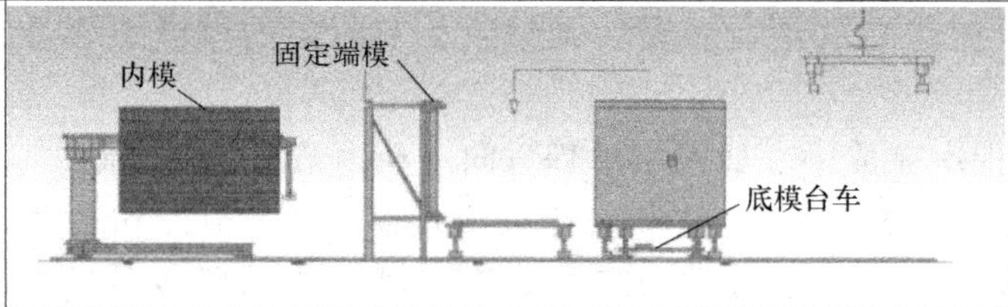	用吊机将节段A的底部调整平头台及底模吊到固定端模处，撑起并调整底脚
E	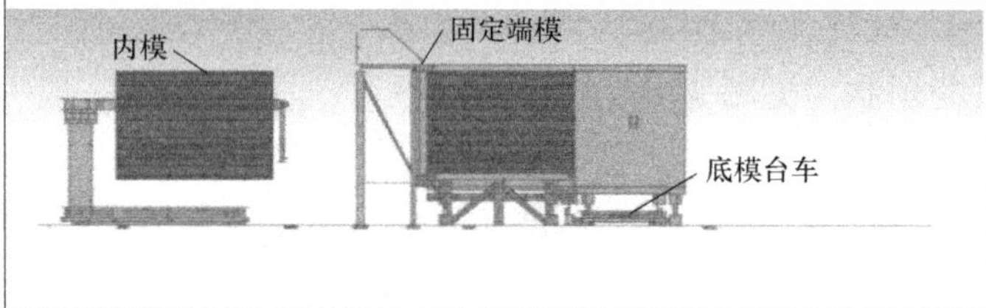	将节段B移至匹配梁段位置，并精确调整其平面位置及高程；安装并定位待浇节段(节段C)的外侧模；将各模板相互固定
F	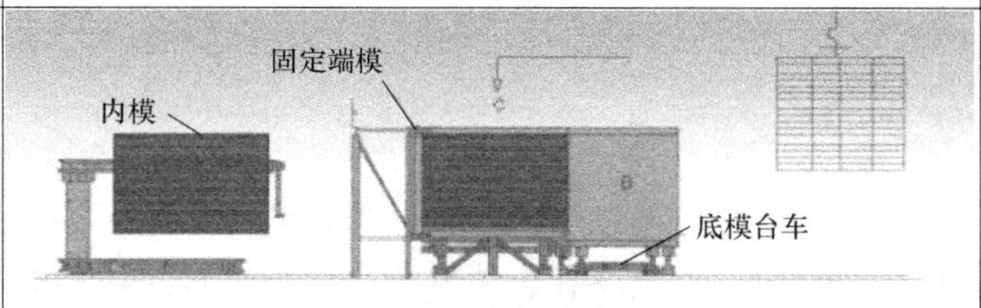	将节段C的钢筋笼吊入钢模，对其进行定位
G		移进内模，将其与节段B内面及固定端模之间固定
H		浇筑节段C混凝土

图 3-17　标准节段（一个循环）预制程序示意图

图 3-18　专用钢筋绑扎台座

图 3-19　钢筋骨架吊运

图 3-20　预埋件及预埋孔埋设

1）端模模面与待浇段中轴线成 90°，且在竖向保持垂直。

2）端模上翼缘要进行标高检测，确保其水平度。

3）端模支撑必须牢固，模板自身具有足够的刚度。

中线控制：在固定端模上顶面及内腔的下底面各设一个轴线控制点，测量时，要求该两个控制点与两测量塔之间的测量基线重合。

垂直度控制：测量上、下两个中线控制点至测量基点（测量仪器架设点）的水平距离，并调整使其距离相等，确保竖向中轴线垂直（水平距离相等）。测量设在固定端模翼缘板两侧对称设置的标高兼平面位置控制点至测量基点的距离并调整使其相等，确保固定端模与待浇梁段中轴线成 90°（水平距离相等）。

水平度控制：测量对称设置在固定端模翼缘板两侧的 2 个标高兼平面位置控制点的相对标高，控制固定端模顶面水平度。

（3）匹配梁段的定位

匹配梁段定位是短线匹配梁施工中的重要一环，其定位步骤如下：

1）测量人员根据匹配梁段预制采集的数据以及匹配梁段与待浇梁段相对位置关系，通过程序计算出匹配梁段所处位置。提供匹配梁段匹配面与待浇梁段固定端模的位置距离。

2）现场施工技术人员根据测量人员提供的数据，对匹配梁段实行初步定位。底模台车纵向长距离移动、横向移动和细小微调均通过液压系统牵引来实现。

3）测量人员观测匹配梁段，指挥人员对操作底模台车上的液压千斤顶进行纵、横向及水平标高精确定位。

4）定位后调节底模上的四个顶升油缸，并使其受力，卸落底模台车千斤顶，完成受力支点的转换。

5）测量对匹配梁段再次测量，并输入数据至监控程序，精度达到要求并通过误差校核则合拢侧模，如达不到要求，则顶升千斤顶重新定位。

（4）底模施工

底模安装时，通过底模台车上的油压千斤顶使其中轴线与测量基线重合，并保持水平，纵向位置通过设置在底模台车上的液压系统进行调整，满足要求后利用顶伸螺杆支撑在台座基础预埋钢板上，再将底模与固定端模用连接螺栓锁定。

（5）侧模施工

侧模在安装过程中需注意以下几点：

1）侧模与台座上的预埋件连接一定要牢固可靠。

2）必须确保侧模直倒角与底模直线段相接处的加工精度，以保证该处过度平顺，接缝严密无错牙。

3）侧模与固定端模及匹配梁间的拼缝要严密，与匹配梁接缝间需贴双面胶贴以防漏浆。

4）侧模上、下对拉螺杆须配戴双螺帽，并拧紧。

5）侧模支腿须顶紧、垫实。

（6）内模施工

在端模、底模及侧模调校到位后，用龙门吊吊入钢筋骨架并定位。利用内模移动专用台车将内模移入钢筋骨架内腔，并将滑梁前端用型钢支撑在匹配梁段底板上，后端则通过台车及支架支撑在地面上，并固定；用安装在滑梁上的液压系统将内模展开形成箱梁预制内模，再调节可调撑杆支撑、固定内模。

（7）脱模剂

清理干净模板表面，并均匀涂刷 PE-1 型号专业脱模剂。见图 3-21、图 3-22。

图 3-21　脱模剂施工

图 3-22　匹配面隔离剂

（8）隔离剂

为保证拆模时节段顺利分离而不损伤剪力键，匹配面需涂刷水性隔离剂。选择双飞粉+洗洁精+水作为隔离剂。配合比为：双飞粉：洗洁精：水=1：0.55：0.16。涂刷时要求均匀涂刷两遍，并在钢筋骨架入模前完成并检查，对涂刷不均匀处或较薄处及时进行补刷。在梁段脱开后，及时用钢丝刷和清水清理干净。

（9）剪力键

本项目节段根据三种截面类型分为三种剪力键样式，每种样式又分凹和凸两种形式。

为了满足进度要求，节段施工一般会从每跨边节段向一侧或者中节段向两侧匹配施工，因此剪力键的凹凸形式会与设计出现一定的不同。

选取首跨第四片E类节段（用E4节段表示）进行首件工程试验，由于模板加工的固定端模和移动端模均为凸型剪力键截面，浇筑完成节段两截面均为凹型剪力键截面，以此节段作为匹配节段，匹配两次完成首跨节段浇筑施工。

4. 混凝土工程

（1）混凝土配合比的要求

预制箱梁混凝土采用高性能C50混凝土，混凝土粗骨料应采用反击破碎石，且质量满足规范要求。碎石应采用连续级配，其最大公称粒径不大于2cm及钢筋最小净距的3/4。混凝土配合比经严格试配，满足设计和规范要求后，并经业主、监理、设计同意后才能进行混凝土浇筑。根据设计及规范的要求，并满足现场施工的需要，初凝时间8h，终凝时间12h；坍落度为140～180mm；1d强度达到20MPa以上。对于进场的商品混凝土进行严格的工程成品的质量检验。

（2）混凝土的拌制及运输

节段预制箱梁混凝土采用商品混凝土，用混凝土罐车运输至浇筑现场，使用料斗进行上料浇筑。要求两辆混凝土罐车均到现场后才进行浇筑作业，防止运输意外发生，出现废梁。混凝土罐车浇筑完成后，必须到指定的地方洗罐，不得随意排放，需经过沉淀池处理后方可排放。

（3）混凝土浇筑

要求两辆混凝土罐车均到现场后才进行浇筑作业，防止运输意外发生，出现废梁。混凝土运至现场后，卸料到料斗内，由龙门吊吊装入模。混凝土运至浇筑地点后发生离析、严重泌水或坍落度不符合要求时，不得使用。

混凝土浇筑前，对支架、模板、钢筋及其他预埋件进行认真检查，符合设计要求后方可浇筑。模板内的杂物积水和钢筋上的污垢应清理干净。模板如有缝隙，应填塞严密。混凝土浇筑过程中，必须进行检查观测。

箱梁混凝土的浇筑顺序为：底板（底腹板交界处）→腹板→顶板（含翼板），即图3-23

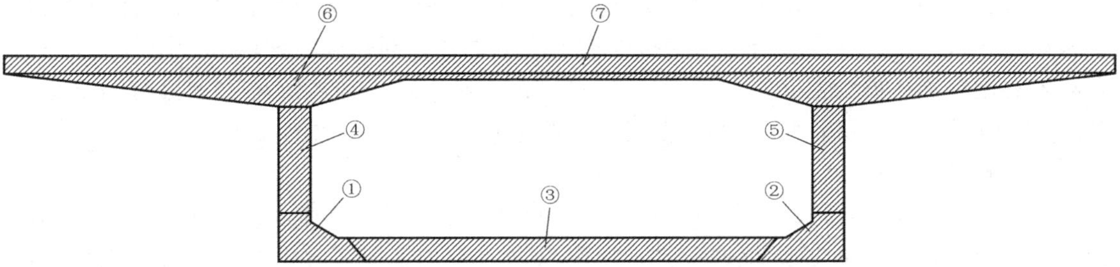

图3-23 箱梁混凝土浇筑顺序图

中的①、②、③→④、⑤→⑥→⑦。

（4）底板混凝土浇筑

底板浇筑时先从腹板开始向底腹板倒角处放料，然后再通过固定端模顶面挂设的串筒经溜槽输送至底板上进行浇筑。

底板浇筑时采取中央往两侧浇筑，在浇筑时预留 10cm 暂不浇满，待腹板浇筑一定高度后，再进行补料浇筑。并在浇筑腹板时，适当降低混凝土坍落度 1～2cm，以防止混凝土向底板上翻。在底板与腹板交接处的钢筋密集区，在底板两端各加装 2 台附着式振捣器辅助振捣。

（5）腹板混凝土浇筑

腹板采用两边对称下料，每层混凝土浇筑厚度为 30cm，振捣以插入式振捣器振捣为主，在腹板底部可借助附着式振动器辅助振捣。

（6）顶板混凝土浇筑

顶板混凝土由一侧向另一侧连续浇筑，采用插入式振捣器振捣。

混凝土浇筑时两侧均匀布料，振捣时严格按“快插慢拔”的技术要领操作，并注意观察混凝土表面气泡排出情况，掌握好振捣时间，确保混凝土密实。

在混凝土浇筑过程中，严禁振捣棒直接碰撞预埋管、预埋件，防止预留预埋管件变位。同时注意布料时严格控制下料速度，防止混凝土对预留预埋管件造成过大的冲击。

（7）混凝土振捣

混凝土振捣采用人工插入式振动器振捣为主，主要作用为保证混凝土主要部分密实；附着式振动器振捣为辅，保证混凝土表面光滑以及补充振捣插入式振动器不能到达区域。振捣时先用 50 型和 30 型插入式振捣棒进行振捣，然后再用附着式振捣器进行振捣。

在使用插入式振动器在振捣过程中，振动器与侧模保持 5～10cm 距离，振捣时间 15～30s，严格按“快插慢拔”的操作要点作业，控制好振捣间距、时间，充分排出气泡，保证混凝土振捣密实并在振动过程中尽量避免碰撞钢筋及其他预埋件。振动器每次移动间距不超过振动棒作用半径的 1.5 倍，通过观察在振捣过程中混凝土是否停止下沉，不再出现气泡，表面平坦泛浆等现象来判断混凝土是否振捣密实，同时也防止混凝土过振，造成混凝土粗细骨料分离，从而影响混凝土内在质量和外观质量。分层浇筑时，振动器插入下层混凝土 5～10cm。

根据以往经验，由于模板刚度较大，附着式振动器的振动效果不很明显，因此在振捣过程中只起辅助作用。附着式振动器每套模板共布置 14 台，每侧侧模外表面布置 4 台，底板布置 6 台，特别在底板与腹板交接处的钢筋密集区，即在底板两端和中间各加装了 2 台附着式振捣器。振动器布置间距为 1.5～2.0m，附着式振动器的单次振捣时间不超过 30s，累计振捣时间不超过 60～80s 为宜。振捣完成后，做好箱梁的收面工作。

（8）测量埋点埋设

在混凝土终凝前，进行测量测点埋设。测点共设有 6 个，2 个轴线控制点，4 个标高控制点。轴线控制点为 U 形钢筋埋件，标高点为“十”字头镀锌螺栓。在混凝土终凝后梁段移动前，及时对测点进行测量并输入施工监控程序。

5. 模板拆除

(1) 模板拆除

节段梁必须在混凝土抗压强度达 17MPa 后方可拆模，到达设计强度的 70%后方可挪动、搬运。模板拆除顺序为：内模拆除→外侧模拆除→匹配梁段移开→新浇梁段移到匹配梁位置。

利用内模系统的液压设备收缩内模，用液压系统牵引内模台车将内模系统移出。松开侧模顶口及底口的对拉螺杆以及侧模与预制台座间的精轧螺纹锚固钢筋，调节侧模桁架支撑上的螺旋调节装置使侧模同时产生水平和竖向位移将侧模与混凝土分离。

松开匹配段底模与新浇段底模之间的螺栓，利用底模系统上的液压千斤顶将匹配段支撑住，再松开底模上的 4 根顶伸螺杆使其悬空，匹配梁的重量由千斤顶承受，然后利用液压系统牵引将匹配梁段与新浇梁段的分离，匹配梁完成匹配功能后，进行匹配梁同条件试块的测试，当达到设计强度 70%时即可吊走，移梁过程中，底模小车不得撤离，吊开后方可撤走。

将匹配梁段吊开后，再将底模小车移至新浇梁段下，按移出匹配梁同样的方式将新浇梁段移到匹配梁位置作为下一梁段预制的匹配梁。

模板组件（可拆卸部分）拆除后，须立即将其清理干净并涂抹专用脱模剂，然后吊运至模板堆场内分类整齐堆放，减小模板堆放期间的变形。

(2) 模板拆除注意事项

1) 模板拆除注意成品保护，严禁野蛮施工造成混凝土缺损。

2) 操作底模小车上的千斤顶使匹配梁与新浇梁脱开时，必须点动操作，避免造成剪力键损坏。

3) 拆除后不用的模板应立即清理干净后分类整齐堆放于模板堆场，不得随处乱放。

(3) 混凝土外观检查

1) 混凝土表面平整，色泽一致，无明显施工接缝。

2) 混凝土表面不得出现蜂窝、麻面，如出现必须修整。

3) 混凝土表面出现非受力裂缝宽度超过设计规定或设计未规定时超过 0.15mm 时，必须按要求处理。

4) 封锚混凝土应密实、平整。

5) 梁的填缝应平整密实。

3.3.4 节段养护、存放及运输

1. 节段混凝土养护

如图 3-24 所示，混凝土浇筑完成初凝后及时洒水养护，使混凝土表面的潮湿状态保持在 7d 以上。混凝土浇筑完毕终凝后开始洒水养护，在箱梁顶板及底板上覆盖土工布，并使土工布保持潮湿，模板未拆除前向模板表面洒水降温。模板拆除后，通过设置的移动式自动喷淋装置对箱梁内侧、外侧进行洒水养护。

在修整区设置自动喷淋装置，节段吊入修整区后，使用自动喷淋装置对其继续洒水养护。

当箱梁被吊运至存梁区后，继续采用人工洒水方式对其进行养护。

低温季节控制拆模和洒水时间，冬期施工时，当温度低于5℃时，严禁对箱梁洒水，须采取保温措施。混凝土表面和养护水温差<25℃，避免出现表面裂缝。

图3-24　节段混凝土养护图

2. 节段修饰、凿毛

匹配梁从预制台座吊放到修整台座上，完成匹配面清理、箱室内垃圾清理、预埋件清理、外露钢筋和钢板防腐处理、湿接缝人工凿毛、节段标识等工作后，用龙门吊转运到存放区堆存。

3. 节段标识喷涂

箱梁在修饰完成后，在箱梁内侧喷涂标识，标识样式见图3-25。其中箱梁编号以墩为中心朝向两侧。因本桥为东西向，故在墩子靠近小里程侧的为西，即用W表示，大里程侧为东，即用E表示；用R和L区分左右幅，梁段编号与图纸中的编号对应，每榀梁有且只有唯一的一个编号。利用BIM工程项目信息化管理模式，每榀梁单独设置唯一的二维码标识，见图3-26。

桥名	华岩隧道西延伸段	箱梁编号	××(墩号)-R(右幅)E(向东)-××(梁号)	
拼装部位	第一联		跨径	30m
拼装方向	由西向东	预制时间	××××年××月××日	

图3-25

4. 节段场内转运

在匹配节段完成匹配任务后，且强度达到设计强度的70%，即可转运至存梁区堆存。在梁段转运前，先利用底模上的水平千斤顶将其与新浇节段分离，再通过底模下方的液压系统将其移动至台座合适的位置，然后利用龙门吊吊运至储存区存放。

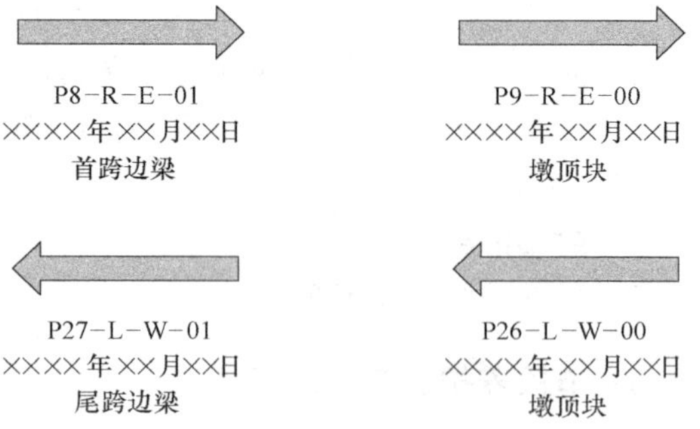

图3-26　节段标识图

如图3-27所示，节段转运采用专用吊具吊运，A类节段和墩顶块J类节段采用预埋40铬锰钛钢做吊点，其余梁段则采用在预制时预留吊孔，安装40铬锰钛钢作吊点。梁段吊点位置严格按设计的要求布置。

5. 节段存放

堆存区设条形梁式堆存台座存放节段，节段底部设垫木支垫，两层堆放。堆存时需考虑拼装的顺序，尽量减少出运前的倒运工作量。存梁阶段加强地基沉降观察，避免因地基不均匀沉降影响存梁安全，见图3-28。

6. 节段场外运输

如图 3-29 所示，节段由专用运输车运输至拼装现场，运距 10km。为保证节段运输安全，在出厂前做好各项安全措施，并对节段捆绑、固定、支撑等做好详细检查并经签字验收后方可出厂 。

图 3-27 吊具一般结构图

图 3-28 节段存放布置图

图 3-29 节段运输图

3.3.5 节段拼装

1. 施工流程

如图 3-30、图 3-31 所示，本项目采用 1 台 TPJ80 节段拼装架桥机单幅整孔悬挂拼装架设，然后横移完成另一幅整孔悬挂拼装架设，双幅整孔完成后纵移到新的一跨逐跨完成架设。

架桥机采用步履式行走，能自行移位过孔，支腿倒运采用自动跨越式倒腿方式，横移轨道也可自行倒运；架桥机喂梁方式满足桥下喂梁，兼顾前部、尾部喂梁；架桥机能够满足湿接缝施工，自带可移动梁底操作平台，梁底操作平台即可进行湿接缝施工又可进行梁底修饰；架桥机具备自架墩顶（或梁端块）块功能；架桥机前支腿墩前附墩支承架轻便且安全可靠、能快速拆装及转场；架桥机具备完善的、满足要求的操作系统和安全监控系统。

一联节段施工工艺流程：

节段预制成型→运梁至桥位→桥下喂梁，单跨所有节段全部吊装至桥位上方→落梁至设计位置、调整线型，涂抹节段间环氧树脂，拼装为整跨→张拉临时紧固装置，确保所有节段在受压状态下至胶体凝固，达到设计强度→湿接缝锁定、关模→浇筑湿接缝→待湿接缝强度达到95%后体外预应力穿束张拉→放松吊杆→架桥机移位，依次拼装该联其余各跨→张拉负弯矩预应力钢束→拆除临时支座，完成体系转换成一联连续梁。

每片梁安装、临时固定顺序，以首跨为例：

A0号梁边块、J12号墩顶块安装锚固定位→架桥机安装→吊装B1号块件→吊装C2号块件→吊装D3号块件→吊装E4号块件→吊装E5号块件→吊装E6号块件→吊装E7号块件→吊装F8号块件→吊装G9号块件→吊装H10号块件→吊装I11号块件→B1号块件精调定位→B1号、C2号块件匹配面抹胶、定位、临时锚固→C2号、D3号块件匹配面抹胶、定位、临时锚固，以此类推所有节段精调定位、抹胶临时锚固完成整孔节段安装及临时锚固。

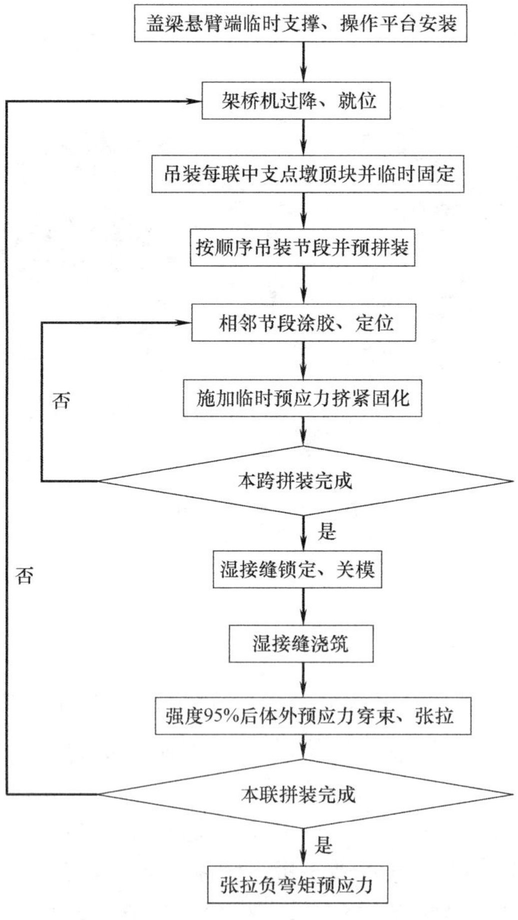

图3-30　逐跨拼装施工工艺流程图

2. 架桥机技术参数

预制节段拼装架桥机（以下称架桥机）技术参数根据安装施工及安全需要确定。

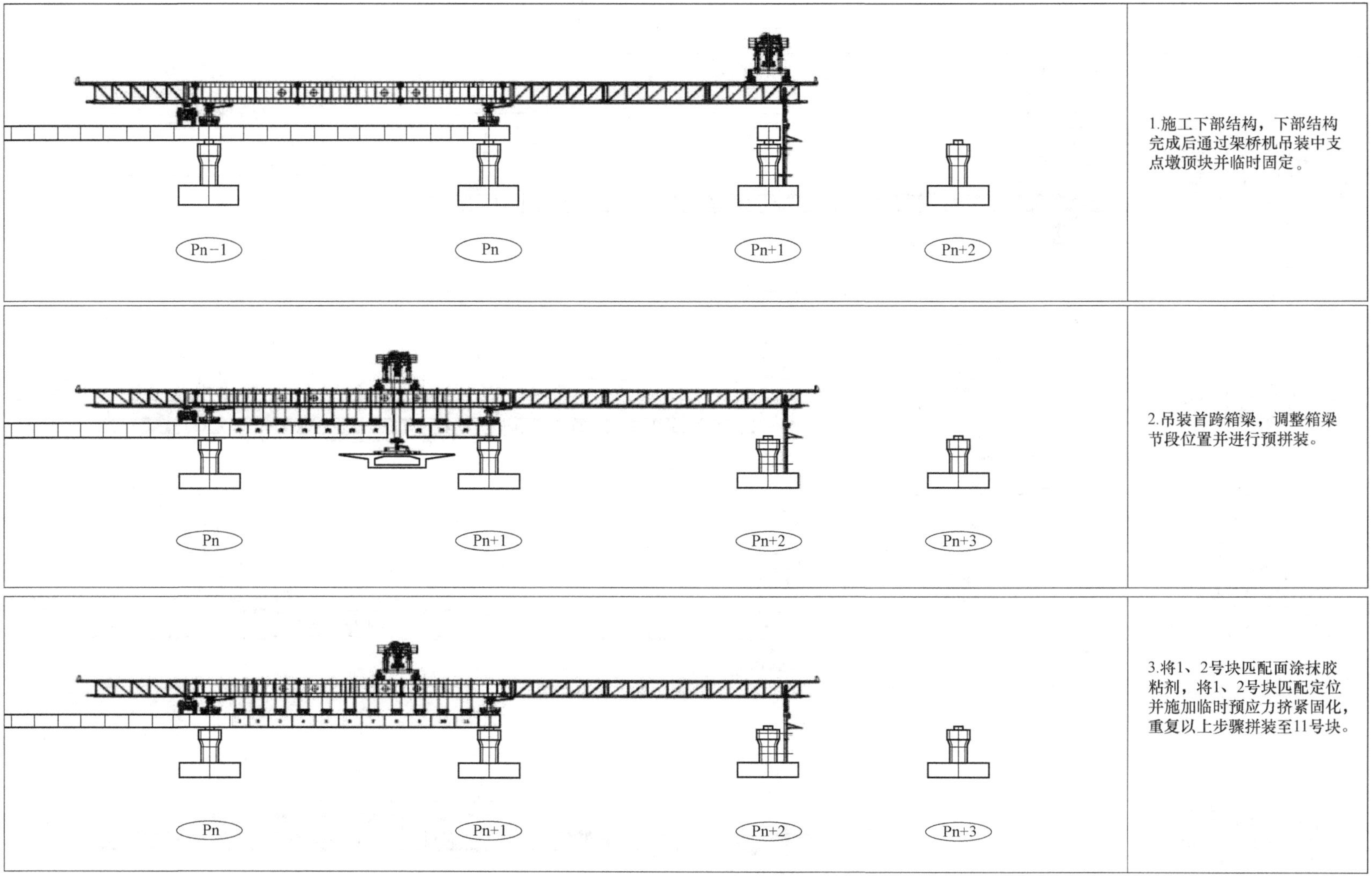
Pn−1
Pn
Pn+1
Pn+2
1.施工下部结构，下部结构完成后通过架桥机吊装中支点墩顶块并临时固定。
Pn
Pn+1
Pn+2
Pn+3
2.吊装首跨箱梁，调整箱梁节段位置并进行预拼装。
Pn
Pn+1
Pn+2
Pn+3
3.将1、2号块匹配面涂抹胶粘剂，将1、2号块匹配定位并施加临时预应力挤紧固化，重复以上步骤拼装至11号块。

图 3-31 节段拼装总体程序图（一）

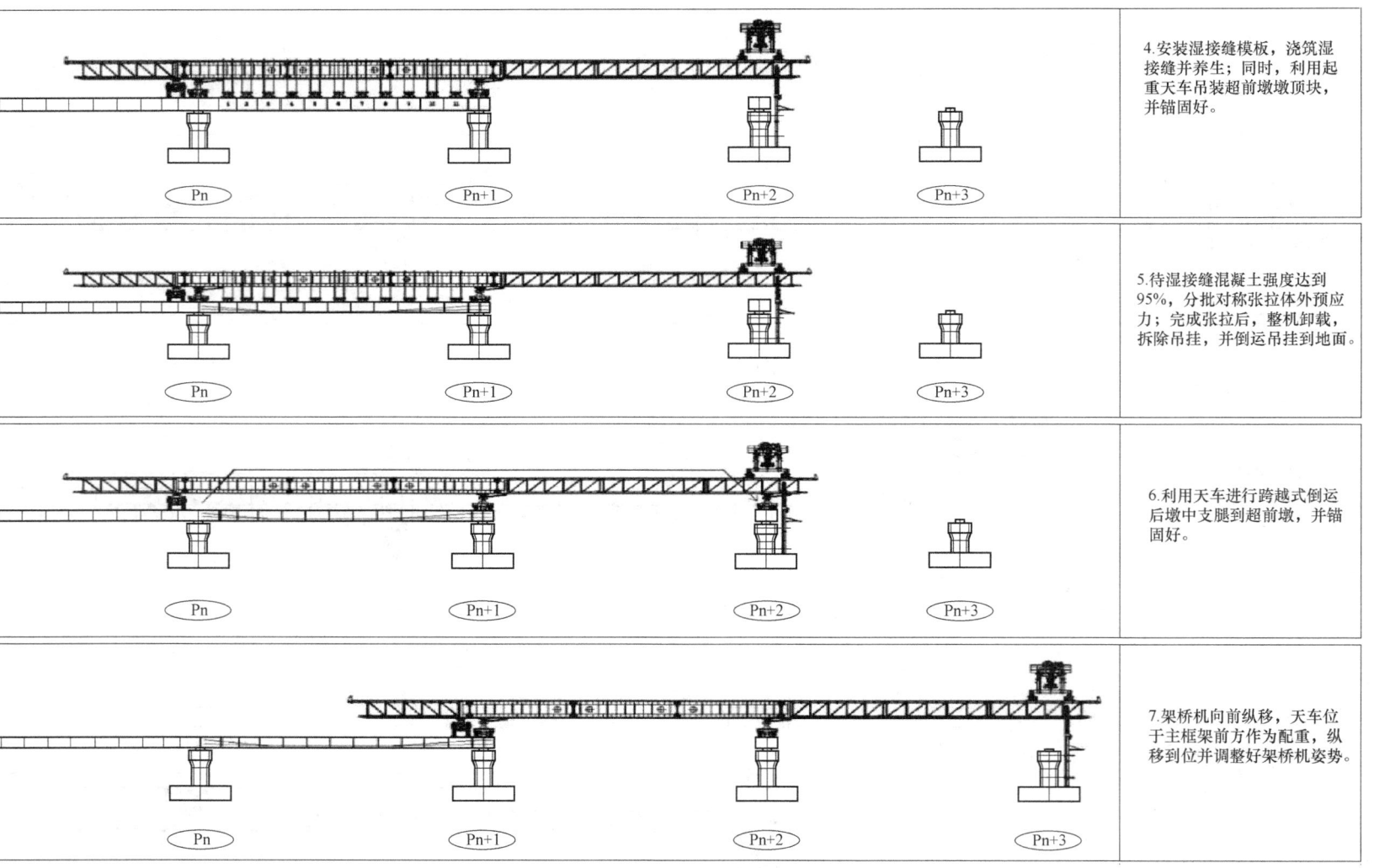

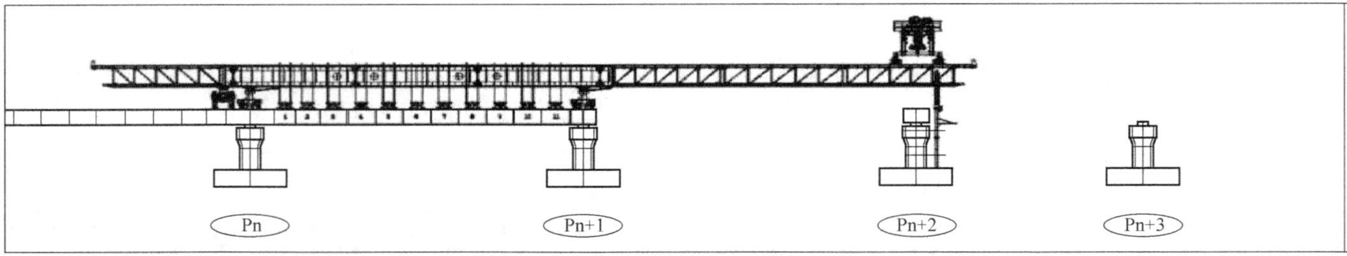	4.安装湿接缝模板，浇筑湿接缝并养生；同时，利用起重天车吊装超前墩墩顶块，并锚固好。
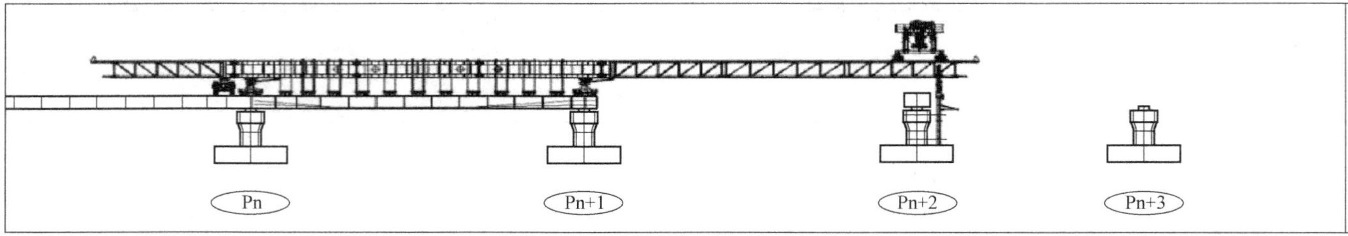	5.待湿接缝混凝土强度达到95%，分批对称张拉体外预应力；完成张拉后，整机卸载，拆除吊挂，并倒运吊挂到地面。
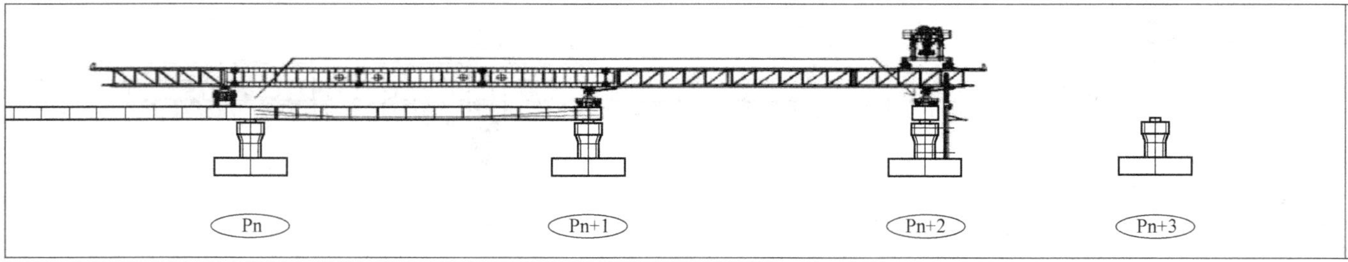	6.利用天车进行跨越式倒运后墩中支腿到超前墩，并锚固好。
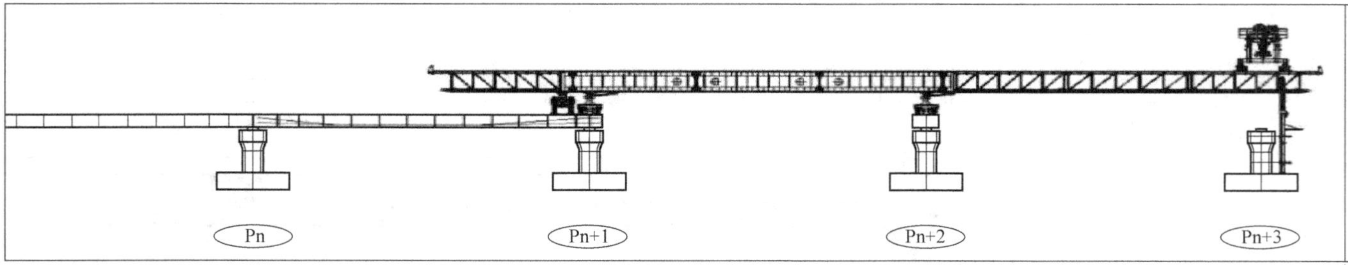	7.架桥机向前纵移，天车位于主框架前方作为配重，纵移到位并调整好架桥机姿势。

图 3-31　节段拼装总体程序图（二）

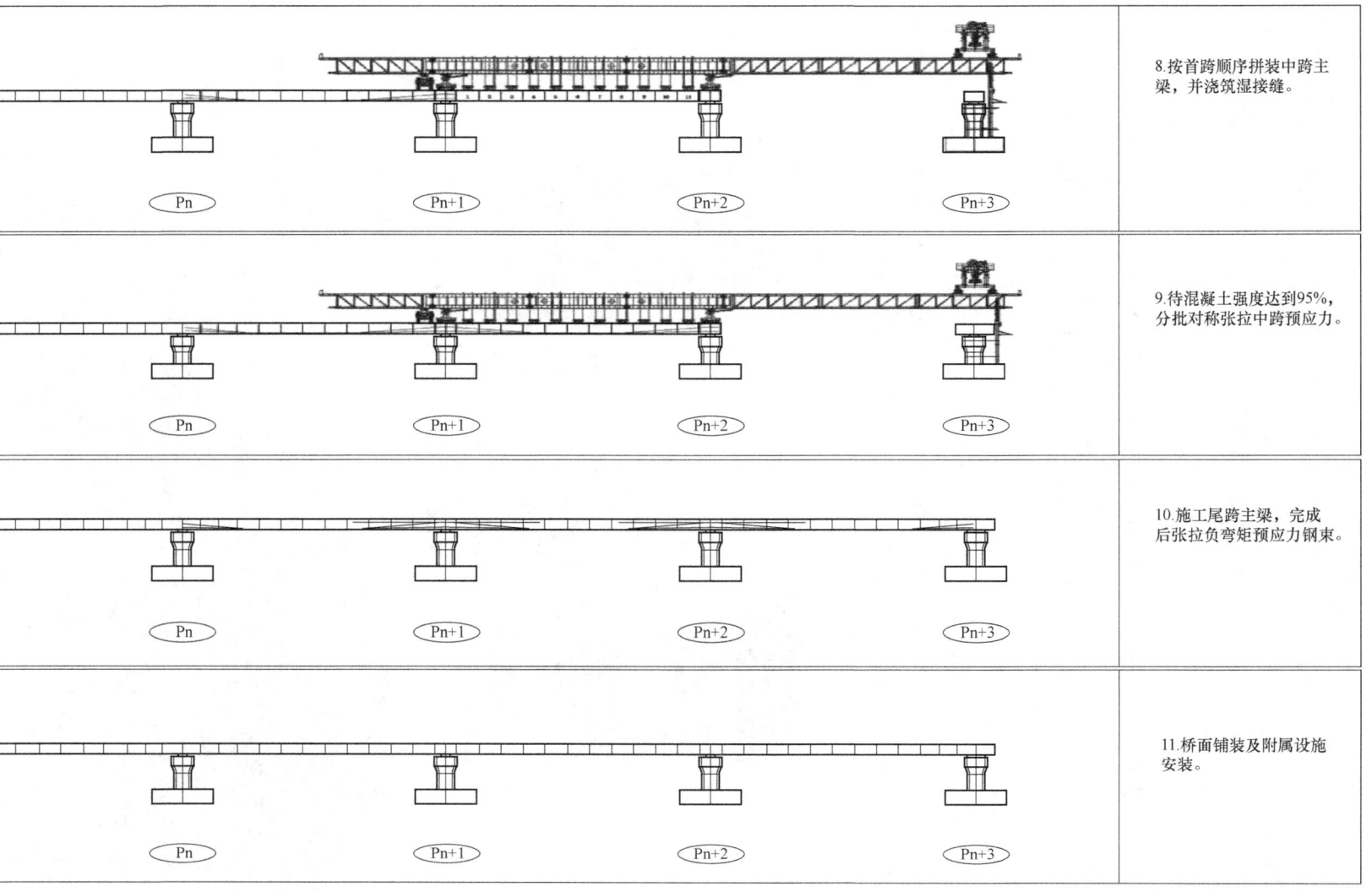

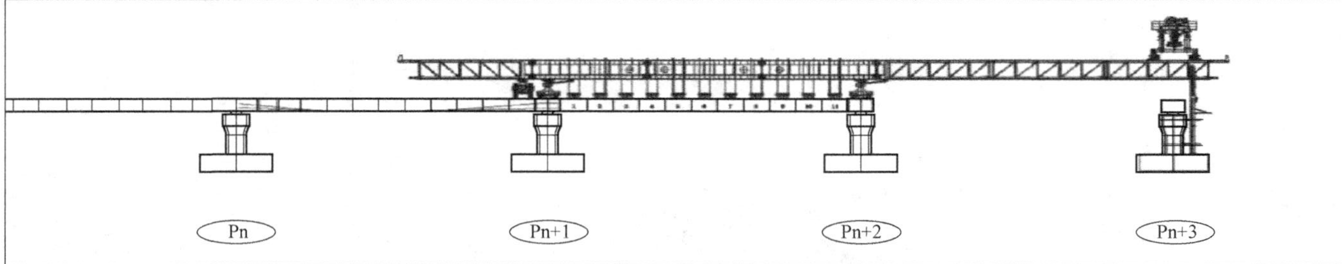	8.按首跨顺序拼装中跨主梁，并浇筑湿接缝。
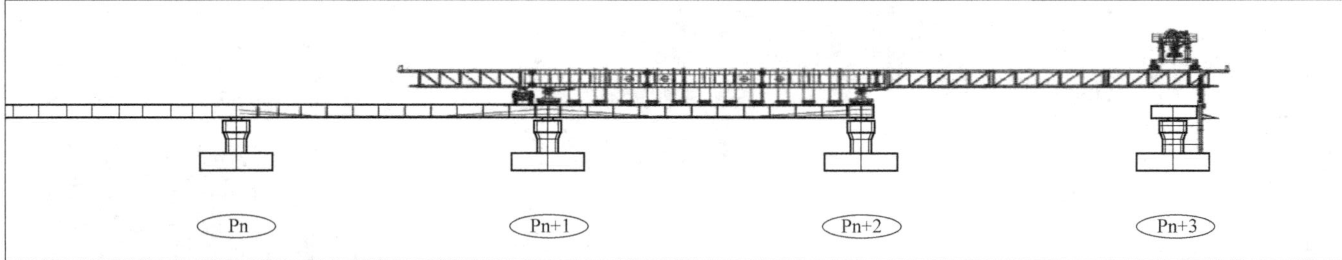	9.待混凝土强度达到95%，分批对称张拉中跨预应力。
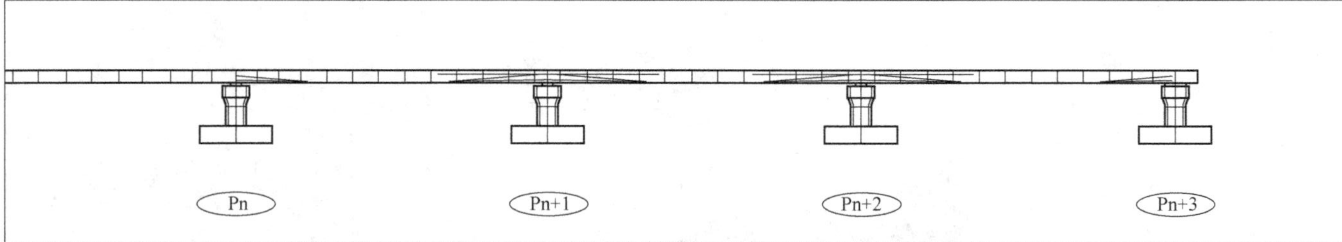	10.施工尾跨主梁，完成后张拉负弯矩预应力钢束。
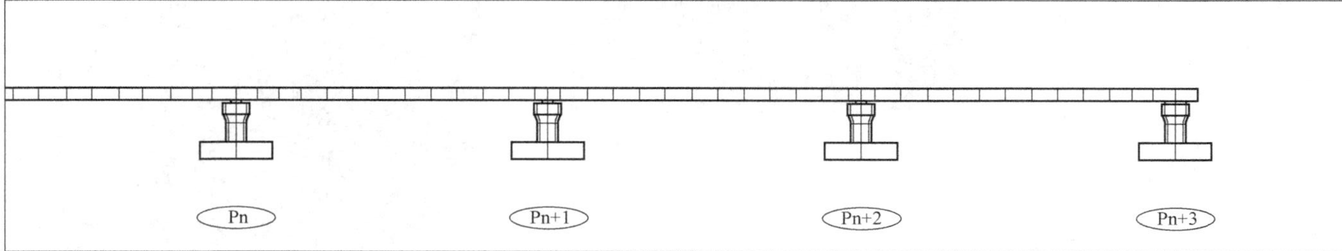	11.桥面铺装及附属设施安装。

图 3-31　节段拼装总体程序图（三）

3. 盖梁悬臂端临时支撑措施

如图 3-32 所示，为了确保梁段架设过程中盖梁、墩柱的受力安全，在盖梁悬臂端加设临时支撑措施。支撑形式采用交叉斜垫铁微调（拉杆锁固）＋沙筒、千斤顶＋钢管柱（两根 0.609m，壁厚 16mm 的钢管加工而成）＋56 工字钢大脚板，悬臂支撑于路基 C30 混凝土垫层上面。

（1）支撑安装工艺

安装放大钢脚板→安装钢管柱与墩柱连接支架竖向临时支撑→安装钢管柱与墩柱连接支架→安装 609 钢管柱，并与墩柱连接支架锁定→安装钢管柱顶枕梁→安装调节沙筒、千斤顶→安装调节楔形块→拆除钢管柱与墩柱连接支架竖向临时支撑。

（2）支撑拆除工艺

安装钢管柱与墩柱连接支架竖向临时支撑→调节沙筒均匀缓慢卸砂→拆除调节楔形块→拆除沙筒、千斤顶→拆除钢管柱顶枕梁→拆除 609 钢管柱→拆除钢管柱与墩柱连接支架竖向临时支撑→拆除钢管柱与墩柱连接支架竖向临时支撑→拆除放大钢脚板，周转材料至下一个工作面。

图 3-32　盖梁悬臂端临时支撑措施示意图

图 3-33　墩顶操作平台示意图

4. 墩顶操作平台

墩顶操作平台采用钢制悬挂操作平台，采用架桥机进行安装，同时用 $\phi20$ 筋扎螺纹钢将两侧平台锁定在一起。平台拆除前在桥面设置锚固点，采用卷扬机、架桥机、葫芦等设备进行提升、移除、下放，见图 3-33。

5. 墩顶临时支座及永久支座安装与灌浆

（1）临时支座安装

墩顶操作平台安装后，根据图纸用墨线弹出临时支座安装控制线，根据测量人员放线确定出每个临时支座顶面标高安装临时支座模板，模板采用木模板，模板高度为临时支座顶标高，浇筑临时直接浇筑至模板顶面即可。

（2）永久支座安装与灌浆

支座垫石施工完毕后进行永久支座安放。支座安装前检查支座有无破损，防尘罩有无破坏等现象，安装完毕后，用塑料薄膜罩实，以防止雨水浸蚀。

1）下支座板灌浆

采取先安装支座，后灌浆的办法，为防止出现支座板下方的气泡排不完全的情况，故采取将支护灌浆模板高出下支座钢板 2cm 左右，然后调整支座位置，最后从单侧进行灌浆。

① 测量放样，放出支座安装纵、横轴线。

② 将支座吊至墩顶，将地脚螺栓穿过支座底板上锚栓孔与底柱连接在一起，把底柱另一端用钢楔块在下支座板四角将支座板调整水平，使下支座板底面高出支座垫石顶面 2.5cm（实际以支座绝对标高控制），并在支座垫石上标出支座轮廓线。

③ 再次吊放支座就位，并用钢楔作精细调整到位。（注轴线位置对准支座垫石引出的纵、横轴线，标高再次用仪器观测）。

④ 安装支座灌浆模板，并灌浆（图 3-34、图 3-35）。

⑤ 在高强灌浆料固化后，再一次旋紧地脚螺栓。

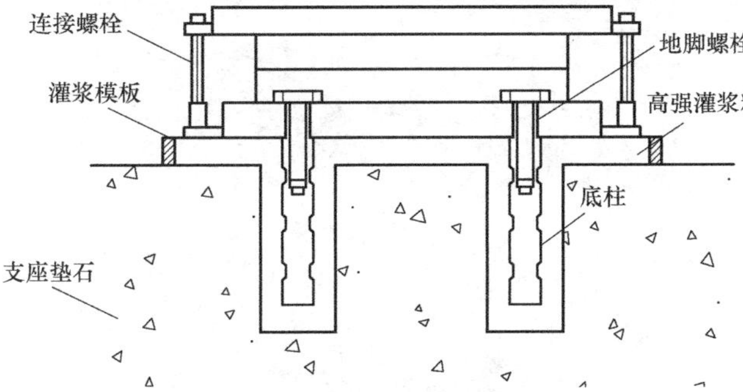

图 3-34 下支座板安装灌浆示意图

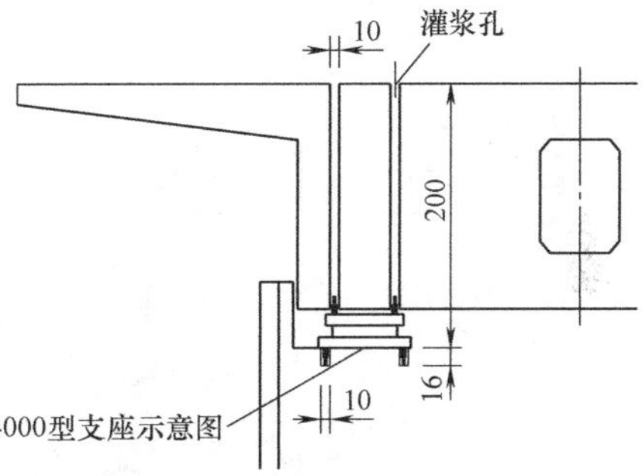

图 3-35 上支座板灌浆孔示意图

2）上支座板灌浆

上支座板灌浆在 A、J 梁段安装并调整到位后进行灌浆。支座灌浆采用水泥基高强灌浆料，浆体从支座锚栓孔预留至箱梁底板顶面的预留管道中注入。

6. 梁边块支撑架

根据现场情况，由于梁边块部分是悬挑出盖梁的，采用钢管支撑架，钢管采用直径 609mm，壁厚 16mm 的装配式钢管。墩顶块长度处于盖梁内，不需要钢管架支撑，见图 3-36。

图 3-36 梁边块支撑图

7. 墩顶梁段安装

在准备工作完成后，开始墩顶梁段的安装作业。P8、P9 号墩顶梁段采用汽车吊安装，共计 4 块，见图 3-37。

其余墩顶梁段均采用架桥机安装。

(1) 将墩顶梁段起吊至安装位置正上方，并将其纵、横轴线与墩顶上放样出的纵、横轴线目视大致对齐缓慢落梁置于永久支座和临时楔形块正上方后停止下落；

(2) 复测梁段平面位置，采用人工辅助梁段精确定位方法，缓慢落梁于永久支座和临时支座上；

(3) 落梁后，复测梁段平面位置，若有偏差，则重复定位直到梁段精确定位于永久支座和临时支座上；

(4) 待梁段精确定位后，用 $\phi32$ 筋扎螺纹钢对梁段进行锚固；

(5) 采集最终目标数据反馈至监控单位，报监理工程师，确认最终精度符合梁段安装要求。

图 3-37　汽车吊吊装墩顶块站位、吊装图

8. 节段梁环氧胶拼施工

(1) 节段梁吊装和试拼

为保证两梁段拼接面标高、倾斜度保持一致，减少涂胶后的梁段位置调节时间，在胶拼前，进行试拼装。试拼装时，调整待拼节段标高，将梁段拼接面靠拢，保证梁段拼接面完全匹配，检查梁段块件标高、中线和匹配面的情况，临时预应力钢筋及张拉设备是否完善。试拼完成后将移开 0.4～0.5m（以方便胶拼为准），除纵向进行平移外，梁段的标高

和倾斜度不应进行调整。

（2）环氧树脂垫片制作

节段梁安装前，精心制作用于梁段安装纠偏的环氧树脂垫片（直径 30cm）。垫片使用前清洗表面油污并晾干，分类放置于木箱内，根据测量数据对梁段匹配面在节段腹板上、下位置。垫片总面积应保证箱梁混凝土满足局部承压要求。同时，在加入垫片调整时，环氧胶涂抹厚度随之加厚，使之超出垫片厚度约 1～2mm。

（3）环氧胶拌和

环氧胶使用前将各组分按顺序组合，混合前先将 B 组分预混拌 1min，以确保 B 组分表面的浮液全部回吸，成为均匀的浆体。混合顺序将 B 组分倒入 A 组分包装筒内，尽量将 B 组分浆液刮干净（用 3cm 宽 5mm 厚钢条做刮尺）。

用专用搅拌枪（1600～2000kW 手电钻）拌制均匀。搅拌时，将钻头没入胶面，控制拌枪转速，防止空气进入，搅拌时间 3～5min，直到颜色均匀为止，尽量使用扁平工具拌胶，便于散热延长使用时间。

混合比率：A 组分：B 组分＝3：1（质量比）

施工中所使用的环氧胶技术指标满足表 3-20 要求。

环氧结构胶技术参数表 **表 3-20**

<table>
<tr><th>项目</th><th colspan="7">性能指标</th></tr>
<tr><td rowspan="8">技术参数</td><td>密度</td><td colspan="6">1.10kg/L±0.1kg/L(A、B 组分混合后，+20℃)</td></tr>
<tr><td>流挂性</td><td colspan="6">9.5mm 时流淌</td></tr>
<tr><td rowspan="3">挤压性</td><td colspan="2">挤压荷载</td><td colspan="4">挤出面积</td></tr>
<tr><td colspan="2">15kg</td><td colspan="4">5410mm²</td></tr>
<tr><td colspan="2">200kg</td><td colspan="4">7854mm²</td></tr>
<tr><td>层厚</td><td colspan="6">最厚 30mm</td></tr>
<tr><td>体积变化</td><td colspan="6">固化后无收缩</td></tr>
<tr><td>热稳定性</td><td colspan="6">7 天/+40℃，马腾斯点＝+64.5℃；
7 天/+35℃，ASTM D648 热变形温度＝+58℃</td></tr>
<tr><td>机械物理性能</td><td>抗压强度</td><td colspan="6">+10℃ >45MPa； +15℃ >60MPa
+20℃ 65～70MPa； +25℃ 75～80MPa
+30℃ 75～80MPa
(固化时间均为 24h)</td></tr>
<tr><td rowspan="4">机械物理性能</td><td>剪切强度</td><td colspan="6">+40℃ >15MPa
+45℃ 14～16MPa
+50℃ 13～15MPa</td></tr>
<tr><td>弹性模量</td><td colspan="6">瞬间：10000MPa
长期：9500MPa</td></tr>
<tr><td>断裂延伸率</td><td colspan="6">0.6%(14d/23℃)</td></tr>
<tr><td>抗热性</td><td colspan="6">符合标准 FIP5.10，DIN53458 和 ASTM D648</td></tr>
<tr><td rowspan="4">施工条件</td><td>材料温度</td><td colspan="6">须在+5～+30℃间施工</td></tr>
<tr><td rowspan="3">适用期</td><td>温度℃</td><td>20</td><td>25</td><td>30</td><td>35</td><td>40</td></tr>
<tr><td>适用期(分钟)</td><td>>50</td><td>≈50</td><td>≈30</td><td>≈20</td><td>≈15</td></tr>
<tr><td>施胶限时(分钟)</td><td>—</td><td>—</td><td>>60</td><td>≈50</td><td>≈45</td></tr>
</table>

（4）涂胶

胶接缝为双面涂胶，每面环氧树脂厚度为 2mm，涂胶厚度要均匀，胶接缝还应该满足《预应力混凝土桥梁预制节段逐跨拼装施工技术规程》CJJ/T 111—2006 规定。

涂胶总的原则是总量控制、快速、均匀并保证涂胶厚度。为了保证梁段在环氧胶的作用下把两对梁粘贴密实，在架桥机起吊梁段到安装位置时，对拼装梁段的两匹配面再一次检查和清理。

采用人工戴橡胶手套涂抹，从下向上方均匀涂刷，为加快进度，可分为几个工作面同时进行涂胶。混凝土凹进部分也要涂刷均匀，涂刷过程以及拼装后 2h 之内采取措施，防止雨水侵入和阳光照射。涂胶的混凝土表面温度不宜低于 5℃，否则须采取加温措施。涂胶时应取 2 组试件，与梁体胶拼面同条件养护。

为了保证在环氧胶失去活性前完成涂抹并张拉临时预应力，涂胶作业在 20～30min 内完成。

在临时预应力筋张拉结束后，清除干净拼缝处挤出的环氧胶，刮除过程中尽量减少对混凝土的污染。

9. 临时预应力施工

（1）钢齿块安装

如图 3-38 所示，钢齿块安装在预制场进行，在安装过程中用钢板制作的斜垫块对钢齿块与箱梁接触面进行找平处理，通过高强螺栓与节段锚固，高强螺栓拉力 450kN，采用穿心式液压千斤顶张拉。

（2）临时预应力张拉

采用 ϕ32 精轧螺纹粗钢筋拉杆临时张拉。节段涂胶并拼接到位后立即安装临时预应力

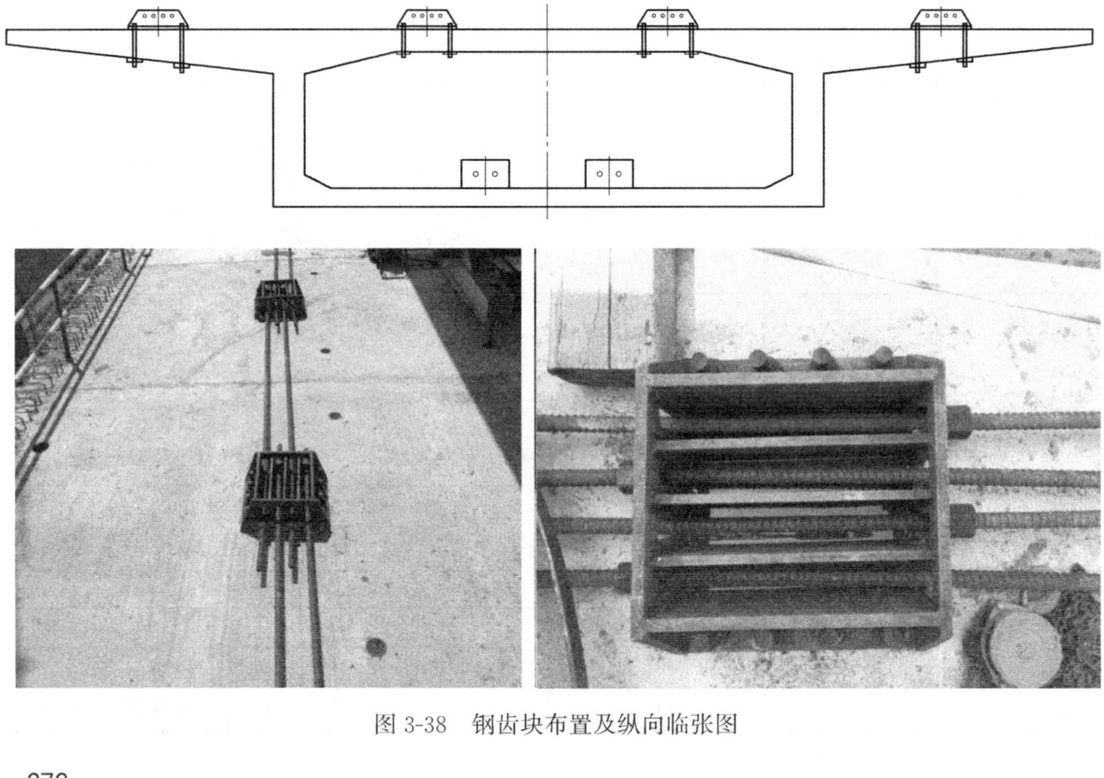

图 3-38　钢齿块布置及纵向临张图

筋并张拉，保证接缝间压应力不小于0.3MPa至环氧固化。根据不同的气温条件调整环氧固化时间，确保临时预应力施工在环氧固化前完成。临时预应力拆除在拼装跨体外预应力张拉完成后进行。

10. 湿接缝施工

（1）节段在从存梁场地移至架桥机上之前，将梁段的端面凿毛。

（2）考虑模板的安装方便和空间限制，采用木模板或钢木结合模板。立模的顺序依次为底模、侧模和内模。底模、外侧模和内侧模均通过型钢用套有塑料管的双螺母拉螺杆拉紧与梁段密贴。在混凝土浇筑过程中，派专人检查对拉螺杆松紧度，如有松脱，及时紧固螺母，以防止胀模漏浆。

（3）湿接缝采用C50干硬性混凝土。由于所有的荷载均由架桥机承托，随着浇筑的进行，支架必将产生一定的挠度变形，如浇筑次序不当，随着混凝土的凝固，将影响到整孔梁的线形。这就要求湿接缝混凝土对称浇筑，依次从两端向中间进行。整孔梁所有湿接缝必须一次浇筑完毕，中间不得停顿。每一个湿接缝的浇筑顺序依次为底板、两侧腹板和顶板，混凝土浇筑也必须连接进行，中间不得停顿，以免留下施工薄弱层。混凝土浇筑完毕后，多次收面，对顶板表面进行拉毛处理。混凝土在气温较高时养护采用制作专门水箱，置于梁段顶面进行洒水养护；内腔、外侧腹板和底板混凝土采用水管从水箱内引水进行养护。洒水养护同时覆盖土工布进行保湿。

（4）湿接缝混凝土终凝后，微拧内外模板之间的对拉螺栓，以免螺栓与混凝土凝固在一起而拔不出来。当混凝土强度达到80%设计强度后，拔出对拉螺栓。拆模顺序依次为外侧模、内模和底模。

11. 体外预应力施工

（1）千斤顶油泵标定

千斤顶、油泵等整个加载系统在施工前必须标定。包括对千斤顶、油泵、油表、油管整个系统的标定。千斤顶的标定的准确与否关系到整个索体的受力，直接影响工程的质量，所以千斤顶的标定是准备工作的重点，必须严格按照标定的程序进行。

（2）钢绞线下料

预应力束进场后，按规范要求进行验收，对其相关参数及指标进行检查、测试，满足要求后才能使用。钢绞线按设计要求的长度（结合实际情况，根据平曲线长度对实际下料和张拉长度进行修正）进行下料，下料采用钢卷尺精确测量、砂轮切割机切割。钢绞线下料时，设置专门的平台，严禁直接将体外束钢绞线在地面上拖拽，以免损坏环氧涂层。下好的钢绞线经分类编号后堆放整齐，并小心防护。

（3）钢绞线穿束

预应力钢绞线按钢绞线编号从下往上单根穿束，穿束按孔眼编号顺序统一进行，使钢绞线按锚具孔眼的方式排列。穿束在人孔、转向块和锚头处设置PVC套管，穿束通道下垫彩条布并按一定间距布置塑料滚轮架，防止钢绞线的环氧涂层破损。

（4）锚具及千斤顶准备

为确保张拉后整束钢绞线受力均衡，夹片安装时，先安装一端，在另一端用千斤顶单根牵引钢绞线（牵引力不大于10%σ_{con}）至同样应力状态，使钢绞线顺直后安装工作夹片，放松千斤顶。由于工具夹片是重复使用的，夹片的齿缝间可能填充环氧涂层与油脂，故在每次使用之前必须仔细检查，及时清理工具夹片齿缝间的污垢或更换夹片。

（5）预应力束张拉

在完成一联的首跨、中跨拼装并浇筑湿接缝待混凝土强度达到 95%即可张拉施工（采用单根单端张拉方式）；完成一联尾跨拼装后即可张拉负弯矩预应力钢束。张拉预应力时，尽量做到上下左右对称张拉，钢束采用单端张拉，张拉控制应力 0.7f_{pk}（负弯矩张拉控制应力为 0.6f_{pk}），采用引伸量与张拉力双控，并以张拉力为主，实测引伸量与计算引伸量误差控制在±6%以内，直至张拉到设计应力。在持荷 5min 后锚固，完成该束体外预应力张拉施工。

如图 3-39、图 3-40 所示，体外索的施工是引桥成败的关键之一，必须精心组织施工，严格按照设计要求和有关规定进行，张拉前机具必须准确检校，钢绞线应实测出各项性能指标。张拉时采用张拉力和伸长量双控，严格控制张拉力，并校核伸长量，张拉顺序尽量对称分级进行。体外索张拉过程中必须配合主施工单位进行箱梁变形监测，确保施工质量。

图 3-39　体外索穿钢绞意图

图 3-40　体外预应力张拉图

（6）减震器安装及防腐处理

1）减震器安装

如图 3-41 所示，根据实际索体的位置，结合理论点位置确定限位装置的安装位置，然后将限位装置固定。

图 3-41　减震器安装图

2）端部防腐处理

如图 3-42 所示，体外预应力的锚头利用防护罩保护，切除多余钢绞线，安装防松压板，注胶，涂蜡油、包裹，安装密封垫圈及保护罩。

图 3-42　端部防腐处理示意图

12. 拼装线形控制措施及调整方法

（1）线型控制措施

在短线匹配法预制过程中已考虑混凝土收缩、徐变、预拱度等影响因素，安装过程对于影响线形的环节要严加控制。

1）匹配面的清理

将匹配面上的隔离剂和油污清理干净，并且要将不平整处打磨平整；否则会因不平整处超过环氧胶接缝厚度而影响桥梁线形。

2）剪力键尺寸检查

在梁段出运前须检查剪力键有否损伤，如有损伤视损坏程度进行及时适量的修复，且对修复后的剪力键尺寸进行复核。修复后的剪力键尺寸不符合要求时将对拼装线形产生不利影响。

3）涂胶厚度和均匀性的控制

涂胶时要求均匀涂抹、总量控制、厚度控制在 2mm 左右，在加压固化后胶层厚度宜控制在 1mm 之内，对于需要调整线型而粘贴环氧垫片的拼缝，涂胶厚度进行适当增加。

4）临时预应力施加

临时预应力采用 $\Phi32$ 精轧螺纹粗钢筋，通过钢齿坎传递至节段上。张拉时采用顶板与底板上下同时张拉，横向按先中间后两边对称张拉。

（2）线形调整方法

拼装阶段梁段线型偏差发生以下情况时，在随后梁段的拼装过程中采取相应偏差纠正措施。

偏差调整方法如下：

1）如安装时高程控制点偏差超出允许范围，则采取在梁端上缘或下缘垫环氧垫片的方法进行调整。

2）如安装时平面控制点偏差超出允许范围，则采取在梁段左侧或右侧垫环氧垫片的方法进行调整。

13. 节段梁拼装施工注意事项

（1）节段梁吊装、运输时特别注意保护梁端的剪力键，以免损伤。

（2）在节段拼装过程中要严格控制好拼装精度和环氧粘结胶施工质量。节段起吊至拼装位置和涂胶结束后，操作吊具上的液压系统和电动旋盘，使梁段纵向仰俯、左右倾斜或角度旋转，在横向位置上则可遥控天车主卷场横向移动，使梁段与已拼梁段精确拼接。在每块梁段拼装完成后，采集箱梁顶面控制点测量数据，采集的数据输入施工监控软件数据库，程序对安装误差进行判断，并预测线型发展趋势，决定是否进行线型调整，以指导下一拼装梁段施工。正常情况下，节段安装每 2 块监控一次；在异常情况下，可酌情增加监控频率。在梁段拼装线型误差超出允许偏差值时，通过调整临时预应力张拉顺序和垫环氧树脂片调整。环氧垫片厚度为 2～5mm，布置于节段腹板上、下位置。垫片总面积应保证箱梁混凝土满足局部承压要求。同时，在加入垫片调整时，环氧胶涂抹厚度随之加厚，使之超出垫片厚度约 1～2mm。

（3）选择搅拌及涂抹容易、可操作性强、防流挂及防雨性能优良的环氧粘结胶。在施工时一定要根据温度的变化，及时地调整环氧粘结胶的型号，保证涂胶质量。环氧粘结胶在使用前将各组分按比例混合，并清理干净各容器内的残留浆体，确保混合体内组分间的比例准确。然后用专用搅拌枪拌制均匀。拌枪转速控制在 400～600 转/min，拌枪叶片为混拌环氧粘结胶专用叶片，以避免搅拌时将气体带进环氧粘结胶内。每桶混合胶体的拌制时间一般控制在 5min 左右，但最终拌制效果是通过各种组分不同颜色的条带经混拌完全消失为基准予以判断。环氧粘结剂采用人工戴橡胶手套涂抹，涂抹厚度为 2mm。在涂抹完成后，用特制刮刀检查涂抹厚度，并刮除多余的或添补不足的环氧粘结剂。

（4）对墩顶梁段进行精确定位，确保基准块位置的准确。

（5）加强安装过程中的测量，及时汇集监控数据并进行分析，总结规律。

（6）节段拼装中各工序严格按要求的程序进行。

3.3.6 混凝土桥梁节段预制拼装施工质量与安全管理

1. 混凝土桥梁节段预制拼装施工质量管理

（1）节段预制线形及几何尺寸的监控

根据设计的要求和施工方案按正装迭代法计算得到主梁各节段无应力状态下的预制线形，为节段预制提供每个节段的控制参数。

由于采用短线预制，相邻节段的定位应满足相当高的精度要求，对预制模板及台座的要求较高。在预制过程中，施工控制系统会对每一预制节段的精度进行判断和修正，各节段误差不产生积累，使预制梁段的预制精度很高。

在预制施工中，当实际线形与理论线形出现偏差时，通过误差分析和预测，可对后续拼装节段的相对定位标高和几何尺寸进行调整，以保证整桥线形平顺，达到设计要求。

（2）短线匹配预制精度控制

为保证节段梁拼装后能够满足桥梁设计的尺寸和线形，要特别重视施工中的测量工作。由于在施工中在节段接缝处设置接缝控制点不容易，采取节段的顶面浇注完混凝土和抹面平整之后，在规定设计位置预埋六个观测点（每个节段梁前、后端顶面距梁端约25cm处分别布置四个设置在腹板上的高程测量钉和两个设置在中心轴线上的铝槽）。

1）预制线形控制的基本步骤

如图3-43～图3-45所示，节段预制线形控制是依据预制曲线来移动匹配节段来进行控制，通过测量控制点的三维坐标数据，来控制节段的中心线及高程，再利用坐标转换公式计算出各节段的位移量，确定匹配节段的相对位置。在预制过程中，利用三维数字控制软件（几何控制软件，简称GCP软件）将预制节段绝对坐标转换成预制现场相对坐标，把匹配节段的六个控制点的三维坐标输入几何控制程序后，计算出匹配节段的六点定位坐标，作为下一个节段定位时补偿前一个节段制造误差的计算依据；接着测量新浇筑梁段及匹配梁段的控制点的三维数据坐标，将结果输入几何控制软件计算，确定新浇筑的梁段在随后作为匹配梁段时的位置。几何控制软件可以调整匹配梁段的坐标位置，消除预制过程中的累积误差，提供全桥梁段预制后的线形控制数据文件；并且可以计算施工、合龙和二期恒载等不同阶段的变形值，同时可以将施工阶段结构变形值及其全桥预制后的数据叠加起来，为箱梁拼装阶段提供桥梁的几何数据库。

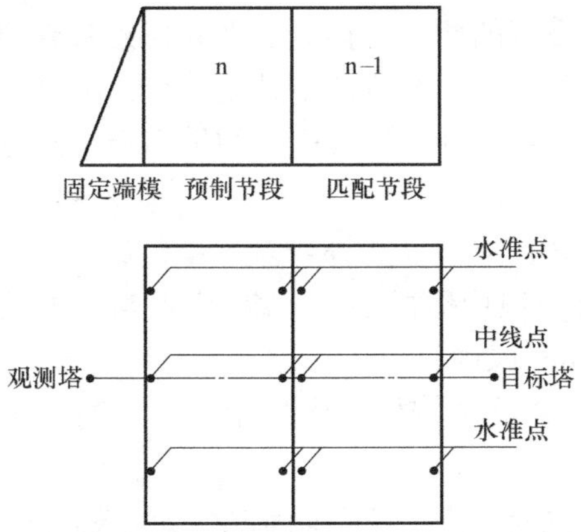

图3-43　直线桥节段预制线形控制图

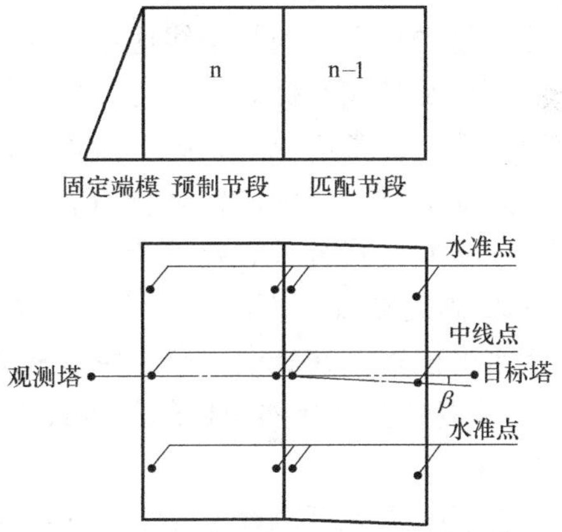

图3-44　水平曲线桥节段预制线形控制图

在预制线形控制中，平面的定位是以匹配节段调出的相对于新预制节段中心线所需要的偏移量而成；垂直的定位就是调整匹配节段下的千斤顶直到匹配节段上的高程标钉都达到相对于新预制节段的固定封头模的预先计算的数值为止。具体操作步骤如下：

① 在预制场内设置观测塔、目标塔，在观测塔上架设经纬仪和水准仪等来进行测量控制。节段预制过程中使用的观测塔、目标塔及测量仪器不能有任何的移位，否则会对测量数据的准确性产生影响。

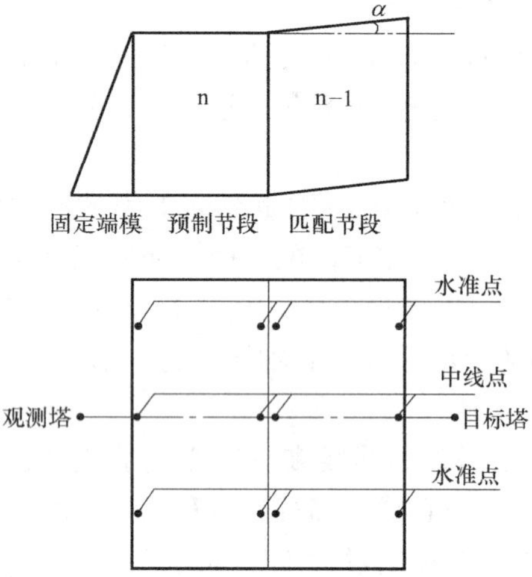

图 3-45　竖曲线桥节段预制线形控制图

② 在匹配预制箱梁前要先对顶板上的六个控制点进行测量并做好记录，接着进行密接匹配预制。当匹配节段移到密接匹配预制位置之后，要依据线形控制程序计算出的结果重新设置方位。

③ 当匹配节段调整到位和待浇节段的预制准备完成后，进行浇筑混凝土的工作。在新浇筑的节段强度达到要求后，匹配节段可以调离前，为了确定在浇筑混凝土的过程当中匹配节段是否有移动，必须对匹配节段顶板上的控制点再次进行测量，否则将会影响下一节段浇筑控制中的测量数据。

④ 在新节段浇筑完成后，要再对新节段和匹配节段上的总共八个高程测量钉的高程及四个中线铝槽的偏移量都应进行测量，同时对高程测量钉之间的纵向距离也要做好记录。混凝土浇筑前后的顶板上的控制点的测量数据很难保持一致，因此对混凝土浇筑前后都要进行测量工作。节段的微小移动都会对下一节段的预制线形产生影响，所以要对这些测量数据进行记录。

2）模板精度的控制

模板精度的控制主要是控制固定端模精度。在固定端模上设置了四个控制点，在固定端模板的顶面及内腔底面正中央设置了两个轴线控制点，通过仪器观察这两个轴线控制点是否与所设基线重合来控制固定端模竖向垂直度，同时观测这两个轴线控制点到基点的水平距离是否相等来使其中线居中；通过测量设置在腹板的两个对称的水平标高控制点到基点的距离及其相对标高，便可以控制固定端模的模面与待浇节段的中轴线垂直并可以使其顶面水平。通常情况下，固定端模是固定不动的，但是在施工过程中，如果固定端模位置达不到要求时，就要调校至合格后才可以进行下一道工序继续施工。

固定端模安装时需要用全站仪和水准仪反复测量、复核，要符合以下几点要求：

① 固定端模的模面要始终保持竖向垂直与预制节段中线成 90°。端模中点与两测量塔处于水平位置，并竖向垂直，垂直误差要控制在 1mm 以内。

② 端模上翼缘两腹板的位置设置标高控制点，使整个端模上缘处于水平，高差不超过 2mm。

③ 底模要水平放置并且要与固定端模下缘闭合，同时底模中线要与固定端模的模面垂直。

④ 外侧模尽可能的与固定端模、匹配梁段及底模闭合。

⑤ 模板安装完毕后，应按表 3-21 标准进行验收，达到标准后方可开始箱梁的预制。

（3）测量控制

梁段预制施工中的测量控制是非常重要的，它可以保证节段按照桥梁设计的要求拼装完成。首先，把桥梁水平曲线和竖曲线按照桥梁设计的几何尺寸在底模上精确放出，在施工中准确控制测量的三维坐标值，比较浇筑后的测量结果与理论坐标，将误差在下一桥梁节段预制中修正。节段的顶面设置的六个测量控制点，可以将整个桥面分成若干个区域来计算水平和纵向的理论坐标。

模板精度控制表 **表 3-21**

序号	检验项目		允许偏差(mm)
1	模板标高	固定端模	±2
2	模板轴线偏位	固定端模	2
3	模板内部尺寸	腹板厚	+5,0
		顶板厚	+5,0
		底板厚	+5,0
		长度(端模之间或端模与匹配梁之间长度)	0,−10
4	相邻板面高低差		1
5	模板表面平整度		2
6	预埋件中心位置		3
7	预留孔洞中心位置		5

1) 测量台座的布置

如图 3-46 所示，制梁台座是由一个强制对中观测墩上的测量仪器和一个后视站标组成的控制系统，用它来控制桥梁的水平曲度；观测台座的高程控制系统来控制梁体的垂直度。观测台座上设置强制对中装置，后视台座可贴后视站标。由各个控制点和观测点构成监测网，并且配备预制梁所需精度的测量仪器。观测台座和后视台座台身要高于节段的模板顶面 1m 以上，这样可以保证良好的中线通视。

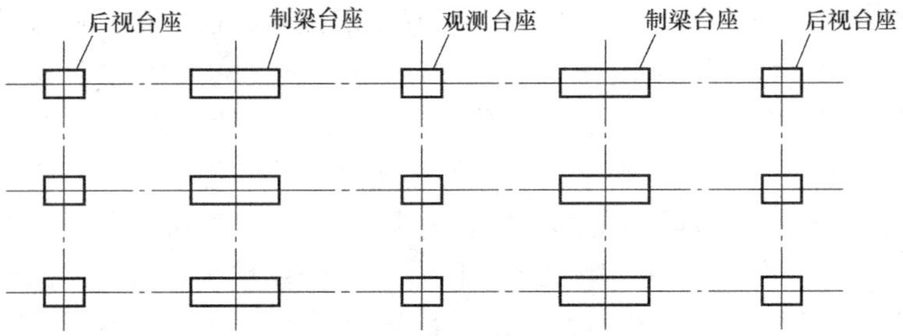

图 3-46 测量台座平面示意图

测量台座布置要满足以下几点要求：

① 端模中点位于观测中线上，端模要保持铅垂方向并正交于中线；

② 测量台座、制梁台座应该保持稳定；

③ 定期监测观测点的沉降，修正偏差，控制在测量精度范围内。

2) 采用经纬仪和水准仪进行测量的控制。进行测量控制的要点是：

① 测量首节段预制的尺寸偏差；

② 在混凝土浇筑结束后 3h 才进行采集数据；

③ 匹配段就位后开始浇筑新节段，埋设控制点和采集数据至完成整孔节段的预制；

④ 节段浇筑完要进行误差计算，统计尺寸误差。

3) 在预制过程中，应该每次对底模线形进行测量检查，可以防止台座不均匀沉降对线形控制的影响。同时长线台座底模要设计成可调整的底模，可以防止变形对梁段的影响。

4）箱梁预制测量应能满足以下精度要求：

① 长度测量精确度在 0.5mm 以内。

② 水准测量精确度在 0.5mm 以内。

③ 匹配段，沿中线的测点的偏差小于 2mm。

④ 匹配段，沿腹板的测点的偏差小于 1mm。

⑤ 预制节段各测点的允许误差。

（4）预制过程中误差的控制

由于节段预制过程中误差的产生是很难避免的，所以要进行误差的控制。节段在预制过程中可能产生的误差为梁长误差及偏角误差，他们的产生对下一节段的预制线形产生影响。预制 n 号节段时，如果 n-1 号梁段发生移位或偏角，那么 n 号节段会产生轴线长度误差 ΔL 和平面转角误差 θ_p 以及竖向转角误差 θ_1，这时就可以修正 n 号梁段作为匹配位置的时的坐标，使 $n+1$ 号节段的预制长度增加 $-\Delta L$ 和角度偏转增加 $-\theta_p$、$-\theta_1$，通过这种方法来消除误差的累积。

1）梁长误差在箱梁梁段预制施工过程中，梁段混凝土的收缩徐变会引起梁段中线的实际长度和理论长度不一致。

2）偏角误差梁段中线产生偏角误差的主要原因有：

① 在节段预制过程中，匹配梁段位簧发生偏移而引起误差；

② 在箱梁梁段预制成型后，两翼缘实测长度和理论值不同引起的误差。

3）误差的纠偏方法

误差的纠偏方法可以通过连续预制的三个节段来说明，这三个预制梁块在预制过程中理论位置如图 3-47 所示，在预制过程中发生第二段梁预制完后中线梁长实测值比理论值大，并且第一节段梁发生偏移角为 θ 的偏移时，如图 3-48 所示，可以采取下面的方法进行纠偏：拼装时，把第一节段看成没有发生偏移角 θ，而相应的把第二节段转动一个偏移角 θ。那么这个时候第一个节段的尾部实际位置就会从 2 点变到 5 点，第二个节段预制时的起始位置也将从 2 点变到 5 点，第二个节段转动一个偏移角 θ 后，尾部将会从 3 点变到 6 点。这个时候就采取将第三个节段的尾端应保持原来的 4 点位置不变，而第三个节段的起始位置就要从 3 点变到 6 点开始预制，这样修正第三个节段的线形时，修正它的起始位置的 6 点的整体坐标值就可以了，如图 3-49 所示。通过这种方法修正后，第三个节段的尾部在预制完后便在理论位置 4 上，这样就不会影响后面梁段的线形。

图 3-47　梁段理论浇注位置示意图

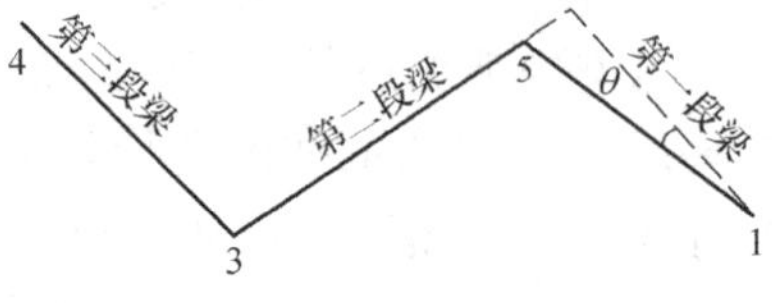

图 3-48　梁段误差示意图

（5）节段安装精度控制措施

简支节段拼装阶段控制的关键问题就是线形控制的问题，它直接决定了成桥后的参数是否与设计相符。本工程在施工过程中借助三维数字控制软件（几何控制 GCP 软件）进行线形控制。

如图 3-50 所示，几何控制软件是根据在节段预制过程中现场采集的所有节段的监控点的三维数据，计算出监控点的预埋偏差，再通过坐标转换的换算，建立的关于梁桥所有节段的三维数据库。这个建立的三维数据库在节段拼装过程中可以起到线形指导的作用，即：节段在拼装时，把换算过的预埋监控点的理论坐标的高程，作为拼装施工现场的节段线形控制的依据，进而可以达到用简单的距离和高程测量代替烦琐的三维数字计算和控制。

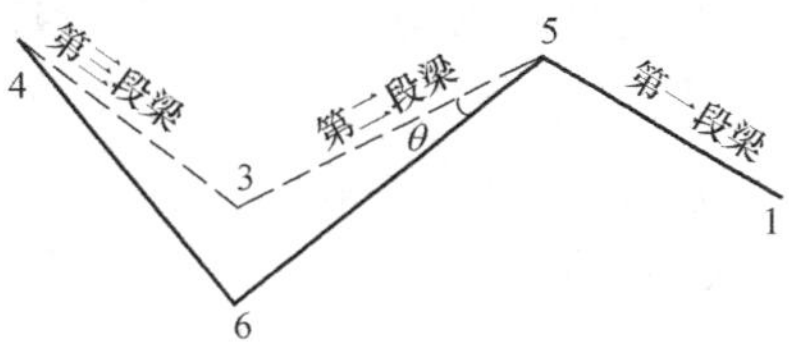

图 3-49　梁段线形修正示意图

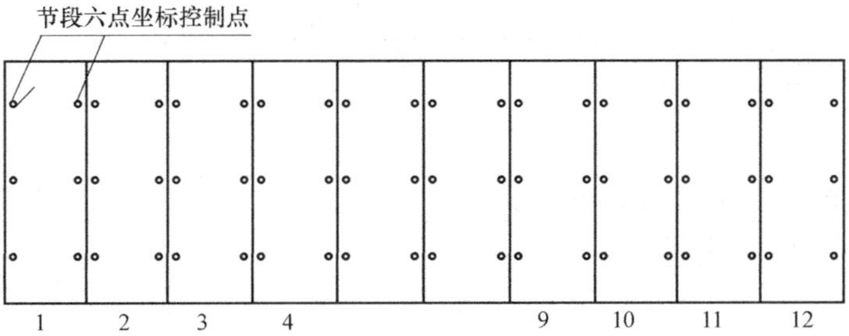

图 3-50　一跨节段监控点平面示意图

（6）节段拼装阶段测量控制要点

首节段直接控制着整跨的线形及轴线，决定了后续节段的走向及平面高度，需要借助全站仪精确控制轴线及高程，并对箱梁进行偏差测算，及时反馈信息进行调整就位。

首节段的轴线和里程及高程控制：在已经施工完成的桥墩上通过导线点准确定位箱梁的中心线，并在盖梁与支座垫石侧面用墨线弹出安装控制线，以满足观测的精度和方便操作。开始吊装并摆放梁段，对梁段位置进行初放。然后用锤球、钢板尺确定梁段纵向、横向位置及高程偏差，用千斤顶进行精确调整，误差调整控制在标准允许范围内。

首节段准确就位固定完后，就可以进行后面节段的拼装工程。在完成两段及以上节段拼装且支撑好后，用水准仪替换全站仪完成后续节段拼装过程的高程控制及数据采集。后续节段采用梁场测点控制坐标，建立轴线控制和高程控制网，通过测量数据，用架桥机吊具千斤顶进行反复调整工作，最后用全站仪和水准仪等测量工具进行复核和最终的定位。

（7）节段拼装质量保证措施

1）在短线匹配法预制过程中已考虑混凝土收缩、徐变、预拱度等影响因素，安装过程对于影响线形的环节要严加控制。

① 匹配面的清理

将匹配面上的隔离剂和油污清理干净，并且要将不平整处打磨平整；否则会因不平整处超过环氧胶接缝厚度而影响桥梁线形。

② 剪力键尺寸检查

在梁段出运前须检查剪力键有否损伤，如有损伤必须进行及时修复，且对修复后的剪力键尺寸进行复核。修复后的剪力键尺寸不符合要求时将对拼装线形产生不利影响。

2）涂胶厚度和均匀性的控制

涂胶时要求均匀涂抹、总量控制、厚度控制在 3mm 左右，在加压固化后胶层厚度宜控制在 1mm 之内，对于需要调整线型而粘贴环氧垫片的拼缝，涂胶厚度进行适当增加。

3）临时预应力施加

临时预应力采用 Φ32/Φ36 精轧螺纹粗钢筋，通过钢齿坎传递至节段上。张拉时采用顶板与底板上下同时张拉，横向按先中间后两边对称张拉。

4）拼装节段梁段线型偏差发生以下情况时，在随后梁段的拼装过程中采取相应偏差纠正措施。梁段的线型偏差允许偏差范围见表 3-22。

节段安装线型精度控制表 **表 3-22**

项次	检查项目	规定值或允许偏差(mm)	检查方法
1	轴线偏位	±5	用全站仪检查
2	梁顶面高程(mm)	±3	用水准仪检查，每孔 3 个断面
3	拼缝错台(mm)	±3	用尺量
4	梁连续湿接头混凝土强度(MPa)	在合格标准内	按 JTJ071 附录 D 检查
5	相邻节段间顶面拼缝高差(mm)	3	用水准仪检查每条缝，直尺量
6	节段拼装立缝宽度(mm)	≤3	每条缝
7	支座中心偏位(mm)	5	用尺量，每孔查全部支座
8	同跨对称点高程差	20	水准仪：每跨检查 5～7 处

偏差调整方法如下：

① 如安装时高程控制点偏差超出允许范围，则采取在梁端上缘或下缘垫环氧垫片的方法进行调整。

② 如安装时平面控制点偏差超出允许范围，则采取在梁段左侧或右侧垫环氧垫片的方法进行调整。

2. 混凝土桥梁节段预制拼装施工安全管理

严格按照安全专项施工方案操作。

3.4 钢结构桥梁施工

3.4.1 工程概况

某项目主桥按城市主干路设计，设计时速为 50km/h，采用双层桥面路轨共建形式，上层为双向 6 车道及两侧人行道，下层为双线城市轨道交通十号线。结构采用刚性悬索加劲梁三跨连续钢桁架梁桥，跨径布置为 135m＋270m＋135m，桥面宽度 32.6m。主桥跨越嘉陵江，为Ⅲ级航道，可通行 1000t 级船舶，水运条件良好。主桥立面布置如图 3-51 所示。本项目桥梁结构施工较为复杂，下面仅就其主要内容加以介绍。

3.4.2 桥梁施工总体方案与重难点

1. 钢结构托架＋扣挂系统辅助大悬臂拼装（方案一）

利用墩旁托架安装起始节段，安装桥面吊机；后往边中跨方向对称悬臂拼装钢桁梁，同步于主墩处加劲弦杆顶部安装扣塔，并对称拉设临时拉索形成扣挂系统以辅助大悬臂钢

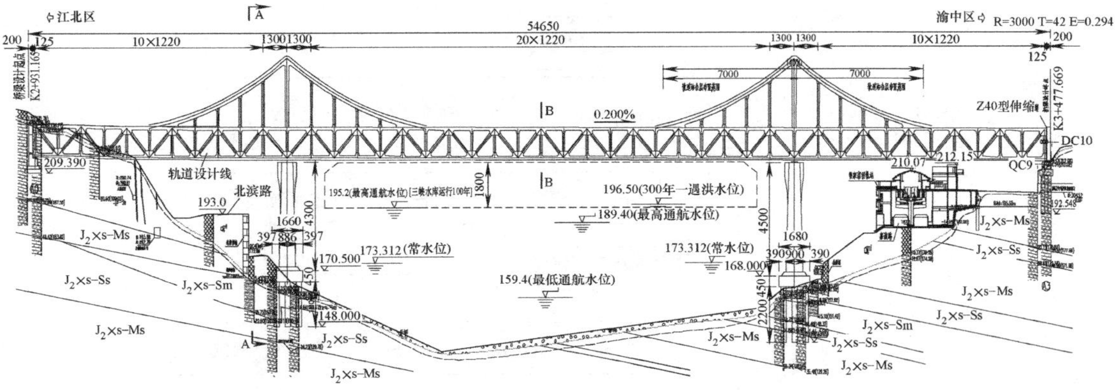

图 3-51　桥型布置图

桁梁安装直至合龙；最后安装两侧剩余钢吊杆及加劲弦杆。

2. 钢结构托架＋临时墩辅助悬臂拼装（方案二）

利用墩旁托架安装起始节段，安装桥面吊机；固定中支点后对称悬臂拼装钢桁梁至边跨临时墩处，后边中跨继续同步拼装（跨中侧滞后 1 个节段控制）；预降边支点，悬臂合龙边跨侧，后解除中支点固结约束为铰接，并压重边跨调整中跨合龙口，合龙中跨钢桁梁（中跨合龙后利用布置在边支点的千斤顶顶升边支点至理论位置）；最后由主墩往两侧安装钢吊杆及加劲弦杆。该方案悬臂拼装过程中，中跨合龙前工况下跨中悬臂端下挠量达 291cm（最大），主墩附件上弦杆应力达 800MPa（最大）。

3. 方案比选

方案一、方案二优缺点见表 3-23。通过比较选定方案一。

上部结构安装方案比选表　　**表 3-23**

优缺点	方案一	方案二
	托架＋扣挂系统	托架＋临时墩
优点	有效地解决了边跨措施结构布置困难的问题	1. 无须布置扣塔及塔吊，可减小高压电线对施工的影响； 2. 措施结构量较小，施工工艺简单成熟，施工风险较小； 3. 设备投入相对较小，可相对节约工期； 临时墩主要承担不平衡倾覆力矩，有效减小墩旁托架的负荷，施工安全系数高
缺点	1. 增加临时拉索施工、工期增加； 2. 墩旁托架需抵抗施工不平衡荷载产生的倾覆力矩，设计规模较大，布置较为困难； 3. 扣塔与悬臂节段同步进行，大型起重设备布置集中，施工风险增大	1. 临时墩需进行占道施工，组织协调困难，施工风险较高； 2. 中跨悬臂拼装结构安全应力完全由构件自身强度抵抗，受设计图纸影响较大； 3. 中支点钢梁构件需大大提高，增大永久结构用钢量

按照方案一，总体施工流程见图 3-52。

4. 主桥上部施工重难点施工技术分析及预案措施

（1）悬臂拼装稳定性要求高

钢桁梁拼装过程中，对称最大悬臂长度将达到 122m，悬臂拼装过程中，本身为非稳定结构，主要依托措施结构，同时施工过程中可能承受不平衡荷载以及面临恶劣天气的影响，对成桥前的稳定性是极大的挑战。

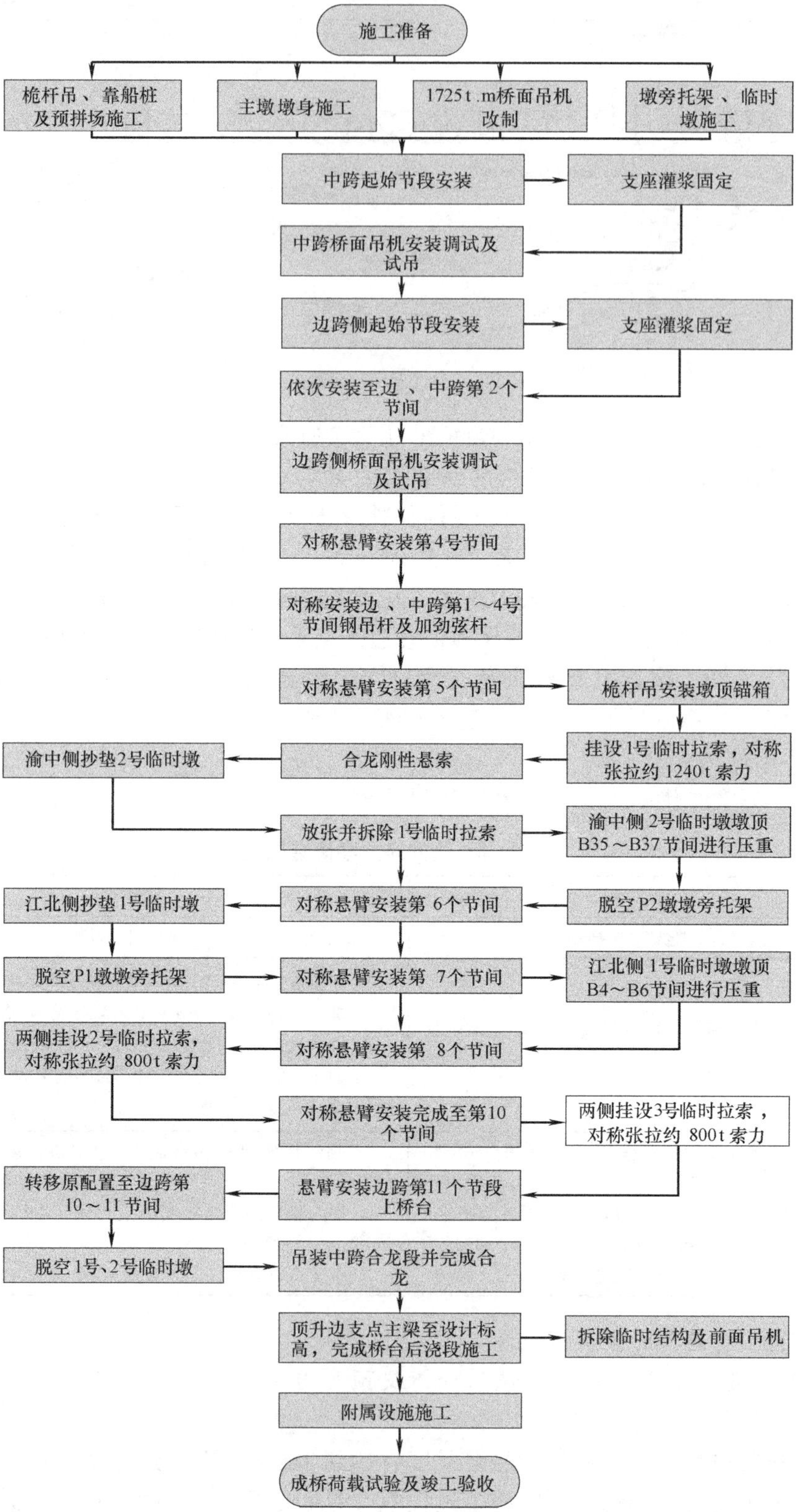

图3-52　总体施工工艺流程

采取措施：

1）针对大桥施工阶段建立的有限元软件模型，逐一模拟施工阶段工况，以钢桁梁合龙前工况作为控制工况，计算出悬臂拼装最不利稳定性系数；

2）根据施工工况，进行施工阶段风洞试验；

3）以理论计算与风洞试验为依据，制定技术及组织保障措施，施工过程中，严格按照技术方案执行，确保结构满足稳定性系数要求；

4）悬臂安装时在主墩顶设置临时锚固措施，以确保钢桁梁稳定。钢桁梁悬臂拼装过程中，钢桁梁竖向由主墩顶永久支座、临时支座和临时斜拉索支承。横桥向水平抗风由墩顶横向支座支承。墩顶临时支座应考虑对钢梁的横向约束，承受风力作用下的横向水平力；

5）优化全桥施工工期，避免最大悬臂工况经历夏季恶劣天气。

（2）本工程为桁架栓接结构，线形控制难

主桥钢桁梁采用整体式节点构件，单个节点弦杆构件同时包含3个对接接口，且杆件对接采用高强螺栓连接，制孔精度要求高、安装线形控制困难。

采取的措施：

1）钢梁构件加工精度控制；

2）钢梁加工前需根据设计的三维仿真建模分析，设置相应转角及变形控制量；

3）钢桁架构件发运前，需在钢梁制作厂采取预拼装，以消除加工误差；

4）钢梁构件栓控精度控制；

5）钢梁安装架设期间体系转换频繁。

（3）钢桁梁悬臂拼装过程中，由于制造、安装的偏差，可能导致安装线形与理论线形存在偏差，需对钢桁梁进行整体调整；钢桁梁合龙后，需将施工期的临时结构体系转换为永久的结构体系，并释放主墩顶临时锚固装置。

采取的措施：

1）钢桁梁悬拼过程中，若出现偏差，分析实际工况与理论工况的差异，对比节段安装线形与理论线形的差异，确定具体原因；

2）考虑起始节段偏差调整、悬拼过程可能的偏差调整以及体系转换调整，对钢桁梁调整系统进行统一设计；

3）主墩墩顶临时锚固系统委托有资质的科研单位，根据体系转化工况进行设计。

3.4.3 钢结构制造与试拼

1. 钢结构制造

（1）钢桁梁构件制造工艺

以上弦杆为例，钢桁梁构件主要由上盖板、下盖板、节点板、腹板、隔板、端封板、接头板、加劲板等件组成。杆件两端及整体节点为高强螺栓孔群，其结构形式见图3-53。

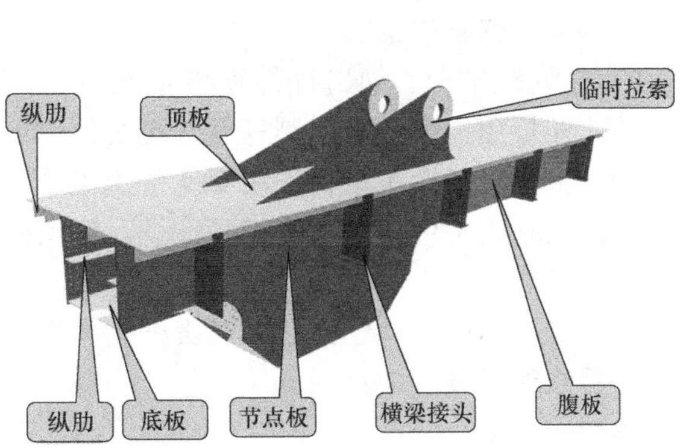

图3-53 钢梁构件结构示意图

钢桁梁制造施工工艺流程如图3-54所示，具体施工工艺如下：

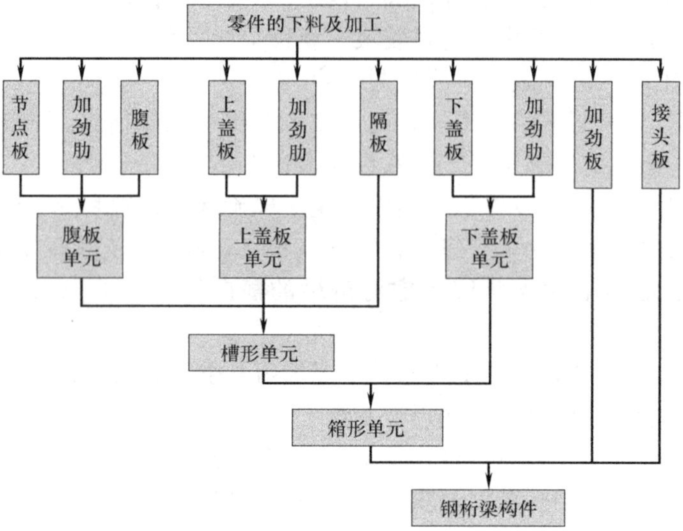

图3-54　钢桁梁制造工艺流程

1）采用数控火焰切割机或门式切割机精切下料，下料时盖板、腹板长度方向预留焊接收缩量及二次切头量。加劲肋长度方向预留焊接收缩量，腹板及节点板焊接边预留机加工量；

2）机加工隔板周边、腹板不等厚对接坡口及过渡坡，机加工横梁接头板焊接边坡口；

3）在划线平台上划出节点板、盖板、腹板纵横基线及加劲肋横基线；

4）在对接平台上进行腹板与节点板的不等厚对接，焊接并修整焊接变形；

5）组焊盖板单元、腹板单元，并修整变形。在划线平台上修正各单元件的纵横基准线并划出上盖板单元隔板位置线，作为杆件整体组装的基准；

6）在组装胎型上进行杆件整体组装。将上盖板单元置于胎型上，按线组装隔板，组装胎架顶面需设置$i\%$斜坡；

7）按基准线组装两腹板单元，采用CO_2气体保护焊焊接隔板与盖、腹板单元的连接焊缝；

8）按基准线组装下盖板单元，采用埋弧自动焊焊接四条主焊缝，焊接时对称、同向施焊，焊接后修整焊接变形。

9）在划线平台上划出杆件纵横基准线及接头板组装位置线和两端孔群钻孔对向线，采用钻孔样板用摇臂钻床钻制杆件两端及整体节点孔群；

10）组装横梁接头板，采用CO_2气体保护半自动焊焊接，焊后修整焊接变形；

11）在划线平台上修正纵横基准线，划出横梁接头板钻孔对向线，采用磁力钻钻制横梁接头板孔群；

12）组装纵肋二（已钻孔）及腹杆接头板（已钻孔），采用CO_2气体保护半自动焊焊接，焊后修整焊接变形；

13）试拼装；

14）进行杆件整体除锈、涂装，完成成品杆件制造。

上弦杆制作工艺步骤见图 3-55：

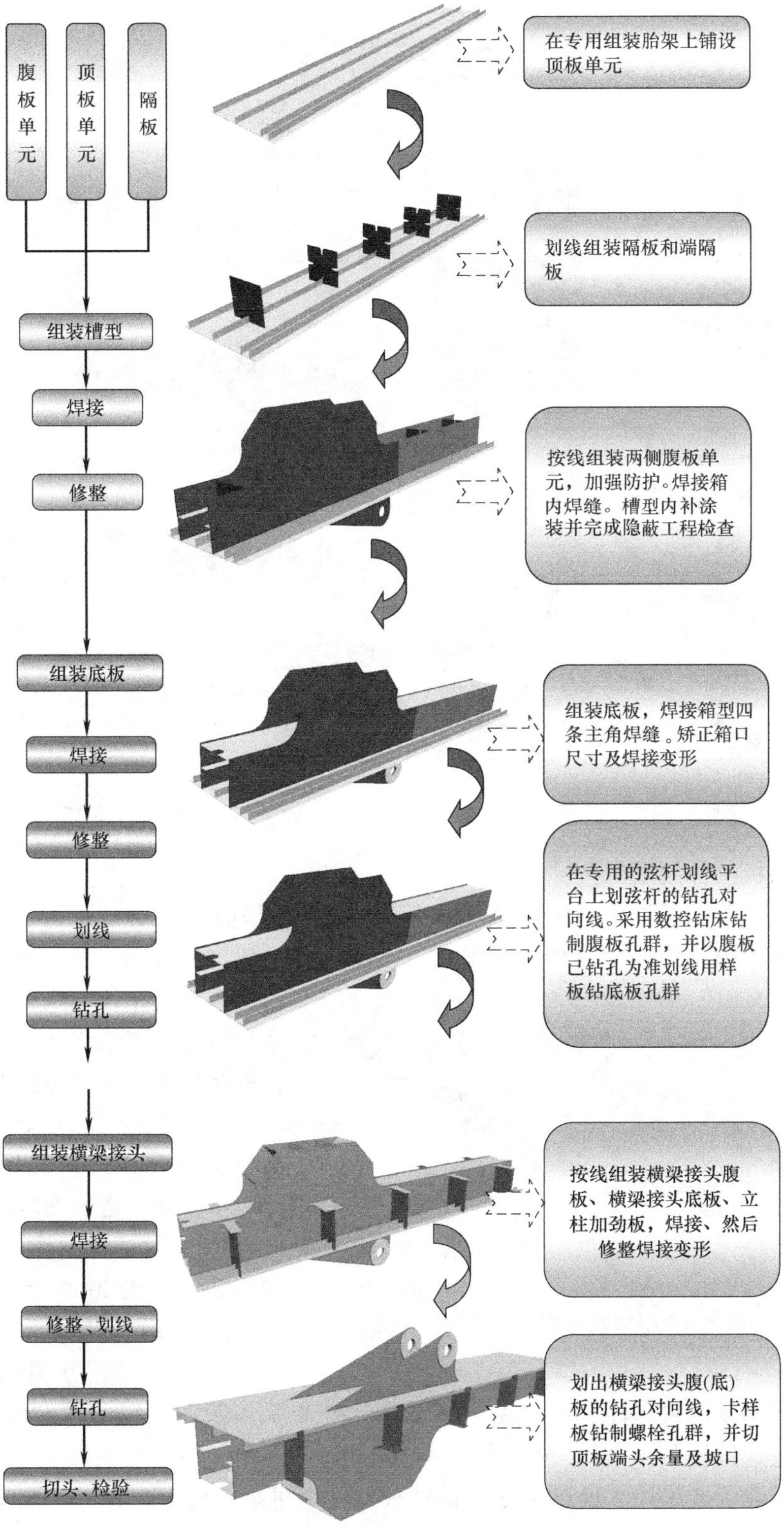

图 3-55 上弦杆制作工艺步骤图

下弦杆制作工艺步骤见图 3-56。刚性悬索制作工艺步骤见图 3-57。

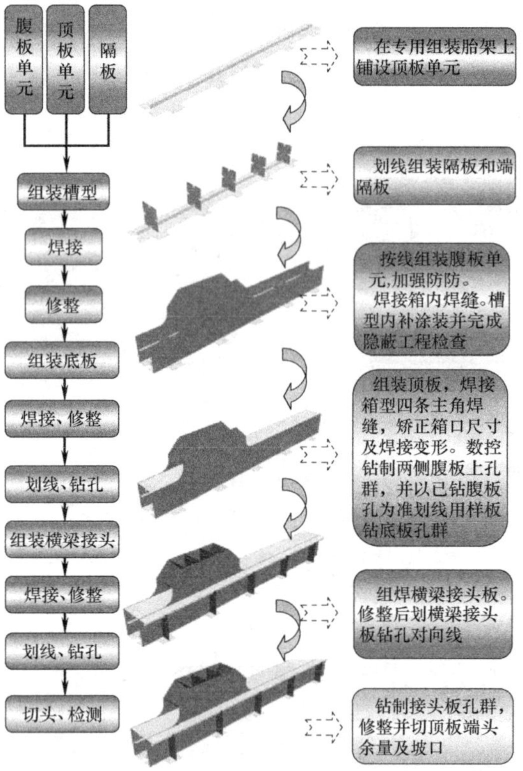

图 3-56　下弦杆制作工艺步骤图

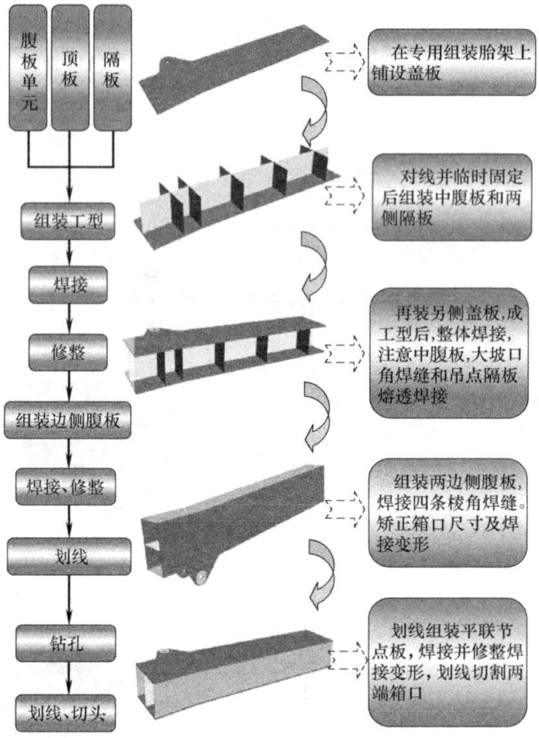

图 3-57　刚性悬索制作工艺步骤图

（2）桥面板构件制造工艺

本桥上下层桥面系均采用正交异性钢桥面构造，由桥面板、横梁及纵梁等组成，桥面系整体组装及预拼装均在专用胎架上完成。为控制整体结构的变形，保证产品整体质量，

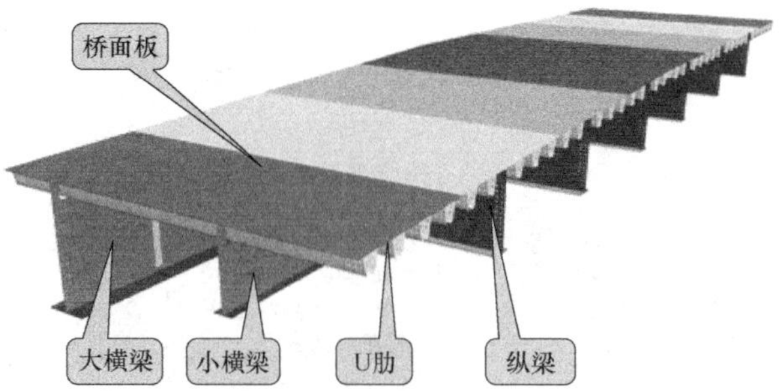

图 3-58　桥面系结构组成图

桥面系制造采用“板→单元件→桥面系预拼装→桥位连接”的方式生产，在钢结构车间生产零件及单元件（板块单元、横梁及纵梁），见图 3-58，修整合格后在试拼装场地上进行拼装，桥位现场进行安装焊接。

桥面系块体制作工艺流程分解如图 3-59、图 3-60 所示。

2. 钢结构试拼

为验证工艺方案的合理性、工艺装备及设备精度的可靠性、结构加工制作精度和线形，确保桥位架设顺利进行，钢梁出厂前在厂内进行试拼装。

钢桁梁试装主要采用平面试装法，构件放置在试拼装台凳上，各杆件处于自由状态进行，如图 3-61 所示。

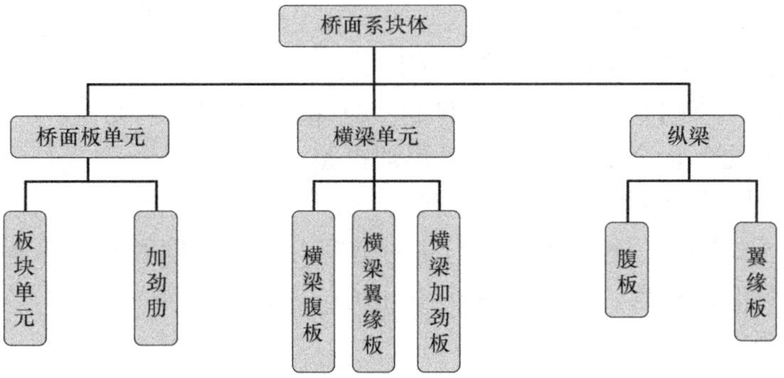

图 3-59　桥面系块体制作任务分解图

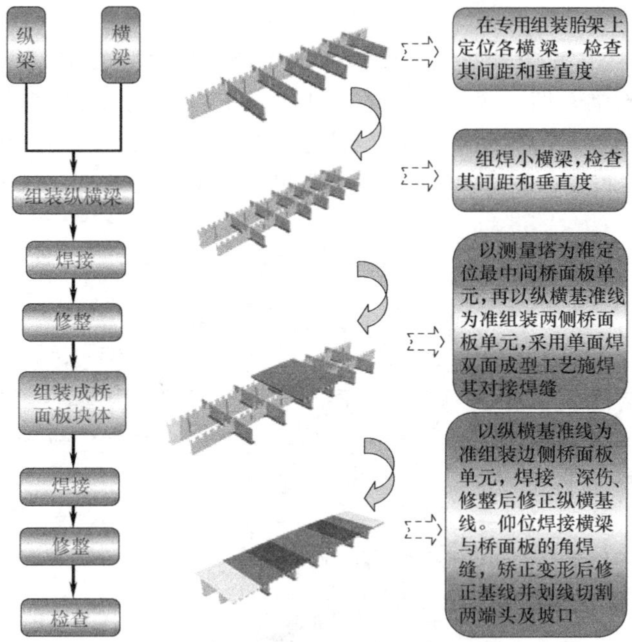

图 3-60　桥面块体制作工艺步骤图

钢桁梁试拼作业流程及注意事项：

(1) 将首节间杆件摆放在胎架上，调整上下弦杆中心距、对角线及平面度，满足规范要求；安装腹杆，检测上下弦杆中心距、对角线及平面度，满足规范要求后，用安装螺栓及冲钉定位；

图 3-61　主桁试拼示意图

(2) 将下一节间上下弦杆摆放在相应的胎架上，调整上下弦杆中心距、对角线差及平面度，满足规范要求；

(3) 安装腹杆，检测上下弦杆中心距、节间长度、整体对角线差及平面度，满足规范要求后，安装螺栓及冲钉定位；

（4）重复上述程序，完成全部杆件的试拼装；

（5）检测桁高、节间长度、旁弯、试拼装全长、拱度、平面度、对角线、主桁中心距、栓孔通过率等项点，合格后向监理工程师报验；

（6）严格按照杆件的安装顺序进行试装；

（7）后面节间试装时，不但要考虑与第一节间的匹配精度和相对几何精度，还要进行整体测量，以避免误差积累，每增加一个节间的试装，要全面的检测一次，以便为后面杆件的试装提供依据。

3.4.4 钢结构安装

1. 结构总体情况

本桥共 44 个节段，主墩处两侧节段长度为 13m，其余均为 12.2m 长的标准节段。钢梁构件主要分为钢桁梁、加劲弦梁、刚性吊杆、横联、上下层桥面系等，加劲弦杆设置在主墩两侧各 5 个节间，钢桁间距 26.2m，钢桁总高 12.483m，加劲弦梁最高点离上弦距离 24.0m。北侧钢桁梁布置如图 3-62 所示（南侧对称，编号接北侧连续）。

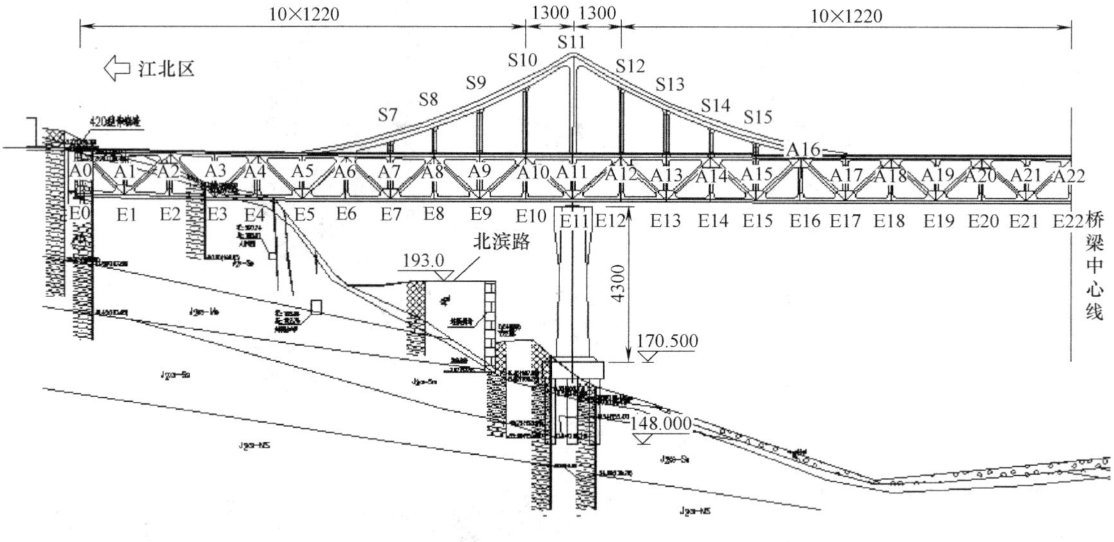

图 3-62　北侧钢桁梁布置示意图

桥梁为公轨共建形式，采用双层桥面钢桁梁形式，上层为双向 6 车道及两侧人行道，下层为双线城市轨道交通十号线。上层桥面布置为：全宽 31.6m＝2m(人行道)＋1.8m (加劲弦杆)＋0.5m（防撞护栏）＋11m(车行道）＋2m(中央分隔带)＋11m（车行道)＋0.5m（防撞护栏)＋1.8m（加劲弦杆)＋2m(人行道)。下层桥面为双线轨道交通，全宽 27.9m，主梁标准横断面如图 3-63 所示。

主桁主要杆件均为焊接箱形截面，主要包含上弦杆、下弦杆、腹杆、竖杆、刚性悬索、吊杆，上下弦杆均采用整体节点形式。

其中，上弦杆截面宽 1200mm，高 1200mm，板厚 20～40mm。下弦杆截面宽

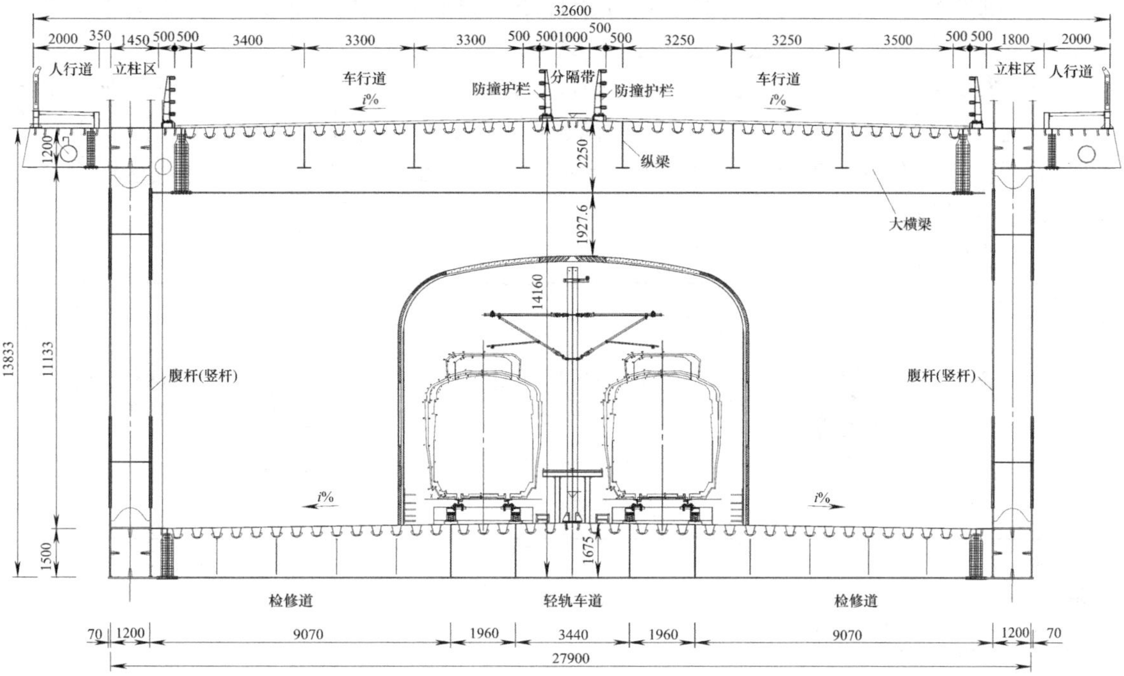

图 3-63　主梁标准横断面图

1200mm，高 1500mm，板厚 20～50mm，斜腹杆截面宽 1200mm，高 1000mm，板厚 20～50mm，竖腹杆截面宽 1200mm，高 1000mm，板厚 20～40mm，支座处竖腹杆与立柱截面宽 2000mm，高 1200mm，板厚 56mm。

刚性悬索为“日”字形截面，宽度 1200mm，高度 2400mm，板厚 50～70mm。吊杆为工字型截面，翼缘宽度 600mm，板厚 16mm，腹板高度 1200mm，板厚 16mm。

2. 施工工艺

(1) 主桥上部钢梁从 P1/P2 主墩向两侧对称悬臂拼装，先安装中跨侧起始节段，临时固结后拼装桥面吊机，利用桥面吊机由主墩向两侧对称安装钢桁梁至 4 号节间后，再利用桥面吊机安装 1～4 号节间刚性悬索，继续同步安装钢桁梁和刚性悬索至 5 号节间，进行弦杆合龙，然后继续对称安装剩余节间钢桁梁。

(2) 墩身施工完成后搭设墩旁托架，边跨各搭设 1 个临时墩辅助支撑，单侧各利用 80t 桅杆吊安装中跨侧起始节段，形成桥面吊机安装平台并安装调试一台桥面吊机，再利用桥面吊机安装钢桁梁至第 2 号节间（中跨、边跨各 2 个节间）形成另一台桥面吊机安装平台并安装，其余节间用桥面吊机悬臂安装至中跨及边支点；构件利用 80t 桅杆吊从运输船上直接起吊。

(3) 中跨桁拱用前面吊机大悬臂安装（最大悬臂 135m），施工时需在主桁上弦设置斜拉扣挂系统，以增大未形成钢桁梁受力体系前梁体的刚度，控制结构内力和减小悬臂端下挠量。

(4) 悬臂安装过程中分阶段在边跨压重，保证悬臂梁倾覆稳定系数不小于 1.3，本工程边跨设水袋作为配重。

(5) 刚性悬索合龙点主要是通过斜拉扣挂系统调整合龙点纵向位置、高差及相对转角，通过反拉装置调整合龙点横向位置。

(6) 桁拱采用两岸合龙点变位一致（即没有相对位移）时进行合龙，两岸合龙点主要是通过钢梁的纵、横移调整合龙点纵、横向位置，通过升降边支点高程，改变边支点高差的方式调整合龙点高差及相对转角，故桥台施工时应预留一定的高度，待完成钢桁梁受力体系后再施工到设计标高。

施工步骤见图 3-64。

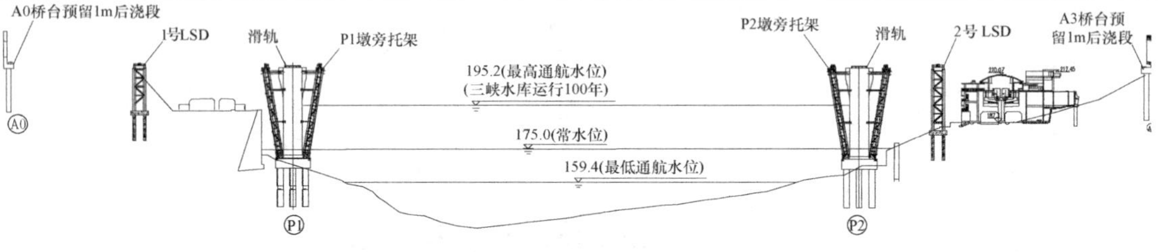

步骤一：

1. P1、P2 墩旁托架安装完成；
2. 1 号、2 号临时墩安装完成；
3. A0、A3 桥台顶部均预留 1m 后浇段；
4. P1、P2 墩顶安装横向/纵向滑移轨道。

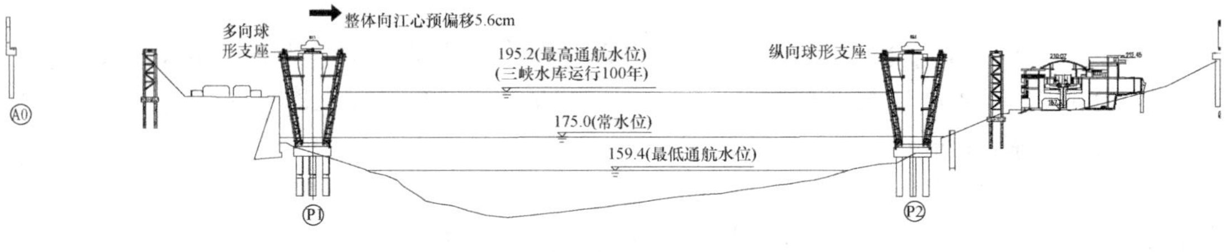

步骤二：

1. 利用 P1 墩桅杆吊直接安装上游侧 B11，下游侧 B11 利用横向滑移轨道结合手拉葫芦安装就位，B11 往中跨侧预偏 5.6cm；
2. 利用 P2 墩桅杆吊直接安装下游侧 B33，上游侧 B33 利用横向滑移轨道结合手拉葫芦安装就位；
3. 精确定位主墩球形支座并灌浆固定，与 B11、B33 连接以限制主桁平动自由度。

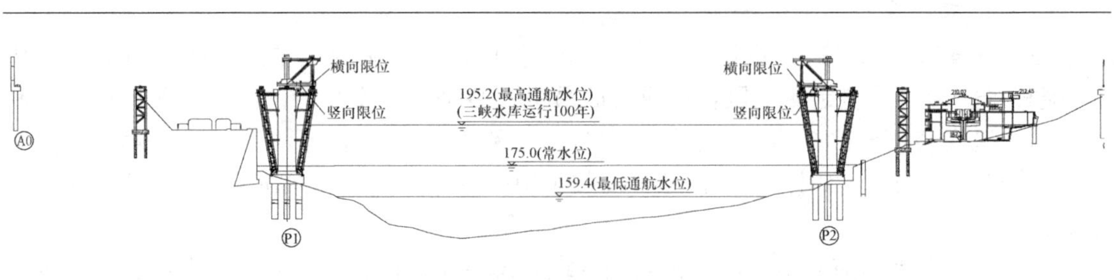

步骤三：

1. 利用墩旁托架作为支撑，由桅杆吊安装中跨侧起始节段钢桁梁；
2. 后对中跨侧起始节段进行横向、竖向临时限位。

图 3-64　主桥钢桁梁架设施工步骤图（一）

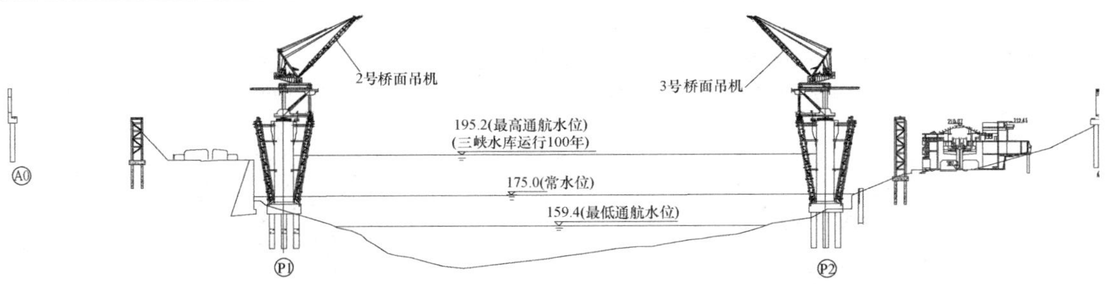

步骤四：
利用桅杆吊在中跨侧起始节段钢桁梁上安装 2 号、3 号桥面吊机。

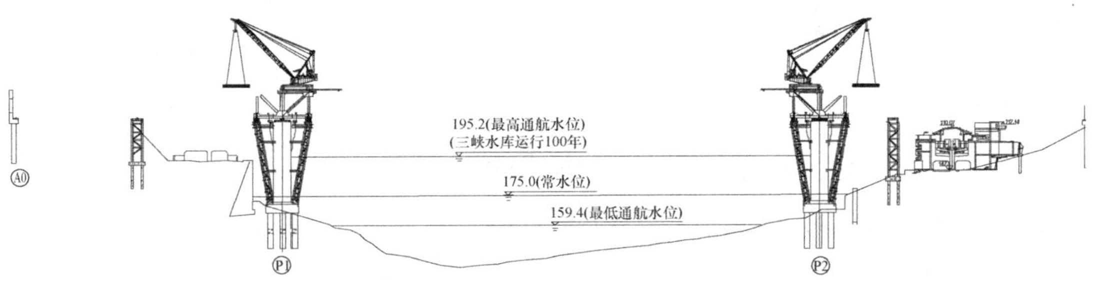

步骤五：
1. 利用墩旁托架作为支撑，由 2 号、3 号桥面吊机安装边跨侧起始节段钢桁梁；
2. 后对边跨侧起始节段进行横向、竖向临时限位。

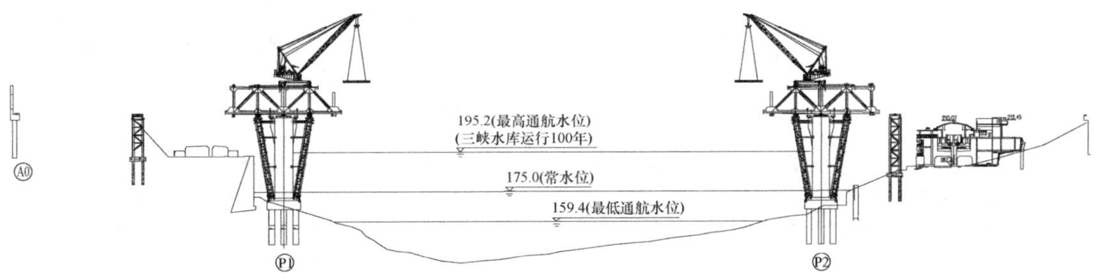

步骤六：
2 号、3 号桥面吊机站位起始节段，依次安装边、中跨第 2 个节间钢桁梁。

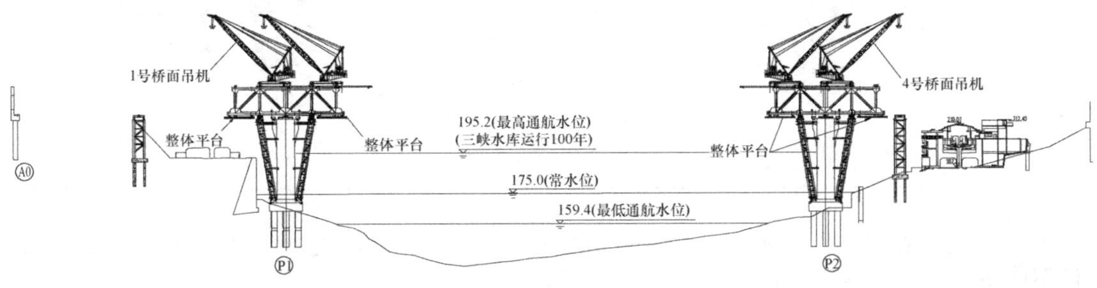

图 3-64　主桥钢桁梁架设施工步骤图（二）

步骤七：

1. 利用2号、3号桥面吊机安装边跨侧1号、4号桥面吊机；

2. 钢梁底部安装顶推式整体操作及防护平台，后续随钢梁逐段前移，确保钢梁跨滨江路、跨轻轨站安装，后续步骤不再说明。

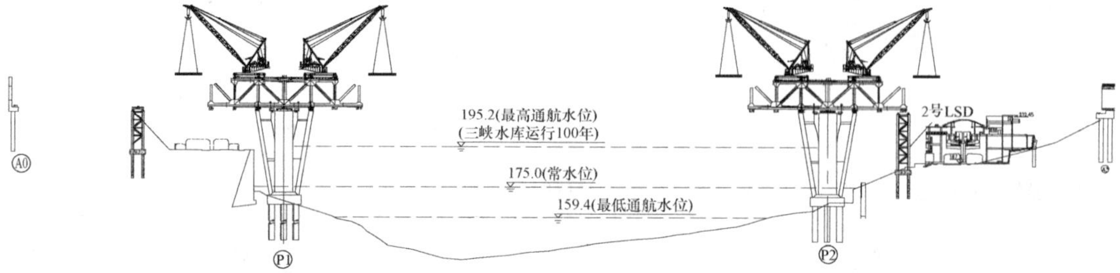

步骤八：

1. 桥面吊机占位2号节间，对称安装边、中跨第3个节间钢桁梁；

2. 南岸侧2号临时墩暂不受力。

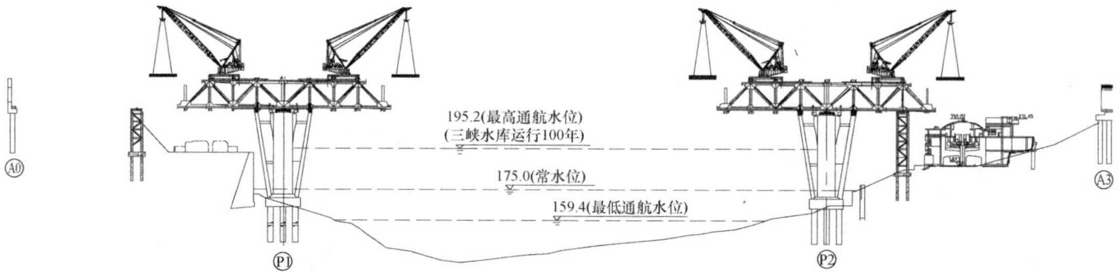

步骤九：

1. 桥面吊机占位3号节间，对称安装边、中跨第4个节间钢桁梁；

2. 南岸侧2号临时墩暂不受力。

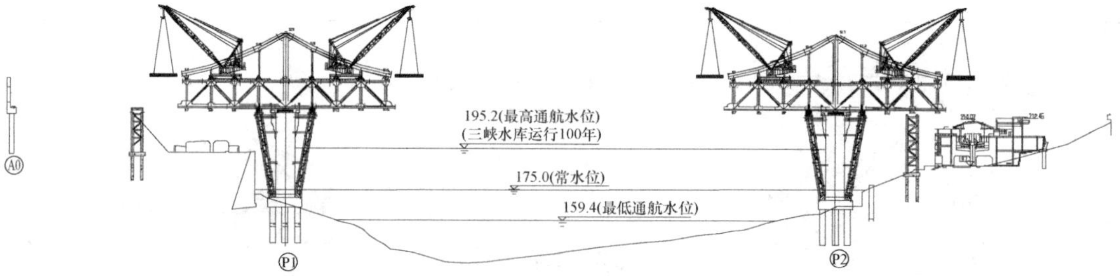

步骤十：

利用桥面吊机对称安装边、中跨第1～4号节间钢吊杆及加劲弦杆，其中，钢吊杆安装时底部采用型钢临时固结以确保吊杆稳定性。

图3-64　主桥钢桁梁架设施工步骤图（三）

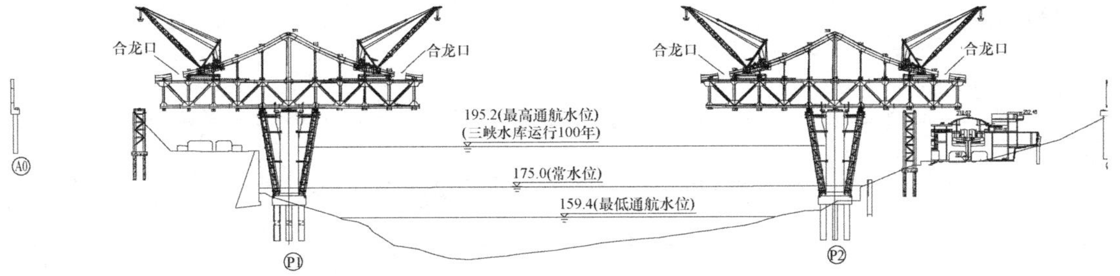

步骤十一：
桥面吊机站位第 4 个节间，对称安装边、中跨第 5 个节间钢桁梁，A6S7、A16S15、A28S29、A38S37 作为加劲弦杆合龙段暂不安装。

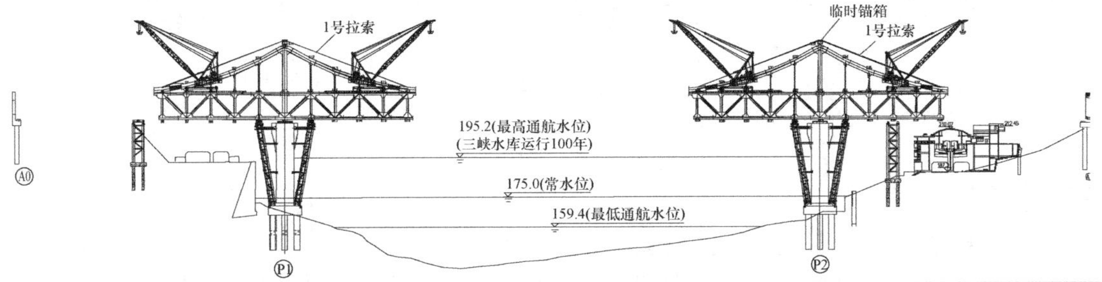

步骤十二：
1. 桥面吊机站位第 4 个节间，利用桅杆吊安装墩顶锚箱；
2. 拆除起始节段竖向临时约束；
3. 挂设 1 号临时拉索，对称张拉约 1240t 索力，辅助合龙加劲弦杆。

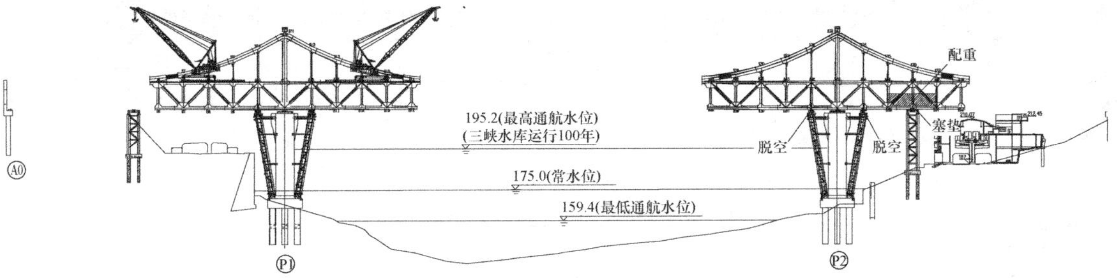

步骤十三：
1. 抄垫 2 号临时墩；
2. 后放张并拆除 1 号临时拉索，2 号临时墩开始受力；
3. 后在南岸侧 2 号临时墩墩顶 B35～B37 节间进行压重(28.7t/m)；
4. 利用墩旁托架 800t 千斤顶，脱空 P2 墩墩旁托架，完成第一次体系转换。

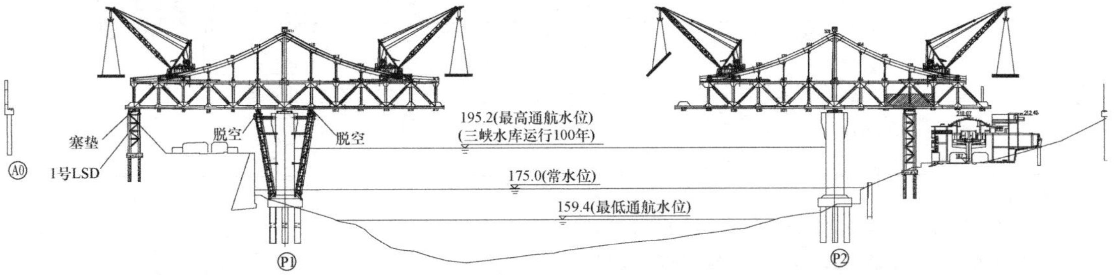

图 3-64 主桥钢桁梁架设施工步骤图（四）

步骤十四：

1. 桥面吊机站位第 5 个节间，对称安装边、中跨第 6 个节间钢桁梁上 1 号临时墩；

2. 抄垫 1 号临时墩；

3. 南岸侧 2 号临时墩受力后，后续节段钢桁梁安装以中跨侧滞后边跨侧 0～0.5 个节段进行控制，后续步骤不再重复描述；

4. 利用千斤顶预先支撑、割除 P1 墩墩旁托架顶部型钢逐步卸荷至千斤顶受力，后千斤顶回油完成 P1 墩墩旁托架脱空。

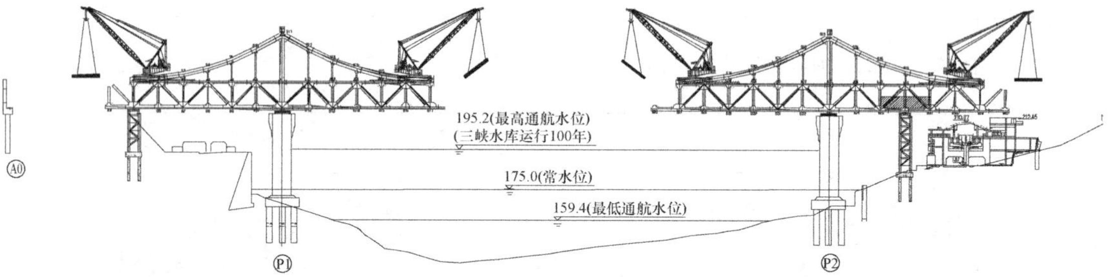

步骤十五：

1. 桥面吊机站位第 6 个节间，对称安装边、中跨第 7 个节间钢桁梁；

2. 北岸侧钢桁梁上 1 号临时墩后，后续钢梁安装以中跨侧滞后边跨侧 0～0.5 个节间进行控制，后续步骤不再重复描述。

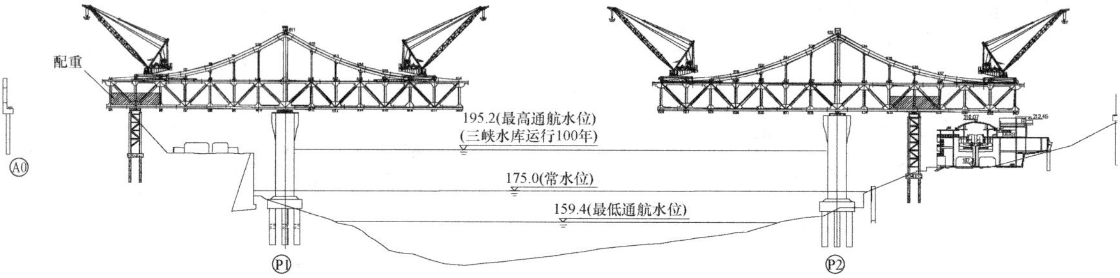

步骤十六：

在北岸侧 1 号临时墩墩顶 B4～B6 节间填充水袋进行压重(28.7t/m)。

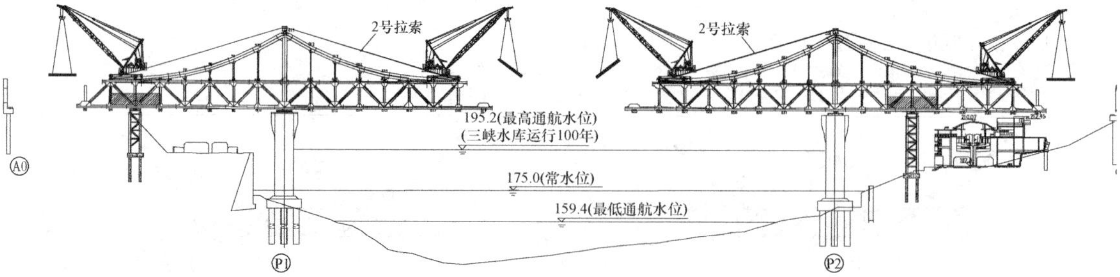

步骤十七：

1. 桥面吊机站位第 7 个节间，对称安装第 8 个节间钢桁梁；

2. 同步两侧挂设 2 号临时拉索，对称张拉约 800t 索力。

图 3-64　主桥钢桁梁架设施工步骤图（五）

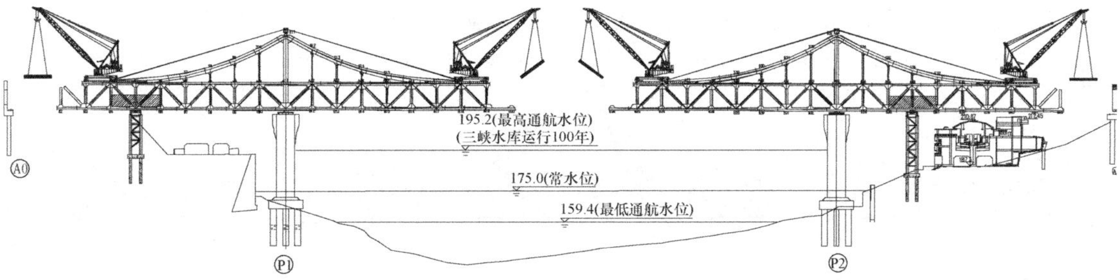

步骤十八：

桥面吊机站位第 8 个节间，对称安装第 9 个节间钢桁梁。

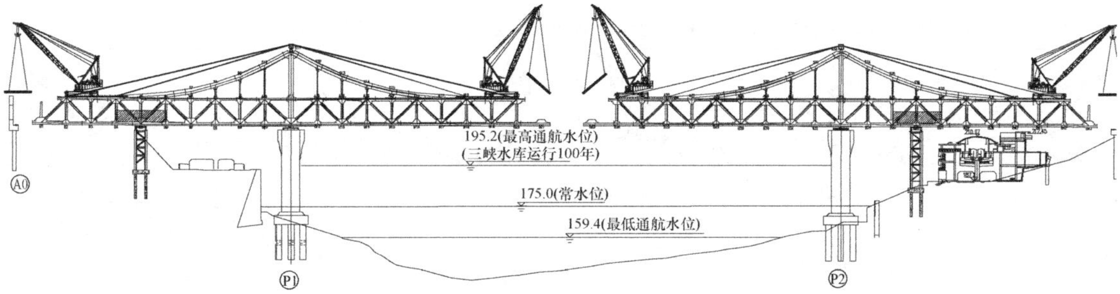

步骤十九：

1. 桥面吊机站位第 9 个节间，对称安装第 10 个节间钢桁梁；
2. 同步两侧均挂设 3 号临时拉索，对称张拉约 800t 索力。

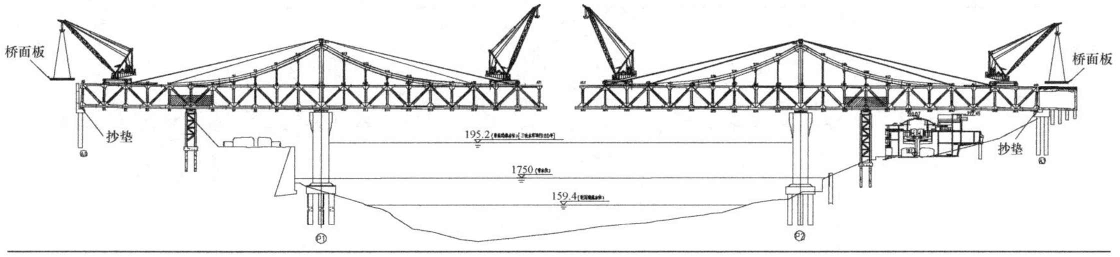

步骤二十：

1. 1 号、4 号桥面吊机站位第 10 个节间，悬臂安装边跨第 11 个节段上桥台（第 11 个节段桥面板暂不安装）；
2. 抄垫桥台处钢梁，后安装第 11 个节段桥面板。

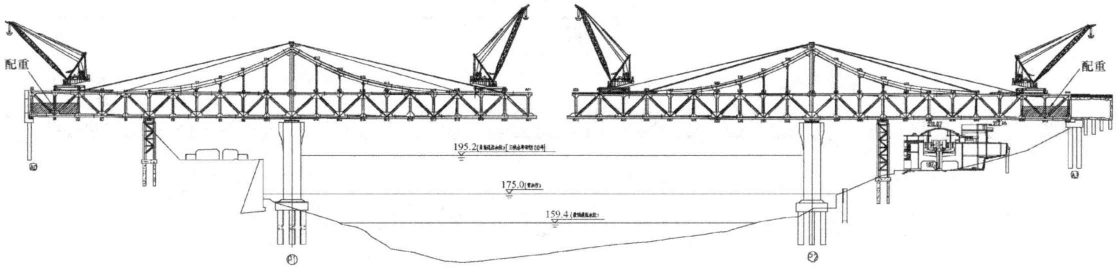

图 3-64 主桥钢桁梁架设施工步骤图（六）

步骤二十一：

1. B0～B2 节间填充水袋进行压重，原 B4～B6 节间压重水袋同步放水；

2. B42～B44 节间填充水袋进行压重，原 B35～B37 节间压重水袋同步放水。

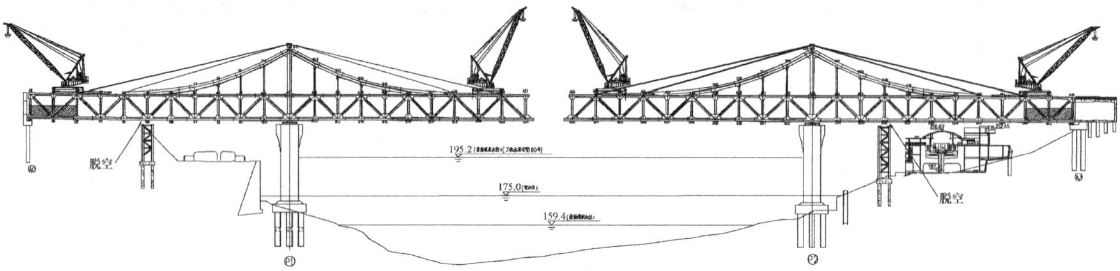

步骤二十二：

采用与墩旁托架脱空相同的方式，即千斤顶＋割除顶部卸荷的方式脱空 1 号、2 号临时墩。

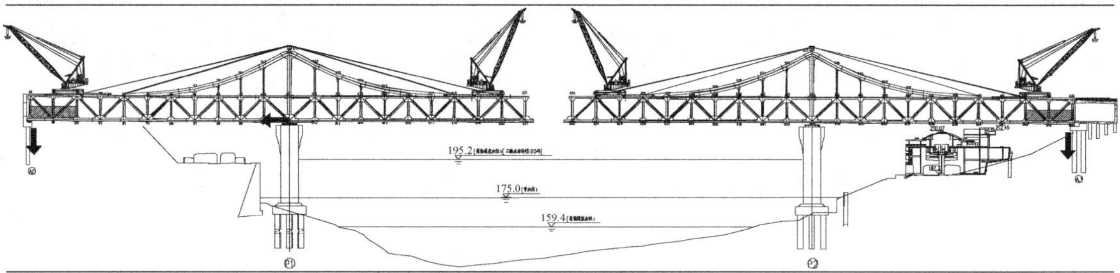

步骤二十三：

1. 利用桥台设置的液压千斤顶装置，控制 A0 和 A3 桥台处主梁分别下降 31cm 和 29cm，使得主梁分别绕 P1 和 P2 墩墩顶整体转动，调整中跨合龙口高程及转角偏差；

2. 利用 P1 墩墩顶设置的纵桥向反力装置及球形支座纵向滑轨，微调中跨合龙口间隙确保中跨合龙段安装空间。

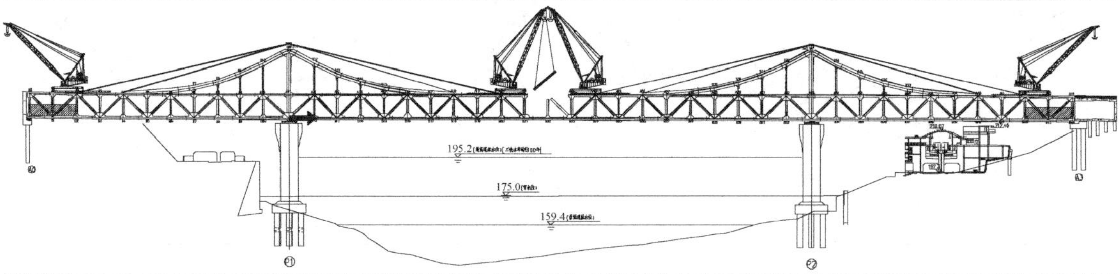

步骤二十四：

1. 2 号、3 号桥面吊机站位第 10 个节间，吊装中跨合龙段（即中跨侧第 11 个节间，桥面板暂不安装）；

2. 利用 P1 墩墩顶设置的纵桥向反力装置及球形支座滑轨，微调中跨合龙口间隙，确保中跨无应力合龙；

3. 主桁合龙后安装中跨合龙段桥面板。

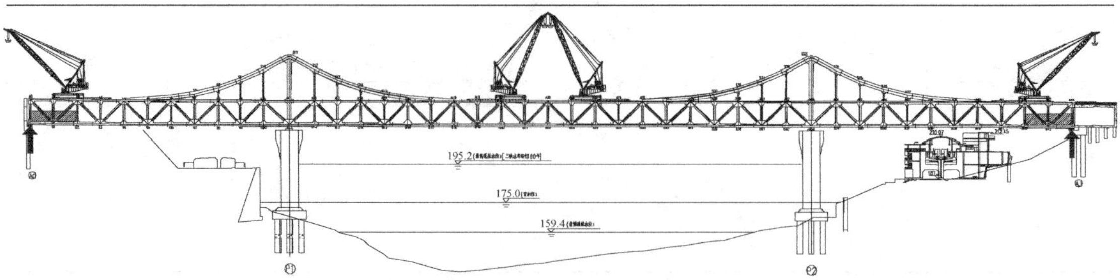

图 3-64　主桥钢桁梁架设施工步骤图（七）

步骤二十五：
1. 拆除 2 号、3 号临时拉索及临时锚箱；
2. 顶升两侧桥台主梁至设计标高，完成桥台后浇段施工；
3. 对接主墩及桥台支座并完成连接。

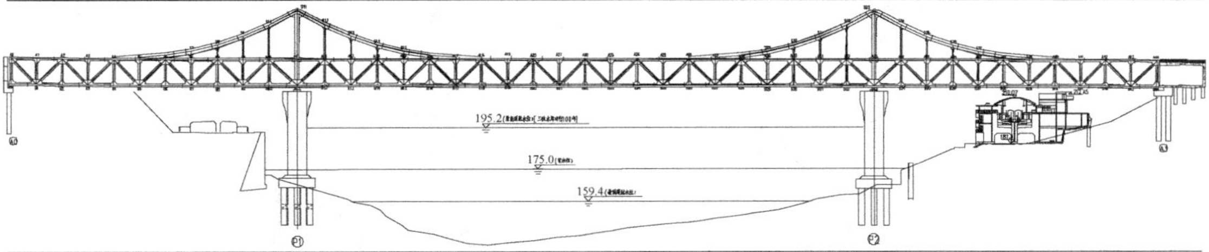

步骤二十六：
1. 边跨配重水袋防水卸载；
2. 拆除桥面吊机；
3. 拆除墩旁托架及临时墩；
4. 完成桥面铺装及附属工程施工。

图 3-64 主桥钢桁梁架设施工步骤图（八）

3. 钢桁梁悬臂安装施工

钢桁梁悬臂安装主要指第 3 至第 10 节段（从主墩往两侧编号，除起始节段及合拢段以外的构件），采用 75t 桥面吊机悬臂拼装，构件从某码头预拼场按照安装顺序通过驳船水运至桥址主墩位置，利用桅杆吊起吊至桥面。南北岸中、边跨各 8 个节段，最重的构件为 A11，75t，桥面板构件标准尺寸为 24.46×6.1（下层）、23.6×6.1（上层）。

（1）安装顺序

中跨节间构件均采用桥面吊机逐跨悬臂安装，按照尽快形成三角稳定体系为原则，主桁构件按照“下弦杆→竖杆→斜杆→上弦杆→下层桥面板→上层桥面板”的施工顺序安装。主桁构件对称安装完成边中跨 3 个节间钢桁梁后，从中支点向两侧对称安装第 1～3 号节间刚性悬索，刚性悬索构件按照“吊杆→加劲弦杆→桥门架→平联”的施工顺序安装，其中钢吊杆安装时底部采用型钢临时固结以确保吊杆稳定性。第 4 个节段以后钢梁安装按照“下弦杆→竖杆→斜杆→上弦杆→下层桥面板→上层桥面板→吊杆→加劲弦杆”的顺序同步安装钢桁梁及刚性悬索。

（2）构件运输方式

钢构件采用桅杆吊吊至顶层桥面，顶层桥面上设置运梁小车，小车运输钢构件至桥面吊机后方，全回转桥面吊机起吊安装，运梁小车布置如图 3-65 所示。

（3）钢梁悬臂安装

钢桁梁悬臂安装，桥面吊机对称站位，两侧构件安装须同步进行。悬拼安装完第 5 个节段时，利用桅杆吊安装墩顶锚箱，拆除起始节段竖向临时约束，挂设 1 号临时拉索，对称张拉，完成刚性悬索合拢。南岸侧抄垫 2 号临时墩，并压重脱空 P2 墩旁托架。北岸侧继续悬拼安装完第 6 个节段，抄垫 1 号临时墩，脱空 P1 墩旁托架。继续悬拼至第 7 个节段后北岸侧压重，安装并张拉 2 号临时拉索。继续悬拼至第 10 个节段安装并张拉 3 号临时拉索。

中跨构件拼装要点如下：

1）构件直接从安装位置附近的运梁小车上起吊。

2）悬臂安装时按照从下至上，先下平面，后立面，尽快形成三角形稳定结构，最后安装上平面的原则进行。

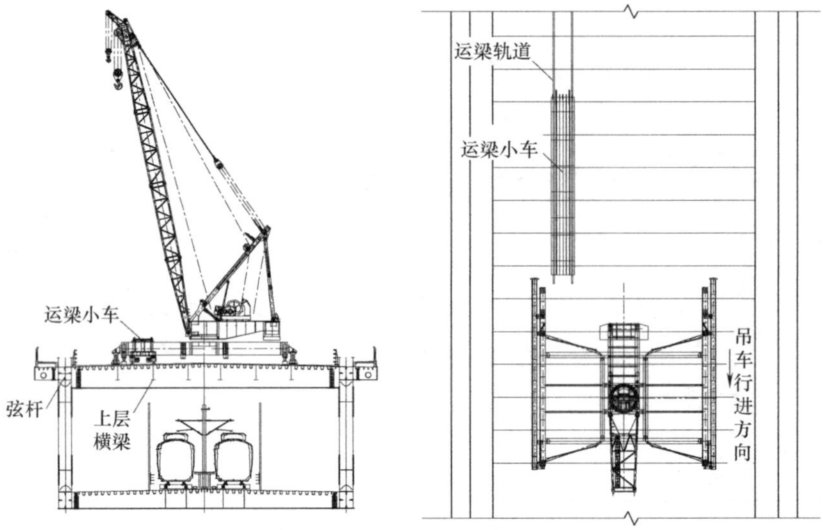

图 3-65　运梁小车布置示意图

3）为保证拼装线型，上、下弦杆对拼接头吊装到位后应上足 60%冲钉，40%高栓，其他杆件应上足 50%冲钉和 50%高栓，并一般拧紧后才能松钩。每架设一个节间进行一次中线和挠度测量，严格控制拼装质量。

4）安装至临时墩顶时应让杆件前端处于悬臂状态，前端节点与墩顶之间保持 2～5cm 间隙，主桁杆件闭合，高栓 100%终拧后，再完成墩顶抄垫，安装下一个节间时临时墩才开始受力。

5）桥面吊机每行走一次安装 1 个节间。

6）为保证钢梁的线型和中线及架设过程中的横向稳定，桁梁节点高栓终拧进度不得落后拼装部位两个节间。

（4）墩旁托架脱空

墩旁托架脱空前主桁构件安装完成闭合，高栓终拧落后不得大于一个节段，通过现场测量和监控分析，计算出脱空需要的顶升力。利用设置在墩旁托架上方的千斤顶预先支撑、割除 P1 墩墩旁托架顶部型钢逐步卸荷至千斤顶受力，后千斤顶回油完成 P1 墩墩旁托架脱空。

（5）配重施工

钢桁梁上临时墩后，南岸侧悬臂安装至第 4 个节间，北岸侧安装至第 7 号个节间，为增加悬臂安装过程中的稳定性，在底层桥面安装压重水带。通过现场测量和监控分析，计算出压重水袋荷载，根据荷载确定水袋数量及大小，水袋沿桥面对称布置。

（6）临时索施工

上部钢桁梁悬臂安装过程中，挠度和杆件应力将逐渐增大，为保证挠度和杆件应力在容许范围内，设置临时索，采取在刚性悬索顶端布置锚梁，锚梁和刚性悬索固结，桥面梁段设置铰接锚箱，临时索采用钢绞线组成。锚固梁安装采用桥面吊机进行，临时索在梁端采用 25t 千斤顶单根张拉，边中跨和上下游同时对称施工。

4. 合龙段安装施工

中跨合龙段位于钢桁梁第 23 节段，如图 3-66 所示。

合龙口高程调整：①通过升降边支点，以主墩中支点为轴产生转动，调节合龙段的标高；②调整吊机站位。

合龙口横桥向调整：上下游主桁设置对拉葫芦，采用调整对拉葫芦调整悬臂端横桥向位移。

合龙口纵桥向调整：如果合龙口偏差小，可以根据温度昼夜变化合龙口，如果偏差较大，通过合龙口千斤顶调整跨中合龙口距离，见图 3-67、图 3-68 所示。

中跨合龙时机应选择在日平均气温为该地区常年平均气温，且昼夜温差较小的季节进行，合龙段安装应尽量选择在阴天或夜间进行，减小阳光偏晒对合龙的影响。

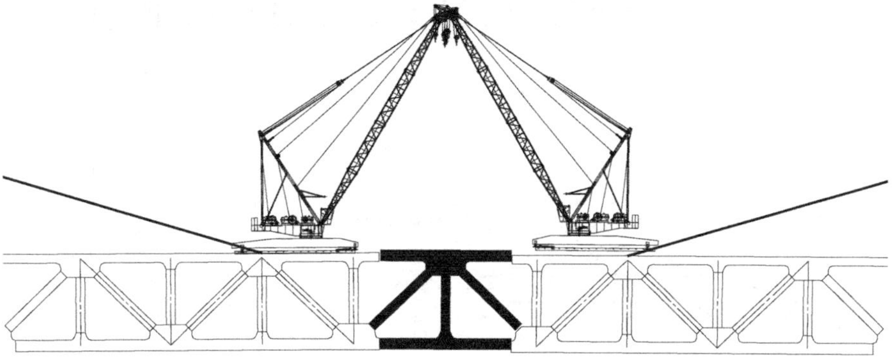

图 3-66　跨中合龙段安装示意图

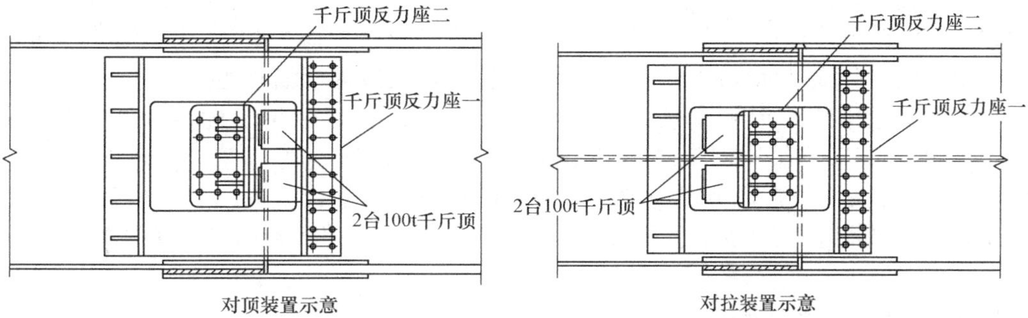

图 3-67　合龙口纵向调整装置示意

图 3-68　斜腹杆调位装置示意

5. 冲钉、高栓施工

(1) 操作平台设计

上部钢结构施工均为高空作业，为进行冲钉和高栓施工，防止施工过程中意外出现的高栓坠落和焊渣掉落，保障作业人员及桥下人员安全，钢桁梁架设过程中在大桥下方设置可随主桁架设向前纵向移动的全封闭防护操作平台如图 3-69 所示。

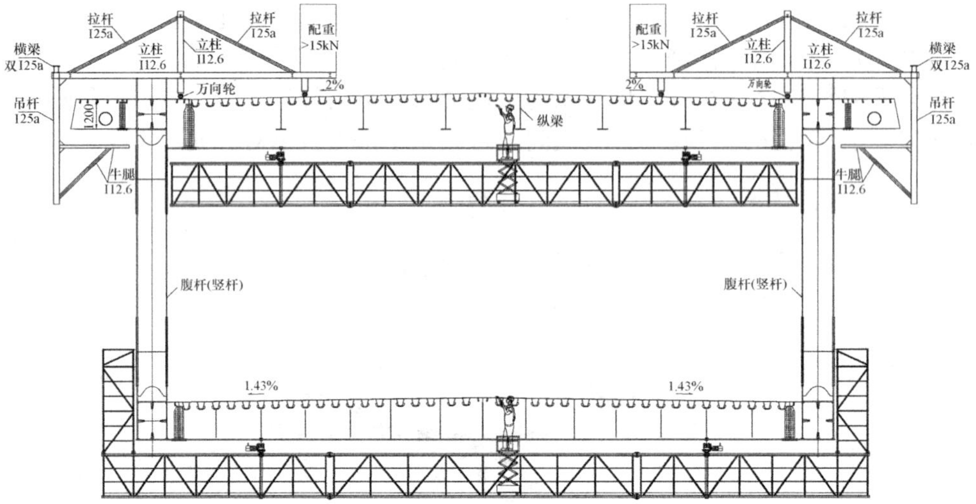

图 3-69 操作平台布置图

（2）冲钉施工

构件吊装基本到位后，通过在对接接头两端的构件上设置手拉葫芦或手摇葫芦进行对拉的方式，微调吊装构件至接头杆件栓孔与接头拼接板栓孔基本重合，迅速施打少量工艺冲钉进行定位，后施打标准冲钉先后对接头腹板、顶底板进行临时连接。

为保证钢梁拼装线形和安装精度，规范要求冲钉直径应小于标准大圆孔直径 2～3mm，采用 45 号碳素结构钢制造，淬火热处理硬度 HRC35-40。

为保证钢梁安装线形，节段杆件接头冲钉施打率为腹板位置 60%、顶底板位置 50%，标准冲钉施打前采用 10%的临时螺栓进行固定连接，防止标准冲钉施打过程中拼接板变形。

（3）高栓施工

1）高强度螺栓施拧准备

① 本桥全部高强度螺栓采用扭矩法施拧。

② 栓接板面的清理：拼装前应清除所有降低栓接板摩擦面抗滑移系数的油迹、污垢，以及孔边、板边的毛刺、飞边和其他附着物，摩擦面必须无任何油漆。

③ 在拼装部位用醒目的颜色标示出不同规格的高强度螺栓使用区域线，并分别注明规格、数量，但标示线不得侵入高强度螺栓垫圈的范围。

④ 全桥所有主桁立面的高强度螺栓，其螺母一律安装在节点板外侧。

⑤ 高强度螺栓施拧所用电动扳手的电源要求电压稳定，应设立电源专线并对每台电动扳手配备专用稳压器。

2）施拧扳手标定

① 施拧用定扭矩带响扳手和显示扭矩的表盘扳手，应编号使用，每台电动扳手和控制器，应固定配套编号，不得混杂。标定好的电动扳手在使用过程中严禁随意调节控制器的旋钮，并指定专人使用。

② 施拧扳手在扭、轴仪上标定，标定次数为每天上班前和下班后各一次。

③ 标定施拧扳手时，初始标定可使用旧的高强度螺栓进行扭矩预调整，正式标定应

使用与当天桥上所施拧同规格、批号的高强度螺栓进行施拧扳手标定。

④ 紧扣检查用的表盘扳手，使用前必须标定。

⑤ 使用完的定扭矩带响扳手，标定后应放松弹簧。

3）高强度螺栓施拧

① 本桥高强度螺栓施拧分两部分进行：初拧、终拧。

② 初拧完毕的高强度螺栓逐个用敲击法检查。

③ 初拧和终拧一般使用电动扳手不能使用电动扳手的部位，可用定扭矩带响扳手施拧。

④ 无论使用何种扳手施拧，对于插入式拼接的节点，应从节点刚度大的部位向不受约束的边缘方向施拧。

⑤ 穿放螺栓前，需将栓孔的尘土、浮锈清除干净，严禁强行穿入螺栓。

⑥ 组装时，螺栓头一侧及螺母一侧应各置一个垫圈，垫圈有内倒角的一面应分别朝向螺栓头和螺母支承面。

⑦ 为防止螺栓在施拧时出现卡游现象，施拧时必须用套筒扳手卡住螺栓头（卡游现象指拧紧螺母时，螺栓跟着转动）。

⑧ 高强度螺栓经终拧检查合格后，其螺栓头、螺母、垫圈的外露部分应立即涂装（雨天和严寒天气除外），板层缝隙（尤其是朝上的）应用腻子腻缝。

4）施拧质量检查

施拧质量检查按照《铁路钢桥高强度螺栓连接施工规定》TBJ 214—92 的规定进行。由专人负责施拧质量检查，当天施拧的高强度螺栓当天检查完毕，并作好检查记录。

6. 桥位焊接施工

桥位焊接系指桥面板吊装就位后，在形成整体的过程中完成的焊接作业。焊接作业主要包括下列内容：桥面板与主桁上、下弦杆顶板对接焊缝的焊接；桥面板间对接焊缝的焊接及附属设施的焊接。

（1）焊前的准备

1）检查杆件组装的正确性，是否与图纸一致。

2）检查焊接地线是否合理。

3）清楚焊接区域的有害物，包括焊缝边缘范围内的铁锈、毛刺、污垢等，清除干净露出钢结构金属光泽。

4）CO_2 对接焊在适当位置安装引弧板，规格不小于 40mm×80mm，引弧长度不小于 50mm。

（2）焊前措施

焊接前准备措施到位后，焊接人员向质检人员进行报检，经项目部质检人员和现场检查通过后开始进行焊缝的焊接作业。桥位焊接将使用大量的药芯焊丝、埋弧焊剂、手工电焊条以及陶质衬垫等，均须防潮，现场焊接材料管理者、使用者等均须了解材料性能，做到按照要求烘干、保温处理，严格领用制度，保证所有使用的焊接材料在控制范围内，为桥位焊接质量的控制奠定基础。

（3）焊中措施

工地焊接不同于工厂、车间焊接，桥位焊接属于高空野外作业，焊接质量受风吹、雨淋、大雾潮湿等不利自然因素影响很大，焊接要严格采取防风、防雨措施，遇阴、雾、雨等天气，监控现场的湿度，湿度超过 80%时，对近缝区进行烘烤祛湿处理，遇大雨天气停工，以保证焊接质量。箱内焊接时烟尘大，通风排气困难，焊工体力消耗很大，焊接质量受到一定程度的影响，在施工时进行排烟除尘措施，尽最大可能地改善工作环境。

（4）焊缝的修磨

焊缝焊接完成后将焊缝打磨匀顺，焊缝端部的引弧板用气割进行切除，并将端部修磨平整。焊缝修磨时，磨痕方向顺应力方向。

（5）焊接工艺

弦杆顶板与桥面板及桥面板间横向对接焊缝均采用背面贴陶质衬垫单面焊双面成型工艺，坡口采用“V”形带间隙的坡口形式（图 3-70）。焊接采用实心焊丝 CO_2 气体保护焊与埋弧自动焊相结合的焊接方法，即实心焊丝 CO_2 气体保护焊进行打底焊接，埋弧自动焊进行填充盖面焊接。所有焊缝采用马板定位，CO_2 气体保护焊焊接时的道间打磨干净，避免夹渣等缺陷的产生。此种焊接方式焊缝性能优良，焊缝成型美观。

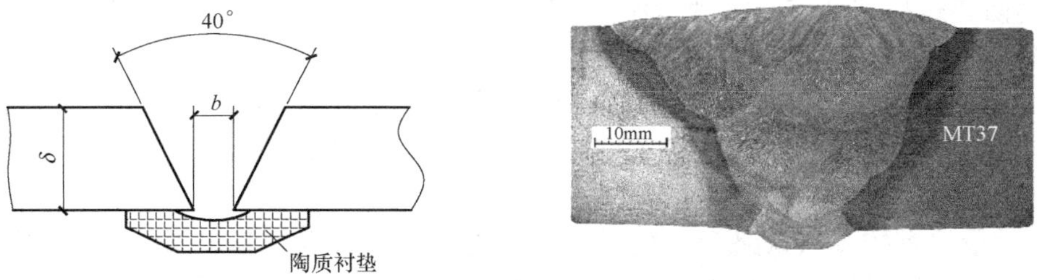

图 3-70　工地对接焊缝坡口形式及焊接实例

桥位焊缝的焊接流程及焊接过程见图 3-71。

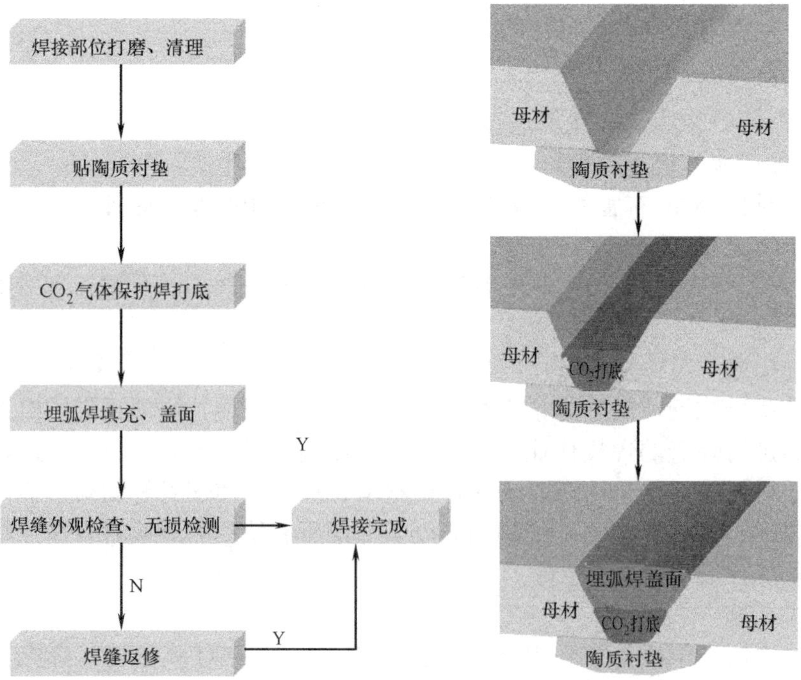

图 3-71　桥位焊接流程及焊接过程图

3.4.5　钢结构桥梁施工质量与安全管理要点

1. 钢结构桥梁施工质量管理

建立质量管理组织机构，明确质量管理职责，质量保证体系图见图 3-72。

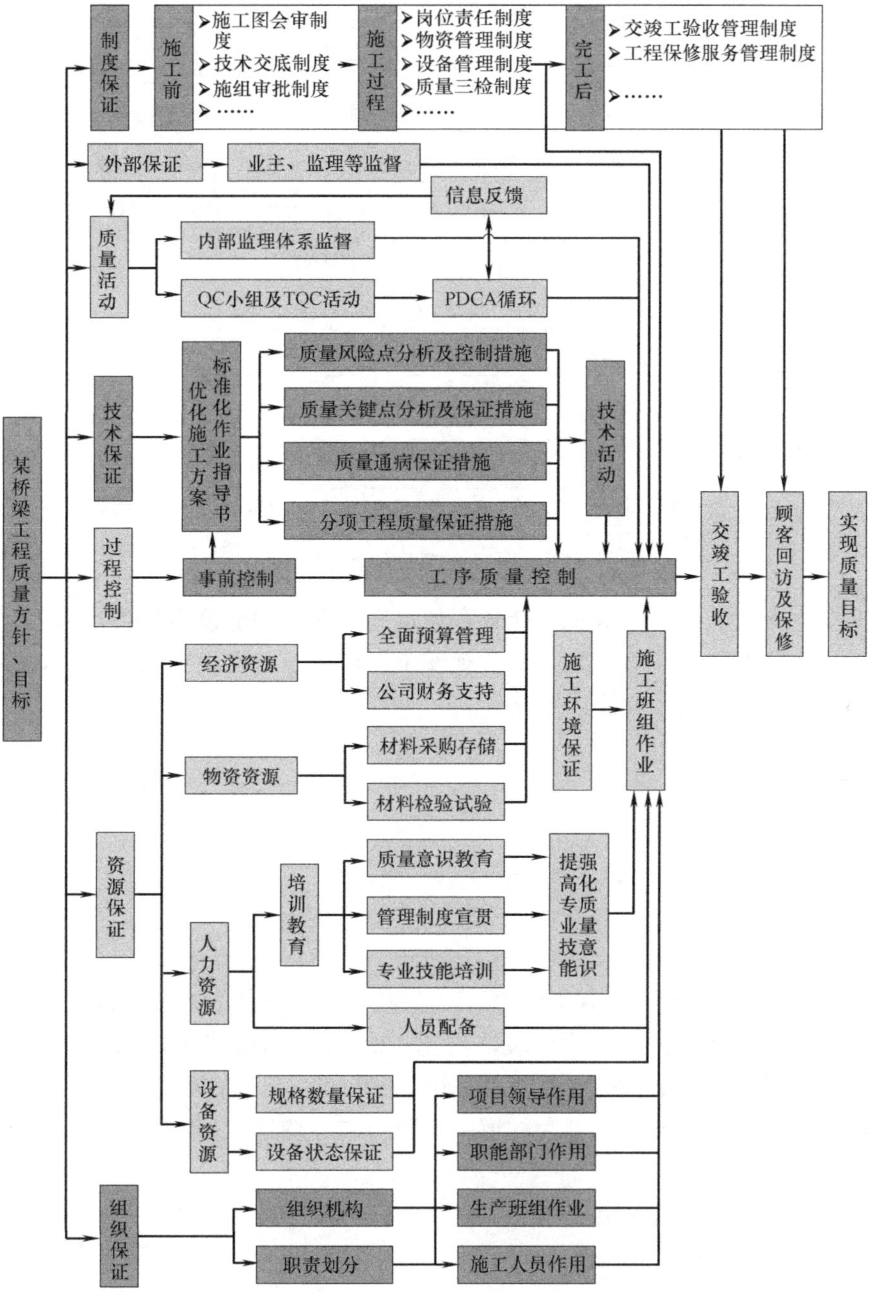

图 3-72　质量保证体系框图

2. 钢结构桥梁施工安全管理

明确安全生产目标，钢结构施工安全保证体系如图 3-73 所示。

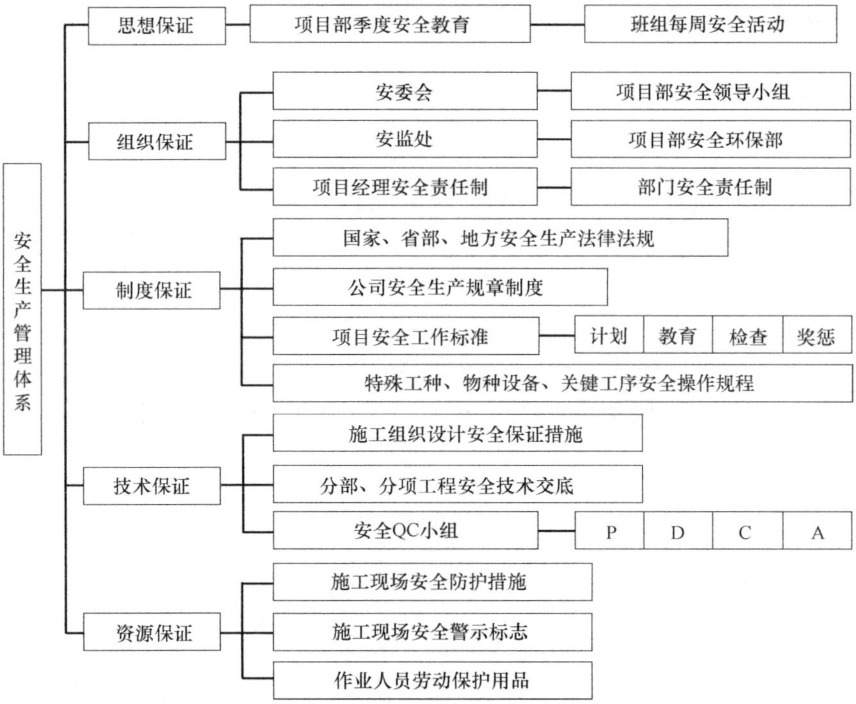

图 3-73 钢结构施工安全保证体系

完善安全生产组织机构，落实安全教育与培训，保障安全设施设备投入，建立施工安全责任制，建立检查制度，落实施工期常规安全保证措施，实现封闭式管理，强化钢桁梁拼装与合龙施工安全措施，具体内容略。

3.5 隧道掘进施工

3.5.1 工程概况

1. 总体情况

本项目为某高速公路 TJ-Ⅳ标，标段起讫里程为 K28＋775～K46＋375，全长 17.6km。包含路基工程 7721.7m/20 段，占比 43.87%；桥梁工程 4440.3m/16 座，占比 25.23%；隧道工程 5438m/4 座，占比 30.90%；互通工程：某互通和某枢纽。

本标段共计有 4 座隧道，分别为隧道一、隧道二、隧道三、隧道四。项目地处西南某县境内。

各隧道围岩汇总统计情况见表 3-24。

2. 不良地质及特殊岩土

（1）隧道一

隧道一测区不良地质为岩溶、浅埋、有害气体，特殊岩土为软土。

1）岩溶

本隧道岩溶发育程度及段落为：进口至 K33＋130 段岩性主要为白云岩、灰岩互层，岩溶发育程度为弱至中等。K33+130 至出口段，岩性主要为页岩、泥灰岩夹灰岩，岩溶发育程度中等。

隧道围岩级别汇总统计表　　表 3-24

序号	隧道名称		长度(m)	围岩级别					
				Ⅲ级	所占比例	Ⅳ级	所占比例	Ⅴ级	所占比例
1	隧道一	左线	2334	280	12%	454	19%	1600	69%
2		右线	2337	280	12%	457	20%	1600	68%
3	隧道二	左线	932			401	43%	531	57%
4		右线	903			396	44%	507	56%
5	隧道三	左线	1443			620	43%	823	57%
6		右线	1442			619	43%	823	57%
7	隧道四	左线	766			365	48%	401	52%
8		右线	744			295	40%	449	60%

2）浅埋

进口至 K32+700 段隧道洞身埋深普遍约为 60m，隧道下穿城镇及村庄，地表居民区密集分布。地表覆土及基岩强风化层 20～35m，基岩均为白云岩为主，岩体较破碎，围岩完整性较差，施工中围岩易掉块及坍塌。

3）有害气体

K33+483～K33+683 洞身地层岩性为二叠系下统梁山组（P11）石英砂岩、硅质岩、炭质页岩夹页岩、煤，煤层呈夹呈透镜体分布，分布连续性差。炭质页岩分布层位较稳定，施工中局部存在瓦斯等有害气体富集的可能，属低瓦斯工区。

4）软土

软土，质为黏土，为地表水长期浸泡表土形成，流塑至软塑状，厚 0～2m，主要分布隧道进口端外沟槽内水塘及水田表层。对隧道无影响。

（2）隧道二

隧道二测区不良地质为岩溶、断层破碎带及表土溜坍、顺层、危岩落石，无特殊岩土。

1）岩溶

场区地层岩性主要为灰岩、白云岩及白云质灰岩，地表基岩出露较好，岩表溶沟及溶槽较发育，但未见较大型溶洞出露。钻孔也未揭示溶洞。物探资料仅在局部见低阻异常区，推测为溶蚀破碎带，总体而言测区岩溶发育程度为弱发育。

2）断层破碎带

根据地表调查及物探揭示在 K36+300～K36+328（Z9K36+309～+335）发育有沙子湾断层，断层带内为压碎岩及断层角砾岩充填。

3）表土溜坍

在隧道出口 Z9K36+585～+610 左 0～10 至右 0～18m 处发育一坍塌体，厚 2～5m，为地表土坍塌形成，对出口洞口边仰坡有一定影响。

4）顺层

隧道进口岩性为白云岩与灰岩互层夹石膏，岩层产状为108°∠35°，岩层走向与线路方向近于垂直相交，纵断面方向视倾角34°～35°，隧道洞口仰坡存在顺层问题。

5）危岩落石

隧道进口斜坡中上部基岩出露好，斜坡陡峻，岩性为白云岩与灰岩互层夹石膏，节理裂隙较发育，节理切割岩体呈碎块状及块状，块状直径为1～1.5m，形成危岩，在外界因素影响下易形成落石。对洞口有一定影响。

（3）隧道三

隧道三测区不良地质为岩溶、仰坡顺层及危岩体。

1）岩溶

洞身岩性较杂，分布段落不均，可溶岩主要分布于进口至K38＋550段，岩性为白云质灰岩、白云岩，地表多见岩溶出露。

2）仰坡顺层

进口岩性为白云质灰岩夹泥质白云岩，产状为：115°∠29°，岩层走向与线位剖面夹角为85°，倾向小里程方向，视倾角28.5°。洞门仰坡顺层，节理主要为201°∠86°，115°∠66°两组，表层基岩受节理组合切割形成块茎为1.2～2m的块石形成危岩体，部分已经沿层理面滑动脱落。

（4）隧道四

隧道四测区内不良地质为岩溶、顺层及顺层偏压、地形偏压、浅埋，无特殊岩土。

1）岩溶

隧区岩性杂，夹有灰岩、泥质灰岩、泥质白云岩等可溶岩，地表发育小型溶沟、溶槽。

2）浅埋

隧道进口K44＋835（Z10K44＋815）～K44＋950(Z10K44＋910）段埋深仅50m，且为傍山行进。出口K45＋275(Z10K45＋305)～K45＋583(Z10K45＋593）段最大埋深仅60m，多埋深小于50m，浅埋段最长达308m。隧区岩性软硬岩呈互层状分布，软硬不均，加之受隧道进口端外的区域性断层影响，隧区岩体普遍较破碎，同时线路与岩层走向基本小角度相交，倾角缓。

3）顺层及顺层偏压

钻孔揭露隧道进口段岩性为泥岩、砂质泥岩、泥质灰岩，为互层状分布，岩层产状170°∠26°，岩层走向与线路方向夹角1°～16°，横向视倾角23°～25°倾向线路左侧，右侧边坡顺层。出口岩性为泥岩、泥灰岩、泥质灰岩、白云岩，沉积不均匀性，岩层产状150°∠29°，岩层走向与线路方向夹角39°，横向视倾角29°，倾向线路左侧，右侧边坡顺层。同时，隧道洞身段右侧存在顺层偏压。层间综合内摩擦角14°。

3.5.2 隧道掘进施工

1. 施工流程及施工方法、工艺

总体施工顺序：测量放样→边仰坡开挖支护→洞口超前管棚施工→洞身开挖（初期支护）→仰拱开挖（初期支护）→仰拱混凝土施工→填充混凝土施工→防水层施作→二次混

凝土施工→沟槽施工→路面施工。

（1）边、仰坡开挖

在洞顶边仰坡外5m施工截水沟，再进行洞口土石方开挖，然后进行边仰坡施工和防护。洞口段土石方采用明挖法施工，洞口边仰坡外的截水沟与边坡天然排水沟相接。洞口段仰坡开挖严格按设计控制坡度，松软地层开挖时从上至下，随挖随支护，并随时监测山坡和支护稳定情况。边坡、仰坡上浮石、危石要清除，坡面凸凹不平处予以修整平顺。开挖弃方土堆放在指定地点，边仰坡上不堆放弃土、石方。

边、仰坡加固时，洞口边仰坡设计坡率为1∶0.5，防护型式均为锚、网、喷防护，支护参数为：C20喷射混凝土厚度10cm；Φ22mm药卷锚杆长3.5m、间距为1.5mm×1.5m，梅花形布置；Φ8钢筋网片，网格间距为20cm×20cm，单层设置。

（2）导向墙与大管棚施工

1）混凝土导向墙

采用C25钢筋混凝土套拱作为管棚导向墙，混凝土导向墙厚0.7m，长2.0m，导向墙内埋设4榀Ⅰ18钢架，各单元由I18钢架、连接钢板焊接成型，钢架纵向由Φ20钢筋焊接固定，环向间距1m。各单元间由螺栓连接，钢架拱脚垫钢板，接头处焊缝要求焊接密实、饱满，焊缝高度不小于6mm。

导向管采用Φ127×6mm孔口管，钢架与导向管焊成整体，确保导向管稳固、方向准确，导向管外插角1°～3°；套拱模板采用5cm厚木模，要求按照设计轮廓线拼装模板，安装稳固、牢靠无变形。浇筑混凝土为C25混凝土，汽车泵泵送入模，采用插入振捣方式，分层振捣夯实。

2）钻孔

待导向墙施作完成后，即可安装钻机，将洞口预留核心土整平夯实，以便安置钻机。钻孔过程中，应将钻机固定牢固，以防钻孔钻机晃动。

钻孔由下至上，从两侧向中间，依次进行。钻孔前，用全站仪测量钻杆首尾端的空间方位，以保证钻机转轴及钻杆的轴线与管棚孔的轴线相一致。钻孔过程中要始终注意钻杆角度的变化，并保证钻机不移位。

钻孔前先检查钻机机械状况是否正常，钻孔时根据情况确定是否加泥浆或水泥浆钻进，当钻至砂层易塌孔时，应加泥浆护壁方可继续钻进；如不能成孔时，可加套筒或将钻头直接焊接在钢管前端。

钻机就位后，根据事先测量放样好的点位钻孔位置，施钻时，顶紧掌子面，提高施钻精度。钻孔开孔时钻速宜低，钻深至20cm以后转入正常钻速，钻进过程中不断调整钻机钻进方向。第一节钻杆钻入岩层尾部剩20～30cm时钻进停止，用两把管钳人工卡紧钻杆，钻机低速反转，脱开钻杆。钻机沿导轨退回原位，人工装入第二节钻杆，并在钻杆前端安装好联接套，钻机低速送至第一根钻机尾部，方向对准后联接成一体。每次接长，按上述方法进行。换钻杆时，要注意检查钻杆是否弯曲，有无损伤，中心水孔是否畅通等，不符合要求的应更换，以确保正常作业。为防止钻杆在推力和振动力双重作用下钻杆上下颤动，导致钻孔不直，钻孔时应把扶直器套在钻杆上，随钻杆钻进向前平移。

3）管棚安装及孔口处理

洞口地质条件较差，极易造成坍孔，待成孔后立即下管。管棚采用Φ108×6mm热轧无缝钢管，节长3m、6m。管壁设Φ15mm注浆孔，管棚以丝扣连接，丝扣长15cm，管棚环向间距中心至中心为40cm，同一横断面内接头数量不超过50%，相邻钢管的接头相错不小于1m。施工中的钢管在安装前必须逐孔逐跟进行编号，把孔分为奇数和偶数。钢管就位后，将管棚加以固定，钢管与导向管间隙用棉纱堵塞、M30水泥砂浆封堵。

4）注浆

注浆前先检查管路和机械状况，确认正常后做压浆试验，确定合理的注浆参数，方可以施工。注浆过程中随时检查孔口、邻孔、覆盖层较薄部位有无串浆现象，如发生串浆，在有多台注浆机的条件下，应同时注浆；无条件时，应立即停止注浆或采用间歇式注浆封堵串浆口，也可采用麻纱、木楔、快硬水泥砂浆或锚固剂封堵，直至不再串浆时再继续注浆。

注浆过程中压力如突然升高，可能发生堵管，应停机检查。注浆采用单液注浆，并采用分段注浆方式保证注浆能充分填充至围岩内。浆液扩散半径不小于0.45m，水泥浆液（掺加5%的水玻璃）进浆量很大，压力长时间不升高，应调整浆液浓度及配合比，缩短凝胶时间，进行小泵量低压力注浆或间歇式注浆，使浆液在裂隙中有相对停留时间，以便凝胶，停留时间不超过混合浆的凝胶时间。注浆量未达到设计值但注浆压力已达到2MPa，则继续注浆两分钟则表示已达到注浆效果，可停止注浆，并及时封堵注浆口，防止空气进入管内。注浆过程应派专人负责，填写《注浆记录表》，详细记录注浆时间、浆液消耗量及注浆压力等数据，观察压力表值，监控连通装置，避免因压力猛增而发生异常情况。并针对现场可能出现的特殊情况，做出相应应急措施。注浆结束后，先对钢管进行清孔，清孔完毕后，立即用M30砂浆进行充填，增加钢管强度，并注意注浆管口埋入砂浆深度不得少于30cm。

注浆操作人员必须经过专门培训，并实行岗位责任制。认真检查注浆管路系统，包括混合器、接头、阀门等，如有破损立即更换，不好用的接头、阀门，不得使用，防止在高压下发生脱扣的危险事故。

注浆前，在洞外将管路全部接通，进行试压，试压可用清水进行。在试压时，如管路不通或接头有漏水现象，予以排除，保持管路系统各部件完好畅通。在注浆过程中，所有拆卸下来的接头、阀门，安排专人及时清洗干净，以备轮换使用。配备专业电工，在电路、电气设备发生故障时及时排除。注浆作业完毕后，认真清洗干净所有的机具设备，特别是搅拌机、注浆管、接头、阀门、贮浆桶等，以备下阶段注浆时使用。

以单孔设计注浆量和注浆压力作为注浆结束标准，其中应以单孔注浆量控制为主，注浆压力控制为辅；注浆时要注意对地表以及四周进行观察，如压力一直不上升，应采取间隙注浆方法，以控制注浆范围。

（3）洞门施工

明洞土石方开挖采取横向分层纵向分段的方法进行施工，采用挖掘机开挖，必要时采取弱爆破和人工配合机械刷坡，装载机装渣自卸汽车出渣。按照设计施作边仰坡防护措施。开挖完成后进行基底处理，基底承载力达到要求后施作仰拱、填充混凝土，填充混凝土在仰拱混凝土终凝后进行浇筑。

明洞衬砌均采用模板台车作内模，外模采用组合钢模对拱墙衬砌混凝土一次性灌注，混凝土由自动拌合站生产，罐车运输，泵送入模，插入式振捣器振捣。洞口衬砌与隧道洞门整体灌筑后进行洞顶回填施工。

明洞回填分层填筑，每层厚不大于0.3m，左右对称回填。码砌及浆砌分层错缝进行、夯填密实，确保施工质量。

(4) 洞身开挖支护

1) 超前支护

超前预支护采用ϕ108大管棚（洞口段）与ϕ42mm注浆小导管，提前对前方围岩进行加固，确保施工安全。小导管采用外径42mm，壁厚4.0mm热轧无缝钢管加工而成，前端加工成尖锥状，尾部焊一圈ϕ6钢筋加劲箍。除尾部105cm外，管壁四周钻ϕ6的注浆孔，以便浆液向围岩内压注，外插角10°～15°；拱部范围内布设，环向间距35cm与40cm；注浆采用水泥浆，可适当采用水泥-水玻璃双液浆调节凝结时间。

超前小导管采用风钻钻孔，人工安装管体，小导管安设采用钻孔打入法。小导管要从前一榀钢架的腹板穿过，尾端要和钢架搭接牢固，与钢架形成整体受力。钢架定位后，直接采用风钻穿过钢架腹板"导管孔"钻孔，钻孔采用直径50mm钻头成孔，孔深4.0m，外插角10°～15°。每成一孔，应及时将小导管穿过钢架顶入孔内以防坍孔，同时采用高压风清孔，并立即注浆，小导管顶入长度不小于钢管长度的90%。安装时，在小导管靠近尾端处缠绕麻丝等，以便顶入管体时可以将管体和钻孔周边堵塞，防止在注浆时出现周边漏浆。注浆采用水泥浆，水灰比1∶1（重量比），注浆压力0.5～1.0MPa。

根据图纸要求单管达到设计注浆量作为结束标准。当注浆压力达到设计终压时，进浆量仍达不到注浆终量时，亦可结束注浆。注浆结束后，将管口封堵，以防浆液倒流管外。

施工工艺见图3-74。

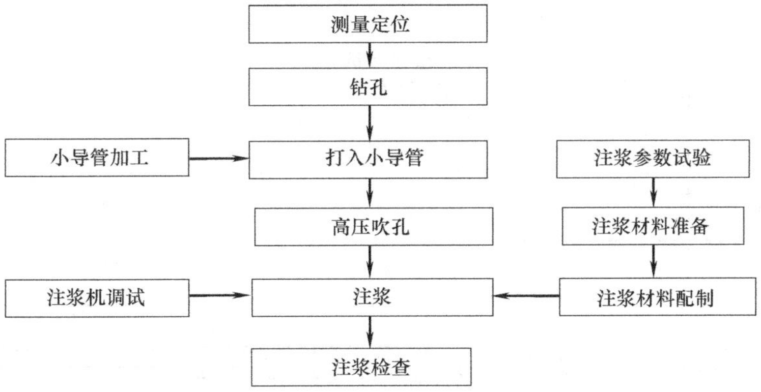

图3-74 超前小导管施工工艺框图

2) 开挖及爆破

开挖前要结合超前地质预报和施工检测资料，并确认注浆加固效果均安全后才能进行开挖，保证隧道开挖在超前支护的保护下施工。

① 洞身开挖

Ⅴ级土质段围岩开挖采用环形开挖预留核心土法施工，上台阶高度为6.39m、下台阶高度2.5m、核心土高度不小于4.5m，核心土的总面积不得低于开挖总面积的50%；下台阶滞后上台阶不超过15m，各台阶循环进尺不大于1榀拱架间距（0.6m）。下台阶两侧错开2m开挖支护，严禁对挖，防止两侧拱脚同时悬空而出现掉拱。上台阶预留核心土，采用人工配合挖机开挖，遇孤石采用松动爆破。每循环的核心土必须采用喷浆进行加固处理，同时待喷射混凝土强度达到设计强度的70%以上后，方可进行下道工序施工，具体见图3-75、图3-76。

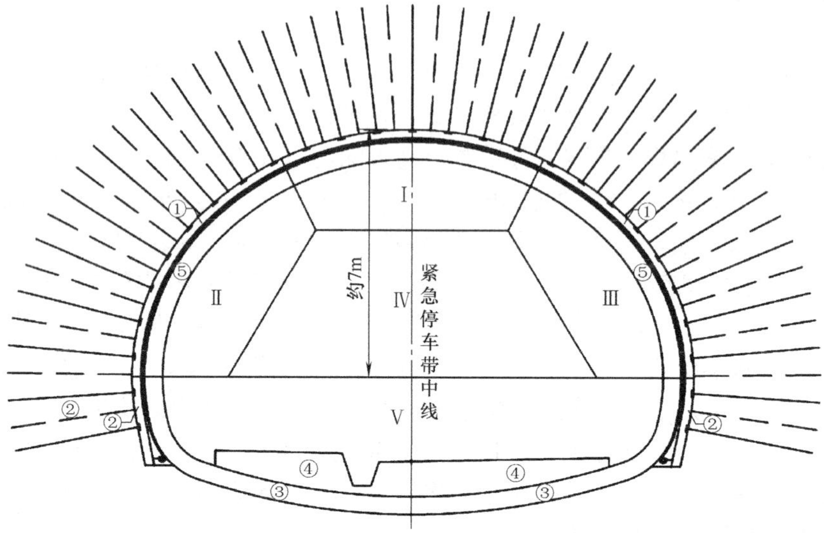

图3-75　环形开挖预留核心土法横向施工工序示意图

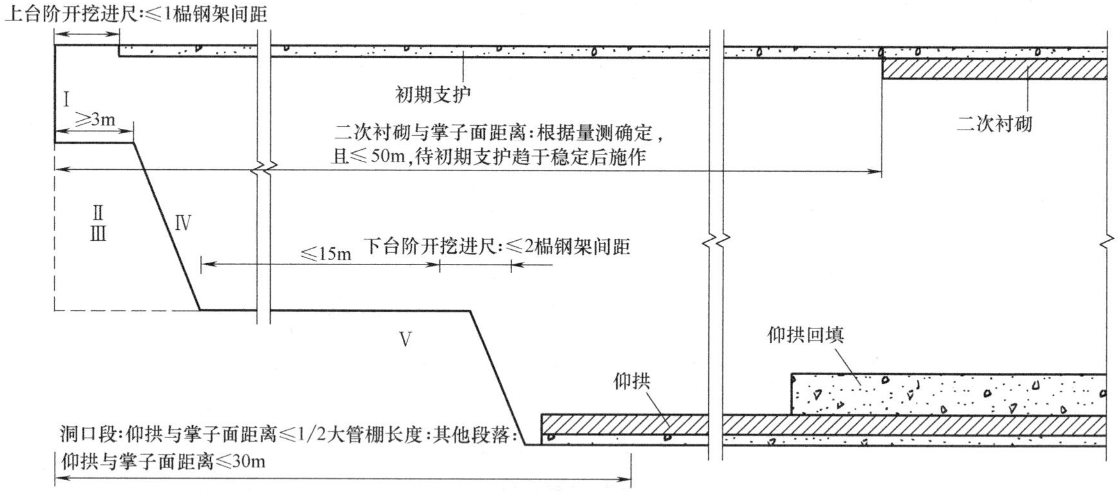

图3-76　环形开挖预留核心土法纵向施工工序示意图

Ⅴ级围岩岩质段及Ⅳ级围岩段采用两台阶法开挖，下台阶滞后上台阶不超过15m。Ⅴ级围岩开挖进尺不大于1榀拱架间距（0.6～0.8m），Ⅳ级围岩开挖进尺不大于2榀拱架间距（2～2.4m）。下台阶两侧错开开挖支护，严禁对挖，防止两侧拱脚同时悬空而出现掉拱，下台阶一次开挖长度不得超过2榀拱架距离，详见图3-77、图3-78。

Ⅲ级围岩采用全断面法开挖，开挖进尺不大于3m。见图3-79、图3-80。

A. 上台阶施工：上台阶开挖完成后初喷4cm厚混凝土，然后施作初期支护，即架立钢架、铺钢筋网片、钻设系统锚杆、锁脚锚杆（锁脚锚管长度为3.5m）；最后复喷混凝土

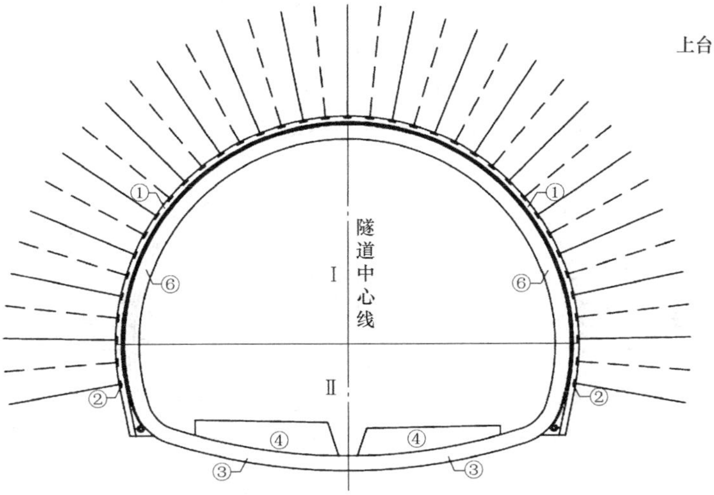

图 3-77 台阶法横向施工工序示意图

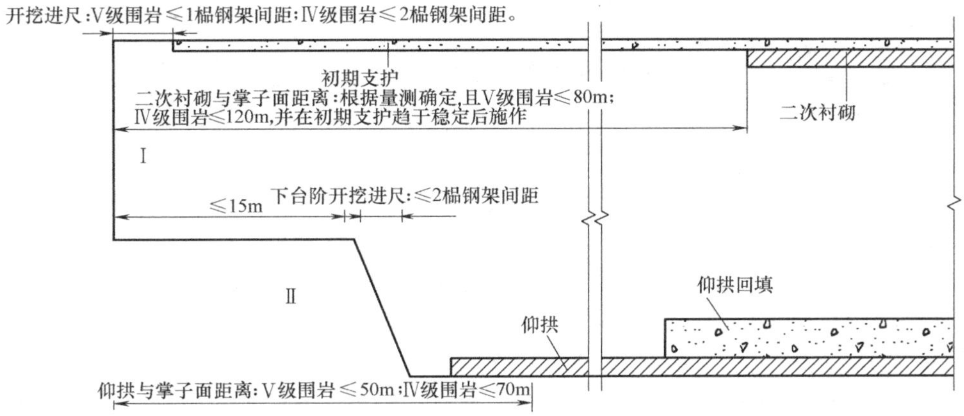

图 3-78 台阶法纵向施工工序示意图

至设计厚度。

B. 下台阶施工：中台阶两侧跳马口开挖，及时施作洞身结构的初期支护，初期支护参照上台阶工序进行，并及时施工仰拱初期支护，使整个支护体系封闭成环。待仰拱初期支护长度达 4～5m 时，灌注该段仰拱、填充。

C. 挖过程中坚持“管超前、短进尺、弱爆破”的原则。

D. 量测工作应紧跟施工，及时反馈信息，以调整支护参数。

② 钻爆设计

A. 设计原则

根据地质条件、开挖断面、开挖进尺、爆破器材等条件编制爆破设计。

根据围岩特点合理选择周边眼间距及周边眼的最小抵抗线，辅助炮眼交错均匀布置，周边炮眼与辅助炮眼眼底在同一垂直面上，掏槽炮眼加深 20cm。

严格控制周边眼的装药量，采用间隔装药，使药量沿炮眼全长均匀分布。

根据岩石特性选择炸药，本工程采用乳化炸药。塑料导爆管非电毫秒雷管起爆。采用

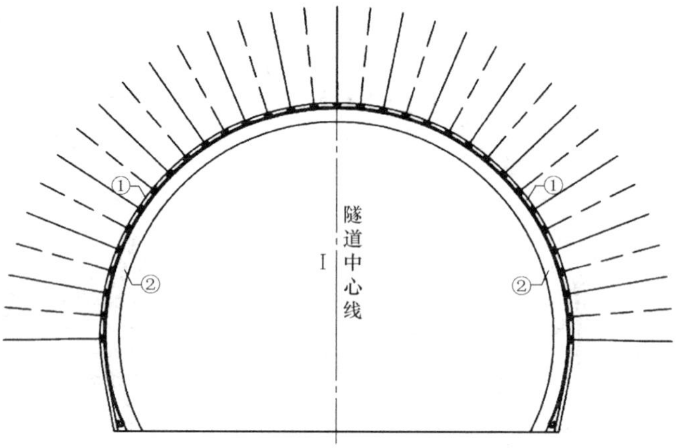

图 3-79 全断面法横向施工工序示意图

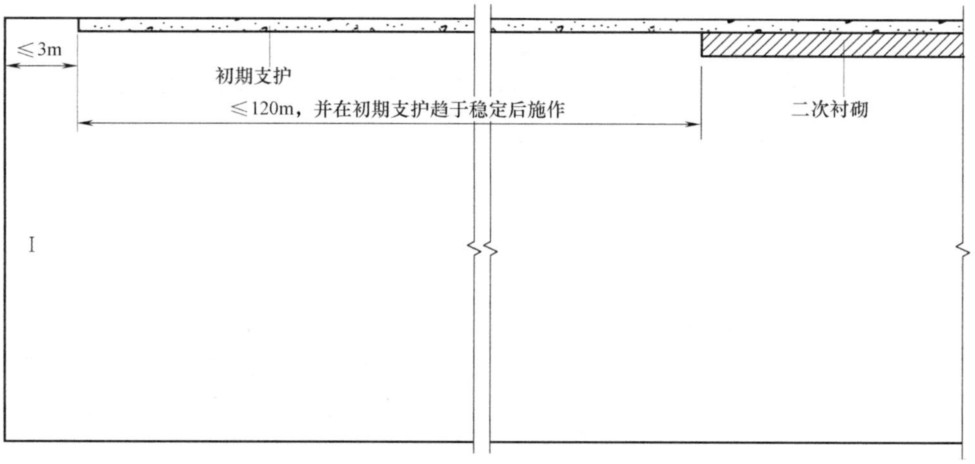

图 3-80 全断面法纵向施工工序示意图

毫秒微差有序起爆，周边眼采用导爆索起爆，以减小起爆时差。

B. 钻爆参数选择

通过爆破试验确定爆破参数，试验时参照表 3-25 “光面爆破参数表”。

光面爆破参数表 **表 3-25**

岩石种类	周边眼间距 E(cm)	周边眼最小抵抗线 W(cm)	相对距 E/W	周边眼装药参数 (kg/m)
中硬岩	45～65	60～80	0.7～1.0	0.2～0.30
软岩	35～50	45～60	0.5～0.8	0.07～0.12

③ 放样布眼

钻眼前，测量人员准确定出隧道中心线和拱顶面高程；用红油漆画出开挖轮廓线，并标出炮眼位置，其误差不得超过 5cm；每次测量放线的同时，要对上次爆破断面进行检查，及时调整爆破参数，以达到最佳爆破效果。

④ 钻眼要求

掏槽眼：采用斜眼楔形掏槽，深度、角度按设计施工，眼口间距误差和眼底间误差不得大于5cm。

周边眼：开眼位置在设计断面轮廓线上允许沿轮廓线调整其误差不得大于5cm；炮眼方向可以3%～5%的斜率外插，眼底不得超出开挖断面轮廓线10cm，最大不得超过15cm。内圈眼至周边眼的排距误差不得大于5cm；内圈眼与周边眼采用相同的斜率。当开挖面凹凸较大时，应按实际情况调整炮眼深度（相应调整装药量），力求所有炮眼（除掏槽眼外）眼底在同一平面上，钻眼完毕，按炮眼布置图进行检查并做好记录，有不符合要求的炮眼重钻，经检查合格后方可装药爆破。

⑤ 炮眼布置要求

先布置掏槽眼，其方向在岩层层理明显时应尽量垂直于层理，与掌子面稍有向内的夹角，掏槽眼应比其他眼加深20cm左右。

周边眼严格按设计开挖轮廓线布置，在硬岩层中，周边眼的眼口在断面设计轮廓线上，眼底超出轮廓线小于10cm；在软岩中，周边眼的眼口在断面设计轮廓线内小于8cm，眼底落在轮廓线上。

⑥ 孔口堵塞长度L

一般堵塞长度浅眼不超过20cm，深眼不超过30cm，为了确认合理的堵塞长度应该遵守下列规定：

塞物应能保证高压气体在炮孔内有充足的作用时间；

堵塞长度应与堵塞物密度和岩石特性有关；

开挖隧道中用的炮泥一般先在洞外做好，常做成药卷一样的形状，外表包上纸皮或塑料皮便于运送和填塞入孔中。

⑦ 清孔装药

装药前用小直径高压风管将炮眼内石屑吹净，装药需分片，分组按炮眼设计图确定的装药量自上而下进行，雷管段数要“对号入座”不得混装，所有炮孔均用炮泥堵塞。周边眼采用分节药卷配导爆索，以增加不耦合系数和爆破时的缓冲作用，炮孔装药均采用反向装药结构。

⑧ 连接起爆网络

在爆破中，采用的是电雷管起爆，在采用电雷管起爆时，电雷管本身存在着时差，特别是采用高段次延期时，时差就更大。

⑨ 起爆

起爆点位于洞内，距离掌子面距离必须超过300m，且必须有装载机等大型物体遮挡，起爆网路必须保证每个药卷按设计的起爆顺序和起爆时间起爆。

采用导爆管起爆法，联结方法必须正确，簇联每束不超过15根导爆管，为了“准爆”可以使用双雷管起爆。所有联结雷管都必须使用即发雷段（即毫秒管），联结必须牢靠。

⑩ 爆破效果监测及爆破设计优化

A. 爆破效果检查

断面仪检查断面超欠挖。

开挖轮廓圆顺，开挖面平整检查。

爆破进尺是否达到爆破设计要求。

B. 爆破设计优化

每次爆破后检查爆破效果，分析原因及时修正爆破参数，提高爆破效果，改善技术经济指标。

根据岩层节理裂隙发育、岩性软硬情况，修正眼距、装药量，特别是周边眼。

根据爆破振速监测，调整单响起爆炸药量及雷管段数。

根据开挖面凹凸情况修正钻眼深度，爆破眼眼底基本上落在同一断面上。

每个工作面各采用 1 台简易开挖台车，1 台挖掘机，2 台装载机，4 辆自卸汽车。装渣运渣通过挖掘机、装载机和自卸汽车共同完成。

预留核心土法开挖区段隧道上弧形导坑出渣采用由上至下倒渣的方式进行，核心土及下台阶采用渣体装车拉运出渣；上下台阶及全断面法开挖区段隧道出渣采用渣体装车拉运出渣；仰拱段支设栈桥通行。

情况 1　Ⅴ级围岩两台阶法：

Ⅴ级石质围岩段采用两台阶法，上台阶每循环开挖进尺为 1m，下台阶每循环开挖进尺为 1.5m。

（1）上台阶炮孔布置图及爆破参数

1）单孔理论装药量计算

① 掏槽孔

掏槽眼位置布置在分部断面中央偏下部位，其深度应比其他眼加深 20cm，深度为 1.8m；采用耦合连续装药结构。为爆出符合设计的开挖断面，除掏槽与底板眼外，所有掘进炮眼眼底应基本落在一平面上。底部炮眼深度一般与掏槽眼相同。

根据下列经验公式进行计算：

$$Q1=\eta Lr \tag{3-14}$$

式中　η——炮孔装药系数，取 $\eta=0.45$；

L——孔深，$L=1.8$m；

r——每米长度炸药量，$\phi32$ 药卷为 $r=1$kg/m。

经计算单孔经验装药量 $Q1=0.81$kg。

② 辅助孔

辅助眼深度为 1.0m，采用耦合连续装药结构。底部炮眼深度一般与掏槽眼相同。

$Q2=\eta Lr=0.35\times1\times1=0.35$kg，（式中 η 取 0.35）。

③ 周边孔

周边眼深度为 1.0m，采用不耦合间隔装药结构。底部炮眼深度一般与掏槽眼相同。

炮孔装药系数通常为辅助孔的 1/3～1/4，η 取 0.12。

$Q3=\eta Lr=0.12\times1\times1=0.12$kg；或采用导爆索。

2）上台阶炮孔布置

掏槽眼孔口水平间距 300cm，钻孔与掌子面呈 42°夹角，孔底水平间距为 30cm；辅助眼间距 80cm，周边眼间距 50cm，底板眼间距 80cm。

辅助眼与掌子面垂直，周边眼向外有一定的外插角，外插斜率为 0.03～0.05，使前后两排（两槽）炮眼的衔接台阶为最小，控制在 10～15cm。

周边眼最小抵抗线为 60cm，辅助眼最小抵抗线为 80cm。

炮孔布置分别见下图 3-81、图 3-82。

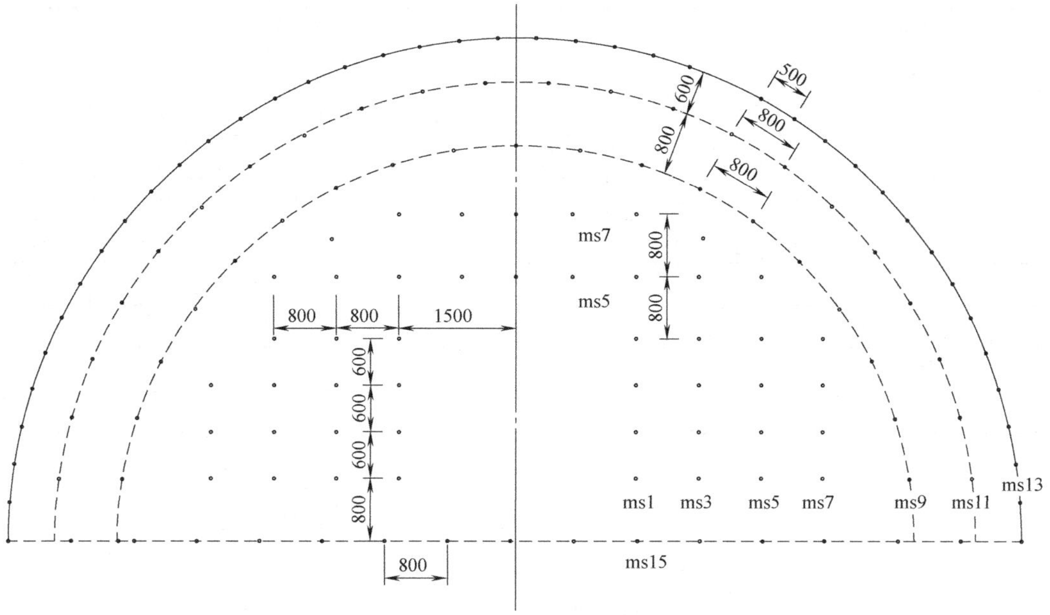

图 3-81　上台阶炮眼布置正面图（单位：mm）

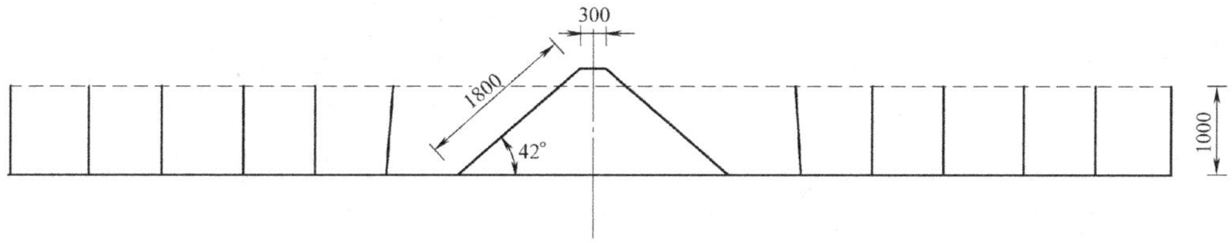

图 3-82　上台阶炮眼布置平面图（单位：mm）

3）爆破参数表

现场所用炸药为乳化炸药，为单节包装；直径 32mm 炸药，单节长度为 30cm，重量为 0.3kg/节。

为保证现场装药量易于控制，不是整支重量的炸药可切分为 1/2、1/3 等长节；根据计算装药量，单孔实际装药量为整支炸药＋已切分的分节，使实际装药量近似于理论药量。具体装药见表 3-26。

（2）下台阶（先行）炮孔布置图及爆破参数

1）单孔理论装药量计算

① 辅助孔

辅助眼深度为 1.5m，采用耦合连续装药结构。底部炮眼深度一般与掏槽眼相同。

$Q2=\eta Lr=0.35\times1.5\times1=0.525$kg，（式中 η 取 0.35）。

② 周边孔

周边眼深度为 1.5m，采用不耦合间隔装药结构。底部炮眼深度一般与掏槽眼相同。

上台阶装药表 **表 3-26**

序号	炮眼分类	炮眼数(个)	雷管段数	炮眼深度(m)	装药结构	单孔装药量(kg)		合计药量(kg)
						节数	重量(kg)	
1	掏槽眼	8	1	1.8	连续	(2+2/3)节	0.8	6.4
2	扩槽眼	8	13	1.0		(1+1/3)节	0.4	3.2
3	辅助眼	17	5	1.0		(1+1/3)节	0.4	6.8
4		13	7	1.0		1 节	0.3	3.9
5		19	9	1.0		1 节	0.3	5.7
6		22	11	1.0		1 节	0.3	6.6
7	周边眼	40	13	1.0	间隔	1/3 节	0.1	4
8	底板眼	17	15	1.0	连续	(1+1/3)节	0.4	6.8
9	合计	144						43.4
10	开挖方量:66m³				单耗量:0.66kg/m³			

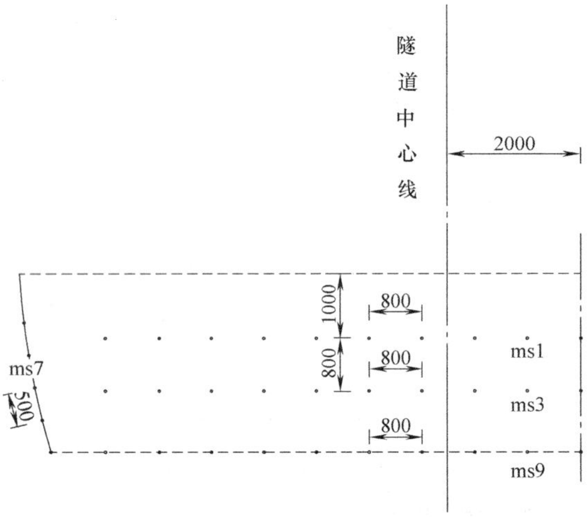

图 3-83 下台阶（先行）炮眼布置正面图（单位：mm）

炮孔装药系数通常为辅助孔的 1/3～1/4，η 取 0.12。

$Q3=\eta Lr=0.12\times1.5\times1=0.18$kg；或采用导爆索。

2）下台阶（先行）炮孔布置

辅助眼间距 80cm，周边眼间距 50cm，底板眼间距 80cm。

炮孔布置分别见下图 3-83。

3）爆破参数表

根据炮眼布置情况，炮孔装药量见下表 3-27。

（3）下台阶（后行）炮孔布置图及爆破参数

1）单孔理论装药量计算

参照下台阶（先行）计算量。

下台阶（先行）装药表 **表 3-27**

序号	炮眼分类	炮眼数(个)	雷管段数	炮眼深度(m)	装药结构	单孔装药量(kg)		合计药量(kg)
						节数	重量(kg)	
1	辅助眼	10	1	1.5	连续	(1+2/3)节	0.5	5
2		10	3	1.5		(1+2/3)节	0.5	5
3	周边眼	5	7	1.5	间隔	2/3 节	0.2	1
4	底板眼	10	9	1.5	连续	(1+2/3)节	0.5	5
5	合计	35						16
6	开挖方量:33.75m³				单耗量:0.47kg/m³			

2）下台阶（后行）炮孔布置

辅助眼间距 80cm，周边眼间距 50cm，底板眼间距 80cm。

炮孔布置分别见下图 3-84。

3）爆破参数表

根据炮眼布置情况，炮孔装药量见下表 3-28。

情况 2　Ⅳ级围岩两台阶法：

Ⅳ级围岩段采用两台阶法，上台阶每循环开挖进尺为 2m，下台阶每循环开挖进尺为 2m。

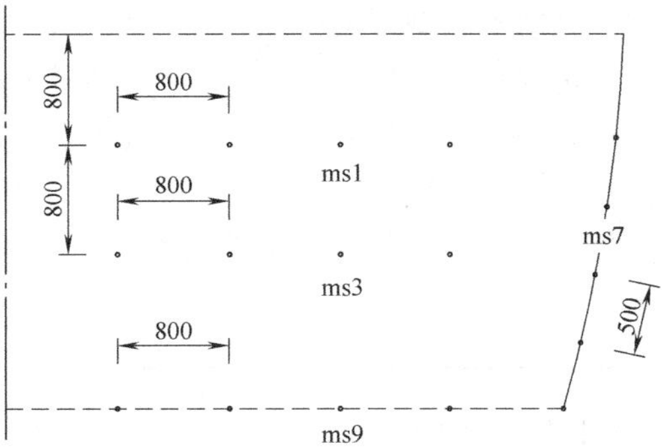

图 3-84　下台阶（后行）炮眼布置正面图（单位：mm）

下台阶（后行）装药表　　**表 3-28**

序号	炮眼分类	炮眼数(个)	雷管段数	炮眼深度(m)	装药结构	单孔装药量(kg)		合计药量(kg)
						节数	重量(kg)	
1	辅助眼	4	1	1.5	连续	(1+2/3)节	0.5	2
2		4	3	1.5		(1+2/3)节	0.5	2
3	周边眼	4	7	1.5	间隔	2/3 节	0.2	0.8
4	底板眼	5	9	1.5	连续	(1+2/3)节	0.5	2.5
5	合计	17						7.3
6	开挖方量：17.55m³				单耗量：0.42kg/m³			

（1）上台阶炮孔布置图及爆破参数

1）单孔理论装药量计算

① 掏槽孔

掏槽眼位置布置在分部断面中央偏下部位，其深度应比其他眼加深 20cm，斜眼加长 30cm，掏槽眼深度为 2.5m，采用耦合连续装药结构。

$$Q1=\eta Lr \tag{3-15}$$

式中　η——炮孔装药系数，取 $\eta=0.5$。

经计算 $Q1=1.25$kg。

② 辅助孔

辅助眼深度为 2m，采用耦合连续装药结构。

$Q2=2\times0.4\times1=0.8$kg，（式中 η 取 0.4）。

③ 周边孔

周边眼深度为 2m，采用不耦合间隔装药结构。底部炮眼深度一般与掏槽眼相同。

炮孔装药系数通常为辅助孔的 1/3～1/4，η 取 0.13。

$Q3=\eta Lr=0.13\times2\times1=0.26$kg；或采用导爆索。

2）上台阶炮孔布置

掏槽眼孔口水平间距 300cm，钻孔与掌子面呈 58°夹角，孔底水平间距为 30cm；辅助眼间距 80cm，周边眼间距 50cm，底板眼间距 80cm。

辅助眼与掌子面垂直，周边眼向外有一定的外插角，外插斜率为 0.03～0.05，使前后两排（两槽）炮眼的衔接台阶为最小，控制在 10～15cm。

周边眼最小抵抗线为 60cm，辅助眼最小抵抗线为 80cm。

炮孔布置分别见图 3-81、图 3-82。

3）爆破参数表

根据炮眼布置情况，炮孔装药见下表 3-29。

上台阶装药表 **表 3-29**

序号	炮眼分类	炮眼数(个)	雷管段数	炮眼深度(m)	装药结构	单孔装药量(kg)		合计药量(kg)
						节数	重量(kg)	
1	掏槽眼	8	1	2.5	连续	(4+1/3)节	1.3	10.4
2	扩槽眼	8	3	2.0		(2+2/3)节	0.8	6.4
3	辅助眼	15	5	2.0		(2+2/3)节	0.8	12
4		9	7	2.0		(2+2/3)节	0.8	7.2
5		18	9	2.0		(2+2/3)节	0.8	14.4
6		21	11	2.0		(2+2/3)节	0.8	16.8
7	周边眼	39	13	2.0	间隔	2/3 节	0.2	7.8
8	底板眼	17	15	2.0	连续	(2+2/3)节	0.8	13.6
9	合计	135						88.6
10	开挖方量：124.6m^3				单耗量：0.73kg/m^3			

（2）下台阶（先行）炮孔布置及爆破参数

1）单孔理论装药量计算

①辅助孔

辅助眼深度为 2m，采用耦合连续装药结构。底部炮眼深度一般与掏槽眼相同。

$Q2=\eta Lr=0.4\times2\times1=0.8$kg，（式中 η 取 0.4）。

② 周边孔

周边眼深度为 2m，采用不耦合间隔装药结构。底部炮眼深度一般与掏槽眼相同。炮孔装药系数通常为辅助孔的 1/3～1/4，η 取 0.13。

$Q3=\eta Lr=0.13\times2\times1=0.26$kg；或采用导爆索。

2）炮孔布置

辅助眼间距 80cm，周边眼间距 50cm，底板眼间距 80cm。

炮孔布置分别见图 3-83。

3）爆破参数表

根据炮眼布置情况，炮孔装药见表 3-30。

（3）下台阶（后行）炮孔布置及爆破参数

1）单孔理论装药量计算

参照下台阶（先行）计算量。

2）炮孔布置

辅助眼间距 80cm，周边眼间距 50cm，底板眼间距 80cm。

下台阶（先行）装药表 表 3-30

序号	炮眼分类	炮眼数(个)	雷管段数	炮眼深度(m)	装药结构	单孔装药量(kg)		合计药量(kg)
						节数	重量(kg)	
1	辅助眼	10	1	2	连续	(2+2/3)节	0.8	8
2		10	3	2		(2+2/3)节	0.8	8
3	周边眼	4	7	2	间隔	1节	0.3	1.2
4	底板眼	11	9	2	连续	(2+2/3)节	0.8	8.8
5	合计	35						26
6	开挖方量:40.6m^3				单耗量:0.64kg/m^3			

炮孔布置分别见图 3-84。

3）爆破参数表

根据炮眼布置情况，炮孔装药见下表 3-31。

下台阶（后行）装药表 表 3-31

序号	炮眼分类	炮眼数(个)	雷管段数	炮眼深度(m)	装药结构	单孔装药量(kg)		合计药量(kg)
						节数	重量(kg)	
1	辅助眼	4	1	2	连续	(2+2/3)节	0.8	3.2
2		4	3	2		(2+2/3)节	0.8	3.2
3	周边眼	4	7	2	间隔	1节	0.3	1.2
4	底板眼	5	9	2	连续	(2+2/3)节	0.8	4
5	合计	17						11.6
6	开挖方量:20.6m^3				单耗量:0.56kg/m^3			

情况 3、Ⅲ级围岩两台阶法：

Ⅲ级围岩段采用全断面法，每循环开挖进尺为 3m。

1）单孔理论装药量计算

① 掏槽孔

掏槽眼位置布置在分部断面中央偏下部位，其深度应比其他眼加深 20cm，深度为 3.5m，采用耦合连续装药结构。

$$Q1=\eta Lr \tag{3-16}$$

式中 η——炮孔装药系数，取 η=0.55。

经计算 $Q1$=1.925kg。

② 辅助孔

辅助眼深度为 3m，采用耦合连续装药结构。

$Q2=3\times0.45\times1=1.35$kg，（式中 η 取 0.45）。

③ 周边孔

周边眼深度为 3m，采用不耦合间隔装药结构。底部炮眼深度一般与掏槽眼相同。

炮孔装药系数通常为辅助孔的 1/3～1/4，η 取 0.15。

$Q3=\eta Lr=0.15\times3\times1=0.45$kg；或采用导爆索。

2）全断面炮孔布置图

掏槽眼孔口水平间距300cm，钻孔与掌子面呈70°夹角，孔底水平间距为30cm；辅助眼间距80cm，周边眼间距55cm，底板眼间距80cm。

周边眼最小抵抗线为70cm，辅助眼最小抵抗线为80cm。

炮孔布置分别见图3-85、图3-86。

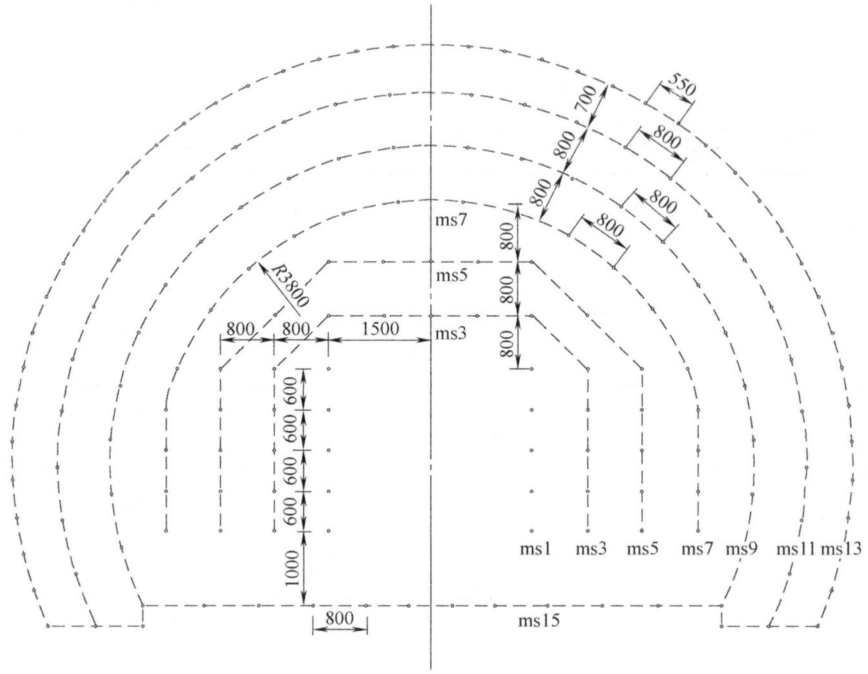

图3-85　上台阶炮眼布置正面图（单位：mm）

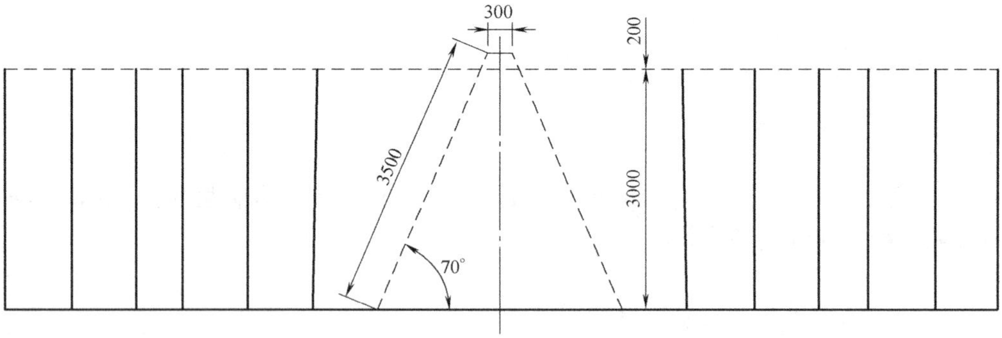

图3-86　上台阶炮眼布置平面图（单位：mm）

3）爆破参数

根据炮眼布置情况，炮孔装药见下表3-32。

（4）初期支护

1）C20喷射混凝土

① 集料要求

粗集料：粒径不大于15mm。细集料：中砂或粗砂，细度模数大于2.5，含水率5%～7%。粗细集料符合现有规范、标准的要求。

全断面装药表 表 3-32

序号	炮眼分类	炮眼数(个)	雷管段数	炮眼深度(m)	装药结构	单孔装药量(kg)		合计药量(kg)
						节数	重量(kg)	
1	掏槽眼	10	1	3.5	边续	(6+1/3)节	1.9	19
2	扩槽眼	15	3	3.0		(4+2/3)节	1.4	21
3	辅助眼	15	5	3.0		(4+1/3)节	1.3	19.5
4		20	7	3.0		(4+1/3)节	1.3	24.7
5		23	9	3.0		(4+1/3)节	1.3	29.9
6		27	11	3.0		(4+1/3)节	1.3	33.8
7	周边眼	43	13	3.0	间隔	(1+1/2)节	0.45	23.85
8	底板眼	18	15	3.0	连续	(4+1/3)节	1.3	23.4
9	合计	179						195.15
10	开挖方量:256.5m^3				单耗量:0.76kg/m^3			

② 喷混凝土方法

采用湿喷工艺。喷混凝土料由洞外自动计量拌和站生产，搅拌生产混凝土时，按设计加入外加剂。

③ 主要施工技术措施和要求

喷射混凝土前处理危石，检查开挖断面净空尺寸，如有欠挖及时处理后再喷；在特殊地质地段，设专人随时观察围岩变化情况，当受喷面有涌水、淋水、集中出水点时，先进行引排水处理。

施工机具布置在无危石的安全地带。

喷射前设置控制喷混凝土厚度的标志。检查电线路、设备和管路。

喷射前用高压水冲洗受喷面，当受喷面遇水易泥化时，用高压风吹净岩面。

按施工前实验所取得的方法与条件进行喷射混凝土作业，在喷射混凝土达到初凝后方能喷射下一层。首次喷射混凝土厚度不小于 40mm。喷射作业分段、分片、分层，由下而上顺序进行，有较大凹洼处，先喷射填平。速凝剂掺量准确，添加均匀。

喷嘴与岩面垂直，距受喷面 1.5～2.0m。

经常检查出料弯头、输料管和管路接头，处理故障时断电、停风，发现堵管时立即停风关机。

2）锚杆（砂浆锚杆、中空注浆锚杆）

① 锚杆类型

隧道洞内设计锚杆类型有药卷锚杆、中空注浆锚杆两种。

② 施工方法

药卷锚杆施工：边墙采用风钻成孔、拱部采用专用锚杆钻孔台车或自制的台架施工。成孔后，然后人工配合钻机安装锚杆，再利用已浸泡完全的药卷锚固剂进行封闭。

中空式注浆锚杆：成孔后，先插入杆体并安设止浆塞和孔口垫板，插入排气管，采用 HFV-5D 型注浆机注浆，注浆材料使用硅酸盐或普通硅酸盐水泥，粒径小于 2.5mm 的砂子，并须过筛，胶骨比 1∶0.5～1∶1，水灰比 0.38～0.45，砂浆标号不小于 M20，然后采用 HFV-5D 型注浆机注浆，待水泥浆终凝后扭紧固定孔口垫板的螺栓。

③ 施工技术措施

开挖初喷后，尽快钻孔、安设锚杆，然后复喷至设计厚度。锚杆原材料规格、长度、直径符合设计要求，锚杆杆体除油污、除锈。

锚杆孔位、孔深及布置形式符合设计要求，砂浆锚杆用的水泥砂浆，其强度不低于 M20，水泥用普通硅酸盐水泥，砂用中砂，粒径小于 2.5mm。锚杆孔中必须注满砂浆，发现不满须拔出锚杆重新注浆。注浆管不准对人放置，以防止高压喷出物射击伤人。砂浆应随用随拌，在初凝前全部用完，使用掺速凝剂砂浆时，一次拌制砂浆数量不应多于 3 个孔，以免时间过长，使砂浆在泵、管中凝结。

锚注完成后，应及时清洗，整理注浆用具，除掉砂浆凝聚物，为下次使用创造好条件。

钻锚杆孔：测量组按设计要求画出位置；保持锚孔顺直；钻孔深度及直径与杆体相匹配。

锚杆安装：杆体插入锚杆孔时，保持位置居中，砂浆 W/C 符合设计要求；有水地段先引出孔内的水或在附近另行钻孔再安装锚杆；锚杆孔内砂浆饱满密实，砂浆内添加适量的微膨胀剂；锚杆垫板与孔口混凝土密贴。随时检查锚杆头的变形情况，紧固垫板螺帽。

3） 钢筋网铺设

隧道设计有钢筋网。使用的钢筋须经试验合格，使用前要除锈，在洞外分片制作，安装时搭接长度不小于一个网格。

人工铺设，必要时利用风钻气腿顶撑，以便贴近岩面，与锚杆和钢架绑扎连接（或点焊焊接）牢固。钢筋网和钢架绑扎时，应绑在靠近岩面一侧，这样受力较好。

喷混凝土时，减小喷头至受喷面距离和风压，以减少钢筋网振动，降低回弹。钢筋网喷混凝土保护层厚度不小于 2cm。

4） 格栅及钢架支撑

Ⅴ、Ⅳ级围岩初期支护设置拱架支撑，包括工字钢拱架、格栅拱架。

① 制作安装

格栅支撑及钢架支撑按设计尺寸在钢构件集中加工厂下料分节焊接制作，制作时严格按技术交底执行，保证每节的弧度与尺寸均符合要求。每节两端均焊接连接板，节与节之间通过连接板用高强度螺栓连接牢靠，洞外加工后试拼检查。

支撑按设计要求安装，安装尺寸允许偏差：横向和高程为±5cm，垂直度±2°。

钢架的下端设在稳固的地层上，拱脚高度低于上部开挖底线以下 15～20cm。拱脚开挖超深时，加设钢板或混凝土垫块。

超挖较大时，拱背垫填混凝土垫块，以便抵住围岩，控制其变形的进一步发展。

两排钢架间用 ϕ20 钢筋拉杆纵向连接牢固，环向间距 1m，以便形成整体受力结构。

② 施工技术措施

在开挖及初喷混凝土后及时安装，钢架与围岩之间的间隙用喷混凝土喷密实，禁止用石块、木楔、背柴等填塞。

钢架安装时，严格控制其内轮廓尺寸，且预留沉降量，防止侵限；钢架安装好后，用锚杆锁固固定，防止其发生移位；钢架要全部被喷射混凝土覆盖，保护层厚度满足要求。

(5) 隧道结构防排水施工

1) 结构防排水设计

① 防排水原则

隧道防排水采用“防、截、堵、排”相结合的原则进行施作，使隧道防水可靠，排水畅通，保证建设期间隧道不渗不漏，隧道建成后达到洞内干燥的要求，以保证结构、设备的正常使用和行车安全。

② 防排水体系

a. 防水系统

混凝土结构自防水：隧道二次衬砌采用抗渗等级为 S8 的防水混凝土自防水。

三缝防水：变形缝采用钢边橡胶止水带＋外贴橡胶止水带＋填缝材料＋双组分聚硫密封胶组合防水；环向施工缝采用中埋橡胶止水带＋外贴橡胶止水带组合防水；纵向施工缝采用中埋钢边橡胶止水带防水。

防水卷材防水：在初期支护与二次衬砌之间铺设由 EVA 防水板与土工布（一膜一布）组成的防水层，无纺土工布与防水板采用分离式，即先铺设土工布后再铺挂防水板。

b. 排水系统

隧道排水系统分地下水排水系统、路面水排水系统和洞外截排水系统，各自独立，分别排放。

地下水排水系统：隧道二次衬砌表面防水层与喷射混凝土间环向设置 ϕ50HDPE 双壁打孔波纹管（外裹无纺布），将拱墙地下水引至墙脚处纵向排水盲管，环向波纹管纵向间距 10m，洞壁股水或地下水较集中处适当加密盲管；二次衬砌两侧边墙脚防水层与喷射混凝土间各设置一道纵向 ϕ110HDPE 双壁打孔波纹管（外裹无纺布），其纵坡与路面纵坡一致；路面结构底部设置横向 ϕ110HDPE 双壁无孔排水管，纵向间距 10m 一道，将边墙底纵向排水盲管汇集的地下水通过横向导水管排入中心排水沟；路面以下设置中央排水沟（60cm×60cm），每隔 200m 设置一处检查井。

路面水通过横坡排向两侧的排水浅槽（10cm×15cm）排出洞外。

洞外截排水系统：在洞口边坡与土石回填边缘线 5m 外设置截水天沟，并与路基截水沟顺接或直接排至自然沟渠。

围岩水经由环向排水管引到纵向排水管，再经由横向排水管将水排到中心排水沟中，环、纵向、横向排水管均采用三通管连接，施工中应注意封堵与稳妥连接，以防混凝土灌入、堵塞。

2) 防排水结构施工

① 防水层施工

防水板采用无钉铺设方法，用自动焊接机双缝热熔焊接。一次铺设长度根据混凝土循环灌筑长度确定，铺设前先行试铺，再加以调整。

防水板采用无钉铺设，即先用 PVC 垫片和射钉将无纺布固定于基面上（垫片间距：拱部环向间距 50cm，拱腰环向间距 70cm，边墙环向间距 100cm），再用热熔焊机将防水板焊在垫片上。

A. 基面处理

基面处理：铺设防水层前对初期支护进行找平，边墙及拱部补喷找平、底部砂浆找平。对外露的锚杆、管棚等切除、磨平，水泥砂浆封堵找平等。

出水点处理：在铺设防水板前，初期支护喷层表面漏水及时处理，采用注浆堵水，并保持基面的干燥。

B. 防水板焊接

防水板焊缝采用热合机自动焊缝形成，即将两层防水板的边缘搭接不小于10cm，通过热熔加压而黏合，两侧焊缝宽应不小于25mm；当纵向焊缝与环向焊缝成十字交叉时（十字形焊缝），事先对纵向焊缝外的多余搭接部分齐根处削去，将台阶修理成斜面并熔平。

C. 防水板质量检查和处理

外观检查：防水板铺设均匀连续，焊缝宽度不小于25mm，搭接宽度不小于10cm，焊缝应平顺、无褶皱、均匀连续，无假焊、漏焊、焊穿或夹层等现象。

焊缝质量检查：防水板搭接用热合机进行焊接，接缝为双焊缝，中间留出空隙以便检查。检查方法为按验收标准采用充气试验进行检查，不合格之处，用肥皂水涂在焊接缝上，产生气泡地方重新焊接，用热风焊枪和电烙铁等补焊，直到达到标准为止。

要保持防水层接头处的洁净、干燥，同时在下一阶段施工前不得将其弄破损。

二衬混凝土浇筑前加强对防水层的保护，注意钢筋的运输及绑扎过程中可能对防水板产生的损伤，发现层面有破损及时修补。

② 排水盲管施工

盲管安放位置准确，盲管安设的坡度与线路坡度一致。沿线钻孔，定位孔间距在30～50cm，将膨胀锚栓打入定位孔或用锚固剂将钢筋头预埋在定位孔中，固定钉安在盲管的两侧。用无纺布包住盲管，用扎丝捆好；用卡子卡住盲管，然后固定在膨胀螺栓上。采用三通和环向透水管盲管相连。

主要技术措施：

① 盲管与岩面的间距不得大于5cm，盲管与岩面脱开最大长度不大于10cm。

② 集中出水点沿水源方向钻孔，然后将单根集中引水盲管插入其中，并用速凝砂浆将周围封堵，使地下水从管中集中引出。

③ 盲管上有接头用无纺布等渗水材料包裹，防止杂物进入堵塞管道。

（6）隧道结构砼衬砌施工

1）衬砌方式

隧道采用复合式衬砌，正洞采用曲墙带仰拱形式的衬砌。

二次衬砌严格按设计和技术标准施工，保证“尺寸准确，强度合格，内实外美，不渗不漏，快速施工”的目标。仰拱及填充超前，拱墙衬砌适时紧跟。严格拱顶混凝土灌注工艺，采用预埋排气管，确保拱顶混凝土灌注密实。

2）仰拱及填充施工

正洞仰拱及填充紧随开挖进行，为减少其与出渣运输的干扰，采用仰拱栈桥辅助施工。仰拱和填充超前为拱墙衬砌台车轨道铺设提供条件，有利于文明施工，以保证隧道底部的施工质量，从根本上消除隧底质量隐患，有利于结构稳定。

仰拱及填充混凝土由洞外自动计量拌合站生产，混凝土输送车运输混凝土，泵送混凝土入模，插入式振捣器捣固。

自行式液压移动栈桥施工工艺流程

A. 仰拱隧底开挖，应保证仰拱圆顺、平整、不得欠挖，超挖部分用同级混凝土回填，并将基底虚渣、杂物、积水清理干净；

B. 移动栈桥，栈桥应放在隧中位置。

C. 施工防排水工程、仰拱预埋件等，应确保边墙部位防水板、泄水孔满足要求，仰拱接地、预埋过轨管等预埋件符合设计要求；

D. 安装仰拱钢端模与止水带，安装仰拱钢端模时仰拱基底应圆顺，模板安装在测量的同一断面上，止水带安装应居中安放，搭接满足要求；

E. 浇筑仰拱混凝土，浇筑顺序由隧底至两侧边墙，底部采用串筒浇筑，边墙采用溜槽浇筑，在施工过程中注意控制混凝土的浇筑速度，并加强振捣，确保混凝土施工质量。

F. 安装仰拱填充端模与中心水沟整体模板；

G. 浇筑仰拱填充混凝土，充分振捣，保证混凝土密实，并需对仰拱填充面进行二次收面，确保填充面平整度符合要求；

3）拱墙衬砌施工

正洞拱墙衬砌在围岩及初期支护变形基本稳定后进行，适度紧跟开挖。为保证衬砌速度、混凝土质量及外形美观，采用模板台车衬砌。

钢筋混凝土衬砌地段，钢筋在洞外下料加工，弯制成型，洞内绑扎或拼装焊接成衬砌钢筋骨架。在衬砌钢筋骨架绑扎前，需按照设计及规范要求铺设防排水层。

混凝土由洞外自动计量拌合站生产，混凝土搅拌运输车运输，泵送混凝土入模，插入式振捣器捣固。

当混凝土强度达到拆模强度时即可脱模，脱模后喷水养护，养护期 14d。

鉴于隧道衬砌拱顶混凝土泵送压力大，拱顶混凝土泵送难度加大，混凝土密实度的保证尤为重要。针对确保衬砌拱顶混凝土密实度，提出以下解决方案。

① 分层分窗浇注

泵送混凝土入仓自下而上，从已灌筑段接头处向未灌筑方向，分层对称浇灌，转混凝土窗口时两侧交叉泵送混凝土，防止偏压使模板变形。充分利用台车上、中、下三层开窗，分层浇注混凝土，在出料管前端加接 3～5m 同径软管，并须使管口向下，避免水平对防水层面直泵。混凝土浇筑时的自由倾落高度不超过 2m，当超过时，采用滑槽、串筒等器具，或通过模板上预留的孔口浇筑。

② 采用封顶工艺

封顶前，混凝土泵送软管从模板台车的进料窗口（从最低一级窗口逐渐上移）处注入混凝土。当混凝土浇筑面已接近顶部（以高于模板台车顶部为界限），进入封顶阶段，为了保证空气能够顺利排除，在堵头的最上端预留两个圆孔，安装排气管，其大小以 ϕ50mm 为宜。排气管采用轻质胶管或塑料管，以免沉入混凝土之中。将排气管一端伸入仓内，且尽量靠前，以免被泵管中流出来的混凝土压住堵死，另一端即露出端不宜过长，以便于观察混凝土浇筑情况。随着浇筑继续进行，当发现有水（实为混凝土表层的离析水、稀浆）自排气管中流出时（以泵压≤0.5 MPa 为宜），即说明仓内已完全充满了混凝土，立即停止浇筑混凝土，撤出排气管和泵送软管，并将挡板的圆孔堵死。

封顶混凝土按规范严格操作，尽量从内向端模方向灌注，排除空气，保证拱顶灌注厚度和密实。

隧道衬砌背后回填注浆采用纵向预埋注浆管法，预埋注浆管采用$\Phi 42 \times 4$mm 小导管，纵向间距为 2.5m，长度根据现场确定，注浆口与衬砌内表面齐平，并采用塑料包裹好，出浆口顶住防水板，使防水板紧贴喷曾。注浆材料采用 M20 水泥砂浆，注浆压力不得大于 1.0MPa。

4）主要技术措施

正洞仰拱、填充超前一次完成，断面中间不留施工缝，先灌筑仰拱、填充及边墙基础，后灌筑拱墙混凝土。

仰拱施工前清除基底积水、松渣等杂物。立模前应先检查断面、中线、混凝土面标高等。

模板台车就位前，准确安装拱顶排气管，确保封顶时不出现空洞。

钢筋混凝土衬砌地段，钢筋骨架固定牢固，确保钢筋安装位置正确。

严格混凝土和钢筋混凝土原材料试验、验收，选用合格水泥、粗细骨料、外加剂，精心进行配合比设计并不断优化，严格按配合比准确计量。

每循环脱模后，打磨模板，涂脱模剂。

冬期施工时，混凝土拌合运输严格执行规范要求。

（7）隧道沟槽施工

水沟、电缆槽在隧道二次衬砌施工完成后进行。

水沟电缆槽采用整体钢模，每个工作面共三组钢模在立模、灌注、拆模等三道工序上流水作业，加快沟槽施工进度，形成有序的工艺流程。

水沟电缆槽混凝土供应采用混凝土运输车运输。

2. 隧道施工通风及除尘

隧道左右线均采用“压入式通风”方案，进洞洞口各配置 2 台 110kW 的轴流风机，采用单路ϕ1500mm 软风管进洞。

（1）施工中作业环境的卫生标准

洞内氧气含量按体积不小于 20%；一氧化碳（CO）最高容许度为 30mg/m^3；二氧化碳（CO_2）体积计不大于 0.5%；瓦斯按体积计不大于 0.3%；氮氧化物（NO_2）高容许度为 5mg/m^3；洞内气温不高于 30℃；噪声不大于 90dB；坑道内风速不小于 0.25m/s，全断面开挖时风速不小于 0.15m/s，但均不大于 6m/s；供风量保证每人供应新鲜空气不小于 3m^3/min。

（2）通风管理

由具有丰富的通风知识的操作人员组成通风管理小组，配备足够的检测有害气体的设备，并且为检测试验人员提供经批准的防毒面罩。

1）由专业队伍进行现场施工通风管理和实施，风管安装确保平、直、顺，以减小管路沿程阻力和局部阻力，并加强日常维修和管理。

2）配备专业技术人员对现场通风效果进行检测，根据检测结果及时进行阶段调整。

3）必要时根据检测结果及时对通风系统作局部调整，保证洞内气温不得高于 28℃、一氧化碳（CO）和二氧化氮（NO_2）浓度在通风 30min 后分别降到 30mg/m^3 和 5mg/m^3 以下，以满足施工需要。同时做好有害气体的检测，根据检测结果及时优化施工通风。

4）风机配备专业风机司机负责操作，并作好运转记录，上岗前进行专业培训，培训合格后上岗。变极多速风机按顺序启动。

5）电工定期检修风机，及时发现和解决故障，保证风机正常运转。

6）为了保证风机能够正常启动和运转，为风机提供合适的供电设备。

7）洞口风机安设在距离洞口 30m 以外的上风向，避免发生污风循环；风管出风口距开挖工作面的距离不超过 40m。

8）保证隧道有足够的净空，避免发生过往车辆和机械刮破风管而影响施工。

9）隧道掘进超过 50m 后应进行供风，超过 150m 后应实施管道通风，通风管道前端至开挖断面距离不应大于 20m。

（3）降尘方法与措施

施工中，作业环境每立方米空气中的粉尘允许含量为：含 10%以上游离二氧化硅（SiO_2）粉尘不超过 $2mg/m^3$；含 10%以下游离二氧化硅（SiO_2）；粉尘不超过 $4mg/m^3$。

降尘措施：

A 隧道掘进和出渣期间，用粉尘测定仪在隧道开挖面附近测定粉尘含量，并进行洒水降尘。

B 钻眼作业采用湿式凿岩，凿岩机在钻眼时先送水后送风。禁止采用干式凿岩。

C 放炮后进行喷雾、洒水。

D 洞内施工人员佩带防尘面罩。

E 通过调整隧道供风的风速以排除粉尘。试验测定：当风速达到 1.5～3.0m/s 时，作业地点的粉尘可降到最小。

3. 施工排水

每个隧道洞口均设置污水处理池，对隧道施工废水进行沉淀、油污吸附等处理，达标后方可进行排放。根据掘进方向与线路纵向坡度关系，选择顺坡自然排水或反坡机械排水方式。

（1）顺坡排水

采用机械抽排和自然排放相结合的方式。即掌子面与已施工仰拱填充之间的散水汇积至集水坑，由污水泵将集水坑污水抽排至已施作仰拱填充地段侧沟内，污水顺侧沟排至洞口污水处理池。

（2）反坡排水

洞身反坡段排水采用管道式排水，采用潜水泵将开挖作业面污水抽排到移动水仓内，再用抽水机从水仓通过排污管抽排至洞口污水处理池。反坡段洞内配置应急排水管及大功率抽水机，确保在发生涌水状况时的排水能力。

4. 临时施工设施

（1）施工供电

在隧道洞口设 1 台 630kVA 变电器，经变压后直接供洞内施工及照明用电。每个隧道洞口备用两台 250kW 发电机，以备停电后应急。

线路的架设、接入作业时，参照现行的《电业安全工作规程》的规定办理，并设专人经常进行检查维修。

（2）施工供水

施工供水方案：在隧道洞口附近根据地形设置高位水池满足洞内高压用水需要，水池尺寸统一为 10m×3.0m×2.5m（长×宽×高）。其中隧道一进口设置在洞口左侧上方，距离洞口高度45m；隧道一出口设置在拌合站内，通过增加泵提升水压；隧道二出口设置在 K36+550 洞口上方 58m 高度，利用高差供水；隧道三进口水箱设置在 K38+100 洞口上方，与隧道高差为78m；隧道四利用增加泵供水。随带用水利用管路供水至洞内，水压不足时设增压泵。高压水管选用直径为 ϕ100mm 焊接钢管，安装在高压风管上部。

（3）施工供风

高压风采用洞外电动空压机组成的压风站集中供风方式，高压风管直径采用 ϕ200mm 无缝钢管，进洞后采用托架法安装在边墙上，沿全隧道通长布置，高度不影响仰拱及铺底施工。

主管道每隔 300～500m 分装闸阀和三通，以备出现涌水时作为应急排水管使用，管道前段距开挖面 30m 距离主风管头接分风器，用高压软管接至各风动工具。在高压风管最低处设置油水分离器，定时放出管中的积油和水。

空压机配备按洞内风动机械同时工作最大耗风量及管道漏风系数等计算式 3-17，式 3-18。

$$Q=\sum Q\times(1+\delta)\times k\times k_{\mathrm{m}} \tag{3-17}$$

式中　δ——安全系数电动取 0.3。

k——空压机本身磨损的修正系数取 1.05～1.10。

k_{m}——不同海拔高度的修正系数取。

$\sum Q$——风动机具同时工作耗风量总和。

$$\sum Q=\sum q\times q_n \tag{3-18}$$

式中　q_n——管道漏风系数取 1.15。

同时计算工作的各种风动工具耗风量式 3-19。

$$\sum q=N\times q\times K_1\times K_2 \tag{3-19}$$

式中　N——使用台数；

q——每台耗风量；

K_1——同时工作系数取 0.85；

K_2——风动机磨损系数取 1.10。

根据计算所得隧道进口、出口一个正洞工作面均须配置 4 台 20m^3/min 空压机组成的供风站。

（4）管线布置

洞内“三管两线”按要求布设，作好洞内排水、洞内路面清理及道路维护，加强洞内通风。高压风、水管路敷设平顺、接头严密、不漏风、不漏水并符合相关要求，设专人负责检查、养护。

洞内管线布置见图 3-87。

（5）弃渣与防护

工程施工前，首先就弃渣场向当地环保部门办理许可手续，在取得许可证后再开始弃渣。

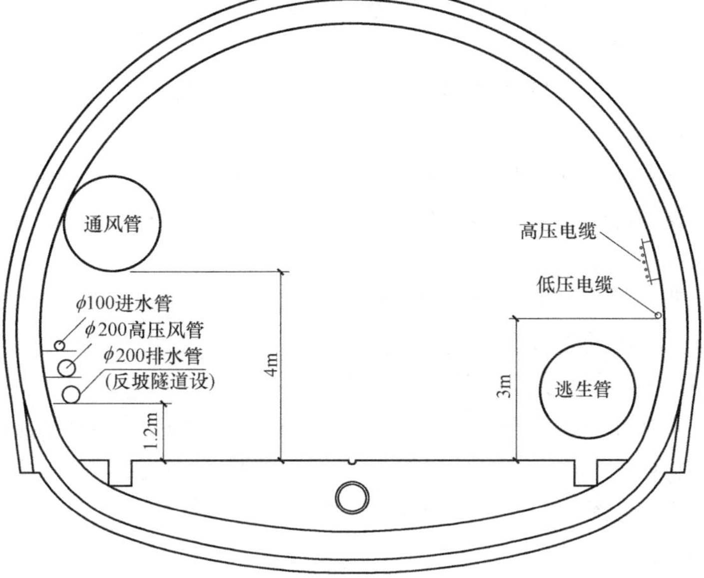

图 3-87　洞内管线布置示意图

为避免弃渣流失造成对环境的影响，对弃渣坡脚按照设计进行挡护。挡渣墙施作时作好地基处理，以满足承载力要求，基底承载力不小 250kPa，并保持渣场稳定；挡墙尺寸根据地形起伏按直线变化过渡，趾前挡渣墙基础埋置深度不小于 1.5m。

墙背底部设置一层卵石排水层，墙身中每隔 3m 设置 10～15cm 孔径的排水孔，梅花形布置；挡渣墙底部纵向每 10m 设置一道 2cm 伸缩缝。

弃渣场基底清除表层不少于 0.5m 的软弱土层，斜坡地段顺坡挖成台阶，台阶宽度不小于 2.0m。弃渣边坡 20m 宽度范围内碾压密实。渣场底平整后平行设置波纹管排水，波纹管两侧连接带孔波纹管树枝状布置，具体依据设计图纸进行施工。

在弃渣场周围 5m 外设一道排水沟，采用 M10 浆砌片石铺砌。

为防止水土流失，弃渣场施工完毕后在坡面上种植草皮，以利于恢复植被。

弃渣场挡渣墙提前修建，先挡后弃，采用人工配合挖掘机清理基层覆土。基底开挖土堆放要远离河道，避免雨水冲刷污染河水。对基底挖至基岩或原状土后夯实基底。

浆砌片石挡墙、水沟采用挤浆法施工，砂浆饱满。

弃渣堆放时为避免大块石渣直接冲击挡墙，分层堆弃，每层高度不大于 2m，弃渣场底部填筑硬质岩渣，填筑厚度不小于 2m，靠挡墙处人工配合挖掘机填筑。

弃渣符合地方环保规定，施工过程中保护渣场四周的植被，工程竣工后对渣场进行填土恢复、平整、绿化、还耕，以保护生态环境，防止水土流失。

5. 不良地质施工措施

本标段隧道工程存在潜在的主要不良地质有：岩溶、断层破碎带突泥涌水、有害气体段、浅埋段、顺层段。

（1）岩溶

隧道岩溶地段施工前，应依据设计文件结合现场情况核查溶洞的分布范围、类型、规模、充填物和地下水流情况等，按照“以疏为主、堵排结合、因地制宜、综合治理”的原则，分别以“疏导、堵填、注浆加固、跨越、绕避、宣泄”等措施进行处理。

1）开挖应符合下列规定：

① 开挖方法采用分步开挖法。当溶洞出现在隧道一侧，应先开挖该侧，待支护完成后，再开挖另一侧。

② 涌水可能增大时，加强超前钻孔探测。

③ 溶岩段爆破开挖时，采用多打眼、打浅眼、多分段的方法，严格控制单段起爆药量和总装药量，控制爆破震动。

2）隧道施工遇到溶洞时，应按下列规定处理：

① 溶洞空腔、暗河的处理首先选择连通方案，不改变地下水总的流动趋势；各类新建的排水暗管要有一定的坡度，以预防泥沙淤积。

② 当隧道穿越有堆积物溶洞时，如果堆积物较大，清理时会造成随清随塌的大型坍塌体，先采用超前强预支护、注浆等措施加固周围的堆积物。

③ 施工中遇到一时难以处理的溶洞时，可采用迂回导坑绕过溶洞区，在处理溶洞的同时进行隧道前方施工。

④ 二次衬砌施工前检查隧道周边围岩情况，可采用物探手段，重点检查拱部、底板、侧边墙 5m 以内是否有空洞，隧道底部是否密实。

⑤ 溶洞、塌方及超挖回填质量控制，采用喷射混凝土或模筑混凝土回填，必要时注浆。

（2）断层破碎带突泥涌水

1）突泥处置

岩溶洞穴有填充物，其一般下沉量大、强度低、稳定性差，大多由泥砂及其混合物组成。当隧道必须穿越时，隧道基底可采取换填、注浆加固、钢管桩、旋喷桩等方法来处理。

对于充填淤泥的溶洞：在隧道施工中，采取综合超前地质超前预报判明前方存在充填淤泥质溶洞时，应停止施工。然后采用超前预注浆加固淤泥质地层，并采取超前大管棚支护，台阶法开挖。开挖后及时进行径向补充注浆，及时施作加强型二次衬砌结构。

对于充填粉质黏性土型的：在隧道施工中，采取综合超前地质超前预报表明前方存在充填粉质黏土层时，鉴于粉质黏性土层有一定的自稳能力，对于拱部及边墙的溶洞可采用超前小导管支护，必要时在隧道拱部设大管棚超前支护，分部开挖，钢架支撑的处治方案，开挖后及时进行径向加固注浆。基底的溶洞可采取钢管群桩或高压旋喷桩进行加固处治。加固后及时施作二次衬砌结构，根据水压力测试结果确定是否采取抗水压二次衬砌结构形式。

当溶洞较大较深、填充物较多时，可采用梁、拱跨越。但梁端或拱座应置于稳固可靠的基岩上，必要时用圬工加固。

2）涌水处置

隧道在施工时，应根据超前地质预报及现场实际情况，探明前方围岩软塑状断层破碎带及溶洞的分布范围、类型情况（涌水大小、溶洞是否发育中）、岩层稳定程度和地下水情况（有无长期补给来源、雨季水量有无增减），并采取相应的施工措施。

① 当涌水量不大，涌水类型为基岩裂隙水时，在长段落范围内进行注浆是不经济的，也会对隧道的建设工期产生严重影响。因此，在这种条件下按照“适量排放”的原则，做好隧道施工排水和运营排水。

② 当涌水量较大、涌水集中在一定的范围内，严重影响隧道掘进进度时，采用超前注浆和帷幕注浆技术、径向注浆的方式进行堵水，来加快隧道施工进度。

③ 施工中出现大集中涌水时，采取局部注浆的方式进行封堵，对剩余的小股涌水进行集中引排。同时加大施工中抽水泵站抽水能力的配备和储备，按设计中预测的最大涌水量配备各级泵站。为了防止突然涌水，发生涌水风险事件，在施工中严格控制台阶长度，并随时进行补注浆，保证隧道施工安全。

④ 当有暗河和大量涌水时，宜排不宜堵。在查明水源流向及其与隧道位置的关系后，采取暗管、涵洞、小桥等设施以渲泄水流，最后利用隧道内排水系统将水排出洞外。

⑤ 局部注浆技术措施

如岩层的溶隙、软弱夹层的局部有股状涌水现象，出水比较清澈，受大气降雨影响不大，对出水点进行注浆封堵。

（3）有害气体段

隧道一有害气体段采取以下措施进行控制：

1）超前地质预报

隧道瓦斯工区超前预报主要采取地质调查法、物探法、钻探法三种手段相结合。

2）瓦斯监控检测

采用人工移动式检测对隧道洞口、二次衬砌施工作业面、仰拱及仰拱填充作业面、敷设防水层处、开挖工作面、距开挖工作面 20m 回风流处、局扇附近等地段进行瓦斯浓度监控。

3）当确认隧道穿越含瓦斯段落时，隧道结构封闭

① 隧道二次衬砌均采用全封闭气密性混凝土，混凝土透气系数不大于 10～11cm/s。

② 二次衬砌环向施工缝采用拱墙外贴式橡胶止水带＋全环中埋式橡胶止水带，纵向施工缝采用中埋式钢边橡胶止水带，沉降缝设全环外贴式橡胶止水带＋全环中埋式钢边橡胶止水带。

4）加强施工通风，施工通风采用连续不间断通风。在第一条车行横通道贯通前，施工通风采用压入式通风，贯通后采用巷道式通风。

5）瓦斯工区施工中所用的电气设备采用防爆型，并配置独立双回路电源。

6）对作业人员进行安全教育培训，加强对瓦斯的安全防护。

7）严格执行巡回检查制度。

8）成立应急抢险救援指挥领导小组，下设危险源风险评估督察组、现场抢救组、技术处理组、后勤供应组、善后工作组、事故调查组等专业组，同时备齐应急物资。

（4）浅埋段

浅埋段隧道段严格按照“管超前、严注浆、短进尺、强支护、勤量测、紧封闭”的方针制定施工方案。严格控制地层变形和房屋沉降，加强周围环境保护。

施工前，应加强对浅埋段落地表水系的调查，先进行洞外地表水的疏导和处理，防止

地表水下渗进入洞身围岩，不利于结构稳定和安全。必要时进行地表注浆加固处理，以提高浅埋段围岩的固结程度，利于开挖的稳定。并尽量避开雨季施工。同时，严格落实综合超前地质预报工作，重点查明围岩破碎程度及赋水状况。若探测出围岩极破碎，且地下水丰富时，应对施工方法及施工措施进行优化，必要时采取超前预注浆措施加固围岩，防止坍塌及涌水突泥等。

施工中，应以机械开挖为主，当必须采用爆破时，应严格进行药量计算，控制爆破，尽量减少对围岩的扰动。洞身采用按照设计开挖方式进行施工，严格落实短进尺、弱爆破、管超前、强支护、勤量测、快封闭的原则，仰拱及二衬必须紧跟保证步距要求。

严格落实监控量测的各项手段，以上两段除进行洞内监控量测外，还必须进行地表监测，杜绝地表下陷的风险。通过监测数据进行位移反分析，确定合理开挖方法和施工步距，及时调整施工步距和预留变形量。

（5）顺层偏压段

1）因顺层段均为软岩，施工过程中采取短进尺、环环封闭的措施，施工中仰拱及二衬必须紧跟掌子面保证步距要求，必要时可缩小步距。

2）隧道开挖后，根据顺层层理走向倾角调整锚杆位置，改善支护受力结构，将锚杆尽量多的布置在线路顺层偏压侧。

3）加强监控量测工作，根据现场变形监测情况在顺层偏压侧增设量测点，通过监测数据进行位移反分析，确定合理开挖方法和施工步距，验证支护参数和预留变形量的合理性，及时调整支护参数和预留变形量。

6. 特殊季节施工及技术保证措施

（1）雨季施工措施

施工区域年平均气温 16.5℃，雨量充沛，年平均降水量 1092.3mm，降雨多集中在5～9月。

雨季期间，与当地气象部门紧密联系，随时掌握气象情况，预防为主，并在雨季前做好工程用料储备工作。

合理布置施工场地内的排水沟、截水沟等排水设施，雨季派专人负责排水，加强对排水设施的检查维护，确保排水设施的畅通。

加强便道的养护，雨季前路面碾压密实，做好便道排水沟和横向排水坡的处理，使道路畅通，路面不积水，便道派专人负责养护。

工地预备足够的防汛物资和设备，如草袋、篷布、大功率抽水机等，严禁挪用防汛物资和设备。

对材料做好遮盖防水工作，使任何应避免水的材料、产品、半成品免于浸泡淋湿，钢筋存放于料棚内，防止雨淋。

隧道洞口段在雨季到来之前完成，并做好仰坡坡顶截水沟，搞好坡面防护，防止雨季洞口坍塌。洞口仰坡、边坡勤观察，保持洞顶水沟畅通。加强隧道富水地段施工的防水、排水工作，并派专人负责。在进行场地布置时，生产、生活设施避开可能形成洪水的范围以及可能发生山体滑坡的地方。风雨天加强对高压电力线和通信设施的巡回检查，保证施工用电和通讯正常使用。

（2）夏季高温季节施工措施

1）混凝土施工

混凝土拌制时应采取措施控制混凝土的升温，并一次控制附加水量，减小坍落度损失，减少塑性收缩开裂。在混凝土拌制、运输过程中可以采取以下措施：使用高性能减水剂，高性能减水剂不但可以增加混凝土的保水性同时还能够减少拌合过程中骨料颗粒之间的摩擦，减缓拌合筒中的热积聚，并且减缓混凝土的凝结时间及坍落度损失，保证现场施工要求；向骨料堆中洒水，降低混凝土骨料的温度；用冷水或冰块来代替部分拌和水；洞外工程施工做好施工组织设计，避免在高气温时段浇筑混凝土，晚间浇筑混凝土受风和温度的影响相对较小，且可在接近日出时终凝，而此时的相对湿度较高，因而早期干燥和开裂的可能性最小。

2）人员防暑

① 采用合理的劳动休息制度，适当调整工人作息时间，高处作业工人要缩短工作时间，保证工人休息和睡眠时间。

② 改善职工的生活条件，项目部在现场准备遮阳棚、凉开水及降暑药品，确保防暑降温物品及设备落到实处。

③ 对所有工人进行防暑降温知识的宣传教育，确保使每一个工人掌握中暑症状和急救措施。

④ 对高温作业人员进行就业前和入暑前的健康检查，凡检查不合格的，均不得在高温条件下作业。

⑤ 做好施工人员宿舍通风降温措施，控制宿舍内的居住人数，确保施工人员有一个良好的休息环境。加强宿舍卫生检查管理，保证宿舍环境卫生，清除污染源，防止传染疾病传播。

⑥ 夏季气温较高，工人宿舍用电器比较多，加大安全隐患，项目部安全部门要经常组织定期、不定期检查用电，防止私拉乱接，禁止使用大功率电器，确保宿舍用电安全。

（3）冬季施工措施

工地室外日平均气温连续五天低于5℃或最低气温低于－3℃的时间起，至次年最后一阶段室外日平均气温连续五天低于5℃或最低气温低于－3℃间，工程施工按冬季进行施工。

施工区域冬季多出现霜冻和凝冻等灾害气候，需加强冬季施工控制措施。

达到冬季施工条件时，隧道内的混凝土生产与施工应做好冬季保暖措施。

1）加强气温观测，健全气象、测温、工程试验、外加剂掺量等原始记录备查。

2）施工及生活用水管路用石棉等防寒材料包裹严密；沟槽先期施工并做好保温措施，以保证施工排水顺畅。

3）砂石骨料应在进入冬季之前开采、筛选完毕，并保存干燥状态。骨料在存放中不得夹有冰膜雪团。

4）冬季施工的工程，焊接钢筋一般在室内（或隧道内）进行，并采取措施，减小焊件温度的梯度和防止焊接后的接头立刻接触冰雪。

5）拌和站设防寒措施，并对混凝土拌合用水、骨料进行加热。

6）冬季混凝土运输时间尽量缩短，并做好防寒保温措施。

7）混凝土灌注时的温度在任何情况下，均不低于＋5℃。

8）施工人员发放冬季防寒物品，并配备各种取暖用具。

3.5.3 隧道掘进施工安全管理

按照相关规定制定安全施工专项方案，并通过专家论证与审批。下面则重点介绍。

1. 安全保证措施

（1）建立健全各项安全制度

（2）安全生产教育与培训

（3）危险源识别与评价

1）危险源清单。危险源清单见表 3-33。

危险源清单 **表 3-33**

序号	危险因素	造成后果	控制措施
1	边仰坡危石	滚石伤人	立即清除，搭设钢管棚或加固
2	天沟、边沟未设排水设施	隧道坍塌	作好排水工作
3	工作面临挖面不稳定	坍塌伤人	进行强支护(顶板和翼帮)
4	风钻钻眼设备带伤、漏风	机械伤人	检查：机身、螺栓、卡套、弹簧、支架、管子接头是否牢固
5	装药未检查	爆炸	设专人检查支护、炮眼，炮眼热度照明符合要求
6	通风设备不完好	身体危害或窒息	通风排烟、尘、气
7	出现"盲炮"	爆炸	爆破人员按规定处理
8	漏电引爆	爆炸	对电线进行检查符合规定
9	边打孔边装药	爆炸	控制工序
10	爆破物质未按规定运输	爆炸	设专人指定专车分开炸药、雷管运输，控制次/每量
11	未统一指挥爆破	爆炸	加强两端联系，一端装药放炮时，另一端人员撤离安全距离，并设高警戒
12	车辆不完好	伤人	车辆检查
13	车辆超载、超宽、超高	损坏实体或伤人	设专人检查车辆
14	人车抢道、扒、返、搭车	车辆伤人	按规定检查
15	人工装渣车辆未停稳未制动	车辆伤人	按规定检查
16	洞内运输未设专人指挥	车辆倾覆	必须设专人指挥
17	支护未按规定	坠落石伤人	缩短支护至工作面距离并牢固
18	测量数据不正常变化或突变	坍塌伤人	立即报告，人员撤离，处理正常后复工
19	脚手架及工作手台未按规定铺设	坠落物击伤	脚手架及工作手台满铺
20	拆出物堆放在通道上	损坏车辆或伤人	按规定堆放
21	通风设备不正常	中毒、窒息	维修、增加通风设备
22	通风管理未按规定	中毒、粉尘	设专人指挥管理、保证通风良好
23	车辆照明亮度不足	车毁人亡	保证亮度、定期检查
24	电线绝缘体老化	触电	换线
25	电压不符合规定	爆炸事故	开挖、支撑及衬砌作业段 12～36V、成洞段 110～220V、手提作业段 12～36V

续表

序号	危险因素	造成后果	控制措施
26	洞口、库房离火源距离短	火灾	洞口20m范围清除杂草、离火源距离30m以外，离库房20m范围严禁烟火
27	洞口取暖	火灾	检查处理
28	洞内存放易燃物品	火灾	检查处理

2）危险源辨识准备

① 各级管理者要高度重视，在人员、时间、和其他资源上给予支持和保证；

② 必须由懂专业、有经验的人员组成辨识小组，如经理、总工、副经理、副总工、安全总监、施工队长、工程师、技术员、安全员、班组长、现场施工人员；

③ 识别和应用的法律法规要全，基本覆盖本单位、本项目的所有施工、作业及设备；

④ 对参加辨识的员工掌握范围和类别的基本情况，民解法律法规对项目安全具体要求。

3）危险源辨识方法

① 调查法：辨识小组按上述内容在现场进行调查、辨识；

② 安全检查表辨识法：辨识小组按辨识内容编制安全检查表，进行辨识；

③ 经验法：辨识小组辨识内容，结合以往经验进行辨识；

说明：危险源的确要防止遗漏，不仅要分析正常施工、操作时的危险因素，更重要的是要充分考虑组织活动的3种时态（过去、现在、将来）和3种状态（正常、异常、紧急）下潜在的各种危险，分析设备、装置破坏及操作失误可能产生严重后果的危险因素。

④ 专家打分评价法

⑤ LEC法称格雷厄姆风险评价方法

（4）针对危险源识别结果的针对性安全控制措施

略。

（5）特殊工序施工安全保证措施

1）开挖及钻孔施工安全保证措施

在洞口段以及设计岩溶地段，施工前制定详细的切实可行的施工方案和作业指导书。

做好超前地质预报工作，采用TSP、超前钻孔、地质雷达等综合预报手段对开挖面前方的地质情况作出详细的预报。每个开挖工班配一名工程师跟班，确保各种措施、技术交底的落实，保证标准化作业。开挖过程中，配备有经验的地质工程师，24小时轮流值班，及时发现记录地质变化，监控指导现场施工。

根据设计图纸的要求做好超前导管注浆加固围岩或起到注浆堵水的作用。

特殊地质段隧道施工时，严格遵循“先治水，短开挖、弱爆破、强支护、勤量测、早封闭”的施工原则保证不坍方。

施钻人员到达工作面后，应首先检查工作面是否处于安全状态。支护、拱顶是否稳定，如有松动危石应清除并加以支护。

操作人员互相配合，并保持必要的安全操作距离。

站在渣堆上作业时，应该注意渣堆的稳定性，防止滑坍伤人。

司钻工钻孔前，对风钻和工具作如下检查，不符合要求的应立即修理或更换：机身、螺栓、卡套、弹簧和支架是否正常完好。管路是否良好，连接是否牢固。钻杆是否弯曲、带伤，防止作业时断钎伤人。湿式凿岩的供水装置是否良好。

用带支架的风钻钻孔时，应将支架安置稳妥。在钻孔台架上打眼时，先检查平台架及斜撑是否稳定，平台上是否铺满板，外侧的防护栏杆是否牢固，防止高处坠落。

严禁在残眼中继续钻孔。严禁在打眼的同时装药。不得在工作面拆卸、修理风钻。手持风钻打眼，开孔时应用较短的钻杆，其长度不超过0.8～1m。钻头未入岩壁前，风门不宜开大。操作时要做到：钎子与凿岩机一条线，司钻工要在风钻的左侧方，严禁骑着气腿操作风钻，钻眼时先开水后开风，停钻时先关风后关水。

用风镐开挖时工作前检查气压及风镐的连接。工作中，要防止空打，卡钎时不可猛摇风镐，要及时更换磨钝的镐钎，发现滤风网被污物堵塞，应及时排除。

两工作面接近贯通时，按规范要求，两端加强联系，确保统一指挥、安全施工。两工作面相向开挖时，相距15m时停止一方掘进，由另一方掘进贯通，另一方爆破时先向对方通知。

2）火工品运输及爆破施工安全保证措施

爆破作业时统一指挥：根据施工条件，洞内每日放炮次数，作业循环时间明确规定；警戒要统一行动；多工作面放炮相互影响时，首先要保证掌子面掘进的需要，起爆顺序应由里向外，里面的人员未撤出前，外面禁止放炮。

爆破时所有的人员应确保撤至安全距离之外，施工机械撤至安全距离之外，并做防护设施。

爆破器材加工，在洞外远离洞口50m以外的加工房工作台上操作。除洞外土石方用电雷管外，洞内均采用非电雷管。装配起爆管时要先试验。计算引线长度，每批分卷进行。导爆管凡有过粗、凡管体压扁、破损锈蚀、加强帽歪斜者，严禁使用。加工好的起爆管分段装入木箱内，防止混段（不准把段数标签失落）。

人工运送炸药每人一次运送量不超过20kg或原包装一箱。运送爆破器材前后30m应专人防护，严禁中途逗留。

汽车运送爆破器材时应遵守下列规定：炸药与雷管应分别由木板车厢运入洞内，车厢应垫胶皮，只准平放一层。由爆破工专人护送，其他人员不得搭乘。运送途中要显示红灯与鸣笛。汽车排气孔应加防火罩。炸药与雷管不准同车运送。

装药时严禁火种，无关人员和机具等均应撤离到安全地点。周边眼间隔装药，用胶布包扎在竹片上固定牢实。

洞内大断面开挖，雷管段数量、装药量大时，爆破指挥人员应先明确分工，自上而下分区分段装药各负其责，防止混段和漏装，禁止超量装药。

遇有下列情况禁止装药：作业面照明不足；工作面岩层破碎未及时支护；发现有涌砂、涌泥不查明原因妥善处理；可能有大量涌水的地段。

装药完毕，工作面所有的机具、材料撤离，经检查无漏装，炮口堵塞完后进行网络连接（采用簇连），网络连接好后，应专人检查是否合格，经确认连接无误，人员机具已撤至安全地带即可起爆。

注意事项：

① 洞内所有爆破、导火线长度均不少于1.2m。

② 两个工作面掘进接近贯通时，应设专人负责加强两段联系，一方爆破前应通知另一方。当两工作面相距 15m 应停止一端掘进，将人员和机具撤走，并在安全距离处设立警告标志。

③ 起爆后先通风排烟 15～30min 后才准工作人员进入工作面，并经下列各项检查和处理后，其他工作人员才准进入工作面：有无瞎炮及可疑现象；有无残余炸药及雷管；顶部、两端有无损坏及变形。

当发现瞎炮时，由原爆破人员按下列办法进行处理：检查如果是孔外原因造成的，采用塑料导爆管切去损坏部分重新接引爆管即可，此时接头尽量靠近炮孔口；当采用火花起爆，如果导火索完好时可重新点燃起爆。炮眼中只有炸药而没有雷管时，首先试用木制炮棍掏出炸药（严禁采用铁制炮棍掏炸药），不奏效时再用高压水冲洗炸药，或用高压风吹，最后重新装药爆破。如果炮孔内炸药完好也可加装起爆药引爆。第一次不成功要进行第二次爆破时，可先用水或空气冷却炮眼。只有在不得已时才允许在瞎炮旁边另行钻一平行炮眼装药引爆，但距离不小于 0.4m，而且一定要找准炮眼方向，切忌盲目开钻造成事故（钻孔时由原钻孔人员进行）。炮眼中有炸药、雷管、炮泥时，可用铜制挖耳掏出炮泥后重新装药起爆，用水、用风冲洗，但应注意吹洗炮眼只能用铜制吹管，原则上不宜重新装药起爆，必要时一定要确保新旧眼孔之间的间距和方向正确，确保安全。

④ 进行爆破器材加工和爆破作业的人员，严禁穿化纤衣服。

⑤ 爆破器材的领取由有合格证的人员办理，一定要账物相符，双方签字。每次装药完毕后未用完的爆破器材立即退回库房，并办理清库签字手续。

3）装渣及运输安全保证措施

各种运输设备不得人货混装，装载机不准载人。

机械装渣时，坑道断面尺寸应满足装载机安全运转。

装渣时，运渣车辆应停稳并制动，起动前应鸣笛。

洞内运输车辆限速行驶。作业地段正常时每小时小于 10km，会车时时速小于 5km，成洞地段行驶时速小于 20km，会车时时速小于 10km。

在衬砌台车（或作业台架）作业地段应设置“慢行”标志，台车（台架）两端设置红色显示灯。

洞内车辆行驶应遵守下列规定：严禁超车。会车时空车让重车，重车减速行驶，两车厢间距离不小于 0.5m。同向行驶，前后两车间距离至少为 20m，洞内能见度差时，应加大间距。洞内车辆相遇或发现有行人时，应关闭大灯，改用小光灯或近光灯。车辆起动前应瞭望或鸣笛，进出隧道口时应鸣笛。洞内车辆倒车要开灯、鸣笛或专人指挥。车辆在使用前应详细检查，不得带病行驶。

洞内车辆行驶时，施工人员应遵守下列规定：行人走一侧，车辆走另一侧，人车分开行走。行人不与机械车辆抢道。不准扒车追车和强行搭车。

本标段隧道施工建立工程运输调度，根据施工安排编制当班运输计划，统一指挥，提高运输效率。

运输道路要铺筑路面，做好排水及维修工作。

车辆运行前应保持其机况、照明刹车良好；确认前后无人并给一次信号，方可启动。

洞口、交叉路口和狭窄的施工场地，应设置“缓行”标志，必要时应专人指挥交通。

洞内车辆、机械停放处，应设置有足够的照明、并设置红色警戒灯。

机械设备建立严格的管、用、养、修制度，并切实执行，实行奖罚，使设备经常处于良好状态。

汽车及走行机械，严格执行“三不超（不超速、不超载、不超劳）、五不开（无证、无令、带病、病车、酒后不开）”、“三勤、三检”制度。

工地应设专职机械管理人员，分工负责机械设备各项工作。

为保证运输作业的正常、安全运输，特别制定提高机械设备完好率的具体措施：

编制机械安全技术操作规程，组织专人深入现场，督促检查机械设备安全工作情况，发现问题及时纠正，消除隐患，使机械设备达到安全、优质、高效、低耗地运行。严禁违章指挥、违章操作，违反劳动纪律等行为。

严格执行交接班制度。认真填写交接班记录，做到力保“十字作业”。交班清楚后，接班人检查移交的运转、维修、油耗等记录情况及设备情况，并开车试运转，确认正常后方能进行工作。

施工人员作业前进行安全教育和考核，合格后方可进行上岗作业。对施工中违反操作规程的人员不仅进行安全处理，责令其重新学习，并进行考核。

施工人员配足安全防护设施，施工中检查佩带情况，不按要求佩带时，进行安全处罚。

加强日常对驾驶人员的教育培训，加强作息时间的管理，加强各种管理制度的落实，保证装渣、运输安全。

4）支护、衬砌安全保证措施

隧道开挖后及时进行支护。支护质量达到设计规定标准。

施工期间，现场值班负责人员每天应同安全质检人员对开挖面地质以及各部支护情况进行一次检查。不良地质地段每班检查一次，当发现支护变异或损坏时立即加固处理并作出详细记录。

量测人员发现监控量测数据有突变或异变时，应于量测后半小时内向技术负责人汇报，并立即采取应急措施或通知施工人员暂时撤离危险地段。

钢拱架架立时不得置于虚渣或活动石上，软弱围岩地段基底夯实加设垫板或加设木楔楔紧。锚杆支护，孔深、间距、方位达到设计要求，注浆要饱满，初喷混凝土达到设计厚度。

洞内支护，坚持“随挖随支护”的原则，支护至开挖面的距离最大不得超过 2m；如遇石质破碎、风化严重时，尽量缩小支护工作面。

喷射支护前，清除危石及松动石块，脚手架要牢固可靠，喷射手佩戴防护用品；机械各部完好正常，压力保持在 0.2MPa 左右，喷浆管喷嘴严禁对人放置。

当发现已喷锚区段的围岩有较大变形或锚杆失效时，立即在该区段增设加强锚杆，其长度不小于原锚杆长度的 1.5 倍。如喷锚后发现围岩突变或围岩变形量超过设计允许值时，用钢架配长锚索加强支护。

加强洞内通风、照明管理，确保达到符合国家相关标准的工作环境。

二次衬砌前铺设防水层。工作台架下净空符合设计要求。两端应设不低于 1m 的栏杆和上下人员的梯子。

工作台架承载重量，不得超过要求。

铺设防水层台架及模板台车距作业开挖面应有足够的安全距离，齐头爆破时要防止空气波冲破防水层。工作台架衬砌台车就位后，应用卡轨器固定在轨道上，防止溜车。

衬砌台车使用时应遵守下列规定：台车上不得堆放料具。工作台上应铺满木板，并设安全栏杆。拆除混凝土输送管时，停止混凝土泵的运转。两端挡头板应安装牢固。应先灌注边墙基础混凝土。衬砌台车工作台架上施工用照明用电线路每天要进行一次检查，确保电线绝缘良好，防止电线破损、漏电伤人（或装置漏电保护器）。

模板台车设计时，要考虑净空能保证运输车辆的顺利通行。混凝土灌筑时，两侧对称进行，并做好振捣。

逃生管道采用 ϕ800mm 的高密度聚乙烯管道，设置起点为掌子面退后 5m，终点距下台阶端头距离不得大于 5m，管道沿着初期支护的一侧向掌子面铺设，管内预留工作绳，方便逃生、抢险、联络和传输各种物品，承插钢管纵向连接可采用链条等措施，防止坍塌时将钢管冲脱。

（6）临时用电安全保证措施

临时用电符合国家及行业标准和当地供电局的有关安全运行规程，要求施工单位施工用电设施设专人管理，并经培训合格持证上岗，并具体做到以下要求：

隧道施工为电动设备集中使用的场所，由技术人员编制临时用电施工组织设计，经技术负责人审核，报主管部门批准后实施。

低压架空线采用绝缘铜线或铝线，架空线设在专用电杆上，严禁架设在树干、脚手架上。

电缆线沿地面敷设时，不使用老化脱皮的电缆线，中间接头牢固可靠保持绝缘强度；过路处穿管保护，电源端设漏电保护装置。

移动的电气设备的供电线，使用橡胶套电缆。

电缆线路采用“三相五线”接线方式，电气设备和电气线路必须绝缘良好。

使用自备电源或与外电线路共用同一供电系统时，电气设备根据当地要求作保护接零或作保护接地，不得一部分设备作保护接零，另一部分设备作保护接地。

移动式发电机供电的用电设备，其金属外壳或底座，与发电机电源的接地装置有可靠的电气连接。

手持电动工具和单机回路的照明开关箱内装设漏电保护器，照明灯具的金属壳做接零保护。

各种型号的电动设备按使用说明书的规定接地或接零。传动部位按设计要求安装防护装置。

维修、组装和拆卸电动设备时，断电挂牌，防止其他人私接电动开关发生伤亡事故。实行“一机一闸一漏”制，严禁“一闸多用”。

现场的配电箱坚固、完整、严密，有门、有锁、有防雨装置，同一配电箱超过 3 个开关时，设总开关，熔丝及热元件，按技术规定严格选用，禁止用铁丝、铝丝、铜丝等非专用熔丝代替。

室内配电盘、配电柜要有绝缘垫，并安装漏电保护装置。

变压器设接地保护装置，其接地电阻不大于 4Ω，变压器设护栏，设门加锁，专人负责，近旁悬挂“高压危险、请勿靠近”的警示牌。

施工现场临时用电定期进行检查，防雷保护、接地保护、变压器及绝缘强度，每季测定一次，固定用电场所每月检查一次，移动式电动设备、潮湿环境和水下电气设备每天检查一次。对检查不合格的线路、设备及时予以维修或更换，严禁带故障运行。

（7）人员进出洞要求

1）隧道施工人员上岗前必须穿好工作服，佩带好安全防护用品。不穿工作服（紧身不影响工作的服装），不佩带好安全防护用品的不准进入隧道。

2）隧道施工人员及因工需要进入隧道的人员在进入隧道前必须在隧道进出洞人员登记室处进行登记。

3）在隧道进出洞登记员填写好进洞人员姓名、部门/工种、进洞时间并确认真实可靠后方可进入隧道。同时隧道进出洞登记员将人员照片或识别卡片放入进出洞人员标牌内。

4）非施工人员、非施工车辆在没被施工（安全）负责人与安全员允许的情况下不得进洞。

5）饮酒人员不得入洞。

6）进洞人员必须经过施工（安全）负责人、班组长与现场安全员的安全知识培训方能进入隧道，临时进入隧道人员，由施工（安全）负责人经过安全知识讲解后，方可进洞。

7）作业人员在洞内注意来往车辆，禁止随意搭乘车辆和扒车。

8）作业人员听从现场管理人员指挥，严禁违章操作、违章指挥、遵守安全管理规章制度和劳动纪律。

（8）应急物资设备管理

1）隧道主要应急物资包括至少能够满足一个工作面的全部支撑（预防塌方和冒顶）；应急灯、矿灯（预防公网或施工企业短时间停电），一台发电机（预防公网大面积、较长时间停电）、消防水管200m、不小于15kW水泵2台、铁锹20把及方便面等应急食物等。

2）小件应急物资如铁锹、水管等储存于洞口，采用自制的应急物资储存台架储存，大件如发电机、水泵等储存于洞口空压机房内。

3）安质环保部和物资设备部要负责落实应急物资储备情况，落实经费保障，科学合理确定物资储备的种类、方式和数量，加强实物储备。

4）安质环保部负责制订应急物资储备的具体管理制度，坚持“谁主管、谁负责”的原则，做到“专业管理、保障急需、专物专用”。应急物资由安置环保部、物资设备部人员负责管理、保养、维修和发放，应急物资严禁任何人私自用于日常施工，只有发生突发事故方能使用。

5）应急物资应单独保管，并经常检查、保养，有故障及时通知物资设备部维修，对不足的应急物资要及时购买补充，对过期和失效的应急物资要及时通知更换，应急物资要调用必须经项目主管领导签字同意，使用时必须签领用单，归还时签写接收单。

6）应急事故发生时，由物资设备部负责应急物资的准备和调运，应急物资调拨运输应当选择安全、快捷的运输方式。紧急调用时，相关单位和人员要积极响应，通力合作，密切配合，建立“快速通道”，确保运输畅通。

7）应急物资应当坚持公开、透明、节俭的原则，严格按照申购制度、程序和流程操作，做到安质环保部提出申请计划、主管领导签字、物资设备部负责采购。

8）安质环保部和物资设备部负责对应急物资的申请、采购、储备、管理等环节的监督和检查，对管理混乱、冒领、挪用应急物资等问题，依法依规严肃查处。

2. 应急救援预案

主要针对本项目施工实际需要编制，包括：应急机构，应急预案启动程序，人员培训、应急材料和设备的储备，隧道应急处理方案，施工现场火灾救援预案，触电事故应急措施，突发传染病应急救援措施，不可抗力自然灾害应急措施。具体内容略。

3.6　公路工程施工常见质量问题防控

3.6.1　高边坡施工

公路工程中对于土质边坡高度大于20m、小于100m或岩质边坡高度大于30m、小于100m的边坡，其边坡高度因素将对边坡稳定性产生重要作用和影响，其边坡稳定性分析和防护加固工程设计应进行个别或特别设计计算，这些边坡称为高边坡。边坡的常见病害类型有：风化剥落、流石流泥、掉块落石、崩塌、倾倒、坍塌、溃屈、溜坍、坍滑、滑坡、错落等11大类。

高边坡在山区公路中较多见，某地区已营运高速公路的某段高边坡因出现连续降雨天气而发生滑坡。

1. 基本情况

（1）地形、地貌，水文、气候

场地属侵蚀-剥落中低山沟谷地貌。场地位于山间沟谷侧，上部为高陡坡体，地形条件差，地表森林茂密，陡坎及冲沟边缘见基岩零星露出，冲沟及坡度较平坦部位见少量农用耕地。滑坡高程介于450～590m，相对高差140m。

场区地处亚热带湿热气候区，冬无严寒，夏无炎热，雨量充沛。根据气象资料，年平均降雨量1428mm，多集中在每年的4～8月间。

（2）地质构造与地震

根据资料，此路段位于某断层边上，该断层延伸约50km，近东西走向，为平移断层，倾角较陡，近于直立，断层带宽变化很大，大者可达几十米，局部无明显破碎带。本段边坡位于该断层的北盘，综合地层产状为295°∠35°。场区地震基本烈度小于Ⅵ度。

（3）岩土工程性质

场区岩土构成自上而下为：

1）覆盖层

① 残坡积物粉质黏土：黄色，可塑状，黏性差。

② 人工弃渣及滑塌堆积物：主要为粉质黏土、碎（块）石土，松散。厚度1～5m。碎（块）石土：稍密，为全、强风化板岩碎块，块径2～3000cm，含量约54%。厚度1～7m。

2）基岩

场区下伏基岩为震旦系南沱组变余砂岩，场区岩体划分为全风化、强、中风化三层。

3）施工和竣工情况

① 原设计

原设计最高有六级边坡，第一级为挡墙，其余边坡的坡率全为 1∶0.5，其中第一级边坡为普通防护，第二级边坡为片石混凝土挡墙，第三级边坡为锚索框架锚杆，第四级边坡为框架锚杆，第五级、第六级边坡锚索框架，边坡开挖线以上为锚索框架。

② 施工中变更过程

2009 年 2 月约 30m 段落边坡发生坍塌，塌方垂直高度 20m。

2009 年 4 月出现连续降雨天气，约 50m 段落边坡再次发生坍塌，此次边坡滑塌纵向长度约 52m，垂直高度 30～55m，塌滑深度最大约 14m。滑塌体积超过 8000m^3，第四级边坡顶处产生 5～15cm 宽的裂缝。

业主召集参建单位召开方案评审会，确定最终变更方案：对滑塌边坡坡面进行局部清方，地质条件较差的塌方区域采用板锚索和框架锚索进行防护，在塌方区周边采用钢花管注浆和挂网喷射混凝土进行固结，并设置地梁锚索，以保证边坡的稳定。

施工单位按变更方案进行施工，边坡稳定，通过交竣工验收。图 3-88 所示为施工结束时状态。

图 3-88 施工结束照片

2. 滑坡发生过程及应急处理情况

2015 年 6 月初，该地区频降暴雨，该段边坡于 2015 年 6 月 15 日发生滑坡，对该段高速公路运营造成影响，半幅断交。

经现场踏勘和调查，该边坡变形首先从第三级边坡位置开始，发现坡面隆起，挂网喷射混凝土发生破坏，随后第一级挡墙发生变形破坏，随后整个坡面发生快速垮塌。踏勘发现边坡垮塌的高度约 80m，在距离垮塌面坡口 40m 高的地方发现滑坡后缘，后缘形成高约 13m 的一个错台，现场塌方量约为 5 万方。6 月 19 号滑坡后缘继续向山顶发育。在距离 13m 高错台 10m 左右的地方又发现新的裂缝，裂缝宽约 30cm。在滑坡后缘山顶处，有一水田，水田旁边有一天然水沟，水沟内水流量较大。水流由右侧冲沟中引入。由于情况紧急，现场提出三个意见：把水田改成旱地；把天然水沟中的水截断；禁止在坡脚开挖，先把施工便道打通，便道打通后从山顶开始清方。见图 3-89、图 3-90、图 3-91。

业主立即组织各方召开该段滑坡初步应急方案评审，会议要求该滑坡治理分三步进行：（1）清方减载；（2）清方减载后，对边坡进行勘察。结合开挖边坡所揭露出来的地质情况和钻探工作，查明地质条件及滑坡成因，提供勘察报告；（3）根据勘察报告，确定全面治理方案。清方后情况见图 3-92、图 3-93。

图 3-89 第三级边坡隆起

图 3-90 第一级挡墙发生变形破坏

图 3-91 滑坡整体情况

图 3-92 清方后边坡现状 1

图 3-93 清方后边坡现状 2

随后业主召开会议确定该边坡在 70m 高的位置设置一宽平台，将高边坡分为上下两个边坡进行分别治理。并要求根据实际地质情况对上部边坡进行分区治理，以节约造价。

在第二次方案审查会上，设计提出两个治理方案：方案一，上部边坡1区采用框架锚索和挂网喷射混凝土相结合的方式进行防护，上部边坡2区采用全坡面框架锚索的方式进行防护；下部边坡采用框架锚索和挂网喷射混凝土相结合的方式进行防护。方案二：上部边坡1区采用框架锚索和挂网喷射混凝土相结合的方式进行防护，上部边坡2区在第11级平台处设置35m长2m×3m抗滑桩，第9、10级采用挂网喷射混凝土进行防护，其他坡面采用挂网喷射混凝土与框架锚索相结合的方式进行防护；下部边坡采用框架锚索和挂网喷射混凝土相结合的方式进行防护。经会议讨论，原则同意设计单位提出的方案一作为该滑坡的处理方案，并要求完善排水设计、跟踪边坡施工进度，结合现场施工情况及时优化设计。

紧接着，业主召开该边坡滑坡治理的设计文件审查会议，设计单位提出了两个治理方案：方案一，适当清方使坡面平顺，在第2、4、5、6级坡面设置框架锚索；方案二，适当清方使坡面平顺，在第2、6级坡面设置框架锚索，在第4级平台设置30m长2m×3m抗滑桩。根据会议讨论决定，采用方案二作为实施方案。

3. 滑坡成因分析

（1）地形条件

该处为一山间深切沟谷地形，两侧为高陡山体，坡面森林植被发育。坡面场地长条状沟谷地形与场区区域性断层一致，因此山间深切沟谷地形的形成与区域断层密切相关。公路施工开挖后，形成了高约60m的陡边坡，原坡面采用锚固防护，坡面完工至安全运营已5年。

（2）坡体地质情况

边坡场地岩体为变余砂岩层，中至微风化层硬度较大，为较硬岩。场地沟谷地带为区域断层通过，断层带与沟谷宽度基本一致，受断层影响场地构造节理裂隙发育，岩体破碎。场地沟谷两侧坡面至谷底一带存在坡积、崩滑堆积层，成分为粉质黏土、碎块石土，结构松散至稍密；其下全、强风化层厚度大，沿长（深）节理裂隙面风化严重，因硬岩体与软弱节理裂隙面形成的差异风化致坡面中下部存在似块石状的岩体，块间为黏土及小块碎块石物充填。原坡面植被茂密且经长年累月枯季雨季作用，自然条件下坡面稳定。

（3）诱发因素

场区雨量充沛，因今年入汛以来，全地区范围内持续强降雨，雨量大且持续时间长。坡面残坡积的覆盖层及差异风化形成的块石状的岩体受到持续强降雨浸侵、冲刷，处于高含水量状态，进而增加坡体自重，覆盖层及岩体力学参数降低，对原坡面的锚固防护体产生了破坏作用。从而降低了坡面的稳定性，强降雨使坡面产生局部的变形坍滑，由于降雨持续作用，坡面坍滑逐渐发展为整个坡面的坍滑。

4. 滑坡处治方案

滑坡影响交通营运安全和畅通，为避免损失和影响的进一步扩大，一般先及时采取适当的应急处理措施，在应急处理过程中对地质地貌和滑坡的诱因进行掌握、分析，最后再提出全面的治理方案。

（1）边坡分区

根据现场调查及地质勘查资料，将该边坡分为4个区。

A区（坡面有部分清方残渣区）：该区为坡谷地带，为施工便道及清方弃渣残留地带，该区上部因施工便道开挖从而出现滑塌，滑塌厚度约1～2m。坡面上残留滑塌及清方渣体厚约0～3m。丰水期雨季降水时，上部已滑塌区将向上出现进一步的滑塌；渣体松散，雨季降水坡面存在渣体向下坍滑情况。

B区（全风化层及覆盖层）覆盖层：分布于开挖范围线边缘，以及现1～4级坡一带，厚度0～9m。中上部坡面主要为粉质黏土，黏性差；下部坡面为粉质黏土及碎块石土，为松渣及残积层及差异风化形成的岩石块体，结构松散至中密，因坡面较陡，坡面浅层易坍滑。全风化层：因坡面较缓，坡面现状稳定，若因长时间暴露加之雨季作用下坡面浅层易坍滑。

C区（强风化）：以5级平台为界。5级平台以上段，坡面较缓，岩层出露良好，坡体稳定；5级平台以下段，坡面较陡，岩层出露性质较差，坡面存在部分差异风化呈大块体状，坡面稳定性较差。

D区（中风化）：岩体出露良好，岩质硬，坡面陡，坡面总体稳定。因开挖影响，坡面部分岩体张开松动，存在危岩块体情况。

（2）剩余下滑力计算

根据清方后的设计坡面线，取安全系数为1.25，以典型横断面计算剩余下滑力。

由于A区没有对公路进行直接威胁，因此，对A区表层松散体进行清除，并在A区范围冲沟平缓处设置两道3～5m高拦渣墙，对A区坡面进行绿化，防止A区因雨水冲刷而发生滑塌，对水渠造成堵塞，进而影响公路的运营。

对下部边坡防护形式为：

对坡面进行适当刷坡，坡比1∶0.75～1∶1。使坡面平整，对整个坡面采用挂网喷射混凝土进行封面，并在第2、6级边坡坡面设置框架锚索，第四级平台设置30m长2m×3m抗滑桩。

（3）排水

在坡口设置截水沟，在平台位置设置平台截水沟，并对平台采用素混凝土进行抹面，在坡体设置仰斜式排水导管。在A区设置截水沟对冲沟内的水进行疏导，将雨水排入水渠内。

（4）高边坡监测

1）高挖方的监测

高挖方边坡位移监测，深层位移监测主要利用测斜管测斜，在边坡岩土体中埋设测斜管，首先要在监测位置用XY-1型成孔至监测深度，然后将测斜管埋入。埋设完毕后，对管口做好保护措施，做好监测点的保护工作。

2）框架锚索的监测

边坡采用GMS-T型锚索测力计对部分预应力损失情况作长期监测，及时反馈信息。

3.6.2 桩基施工

桩基是一种古老的基础型式，桩基施工技术经历了几千年的发展过程。无论是桩基材料和桩类型，或者是施工机械和施工方法都有了巨大的发展，已经形成了现代化基础工程体系。

某二级公路某桥桥台桩基施工完成，经检测单位对桩基进行检测，检测结果为1根桩基合格，1 根桩基因声测管堵塞无法检测外，其余 16 根桩基不合格。

1. 工程概况

某桥上部构造为 1×30m 预应力混凝土空心板，为单跨桥梁，跨越河流，交角 135°斜桥斜做，下部构造桥台采用重力式 U 型台配桩基础。桥台侧墙顺路线方向做成曲线，0 号桥台桩基 9 根，直径为 ϕ1.5m，单根长度为 9.0m，桩基为 C25 混凝土；1 号桥台桩基 9 根，直径为 ϕ1.5m，单根长度为 9.0m，桩基为 C25 混凝土。

2. 事故情况

该桥于 2007 年 10 月开始孔桩人工开挖施工，2008 年 1 月 10 日孔桩全部开挖完成，进行桩基钢筋施工，于 2008 年 1 月 12 日孔桩钢筋施工完毕，准备进行孔桩混凝土施工，但由于 2008 年 1 月 14 日至 2 月 16 日间遭遇了几十年难遇的雪凝灾害天气，该桥桩基施工被迫停止。直到 2008 年 2 月 20 日才得以恢复施工，经过施工准备后于 2008 年 2 月 22 日开始浇筑第一根桩基混凝土，桩基浇筑时专业监理工程师及现场监理旁站，提出了施工中存在孔内渗水严重、混凝土用砂粉尘含量重、混凝土供应连续性差及振捣工艺不满足规范等问题，要求立即停止桩基施工作业，浇筑完第一根桩基后停止了施工。然后增加了 7 台水泵同时排水，更换了不合格的砂，加大混凝土供应量，更换了熟练的振捣工人。经施工整改后，2 月 23 日继续桩基混凝土施工，2008 年 2 月 24 日浇筑完成。2008 年 3 月 11 日检测单位对该桥桩基进行检测，检测结果为 1 根桩基合格，1 根桩基因声测管堵塞无法检测外，其余 16 根桩基不合格，发生了桩基不合格的质量事故。

3. 原因分析

从桩基声测结果分析，所有的桩均在桩底部存在离析和断桩现象，结合灌桩的情况，存在下列原因：

（1）由于雪凝天气的影响未及时灌筑混凝土，加之气温低，护壁混凝土的封水能力降低，在挖孔时观测的孔内渗水量较小，雪凝后突然加大了孔内渗水量。技术人员对此估计不足，在浇筑第一根桩时发现了孔内渗水量大，混凝土浇筑时产生了离析，此时又认为应将同一岸的 9 根桩一起抽水就能彻底排水（因挖桩时是同时开挖，同时抽水）。不料又产生了新的问题，即同时抽水时将正在浇筑的桩的水泥浆从相邻的孔中排出了，而当时没有发觉此问题，水泥浆流失后又造成混凝土不密实，强度大大降低。分析认为孔内渗水和水泥浆从相邻孔中被排出应是造成混凝土离析和不密实的主要原因。

（2）浇筑混凝土时孔内温度和孔外温度相差较大，凝冻后孔外温度稍有提高，但孔内温度较低，对混凝土的强度有较大的影响，浇筑混凝土时室外温度偏低（约 5～8℃）。

（3）混凝土供应连续性差，由于该桥施工时采用人工手推车运送混凝土，造成混凝土连续性差，搅拌机的拌和能力也不足，未及时封住渗水的桩底，造成混凝土在桩底部产生离析。

（4）桩基施工班组工人是外省人，由于春节期间雪凝天气的影响，不能回家过节，停工时间较长，春节后工人急切想开工，导致施工时质量意识松懈，不注重施工细节，施工时在振捣等工艺上不满足规范要求。

（5）现场施工技术人员思想麻痹，质量意识松懈，不注重施工细节，对现场发生的情况估计不足。

（6）为进一步分析此次质量问题的原因，对该批次桩基混凝土施工的自检抽样试件，进行了 28d 抗压试验，试验结果表明，拌制的混凝土强度是满足设计要求的，由此排除混凝土配合比的问题及原材料不合格的影响。

4. 处治措施

该项目经理部当即对不合格的桩进行返工处理，将不合格桩原位挖除，重新浇筑。对相关责任人进行了罚款和警告处理，将桩基施工班组清退出场。总结教训，针对桥梁桩基的施工，宜采取以下措施：

(1) 桩孔终孔后应由技术/质量负责人亲自组织相关技术员验孔，合格后方可报请监理工程师验孔。

(2) 浇筑桩基混凝土前应由技术/质量负责人亲自组织再次清孔及检验钢筋。

(3) 浇筑桩基混凝土前必须配备满足相应要求的拌和、计量、输送设备及其他辅助设备，否则不允许开工。

(4) 如孔内渗水量大的桩必须有彻底排水的方案方可施工，或采用灌注水下混凝土的方案。

(5) 桩基浇筑时主管技术员/现场技术员必须全程监督控制，工地试验室人员必须全程指导混凝土生产按批复的配合比施工。

(6) 桩基浇筑前所有原材料必须通过试验合格方可开工。

(7) 加强对施工班组的管理，做好技术交底工作。

3.6.3 砌体施工

砌体应用在公路桥涵中，在我国有着悠久的历史，如至今已有 1400 多年历史的赵州桥（单孔敞肩坦弧石拱桥）依然雄伟刚劲。砌体工程是当今公路工程的重要组成部分，主要应用在挡墙、涵洞、边沟、防护工程等。对于山区而言，有丰富的石料，可就地取材，砌体工程的使用可大量利用片石，从而减少温室气体排放和能量消耗，是一种环保的施工工艺，有着较好的社会效益和经济效益。

近年来由于参建各方对砌体工程疏于管理，质量意识和重视程度不足，出现了较多质量问题，现就公路工程砌体施工的常见质量问题和对策进行分析及探讨。

1. 砌体工程常见质量问题

(1) 管理方面

1) 质量责任制不明确、落实不到位：工序质量责任人未落实；质量责任奖惩不落实；参建人员缺乏培训，质量责任意识薄弱。

2) 试验检测及管理工作不规范：原材料和实体质量技术指标内容未检、漏检或检测频率不足；试件取样、养护不能满足规范要求。

3) 现场技术人员不能保持相对稳定，数量不足，素质低。

4) 施工单位选择和录用的劳务分包队伍未经严格的考核和评价，对分包工程“以包代管”或“包而不管”。

(2) 施工工艺方面

1) 砂浆施工配合比控制不严，计量不准确。

2) 缺少必备的施工设备和工具，如：砂浆搅拌机、称量器具、手锤、砖刀、插钎等。

3) 石料堆砌，马槽墙、灌浆法施工。镶面石厚度较小，无丁石，在砌体表面形成薄层通缝。

（3）实体质量方面

1）砂浆强度不达标，离散性大。

2）砌体外观较差，线型不畅，断面尺寸不足。

3）原材料质量得不到保证：石料规格过小、风化、含泥；水泥保管措施不到位，水泥变质；砂含泥、级配较差。

4）砌体未错缝、未坐浆挤紧，砂浆不饱满、空洞，存在宽缝、大堆砂浆填隙和假缝。

5）沉降缝不整齐垂直、上下不贯通；泄水孔数量不足或未贯通。

6）地基承载力达不到要求。

2. 典型砌体施工质量问题

图 3-94 所示为因事故不当出现的典型砌体施工质量问题情况。

A 灌浆法施工

B 堆砌、马槽墙施工

C-1 人为分层、空洞较多

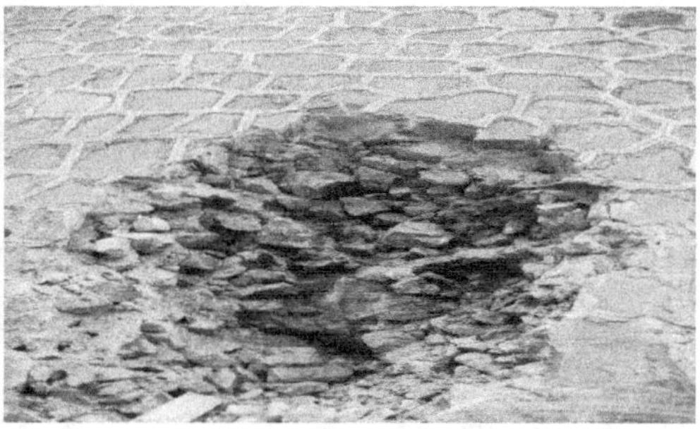

C-2 人为分层、空洞较多

D 面石无丁石

E 砂浆人工拌和、计量不准确

图 3-94　典型砌体施工常见质量问题（一）

F-1 挡墙跨塌情况　　F-2 挡墙跨塌情况

图 3-94　典型砌体施工常见质量问题（二）

3. 砌体质量问题主要原因分析

（1）导致砌体发生质量问题的主要原因还是在管理和思想意识上。因公路施工路线较长，而砌体工程施工工点一般较为分散，现场技术人员和旁站监理严重不足，参建单位一般都把技术力量放在桥梁、隧道等重要结构物工程上了，以包代管，管理上处于薄弱环节。思想上对砌体工程重视不够，把砌体工程作为一般结构物或附属工程，认为不会出大事，可却往往会导致重大质量安全隐患，出现惨痛教训。

（2）目前公路工程劳务市场不规范，特别是砌体这种劳动密集型施工作业的工艺，多是以小包工班组为主，砌筑工人大多未经技术培训且工人流动性较大。现各项目劳务管理多为包工不包料，但目前公路施工劳务市场的劳动力较为紧缺，人工费居高不下，施工班组一般是以冲量来获取高额收益，主要以“偷工”为主。

（3）一般施工单位的项目经理部是不会提供砌体施工所需的施工设备和工具（如：砂浆搅拌机、称量器具、手锤、砖刀、插钎等），大多由施工班组自行配备。因砌体施工多为以小包工班组为主，经济和设备的实力不足，往往导致施工设备和工具的数量不足，在班组进场之初就已埋下质量隐患。

（4）原材料进场控制不严，如使用低品质水泥、含泥量较大的砂、尺寸规格或强度不合格的石料等，导致砂浆强度达不到设计要求、砌体外观质量较差等。

（5）砌体基础不规范、地基承载力达不到设计要求或未进行检测就进行施工，未执行隐蔽工程验收制度，导致砌体下沉、开裂等病害。

（6）挡墙墙背回填填料不合格，未分层填筑，压实度不合格，导致挡墙土侧压力过大发生坍塌等情况。

4. 砌体施工质量问题防治措施

整治砌体施工质量问题，全面提高砌体工程的质量，满足施工工艺需要，保证其在设计使用年限内安全、可靠，符合设计要求。具体可采取如下主要措施：

（1）应提高参建各方对砌体工程的质量意识，尤其是业主应高度重视，制定严格的奖惩制度并认真落实，业主的态度决定工程的好坏。

（2）施工单位是砌体工程的直接实施者，是防治的重要环节。

1）应选择信用可靠、有经验的劳务队伍，在企业内部建立劳务队伍合格供方名录，定期对劳务队伍进行信用评价，对不合格、不可靠的劳务队伍列入“黑名单”，优胜劣汰，从源头进行控制。

2）要与劳务队伍签订工程合同，明确质量要求和奖惩措施，对施工所需的施工设备和工具（如：砂浆搅拌机、称量器具、手锤、砖刀、插钎等）进行强制要求，达不到要求不得开工。

3）对进场的劳务队伍，项目部要做好对工人的“第三层次技术交底”，交底要简单、具有可操作性，以农民工能接受、理解为宜。

4）做好砌体工程的“首件制”，每个劳务班组进场施工的第一个工点，项目部应派人全过程指导、监督劳务班组施工出一段合格的砌体，并在过程中进一步做好砌体施工工艺的交底，明确验收标准。今后该劳务班组工程施工收方计价的验收标准以“首件工程”为标准，将会减少工程纠纷、提高工程质量。项目部还应对“首件工程”进行劳务班组投入人工与工程量的计算，确定该劳务班组每工作班的人均施工定额，作为今后管理的重要数据，可直接判断是否出现“偷工”现象提供依据。

① 严格执行隐蔽工程验收制度，重视地基承载力检测试验，经监理工程师验收合格后，应及时进行基础施工，防止地基暴露时间过长或受雨水浸泡。

② 加强原材料进场的管理，加强抽检检测，不合格材料不得进入施工现场，进场材料应经监理工程师认可。

③ 加强施工过程的工艺控制，砌筑必须采用“坐浆法”、“挤浆法”进行施工，确保砂浆饱满、密实，不得采用“猫盖屎”、“马槽墙”施工方法；面石的规格应满足规范要求，砌筑时“一丁一顺”或“两顺一丁”；沉降缝应设置合理，整齐垂直、上下贯通；泄水孔布置规范，与墙背贯通；墙背回填填料合格，分层填筑，压实度满足要求。

④ 做好实体工程验收，严格按“公路工程质量检验评定标准”对砌体工程进行工程质量检验评定，监理工程师、承包人签认，不合格应予以返工处理。

图 3-95 所示为部分质量较好的砌体结构。

3.6.4 结构混凝土施工

某大桥在施工过程中，因支架失稳，导致连续箱梁出现开裂等病害。大桥因施工期中跨支架失稳变形，既导致主梁尤其腹板出现大量结构性裂缝、较大下挠变形等表象问题，又带来主梁应力重分布，以及支架置换预加力部分缺失等复杂内在问题；因此相应的病害整治既要解决表象问题，也应解决内在受力变形安全问题，这就需要综合全面的整治设计，以确保成桥结构满足和逼近原设计图文件及桥梁规范要求。

1. 基本情况

某大桥桥型布置为：2×16m（钢筋混凝土等截面连续箱梁，第一联）＋36m＋60m＋36m（预应力混凝土变截面连续箱梁，第二联）＋3×16m（钢筋混凝土等高变宽连续箱梁，第三联），桥梁全长 224m，桥面至水面最高约 28m。

桥址区属构造剥蚀山中低山地貌。勘察区覆盖层较薄，山体斜坡地带上覆粉质黏土厚 0～2m，河床一带上覆卵石土或细砂厚 0～2m。山体斜坡多为缓坡，自然坡度一般为 35～45°，局部较陡。桥址区海拔一般在 222～262m，相对高差 40m，地形起伏较大，桥址区自然岸坡稳定。桥址区岩层呈单斜构造，岩层产状 N72°E～N88°E∠35°～39°，桥址区无

图 3-95　图部分质量较好的砌体

断层构造。受区域构造影响轻微，区内岩层节理、裂隙不发育。桥址地层由第四系坡残积层（Q4dl＋el）粉质黏土、第四系坡洪积层（Q4dl＋pl）粉土，侏罗系上统蓬莱镇组（J3p）泥岩夹砂岩组成。

下部构造为桩承式“U”形桥台、矩形截面柱式桥墩，桩基嵌入中风化基岩。预应力箱梁采用 C50 混凝土，普通钢筋混凝土箱梁采用 C40 混凝土，桥台台帽，承台及桩基，桥墩墩身，盖梁，承台及桩基，均采用 C30 混凝土，桥面铺装采用 C50 聚丙烯纤维防水混凝土，桥台台身采用 C25 片石混凝土；预应力钢绞线采用抗拉强度标准值 $f_{pk}=1860MPa$、公称直径 $d=15.2mm$ 和 $d=12.7mm$ 的低松弛高强度钢绞线；普通钢筋中，受力钢筋采用 HRB400 钢筋，其他钢筋采 HPB300 钢筋。

第二联上部结构的（36＋60＋36）m 预应力混凝土变截面连续箱梁，其主梁中跨跨中及边跨端部的桥中线梁高 2.1m，按二次抛物线渐变到桥墩处 3.6m；边跨端部设 6.0m 长等高梁段，桥中线梁高 2.1m。主梁为变截面单箱四室截面型式，箱梁顶板宽 25m，底板宽 20m，主梁中跨、跨中区段的顶板厚 0.28m，底板厚 0.25m，腹板厚 0.6m；靠近主墩的底板厚渐变为 0.50m，腹板厚渐变为 0.80m。主墩处中横梁宽 3.0m，端横梁宽 1.5m。桥面横坡由顶板形成双向 2%。箱梁按全预应力混凝土构件设计。典型截面构造如图 3-96 所示。

2. 问题的出现

第二联上部结构为（36＋60＋36）m 预应力混凝土变截面连续箱梁，采用满堂支架施工方法。箱梁混凝土分为三层浇筑，先浇筑底板并养护达设计强度，其次浇筑腹板并养

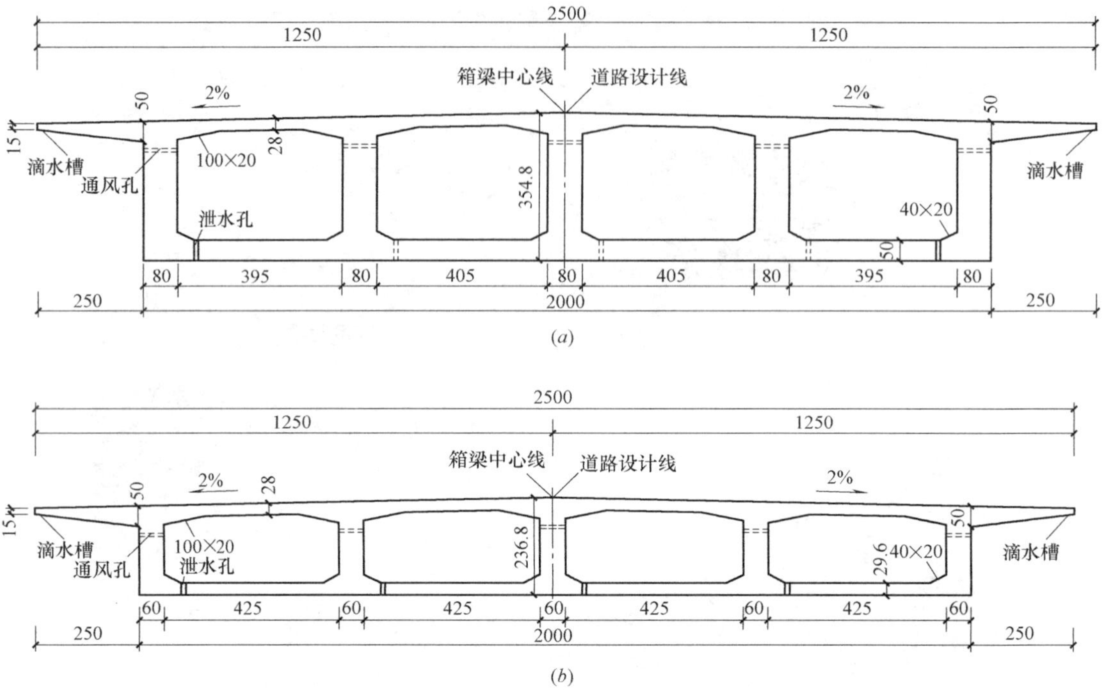

图 3-96　第二联箱梁中跨

（a）根部断面；（b）跨中断面

护达设计强度，最后浇筑顶板。在浇筑顶板过程中，当全桥下游半幅及上游半幅的小里程边跨至中跨跨中均已浇筑完成时，发生中跨支架变形失稳，已施工完成的连续箱梁出现开裂等病害；跨中下沉最大处为 6cm，支座范围内腹板产生数条竖向裂缝，在 4 号墩产生的竖向裂缝较大，在 5 号墩产生的裂缝相对较小，裂缝宽度最大达 3mm，箱梁底板由监控单位提供的数值拉应力达到 10MPa。图 3-97 所示为支架变形情况。

(a)　　(b)

图 3-97　支架变形

（a）右侧支架变形；（b）左侧支架变形

3. 检测结论

由业主委托，第三方检测机构对大桥进行检测，结果如下：

(1) 箱梁各腹板均发现多条竖向或偏竖向裂缝，自顶向下开展，尤其是在中跨、边跨靠近主墩根部附近的裂缝较多且较宽，其中的部分裂缝判定为腹板横向贯通裂缝，主要成因是支架失稳变形所致；腹板根部裂缝对于箱梁结构的承载能力及耐久性能会带来较大安全风险。

(2) 箱梁底板未发现明显裂缝，表观状态良好。

(3) 箱梁顶板发现少数宽度细小的纵向裂缝和横向裂缝，主要成因为混凝土早期不均匀收缩变形以及后期较高日照温差等环境因素；预期在后续施工的主梁各向预应力张拉完成后得以大部分闭合。

(4) 主梁上下游线形对称性较好，但主跨存在较明显下挠，其主要原因为中跨支架失稳变形所致；预期在后续施工的主梁纵向预应力张拉完成后，主梁下挠量会得以较大减少。

(5) 主梁混凝土强度检测结果表明，除第一跨顶板有所偏低外，其他检测部位的混凝土强度基本达到设计的 C50 级混凝土要求。

(6) 箱梁底板、腹板、顶板保护层厚度达到设计要求；桥面保护层厚度略有不足，考虑到桥面铺装保护作用，评定混凝土保护层厚度对钢筋耐久性影响不显著；预应力波纹管管道线形无明显曲折及折弯情况，波纹管曲线基本符合设计布置。

(7) 基于第二联箱梁当前状况，如确定继续施工成桥，必须针对所发现的病害进行彻底施工整改处治，成桥使用前经试验检测合格确保安全后方可投入使用。

4. 原因分析

由于支架的搭设采用了平均分配立杆的方式，在腹板、横隔板等重量较重的地方没有采用加密竖杆，同时缺失水平剪刀撑，纵、横向的剪刀撑也没有按照规范进行架设，加之在浇筑顶板的过程中先期进行下游浇筑，形成严重的偏载，导致支架产生严重变形，支架在浇筑前没有按要求进行预压，钢管的材料本身也没有达到理论厚度，导致本次事故的发生。

5. 处治措施

(1) 立即停止桥梁顶板的浇筑。

(2) 对桥梁下部产生变形的支架进行更换，支架拆除更换必须先有完整的支架更换方案，且必须经过专家评审后方可实施。

(3) 请有相应资质的单位对现有桥梁现状进行检测评估，明白病害具体情况，对桥梁的病害作出判断。

(4) 请有相应资质的单位对现有病害桥梁进行加固设计后再进行施工。

(5) 对于主跨、边跨的靠近主墩的箱梁根部附近腹板竖向裂缝较为密集且缝宽较大的区域和强度偏低的区域，凿除相应区域全部混凝土，新浇 C60 微膨胀无收缩混凝土，并采取措施确保新老混凝土界面结合良好。

(6) 对于其他部位发现的大于等于 0.15mm 以上的裂缝，建议采用高品质建筑结构胶灌缝修补，应采取先进工艺和配比确保灌缝彻底饱满；采用碳纤维板进行加固处理。

(7) 对于裂缝宽度小于 0.15mm 的细小裂缝，建议用结构胶予以封闭，确保结构耐久性。

（8）箱梁后续施工的预应力钢束张拉对箱梁结构的承载能力和耐久性能有着关键作用，必须加强质量监督，确保穿束顺畅、张拉吨位到位、伸长量符合设计值。

（9）本桥的桥面铺装层厚为：8cm（C50聚丙乙烯纤维防水混凝土）＋防水层＋10cm（沥青混凝土铺装），在设计容许的范围内，适度减小铺装厚度，起到对上部结构减载，进而改善结构承载能力的目的。

（10）后续施工过程中以及成桥使用期间，应同步加强连续梁线形监测及结构各部裂缝监测，发现异常及时研判处理，不留隐患。

（11）在进行彻底施工整改处治后，成桥使用前经试验检测合格后方可投入使用。

3.6.5 预应力体系建立

预应力是桥梁结构中应用非常广泛的技术，如预应力混凝土结构、预应力组合结构、预应力钢结构等等。从力学角度，结构上的预应力体系都有一个共同特征，即在结构承受全部外荷载之前，预先通过某种方法对结构或构件施加一组自相平衡的力系，使结构的内力发生重分布。预应力混凝土是为了弥补混凝土过早出现裂缝的现象，在构件使用（加载）以前，预先给混凝土一个预压力，即在混凝土的受拉区内，用人工加力的方法，将预应力钢筋进行张拉，利用预应力钢筋的回缩力，使混凝土受拉区预先受压力。

预应力T梁作为最基本一类的桥梁上部结构，是公路桥梁上部结构最普遍的一种，尤其在山区高速公路桥隧比不断增加的状况下，由于其结构重量轻、刚度高、耐久性好、维护工作量小、承载能力强、施工便利，使用比例更高。现以预应力T梁的质量控制为例进行分析，T梁整体质量主要形成于预制阶段，但由于施工工艺、质量控制方法差异，T梁预制质量参差不齐，影响T梁使用耐久性。

1. T梁施工中的常见质量问题

（1）如图3-98，预制梁场简易、场地硬化不足、功能分区不合理。

图3-98　T梁施工中常见质量问题1

（2）钢筋安装质量和精度不足，导致钢筋保护层厚度不足；混凝土浇筑质量差，导致混凝土强度不足、形成空洞、混凝土表观质量差等质量隐患。见图3-99。

（3）预应力管道安装精度不足、线型较差；预应力管道连接质量较差，导致漏浆堵管等情况。如图3-100所示。

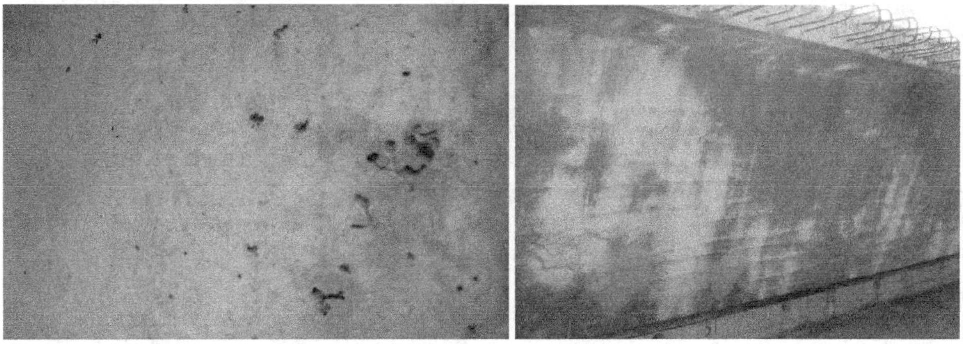

图 3-99　T 梁施工中常见质量问题 2

图 3-100　T 梁施工中常见质量问题 3

（4）如图 3-101，预应力张拉施工中存在的质量隐患，如：采用人工控制张拉，张拉后梁体预拱度不足，张拉设备控制精度较差、设备或传感器未进行标定或标定过期、张拉不同步等。

图 3-101　T 梁施工中常见质量问题 4

（5）同索预应力均匀度差，导致各钢绞线受力不均；同断面预应力均匀度差，导致桥梁结构横向受力。

（6）孔道灌浆控制或配合比不严格，压浆设备差，造成灌浆不密实、浆体与孔道分离或大段脱空现象；压浆封闭不及时，造成预应力钢筋和锚夹具锈蚀。如图 3-102。

（7）封锚质量差。

2. 主要改进措施

如图 3-103～图 3-118 所示，为保证公路桥梁预制 T 梁的质量，克服常见质量问题，只

图 3-102　T 梁施工中常见质量问题 5

能通过进一步规范 T 梁预制的各项工序操作，提高施工管理水平，实现施工标准化。

（1）预制场标准化

从施工来说预制场选址上主要有 3 个方面考虑：场地大小，吊装顺序，非高填、深挖的前期可快速成形路段。预制场建设要与桥梁下部结构施工基本同步启动，保证架梁和制梁的同步进行。安全上要考虑无塌方、滑坡、洪涝等灾害。预制场采用封闭式管理，场地设计综合考虑施工生产情况，合理划分办公区、生活区、制梁区、存梁区、钢筋加工区、材料堆放区等。

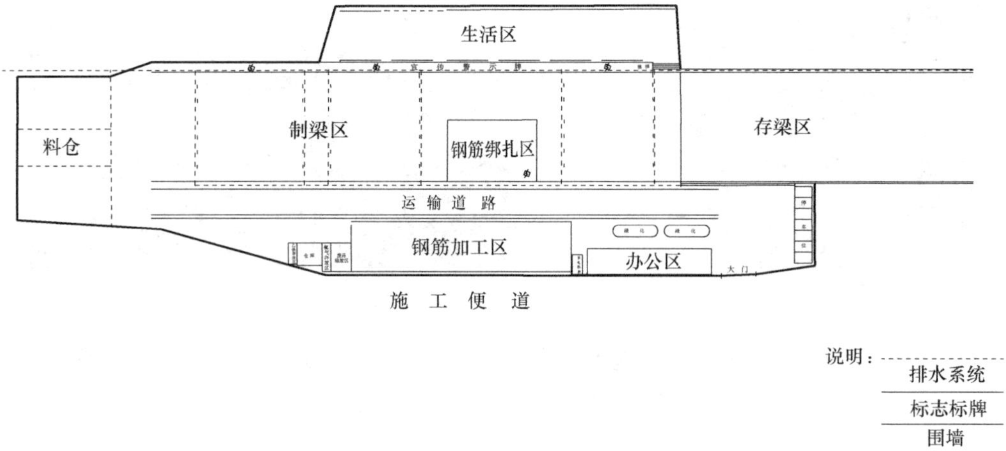

图 3-103　预制场平面布置图

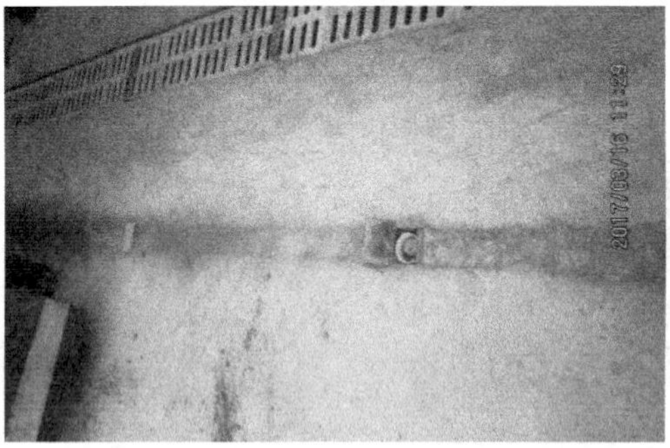

图 3-104　水管预埋及“地插式”水龙头

图 3-105　滑线槽

钢筋加工区按照其功能划分为六个部分：钢筋存放区、钢筋下料区、加工制作区、半成品存放区、梁肋钢筋骨架绑扎区、翼板钢筋绑扎区。其中前四个区域设置在钢筋棚内，梁肋钢筋骨架绑扎区和翼板钢筋绑扎区设置在预制区，钢筋绑扎区应平行于台座设置，便于龙门架整体吊装。钢筋棚一般采用钢架结构搭设，棚内场地采用 20cm 厚 C25 混凝土硬化。在钢筋加工棚内放置“钢筋大样图”“钢筋加工技术要求”“机械设备安全操作规程”等标识牌。

图 3-106 钢筋加工棚

图 3-107 钢筋存放区活动棚架

（2）混凝土拌合站采用标准化建设。钢筋骨架制作应在专用的胎模上进行，T 梁钢筋骨架加工分为翼板钢筋骨架加工和梁肋钢筋骨架加工，钢筋骨架加工均在型钢定制的钢筋加工翼板筋胎模和梁肋筋胎模上进行加工，确保钢筋间距定位准确；避免混凝土浇筑对垫块的影响，梁肋保护层垫块宜用圆形穿心砂浆垫块，底板、翼板保护层垫块宜用四角砂浆垫块。垫块纵间距均不得大于 1m，竖向间距不大于 0.25m，梅花形布置。混凝土浇筑完成后在 T 梁顶板上覆盖土工布配合自动喷淋养护系统进行喷水养护。当冬季气温较低时，利用锅炉配合保温棚对浇筑后的梁板进行蒸汽养护。

图 3-108 翼板钢筋胎模

图 3-109 梁肋钢筋胎模

图 3-110 喷淋系统

图 3-111 锅炉

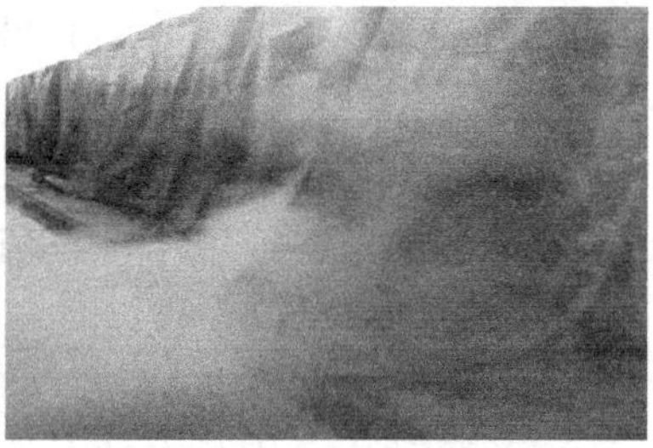

图 3-112 保温棚

（3）波纹管的固定采用钢筋定位架，采用 3 号角钢制作钢筋定位框架，根据图纸每米一个竖向定位坐标，角铁定位架割出槽口，用于控制波纹管定位架的管道竖向坐标。梁板混凝土浇筑前，应在波纹管内穿插相应孔径的硬塑料管进行保护。

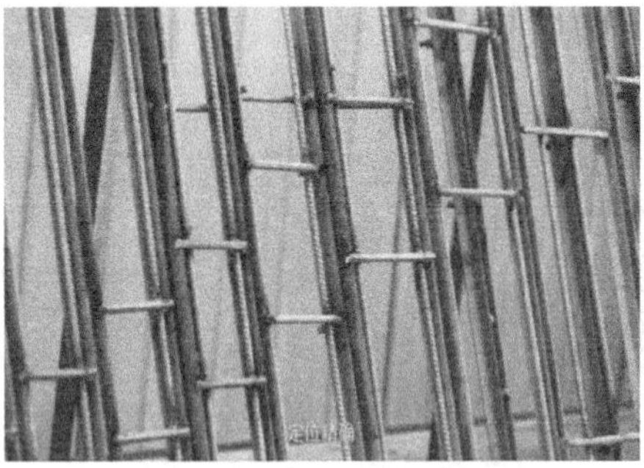

图 3-113　波纹管定位钢筋

图 3-114　定位架

图 3-115　波纹管保护

（4）在穿钢绞线前对孔道进行清孔，用高压气流清除孔道内杂物和水分，穿筋可以采用机械或人工。混凝土龄期不少于 7d 且同条件养护试件强度达到设计强度的 90%以上方可进行预应力筋的张拉施工。张拉所用的千斤顶和压力表、传感器应通过有资质的单位检定，张拉推荐采用智能张拉设备，与千斤顶、压力表、锚夹具配套使用。因设计时采用的混凝土弹性模量、钢绞线弹性模量等材料指标均为规范中的标准参考值，实际施工时应实测所用混凝土、钢绞线等的弹性模量，用实测值重新计算理论张拉伸长量、孔道摩阻系数、张拉预拱度等关键参数。

张拉时应考虑“工作夹片回缩＋梁体压缩”的值，宜在梁片生产前统一做一次试验，以取得相应参数。或采用推荐值，40m T 梁的“工作夹片回缩＋梁体压缩”单端参考值为 10mm。

张拉实际伸长量＝总伸长量－（工作夹片回缩＋梁体压缩）－力筋回缩量

各千斤顶应分别具有独立的力值和伸长值指示装置，应能实时显示张拉过程中的力值和伸长值；千斤顶进行同步张拉时，系统应能进行各千斤顶之间的力值、伸长值同步控制，同步允许误差应控制在±2%以内。张拉的初始行程大小应适宜，不得过小，应可消除钢绞线的非弹性变形。

图 3-116 钢绞线穿束用子弹头

图 3-117 张拉台

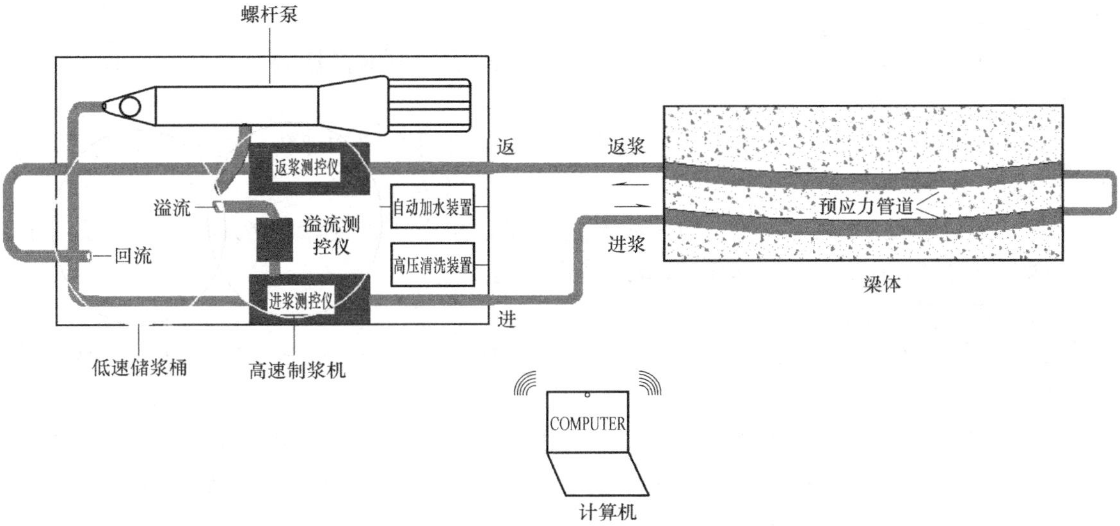

图 3-118 循环智能压浆

(5) 对预应力张拉过程进行测控，确保同索预应力均匀度和同断面预应力均匀度符合要求。

(6) 预应力筋张拉锚固后，压浆应在 48h 内完成。孔道压浆是为了保护预应力筋不锈蚀，增加梁体结构的整体性，减少预应力在运营过程中的损失。压浆结束前不切除梁端钢绞线，有利于压浆时浆液的部分水分从钢绞线缝隙中渗出，对压浆密实度有利。制浆应采用自动计量的生产方式，制浆、压浆施工设备；压浆的充盈度应达到孔道另一端饱满且排气孔排出与规定流动度相同的水泥浆为止，使用止回阀，关闭出浆口阀门后，应保持一个不小于 0.5MPa 的稳压期，该稳压期的保持时间宜为 3～5min。

3.6.6 隧道初期支护施工

目前公路工程隧道施工多采用钻爆法为主要开挖手段，以“新奥法”为主要施工方法。新奥法是应用岩体力学的理论，以维护和利用围岩的自承能力为基点，采用锚杆和喷射混凝土为主要支护手段，及时地进行支护，控制围岩的变形和松弛，使围岩成为支护体系的组成部分，并通过对围岩和支护的量测、监控来指导隧道和地下工程设计施工的方法和原则。

隧道施工方法的选择，主要根据工程地质及水文地质条件、施工条件、围岩类别、隧道埋置深度、隧道断面尺寸大小和长度、衬砌类型等情况，以施工安全为前提和以工程质量为核心，结合隧道的使用功能、施工技术水平、施工机械装备、工期要求和经济可行性等因素综合考虑研究选用。隧道初期支护既是施工过程的临时支撑又是复合衬砌的永久结构层，属于隐蔽工程施工，只在施工过程中可见，隧道完工通车后就不可见了，故常常因施工过程管理不善，导致种种问题发生，严重影响隧道运营安全和运营寿命。现就公路工程隧道初期支护施工的常见质量问题和对策进行分析及探讨。

1. 隧道初期支护常见质量问题

（1）管理方面

1）质量责任制不明确、落实不到位：工序质量责任人未落实；质量责任奖惩不落实；参建人员缺乏培训，质量责任意识薄弱。

2）试验检测及管理工作不规范：原材料和实体质量技术指标内容未检、漏检或检测频率不足；试件取样、养护不能满足规范要求。

3）施工单位选择和录用的劳务分包队伍未经严格的考核和评价，对分包工程“以包代管”或“包而不管”。

4）支护参数未根据实际围岩地质状况进行调整和修正，设计服务不及时，导致初期支护偏弱或过强，引起施工安全事故或经济性较差。

（2）施工工艺方面

1）超前支护（大管棚、超前小导管、超前锚杆）不规范，长度、外插角、孔距、注浆饱满度不足。

2）施工工序不对：未按初喷混凝土→安装钢架、挂钢筋网→施作锚杆→复喷混凝土至设计厚度进行施工，通常是边安装钢架、挂钢筋网边施作锚杆，最后一次性喷射混凝土。

3）未按规范要求采用湿（潮）喷工艺，导致喷射混凝土质量存在问题、影响操作手的职业健康。

4）钢筋网片与钢筋网片间、钢筋网片与锚杆间焊接不牢固或随意断开，钢筋网片的网眼间距偏大。

（3）实体质量问题

1）喷射混凝土表面不平顺，凹凸不平，有流淌或干散现象。

2）厚度不足，最小厚度小于设计的 0.6 倍、60%检查点的厚度小于设计厚度、平均厚度小于设计厚度。

3）钢支撑拱脚虚空，节段间接头连接不牢固。

4）锚杆数量、长度、角度、间距、注浆饱满度等与设计不符。

5）超挖过大，采用片石、纸壳、彩条布、木板等进行封堵，人为造成初支脱空。

6）钢架安装精度较差，竖直度偏差过大、每榀间距过大或不均匀。

7）钢架背后存在空洞，喷射混凝土不密实、不饱满。

2. 隧道初期支护典型常见质量问题

图 3-119 所示为隧道初期支护典型质量问题。

A 初支表面不平顺

B 超前小导管未与钢拱架形成有效搭接

C 钢架拱脚虚空

D 局部钢拱架外露

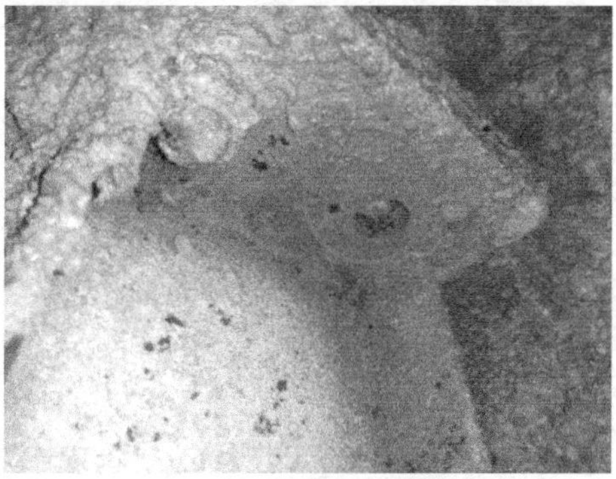

E 型钢连接垫板缺失螺栓

F 超挖过大，用片石、纸壳等填充、堵塞

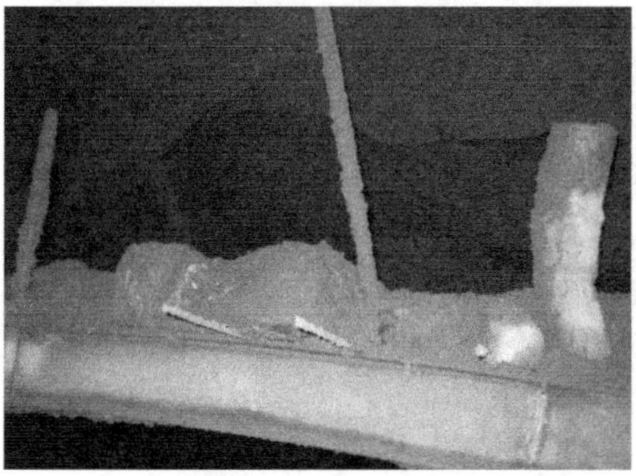

G 初支脱空、采用片石封堵

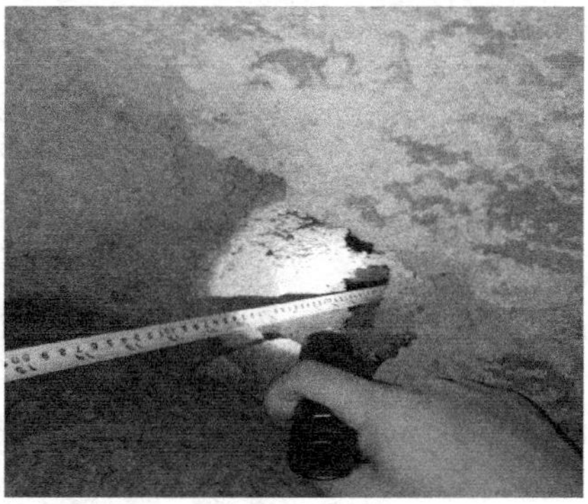

H 型钢背后脱空

图 3-119　隧道初期支护典型质量问题（一）

I 仰拱型钢未与拱圈型钢连接成封闭环

J 钢架连接精度差

K 拱脚采用石块支垫

L 上下钢架节段错位

M 钢架纵向连接钢筋未焊接

N 喷射混凝土采用干喷工艺，速凝剂添加随意

Q 型钢拱脚脱空，钢筋网片不规范、无初喷

图 3-119 隧道初期支护典型质量问题（二）

3. 原因分析

(1) 初期支护分层喷射混凝土掉层脱落：裸露岩面松散或受尘土污染；一次性喷射混凝土厚度偏厚；喷射混凝土操作手水平较低，操作不正确，配合比有缺陷，风、水压及喷射距离、角度掌控不好。

(2) 管理水平低下，“以包代管”或“包而不管”，施工单位自检体系和监理职责缺位，施工班组偷工减料，导致质量问题发生。

(3) 设备投入不足，如：无湿喷机、等离子切割机、机械钻孔设备、数控弯曲机等，导致施工精度不足、有质量缺陷。

(4) 技术交底不足，技术人员和工人的技术能力不足。

4. 防治措施

运营隧道的养护管理较路基、桥梁困难，如因初支等施工质量问题导致的安全或质量事故，往往损失较大、影响恶劣，处治难度极高。为确保隧道的运营安全、提高运营寿命，只能提高参建各方的管理水平、加强过程监管，运用检测手段加强过程控制。

(1) 清除松动岩块，清洗受喷岩面，采用湿（潮）喷技术，保证喷射混凝土配合比的性能，对喷射操作手进行培训，熟练掌握喷射混凝土操作技术。

(2) 加工场应对每一单元钢架进行检查，在场内进行预拼。现场安装时如节点板之间仍不密贴的，应用钢板填塞处理。严格检查垂直度，保证钢架倾斜度符合规范要求，严格控制每一榀的间距符合设计要求。

(3) 立钢架前应先初喷，然后再安装钢架，拱脚有空隙时用混凝土垫块或钢板填塞，复喷混凝土时，应先选择合适的角度先喷满钢架后背。

(4) 钢筋网一般在初喷混凝土、锚杆完工之后安设，网片要紧贴初喷面，钢筋网节点与锚杆间采用电焊焊接牢固，网片间用铁丝扎紧或焊接，在喷射作业时不得松动。

(5) 喷射混凝土分段、分片、分层进行，由下向上，从无水、少水向有水、多水地段集中，多水处安放导管将水排出。施喷时喷头与受喷面基本垂直，距离保持 1.5～2.0m。设钢架时，钢架与岩面之间的间隙用喷射混凝土充填密实，喷射顺序先下后上对称进行，先喷钢架与围岩之间空隙，后喷钢架之间，钢架应被喷射混凝土所覆盖，保护层不得小于 4cm。喷前先找平受喷面的凹处，再将喷头成螺旋形缓慢均匀移动，每圈压前面半圈，绕圈直径约 30cm，力求喷出的混凝土层面平顺光滑。一次喷射厚度控制在拱部不得超过 6cm，边墙不得超 10cm，过每段长度不超过 6m，喷射回弹物不得重新用作喷射混凝土材料。新喷射的混凝土按规定洒水养生，喷射混凝土取样必须在现场由同一操作手在喷大板试模中成型。

(6) 加强施工单位自检体系和监理监督体系的建立和完善，初支施工结束后应加强监控观测，待围岩和初支结构稳定后，经第三方检测机构对初支的各技术参数（如：钢架间距及数量，锚杆数量、长度、注浆饱满度，初支喷射混凝土厚度及脱空情况等）进行检查，符合设计要求，方可进行二衬施工。

(7) 推荐采用先进的隧道机械化设备（如：全电脑三臂凿岩台车、等离子切割机床、超前地质钻等），减少人工作业，降低安全风险、提高施工质量。

(8) 隧道超前地质预报和监控量测要及时，对施工要起指导性作用，设计和施工单位应根据超前地质预报和监控量测的数据，实时调整支护参数、调整施工工艺。

图 3-120 所示为较好的做法和机械设备。

A 钢架拱脚采用预制块下垫

B 钢架试拼装

C 钢架焊接

D 钢架连接钢板加工及钻孔

E 全电脑三臂凿岩台车

F 超前地质钻

G 隧道湿喷机

H 等离子切割机床

图 3-120　较好的做法和机械设备

3.6.7 隧道二次衬砌施工

隧道二次衬砌是复合式衬砌设计中的模注混凝土或钢筋混凝土衬砌。在初期支护变形基本稳定的情况下，应马上进行防水层、预埋排水管铺设，合格后尽快施作二村衬砌。目前新奥法施工隧道二次衬砌理论上是基本不受任何力的，二次衬砌是为了保证隧道使用的净空和结构的安全而设置的永久性衬砌结构。在设计规范中复合式衬砌中的二次衬砌，Ⅰ、Ⅱ、Ⅲ级围岩中为安全储备，是按结构要求设计；Ⅳ、Ⅴ级围岩中为承载结构，是按地层结构法计算内力和变形。

衬砌是公路隧道中关系到结构安全和行人、行车安全最重要的永久性土建结构物，营运中一旦破坏很难恢复，维护费用很高，给交通营运管理带来极大困难，造成较大社会不良影响。因此，衬砌应具有足够的强度和稳定性，保证隧道长期安全使用，不产生病害。但因施工过程管理不善，工艺水平不高，仍导致种种问题发生，严重影响隧道运营安全和运营寿命。现就公路工程隧道二次衬砌施工的常见质量问题和对策进行分析及探讨。

1. 隧道初期支护常见质量问题

管理问题与上述“衬砌支护”的基本类似。

（1）施工工艺方面

1）沉降缝、伸缩缝、施工缝的设置和处理不规范、未按设计施作或未与实际地质情况相符。

2）二次衬砌台车刚度、平整度、尺寸等不满足要求；仍采用“矮边墙”施工工艺。

3）仰拱施工无专用模板，线型、尺寸达不到要求；仰拱未整幅一次性浇筑；仰拱与填充层一次性同时浇筑等。

（2）实体质量问题

1）二次衬砌钢筋定位不准确、线型、数量或间距与设计不符，预留钢筋长度不足等。

2）二次衬砌钢筋焊接质量差、漏焊等，预留钢筋长度不规范，导致焊缝在同一断面。

3）二次衬砌混凝土外观质量差、蜂窝麻面严重、节段间错台严重。

4）二次衬砌混凝土断面厚度不足；拱顶脱空；二次衬砌混凝土开裂、掉块、渗水等。

5）二次衬砌混凝土浇筑后，隧道净空断面不足。

6）施工缝止水带、止水条定位精度不足，甚至未安装。

7）二次衬砌钢筋保护层厚度不足或保护层厚度偏大。

8）仰拱厚度不足，拱底虚渣，仰拱混凝土不密实或混凝土内添加片石。

2. 隧道初期支护典型质量问题

图 3-121 所示为隧道初期支护典型质量问题。

3. 原因分析

（1）技术交底不足，技术人员和工人的技术能力不足。

（2）管理水平低下，“以包代管”或“包而不管”，施工单位自检体系和监理职责缺位，施工班组偷工减料，导致质量问题发生。

（3）设备投入不足，如：全断面二衬台车、仰拱栈桥等，导致施工精度不足、有质量缺陷。

（4）隧道开挖控制较差，导致超挖严重，因初支的成本较大和耗时等因素，施工单位

A 二衬钢筋焊接质量差，且在同一断面

B 二衬钢筋漏焊、数量不足

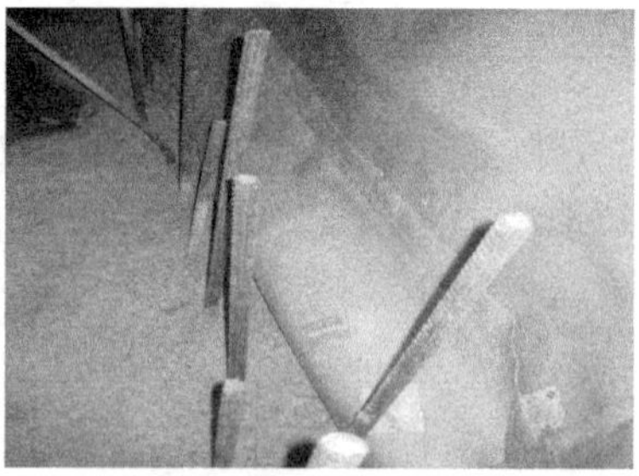

C 二衬钢筋定位较差，预留长度不足，仅留单排钢筋

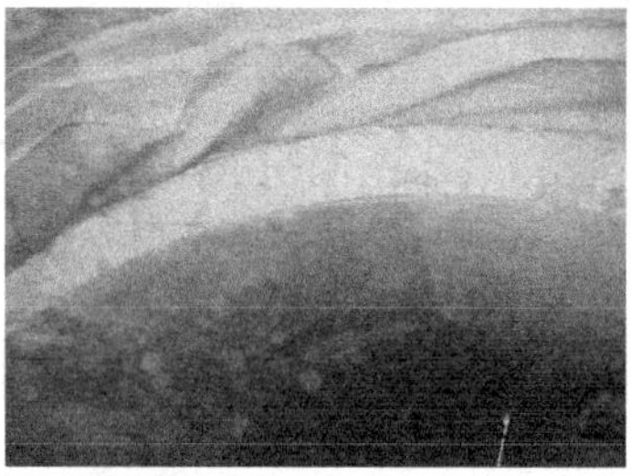

D 二衬未埋设止水带或止水条

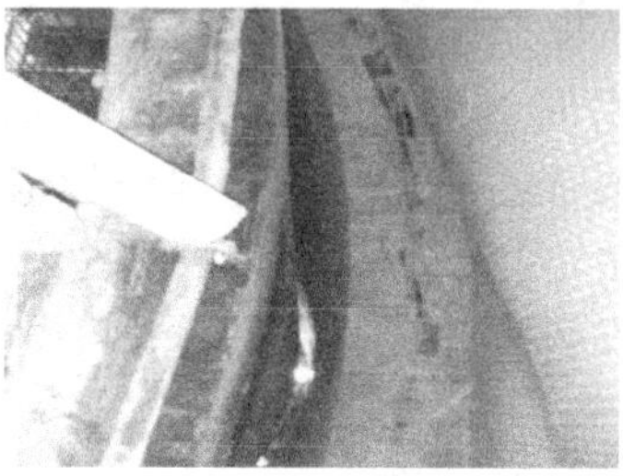

E 止水带未有效定位

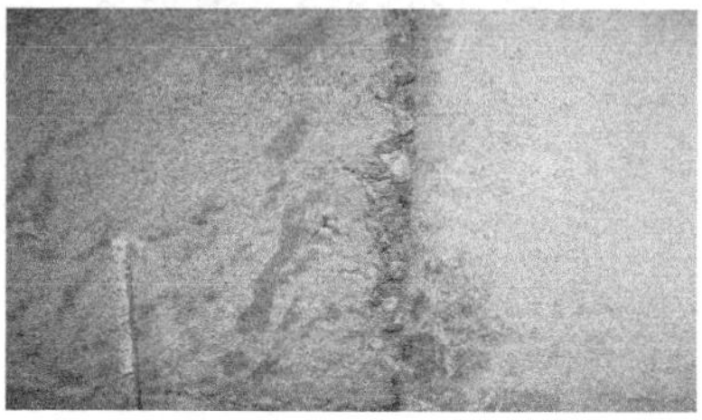

F 二衬混凝土外观质量差，错台

G 二衬拱部钢筋印迹

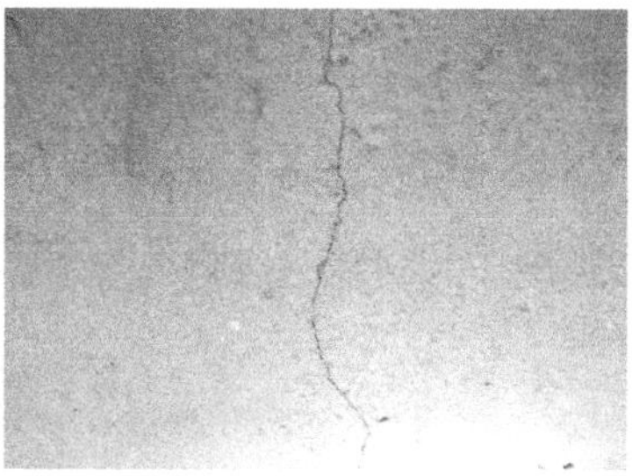

H 二衬环向裂缝

I 二衬设备洞室侵限

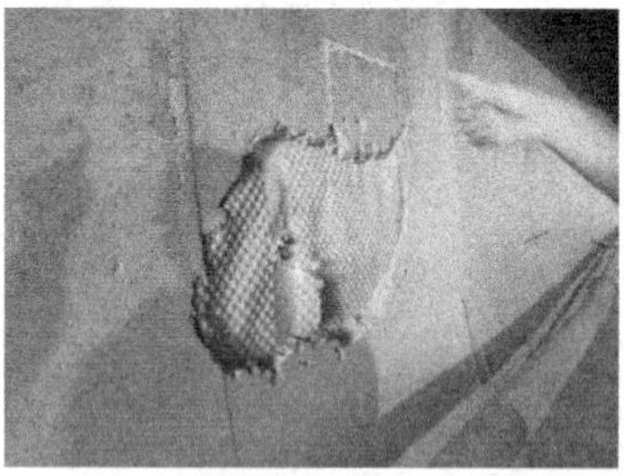

J 二衬设备洞室施工不规范

K 单独浇筑矮边墙

L 仰拱混凝土内混有片块石

图 3-121 隧道初期支护典型质量问题

虽保证了初支厚度等关键参数，但初支后的净空断面偏大，二衬钢筋定位往往紧贴初支表面，从而使钢筋保护层厚度偏大，实际改变了二衬钢筋在设计中的位置，导致二衬混凝土表面龟裂和二衬结构的受力状况。

4. 防治措施

运营隧道的养护管理较路基、桥梁困难，如因衬砌等施工质量问题导致的安全或质量事故，往往损失较大、影响恶劣，处治难度极高。为确保隧道的运营安全、提高运营寿命，只能提高参建各方的管理水平、加强过程监管，运用检测手段加强过程控制。

（1）严格按设计要求设置沉降缝。二次衬砌施工缝应与设计的沉降缝、伸缩缝结合布置。明洞衬砌与洞内衬砌交界处或不设明洞的洞口段衬砌，在距洞口 5～12m 的位置应设沉降缝；在围岩发生变化、衬砌形状或截面厚度发生显著变化的位置应设沉降缝。

（2）二次衬砌台车应实行进场验收制度，衬砌台车的刚度、尺寸、平整度等应经监理、业主验收合格后方可使用。

（3）解决二次衬砌拱顶脱空问题可采取以下 2 种措施：1）二衬混凝土灌注结束后及时通过预埋管道进行带模注浆，及时注浆，浆体与混凝土结合比较充分，二次衬砌结构整体性好；2）二衬混凝土灌注结束、脱模后，经无损检测查找脱空段落，利用预埋的注浆管道或钻孔注浆，钻孔时根据检测的二衬实际厚度进行控制，边钻边测量，防止超钻破坏防水板。注浆过程要及时记录注浆数据，确保注浆效果。

（4）二衬衬砌钢筋定位要加强控制，钢筋安装完毕后应对其位置进行全面检查调整，钢筋与二衬台车模板间设置足够的混凝土垫块，垫块与钢筋连接应牢固，防止外来作用脱落；采取适当措施防止在浇筑二衬混凝土时发生钢筋上浮或往一边偏移，二衬混凝土浇筑时应两边同步浇筑，高差不得超过 0.5m。

初支断面控制必须良好，不能偏大，更不能侵占二衬净空。

（5）严禁"矮边墙"施工工艺，整个二衬结构应只分成两次浇筑成型（仰拱一次性整体成型、二衬一次性成型），必须配备仰拱栈桥、全幅式二衬台车，以满足整体施工需要。

（6）二衬台车端头模由传统的木模改进为定型钢端模＋木模组合封端，提高中埋式止水带的安装质量。

（7）二衬厚度不足：

1）采用粘贴钢板法等进行结构加固；

2）返工处理，采用破碎锤、液压镐等机械手段拆除二衬，处理欠挖的初期支护，修复防排水系统，重新浇筑二衬混凝土。

（8）加强检测和测量控制，在二衬施工前，应进行断面复测，对初支侵限的部位及时处理；二衬施工结束应及时采用地质雷达、钢筋保护层测定仪等无损检测手段检测隧道二次衬砌厚度、脱空、钢筋位置、保护层厚度、强度等技术参数。及时发现问题，及时处理，不留质量隐患。

图 3-122 所示为较好的做法和机械设备。

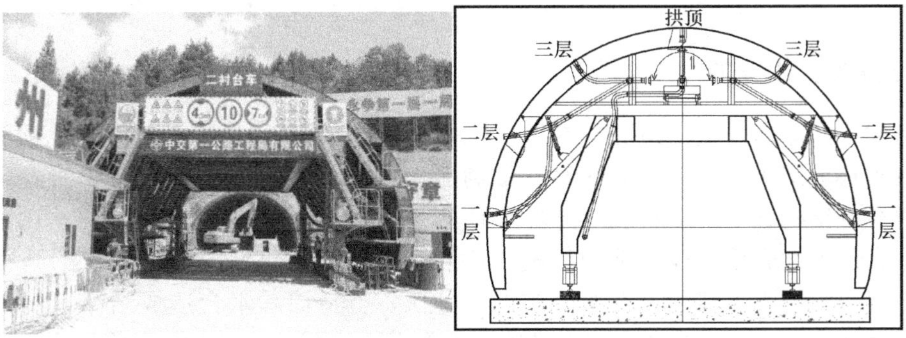

A 自动浇筑二衬台车

图 3-122 较好的隧道初期支护做法和机械设备（一）

B 自行式液压仰拱栈桥

C 仰拱专用内模和拆模后仰拱成型效果

D 二衬台车端头模板定位

图 3-122 较好的隧道初期支护做法和机械设备（二）

3.6.8 隧道防排水施工

隧道建成通车运营后，如发生渗漏水对隧道稳定、洞内设施、行车安全、地面建筑和隧道周围水环境产生诸多不良影响甚至威胁。如：（1）渗漏水促使混凝土衬砌风化、剥落，造成衬砌结构破坏；渗漏水还会软化围岩，引起围岩变形，增大衬砌结构内力；如隧道渗水中含侵蚀性介质，还会造成混凝土损坏、钢筋锈蚀等情况，降低衬砌结构承载能力，导致混凝土锈胀等情况；在寒冷和严寒地区，隧道渗漏水会造成结冰，侵占隧道净空，造成衬砌混凝土冻胀损坏，路面结冰导致行车安全事故。（2）隧道渗漏水加快洞内机电设施（通讯、照明等）的锈蚀，导致短路、漏电，影响设备正常使用，缩短设备的使用寿命，加大维修费用。（3）隧道路面水害引起路面下沉、断裂、翻浆冒泥等病害以及路面浸水降低摩擦力，导致行车舒适性下降和安全事故发生。

隧道建成通车运营后，如发生渗漏水，整治难度大，处治成本高，社会影响较大。因此在施工期间做好隧道防排水工作十分重要，应做到“防患于未然”，以收到事半功倍的效果。但因施工过程管理不善，对隧道防排水的重视程度不高，仍导致种种问题发生，严重影响隧道运营安全和运营寿命。现就公路工程隧道防排水施工的常见质量问题和对策进行分析及探讨。

1. 隧道防排水施工常见质量问题

（1）施工工艺方面

1）防水层施工前，初支基面处理不足，有钢筋头等尖锐物凸出，有明水或渗水量过大。

2）止水带、止水条安装方式不正确，破损，过分偏离二次衬砌中线；二次衬砌混凝土浇筑好后，采用射钉直接钉在二衬混凝土端头。

3）环向、横向盲管的间距、位置，以及与纵向盲管的搭接方式不符合设计要求。

4）纵向盲管未调纵坡、半边打孔及反裹或反裹方向不对。

5）施工过程的保护不足，导致预埋材料破损、堵塞等情况。

（2）实体质量问题

1）防水层表面不平顺，褶皱、气泡、破损，与洞壁不密贴，松弛过度、紧绷；防水层接缝、补眼粘贴不密实饱满，气泡、空隙；破损部位未修补。

2）防水材料的产品质量不满足设计要求。

3）中央排水沟（管）纵坡不满足设计要求，未按要求施作沟（管）底基座混凝土；水沟、检查井盖板不平稳、翘曲。

4）排水系统淤积、堵塞。

5）沉降缝、伸缩缝、施工缝处渗漏水。

6）隧道路面下沉、断裂、翻浆冒泥以及路面浸水。

2. 隧道防排水施工典型质量问题

图 3-123 所示为隧道防排水施工典型质量问题。

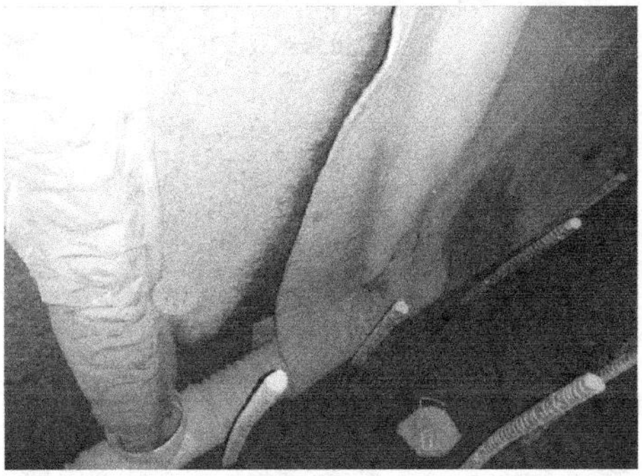

A纵向盲管土工布包裹方向错误

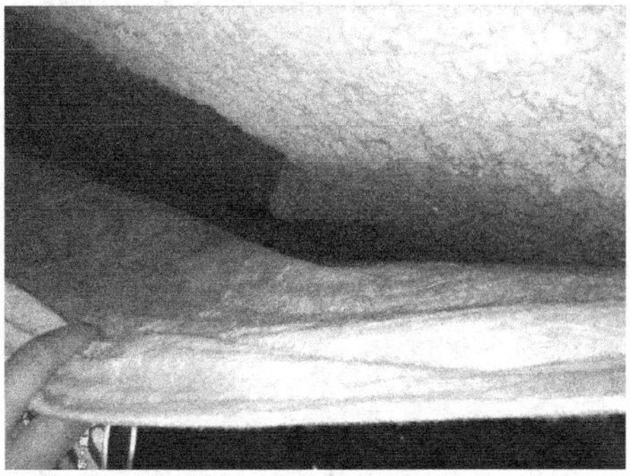

B防水层背后残留锚杆头

图 3-123　隧道防排水施工典型质量问题（一）

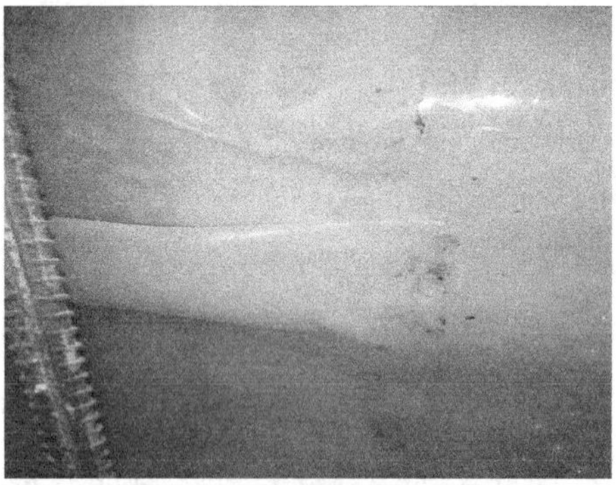

C防水板焊缝处褶皱

D防水板松弛度过大

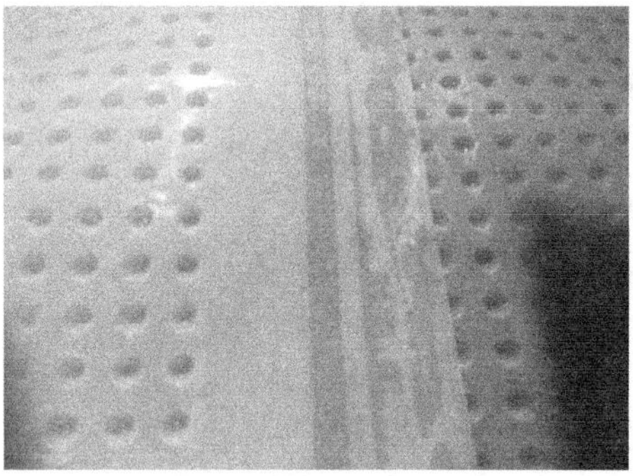

E防水板焊接质量差

F防水板焊接双缝变单缝

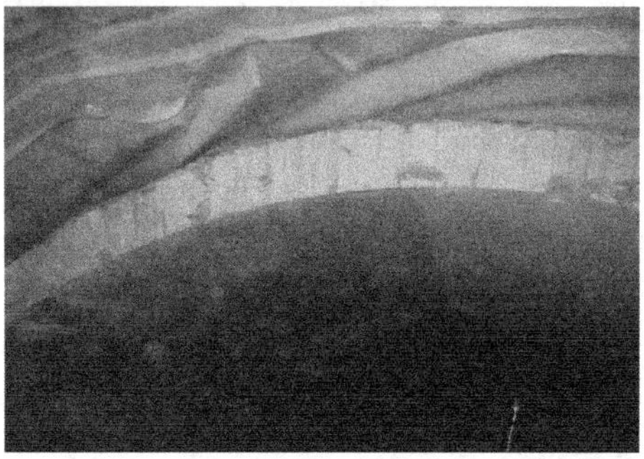

G二衬未埋设止水带或止水条

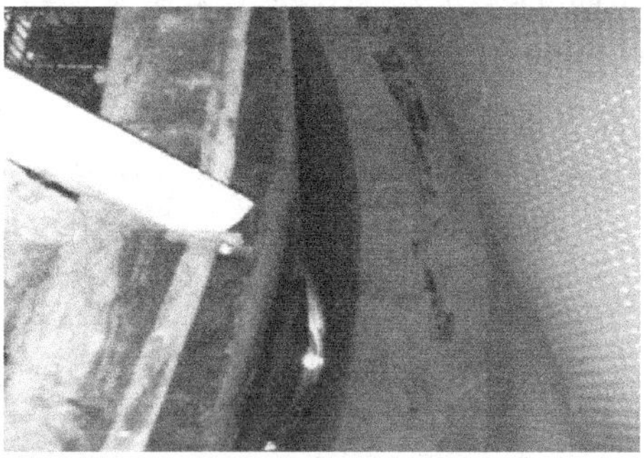

H止水带未有效定位

I横向导水管A未按设计要求施作

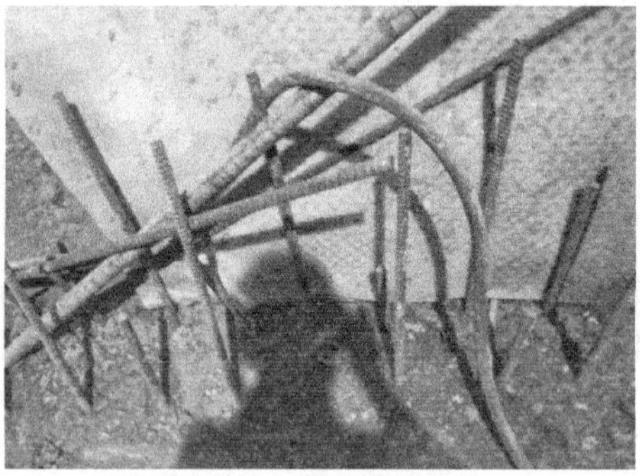

J防水板及土工布环向长度不足

图 3-123　隧道防排水施工典型质量问题（二）

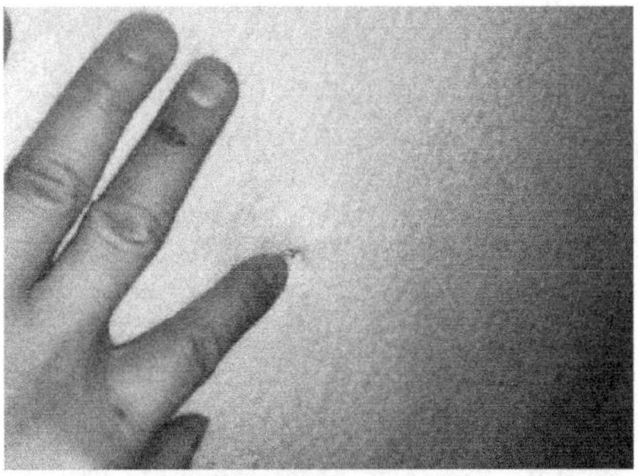
K射钉直接固定土工布

L防水板搭接长度不足

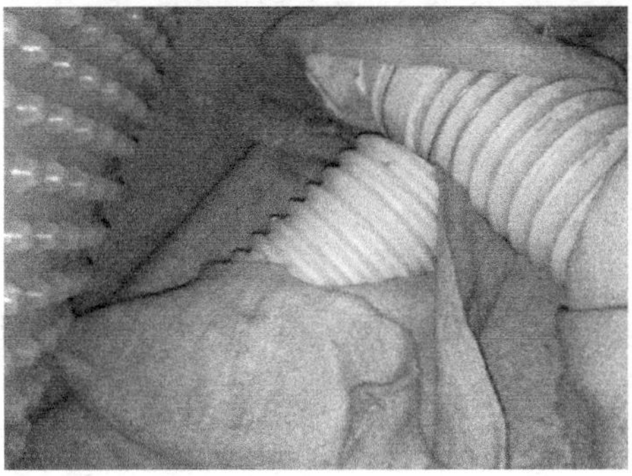
M三通管接头断裂

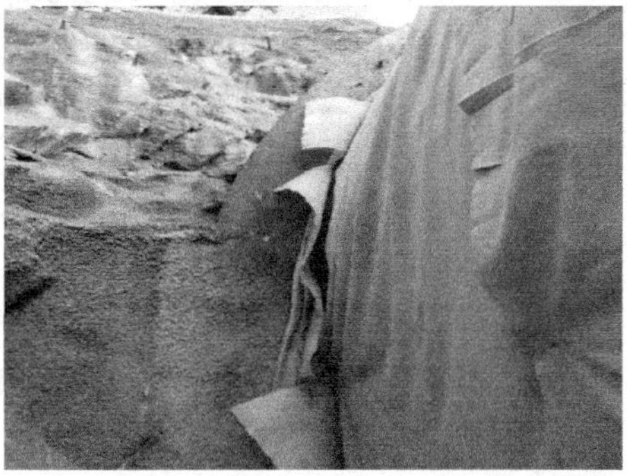
N明暗洞交接处防水板破损

图3-123 隧道防排水施工典型质量问题（三）

3. 原因分析

因修建隧道必然破坏了山体原来的水系统平衡，隧道成为所穿过山体附近地下水聚集的通道。当隧道围岩与含水地层连通，而隧道衬砌的防水和排水设施、方法等不完善时，必然要发生隧道渗漏水。

（1）衬砌混凝土施工质量差，不密实、蜂窝、孔隙、裂缝多，自身防水能力不足。

（2）防水材料产品质量差，未严格控制进场质量，使用前未经检测合格就使用。

（3）技术交底不足，技术人员和工人的技术能力不足。

（4）管理水平低下，“以包代管”或“包而不管”，施工单位自检体系和监理职责缺位，施工班组偷工减料，导致质量问题发生。

（5）隧道设备洞室、人行车行横洞与主洞交接处、隧道曲线段左右两侧防水板纵向搭接缝错台等特殊部位，防水板的拼接繁多且无规律，造成焊接控制较难，易出现渗漏缺陷。

4. 防治措施

隧道防排水应遵循“防、排、截、堵相结合，因地制宜，综合治理”的原则，保证隧道结构物和运营设备的正常使用和行车安全。隧道防排水设计应对地表水、地下水妥善处理，洞内外应形成一个完整通畅的防排水系统。

“防”是指隧道衬砌应具有一定的防水能力，防止地下水渗入。主要为防水混凝土（衬砌结构）、防水层等。

“排”是指工程有自流水排水条件时，将地下水排除，为防水创造有利条件。主要为暗管、盲沟、排水沟等。

“截”是指洞外和衬砌外采用工程措施，把流向隧道的水源截流、汇集排除。主要为洞顶截水沟、截流地表水的排水沟、裂缝堵塞等。

“堵”是指对隧道二衬衬砌表面可见的渗漏水部位进行封堵开槽引排。主要为注浆、填充衬砌与围岩的间隙、抹面封闭等。

（1）重视试验检测工作，防水材料严禁是小厂或信誉度较差的厂家。进场材料必须按规范要求的检验批进行抽样检测，合格后方可使用。

（2）对衬砌混凝土配合比进行优化设计，加强对喷射混凝土操作手、混凝土浇筑振捣的工人等进行培训和交底，确保衬砌结构混凝土的质量。

（3）衬砌内的排水工程和排水沟等均为隐蔽工程，在施工过程应加强过程监管和工序验收工作，上道工序未验收合格不得进行下道工序施工，并留下相应的隐蔽工程照片。

（4）加强工序控制，特别对施工缝、沉降缝等易出现渗漏水情况的部位加强管控，止水带、止水条的安装应规范、定位准确。

（5）加强设计深度，对富水区隧道建议中央排水沟改为边部排水沟＋中央排水沟的形式，加大排水流量并便于运营期维修处理。

（6）防水板等挂设施工前应对初期支护喷射混凝土基面进行处理，凹凸处超过±5cm的应进行补喷，钢筋头等尖锐物应切除后用砂浆抹平。

防水板施工见图 3-124、图 3-125、图 3-126；图 3-127 所示为水泥砂浆浇出去有坡比的边带；图 3-128 所示为较规范的土工布固定。

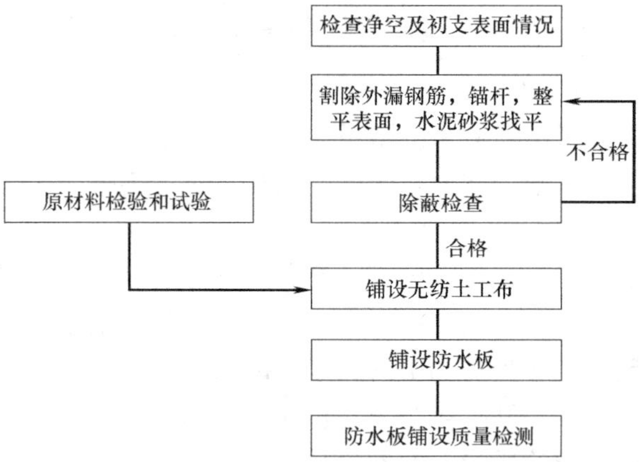

图 3-124　防水板施工工艺

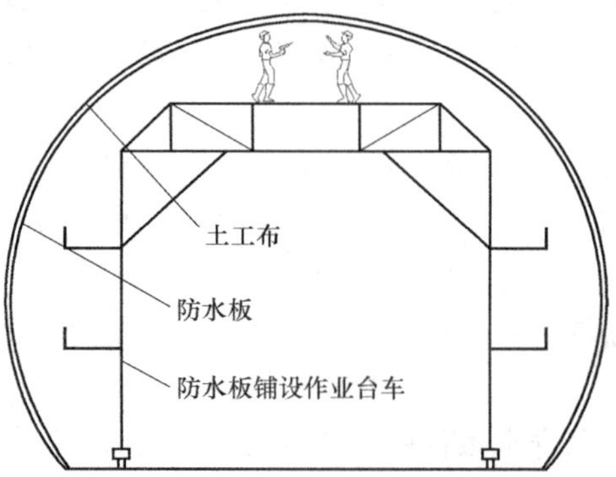

图 3-125　防水板挂设示台架意图

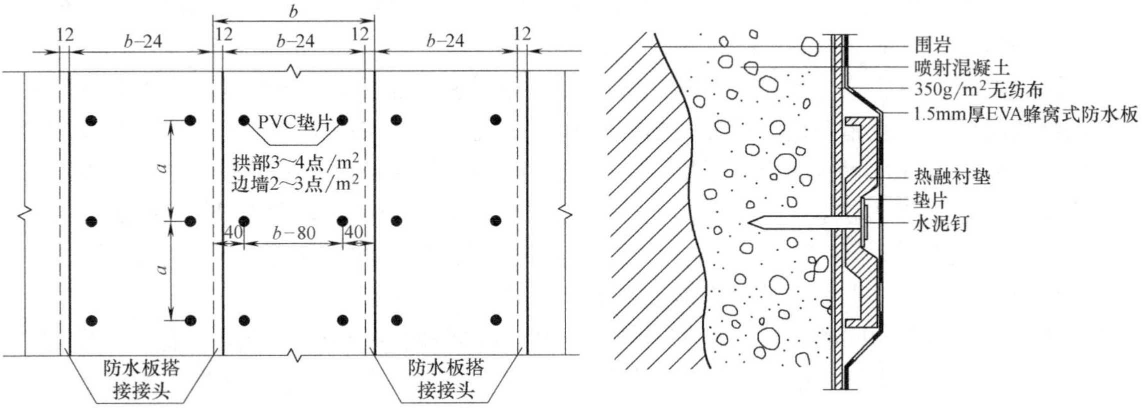

图 3-126　防水板安装布置

图 3-127　水泥砂浆浇出去有坡比的边带

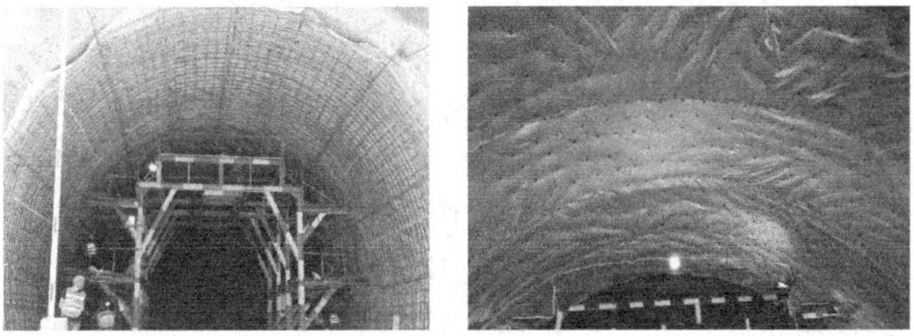

图 3-128　土工布固定

3.7　公路工程施工安全控制

3.7.1　路桥隧施工安全事故案例

1. 边坡施工

如图 3-129 所示，某道路边坡施工中发生坍塌。该事故造成 3 死 3 伤，后果严重。

图 3-129　边坡坍塌现场

地勘报告对事故边坡存在2组不利的裂隙有所描述。分析结果表明事故段岩质边坡受裂隙切割影响，可能沿裂隙交线出现滑移破坏。

边坡设计采用放坡+板肋式锚杆挡墙。要求必须遵循自上而下分层分段依次开挖的顺序，严禁超挖。应遵循先整治后开挖的施工顺序，且上一层支护结构施工完成，强度达到设计要求后，再进行下一层土方开挖，并对支护结构进行保护。应采用分段跳槽开挖与逆作法相结合的施工方法，岩层部分每段开挖长度不大于10.0m，每次开挖深度不大于3.0m。应及时清除坡顶可能滑移的土体及可能掉落的危岩块体，加强坡顶安全防护措施。边坡坡顶设置截、排水沟，及时排走地表水。

施工现场存在的问题：(1) 施工现场一次开挖高度和长度超标，未及时施工边坡支护结构。现场第一次刷坡高度、开挖长度均超过设计要求，并未进行边坡支护结构施工。也不符合施工单位的施工方案。(2) 施工现场坡顶未设置截水沟。(3) 边坡坡顶位置安装了一台空压机，而根据施工交底要求，不得在坡顶（2m范围）设置机械设备。

事故发生原因：本工程岩质边坡存在不利裂隙，施工单位违反设计和已审批的施工方案要求，一次开挖高度过高，开挖长度过长，未及时对边坡进行支护，导致裂隙切割形成的楔形岩体在自重作用下，沿外倾裂隙面坍塌，是本次事故的直接原因。

2. 人工挖孔桩施工

人工挖孔桩是公路过程中常见工法，包括抗滑桩、桥梁桩基础等。人工挖孔桩对保证桩基质量是非常有利的，但因为其施工环境很差，不可控因素多，在施工中出现安全事故的风险很高，其主要原因在于针对安全的专项施工方案缺失或编制不到位，施工、管理人员的安全意识不够，不重视护壁设计与施工质量控制，不按规定设置安全梯，不按规定进行有毒有害气体检测与机械通风，井下作业人员安全带没有栓在井口支架上，井口缺少安全防护，井下缺少监测等等。

某高速公路一大桥抗滑桩5号孔挖施工中，离孔底约1～4m高位置（孔深25m）三节护壁垮塌，造成正在开挖作业的两名工人死亡。主要原因在于对矩形断面抗滑桩开挖护壁未按照平面框架进行设计计算，护壁内钢筋太弱。护壁因连续雨水作用导致所受到的土侧压力增大而发生坍塌。

某挖孔桩施工现场发生一起4人死亡的较大安全生产事故。一工人下挖孔桩抽水（孔深约10m，直径0.8m）时晕倒，另三名工人先后下去施救，也都相继晕倒。后经抢救无效4人死亡。通过对氧气、一氧化碳、二氧化碳、二氧化硫、一氧化氮、二氧化氮、硫化氢、氨、氯气、挥发性有机物、可燃性气体共11项指标监测，二氧化碳比正常指标高10倍（正常为0.03%）、氧气含量为18%（正常为21%）。通过事故原因调查表明，4名死者均因二氧化碳浓度超标和缺氧窒息死亡。

某桥梁工程一挖孔桩施工中，1人下到桩孔内晕倒，3人相继下孔相救，结果4人全部死亡。

可见，人工挖孔施工必须根根地质等情况设计护壁，人工挖孔作业时，应始终保持孔内空气质量符合《环境空气质量标准》GB 3095—2012规定的三级标准浓度限值。施工现场必须配备气体浓度检测设备，并经常检查有毒有害气体浓度。施工人员进入桩孔前，必须先通风15min以上，并经检查确认无有毒有害气体后，方可进入孔内。在桩孔内施工作业，必须采取机械连续强制通风措施。进入桩孔后每班均应对桩孔护壁的变形、裂缝、渗水等情况进行检查，发现异常必须暂停施工并立即进行处理。

3. 桥梁墩柱施工

某高速公路大桥左线 2 号墩柱模板体系整体倒塌，当场死亡 4 人。当日上午进行左幅 2-A 圆柱墩第二节混凝土浇筑作业（第一节 13m 已浇筑完成，本次计划浇筑 10.2m）。12 时 17 分左右，当第二节墩柱浇筑到 9.7m 时，墩柱模板与中系梁段基模连接处爆裂，导致第二节墩身模板整体倒塌，在墩柱上施工的 4 名作业人员当场坠落死亡，如图 3-130。

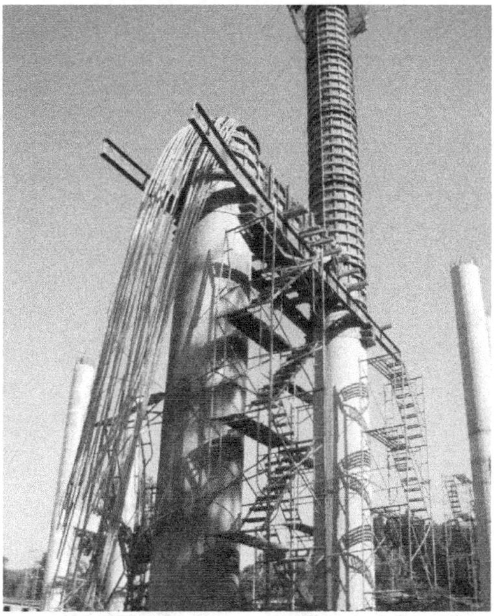

图 3-130 墩身模板倒塌

施工中存在的主要问题：

(1) 专项施工方案安全性没有保障。方案以设置 4 根缆风绳来稳定模板系统，模板外侧没有设置支架和施工作业平台，基模以上没有搭设之字形通道，施工作业缺乏安全保障。

(2) 模板连接螺栓数量严重不足。圆柱墩模板纵缝之间应安装 $\phi18$ 连接螺栓 128 颗，实际仅安装螺栓不超过 40%；圆柱墩模板节段之间应安装 $\phi18$ 连接螺栓 108 颗，实际仅安装 50%；新浇墩柱模板与已成墩柱顶部留置基模之间缺少螺栓。

(3) 模板系统稳定措施严重不足。现场施工中，设置了四根 $\phi8$ 钢丝绳作缆风绳，缆风绳承载能力不满足安全验算要求。缆风绳上端与模板顶部所插的 $\phi20$ 短钢筋连接，缆风绳下端有两根拉结在已成桥梁墩柱上，一根拉结在 $\phi25$ 的钢钎上，一根以 2 股 10 号镀锌铁丝拉结在地面的半成品钢筋堆上。$\phi8$ 钢丝绳中间的接头以一个扎头连接，模板系统构成不稳定结构。

(4) 墩柱混凝土浇筑速度过快，墩柱的浇筑高度过高。专项施工方案中，墩柱模板安全验算采用的混凝土浇筑速度为 2m/h，实际浇筑速度达到 8.69m/h。墩柱计划浇筑高度 10.2m，倒塌时已经浇筑 9.7m。

安全事故直接原因：没有搭设施工支架、模板连接螺栓数量严重不足、墩柱混凝土浇筑速度过快，墩柱浇筑高度过高，模板承受的侧压力过大，导致底节模板爆裂、混凝土外泄，引起新浇混凝土重心向模板裂口反方向偏移，模板系统受到不平衡力量冲击，加之上部 12m 模板与基模没有有效连接、风缆系统可靠性差、缆风绳中间接头抽脱，结构整体丧失稳定，导致在浇墩柱模板系统整体倒塌。

从该安全事故看，墩柱现浇施工特别需要注意以下几点，以确保安全。

(1) 必须搭设施工脚手架。图 3-131、图 3-132 所示没有脚手架情况下的钢筋笼、模板安装，质量难以保证，更无安全可言。

图 3-133 (*a*) 所示，墩柱施工搭设的支架钢管间距过大，未设置安全通道，采用垂直爬梯，操作平台脚手板未满铺，模板一次安装高度过大，极不安全。墩柱施工未设置安全通道和作业平台，未按规定铺设脚手板，钢管支架搭设不规范，钢管水平接头在同一断

图 3-131　无脚手架情况下的钢筋笼安装

图 3-132　无脚手架情况下的模板安装

(a)　　(b)

图 3-133　不规范的脚手架

面，施工人员冒险作业。

图 3-133（*b*）所示，墩柱施工未设置安全通道和作业平台，未按规定铺设脚手板，钢管支架搭设不规范，钢管水平接头在同一断面，施工人员集中冒险作业，极不安全。

（2）设置可靠地缆风绳。图 3-134 所示缆风绳形同虚设。

（3）安全按照模板系统设计、施工方案及施工技术规范要求施工，严格过程检查验收。

图 3-134 缆风绳形同虚设

4. 护壁挡墙施工

某公路改建工程中一应急抢险工程在高挡墙施工过程中发生模板体系坍塌事故，导致 1 人死亡和 1 人轻伤。

基本情况：某公路改建工程一应急抢险混凝土挡墙最高达 9m，长度 40m，采用翻模浇筑施工，每一模浇筑 0.9m 高。模板采用木模板，双钢管（直径 48mm）背带，通过预埋直径 12mm（最小。布置为横向 60cm，竖向 90cm）拉杆稳定模板系统。随着浇筑高度增加，脚手架同步上升，与已成结构之间无联系。挡墙施工现场未设置坍塌或落物危险区警戒线。挡墙采用天泵浇筑。在施工 7m 以上一模时，在距离北端约 16m 处发生模板坍塌，坍塌范围约为 4.6m。

事故发生经过：在挡墙 7m 以上范围现浇 60～70cm 高时开始待料。在脚手架上的施工人员下到地面喝水（另一施工人员仍在脚手架上）。在混凝土送到并继续浇筑（距北端约 16m 处）后，在地面的施工人员沿脚手架和泵车之间地面走向简易爬梯（准备上去继续施工）时，距北端约 16m 处 4.6m 范围模板发生坍塌，致使 1 人死亡、1 人轻伤。

施工中存在的问题及事故隐患分析：

（1）针对安全的专项施工方案未按规定进行编制，采用的木模板＋双钢管背带＋拉杆的模板体系影响因素多，安全控制难度大。方案中无施工进度计划、材料与设备计划、劳动力安排计划、相关图纸附件等内容，如方案中没有拉杆螺栓焊接连接示意图等。危险因素辨识与分析不全面，未辨识出物体打击、触电等危险因素，未辨识出模板拉杆螺栓焊缝断裂的可能性。专项方案对施工安全控制的指导性不够。

（2）未按审批的专项方案施工。专项施工方案中明确的拉杆纵横向间距分别为60cm、80cm，实际间距分别为60cm、90cm。方案中明确了临边栏杆、脚手平台等防护设施，但现场实际未实施，存在安全隐患。

（3）事故现场模板体系稳定用的拉杆由在前一模中预埋的ϕ32预埋螺纹钢筋、ϕ12连接螺纹钢筋、ϕ16拉杆螺栓焊接组成，其中ϕ32预埋螺纹钢筋与ϕ12连接螺纹钢筋为点焊连接，ϕ12连接螺纹钢筋与ϕ16拉杆螺栓为双面焊接连接。点焊连接焊缝破坏、拉杆与螺纹钢筋的点焊或拉杆螺栓失效将直接导致模板体系坍塌。

（4）施工现场未设置隔离危险区域，未设置明显的安全警示标志，未设置警戒线，作业人员施工间歇下到地面进入模板体系坍塌下落影响危险区域时受到坍塌打击不可避免。

（5）脚手架未按规范要求搭设，缺少结构分析。未设置底层横向扫地杆，未设置横向剪刀撑，螺栓未拧紧，未进行施拧扭矩检测，未设置附墙件。

（6）安全防护不到位。模板、脚手架施工未设置安全通道，作业平台过分简单，且支撑在悬臂拉杆上，脚手板未满铺，未设置踢脚板，未设置安全护栏，未设置安全网。

（7）施工临时用电未按规范实施，存在重大事故隐患。未按照TN-S系统进行配电，配电箱未接入PE保护导体，未安装漏电保护器、箱体与箱门未做电气连接，同一断路器控制两个分支回路。

（8）施工过程安全检查验收不到位，特别是在浇筑混凝土前缺少对模板系统的检查验收。

（9）部分路段挡土墙顶部存在岩土悬出挡墙顶部的情况，受雨水及风化作用，存在坍塌危险，危及人员车辆安全。

事故直接原因

本工程施工除存在上述事故隐患外，采用的木模板＋双钢管背带＋拉杆的模板体系中保障模板体系稳定的拉杆与预埋在前一模中的螺纹钢筋之间的点焊失效是导致事故发生的直接原因，地面针对坍塌影响区未进行安全隔离是导致事故发生的又一重要原因。

事故启示：

（1）强化建设项目安全生产管理

1）施工单位需要切实做好施工技术管理人员、安全管理人员、施工作业人员资格、劳务分包人资质、危险性较大分部分项工程专项施工方案等的审查工作，严格落实从业人员安全生产培训、教育和考核责任，举一反三，全面做好事故隐患排查治理。

2）监理单位要加强技术、安全、合同履约管理，履行合同约定的监理职责，按约定派驻符合资格条件的监理人员；要严格履行现场监理职责，对于发现的事故隐患要及时下发整改通知或暂时停工通知，督促施工单位及时完成整改，如施工单位拒不整改或者拒不停工的，要及时向建设单位和主管部门报告。

3）建设单位要严格进行工程合同履约情况、项目负责人和安全管理人员数量和资格情况、危险性较大分部分项工程清单情况，以及相关专项施工方案编制、审核、专家论证、审查情况、执行情况等的检查，督促施工单位安全生产管理体系的有效运行。

（2）严格技术安全管理，加强施工现场安全管控

施工项目部应严格进行作业人员安全生产教育、培训、考核，完善安全技术分级交底制度，严格执行国家和行业的标准规范和专项施工方案，落实风险管控和隐患排查治理制

度，及时消除事故隐患，保证建设项目安全平稳推进。

（3）强化事故隐患排查治理，切实做到闭环管理

参建各方单位要完善风险管控和事故隐患排查治理制度，实现对隐患的发现、安全管理人员确认、实施整改、完成整改申请、整改效果核查验收、公示等环节的闭环管理，确保隐患整改效果并自觉接受监督。

5. 支架现浇施工

支架现浇施工常见问题包括：现浇桥梁支架结构不合理，未经过严格设计计算，或擅自改变已经审批的专项方案，钢管支架地基不处理、不硬化，排水措施不落实，支架连接螺栓数量不足、施拧不紧，支架、脚手架不安装斜撑、剪刀撑；支架不做预压处理或预压荷载不符合设计和规范要求，雨天预压荷载增重超限；10m 高以上支架不设置缆风绳等等。

（1）某立交桥在浇注箱梁混凝土过程中垮塌，造成 7 人死亡，8 人重伤，26 人轻伤。如图 3-135 所示。

图 3-135　支架坍塌现场

事故原因是支架构造不合理，支架安装违反规范要求，钢管扣件质量不合格，从箱梁高处向低处浇筑混凝土产生过大水平分力，导致架体右上角翼板支架局部失稳，产生多米诺骨牌效应，引起支架整体坍塌。有关单位安全管理不到位、技术及管理人员配备不到位、安全责任落实不到位，未认真履行支架验收程序，未对进入现场的脚手架钢管及扣件进行检查验收，发现支架搭设不规范等事故隐患未及时整改落实，最终导致事故发生。

（2）某大桥支架发生垮塌事故，造成 8 人死亡、12 人重伤。如图 3-136 所示。

事故原因在于：一是支架搭设时基础施工不符合规范要求，部分支架钢管壁厚不够，部分钢管立杆底部与垫木之间缺垫板；二是支架预压时，预压范围不充分，每跨有部分区域未压到；三是施工方项目经理对工程管理不到位，劳务工程以包代管，在支架搭设中大量使用未经培训的民工；四是监理方、施工方在支架搭设过程及完工后的验收工作草率，且无文字纪录；五是部分特种作业人员无特种作业资格证或资格证过期，部分安全管理人

员未持《安全生产考核合格证》上岗。

图 3-136　支架坍塌现场

（3）某高速公路立交桥（高约 33m）发生坍塌事故，事故造成 7 人死亡 1 人受伤。如图 3-137 所示。

图 3-137　支架坍塌现场

事故直接原因是施工时在混凝土浇筑荷载增加作用下，产生了过大的不均匀沉降，导致支架局部失稳，引起整体失稳坍塌。

事故间接原因是：（1）施工单位变更施工方案后擅自组织施工，施工现场管理混乱，隐患排查不力，员工安全教育不到位；（2）监理单位履行监理职责不到位；（3）业主单位安全生产管理不到位；（4）交通行政主管部门安全监管不到位。

（4）某工地施工发生支架垮塌事故，造成 9 人死亡，6 人受伤。如图 3-138 所示。一辆客车报废、一辆混凝土搅拌运输车受损。

施工存在的主要问题：

1）擅自变更经批准的专项施工方案。将支架车行门洞上方的工字钢跨越横梁改小，导致单根工字钢横梁承受的荷载显著增加、抗弯承载能力明显降低；取消了工字钢横梁之

图 3-138 事故现场

间的型钢联系，降低了工字钢横梁的整体稳定性；将通道右侧支腿大钢管直径改小，将左侧支腿大钢管改为 ϕ48mm×3.5mm 碗扣式钢管，严重降低了支撑结构的承载能力。

2）支架的整体稳定性不足。支架高约 17m，宽约为 4.2m，高宽比约为 4，未扩大下部架体尺寸，与桥墩的连接薄弱，支架的整体稳定性严重不足。

3）支架搭设不规范。支架底部未设置扫地杆，底层水平杆距地面高度超限；支架顶部、底部、中部均未设置水平剪刀撑，支架纵、横向剪刀撑数量不足，部分斜杆搭接长度不足、没有与立杆扣接。

4）支架车行通道宽度太大（达到 8.75m），工字钢横梁型号由大型号改为小型号，缺少有效地横向联系，在传递集中力的支点处没有按规定设置腹板加强劲板。横梁的应力严重超限、挠度过大、整体稳定性太差。

5）通道左侧支腿承载能力严重不足。采用 ϕ48mm×3.5mm 碗扣式钢管搭设，没有设置斜杆，没有形成稳定结构，钢管上方没有设置刚性分配梁，工字钢梁对应搁置在钢管立杆顶部的方木上，没有发挥其他钢管的支撑作用（仅 1/6 的钢管受力），显著降低了支架的承载能力。钢管立杆应力严重超限。

6）通道右侧支腿工字钢横梁与钢管支腿没有采用刚性连接，且钢管支腿地脚螺栓仅为 4 棵 ϕ12mm 螺栓，锚固力明显不足，稳定性差。

7）防撞墩没有进行防撞击力学验算。右侧防撞墩施工分成 3 段浇筑，整体性不好，抗撞击能力差。部分碗扣式钢管搭设伸出防撞墩之外，防护挡板设置不规范，增加了车辆撞击风险。

事故直接原因：车行门洞跨越工字钢和支撑体系应力严重超限、刚度明显不足、稳定性太差，是造成本次模板支架坍塌事故的直接原因。

6. 架桥机架设施工

某高速公路发生架桥机倾覆事故，造成 4 人死亡、4 片 T 梁坠毁、1 台塔吊受损的较大安全事故。如图 3-139 所示。

T 梁起升高度不足，先与支座垫石擦剐，再与支座碰撞，提升后架桥机晃动时又紧急

图 3-139 架桥机坍塌现场

下放 T 梁，致使 T 梁倾斜、折断引起架桥机倾覆，打击另外 3 片横向连接不牢的 T 梁致其折断坠毁。主要原因是架桥机操作人员无证、违规操作，架桥机带梁整机横移时，T 梁起升高度不足。

7. 隧道施工

某隧道施工中，喷浆作业面上方围岩发生了坍塌，导致初期支护型钢拱架及喷浆作业台架被砸跨，12 名作业人员全部被埋入坍塌体中。

事故原因：隧道位于石炭系灰岩夹页岩、泥灰岩，泥盆系砂岩等软硬相间的地层中，由于多期构造运动挤压作用强烈，洞身发育多个向斜、背斜相间组成的复式褶皱。地表覆盖风化残积土层较厚，基岩露头较少。岩层倾角较陡，节理发育，岩体破碎；岩层的层间结合力较差，加之小平羌隧道洞顶地表冻土冬春后开始融化，冰雪融水下渗软化软弱结构面，致使围岩抗剪强度降低，是该起事故发生的潜在客观因素。

事故直接原因：(1) 隧道岩层倾角较陡，节理发育，岩体破碎，岩层的层间结合力较差，加之隧道洞顶地表冻土冬春后开始融化，冰雪融水下渗软化软弱结构面，致使围岩抗剪强度降低，是该起事故发生的潜在客观因素。(2) 施工单位在事前已有塌方后未单独编制塌方处理方案且未向监理报验，已塌方段施工处理缓慢，事故发生前仅完成初期支护，未及时对上部空腔进行压注水泥砂浆回填处理，没有形成有效抵抗塌方冲击荷载的结构体系。(3) 由于事前已有塌方处理施工进度缓慢，拱顶空腔围岩临空暴露过久，引起围岩松动、风化，导致上部围岩抗剪强度进一步降低，引起岩体失稳，导致事故拱顶围岩发生整体坍塌。

间接原因：(1) 施工单位安全技术管理混乱，施工人员安全培训不到位，技术资料管理混乱，检验批报检资料滞后，同一时间的施工日志内容与报检内容不符；技术交底制度不落实，交底资料不全，无初喷混凝土安全技术交底和两台阶开挖方法的技术交底资料。(2) 监理单位监理基础工作薄弱，履行职责不力，监理制度落实不到位，管理手段弱化；监理日志记录不全面，监理旁站管理不规范，存在未旁站的现象；检验批及隐蔽工程签字审核把关不严，存在工程实体在前，审批签字在后的情况；对重大设计变更未严格履行审批职责；发现施工单位存在未按设计施工的情况，也没有按照规定采取停工整改措施。(3) 设计单位制定的已有塌方处理方案不完善，未向施工单位提出施工过程中保障施工人员安全的措施建议。

3.7.2 路桥隧施工安全控制

1. 路桥隧施工安全控制的重要性

众所周知，安全就是未受到威胁、没有危险、危害、损失的一种状态。路桥隧工程安全则应是结构不受到破坏或垮塌威胁，在使用寿命期内保持足够的承载能力和正常使用功能。要保证路桥隧工程安全，除了其结构在使用中应免受超载、撞击等超出设计范围的作用外，关键是施工质量必须满足设计及规范要求。

为了使得路桥隧结构没有破坏的危险，长期处于安全状态，其施工质量控制一直是其建设中控制的重中之重。路桥隧工程属于难度最大的土木工程，除了常规的施工质量控制（企业自检、监理抽检、质监监督等）外，大型、复杂桥梁、隧道还要实施施工监测与控制，其主要任务之一在于保障施工过程结构安全。根据我国工程建设法规、标准，保证路桥隧工程施工安全是其施工方案中的重要内容。

理论上讲，路桥隧工程施工本身应在满足工程质量要求和施工临时设施、机械设备、操作人员等安全条件下进行，在常规施工组织设计及施工技术方案中也有体现，但事实上，由于重施工质量、轻施工安全的潜意识影响，在施工临时设施、机械设备、操作人员等受到的安全威胁、损失没有得到有效控制与规避，施工安全事故频发，导致不少施工人员丧失生命或受到伤害，国家财产遭到损失。因此，对路桥隧施工过程进行专门的安全控制十分必要。2009 年，住房和城乡建设部发布了《危险性较大的分部分项工程安全管理办法》（建质〔2009〕87 号令），要求施工单位在危险性较大的分部分项工程施工前编制安全专项施工方案，以防范和遏制建筑施工生产安全事故的发生，以及 2011 年，交通运输部发布了《公路桥梁和隧道工程施工安全风险评估指南》，要求施工风险较大的桥梁工程在施工前应进行施工安全风险评估，从而对重大施工安全风险进行控制。2018 年，住房和城乡建设部对建质〔2009〕87 号令进行强化，发布了住建部第 37 号令《危险性较大的分部分项工程安全管理规定》及建办质〔2018〕31 号文。这充分说明了公路桥梁施工安全控制的重要性。

2. 路桥隧施工安全控制方法与对象

针对施工质量的施工控制主要根据其施工对象的不同，采用事前、事中、事后及其相结合的方法，即施工前的理论分析预测控制；施工中的跟踪监测控制以及事后后的调整控制（仅针对部分桥梁的部分内容）。对于施工安全控制，不可能允许事后控制，主要依靠事前预控与事中调控，即在施工前制定安全施工专项方案，严格安全施工专项方案进行施工，并在施工过程中根据施工监测结果，对施工安全控制方案进行必要的调整。

路桥隧施工安全控制责任主体是施工单位，但仅依靠施工编制安全施工专项方案还不够。施工安全与施工技术与方法相关，而施工技术与方法又针对设计而定，因此，超高边坡、大型桥梁、复杂隧道等施工风险高的工程设计单位需加入控制行列，为了确保安全，有时也可能需要变更设计；监理本身就承担有安全监理的责任，负有施工安全控制监管职责；项目业主对安全生产负有管理责任。因此，针对大型、复杂的高风险工程施工应组建由施工单位牵头，设计、监理、业主参与的施工安全控制小组，实现分工协作，形成施工安全综合监管体系，以便对其施工安全控制实施全面、有效管理。

3. 专项施工方案编制

针对危险性较大的分部分项路桥隧工程，需要编制针对安全控制需要的专项施工方案，专项施工方案需要针对工程实际，依据设计文件、施工组织设计、技术方案、国家行业及地方标准、国家行业及地方法规要求进行编制，主要内容包括：

（1）工程概况：危大路桥隧工程概况和特点、施工平面布置、施工要求和技术保证条件；

（2）编制依据：相关法律、法规、规范性文件、标准、规范及施工图设计文件、施工组织设计等；

（3）施工计划：包括施工进度计划、材料与设备计划；

（4）施工工艺技术：路桥隧工程施工安全技术参数、工艺流程、施工方法、操作要求、检查要求等；

（5）施工安全保证措施：组织保障措施、危险源识别及技术措施、监测监控措施等；

（6）施工管理及作业人员配备和分工：施工管理人员、专职安全生产管理人员、特种作业人员、其他作业人员等；

（7）验收要求：验收标准、验收程序、验收内容、验收人员等；

（8）应急处置措施；

（9）施工设计计算书及相关施工图纸。

下面以桥梁施工为例做简要介绍。

桥梁施工是否能保证安全，主要取决于参与施工的人的安全行为、用于施工的物的安全状态以及有效的施工安全管理。桥梁工程安全施工专项方案的主要目的就是解决人、物、管与规避安全风险需要协调的问题。

对照相关规定要求和工程实践情况来看，对桥梁工程安全施工专项方案的重要性认识还不够，方案的针对性、可操作性和有效性还需要加强。

（1）全面、深入认识危险性较大的桥梁工程施工面临的环境、施工风险和保障施工安全的条件非常重要。在方案中，工程概况属于统领部分，不能仅简单地描述工程设计情况，应包括：

1）明确桥梁工程或其分部、分项工程设计及相关要求、施工总体布置，施工技术要求，找准施工安全控制对象。

2）摸清施工所处环境情况，包括地形、地质、水文、气象、近接物、既有交通等情况。其中地形涉及施工便道及其材料、设备、构件等的运输安全；地质涉及桥梁基础施工边坡等安全；水文对于山区桥梁、跨江河湖海桥梁至关重要，桥梁基础或墩柱施工安全与江河湖海水位变化密切相关，其施工临时设施及安全措施需随水位变化而变化；气象包括温度、风、雾等对施工有不利影响的自然条件；近接物指在与所建桥梁之间存在相互影响的工程结构（如桥梁、建筑等）、易燃易爆管道等，在此情况下，除自身施工安全外，还可能引起近接物安全事故。

3）全面深入分析危大工程特点，明确工程布置及施工要求。

4）针对施工安全控制对象，结合施工所处环境情况，明确施工重点、难点，对施工面临的风险进行分析。

5）针对施工重点、难点及面临的重大风险，分析其施工技术保障条件是否满足要求。

（2）明确方案制定的依据十分必要。桥梁施工安全控制的目的在于规避安全事故的发生。要实现施工安全的有效控制，需要从人的不安全行为、物的不安全状态及施工过程安全管理等多方面着手，要求桥梁施工所有参与者各负其责，严格按照设计要求、技术与安全标准及施工安全控制方案进行施工作业与管控，因此，方案的编制仅依据本单位施工或个人经验是不够的，必须满足设计文件、相关法规、技术标准等要求，即应明确方案合理性判别的依据。通常应包括：国家、地方相关法律、法规及规范性文件；国家、行业及地方技术及安全标准、规范、规程（导则）；桥梁工程设计文件；桥梁工程施工组织设计；其他对施工安全存在影响的资料，如地勘资料、水文调查分析资料、气象资料、船只车辆及行人通行情况等。

（3）围绕安全需要制定施工计划是保证施工安全的基础。桥梁工程安全施工专项方案中的施工计划涉及施工进度、施工材料、施工设备。

1）施工进度计划应针对施工技术方案制定的进度计划，分析施工期间对施工安全不利的因素（如水位、温度等）变化及其影响情况。以水下基础双壁钢围堰施工为例，围堰下放、围堰着床、封底、夹壁内混凝土浇筑、堰内支撑安装（双圆端或哑铃型等非圆形围堰）、夹壁内水位调整、联通管开闭控制等计划均与江河湖海水位相对应，需要根据水文资料，分析是否存在对围堰结构安全不利的情况，如果发现存在难以规避的风险，应针对安全需要对施工进度计划调整。通过施工进度的合理计划，有效解决施工过程中对不利于安全的因素的规避问题。

2）施工材料重点应包括：①对施工安全保障其关键性作用的施工临时设施、措施需要的材料、构件等，如围堰、施工平台、支架、拱架、挂篮、移动模架、混凝土模板系统等使用的钢材、管件等，缆吊系统、吊装等所用的钢丝绳及其附属构件以及其他施工措施所用材料，应明确其来源、新旧程度及技术参数与质量要求；②施工安全防护所需的材料和物品，如安全帽、急救物品等准备情况。③施工设备、定型设备（如各种施工机械设备、塔吊、升降机等）对施工安全影响很大，需要在施工设备计划中明确其来源、完好程度及自身安全性，应有对设备、设施的使用管理、养护、维护计划。通过施工材料、设备的合理计划，有效解决物的不安全状态问题。通过设备的合理计划，有效解决临设等物的不安全状态问题。

3）施工设备计划应明确施工设备、定型设备（如各种施工机械设备、塔吊、升降机等)、工具对施工安全影响很大，需要在施工设备计划中明确其来源、完好程度及自身安全性，应有对设备、设施的使用管理、养护、维护计划。通过设备的合理计划，有效解决设备、工具等物的不安全状态问题。

4）施工管理及作业人员配备和分工计划在施工安全控制中非常重要，重点应配备好施工管理人员、专职安全管理人员、特种施工人员和其他人员。从已有施工事故来看，施工操作不当占比不小，其中特种施工岗位上为非持证人员操作是事故发生的主要原因。施工人员计划中必须严格持证上岗。通过施工管理与作业人员的合理计划，有效控制人的不安全行为问题。

（4）桥梁施工工艺技术的合理性是保证施工安全的根本。与施工技术方案不同，安全施工专项方案中施工工艺技术是在施工技术方案基础上，针对安全控制需要明确技术参数、工艺流程、施工方法、操作要求、检查验收等。应包括：

1）桥梁设计要求的主要技术参数，包括施工对象结构参数、施工临时结构安全参数、施工设备参数、对施工安全有影响的环境参数等于施工安全相关的技术参数。

2）应明确桥梁单位工程或其分部、分项工程施工工艺流程及工序划分，为施工过程技术要求、安全检查验收工况确定打下基础；

3）针对各工序，明确所采用的施工技术与方法，分析施工操作中相关的对安全不利的因素，为施工安全危险源辨识奠定基础；

4）明确施工临时设施（如围堰、支架、拱架、挂篮等）的结构设计情况及其加工制作、安装、拆除技术要求；明确施工临时设施强度、刚度及稳定性参数是否满足施工安全要求；明确施工临时设施试验、预压等安全检验要求。

5）针对各工况，明确施工安全操作要求。

6）针对施工安全控制需要，明确施工过程安全检查验收标准，为施工过程中安全检查验收提供依据。

（5）全面、准确辨识危险源是施工安全控制的核心。施工安全危险源是可能导致人员死亡或伤害、经济损失、不良社会影响等的根源或状态。施工中存在的不安全因素是与所处施工环境、采用的施工方案以及采取的安全保障措施等相对应的，以此，危险源应在施工风险分析基础上，针对项目采用施工工艺技术，结合工程实际情况进行辨别，并针对各危险源进行危险有害因素分析与评估，特别应摸清其潜在危险性、存在条件和触发因素，以便采取有针对性的规避措施。常见的桥梁工程施工危险有害因素包括：坍塌、高坠、起重伤害、物体打击、机械伤害、溺水、雷击、触电、火灾、爆炸、中毒、窒息、中暑等。

（6）建立健全施工安全保障体系与措施是保证施工安全的关键。准确把握施工面临的风险、合理拟定施工计划、采取可靠地施工工艺技术以及切实辨识危险源对保证施工安全缺一不可，而施工安全保障体系与措施则保障上述安全控制落地的关键。应包括：

1）针对施工安全控制需要，建立合理、有力、高效的施工安全管理组织机构，落实相应的人员，明确相应的安全管理职责，为桥梁施工安全控制提供组织保障。

2）针对危险源辨识结果，在其潜在危险性、存在条件和触发因素与影响分析基础上，对危险源逐一提出安全控制技术措施，为桥梁施工安全控制提供技术保障。墩柱模板结构通过设计计算、一次浇筑高度合理、搭设有施工脚手架、组装模板时螺栓符合设计要求、第一次模板结构与基础结合构造符合设计要求、后续模板结构与前序浇筑段留置模板连接可靠、浪风系统有效、墩柱混凝土浇筑速度在安全要求范围内、施工人员身心符合高空作用安全要求等。

3）无论桥梁工程安全施工专项方案编制的多么好，它总是预控性质的施工安全控制，而施工中的不安全因素并非一成不变，方案编制中的相关分析计算也不一定与实际情况完全一致，同时也可能存在一些突发危险因素。因此，对施工过程实施监测十分重要。应明确施工监测与控制方案，包括监测项目、部位、手段、频率、预警值等。明确监测结果的应用与应急处治措施。除监测外，加强人工巡察对及时发现和处治不利于安全的问题至关重要。

（7）从已有的施工安全事故看，施工各工序安全检查验收不到位系主要原因之一。施工安全无小事，检查验收尤为重要。应明确施工各工序安全检查验收实施方案，包括验收标准、验收程序、验收内容、验收人员等。确保上道工序质量与安全状态不合格不得开展下道工序施工，实施施工安全控制步步为营。以支架现浇施工为例，按照施工顺序，安全检查验收应包括：支架所用管件规格及性能是否满足设计要求；支架结构设计与结构分析计算文件是否齐全、合理与正确；支架基础处理与防排水是否达到设计及安全要求；支架搭设及其构造是否符合设计要求；支架预压及其结果是否符合预压方案与安全要求；支架预压监测系统及其运行是否到达支架安全控制要求；混凝土浇筑工艺对支架安全是否存在不利影响；混凝土浇筑过程中的支架监测、巡察结果是否处于安全状态。

（8）对桥梁施工安全进行控制不等于就一定能避免安全事故的发生，因此，应采取应急处置措施。一旦出现安全事故，就必须启动相应安全应急预案，以便有效救援和控制次生事故发生。应急预案应包括：①针对可能发生的事故风险，分析事故发生的可能性以及严重程度、影响范围等；②明确应急指挥机构、人员及职责；③明确事故及事故险情信息报告程序和内容、报告方式和责任、应急响应程序等内容。④针对可能发生的事故风险、事故危害程度和影响范围，制定相应的应急处置措施，明确处置原则和具体要求。

（9）完善施工设计与分析验算是保证桥梁施工安全的支撑。桥梁设计文件通常仅明确主要施工方案与措施。要求实施施工，需要进行诸多施工设计与计算，其中所有的临时设施，如围堰、施工平台、支架、拱架、挂篮、移动模架等的设计计算尤其重要，因这些设施一旦发生坍塌等事故就可能引重大伤亡。因此，首先必须根据施工及其安全需要和相关规范要求进行详细、完整的临时设施结构（包括基础）设计，从结构体系与构造上保证其安全使用；其次对其进行强度、刚度、稳定性等分析验算，确保各项指标符合相关规范要求和安全控制需要。另外，除要求施工总体布置图、施工临时设施设计图纸外，还应有交通组织管理、施工监测等与施工安全控制相关的图纸文件。

桥梁工程施工临时设施通常采用钢结构，应按照钢结构相关规范进行设计计算，应根据具体布置及受力要求开展结构体系与构造设计，结构力学行为定性、定量分析，强度、刚度、稳定等安全验算，明确加工、制造、安装等技术要求，应具备完整的设计图纸文件和设计计算书。以支架及拱架、挂篮、双壁钢围堰为例，其设计、计算重点应包括：

1）支架及拱架。支架及拱架设计应包括材料选用、总体布置、基础处理、构造处理、基础防排水、搭设及验收、拆除等。计算应包括对支架结构设计的认识、计算依据、荷载识别、工况确定、模型建立、整体及局部结构分析，强度、刚度、整体和局部稳定性等验算结果。

2）挂篮。挂篮设计应包括材料选用、总体布置、构造处理、加工与安装要求、锚固构造、行走机构、安装及验收、操作手册、拆除等。计算应包括对挂篮结构设计的认识、计算依据、荷载识别、工况确定、模型建立、整体及局部结构分析、结构强度、刚度、整体和局部稳定性、锚固安全系数、整体抗倾稳定性、整体抗滑移稳定性等验算结果。

3）双壁钢围堰。双壁钢围堰设计应包括材料选用、总体布置、构造处理、加工安装技术要求、抗浮构造、渡洪措施、隔舱混凝土浇筑、夹壁内水位控制、防护措施、验收等。计算应包括对围堰结构设计的认识、计算依据、各种水位变化识别、静动荷载识别、验算工况确定、模型建立、整体和局部结构分析、结构强度、刚度、整体和局部稳定性、围堰抗浮安全系数、整体抗滑抗倾稳定性等验算结果。